Teilchen, Felder und Kräfte

Wouter Schmitz

Teilchen, Felder und Kräfte

Ein konzeptioneller Leitfaden zur Quantenfeldtheorie und dem Standardmodell

Springer Spektrum

Wouter Schmitz
Amsterdam, Noord-Holland
The Netherlands

ISBN 978-3-031-46279-5 ISBN 978-3-031-46280-1 (eBook)
https://doi.org/10.1007/978-3-031-46280-1

Die Deutsche Nationalbibliothek verzeichnet diese Publikation in der Deutschen Nationalbibliografie; detaillierte bibliografische Daten sind im Internet über http://dnb.d-nb.de abrufbar.

Dieses Buch ist eine Übersetzung des Originals in Englisch „Particles, Fields and Forces" von Schmitz, Wouter, publiziert durch Springer Nature Switzerland AG im Jahr 2022. Die Übersetzung erfolgte mit Hilfe von künstlicher Intelligenz (maschinelle Übersetzung). Eine anschließende Überarbeitung im Satzbetrieb erfolgte vor allem in inhaltlicher Hinsicht, so dass sich das Buch stilistisch anders lesen wird als eine herkömmliche Übersetzung. Springer Nature arbeitet kontinuierlich an der Weiterentwicklung von Werkzeugen für die Produktion von Büchern und an den damit verbundenen Technologien zur Unterstützung der Autoren.

Planung/Lektorat: Angela Lahee
Springer Spektrum ist ein Imprint der eingetragenen Gesellschaft Springer Nature Switzerland AG und ist ein Teil von Springer Nature.
Die Anschrift der Gesellschaft ist: Gewerbestrasse 11, 6330 Cham, Switzerland

Das Papier dieses Produkts ist recyclebar.

An Ingeborg,
Eline, Ewout und Leonore
In Liebe

Inhaltsverzeichnis

Kapitel 1
Einführung

Im vergangenen Jahrhundert hat die Wissenschaft große Fortschritte im Verständnis der Welt der fundamentalen Teilchen und Kräfte gemacht. Dieses Fundament der Welt, in der wir leben, hat mich immer enorm fasziniert. Und ich bin nicht allein damit. Leider stellt sich heraus, dass diese Bausteine des Universums so schwer zu verstehen sind, wie sie interessant sind. Diese Mischung macht sie zu einer magischen Welt exotischer Teilchen und seltsamer Kräfte, die das Reich der modernen Magier sind, die wir Physiker nennen. In alten Zeiten benutzten Magier Zauber, die niemand verstehen konnte. Unsere modernen Magier verwenden Mathematik als ihre Sprache, um einen Griff auf das Universum zu bekommen. Während die alten Magier die Welt nicht verstehen konnten und wir gelernt haben, dass ihre Zaubersprüche nicht funktionieren, ist das bei den heutigen Physikern natürlich ganz anders.

Die Physik ist erfolgreich im Verständnis des Universums, da Berechnungen manchmal mit sehr hoher Präzision mit Messungen übereinstimmen. Daher sagen Physiker, dass sie die Systematik unserer Welt zumindest auf einer gewissen Ebene verstehen. Mathematik spielt eine entscheidende Rolle bei diesen Berechnungen. Ohne sehr fortgeschrittene Mathematik wären die Theorien, die Physiker geschaffen haben, unmöglich zu beschreiben. Oft konnten neue Theorien erst entwickelt werden, nachdem die Mathematik die Grundlage zur Beschreibung gelegt hatte.

Persönlich fand ich das sehr frustrierend. Wir können einige Dinge im Universum berechnen, aber wie soll ich es mir vorstellen? Für mich geht es beim Verstehen nicht darum, es berechnen zu können. Ich möchte verstehen, „wie Dinge funktionieren", indem ich sie mir vorstellen kann. Sie in Worten und Bildern zu verstehen, anstatt in Formeln.

Also habe ich Physik studiert, in der Hoffnung, einer der Magier zu werden. Aber ich geriet in Schwierigkeiten: In jenen Tagen (wir sprechen von etwa 1990) waren die meisten Physiker sehr auf das Rechnen fixiert (und wahrscheinlich sind

W. Schmitz, *Teilchen, Felder und Kräfte*,
https://doi.org/ 10.1007/978-3-031-46280-1_1

sie es immer noch). Einer von ihnen sagte zu mir: „Wenn du es berechnen kannst, verstehst du es“, was mich in Verzweiflung stürzte.

Leider muss ich ihnen wieder zustimmen. Jedes Mal, wenn Sie versuchen, ein Bild davon zu bekommen, wie etwas funktioniert, können Sie leicht falsch liegen. Es ist sehr einfach, „logisch“ zu einem Ergebnis zu gelangen, das einfach nicht wahr ist. Allzu oft verhindert die Logik nur durch die Anwendung von Mathematik, den falschen Weg einzuschlagen.

Aber die Leere blieb. Also arbeitete ich weiter daran zu verstehen, was all diese Mathematik eigentlich bedeutet. Wohl wissend um die Gefahren des Verwendens von Metaphern, Bildern und Worten, ging ich trotzdem weiter auf meiner Suche nach dem heiligen Gral: ein gewisses Verständnis dafür zu bekommen, was in diesen Theorien vor sich geht.

Der Höhepunkt aller gut getesteten und fundamentalen Theorien sind die Quantenfeldtheorie und das Standardmodell, das in Form von Quantenfeldern ausgedrückt wird. Ich arbeitete mich durch die Mathematik, las aber auch Autoren, die Metaphern aufbrachten. Dann versuchte ich, Metaphern mit der Mathematik in Einklang zu bringen. Eine Sache, die ich entdeckte, ist, dass es viele Metaphern gibt, die leicht zu verstehen scheinen, aber einfach zu weit von der Mathematik entfernt sind, um ernst genommen zu werden.

Ich arbeitete auch andersherum: Ich versuchte, ein Bild davon zu bekommen, was eine mathematische Formel bedeutet, konnte ich eine finden, die nach der gleichen Mathematik funktioniert, so dass sie als gute Metapher dienen könnte? Nach einer langen, aber ernsthaften Anstrengung kam ich mit dem Buch heraus, das Sie vor sich haben. Es enthält eine Geschichte darüber, wie alles in Form von Metaphern, Bildern und Worten funktioniert und ich habe versucht, der Mathematik so weit wie möglich treu zu bleiben.

Dennoch eine Warnung: Metaphern werden verwendet, weil wir die Welt des ganz Kleinen nicht in viel mehr Dimensionen verstehen können, als wir es gewohnt sind. Diese Metaphern geben ein Bild davon, wie man diese Theorien versteht. Sie können jedoch nicht verwendet werden, um durch logisches Denken neue Physik zu finden. Sie werden feststellen, dass einige der Metaphern nicht genau mit anderen übereinstimmen. Was Sie dann erleben, ist das Scheitern der Metapher als nützliches Werkzeug zum Verständnis der Theorie.

Dennoch hoffe ich, dass dieses Buch Ihnen einen Einblick in die Bausteine unseres Universums bietet. Es war mein Lebensziel, diese Dinge zu verstehen und soweit es mir möglich war, freue ich mich, mein persönliches Verständnis mit Ihnen zu teilen und hoffe, dass Sie in diesen Bildern eine gewisse Befriedigung finden. Natürlich habe ich diese Ansichten weitestgehend ausgedehnt, um den besten Einblick zu bieten, also wenn sich herausstellt, dass einige dieser Einblicke nicht (ganz) richtig sind, liegt der Fehler ganz bei mir.

Ich hoffe besonders, denen unter Ihnen zu dienen, die es schwierig finden, die komplizierte Mathematik zu verstehen, wie viele Menschen es tun. Ich denke, Sie haben das Recht, von diesen wissenschaftlichen Ergebnissen zu profitieren, ohne selbst ein Magier werden zu müssen.

Am Ende schrieb ich das Buch, das ich gerne selbst gelesen hätte.

Viel Glück & viel Spaß!

Kapitel 2
Teilchen oder Wellen?

Die Quantenmechanik zeigt die eigenartige Natur der Welt um uns herum. Sie bezieht sich auf eine alte Diskussion: Ist die Natur aus Teilchen oder Wellen aufgebaut? Oder aus beidem? Newton bevorzugte eine Teilchensicht. Er entdeckte, dass Licht aus verschiedenen Farben besteht und dass diese Farben wieder zu weißem Licht kombiniert werden können. Er erklärte dieses Verhalten mit einer Teilchensicht des Lichts, die er in seiner Veröffentlichung „Opticks" (1704) beschrieb. Er konnte Reflexion und Brechung mit einem Teilchenmodell erklären. Er entdeckte auch die sogenannten Newton-Ringe, die ein Interferenzphänomen sind.

Zur Zeit von Newton war Christiaan Huygens eher ein Wellentyp. In seinem „Traité de la lumiere" (1690) erklärte er das Licht mit einem Wellenmodell, das auf dem Prinzip von Huygens-Fresnel basiert. Er schuf eine Theorie der Polarisation des Lichts auf der Basis von Wellen. Er erklärte auch den Schall als Welle. Mit seinem Wellenmodell konnte Huygens Interferenzphänomene leichter erklären als Newton.

Der Elektromagnetismus wurde später von Maxwell und anderen als ein Feld beschrieben, in dem die Wellennatur des Lichts zum Vorschein kommt. Im 19. Jahrhundert wurde die wellenbasierte Theorie für Licht allgemein akzeptiert. Aber dann, um 1900, postulierte Max Planck, dass Licht in Klumpen absorbiert und emittiert wird, wobei jeder Klumpen eine charakteristische Energie hat, die mit der Frequenz des Lichts verbunden ist. Einstein verwendete diese Idee im Jahr 1905, um den photoelektrischen Effekt zu erklären.

Der photoelektrische Effekt beschreibt den Prozess, bei dem ein Elektron mit Hilfe von Licht aus einem Leiter freigesetzt wird. Es braucht eine bestimmte Menge an Energie, um das Elektron freizusetzen, und nur Licht einer Mindestfrequenz kann das tun, wie Experimente zeigten. Also kann man anscheinend die Energie von Licht einer niedrigeren Frequenz (z. B., indem man es lange genug auf das Elektron scheinen lässt) nicht „aufsummieren", um die benötigte Energie zum Freisetzen des Elektrons „anzusammeln". Die Frequenz des Lichts bestimmt, wie viel Energie auf das Elektron übertragen wird. Jeder Frequenz ist ein

W. Schmitz, *Teilchen, Felder und Kräfte*,
https://doi.org/ 10.1007/978-3-031-46280-1_2

Energieklumpen zugeordnet, und nur dieser Klumpen kann absorbiert werden. Er kann nicht teilweise absorbiert werden, nur als Ganzes. Offensichtlich klingen diese Klumpen verdächtig nach Teilchen. Man kann das mit dem Treten eines Balls über einen Hügel vergleichen. Wenn man nicht hart genug tritt, rollt der Ball zurück. Nur wenn man genug Energie in einem Tritt gibt, geht der Ball über die Spitze des Hügels.

Der photoelektrische Effekt kann als Wiedereröffnung der Debatte über die Teilchennatur und die Wellennatur von Licht und Materie gesehen werden.

Die Wellen- und Teilcheneigenschaften des Lichts kommen im Doppelspaltexperiment zusammen. In diesem Experiment erzeugt eine Lichtquelle Licht einer Farbe in alle Richtungen. Das Licht trifft auf eine Wand, die zwei Spalten hat. Hinter dieser Wand absorbiert ein Schirm das Licht und verändert die Farbe dort, wo das Licht auf den Schirm trifft (wie eine Fotoplatte). Zuerst schließen wir einen Spalt, so dass das Licht nur durch einen Spalt hindurch kann. Auf dem Schirm dahinter sehen wir einen Lichtfleck (Abb. 2.1). Jetzt schließen wir den Spalt und öffnen den anderen Spalt. Wieder finden wir einen Lichtfleck an der Wand dahinter, aber an einer anderen Stelle. All das kann erwartet werden.

Was würde passieren, wenn wir beide Spalten öffnen? Wir könnten einfach zwei Flecken erwarten. Aber wenn wir beide Spalten öffnen und uns das Ergebnis ansehen, sehen wir etwas anderes: ein „Interferenzmuster“ (s. Abb. 2.2). Dies

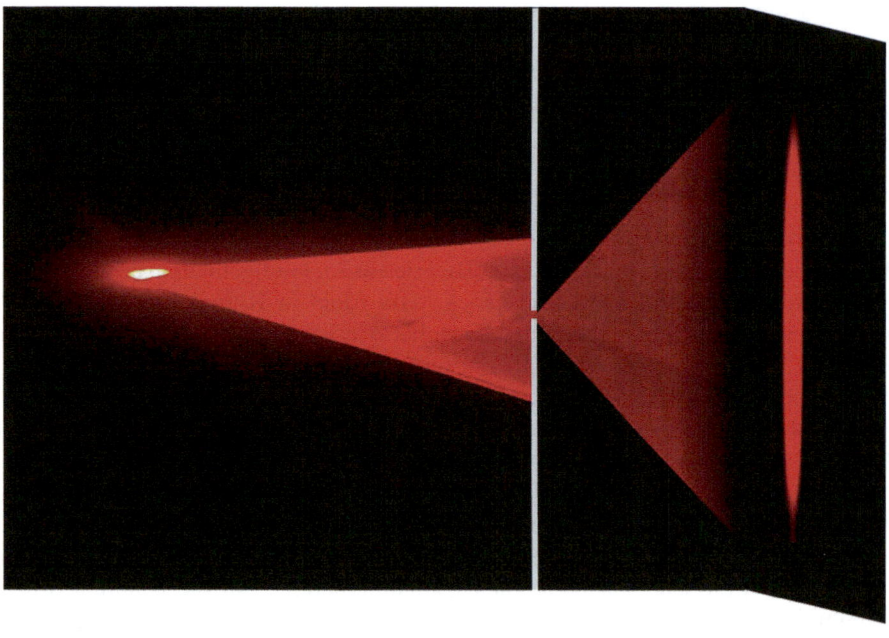

Abb. 2.1 Wenn Licht durch einen Spalt in einer dünnen Platte hindurchgeht, führt die Beugung um die Ecken des Spalts dazu, dass das Licht über einen Winkel verteilt wird. Das Ergebnis ist ein breiter Fleck auf dem Schirm dahinter

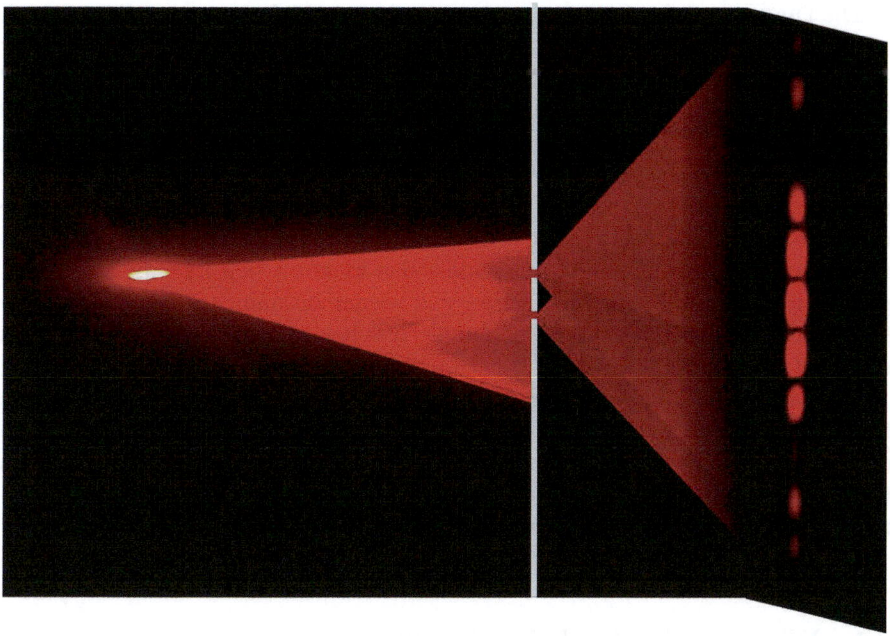

Abb. 2.2 Wenn das Licht durch zwei Spalten hindurchgeht, interferiert das Licht aus einem Spalt mit dem Licht aus dem anderen. Dies führt zu einem Interferenzmuster auf dem Schirm dahinter. Wenn das Licht nur einer Wellenlänge entspricht, kommt dies besonders deutlich auf dem Schirm zum Ausdruck

besteht aus einem hellen Fleck in der Mitte mit vielen Flecken daneben auf beiden Seiten.

Dieses Ergebnis ist eine Folge des Wellenverhaltens, wie wir später erklären werden. Also besteht das Licht aus Wellen? Nun, auf den ersten Blick sieht es so aus. Wenn wir jedoch die Intensität des Lichts auf ein Niveau reduzieren, das wir als Dunkelheit bezeichnen würden, während wir immer noch Licht bei der einen Wellenlänge aussenden, die wir an der Quelle erzeugen können, beginnen wir zu sehen, dass das Licht auf dem Schirm in Flecken ankommt: ein Fleck nach dem anderen. So erscheint etwa jede Sekunde ein Fleck auf dem Bildschirm. Nie ein halber Fleck, ein verschmierter Fleck oder mehrere Flecken zur gleichen Zeit mit einer geringeren Energie. Immer ein Fleck mit einer Energie.

Für eine gegebene Frequenz des Lichts ist nur eine Energie zugeordnet, und diese Energie kann absorbiert oder nicht absorbiert werden, aber nie halb absorbiert oder teilweise oder verschmiert. Dies ist das Teilchenverhalten aus dem photoelektrischen Effekt, das uns dazu bringt, das Licht in Form von Teilchen zu denken. In diesem Fall wird ein Lichtteilchen ein Photon genannt. Der lustige Teil daran ist, dass, wenn wir lange genug warten, bis wir genug Flecken gesammelt haben, wir feststellen, dass sie ein Interferenzmuster aufbauen. Also sehen wir im Doppelspaltexperiment die Teilchen- und Wellennatur des Lichts kombiniert.

Die Dinge werden seltsamer, wenn wir anfangen, Elektronen anstelle von Licht zu verwenden. *Sie zeigen genau das gleiche Verhalten.* Also sind auch Elektronen sowohl Welle als auch Teilchen. Wenn wir ein Elektron nach dem anderen ausgeben und warten, bis viele Elektronen an der Wand gesammelt wurden, finden wir ein Interferenzmuster, genau wie bei den Lichtflecken. Die Elektronen werden einzeln erzeugt, sie gehen als Wellen durch die Spalten und werden als Teilchen absorbiert. Wie seltsam das ist. Das Elektron kann nicht mit den anderen Elektronen interferieren, die durch den anderen Spalt gehen, da jedes Elektron ganz alleine ist, wenn es durchgeht! Also muss das Elektron sich irgendwie aufteilen, gleichzeitig durch beide Spalten gehen, sich wieder zusammenfügen, als Welle mit sich selbst interferieren und schließlich als Teilchen absorbiert werden. Wie kann das sein?

Im Laufe des letzten Jahrhunderts war dies ein Rätsel für Physiker. Heute können wir einige vernünftige Antworten auf diese Frage geben. Es beinhaltet das Verständnis der Welt aus einer Wellenperspektive und umfasst Konzepte wie Quantendekohärenz. Im Laufe dieses Buches werden wir nach und nach die Konzepte enthüllen, die zusammen die Antworten auf dieses Problem liefern.

2.1 Wie man eine Welle beschreibt

Bevor wir beginnen können zu verstehen, wie wir unsere Welt in Bezug auf Wellen darstellen können, müssen wir verstehen, was eine Welle ist. Wie enthält und transportiert eine Welle Energie? Wie enthält und transportiert sie Impuls? Erst wenn wir dies wissen, können wir beginnen, die Antworten auf unser faszinierendes Problem des Welle-Teilchen-Dualismus zu untersuchen. Wenn wir über Wellen sprechen, werden wir die Frage untersuchen, was eigentlich schwingt? Dies wird uns zum Konzept der Felder führen und wie ein Feld eine Welle tragen kann. Dann werden wir endlich bereit sein zu verstehen, wie ein Teilchen eine Welle sein kann.

2.1.1 Wellenlänge repräsentiert Impuls

Wenn ich eine Feder schlage, wird sie sich zusammenziehen und diese Kontraktion wird sich durch die Feder bewegen bis zu ihrem Ende, wo sie alles, was an ihrem Ende positioniert ist, mit der gleichen Kraft trifft, die ich hineingesteckt habe (vorausgesetzt, es wurde keine Energie auf dem Weg dissipiert). Also wird der Schlag, den ich hineingebe, durch die Feder bis zu ihrem Ende transportiert. Hier sehen wir, dass der Impuls (der Schlag) als Welle durch die Feder transportiert wird.

Wenn ich die Feder schlage, wird sie beginnen, den Schlag vom ersten Moment an zu transportieren, in dem ich sie treffe. Und solange ich sie hineindrücke (als Folge meiner Schlagkraft), wird das Drücken die Feder weiter zusammenfalten.

n der Zwischenzeit transportiert die Feder die Falte als Welle durch die Feder. Nehmen wir an, ich schlage 3-mal so hart zu. Es wird ein Drittel der Zeit benötigen, um es hineinzudrücken, also wird es ein Drittel der Zeit benötigen, um es zu falten. Das bedeutet, dass vom Punkt der ersten Berührung bis zum Moment der maximalen Falte ein Drittel der Zeit vergeht. In dieser Zeit konnte die Falte nur ein Drittel des Weges im Vergleich zum vorherigen Schlag transportiert werden. Das bedeutet wiederum, dass die Breite der Falte ein Drittel so groß ist. Sie ist einfach konzentrierter! Also sehen wir, dass das Dreifache des Impulses (3-mal so hart schlagen) zu einem Drittel der Wellenlänge (Breite der Falte) führt, s. Abb. 2.3.

Mathematisch sagen wir, dass der Impuls P, der von einer Welle getragen wird, umgekehrt proportional zur Wellenlänge λ ist:

$$P \sim 1/\lambda.$$

Das Zeichen „~“ bedeutet „proportional zu“. Also sehen wir, dass der Impuls mit der in einer räumlichen Distanz gespeicherten Energie zusammenhängt. Je kürzer die Distanz, in der die Energie des Schlages gespeichert ist, desto höher der Impuls. Das bedeutet, dass wir Raum (Wellenlänge) mit Impuls in Beziehung setzen könnten.

Die Art von Welle, die wir betrachtet haben, ist typischerweise eine Druckwelle. Diese Art von Welle besteht aus einem Druck, der durch das Medium fortgepflanzt wird. Wir nennen das eine longitudinale Welle. Bei einer solchen Welle ist die Wellenamplitude in Richtung ihrer Ausbreitung. In diesem Beispiel ein Schlag, der durch die Feder fortgepflanzt wird. Wir können auch über den

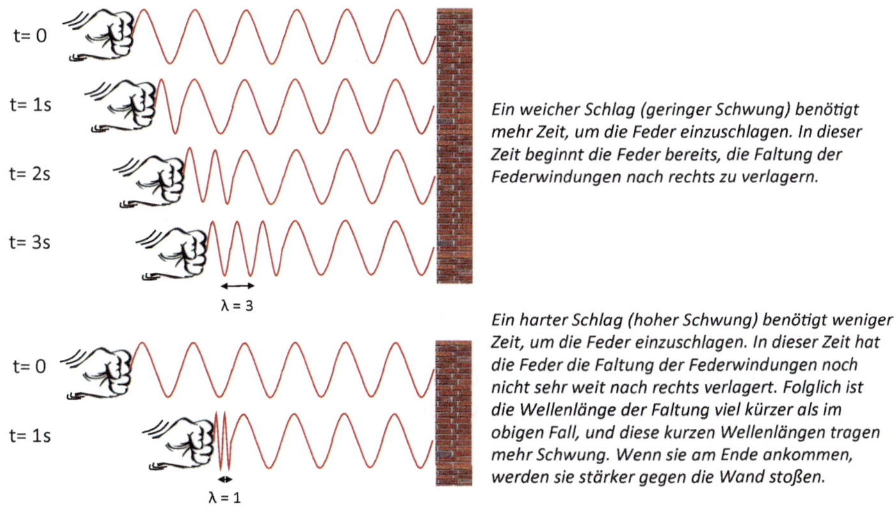

Abb. 2.3 Die Auswirkung eines weichen oder harten Schlages auf eine Feder. Ein harter Schlag erzeugt eine Falte in den Windungen der Feder, die eine kürzere Wellenlänge hat, aber einen stärkeren Aufprall. Also, je höher der Impuls in der Welle, desto kürzer die Wellenlänge

Luftdruck in der Atmosphäre nachdenken. Druckunterschiede führen zu Wind, der eigentlich Druck ist, der durch die Luft fortgepflanzt wird. Wir alle wissen, dass Wind einen Impuls ausüben und Energie tragen kann.

Gilt dies jedoch auch für transversale Wellen? Transversale Wellen haben eine Amplitude senkrecht zu ihrer Ausbreitungsrichtung. Nehmen Sie z. B. Wellen im Wasser. Betrachten Sie einen Surfer am Strand. Wenn er eine Welle surft, bekommt er Impuls von der Welle, indem er auf ihrer Steigung reitet. Je steiler die Steigung der Welle, desto mehr Impuls. Wenn die Wellenlänge der Welle kürzer wird, wird die Steigung der Welle steiler. Also sehen wir auch hier, dass eine kürzere Wellenlänge einem höheren Impuls entspricht, der über eine Distanz getragen und dann übertragen werden kann, z. B. an einen Surfer.

Man könnte einwenden, dass der Surfer seinen Impuls (und Energie) von der Schwerkraft bekommt, da es die Schwerkraft ist, die den Surfer die Steigung der Welle hinunterzieht. Aber bevor die Schwerkraft den Surfer hinunterziehen kann, musste die Welle den Surfer hochdrücken. Wie schnell dies geschieht, wird durch die Steilheit der Wellensteigung bestimmt. Also liefert die Welle Energie an den Surfer, indem sie ihn hochdrückt und der Impuls, den der Surfer bekommt, hängt von der Steilheit der Welle ab.

Für diejenigen, die nicht überzeugt sind: Die höchsten Wellen finden Sie mitten im Ozean. Sie können leicht 30 m hoch sein. Aber sie sind nicht so steil, so dass ein Surfer von solchen Wellen nicht profitieren kann.

2.1.2 Frequenz repräsentiert Energie

Schauen wir uns an, wie eine Welle sich über die Zeit verändert. Wir tun dies auf einfache Weise, indem wir einen Punkt im Raum betrachten und sehen, wie eine Welle, die an diesem Punkt vorbeizieht, die Amplitude dort verändert. Stellen Sie sich vor, Sie legen ein Seil gerade auf einen Tisch und ziehen das linke Ende des Seils schnell hintereinander hoch und runter. Die Beule, die Sie auf diese Weise erzeugen, bewegt sich mit einer bestimmten Geschwindigkeit zum rechten Ende. Wählen Sie nun einen beliebigen Punkt irgendwo in der Mitte des Seils und malen Sie ihn rot. Beobachten Sie dann, was mit dem roten Punkt auf dem Seil passiert, wenn die Beule vorbeizieht. Zuerst liegt es still auf dem Tisch. Dann, wenn die Beule von links heranrückt, beginnt es sich nach oben zu bewegen. Mit der Zeit bewegt sich der rote Punkt weiter nach oben, und das tut er weiter, bis der Moment kommt, in dem die Spitze der Beule den roten Punkt passiert. In diesem Moment erreicht der rote Punkt seine höchste Amplitude über dem Tisch. Dann, wenn die Beule weiter nach rechts zieht, beginnt der rote Punkt wieder nach unten zu gehen, bis nach kurzer Zeit die Beule ganz rechts am roten Punkt vorbeigezogen ist und er wieder auf dem Tisch liegt.

Angenommen, wir erstellen ein Diagramm mit der Zeit auf der horizontalen Achse und der Amplitude des roten Punkts auf der vertikalen Achse. Wie sieht es aus? Es sieht aus wie eine Beule selbst (s. Abb. 2.4)! Wenn wir also einen

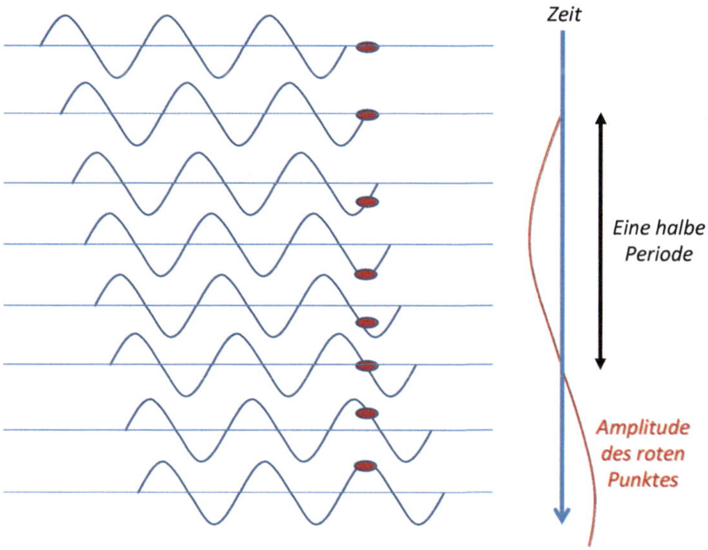

Abb. 2.4 Der rote Punkt auf dem Seil geht auf und ab, wenn eine Welle in der Zeit vorbeizieht. Wenn die Welle mit höherer Geschwindigkeit vorbeizieht, wird sie schneller auf und ab gehen: Sie hat eine höhere Frequenz. Wenn die Wellenlänge der Welle kürzer ist, wird der Punkt auch schneller auf und ab gehen und seine Frequenz wird wieder höher sein

Punkt im Raum betrachten und eine Welle vorbeizieht, sieht der Punkt im Raum tatsächlich, wie seine Amplitude auf und ab und auf und ab geht. Der Punkt erlebt eine Welle in der Zeit. Wie schnell es auf und ab gehen wird, wird durch die Geschwindigkeit bestimmt, mit der die Welle vorbeizieht, aber auch durch die Wellenlänge der Welle. Wenn die Welle schneller vorbeizieht, wird der rote Punkt schneller auf und ab gehen (seine Frequenz wird höher sein). Die Frequenz ist also proportional zur Geschwindigkeit der Welle. Wenn die Welle eine kürzere Wellenlänge hat, geht der rote Punkt auch schneller auf und ab. Daher ist die Frequenz umgekehrt proportional zur Wellenlänge. Kurz gesagt, die Frequenz des roten Punkts steigt, wenn die Wellenlänge kürzer wird und/oder die Geschwindigkeit der Welle zunimmt. Dies können wir in der folgenden wichtigen Formel für Wellen zusammenfassen:

$$\text{Frequenz F} = \text{Geschwindigkeit V}/\text{Wellenlänge } \lambda.$$

Die Frequenz ist mit der Energie verbunden. Wenn wir wieder an das Seil denken und wir wollen, dass die Frequenz des roten Punkts höher ist, müssen wir nur das Seil schneller auf und ab ziehen. Dies erfordert mehr Energie. Wenn wir wirklich eine sehr hohe Frequenz wollen, müssen wir das Seil wie verrückt auf und ab ziehen. Wenn wir das tun, stellen wir fest, dass wir umso mehr Energie aufwenden müssen, je schneller wir es auf und ab bewegen wollen. Daher können wir sagen, dass die Frequenz proportional zur Energie ist, die wir in die Welle stecken.

Gleichzeitig haben wir früher gesehen, dass die Wellenlänge ein Maß für den Impuls der Welle ist. Wenn der Impuls steigt, wird die Wellenlänge kürzer. Offensichtlich steigt die Energie auch, wenn der Impuls steigt. All dies kann in die folgende Gleichung eingesetzt werden:

$$\begin{aligned}\text{Energie E} &\sim \text{Frequenz F} = \text{Geschwindigkeit/Wellenlänge}\lambda \\ &\sim \text{Geschwindigkeit} \times \text{Impuls.}\end{aligned}$$

Für Teilchen in der klassischen Mechanik haben wir Energie = ½ × Masse × Geschwindigkeit^2 = ½ × Impuls × Geschwindigkeit, da Impuls = Masse × Geschwindigkeit. Wenn wir also die Frequenz einer Welle als ihre Energie und die Wellenlänge als Maß für ihren Impuls nehmen, erhalten wir die gleiche Art von Beziehung zwischen Impuls und Energie für Wellen wie für klassische bewegte Teilchen. Die Formeln unterscheiden sich um einen Faktor von ½. Dies ist eine Folge davon, wie Wellen gruppiert werden müssen, um wie ein Teilchen auszusehen. Darauf werden wir später eingehen.

Wir können schlussfolgern, dass einer Welle die Eigenschaften von Energie und Impuls zugeschrieben werden können, genau wie einem Teilchen. Schauen wir uns an, wie das für Photonen funktioniert, die „Teilchen“ des Lichts. Eine *Welle* des Lichts würde unserer Formel gehorchen:

$$\text{Frequenz des Lichts F} = \text{Geschwindigkeit/Wellenlänge} = C/\lambda,$$

wobei C die Lichtgeschwindigkeit ist. Jetzt setzen wir ein, wie Energie E mit Frequenz ($E \sim F$) und Impuls P mit Wellenlänge ($P \sim 1 / \lambda$) zusammenhängt. Dann erhalten wir:

$$E \sim F = C/\lambda \sim CP.$$

Die Formel $E = CP$ ist die Beziehung zwischen Energie und Impuls für (masselose) Photonen in der Relativitätstheorie. Und so sehen wir, dass unser Verständnis von Impuls in Bezug auf die Wellenlänge und Energie in Bezug auf die Frequenz Wellen genau die Eigenschaften verleiht, die wir aus der Teilchenwelt gewohnt sind. Dies deutet wiederum darauf hin, dass Teilchen durch Wellen dargestellt werden könnten. Natürlich gibt uns das noch kein Verständnis dafür, wie Photonen Quanten sein können. Bisher verstehen wir nur, wie die Frequenz mit der Energie und die Wellenlänge mit dem Impuls zusammenhängt und dass dies uns die richtigen Gleichungen liefert.

Lassen Sie uns zurück zum Strand gehen. Ihnen könnte bekannt sein, dass die Wellenlängen im Wasser kürzer werden, sobald die Wellen anfangen, sich dem Strand zu nähern. Das würde bedeuten, dass ihr Impuls steigt, und das ist tatsächlich so! Aber Sie könnten sich fragen, wie kann das sein? Ist der Impuls nicht etwas, das erhalten bleibt? Ja, das ist es! Der Punkt hier ist, dass der Gesamtimpuls im Meer unter der Oberfläche sich nicht ändert. Aber wenn die Welle in flacheres Wasser gelangt, verteilt sich der Impuls auf weniger Wassertiefe. So beginnt die Welle an der Oberfläche, mehr vom Gesamtimpuls zu tragen.

Ein weiteres Problem ist, dass die Gesamtenergie gleich bleiben muss. Das bedeutet, dass die Frequenz trotz der kürzer werdenden Wellenlänge gleich bleiben muss. Der einzige Weg, dies zu tun, besteht darin, die Geschwindigkeit zu verringern (denken Sie daran, $F = V/\lambda$). Und genau das passiert. Die Geschwindigkeit der Wellen im Wasser nimmt in dem Maße ab, wie die Wellenlänge verkürzt wird. Diese Idee werden wir später verwenden, wenn wir diskutieren, was mit Wellen passiert, die in ein anderes Medium eintreten.

2.1.3 Überlagerung und Interferenz von Wellen

Wellen haben Eigenschaften, die wir bei Teilchen nicht sehen. Überlagerung ist eine dieser Eigenschaften. Überlagerung bedeutet, dass, wenn zwei Wellen einen bestimmten Punkt passieren, die Amplitude an diesem Punkt die Summe der Amplituden der einzelnen Wellen dort ist. Beachten Sie, dass die Amplitude für den Teil einer Welle unterhalb des Durchschnittsniveaus negativ ist.

Zwei Wellen können sich verstärken, wenn sie „in Phase“ sind, was bedeutet, dass beide Wellen an einem bestimmten Punkt die gleiche Amplitude haben (s. Abb. 2.5). Das Addieren dieser Amplituden erzeugt eine höhere resultierende Amplitude. Andererseits können sich zwei Wellen auslöschen, wenn sie in entgegengesetzter Phase sind, was bedeutet, dass die Wellen an einem bestimmten Punkt eine entgegengesetzte Amplitude haben. Das Hinzufügen einer positiven Amplitude zu einer negativen erzeugt eine niedrigere resultierende Amplitude. Dies geschieht in einem geräuschreduzierenden Kopfhörer. Er misst die auf das Telefon zukommenden Wellen und versucht, eine entgegengesetzte Welle zu erzeugen, die die eingehende Welle im Bereich Ihrer Ohren auslöschen würde.

Wenn Wellen aufeinandertreffen, erzeugt die Überlagerung dieser Wellen ein Muster. Dieses Muster wird Interferenzmuster genannt. Dieses Muster zeigt sich überall dort, wo die Wellen miteinander interferieren. Nehmen Sie z. B. eine Wasserwelle. Wenn die Welle auf eine Wand mit zwei Öffnungen trifft, wirkt jede Öffnung so, als ob sie die Quelle einer neuen Welle wäre. Dies führt zu zwei Wellen, die aus den beiden Öffnungen kommen (s. Abb. 2.6). Ein Stück weiter sehen

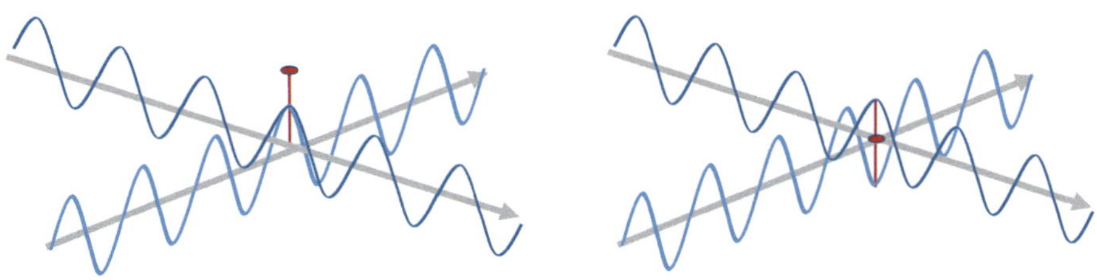

Abb. 2.5 Links: Zwei Wellen in Phase am roten Punkt addieren sich zu einer höheren Amplitude. Rechts: Zwei Wellen in entgegengesetzter Phase am roten Punkt heben sich auf. Die resultierende Amplitude ist in diesem Beispiel null

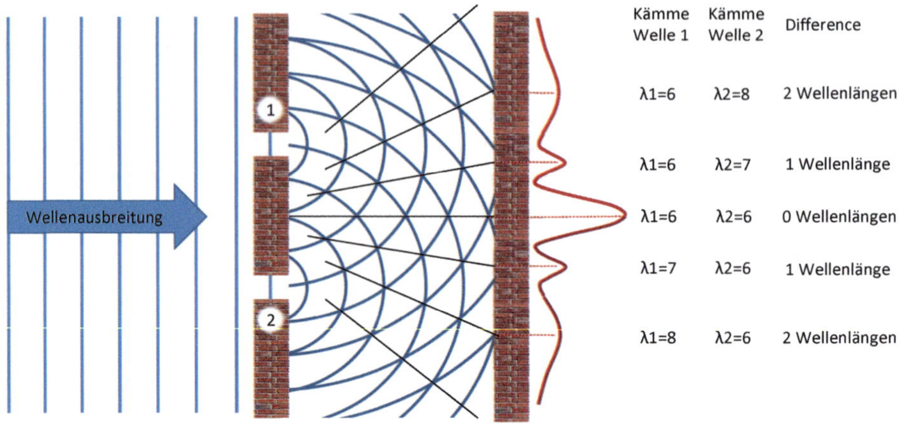

Abb. 2.6 Interferenzmuster von zwei Wellen, die von Öffnung 1 und Öffnung 2 in der linken Wand im Wasser kommen. Die blauen Linien sind die Kämme der Wellen. Die geraden schwarzen Linien zeigen, wo die beiden Wellen positiv interferieren. Die rechte Wand erfährt das Interferenzmuster zwischen den beiden Wellen, wie es in der roten Grafik daneben dargestellt ist. Also, wo die rote Grafik eine hohe Amplitude zeigt, erzeugt das Wasser hohe Wellen gegen die Wand. Wenn man die Anzahl der Wellenlängen (= die Anzahl der blauen Linien) von jeder Öffnung auf der linken Seite zur rechten Wand zählt, erhält man die Zahlen auf der rechten Seite des Bildes. Wenn diese Zahlen um eine ganze Anzahl von Wellenlängen differieren, interferieren die Wellen positiv und wir sehen ein Maximum in der roten Grafik. Dazwischen interferieren die Wellen negativ und wir sehen ein Minimum in der roten Grafik. An diesen Punkten unterscheiden sich die Wellen um eine ganze Anzahl von Wellenlängen + ½

wir, dass die Wellen anfangen zu interferieren. Jede blaue Linie in der Welle repräsentiert die Spitze einer Welle. Wo die Linien sich kreuzen, interferieren die Wellen positiv mit einer Amplitude, die doppelt so groß ist wie die Amplitude jeder einzelnen Welle. Wo eine Linie der Welle Nummer eins den Mittelpunkt zwischen den Linien der Welle Nummer zwei kreuzt, heben sie sich gegenseitig auf.

Die Interferenz zwischen den beiden Wellen tritt am deutlichsten an der rechten Wand hervor. Hier sehen wir, dass einige Teile der Wand eine sehr hohe Amplitude aufweisen, während andere Teile kaum eine Amplitude zeigen.

2.1.4 Messung

Die Interferenz zwischen den beiden Wellen in Abb. 2.6 findet statt, solange sie ungestört sind. Was würde passieren, wenn sie gestört würden? Zum Beispiel, wenn wir eine weitere Wand mit Löchern in den Wellenpfad stellen, würde das Interferenzmuster an der dahinterliegenden Wand sich ändern und würde durch den Pfad der Wellen zwischen der neuen Wand und der Wand rechts bestimmt (Abb. 2.7). Das Interferenzmuster wird also durch den Pfad der beiden Wellen

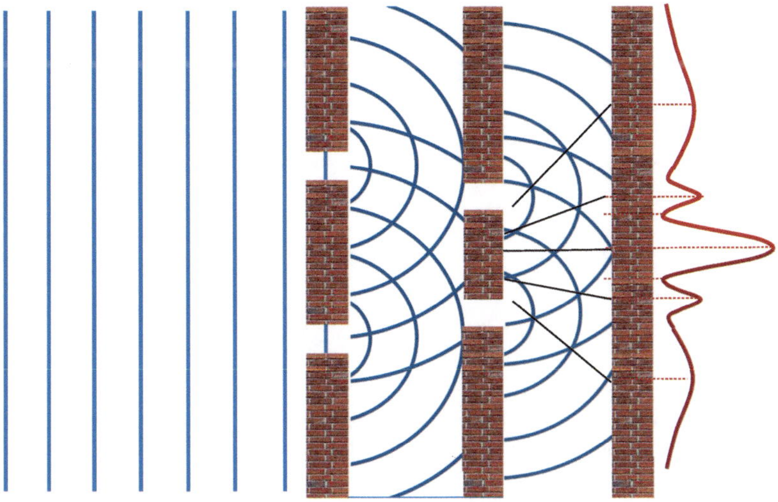

Abb. 2.7 Wenn eine neue Wand zwischen den anderen beiden aufgestellt wird, mit Löchern an einer anderen Stelle, wird das Interferenzmuster durch die Wellen bestimmt, die zwischen der mittleren Wand und der Wand rechts interferieren. Wellen interferieren also nur in dem Bereich, in dem sie ungestört reisen können

zwischen zwei Wänden, d. h. zwischen zwei Ereignissen bestimmt. Jedes Ereignis (jede Wand) verändert das Interferenzmuster.

In der Welt der Teilchen werden wir sehen, dass ein solches Ereignis gleichwertig ist mit einer Messung. Eine Messung zeigt uns z. B., wo die Wellen sich befinden (an den Öffnungen in der Wand). Gleichzeitig verändert die Messung (die Wand) unvermeidlich die Form der Welle. Wir werden später sehen, dass dies eine sehr wichtige Eigenschaft aller Messungen ist. Eine Messung gibt uns die Möglichkeit, Informationen über eine Welle zu erhalten, z. B. über ihre Position im Raum-Zeit-Kontinuum. Aber dabei muss sie die Welle verändern. Während der Zeit, in der keine Messung durchgeführt wird, hat die Welle die Möglichkeit, sich zu entwickeln. In dieser Zeit können Wellen miteinander interferieren. Wenn also die Welle links in Abb. 2.7 eine Teilchenwelle darstellt, wird diese Welle an den Öffnungen der Wand in zwei Wellen aufgeteilt. Die Interferenz zwischen den Wellen eines Teilchens findet so lange statt, wie sie ungestört sind, d. h., so lange sie nicht gemessen werden.

Eine Messung muss einen *Transfer* von Impuls und/oder Energie beinhalten, *der den Zustand (z. B. die Position)* des Teilchens einschränkt. Nur dann kann dieser Zustand gemessen werden. Schauen wir uns diese Aussage etwas genauer an. Wäre es z. B. möglich, die Position eines Teilchens zu messen, ohne seinen Impuls zu verändern? In Abb. 2.8 finden wir links zwei Teilchen, die miteinander interagieren, aber das hat nicht zu einer Änderung des Impulses geführt. Beide Teilchen fliegen einfach geradeaus durch. Wenn ich Teilchen A messen würde, hätte

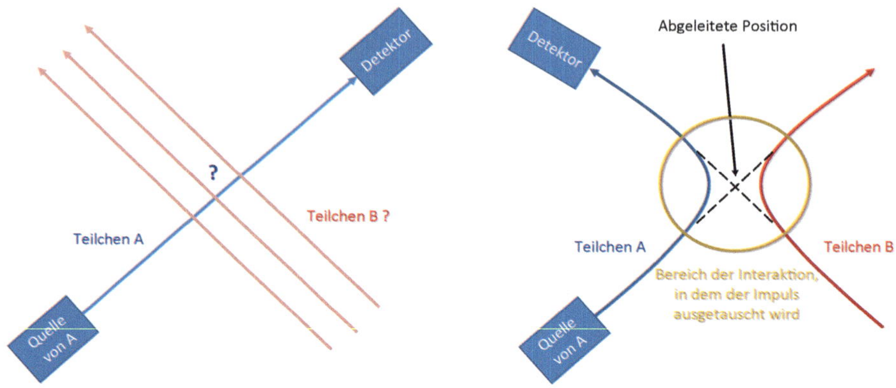

Abb. 2.8 Nur wenn zwei Teilchen Impuls austauschen (rechts), können wir Informationen über die Position des Interaktionspunktes und die ungefähre Position von Teilchen B zu diesem Zeitpunkt ableiten. Wenn kein Impuls ausgetauscht wird (links), können wir keine Informationen über die Position von Teilchen B erhalten

ich keine Möglichkeit zu deduzieren, wo es mit Teilchen B interagiert hat. Es könnte überall auf der Strecke sein, die es genommen hat. Das bedeutet, dass ich keine Ahnung von der Position von B bei der Interaktion habe. Rechts finden wir zwei Teilchen, die interagiert und sich voneinander abgestoßen haben. Während der Interaktion hat sich der Impuls in der Richtung (und möglicherweise im Wert) geändert. Die Messung von Teilchen A gibt mir jetzt eine Vorstellung vom Zentrum der Interaktion. Daher kann ich die ungefähre Position von Teilchen B ableiten. Dieses Bild zeigt also deutlich, dass eine Änderung des Impulses erforderlich ist, um eine Position zu messen.

Betrachten wir ein weiteres Beispiel, in dem eine Glühbirne anzeigt, wo sich ein Elektron in einem Doppelspaltexperiment befindet. Das Licht würde dem Elektron Impuls übertragen. Dies würde an einem der Löcher geschehen. Das Ergebnis ist, dass der Lichtweg durch das Elektron an einem der Löcher abgelenkt wird. Jetzt können wir unterscheiden, durch welches Loch das Elektron gegangen ist! Dies begrenzt die Position des Elektrons auf dieses eine Loch. Die beiden Pfade (die beiden Löcher) sind nicht mehr ununterscheidbar. Aber die Interaktion mit dem Licht verändert auch den Impuls des Elektrons. Wenn wir das tun, verschwindet das Interferenzmuster. Was wir gerne tun würden, ist, die Natur dazu zu bringen, zu zeigen, durch welches Loch das Elektron gegangen ist *und* trotzdem das Interferenzmuster zu sehen. Angenommen, wir verringern den Impulsübertrag, so dass das Interferenzmuster wieder auftaucht. Wie können wir das tun? Wir können die Wellenlänge des Lichts verlängern, da dies bedeuten würde, dass der Impuls des Lichts reduziert wurde. Folglich würde das Licht weniger Impuls auf das Elektron übertragen. Tatsächlich! Das Interferenzmuster kehrt zurück. Aber jetzt haben wir ein anderes Problem: Die Wellenlänge des Lichts ist länger geworden als der Abstand zwischen den Spalten. Das ist ein Problem, weil der Lichtblitz uns nur mit einer Genauigkeit von etwa einer Wellenlänge zeigen kann, wo das

Licht herkam. Jetzt bekommen wir also einen Blitz, wenn das Elektron durchgeht, aber wir können nicht mehr erkennen, durch welchen Spalt es gegangen ist. Offensichtlich existieren die Welleneigenschaften (Interferenz) nur innerhalb des Raumbereichs, in dem wir die Position der Welle/des Teilchens nicht ausmachen können. Das ist dasselbe wie die Aussage, dass die Welleneigenschaften nur für alle „Quantenzustände" eines Teilchens existieren, die *ununterscheidbar* sind.

Dieses Verhalten hat ernsthafte Konsequenzen in der Teilchenphysik. Wenn wir etwas genauer untersuchen wollen (d. h. in einem kleineren Raum), müssen wir mehr Impuls einbringen. In Abb. 2.8 muss das Teilchen, das die Untersuchung durchführt, Teilchen A, mehr Impuls haben, um den Interaktionsbereich kleiner zu machen.

Der Teil des Satzes „... der die Position des Teilchens einschränkt" ist also relevant. Jeder Transfer von Impuls und/oder Energie wird das Interferenzmuster verändern. Aber ein kleiner Impulstransfer wird es nicht genug verändern, um das Muster verschwinden zu lassen. Über eine bestimmte Menge an Impulsübertragung hinaus wird das Muster sich signifikant verändern und wir können beginnen, von einem Messereignis zu sprechen. Im Fall des obigen Beispiels bedeutet dies, dass das Licht stark genug ist eine ausreichend kurze Wellenlänge hat. Auch die Absorption durch die Wand ist ein solcher „hoher genug Impulsübertrag". Die von uns eingesetzte Wand absorbiert einen Teil des Impulses der Wellen und begrenzt die Position des Teilchens, sie ist also relevant für die Veränderung des Interferenzmusters. Zusammenfassend lässt sich sagen, dass eine Messung eines Zustands impliziert, dass Sie genug Impuls und/oder Energie austauschen, um zwischen Zuständen unterscheiden zu können, z. B., wenn Sie unterscheiden wollen, durch welches Loch das Elektron gegangen ist (Unterscheidung zwischen zwei Positionszuständen). Sobald Sie zwischen Zuständen unterscheiden können, in denen sich ein Teilchen befinden kann, werden diese Zustände nicht mehr als Welle interferieren.

2.2 Wahrscheinlichkeitsamplitude

Lassen Sie uns zur Frage zurückkehren, wie sich das Elektron aufteilt, gleichzeitig durch beide Spalten geht, sich wieder zusammensetzt, sich selbst als Welle stört und schließlich als Teilchen absorbiert wird. Wie kann das sein?

Dieses Paradoxon hat Physiker lange Zeit verwirrt und tut es immer noch. Eine vorherrschende Meinung ist, dass der Wellencharakter nur eine Wahrscheinlichkeit ist. Wie funktioniert das? Es beginnt mit einem sehr wichtigen Prinzip in der Quantenmechanik: Wenn Sie die Wahrscheinlichkeit für etwas berechnen möchten, müssen Sie alle möglichen Wege berücksichtigen, wie es passieren kann. Das macht Sinn. Angenommen, Sie möchten die Wahrscheinlichkeit berechnen, mit zwei Würfeln insgesamt 7 Punkte zu werfen, müssen Sie alle Möglichkeiten berücksichtigen, die „7" ergeben. Also, $3+4$, aber auch $4+3$, $5+2$ und $2+5$, $6+1$

und $1+6$. Die Summe der Wahrscheinlichkeiten für jede dieser Kombinationen ergibt die Gesamtwahrscheinlichkeit, 7 zu werfen.

Aber das ist nicht alles. Wenn wir uns das Doppelspaltexperiment ansehen, ergibt die bloße Addition der Wahrscheinlichkeit, durch Spalt A zu gehen, zur Wahrscheinlichkeit, durch Spalt B zu gehen, kein Interferenzmuster. Es gibt nur zwei Flecken auf dem dahinterliegenden Bildschirm. Daher gibt es in der Quantenmechanik ein spezielles Rezept zum Hinzufügen dieser Wahrscheinlichkeiten. Dieses Rezept erfordert eine Welle.

Nehmen wir z. B. ein Teilchen, das links von Abb. 2.6 startet. Nennen wir diesen Punkt A. Wir möchten die Wahrscheinlichkeit berechnen, an einem bestimmten Punkt auf der Wand rechts zu enden. Nennen wir diesen Punkt B. Zuerst müssen wir jeder Strecke von A nach B eine Welle zuordnen. Wie die Welle aussieht, wird vollständig durch die Eigenschaften unseres Teilchens bestimmt. Wenn beide Spalten offen sind, gibt es zwei nicht unterscheidbare Wege. Jetzt müssen wir bestimmen, wie sich die Wellen addieren (Superposition). So haben wir jetzt eine resultierende Amplitude für das Interferenzmuster am Punkt B. Das kann auch ein negativer Wert sein, z. B., wenn die Welle in einer Senke ist. Ein negativer Wert kann jedoch keine Wahrscheinlichkeit darstellen. Daher müssen wir das Quadrat des Absolutwerts der Amplitude nehmen, um sicherzustellen, dass wir immer einen positiven Wert erhalten. Dieser Wert ist die Wahrscheinlichkeit, bei B anzukommen.

Die Wege in diesem Beispiel sind nicht unterscheidbar, da wir keine Möglichkeit haben zu erkennen, durch welche Spalte das Teilchen gegangen ist. Wenn wir ein solches Mittel installieren würden (die Glühbirne), wären die beiden Wege nicht mehr unterscheidbar und die Berechnung würde auf nur einem Weg durch eine Spalte basieren. Das Ergebnis wäre ein Fleck hinter der Spalte, durch die das Teilchen gegangen ist, und kein Interferenzmuster.

Es ist klar, dass dieses Rezept uns die richtige Wahrscheinlichkeitsverteilung liefert. Das Rezept wird als Born-Regel [Ref. 1] bezeichnet und wird für alle Situationen verwendet, die in der Quantenmechanik nicht unterschieden werden können. Wenn wir z. B. zwei identische Teilchen in enger Reichweite haben, können wir sie nur beschreiben, wenn wir die Wahrscheinlichkeit einbeziehen, dass sie die Plätze tauschen. Diese Situation unterscheidet sich in keiner Weise von der Situation, in der nicht getauscht wird. Wir werden später sehen, welche Konsequenzen es hat, wenn wir zwei nicht unterscheidbare Fermionen oder zwei nicht unterscheidbare Bosonen haben. Ebenso, wenn wir die Wahrscheinlichkeit für eine bestimmte Interaktion berechnen wollen, müssen wir die Superposition aller möglichen nicht unterscheidbaren Variationen bestimmen, durch die diese Interaktion stattfinden kann. Die Wahrscheinlichkeit für diese Interaktion wird durch die Superposition all dieser Möglichkeiten bestimmt.

Die Tatsache, dass wir alle Wahrscheinlichkeiten einbeziehen müssen, um von A nach B zu gelangen, ist leicht genug zu verstehen (wie bei den Würfeln). Aber warum muss diese Summe mit einer Welle berechnet werden? Wir wissen, dass das Rezept funktioniert, da es mit Messungen übereinstimmt, aber das sagt uns nicht, warum. Die resultierende Amplitude der Superposition von interferierenden Wellen wird die „Wahrscheinlichkeitsamplitude“ genannt. Diese Wahrscheinlichkeitsamplitude sagt uns, welche Wege am häufigsten befahren werden und welche Wege sehr unwahrscheinlich befahren werden.

Wie sollen wir also eine solche Wahrscheinlichkeitsamplitude verstehen? In der Kopenhagener Interpretation der Quantenmechanik hatte die Wahrscheinlichkeitsamplitude keine physische Bedeutung. Es war nur ein Rezept zur Berechnung der Wahrscheinlichkeit, ein Teilchen in einem bestimmten Zustand zu finden (z. B. an einem bestimmten Punkt im Raum-Zeit-Kontinuum). Dieser Ansatz vermeidet es sorgfältig, über das Problem nachdenken zu müssen. Aber ich würde sagen, dass die Wahrscheinlichkeitsamplitude zu wichtig ist, um einfach zu vermeiden, über ihre Bedeutung nachzudenken. Also, versuchen wir es.

Angenommen, wir betrachten die Wahrscheinlichkeitsamplitude als Mittel, um Wege für das Teilchen zu ebnen. Auf diese Weise würden wir den Wellencharakter der Wahrscheinlichkeitsamplitude mit dem Teilchencharakter des Teilchens selbst kombinieren. Nach dieser Idee wird ein einzelnes Teilchen, das bei A startet, einfach seinen Weg gehen. Angeblich weiß es nichts über die Wege, Spalten oder Wahrscheinlichkeiten. Es wird sich nach rechts durch eine der Spalten bewegen (wir wissen nicht, welche!) und an irgendeinem Punkt auf der Wand rechts enden. Wenn viele Teilchen dies tun, sehen wir, dass die meisten Teilchen an einer Stelle landen, an der wir eine hohe Wahrscheinlichkeitsamplitude berechnet haben. Jedes einzelne Teilchen nimmt jedoch nur einen der möglichen Wege. Wenn es also viele Wege gibt, die Teilchen zu einem Punkt mit hoher Amplitude auf der rechten Seite führen, und nur wenige Wege zu einem Punkt mit niedriger Amplitude, können wir verstehen, dass die unwissenden Teilchen hauptsächlich an den wahrscheinlichsten Stellen landen. Wir könnten die Wahrscheinlichkeitsamplitude als die Straßen in einem Land betrachten. Viele Straßen führen zur nächsten Stadt und nur wenige in die weniger bewohnten Gebiete außerhalb der Stadt. Folglich ist es keine Überraschung, dass die meisten Autos in der Stadt landen. Die Wahrscheinlichkeitsamplitude beschreibt die Straßen. Das Teilchen ist wie ein Auto.

Aber für mich ist das nicht sehr befriedigend. Wir müssen einem Teilchen eine Welle zuordnen und diese verwenden, um die wahrscheinlichen Wege zu bestimmen. Die Welle wird durch die Eigenschaften des Teilchens bestimmt, zu denen auch sein Impuls gehört. Also, wie wird der Weg für das Teilchen ausgeschnitten? Wenn die Spalten an eine andere (relative) Position verschoben werden, ändert sich das Interferenzmuster. Also muss die Welle, die den Weg ausschneidet, einige dynamische Kenntnisse über das Teilchen sowie die Positionen der Spalten und viele andere Dinge haben. Was könnte eine solche Welle sein?

Das Problem kommt also auf die Frage zurück: *Warum und wie würden die Wege entsprechend einer solchen Wahrscheinlichkeitsverteilung ausgeschnitten, die aus einer Superposition von Wellen resultiert?*

2.3 Was bedeuten Wellen?

Um unsere Frage besser zu verstehen, schauen wir uns zunächst das Problem der Kausalität an. Kausalität besagt, dass es eine Verbindung zwischen Ursache und Wirkung gibt. Im vorliegenden Fall liegt die Ursache in den Eigenschaften des Teilchens und der Umgebung und die Wirkung besteht darin, dass der Weg für das Teilchen geebnet wird. Eines müssen wir über die Kausalität verstehen: *Kausalität ist nicht emergent:* Ursache und Wirkung können nicht aus dem Nichts auftauchen, ohne auf irgendeine Weise physisch miteinander verbunden zu sein. Zumindest hat noch kein Wissenschaftler ein theoretisches Universum geschaffen, in dem die Kausalität ohne vorherige Einführung entstanden ist. Hawking, u. a., hoffte, dass die Kausalität aus Quantenfluktuationen entstehen würde, die solche Kausalität nicht intrinsisch tragen. Computer-Simulationen, in einer Theorie genannt „kausale dynamische Triangulationen", können jedoch nur ein lebensfähiges Universum erzeugen, nachdem die Kausalität explizit eingebracht wurde [Ref. 49, 50]. Folglich müssen wir in der Lage sein, zwischen Ursache und Wirkung zu unterscheiden. Das bedeutet, dass es etwas Physisches geben muss, das die Wirkung (mögliche Wege eines Teilchens) mit ihrer Ursache (Eigenschaften des Teilchens und seiner Umgebung) verbindet. Nur dann können wir sicher sein, dass eine Änderung des Impulses oder eine Änderung der Positionen der Spalte (die Ursache) zu dem veränderten Interferenzmuster (die Wirkung) führen wird.

Eine Möglichkeit ist, dass es etwas Physisches gibt, das kontinuierlich den Weg für das Teilchen ausschneidet. Wenn das so wäre, müsste dieses Etwas sowohl mit dem Kontext des Teilchens als auch mit dem Teilchen selbst verbunden sein. Es muss dynamisch verbinden: Zu jedem Zeitpunkt muss es den Weg neu überdenken, abhängig von den Veränderungen in der Umgebung sowie im Teilchen selbst. Dies scheint eine sehr komplizierte Art zu sein, die Situation zu betrachten.

Eine einfachere Sichtweise wäre, dass das Teilchen nicht irgendeiner magischen Wahrscheinlichkeitsverteilung folgt, die für es ausgeschnitten wird, sondern tatsächlich seinen eigenen Weg bestimmt. Aber wie kann ein Teilchen Wissen über seine Umgebung haben? Wiederum wäre *die einfachste Lösung, dass das Teilchen tatsächlich eine Welle ist.* Wir wissen, dass Wellen genau die richtigen Eigenschaften zeigen. Ein Elektron, das eine Welle ist, würde durch beide Spalte gehen, sich mit sich selbst interferieren und ein Interferenzmuster erzeugen. Mit diesem Bild haben wir kein separates Teilchen, das mit seiner Wahrscheinlichkeitsverteilung „kommunizieren" muss. Es gibt kein Problem mit Ursache und Wirkung zwischen dem Teilchen, seiner Umgebung und der Wahrscheinlichkeitsverteilung. Wenn ein Teilchen nur eine Welle ist, geht die Welle durch ihre Umgebung, interferiert und kommt mit der richtigen Wahrscheinlichkeitsverteilung heraus.

Aber wie kann Energie in Klumpen absorbiert werden? Schließlich werden die Wellen über die Wand dahinter verteilt, also was entscheidet, dass das Elektron in seiner Gesamtheit an einem Ort statt an einem anderen absorbiert wird? Hassen Sie das nicht auch? Niemals eine Pause!

Derzeit erwägen viele Forscher Alternativen. Eine interessante Alternative ist, dass die Welle als „Pilotwelle“ betrachtet wird, die das Teilchen trägt [z. B. Ref. 64]. Diese Idee erfordert jedoch erneut zwei Entitäten, die irgendwie zusammenarbeiten. Also bevor wir zusätzliche Dinge einführen, schauen wir, ob wir teilchenähnliches Verhalten *nur aus Wellen* erzeugen können. Dies ist die Hauptidee hinter der Quantenfeldtheorie. Diese Theorie ist die erfolgreichste Theorie zur Beschreibung von Teilchen, Licht und Kräften und liefert Ergebnisse, die mit Messungen sehr genau übereinstimmen.

Um die Welt zu verstehen, müssen wir also in das Verhalten von Wellen eintauchen und sehen, wie diese Energieklumpen bilden können. Wir müssen auch etwas über das „Zeug“ verstehen, das die Wellen schlägt. In der Quantenfeldtheorie wird dieses mysteriöse Zeug als Feld bezeichnet. Die Quantenfeldtheorie untersucht und beschreibt die (Quanten-)Eigenschaften von Feldern. Diese Theorie ist eine hochmathematische Theorie. In diesem Buch werden wir erklären, wie Felder Schritt für Schritt auf konzeptionelle Weise verstanden werden können. Die Konzepte sind eng mit der Mathematik verbunden, aber Sie benötigen keine mathematische Vorbildung, um die Konzepte zu verstehen.

Kapitel 3
Felder und Wellen bilden die Realität

Wenn wir an eine Welle denken, denken wir z. B. an Wellen im Wasser. Oder wir betrachten ein Seil auf dem Tisch, das durch schnelles Hoch- und Runterziehen eines Endes angeregt wird, was zu einer Welle führt, die sich zum anderen Ende des Seils bewegt. Um also eine Welle zu bekommen, brauchen wir etwas, das wir Medium nennen: Wasser oder das Seil. Das Medium trägt die Welle.

Wir haben früher gesehen, dass etwas schwingen muss, um Interferenzen zu erzeugen. Jetzt sehen wir, dass wir ein Medium brauchen, um eine solche Welle zu tragen. Was könnte das sein? Die Quantenfeldtheorie sagt, dass eine Welle eine Störung oder Anregung eines Feldes ist. Aber dieses Feld muss immer noch von einem Medium getragen werden. Dies macht nicht klar, was dieses Medium eigentlich ist. Wir wissen es einfach nicht, aber wir nennen es das Vakuum. Wir wissen nur, dass es da sein muss und dass es eine Welle tragen kann.

3.1 Was ist ein Feld?

Um eine Analogie zu ziehen, betrachten wir die Atmosphäre als Medium. Die Atmosphäre kann alle Arten von Wellen tragen. Eine offensichtliche Welle ist die Schallwelle. Wenn ich ein Geräusch mache, kann jemand anderes es hören. In der Zwischenzeit hat sich die Schallwelle von mir zur anderen Person bewegt. Auf dem Mond kann ich das jedoch nicht tun. Wenn ich auf dem Mond ein Geräusch mache, wird niemand es hören. Schallwellen sind also an das Medium gebunden. Wenn es kein Medium gibt, kann es keine Wellen geben. In der Atmosphäre könnte ich messen, wie hoch der Schallpegel an einem Punkt ist (d. h., welche Schallwellen durch diesen Punkt gehen). Theoretisch könnte ich dies in der gesamten Atmosphäre tun und einen Überblick über alle Positionen in der Atmosphäre und den dortigen Schallpegel erstellen. Vielleicht könnte ich ein schönes grafisches Bild erstellen, das den Schallpegel überall zeigt. Da der Schallpegel in der Atmosphäre einen Wert

W. Schmitz, *Teilchen, Felder und Kräfte*,
https://doi.org/ 10.1007/978-3-031-46280-1_3

annehmen kann, wird er als Schallfeld bezeichnet. Mit jeder Art von Welle in der Atmosphäre kann ich ein solches Feld verbinden. Allgemeiner gesagt ist ein Feld alles, was in jedem Teil des Mediums einen Wert annehmen kann.

Zum Beispiel hat die Atmosphäre zu jedem Zeitpunkt und an jedem Ort innerhalb des von der Atmosphäre besetzten Raums eine Temperatur. Dies wird als ein Skalarfeld bezeichnet: Die Atmosphäre kann an jedem Punkt im Raum-Zeit-Kontinuum einen Temperaturwert annehmen. Die Atmosphäre kann jedoch auch an jedem Punkt im Raum-Zeit-Kontinuum eine Geschwindigkeit annehmen. Offensichtlich ist das, was wir Wind nennen. Mit jedem Punkt in der Atmosphäre können wir eine Geschwindigkeit und Richtung des dort wehenden Winds verbinden. Dies wird als ein Vektorfeld bezeichnet. Ein Vektor wird oft als Pfeil mit einer Länge und einer Richtung dargestellt. Er unterscheidet sich von einem Skalar dadurch, dass er eine Richtung hat, während ein Skalar nur eine Zahl ohne Richtung ist.

Ein Vektorfeld in der Atmosphäre ist dreidimensional. Es benötigt drei Dimensionen, um alle möglichen Richtungen zu beschreiben, die der Vektor haben könnte. Der Wind kann von Osten nach Westen (eine Dimension), von Norden nach Süden (zweite Dimension) und von oben nach unten (dritte Dimension) wehen. Letzteres tritt z. B. in einer Gewitterwolke auf.

Hier sehen wir ein Medium (die Atmosphäre), das zwei Felder unterstützt: das Temperaturfeld (skalar) und das Windfeld (vektoriell). Wir können andere Felder in der Atmosphäre finden, z. B. ein Feuchtigkeitsfeld (skalar) und ein Druckfeld (skalar).

Ein weiteres Beispiel für einen Feldträger ist eine Wasseroberfläche. Die Wasseroberfläche trägt buchstäblich Wellen. Der Feldwert in diesem Fall ist die relative Höhe des Wassers über dem Durchschnitt. Dies sind typischerweise transversale Wellen. Wasserwellen stellen ein zweidimensionales Feld dar, da sie nur auf der Oberfläche auftreten. Im Meer können wir jedoch Druckwellen und Unterwasserströmungen finden. Das gesamte Meer ist also ein dreidimensionaler Träger von z. B. einem Wasserflussfeld. Dies ist ein Vektorfeld, da es eine Stärke (Wert) und eine Richtung hat. Druckwellen sind typischerweise longitudinale Wellen.

Auch ein Festkörper kann ein Medium für Felder sein. Man kann Wellen in Festkörpern haben sowie Temperaturfelder, Spannungsfelder usw. Wenn die Spannung in einem Festkörper von Punkt zu Punkt unterschiedlich ist, muss man die Richtung der Spannung an jedem Punkt im Festkörper sowie die Richtung, in der sie sich ändert, beschreiben. Folglich benötigt man an jedem Punkt im Festkörper eine Matrix anstelle eines Vektors. Eine solche Matrix wird als Tensor bezeichnet und das Feld im Festkörper ist ein Tensorfeld. Das Wort „Tensor“ stammt aus dem Lateinischen und bedeutet „das, was sich dehnt“, also Spannung oder Stress.

Ein spezifisches Beispiel für einen Festkörper ist ein dicker Gummistab. Man kann sich vorstellen, dass man das Gummi an einem Ende verdreht. Diese Verdrehung erzeugt eine Spannung, die sich durch den Gummistab ausbreitet. Tatsächlich breitet sie sich wie eine Welle aus. Die Ausbreitungsgeschwindigkeit einer solchen Verdrehung hängt von der Elastizität des Gummis ab.

Alle Arten von Feldern, die wir hier diskutiert haben, existieren in der Welt um uns herum. Sie können als Analogien dienen, wenn wir das Vakuum betrachten. Wir werden sehen, wie verschiedene Arten von Teilchen tatsächlich Wellen in verschiedenen Arten von Feldern im „Vakuum"-Medium sind. Für jede Art von Teilchen werden wir eine andere Art von Feld haben. Um ein Bild davon zu bekommen, wie das funktioniert, können wir die Beispiele von Feldern verwenden, die in diesem Abschnitt gegeben wurden. Denken Sie jedoch daran, dass es sich nur um Analogien handelt! Einige Beispiele für Felder, die wir in diesem Buch treffen werden, sind:

- Das Higgs-Feld ist homogen (wie wir im Abschnitt über Symmetriebrechung sehen werden) und hat überall die gleiche Stärke. Es ist ein Skalarfeld.
- Die meisten Teilchen des Boson-Typs sind Anregungen in einem Vektorfeld. Es gibt so viele verschiedene Felder, wie es Arten von Bosonen gibt. Zum Beispiel sind Photonen Bosonen und sie sind Anregungen (Wellen) des elektromagnetischen Feldes. Das elektromagnetische Feld existiert im gesamten Vakuum.
- Teilchen des Fermion-Typs sind Anregungen in einem Spinorfeld. Spinorfelder sind nicht leicht zu verstehen, daher werden wir sie ausführlich in Abschn. 13.2 diskutieren.

3.2 Alles, was wir sind, sind Wellen in einem Feld

Teilchen sind also Wellen in einem Feld. Lassen Sie uns untersuchen, was das bedeutet.

Zunächst einmal gilt dies für alle „Teilchen", aus denen wir bestehen: Wir bestehen alle nur aus Wellen in einem Feld. Das Vakuum ist nicht etwas Leeres (ein großes Nichts), sondern ist ein Medium, das Felder trägt, die die ganze Zeit schwingen. Was für uns wie eine Billardkugel auf dem Billardtisch aussieht, ist eigentlich eine Menge von Wellen, die sich von der Queuespitze zum Loch bewegen. Dies ist ein wichtiges Bild, das man im Kopf behalten sollte, da wir die Art und Weise, wie die Welt funktioniert, von diesem Bild aus aufbauen werden.

3.2.1 Einwand 1: Wie kann eine Billardkugel eine Welle sein?

An diesem Punkt mag die Vorstellung, dass wir aus Wellen bestehen, seltsam und schwer zu akzeptieren erscheinen. Wie kann z. B. eine Welle so stillstehen wie eine Billardkugel? Man muss sich vorstellen, dass auf der (sub-)atomaren Ebene nichts wirklich stillsteht. Elektronen können als Wellen betrachtet werden, die sich um den Kern eines Atoms bewegen. Der Kern besteht aus Protonen und Neutronen. Diese bestehen wiederum aus Quarks. Quarks schwingen umeinander herum. Solange solche Teilchen in Kreisen schwingen, kann der Kreis als Ganzes an einem bestimmten Punkt im Raum-Zeit-Kontinuum verharren.

Wir können auch einem großen Objekt wie einer Billardkugel eine sogenannte De-Broglie-Wellenlänge zuordnen. Die Wellenlänge einer Billardkugel ist jedoch aufgrund ihrer großen Masse extrem kurz. Sie kann mit der folgenden Formel berechnet werden:

$$\lambda = \mathrm{h/mv},$$

$$\mathrm{h} = \text{Planck'sche Konstante} = 6.626 \times 10^{-34}\,\mathrm{Js},$$

$$\mathrm{m} = \text{Masse}, \ \mathrm{v} = \text{(nichtrelativistische) Geschwindigkeit.}$$

Diese Formel sollte nicht überraschen, da wir wissen, dass der Impuls $p = mv$ ist, so dass diese Formel einfach den Zusammenhang zwischen Impuls und Wellenlänge ($\lambda \sim 1/p$) darstellt, wie wir zuvor gesehen haben. Für eine Billardkugel ist der Impuls aufgrund ihrer Masse sehr hoch im Vergleich zur Planck'schen Konstante. Wenn die Masse des Teilchens nicht extrem klein ist, wird die Wellenlänge also immer sehr kurz sein. Die Wellenlänge einer Billardkugel ist kleiner als die Größe eines Atoms. Bedenken Sie, dass die Billardkugel niemals völlig stillstehen wird. Sie hat z. B. eine Temperatur und folglich werden ihre Atome ständig „geschüttelt". Daher werden die Atome eines jeden Objekts immer in gewissem Maße in Bewegung sein. Daher wird ein „normalgroßes" Objekt niemals einen Nullimpuls oder eine lange Wellenlänge haben.

3.2.2 Einwand 2: Aber Dinge sehen nicht wie Wellen aus

Sie könnten einwenden, dass ein Objekt wie eine Billardkugel nicht wie eine Welle aussieht. Was wir jedoch von einem Objekt sehen, sind Photonen, die von der „Oberfläche" des Objekts kommen. Die beobachteten Photonen werden in unserem Gehirn in ein nützliches Bild der Welt übersetzt. Es ist nützlich zu wissen, ob ein Objekt rau oder glatt zu handhaben sein wird. Und so interpretiert unser Gehirn unsere Beobachtungen als „rau" oder „glatt".

Tatsächlich ist kein Objekt jemals „glatt", da es aus Kernen und Elektronen besteht, die sehr klein im Vergleich zur Größe eines Atoms sind. Also ist jedes Objekt größtenteils leerer Raum mit hier und da einem Kern oder einem Elektron. Wenn wir einen Kern auf die Größe der Sonne aufblasen könnten, dann wären die Elektronen Planeten und das Atom hätte die Größe des Sonnensystems. Was wir vom Sonnensystem wissen, ist, dass es hauptsächlich aus einer großen Menge leeren Raums besteht.

Ein weiterer Aspekt, den wir hier betonen müssen, ist, dass Dinge der Größe, die wir sehen können, viele Atome enthalten, die ständig miteinander interagieren.

Sie wechselwirken auch ständig mit vielen Photonen, kosmischer Strahlung, anderen Molekülen (z. B. Luft) usw. Jede solche Interaktion begrenzt die Position des Objekts in dem Sinne, dass die Wellen, die das Objekt bilden, nicht viel Chance haben, sich zu entwickeln, bevor die nächste Interaktion stattfindet. Deshalb sehen wir Dinge hauptsächlich an einer bestimmten Position und wir erleben klassisches Verhalten anstelle von Wellenverhalten. Dieser Prozess wird als Quantendekohärenz bezeichnet. Wir werden uns in Kap. 12 genauer mit diesem Prozess befassen, wenn wir ein ausreichendes Verständnis der beteiligten Interaktionsprozesse aufgebaut haben.

3.2.3 Einwand 3: Wie können Wellen einen Tisch massiv erscheinen lassen?

Ein Objekt kann uns als massiv erscheinen. Es könnte sich auch so anfühlen, z. B. wäre ein Tisch massiv. Wir können unsere Hände nicht durch einen Tisch stecken. Was bedeutet diese Massivität, wenn der Tisch tatsächlich viel leerer Raum mit hier und da einem Kern oder einem Elektron ist? Das Gleiche gilt für unsere Hand, ebenfalls nur leerer Raum. Warum können wir unsere Hand nicht durch den Tisch stecken? Es scheint wahrscheinlich, dass keines der Teilchen in unserer Hand jemals eines der Teilchen im Tisch berühren muss, also warum nicht?

Der Grund liegt in den Kräften zwischen den Kernen und den Elektronen. Die Atome im Tisch können nur einen Tisch bilden, weil sie sich gegenseitig anziehen. Es sind also elektromagnetische Kräfte, die den Tisch zu einem konsistenten Objekt machen. Das Gleiche gilt für meine Hand. Wenn ich versuche, meine Hand durch den Tisch zu stecken, stoßen die Elektronen in meiner Hand die Elektronen im Tisch ab. Und da jedes Objekt zusammengehalten wird, werden diese Elektronen nicht aus dem Weg gehen. Wenn ich meine Hand auf einen Tisch drücke, halten die Atome des Tisches aufgrund der elektromagnetischen Kräfte unter ihnen zusammen. Sie wehren auch meine Hand ab, weil die Elektronen im Tisch die Elektronen in meiner Hand abstoßen. Wenn ich so stark drücke, dass der Tisch bricht, bedeutet das, dass die Kräfte unter den Atomen im Tisch einfach nicht stark genug waren.

Wir können also schlussfolgern, dass der ganze Grund, warum ich meine Hand nicht durch den Tisch stecken kann, auf elektromagnetischen Kräften zwischen Atomen und Elektronen beruht! Wie wir später sehen werden, bestehen diese Kräfte auch aus Wellen. Wie die elektromagnetische Kraft, die aus elektromagnetischen Wellen besteht. Was wir als massiv erleben, sind in der Natur nur Wellen und Interaktionen.

3.2.4 Einwand 4: Aber Wellen sterben doch aus, oder nicht?

In den Medien, die wir kennen, wie Wasser, Seile, Luft, Metall oder jede andere Substanz, verursachen Wellen Reibung. Reibung ist im Wesentlichen Energieverlust. Sie können sich das so vorstellen, dass die Welle andere Wellen im Medium erzeugt, die die Temperatur des Mediums ein wenig erhöhen. Die Energie wird also verteilt.

Im Vakuum werden wir sehen, dass klassische Reibung nicht auftritt, aber andere Prozesse veranlassen die Wellen, andere Wellen zu erzeugen. Der Unterschied besteht darin, dass diese Wellen entweder mit der ursprünglichen Welle rekombinieren oder selbst aussterben und daher keine Energie abführen. Die Wellen, die wir in einem Feld im Vakuum finden, sind quantisiert (s. Kap. 7) und können keine Energie abgeben. Folglich kann eine Welle im Vakuum existieren und ihre Konsistenz über eine lange Zeit aufrechterhalten, so dass auch nach einer Milliarde Jahren eine Elektronenwelle immer noch eine Elektronenwelle ist.

3.2.5 Einwand 5: Was ist dann leerer Raum, durch den ich einen Ball werfen kann?

Leerer Raum existiert nicht in der Art und Weise, wie wir glauben, dass wir ihn kennen. Raum-Zeit ist mit dem Vakuum gefüllt, aber das Vakuum ist eine Art von Stoff, der ein Medium für die Arten von Wellen ist, die wir Teilchen und Kräfte nennen. Versuchen Sie, es sich wie die Atmosphäre vorzustellen. Sie füllt den Raum um uns herum auf der Erde. Denken Sie daran, dass wir Schallwellen in der Atmosphäre erzeugen könnten, aber das können wir auf dem Mond nicht. Die Atmosphäre ist ein Beispiel für ein Medium, aus dem wir austreten können und wir können den Unterschied zwischen innerhalb oder außerhalb der Atmosphäre erleben. Wenn wir aus dem Vakuum austreten könnten, könnten die Wellen, die wir Licht, Teilchen, Billardkugeln oder Tische nennen, nicht existieren, da es kein Medium gibt, das sie trägt, genauso wie das Erzeugen eines Geräusches auf dem Mond nicht möglich ist.

Das Vakuum ist also überall um uns herum, auf dem Mond (und im Mond, sonst könnte der Mond selbst nicht existieren), in und um den Ball, den wir werfen, zwischen den Sternen und im Grunde überall im bekannten Universum. Es gibt also so etwas wie das Austreten aus dem Vakuum nicht. Sie könnten es als eine nie endende Atmosphäre für Schallwellen betrachten.

Da der Raum mit dem Vakuum gefüllt ist, handelt es sich nicht um leeren Raum. Tatsächlich wäre leerer Raum, wenn man darüber nachdenkt, eine seltsame Sache. Gehen Sie einfach zurück zu der Vorstellung von einem Ball, den wir durch leeren Raum werfen können. Stellen Sie sich vor, wir tun dies in einem „wirklich leeren" Raum ohne Schwerkraft. Wir werfen den Ball und er wird weiter in einer geraden Linie gehen (Newtons Gesetz). Wie weiß der Ball, was eine gerade Linie ist? Es gibt keinen Bezugspunkt. Wie wird er seinen Impuls beibehalten? Es gibt keinen Bezugspunkt.

Natürlich wissen wir, dass, wenn keine Kraft ausgeübt wird, es keinen Grund gibt, von einer geraden Linie abzuweichen, so dass der Ball in die gleiche Richtung weitergehen wird. Das Gleiche gilt für seine Geschwindigkeit. Nichts ändert seine Geschwindigkeit. Aber das meine ich nicht. Was ich meine, ist, wie würde der Ball wissen, was geradeaus bedeutet?

Im Vergleich dazu, wenn ich mir das Wellenbild anschaue, stellt der Ball eine Amplitude im Feld dar. Diese Amplitude zieht die nächste Stelle im Feld. Dies existiert tatsächlich, da es die nächste Stelle im Medium ist (z. B. das nächste Luftmolekül). Und so kann eine Welle sich durch das Medium ausbreiten. Sie wird dies in einer geraden Linie tun, da nichts die Wellen stört, es anders zu tun, und mit der gleichen Wellenlänge (d. h. Impuls). Das Medium liefert also den Bezugspunkt.

Sagen Sie mir dann, wie ein Ball im leeren Raum das ohne ein Medium tun würde? Was ist eigentlich die Definition der nächsten Stelle im leeren Raum? In unseren Köpfen stellen wir uns immer eine Stange oder Achse vor, um eine Richtung im Raum darzustellen, und auf der Achse oder Stange stellen wir uns Maßeinheiten der Entfernung vor. Aber wenn der Raum leer ist, was würde diesen Bezugspunkt liefern?

Es ist tatsächlich ziemlich schwierig, das Bild eines leeren Raums als seltsam zu empfinden. Dies wird durch die Tatsache verursacht, dass unsere tägliche Erfahrung (unser Verstand) das Werfen eines Balls als etwas erklärt, das durch den Raum fliegt. Da wir damit aufgewachsen sind, ist es nicht einfach zu sehen, dass dies eigentlich eine seltsame Angelegenheit ist.

3.2.6 *Einspruch 6: Oh nein, nicht schon wieder der Äther …*

Durch ein Medium bewegen … das haben wir schon einmal gesehen. Im späten 19. Jahrhundert war das vorherrschende Bild, dass wir uns alle durch den Äther bewegen. Der Äther war auch ein allgegenwärtiges Medium. Die Menschen versuchten, die Geschwindigkeit der Erde relativ zum Äther zu messen. Sie konnten keine Geschwindigkeit feststellen, egal zu welcher Jahreszeit (und die Erde bewegt sich zu jeder Jahreszeit in eine andere Richtung, da sie sich um die Sonne dreht). Das war zumindest verwirrend.

Dann kam Einstein mit der Relativitätstheorie. Er sagte, dass man seine Geschwindigkeit nur relativ zu etwas anderem messen kann. Es gibt keine absolute Geschwindigkeit, keinen universellen Bezugspunkt, der eine Nullgeschwindigkeit hat, relativ zu dem man seine eigene Geschwindigkeit definieren kann. Die Lichtgeschwindigkeit ist immer c. Aber man kann seine eigene Geschwindigkeit nicht relativ dazu definieren, weil sie immer c ist, egal wie die eigene Geschwindigkeit relativ zu einem anderen Objekt ist. Dies kann nur mit Hilfe einiger seltsamer Effekte wie Längenkontraktion und Zeitdilatation sein (wir werden darauf zurückkommen).

Tatsächlich betrachtete Einstein die Konstanz der Lichtgeschwindigkeit als ein Naturgesetz. Und wie es die Relativitätstheorie vorsieht, sollte kein Naturgesetz anders sein, wenn man seine Geschwindigkeit ändert. Das macht Sinn, denn wenn die Naturgesetze je nach Geschwindigkeit ändern würden, könnte man seine absolute Geschwindigkeit (oder Geschwindigkeit 0) herausfinden. Geschwindigkeit 0 wäre, wenn dieses Gesetz einen bestimmten Wert oder eine Eigenschaft hat.

Wie sieht das also im Wellenbild aus? Zunächst einmal können wir uns nur aneinander messen, an anderen Wellen! Wir können uns nicht mit dem Vakuum messen. Wir brauchen eine andere Welle, mit der wir interagieren können, um uns selbst messen zu können. Daher ist das Bild des Vakuums als Träger von Wellen im Wesentlichen anders als das Bild eines Äthers im 19. Jahrhundert. In diesem Bild wurde erwartet, dass der Äther etwas ist, das wir nicht direkt nachweisen können, aber etwas, das wir indirekt durch Messung unserer Geschwindigkeit relativ dazu nachweisen können. Der Äther wurde als eine Art Stoff betrachtet, der den leeren Raum füllt, daher wurde er als etwas auf der gleichen Ebene wie Materie betrachtet. Das Vakuum als Medium ist nicht auf der gleichen Ebene wie Materie. Es existiert auf einer grundlegenderen Ebene und es besteht nicht aus etwas, das uns bekannt ist. Tatsächlich werden wir nicht in der Lage sein zu entdecken, woraus das Vakuum besteht. Im Vergleich dazu ist es auch nicht möglich, mit Wasserwellen zu entdecken, dass das Medium „Wasser" wirklich aus Wasserstoff- und Sauerstoffatomen besteht. Wellen in einem Medium werden nur in der Lage sein, einige Eigenschaften des Mediums, in dem sie sich bewegen, zu erfahren, aber sie werden nicht in der Lage sein, die Zusammensetzung des Mediums zu enthüllen.

Das Konzept des Äthers aus dem 19. Jahrhundert wurde durch die Lichtgeschwindigkeit in einem Experiment von Michelson und Morley im Jahr 1887 (s. Abb. 3.1) widerlegt. In diesem Experiment wurde ein Lichtstrahl geteilt und in zwei Richtungen gesendet. Es wurde angenommen, dass das Licht eine konstante Geschwindigkeit im Äther hat. Wenn wir also eine Geschwindigkeit relativ zum Äther haben, würde dies durch den Unterschied in der Lichtgeschwindigkeit in zwei senkrechten Richtungen bemerkbar sein. Eine dieser Richtungen könnte mit der Geschwindigkeit der Erde relativ zum Äther ausgerichtet sein, in welchem Fall die andere Richtung dazu senkrecht wäre.

Das Ergebnis des Experiments war, dass es keinen Unterschied in der Geschwindigkeit des Lichts gab, das in verschiedene Richtungen reiste. Das Experiment wurde viele Male mit verschiedenen Instrumenten von verschiedenen Forschern wiederholt, und nie wurde ein Geschwindigkeitsunterschied gefunden. Die einzige mögliche Schlussfolgerung ist, dass man akzeptieren muss, dass die Lichtgeschwindigkeit für jeden gleich ist, egal welche Geschwindigkeit wir relativ zum Licht oder zu anderen haben. Und es konnte keine absolute Geschwindigkeit in Bezug auf den Äther bestimmt werden.

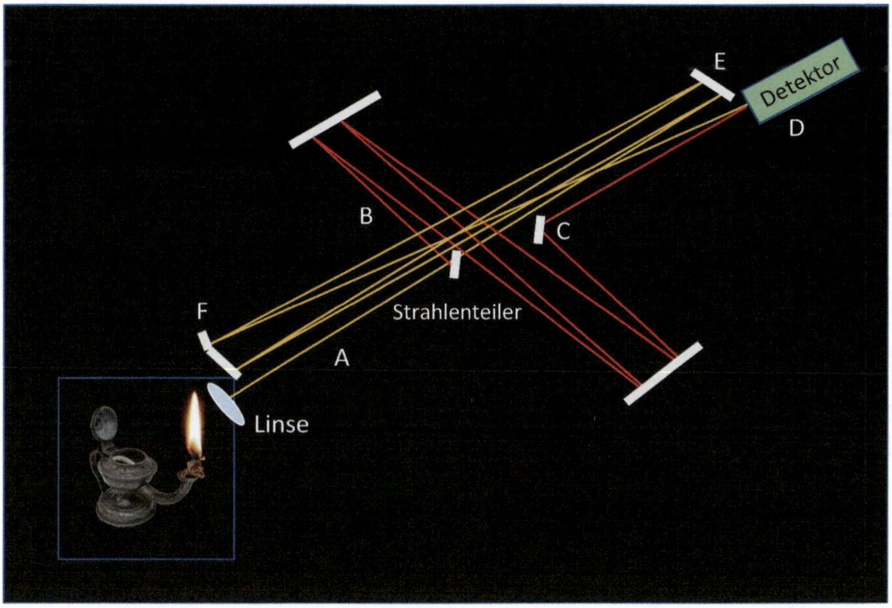

Abb. 3.1 Schematische Darstellung des Michelson-Morley-Experiments. Eine Öllampe lieferte das Licht, das durch eine Linse in einen Strahl fokussiert wurde (**a**). Der Strahl wurde durch einen Strahlteiler in einen reflektierten Strahl (**b**) und einen geraden Strahl geteilt. Der Strahl (**b**) wurde mehrmals reflektiert, bis er auf den Spiegel (**c**) traf, der den Strahl in den Detektor reflektierte. Der Strahl, der durch den Teiler ging, wurde auch mehrmals reflektiert (Spiegel (**e**) und (**f**)) und schließlich in den Detektor reflektiert. So verbrachten beide Strahlen den größten Teil ihrer Zeit auf einem Pfad, der senkrecht zueinander stand. Im Detektor interferieren die beiden Strahlen und erzeugen ein Interferenzmuster. Geringfügige Unterschiede in der Lichtgeschwindigkeit entlang der verschiedenen Pfade würden als Verschiebung im Interferenzmuster erkannt

Im Wellenbild ist c die maximale Geschwindigkeit, mit der sich Wellen durch das Vakuum ausbreiten können. Wie wir später sehen werden, hängt der Wert von c mit der „Elastizität" des Vakuums zusammen. Im Wellenbild bedeutet das, wenn wir sagen, dass die Konstanz der Lichtgeschwindigkeit ein Naturgesetz ist. Natürlich muss die „Elastizität" des Vakuums, das Medium, in dem wir alle Wellen sind, einem Naturgesetz entsprechen.

Wenn ich eine Geschwindigkeit habe (d. h., ich bin eine Welle mit einer bestimmten Geschwindigkeit im Vakuum), ist die Lichtgeschwindigkeit aus meiner Perspektive immer noch c. Wie funktioniert das? Sollte das Licht nicht schneller durch das Medium gehen? Nein, das tut es nicht. Dies erfordert Effekte wie die Längenkontraktion meiner Welle, wenn ich schneller gehe, was dazu führt, dass ich die anderen (Licht-)Wellen anders messe. Diese Effekte heben den Unterschied in der Geschwindigkeit zwischen meiner Welle und der Lichtwelle auf, wenn ich die Geschwindigkeit der Lichtwelle messe. Wir werden später darauf zurückkommen. Zuerst werden wir Wellen ein wenig mehr untersuchen und überlegen, was es eigentlich bedeutet, eine Welle und kein Teilchen zu sein.

3.3 Schlussfolgerung

Das Vakuum ist ein Medium, das Wellen trägt. Alle Teilchen und Kräfte, die wir kennen, sind Wellen in diesem Medium. Wir können nur Messungen an Wellen durchführen, mit denen wir interagieren, und so können wir nur andere Wellen messen (so wie wir Geräusche hören können, aber wir können die Luft selbst nicht hören). Wir können das Vakuum nicht direkt messen. Das Vakuum bietet keine anderen Mittel zur Definition einer absoluten Geschwindigkeit und ist daher im Wesentlichen anders als der Äther, wie er im 19. Jahrhundert definiert wurde. Das Vakuum hat eine Art „Elastizität", die als Naturgesetz betrachtet werden kann, das c als maximale Geschwindigkeit von Wellen durch das Medium definiert. Alle Wellen im Vakuum erscheinen in verschiedenen Feldern im Vakuum. So wie die Luft Druckwellen, Lufttemperatur und Feuchtigkeit als verschiedene Felder tragen könnte, die vom selben Medium getragen werden.

Kapitel 4
Was ist ein Teilchen, wenn es eine Welle ist?

Bisher haben wir über Wellen gesprochen. Wir haben auch gesehen, dass typische Teilcheneigenschaften wie Energie und Impuls auch von Wellen getragen werden können. Wir haben behauptet, dass wir alle Wellen im Vakuum sind. Dies sagt uns jedoch noch nicht, *wie* ein Teilchen jemals eine Welle sein kann. Wenn wir uns ein Teilchen vorstellen, sehen wir eine kleine Kugel, die sich zu einem bestimmten Zeitpunkt an einem bestimmten Ort mit einer bestimmten Geschwindigkeit ausbreitet. Wenn Teilchen durch Wellen dargestellt werden sollen, dann müssen wir diese Eigenschaften aus den Wellen herausbekommen. Nur dann können wir verstehen, wie wir ein Teilchen sehen (= messen) können, während wir tatsächlich mit Wellen umgehen.

In diesem Abschnitt werden wir also untersuchen, wie ein Teilchen auf Wellen basiert und wie das mit dem Impuls und der Energie des Teilchens zusammenhängt. Das wird zu einer ziemlich interessanten Überraschung führen! Schließlich werden wir die Geschwindigkeit eines Teilchens im Vergleich zur Geschwindigkeit von Wellen diskutieren.

4.1 Wo ist ein Teilchen?

Wie kann eine Welle an einem bestimmten Ort sein? Was bedeutet es, wenn ein Teilchen an einem bestimmten Ort ist? Dies ist der Fall, wenn wir das Teilchen an Ort detektieren. Nennen wir unseren Ort (x, t), einen Ort im Raum (x) und die Zeit (t). Es gibt nur eine Möglichkeit zu wissen, dass ein Teilchen bei (x, t) ist: indem wir eine Interaktion mit ihm arrangieren. Wenn wir das nicht tun, wissen wir nicht, dass das Teilchen dort ist (s. Abb. 2.8). Denken wir darüber nach. Wie könnten wir wissen, dass ein Teilchen bei (x, t) ist, wenn wir in keiner Weise mit ihm interagieren? Angenommen, wir erzeugen es an einem Punkt, gerade links von (x, t) und wir detektieren es an einem anderen Punkt, gerade rechts von (x, t). Dann

W. Schmitz, *Teilchen, Felder und Kräfte*,
https://doi.org/ 10.1007/978-3-031-46280-1_4

muss es sicherlich bei (x, t) gewesen sein, auf halbem Weg dazwischen, oder? Nun, nein, denn wir haben im Doppelspaltexperiment gesehen, dass das Teilchen tatsächlich eine Welle ist, die sich überall ausbreitet, solange sie ungestört ist. Durch die Interaktion mit dem Teilchen stören wir es. Aber wir wissen nicht genau, wo es vorher war oder wo es danach sein wird.

Also nur eine Interaktion mit dem Teilchen bei (x, t) wird uns sagen, dass das Teilchen tatsächlich bei (x, t) ist. Wann wird das Teilchen bei (x, t) interagieren? Wenn wir ein Teilchen durch eine Welle in einem Feld darstellen, dann ist die Amplitude der Welle bei (x, t) die Feldstärke bei (x, t). Die Feldstärke bestimmt die Interaktionsstärke. Man kann sich vorstellen, dass, wenn das Feld stark ist, ein anderes Feld das besser spüren könnte, als wenn das Feld schwach ist. Aber wir werden später auf die Frage der Interaktionen eingehen und klären, wie diese wirklich funktionieren.

Es ist also fair zu sagen, dass die Wahrscheinlichkeit, dass die Interaktion bei (x, t) stattfindet, höher ist, wenn das Feld bei (x, t) stärker ist. Folglich ist die Interaktion am wahrscheinlichsten dort, wo die Welle des Teilchens eine höhere Amplitude hat. Daher können wir die Amplitude der Welle bei (x, t) als die Wahrscheinlichkeit interpretieren, mit dem Teilchen bei (x, t) zu interagieren. Da Interaktion bedeutet, das Teilchen bei (x, t) zu detektieren oder zu finden, sehen wir, dass die Amplitude der Welle bei (x, t) ein Maß für die Wahrscheinlichkeit ist, das Teilchen an diesem Ort zu finden. Um genauer zu sein, in der Quantenmechanik ist die Wahrscheinlichkeit, ein Teilchen mit Wellenfunktion ψ bei (x, t) zu finden, gleich | ψ (x, t)| 2, nach der Born-Regel [Ref. 1].

4.2 Wellen im Raum

Stellen Sie sich nun eine einzelne Welle in einer Dimension vor, die unser Teilchen repräsentiert. Diese Welle hat eine Wellenlänge, da es sich um eine einzelne Welle handelt. Eine Wellenlänge impliziert einen Impuls. Die Welle hat hohe Amplituden an vielen verschiedenen Orten im gesamten Raum (s. Abb. 4.1), so dass die Wahrscheinlichkeit, unser Teilchen an irgendeinem Ort zu finden, überall verteilt ist. Wir können nie sicher sein, unser Teilchen an einem bestimmten Ort zu finden. Was wir aus diesem Bild schließen, ist, dass wenn wir ein Teilchen mit einer Welle darstellen, wir uns sehr sicher über seinen Impuls sein können, aber nicht sagen können, wo das Teilchen ist.

Drehen wir das um und sehen wir, wie wir ein Teilchen darstellen können, das an einem Ort ist. In diesem Fall muss die „Welle" des Teilchen wie ein Spike aussehen (s. Abb. 4.2). Die Amplitude ist 1 an einer Stelle (x, t) und 0 überall sonst. Dies stellt also ein Teilchen dar, das an einem Ort ist. Die Wahrscheinlichkeit, es bei (x, t) zu finden, ist 1. Dies ist jedoch an sich keine Welle. Was tun? Es ist wichtig zu erkennen, dass ein Teilchen nicht durch eine einzelne Welle repräsentiert werden muss. Normalerweise wird es durch eine Gruppe von Wellen, ein sogenanntes Wellenpaket, repräsentiert. Es können viele Wellen im Wellenpaket

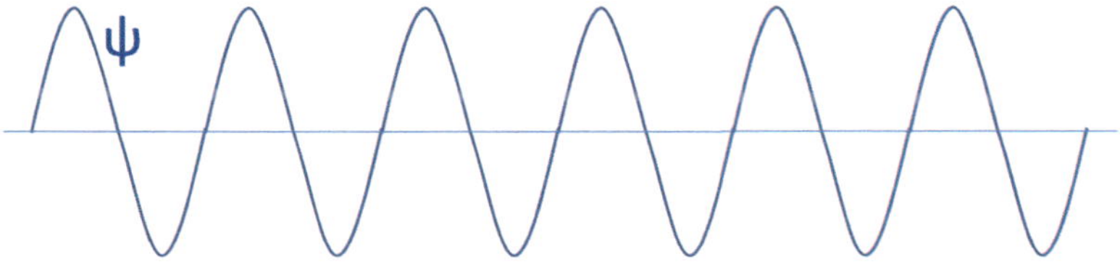

Abb. 4.1 Teilchen, repräsentiert durch eine einzelne Welle: Es könnte überall auftauchen

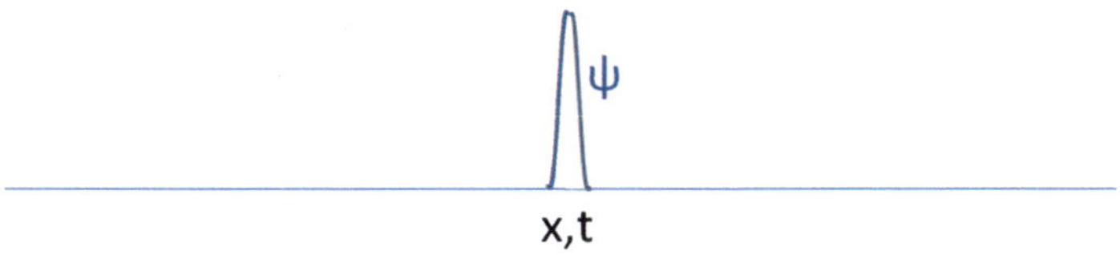

Abb. 4.2 Wellenfunktion eines Teilchens, das höchstwahrscheinlich bei x, t gefunden wird

sein und durch Überlagerung addieren sie sich alle zum Wellenpaket (oder zur Wellenfunktion) des Teilchens. Das Wellenpaket besteht aus Wellen verschiedener Wellenlängen und Amplituden. Die Überlagerung dieser Wellen liefert die Amplitudenverteilung des resultierenden Wellenpakets. Das Paket zeigt uns, wo die Feldstärke hoch ist und wo wir daher die höchste Wahrscheinlichkeit für eine Wechselwirkung mit dem Teilchen erwarten können.

Also, welche Wellen müssen wir addieren, um einen Spike zu erzeugen? Nehmen wir eine Welle an, die an der Position des Spikes einen Kamm hat. Dann fügen wir eine Welle hinzu, die dort auch einen Kamm, aber eine andere Wellenlänge hat, und dort ein Tief hat, wo die erste Welle ihren nächsten Kamm hat. Offensichtlich addieren sich diese beiden Wellen zu einer hohen Wahrscheinlichkeit, das Teilchen an der Position des Spikes zu finden (s. Abb. 4.3), während die Wahrscheinlichkeit, das Teilchen anderswo zu finden, viel geringer ist. Die Amplitude ist jedoch noch nicht 0. Wir fügen mehr Wellen mit unterschiedlichen Wellenlängen und Amplituden hinzu (Abb. 4.4), die alle an der Position des Spikes einen Kamm haben. Es stellt sich heraus, dass wir uns einem Spike nähern, wenn wir genug Wellen hinzufügen (tatsächlich eine unendliche Anzahl von Wellen, jede mit einer anderen Wellenlänge).

Ein solches Wellenpaket gibt eine hohe Wahrscheinlichkeit, unser Teilchen an einer bestimmten Stelle (x, t) zu finden. Um jedoch ein solches Wellenpaket zu erzeugen, müssen wir Wellen aller Wellenlängen verwenden. Da die Wellenlänge den Impuls des Teilchens repräsentiert, sehen wir, dass wir keine Ahnung vom Impuls des Teilchens haben. Damit ein Teilchen an einer Stelle ist, muss sein Impuls unklar sein.

Was wir hier haben, ist der *Ursprung der Unschärferelationen*, die Sie vielleicht aus der Quantenmechanik kennen. Wir können die Position und den Impuls eines Teilchens nicht gleichzeitig kennen, weil Teilchen aus Wellen aufgebaut

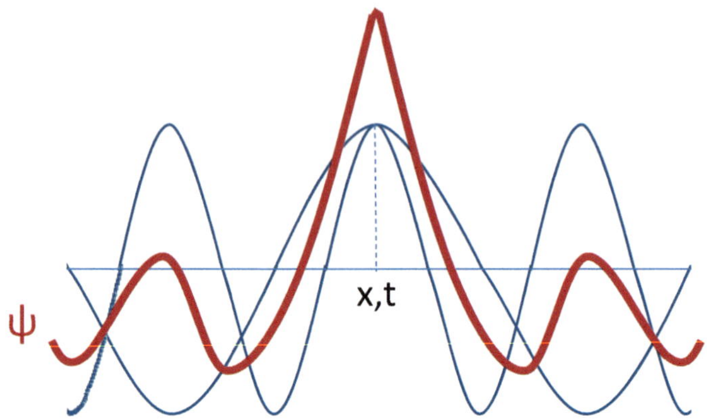

Abb. 4.3 Überlagerung von zwei Wellen mit einem Maximum bei (x, t)

sind. Dies wird in der folgenden Unschärferelation zwischen der Unschärfe in der Position ΔX und der Unschärfe im Impuls ΔP ausgedrückt:

$$\Delta X \, \Delta P \geq h/4\pi, \tag{4.1}$$

wo h die Planck'sche Konstante ist.

Lassen Sie uns das ein wenig vertiefen. Wenn die Unschärfe im Raum nicht unendlich oder (praktisch) null, sondern eine endliche Breite hat, z. B. wie in Abb. 4.5a, welche Wellenlängen (Impulse) brauchen wir, um eine solche Streuung im Raum zu erzeugen? Aus welchen Wellenlängen sollte das Wellenpaket bestehen? Die Mathematik, die uns das zeigt, nennt sich Fourier-Analyse. Diese Mathematik zeigt uns, dass wir eine Reihe von Wellenlängen brauchen, die um die durchschnittliche Wellenlänge gruppiert sind, die mit dem Impuls des Teilchens übereinstimmt (Abb. 4.5b). In diesem Bild setzen wir Wellenlängen auf die Achse, anstatt Positionen im Raum. Die Höhe des Graphen zeigt die Amplitude der Welle für jede Wellenlänge. So sehen wir, dass die Amplitude dieser Welle umso geringer ist, je weiter sie von der durchschnittlichen Wellenlänge entfernt ist.

Die Kurve, die wir hier sehen, wird als Gauß-Kurve bezeichnet. Sie hat eine Glockenform. Bei der „Fourier-Transformation" einer glockenförmigen Wellenfunktion in den Positionsraum (wie in Abb. 4.5a) erhalten wir eine glockenförmige Funktion aller Wellenlängen, die wir benötigen, um diese Wellenfunktion zu erzeugen (wie in Abb. 4.5b). Wir nennen die Dimension aller Wellenlängen den „Impulsraum". Schauen wir uns nun die Breite der Glockenform an. Wenn wir die Glockenform im Ortsraum breiter machen, wird die Glockenform im Impulsraum schmaler und umgekehrt (Abb. 4.6). Auch hier sehen wir also, dass wir, wenn wir die Position des Teilchens mit größerer Sicherheit kennen (schmalere Glockenform), mehr Wellenlängen benötigen, um das Wellenpaket zu bilden (breitere Glockenform im Impulsraum). Auch hier ist das Ergebnis die Unschärferelation zwischen Impuls und Position.

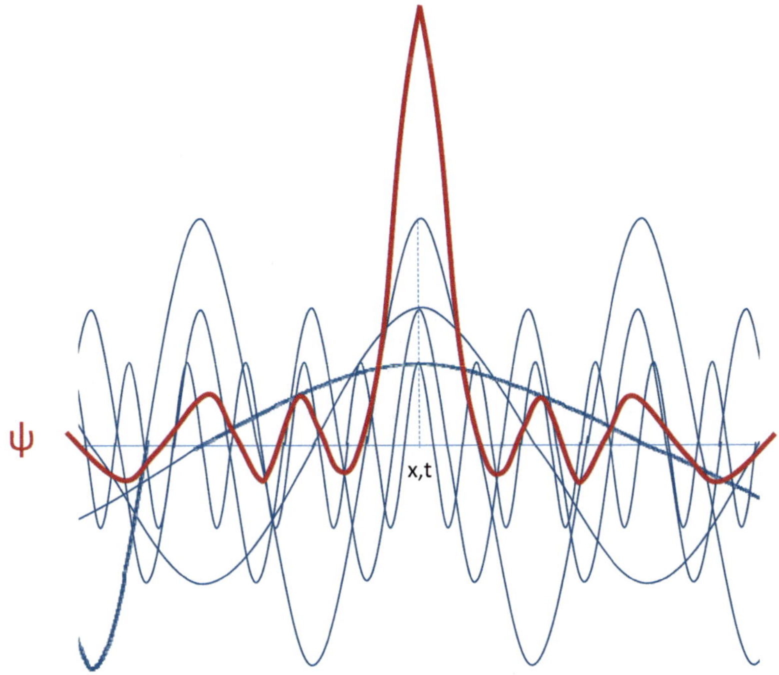

Abb. 4.4 Überlagerung von fünf Wellen, die ein Maximum bei (x, t) teilen. Um die rote Welle aufzubauen, erhält die Welle, die dem mittleren Teil am ähnlichsten ist, die höchste Amplitude. Je mehr die Wellenlänge vom mittleren Teil der roten Welle abweicht, desto geringer ist die Amplitude. So kann man einen Spike mit einer bestimmten Breite aus einer Überlagerung von Sinuswellen aufbauen. Die rote Welle ist noch keineswegs ein echter Spike, aber wir haben nur 5 Sinuswellen verwendet und es ist bereits besser als in Abb. 4.3, bei der 2 Sinuswellen verwendet wurden. Man kann sich also vorstellen, dass man mit z. B. 100.000 Wellen ziemlich nahe an einen Spike herankommen könnte. Um einen perfekten Spike zu bekommen, braucht man alle Wellenlängen und jede Welle hat die gleiche Amplitude. Aber wenn der Spike eine gewisse Breite hat, unterscheiden sich die Amplituden der verschiedenen Wellen. Wellenlängen in der Größenordnung der Breite des Spikes haben eine hohe Amplitude und Wellenlängen, die stark abweichen, haben niedrige Amplituden. Je breiter der Positionsspike, desto größer ist der Unterschied in der Amplitude zwischen den verschiedenen Wellen und desto wichtiger werden die Wellen, die Wellenlängen haben, die der Breite des Spikes ähneln

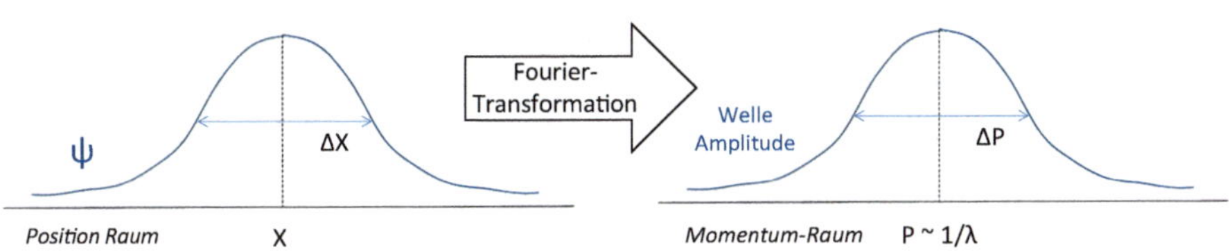

Abb. 4.5 a Glockenförmige Wellenfunktion. **b** Glockenförmige Fourier-Transformation der Wellenfunktion

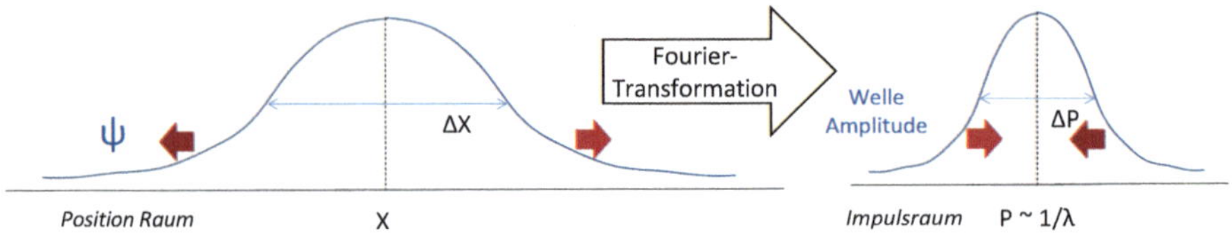

Abb. 4.6 Wenn die Wellenfunktion im Ortsraum breiter wird, wird die Fourier-Transformation im Impulsraum schmaler

Im Extremfall, wenn die Glockenform der Position unendlich breit ist, haben wir nur eine Wellenlänge. Der kritische Leser wird sagen, dass die Wellenfunktion einer Welle eine endlose Reihe von geringen Wahrscheinlichkeiten ist, ein Teilchen an Positionen zu finden, an denen die Wellenamplitude 0 ist, und hohe Wahrscheinlichkeiten, es an Positionen zu finden, an denen die Wellenamplitude maximal ist. Also ist die Verteilung der Wahrscheinlichkeit, ein Teilchen an verschiedenen Positionen zu finden, nicht überall gleich, aber sie erstreckt sich bis ins Unendliche. Es sollte auch daran erinnert werden, dass die Welle im Allgemeinen eine Geschwindigkeit hat und die Minima und Maxima sich mit der Zeit ändern werden.

Am anderen Extrem, wenn die Glockenform der Position ein Spike ist (das Teilchen muss an einer Position im Raum-Zeit-Kontinuum sein), ist die Glockenform des Impulses unendlich breit. Dies drückt die Tatsache aus, dass wir alle Wellenlängen in gleicher Amplitude benötigen, um einen Spike zu erzeugen und sicherzustellen, dass das Teilchen an einer Position im Raum-Zeit-Kontinuum ist.

4.3 Wellen im Raum und das Doppelspaltexperiment

Schauen wir uns noch einmal das Doppelspaltexperiment an und stellen uns vor, wie ein Elektron durch die beiden Spalte schwingt, interferiert und auf dem Schirm absorbiert wird (s. Abb. 2.6). Die Löcher in der Wand stellen sicher, dass wir die Position des Elektrons kennen, wenn es mit einer Präzision Δx, die der Entfernung zwischen den beiden Löchern entspricht, durch die Löcher geht. Daher wird die Wellenlänge des durchgehenden Elektrons nicht genau klar sein, sondern wird sich ausbreiten. Daher wird das Interferenzmuster nicht sehr scharf sein.

Nehmen wir nun an, wir stellen eine Glühbirne zwischen die beiden Spalte. Licht wird von einem geladenen Teilchen wie einem Elektron gestreut. Auf diese Weise können wir identifizieren, durch welches Loch das Elektron gegangen ist. Wir richten das Experiment ein und beobachten, wo wir einen Blitz sehen: Loch 1 oder Loch 2. So sehen wir viele Elektronen durchgehen und jedes Mal sehen wir einen Blitz um einen der Spalte herum. Was wäre das Ergebnis? Wie zuvor erklärt, verschwindet das Interferenzmuster.

Was ist also passiert? Indem wir identifiziert haben, durch welches Loch das Elektron gegangen ist, haben wir unser Wissen darüber, wo sich das Elektron befindet, effektiv verbessert. Wir können sicher sein, dass es sich um einen der Spalte herum befindet. So hat Δx, die Unsicherheit über den Ort des Elektrons, sich auf die Breite des Spalts (oder sogar auf den Ort des Blitzes) reduziert. Dies lässt das Interferenzmuster verschwinden. Durch die Wechselwirkung (die Messung) hat sich der Impuls des Elektrons so verändert, dass das Wellenbündel nicht mehr eine Wellenlänge hat. Folglich kann es kein klares Interferenzmuster geben. Die Klarheit in der Position bezieht sich auf die Unklarheit im Impuls (Wellenlänge) auf jedem Schritt des Weges.

Versuchen wir nun, den Einfluss der Messung zu verringern, z. B., indem wir das Licht dimmen oder sogar die Frequenz des Lichts verringern. Erinnern Sie sich, was passiert ist? Mit weniger Licht wird der Blitz weniger klar. Insbesondere, wenn die Frequenz des Lichts verringert wird, steigt seine Wellenlänge. Wenn die Wellenlänge länger ist als der Abstand zwischen den Spalten, weitet sich der Lichtblitz zu einem Fleck aus, der größer ist als der Abstand zwischen den Spalten, und es wird unklar, durch welchen Spalt das Elektron gegangen ist. An diesem Punkt beginnt das Interferenzmuster wieder aufzutauchen.

Vor der Messung war das Elektronenwellenpaket nahe an einer einzigen Welle. Sein Impuls war klar, seine Position war es nicht. Die einzelne Welle kann Interferenzmuster und klares Wellenverhalten zeigen. Die Wechselwirkung mit dem Licht veränderte den Impuls des Elektrons. Wenn der Impuls sich ändert, ändert sich das Wellenpaket des Elektrons zu einem Bündel von Wellen mit sehr unterschiedlichen Wellenlängen. Während der Wechselwirkung ist der Impuls unklar, da er sich ändert. Je mehr er sich ändert (je stärker die Wechselwirkung), desto mehr Vielfalt gibt es im Impuls der Wellen im Wellenpaket. Eine solche Vielfalt summiert sich zu einem Wellenpaket, das einem kleinen Peak ähnelt, wie in Abb. 4.2. Daher wird die Position des Wellenpakets klarer und reduziert die Unsicherheit in der Position des Elektrons. Es gibt also kein Entkommen vor der Unschärferelation, die alle Wellen aller Teilchen und Wechselwirkungen regelt. Effektiv haben wir gerade gezeigt, wie Wellen während einer Wechselwirkung eine Position liefern können. Wir werden auf dieses Konzept in Kap. 12 zurückkommen, wenn wir Quantendekohärenz diskutieren, und wir werden tiefer in die Art und Weise eintauchen, wie die Welle durch Wechselwirkungen verändert wird, um die Position eines „Teilchens" zu messen.

Man könnte argumentieren, dass die beiden Spalte selbst eine Wechselwirkung darstellen: Sie reduzieren den Ort der Teilchen-Welle auf zwei Orte (die beiden Spalte). Diese Wechselwirkung macht auch den Impuls unsicher. Bevor es durch die Spalte geht, hat das Wellenpaket eine bestimmte Breite. Beim Durchgang durch die Spalte wird das Wellenpaket in der Breite durch die Anzahl der Spalte (zwei) und die Breite jedes Spalts reduziert. Daher muss das Wellenpaket im Impulsraum breiter werden (d. h., es werden mehr Wellenlängen im Wellenpaket vorhanden sein).

Wenn die Welle jedoch nach den Spalten ungestört fortschreiten kann, passiert etwas anderes. Wenn eine Vielzahl von Impulsen im Wellenpaket verfügbar sind, stellt sich heraus, dass diese Wellen anfangen sich auszubreiten. Wenn sie sich ausbreiten, interferieren sie unterschiedlich miteinander. Diese Interferenz reduziert

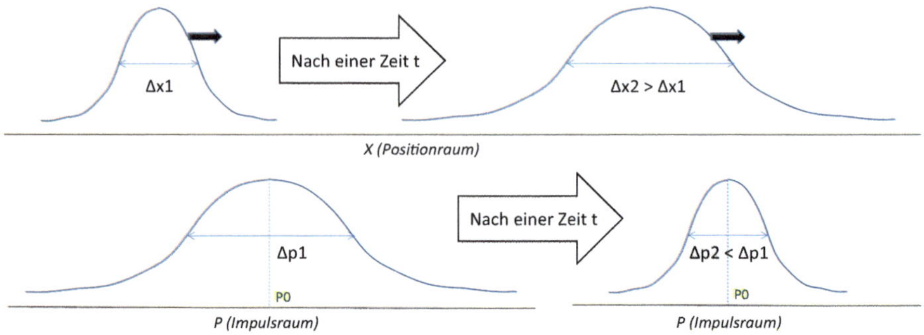

Abb. 4.7 Ausbreitung über die Zeit im Wellenpaket. In der oberen Abbildung bewegt sich das Wellenpaket mit der durchschnittlichen Geschwindigkeit des Teilchens nach rechts im Raum. Die Breite des Pakets im Raum nimmt zu. In der unteren Abbildung, im Impulsraum, bewegt sich das Wellenpaket nicht (da der durchschnittliche Impuls bei P0 gleich bleibt), aber mit der Zeit verengt es sich, während das Paket im Ortsraum sich ausdehnt

den Einfluss von Wellen mit einer Wellenlänge, die stark vom Durchschnitt abweicht. Außerdem lässt die Interferenz das Wellenpaket im Ortsraum ausbreiten. Mathematisch ist diese Ausbreitung direkt proportional zur verstrichenen Zeit.

Wenn also ein Wellenpaket ungestört reisen darf, wird es im Ortsraum breiter und im Impulsraum schmaler (s. Abb. 4.7). Man kann es auch so sehen: Wenn die Welle für einige Zeit ungestört bleibt, wird es unklar, wo sich das Teilchen befindet, und so wird klarer, was sein Impuls ist. Das bedeutet, dass das Interferenzmuster deutlicher wird, wenn der Bildschirm in eine größere Entfernung gebracht wird!

Wir können schlussfolgern, dass eine Wechselwirkung erforderlich ist, um die Klarheit in der Position eines Teilchens zu verbessern, während zwangsläufig der Impuls unklarer wird. Ebenso können wir sagen, dass, wenn es ungestört bleibt, die Klarheit in der Position reduziert wird, während der Impuls klarer wird. Und so gibt es wieder kein Entkommen vor der Unschärferelation. Das Teilchenverhalten tritt in Wechselwirkungen hervor, während der Wellencharakter hervortritt, wenn das Wellenpaket ungestört bleibt. Die Unschärferelation ist kein Zauber, sondern einfach eine Folge der Art und Weise, wie die Impuls- und Positionseigenschaften von Wellen zusammenhängen. Die Tatsache, dass wir alle den Unschärferelationen gehorchen, ist eine Folge der Tatsache, dass wir alle aus Wellen bestehen.

4.4 Wellen in der Zeit

Bisher haben wir über die Wellenfunktion im Positionsbereich gesprochen, aber sie ändert sich auch mit der Zeit. Wir haben zuvor gesehen, dass, wenn wir einen Punkt auf einem Seil rot markieren, der rote Punkt mit einer bestimmten Frequenz auf und ab geht, wann immer eine Welle vorbeikommt. Eine Frequenz ist nichts anderes als eine Welle auf einer Zeitskala. Diese Welle hat auch eine „Wellenlänge“. In der Dimension der Zeit wird die Wellenlänge als die Periode T der Welle bezeichnet. Die Frequenz entspricht 1/T. Offensichtlich ist die Frequenz höher, wenn die Periode kürzer wird (der rote Punkt geht in kürzerer Zeit auf und ab).

Was passiert, wenn die Welle ewig dauert, d. h., wenn der rote Punkt für immer auf und ab geht? In diesem Fall ändert sich die Frequenz der Welle nie. Wir können dies mit einer Welle in der Zeit mit einer bestimmten Frequenz darstellen. Da Frequenz ~ Energie ist, ändert sich die Energie nicht und ist perfekt definiert. In diesem Fall hat das Teilchen keine Lebensdauerbegrenzung, so dass wir keine Periode in der Zeit definieren können, während der das Teilchen existiert und vor/nach der es nicht existiert. Es lebt einfach ewig, was bedeutet, dass die Welle ewig weitergeht.

Was passiert, wenn das Teilchen nur für eine sehr kurze Zeit existiert? Solche Teilchen werden oft in der Teilchenphysik gesehen. Wir werden später einige Beispiele treffen, wie virtuelle Teilchen oder Resonanzen. Wie können wir eine Welle in der Zeit erzeugen, die einem kleinen Peak in der Zeit entspricht, in der wir das Teilchen lebend finden können? Das bedeutet, dass die Teilchenwelle während dieser kurzen Periode eine Amplitude haben muss und sonst null sein muss. Dies sieht sehr nach dem Spike aus, den wir früher im Positionsbereich gesehen haben. Um eine solche Welle zu erzeugen, benötigen wir eine Überlagerung von vielen Wellen unterschiedlicher Frequenzen (s. Abb. 4.8).

So, ähnlich wie im Fall von Position und Impuls, kommen wir zu dem Schluss, dass es eine Unschärferelation zwischen Zeit und Energie gibt:

$$\Delta t \, \Delta E \geq h/4\pi.$$

Wiederum ist es der Wellencharakter der Materie, der es unmöglich macht, die Energie eines Teilchens zu einem bestimmten Zeitpunkt genau zu kennen, oder sicher zu sein, welche Energie ein Teilchen während einer Zeit Δt hat. Diese Eigenschaft ist relevant für virtuelle Teilchen: Teilchen der Energie ΔE, die maximal eine Zeit Δt existieren können.

Wie funktioniert das? Was tatsächlich passiert, ist, dass ein virtuelles Teilchen aus einer Reihe von Wellen besteht, die sich zu einer Amplitude während einer

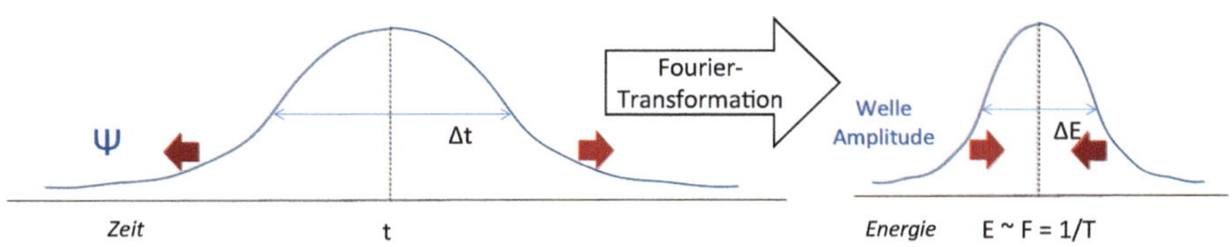

Abb. 4.8 Je länger ein Teilchen lebt (je breiter Δt), desto kleiner ist die Bandbreite der Frequenzen, die benötigt werden, um die entsprechende Wellenfunktion zu erzeugen. Also, je kleiner ΔE

Zeit Δt addieren, aber sich nach dieser Zeit gegenseitig aufheben. Wir werden später darauf zurückkommen, wenn wir virtuelle Teilchen im Detail besprechen. Aber um dies zu tun, benötigen wir zuerst ein viel besseres Verständnis des Verhaltens von Feldern und Wellen!

Also, wenn Sie jemals über die Unschärferelationen gelesen haben und sich gefragt haben, warum Energie mit der Zeit zusammenhängt (und Impuls mit dem Raum), dann liegt das daran, dass Energie proportional zur Frequenz einer Welle ist und eine Frequenz mit einer Zeitperiode zusammenhängt. Und ebenso ist der Impuls mit der Wellenlänge verbunden, die eine Strecke im Raum ist.

4.5 Ein Teilchen ist eine Menge von Wellen

Ein idealisiertes reales Teilchen ist ein Teilchen, das aus einer Welle besteht, mit einer Wellenlänge (einem klar definierten Impuls) und einer Frequenz (einer klar definierten Energie). Ein solches Teilchen existiert jedoch nicht. Nehmen Sie z. B. ein Photon, das von einer weit, weit entfernten Galaxie kommt und den Detektor in einem leistungsstarken Teleskop trifft. Das Photon mag Milliarden von Jahren existiert haben, aber es ist nicht unendlich! Ein solches Photon würde dem idealisierten Teilchen mit klarem Impuls und Energie sehr nahe kommen, aber nicht genau!

Folglich wird der Unterschied zwischen virtuellen Teilchen und realen Teilchen etwas unklar. Je kürzer das Teilchen lebt, desto unsicherer ist seine Energie, und je kürzer die Strecke, die es zurücklegt, desto unsicherer ist sein Impuls. Bis schließlich seine Zeit- und Raumdimensionen klein genug sind, um ein virtuelles Teilchen zu sein. Sie haben vielleicht anderswo gelesen, dass virtuelle Teilchen für die Kräfte verantwortlich sind, die wir erfahren. Dies scheint ein wichtiger Unterschied zwischen den beiden Arten von Teilchen zu sein, aber tatsächlich kann ein reales Photon die gleiche Kraft ausüben, z. B. auf ein Elektron wie ein virtuelles Photon. Beide tragen Energie und Impuls von einem geladenen Teilchen zu einem anderen. Also ist der Unterschied zwischen virtuellen und realen Photonen nicht einfach. Wir werden darauf in Kap. 10 zurückkommen.

Es gibt noch eine andere Sache, die uns die Unschärferelationen sagen. Nehmen Sie die Energie eines Teilchens als $E = MC^2$. Begrenzen wir nun die Unsicherheit ΔE in der Energie dieses Teilchens auf diese Energie MC^2. Dann finden wir:

$$\Delta t \geq h/4\pi MC^2.$$

Ein Teilchen der Energie MC^2 kann also nicht besser in der Zeit lokalisiert werden als dieser Wert. Es muss in der Zeit verschmiert sein! Man kann auch eine Länge definieren, die als Compton-Länge bezeichnet wird. Sie gilt als Maß für die Größe eines Teilchens der Masse M. Sie ist definiert als

$$\lambda^c = h/2\pi MC.$$

Wenn wir MC als Maß für den Impuls nehmen, ist die Compton-Länge im Grunde genommen ein Maß für die Wellenlänge eines ruhenden Teilchens. Folglich erhalten wir für die Zeit Δt:

$$\Delta t \geq \lambda^c/2C.$$

Beide Dimensionen λ^c und Δt sind aus Plancks Konstante h, der Ruhemasse M des Teilchens und C aufgebaut. Alle drei sind absolute Werte und verbinden Relativitätstheorie mit Quantenmechanik. Die grundlegenden Eigenschaften des Vakuums und die fundamentalen Konstanten der Natur sagen uns also, dass in einer welligen Welt Teilchen in Raum und Zeit verschmiert sind.

Was wir aus dieser Diskussion schließen, ist, dass alle Teilchen aus einer Menge von Wellen unterschiedlicher Wellenlängen und Frequenzen aufgebaut sind: ein Wellenpaket. Wenn das Teilchen in Raum und Zeit stärker begrenzt wird, nimmt die Anzahl der Wellen, die benötigt werden, um seine Wellenfunktion zu beschreiben, zu, ebenso wie die Bandbreite der in diesen Wellen beteiligten Wellenlängen und Frequenzen. Im Allgemeinen ist das Wellenpaket in Raum und Zeit verschmiert, was bedeutet, dass wir niemals in der Lage sein werden, ein Teilchen an einem genauen Ort im Raum-Zeit-Kontinuum zu lokalisieren.

4.6 Geschwindigkeit von Teilchen und Wellen

Jetzt schauen wir uns die Geschwindigkeit von Teilchen an. Ist das gleichbedeutend mit der Geschwindigkeit der Welle? Nicht genau. Jetzt, da wir festgestellt haben, dass ein Teilchen aus einem Wellenpaket, einer Menge von Wellen, besteht, müssen wir uns das ansehen, was als Gruppengeschwindigkeit des Bündels bezeichnet wird. Warum ist das anders?

Als Beispiel betrachten wir ein „Bündel“ aus zwei Wellen mit leicht unterschiedlicher Wellenlänge und Frequenz (Abb. 4.9). Sie bewegen sich mit leicht unterschiedlichen Geschwindigkeiten. Das Ergebnis ist, dass der Peak des Bündels (wo die beiden Wellen ein Maximum erzeugen, weil sie beide an der Spitze sind) sich mit einer anderen Geschwindigkeit bewegt als die einzelnen Wellen. In diesem speziellen Fall ist die Gruppengeschwindigkeit halb so groß wie die Geschwindigkeit der einzelnen Wellen. Aus dem Bild wird klar, dass dies auch von der Differenz in Wellenlänge und Frequenz abhängt. Es stellt sich heraus, dass, wenn die Streuung in Wellenlänge und Frequenz kleiner wird, die Gruppengeschwindigkeit der Geschwindigkeit der einzelnen Wellen näher kommt. Wenn wir nur eine Welle haben, ist die „Gruppengeschwindigkeit“ gleich der Geschwindigkeit der Welle.

Die Tatsache, dass die Geschwindigkeit einer Welle von ihrer Frequenz abhängen kann, wird „Dispersion“ genannt. Die Geschwindigkeit der einzelnen Wellen (auch Phasengeschwindigkeit genannt) kann gestreut sein. Wenn die Gruppengeschwindigkeit sich der Lichtgeschwindigkeit nähert, kommen die Phasengeschwindigkeiten der

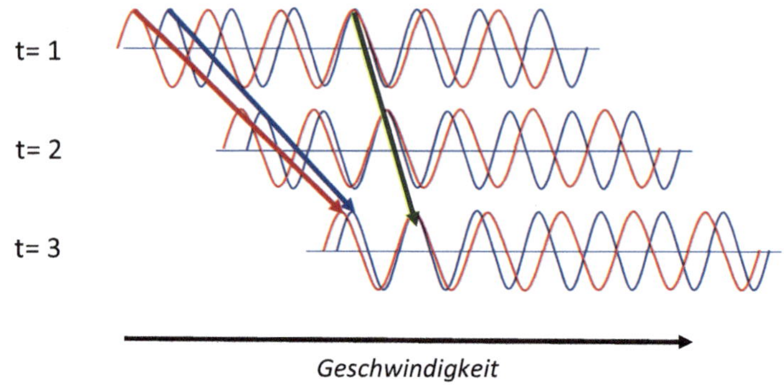

Abb. 4.9 Die blaue Welle und die rote Welle erzeugen eine Überlagerung. Die blaue Welle bewegt sich mit einer bestimmten Geschwindigkeit nach rechts, angezeigt durch den blauen Pfeil. Die rote Welle bewegt sich nur ein wenig schneller nach rechts, angezeigt durch den roten Pfeil. Die Spitze der Überlagerung bewegt sich mit einer viel geringeren Geschwindigkeit nach rechts, wie durch den grünen Pfeil angezeigt

einzelnen Wellen näher zusammen. Bei Lichtgeschwindigkeit (masselose Teilchen) ist die Gruppengeschwindigkeit gleich der Phasengeschwindigkeit.

Die Gruppengeschwindigkeit kann ermittelt werden, indem man betrachtet, wie die Frequenz von der Wellenlänge abhängt. Die Gleichung, die beschreibt, wie die Frequenz von der Wellenlänge abhängt, wird Dispersionsrelation genannt. Wenn diese Relation uns sagt, dass die Frequenz eine Konstante geteilt durch die Wellenlänge ist (d. h., $F = C/\lambda$), ist die Gruppengeschwindigkeit gleich der Phasengeschwindigkeit (wie oben bei Licht). Allerdings, *wenn die Frequenz auf eine andere Weise von der Wellenlänge abhängt, wird die Geschwindigkeit von der Frequenz abhängig.* Wir werden später einige Beispiele dafür sehen, z. B., wenn wir Wellen mit Masse behandeln.

Manchmal ist es wichtig, zwischen Gruppen- und Phasengeschwindigkeit zu unterscheiden, da ihr Verhalten sehr unterschiedlich sein kann. Wenn die Gruppengeschwindigkeit nahe 0 liegt, kann die Phasengeschwindigkeit prinzipiell die Lichtgeschwindigkeit überschreiten. Dies ist eine seltsame Situation, die wir nicht weiter untersuchen werden (z. B. [Ref. 10]), aber sie erlaubt es nicht, dass Informationen oder Energie schneller als Licht transportiert werden.

Also, eine Wellenfront oder Gruppe kann nicht schneller als C gehen. Anders ausgedrückt, ein Signal kann sich nicht schneller als C bewegen. Wenn die schnellere Welle die Wellenfront/Gruppe erreicht, beginnt ihre Amplitude zu schwinden. Die langsameren Wellen erleben das Gleiche, wenn sie am Ende der Wellenfront/Gruppe auftauchen.

Obwohl bei diesem Prozess die Gruppe als eine Art Beule erhalten bleibt, die sich durch das Medium ausbreitet (maximal C), wird die Beule mit der Zeit auch verzerrt. Sie wird beginnen, sich auszubreiten, da langsamere Wellen das Ende verlängern und schnellere Wellen die Front erweitern. Dies kann passieren, wenn die Geschwindigkeit der Beule niedriger ist als die maximale Geschwindigkeit im Medium, da wir nur dann schnellere Wellen haben können, die über die Beule hinausgehen. Je langsamer die Beule sich bewegt, desto mehr kann sie sich ausbreiten.

Nach genügend Zeit verbreitert sich die Beule als Ergebnis dieses Prozesses. Folglich, wenn eine Beule als scharfer Peak beginnt (wir wissen, wo sie ist, d. h., wo das Teilchen ist), wird sie sich nach einer bestimmten Zeit verbreitern und wir werden nicht mehr genau wissen, wo sie ist. Wenn die Beule noch scharf ist, muss sie aus Wellen mit sehr unterschiedlichen Wellenlängen (und Geschwindigkeiten!) aufgebaut sein und das wird die Beule noch mehr verbreitern. Nach einiger Zeit, wenn die Beule sich verbreitert, wird sie aus Wellen bestehen, die in Wellenlänge (und Geschwindigkeit!) viel weniger vielfältig sind und das Teilchen wird einen schärferen Impuls haben.

In den meisten Fällen ist die Gruppengeschwindigkeit auch die Geschwindigkeit, mit der Energie oder Information entlang einer Welle übertragen wird. Daher kann die Gruppengeschwindigkeit auch als Signalgeschwindigkeit betrachtet werden. Wenn Wellen sich durch ein absorbierendes Medium bewegen, gilt dies im Allgemeinen nicht, da Energie absorbiert wird.

Eine gängige Methode, um den Begriff der Gruppengeschwindigkeit auf komplizierte Medien zu erweitern, besteht darin, eine (räumlich gedämpfte) ebene Wellenlösung innerhalb des Mediums zu betrachten. Wir werden das Gleiche tun und den Rest unserer Geschichte auf ebenen Wellen basieren, die sich durch Medien bewegen. In den meisten Fällen, wenn wir über Wellengeschwindigkeit sprechen, werden wir Gruppengeschwindigkeit meinen und wir werden die Wellenfront/Gruppe als ebene Welle betrachten. Das macht die Sache verständlicher. Darüber hinaus, da die Gruppe oder Beule ein Teilchen repräsentiert, ist die Gruppengeschwindigkeit am relevantesten für das Verständnis, wie die Welt aus Wellen aufgebaut ist.

Kapitel 5
Das Potenzial der Elastizität eines Feldes

Was ist der Ursprung einer Welle? Warum schwingt etwas überhaupt? Um das zu verstehen, müssen wir uns das Konzept der potenziellen Energie und wie diese mit der kinetischen Energie ausgetauscht wird, ansehen. Genau wie das Pendel einer klassischen Uhr. Das Pendel bestimmt das Tempo der Uhr. Es tut dies, indem es mit einer festen Frequenz von links nach rechts schwingt. Die Schwingbewegung ist durch einen kontinuierlichen Austausch von potenzieller Energie und kinetischer Energie gekennzeichnet. Es hat maximale potenzielle Energie, wenn es oben ist und maximale kinetische Energie, wenn es unten ist (s. Abb. 5.1)

Dies ist ein Beispiel für einen harmonischen Oszillator. Die Hauptcharakteristik eines harmonischen Oszillators ist, dass er eine periodische Bewegung hat, die durch eine Welle beschrieben werden kann und er hat eine typische Frequenz, die von den Eigenschaften des schwingenden Objekts abhängt. Diese Frequenz hängt nicht von der Amplitude der Welle oder von ihrer Wellenlänge oder von der Art und Weise ab, wie die Welle ausgelöst wurde. Ein Beispiel ist eine Stimmgabel. Sie können sie sanft oder hart schlagen, aber die Frequenz der von ihr erzeugten Schallwelle ist immer gleich.

Lassen Sie uns sehen, ob wir einen solchen Oszillator mit einer Welle vergleichen können.

5.1 Energieaustausch in einem Feld

Betrachten wir eine Welle im Wasser. Die Spitze einer Wasserwelle besteht aus Wassermolekülen, die über dem durchschnittlichen Wasserspiegel liegen. Folglich haben sie eine potenzielle Energie. Wenn die Welle nach rechts bewegt wird, beginnen die Wassermoleküle zu fallen und erhalten dadurch kinetische Energie. Diese kinetische Energie zwingt sie dazu, weiter zu fallen, bis sie unter dem durchschnittlichen Wasserspiegel sind. In diesem Moment befinden sie sich in

W. Schmitz, *Teilchen, Felder und Kräfte*,
https://doi.org/ 10.1007/978-3-031-46280-1_5

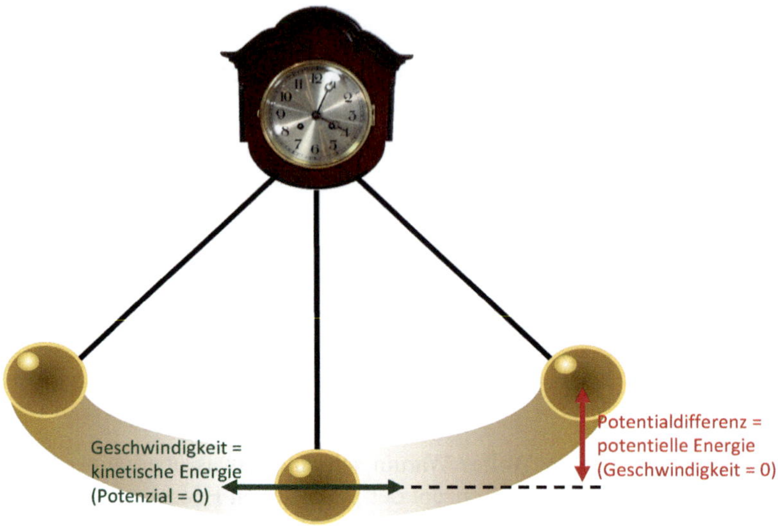

Abb. 5.1 Das Pendel als harmonischer Oszillator. Es schwingt zwischen den beiden Extrempositionen und zwischen potenzieller Energie an beiden Enden und kinetischer Energie in der Mitte. Die Frequenz der Schwingung hängt hauptsächlich von der Länge des Pendels ab. Bei kleinen Amplituden hängt sie nicht von der Amplitude ab. Daher wird sie nicht von dem anfänglichen Stoß abhängen, der es in Bewegung gesetzt hat.

einer Senke der Welle. Offensichtlich ist eine Wasserwelle also nichts anderes als eine kontinuierliche Umwandlung von potenzieller Energie in kinetische Energie und zurück. Genau wie das Pendel.

Das Gleiche gilt für ein Seil im Raum (in Abwesenheit von Schwerkraft). Wenn das linke Ende des Seils auf und ab bewegt wird, zieht die obere Position auch die Teile des Seils direkt rechts davon nach oben. Diese anderen Teile ziehen wiederum die Teile zu ihrer Rechten nach oben usw. In der Zwischenzeit wird das linke Ende wieder nach unten gezogen und das linke Ende des Seils beginnt nun, Teile des Seils zu seiner Rechten nach unten zu ziehen. Hier sehen wir also, dass die potenzielle Energie jedes Teils des Seils das Ergebnis der Teile neben ihm ist, die es nach oben oder unten ziehen. Wir erhalten das gleiche Zusammenspiel zwischen potenzieller Energie und kinetischer Energie, obwohl die Ursache der potenziellen Energie nicht die Schwerkraft ist, sondern die Elastizität des Seils.

Wenn wir Felder beschreiben, müssen wir annehmen, dass es eine Art von Elastizität im Feld gibt, damit Wellen sich über das Feld bewegen können. Es muss eine gewisse Kohäsion geben, die es einem Teil des Feldes ermöglicht, Energie auf einen anderen Teil des Feldes zu übertragen.

Die Elastizität des Feldes oder Seils bestimmt, wie stark ein Teil des Seils mit dem nächsten Teil verbunden ist. Wenn diese Verbindung stark ist (das Seil ist nicht elastisch), wird der nächste Teil des Seils ein starkes Potenzial erfahren, wenn es einen Unterschied in der Amplitude zwischen den beiden Teilen des Seils gibt. Dieses Potenzial bestimmt wiederum, wie schnell der nächste Teil des Seils

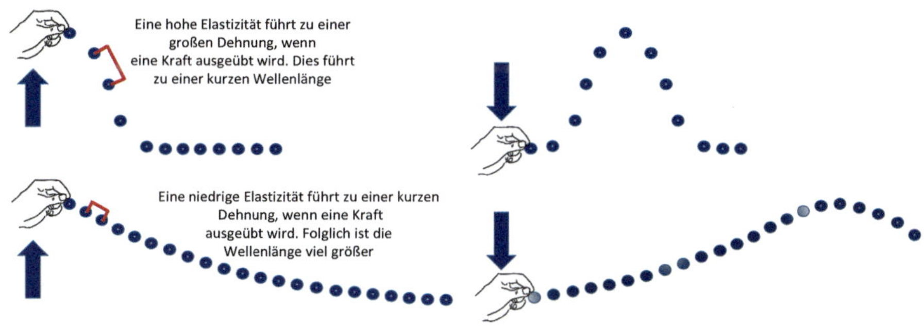

Abb. 5.2 Elastizität bestimmt das Verhältnis zwischen Frequenz und Wellenlänge

auf den Unterschied in der Amplitude reagiert (s. Abb. 5.2). Im Grunde genommen bedeutet das Hochziehen des Seils, dass der Teil unmittelbar daneben auch hochgezogen wird. Man kann sich vorstellen, dass je stärker dieses Potenzial ist, desto schneller die Reaktion. Daher wird das Hoch- und Runterziehen eines solchen Seils sehr schnell durch das Seil übertragen: Die Geschwindigkeit der Welle wird also hoch sein. Die Geschwindigkeit von Wellen in einem Seil hängt also von der Elastizität des Seils ab. Außerdem wird die Wellenlänge lang sein.

Andererseits, wenn die Elastizität hoch ist, müssen wir das Seil stark ziehen, bevor die nächsten Teile sich zu bewegen beginnen. Die Geschwindigkeit einer Welle in einem solchen Seil wird niedrig sein, während die Wellenlänge kurz ist.

Vergleichen wir das Seil mit einem Feld, sehen wir, dass die Elastizität eines Feldes die Geschwindigkeit von Wellen bestimmt und somit das Verhältnis zwischen Frequenz und Wellenlänge. Früher haben wir gesehen, dass dies in der Formel $F = V/\lambda$ ausgedrückt wird.

Für alle masselosen Felder in der Natur wissen wir, dass ihre Wellen genau die gleiche Geschwindigkeit haben: C, die Lichtgeschwindigkeit. Daher können wir schlussfolgern, dass alle masselosen Felder die gleiche Elastizität haben. Diese Äquivalenz ist sehr stark, wie wir bei der Messung von Gravitationswellen im Jahr 2017 gesehen haben, die aus einer atemberaubenden Entfernung von 130 Mio. Lichtjahren kamen. Das Ereignis lieferte eine Grenze für den Unterschied zwischen der Geschwindigkeit von elektromagnetischen Wellen (Licht) und der von Gravitationswellen. Unter der Annahme, dass die ersten Photonen zwischen null und zehn s nach der Spitzenemission der Gravitationswelle emittiert wurden, liegt der Unterschied zwischen den Geschwindigkeiten von Gravitations- und elektromagnetischen Wellen zwischen $-3 \times 10-^{15}$ und $+7 \times 10^{-16} \times$ der Lichtgeschwindigkeit [Ref. 53, 54]. Dies ist also ein sehr kleiner Unterschied, der darauf hindeutet, dass die Elastizität von masselosen Feldern tatsächlich sehr ähnlich ist.

Warum sollte das so sein? Warum sollte jedes Feld nicht eine andere Elastizität haben? Es ist zu zufällig, dass diese Geschwindigkeit für alle Felder gleich ist. Daher könnte man vorschlagen, dass diese Elastizität durch die Natur des Raum-Zeit-Kontinuums selbst bestimmt wird. Auf jeden Fall kann man schlussfolgern, dass die Elastizität von masselosen Feldern eine gemeinsame Eigenschaft ist. Wie sieht es mit massiven Feldern aus? Sie scheinen alle die Eigenschaft zu teilen, dass die Lichtgeschwindigkeit eine Höchstgeschwindigkeit ist. Angenommen, sie wären masselos. Dann könnten wir erwarten, dass ihre Geschwindigkeit ebenfalls C ist und sie würden die gleiche Elastizität wie andere masselose Felder teilen.

Aus einer solchen gemeinsamen Eigenschaft ist es vernünftig anzunehmen, dass es nur einen Träger für all diese Felder gibt, nämlich das Vakuum. Genau wie die Atmosphäre, die alle Arten von Feldern tragen kann, ist das Vakuum eine Art von Stoff, in dem alles schwingt. Was dieser Stoff ist, wissen wir nicht, aber er scheint eine Art von Elastizität zu haben und trägt die Eigenschaften von Raum-Zeit. Es gibt einige Vorschläge, dass das Vakuum aus „Information" bestehen könnte. Also würde ein kleinstes Stück Raum-Zeit eine Informationseinheit enthalten. Aber jede Informationseinheit braucht auch einen Träger, also was ist der Träger dieser Information? Nichts davon ist bewiesen, überprüfbar oder falsifizierbar.

Die Elastizität des Vakuums legt die maximale Geschwindigkeit von Wellen auf C fest, aber wir haben früher gesehen, dass die Phasengeschwindigkeit von Wellen, die eine Gruppe oder eine Beule im Feld bilden, größer sein könnte. Wie kann das sein? Auch das ist eine Eigenschaft des Vakuums. Die Elastizität des Vakuums verbietet es nicht, dass einzelne Wellen schneller gehen, wenn eine Beule aus verschiedenen Wellen besteht. Wie wir später sehen werden, ist dies möglich für Wellen, die eine veränderte Elastizität erfahren, insbesondere wenn ein Teilchen Masse hat. Masselose Teilchen sind an die Elastizität des Vakuums gebunden und bewegen sich mit C. Massive müssen als Gruppe langsamer reisen, aber ihre einzelnen Wellen können schneller gehen, obwohl sie jenseits der Wellenfront abnehmen. Wenn sich eine solche Beule der Lichtgeschwindigkeit nähert, muss der Unterschied in der Geschwindigkeit abnehmen, und wie wir später sehen werden, beginnt ihre Dispersionsrelation sich mehr wie die eines masselosen Teilchens zu verhalten.

Sie können das elektromagnetische Feld mit Schwingungen in einem großen Block aus Gummi vergleichen. Wenn Sie das tun [Ref. 38], stellen Sie fest, dass sie sich genau gleich verhalten. Die Geschwindigkeit von Wellen wird durch die Elastizität des Gummiblocks bestimmt, und daher wird diese Geschwindigkeit für das Vakuum durch die Elastizität des Vakuums bestimmt. Das Michelson-Morley-Experiment machte Gebrauch von den Welleneigenschaften elektromagnetischer Wellen. Ihre Messungen zeigten, dass das Licht immer die gleiche Geschwindigkeit hat. Tatsächlich zeigten sie, dass die Elastizität des Vakuums unabhängig davon gleich ist, wie man sich durch es bewegt. Man könnte sagen, dass sie in diesem Sinne tatsächlich die Existenz des Vakuum-Äthers bewiesen haben, außer dass dieser Äther andere Eigenschaften hat.

Nun kommt eine interessante Frage auf: Was würde passieren, wenn wir die Elastizität ändern würden? Um dies zu untersuchen, werfen wir zunächst einen Blick auf Wellen in verschiedenen Medien.

5.2 Wellen in einem Medium

Betrachten Sie, was mit Wellen passiert, wenn sie in ein anderes Medium [Ref. 10] eintreten. Wenn beispielsweise eine Welle in Wasser einer bestimmten Tiefe in flacheres Wasser übergeht, ändern sich die Geschwindigkeit und die Wellenlänge (s. Abb. 5.3). Wir haben dies bereits gesehen, als wir über Wellen sprachen, die sich dem Strand nähern.

Wenn Licht in Glas eintritt, interagiert es mit dem Medium. Das Ergebnis dieser Interaktion ist, dass seine Wellenlänge verkürzt wird, ähnlich wie bei den Wasserwellen in Abb. 5.3. Das Eintreten in ein anderes Medium ändert also das Verhältnis einer Welle zwischen ihrer Frequenz und ihrer Wellenlänge. In der Optik wird dieses Prinzip beispielsweise zur Erzeugung von Linsen verwendet. Jedes unterschiedliche Medium hat eine Eigenschaft, die als Brechungsindex (N) bezeichnet wird. Diese Eigenschaft beschreibt, z. B. für Glas, wie stark die Wellenlänge des Lichts verringert wird. Sie ist definiert als

$$\mathrm{N} = \lambda_0/\lambda,$$

wobei gilt: λ = Wellenlänge des Lichts im Glas und λ_0 = Wellenlänge des gleichen Lichts im Vakuum. Die Wellenlänge verkürzt sich also, aber das Licht erhält keine zusätzliche Energie, wenn es in das Medium eintritt! Folglich muss seine Frequenz gleich bleiben. Da $F = V/\lambda$, bedeutet dies, dass, wenn die Wellenlänge kürzer wird, die Geschwindigkeit um den gleichen Betrag verringert werden muss.

Es gibt ein interessantes Prinzip in der Optik, genannt Fermats Prinzip. Es besagt, dass der Weg, den das Licht zwischen zwei Punkten nimmt, der Weg ist, der die kürzeste Zeit für das Licht zum Überqueren benötigt. Im Vakuum bedeutet dies, dass das Licht in einer geraden Linie reist, aber was passiert, wenn das Licht in ein anderes Medium eintritt? In diesem Medium bewegt es sich langsamer. Nehmen Sie z. B. die Situation, die in Abb. 5.4 dargestellt ist.

Nehmen wir zunächst ein Beispiel aus dem täglichen Leben. Angenommen, Sie stehen am Strand bei Punkt A in Abb. 5.4. Jemand ertrinkt bei Punkt B, also müssen Sie so schnell wie möglich dorthin gelangen. Laufen am Strand ist schneller als Schwimmen im Wasser, also was würden Sie tun? Würden Sie am Strand laufen, bis Sie die kürzeste Schwimmstrecke haben? Würden Sie diese Geschwindigkeit ignorieren und eine gerade Linie gehen? Eine gerade Linie bedeutet viel schwimmen, also ist es sicherlich nicht das schnellste. Der kürzeste Schwimmweg

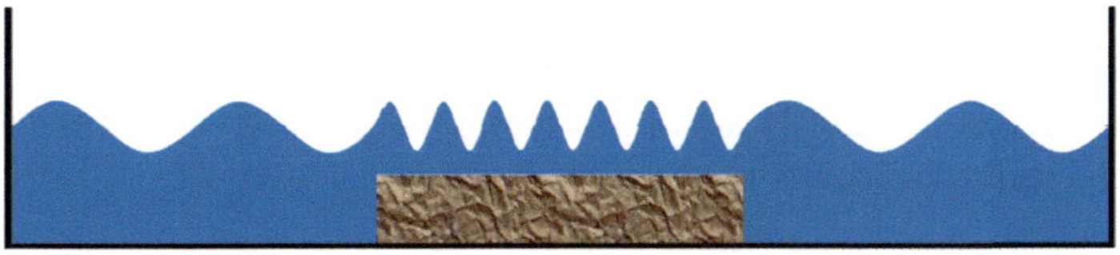

Abb. 5.3 Sowohl Wellenlänge als auch Geschwindigkeit nehmen ab, wenn Wasserwellen in flacheres Wasser eintreten, und beide nehmen zu, wenn sie in tieferes Wasser eintreten

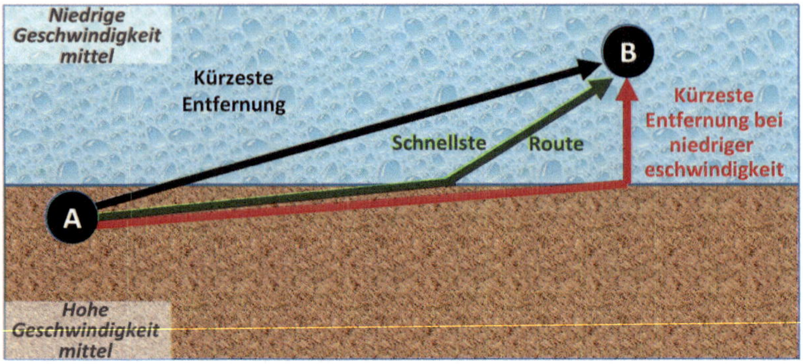

Abb. 5.4 Die schnellste Route in zwei verschiedenen Medien

könnte schneller sein, aber Sie müssen eine zusätzliche Strecke zurücklegen. Es stellt sich heraus, dass es das schnellste ist, mehr Strand als eine gerade Linie zu laufen, aber weniger Strecke zurücklegt, als wenn man die kürzeste Strecke schwimmt. Wie viel weniger Strecke? Das hängt von der Geschwindigkeitsdifferenz zwischen Laufen und Schwimmen ab. Wenn Sie der schnellste Schwimmer der Welt sind, aber nicht gut laufen können und genauso schnell schwimmen wie Sie laufen, würden Sie eine gerade Linie gehen. Wenn Sie 100-mal schneller laufen als schwimmen, liegt die schnellste Strecke in der Nähe des Weges mit der kürzesten Schwimmstrecke. Es stellt sich also heraus, dass das Geschwindigkeitsverhältnis zwischen Schwimmen und Laufen die Route bestimmt, die Sie nehmen würden.

Das Gleiche gilt für Licht. Fermats Prinzip besagt, dass das Licht die kürzeste Strecke zwischen A und B sucht, und wie dieser Weg aussehen muss, hängt von der relativen Geschwindigkeitsdifferenz ab. Diese Differenz hängt direkt von der Differenz in der Wellenlänge ab. Und die Differenz in der Wellenlänge wird durch den Brechungsindex bestimmt.

Der Brechungsindex bestimmt also die Route! Jetzt sehen wir, warum er Brechungsindex genannt wird. Je höher N ist, desto größer ist die Geschwindigkeitsdifferenz und desto stärker wird der Weg, den das Licht nimmt, wenn es in das andere Medium eintritt, „gekrümmt". Der Weg ist also stärker „gebrochen", wenn N groß ist. Daher der Name „Brechungsindex". Eine Anwendung hiervon findet sich in einer Linse (s. Abb. 5.5).

Der Brechungsindex von Materialien wie Glas oder Plexiglas hängt von der Wellenlänge des Lichts ab. Daher ist N für verschiedene Farben (Wellenlängen) des Lichts unterschiedlich. Die Abhängigkeit von N von der Wellenlänge wird als Dispersion bezeichnet. Ein Prisma nutzt diesen Effekt, um weißes Sonnenlicht in alle Farben des Regenbogens zu zerlegen.

Abb. 5.5 Anwendungen der Änderung in Geschwindigkeit und Wellenlänge in einer Linse und einem Prisma

Interessanter ist diese Frage: Wie weiß das Licht, welches Medium vor ihm liegt? Wenn Sie am Strand sind, überblicken Sie die Situation und treffen eine Wahl, aber Sie würden mir nicht sagen, dass das Licht das tut, oder? Lassen Sie uns das für eine Weile ein Geheimnis bleiben, aber wir werden in Abschn. 9.3 darauf zurückkommen, wenn wir das Pfadintegral diskutieren. Dann werden wir es auflösen. Aber Sie müssen mehr wissen, bevor wir das tun können.

Eine weitere Frage ist, warum das Licht in einem Medium langsamer wird. Wir haben gesehen, dass die Lichtgeschwindigkeit von der Elastizität des Vakuums abhängt. Ein Medium ist auch etwas, das im Vakuum existiert, z. B. ist Glas nur eine Ansammlung von Atomen, die im selben alten Vakuum residieren. Nichts weiter. Warum sollte sich also die Elastizität des Vakuums plötzlich ändern?

Gehen wir ein wenig tiefer. Die Elastizität wurde durch das Potenzial zwischen den benachbarten Teilen des Feldes bestimmt. Wir wissen nicht, woraus das Vakuum besteht, aber wir können annehmen, dass die Elastizität durch ein solches Potenzial beschrieben werden kann. Im Glas stellen wir fest, dass das Licht nicht nur das Potenzial des Vakuums erfährt, das seine Geschwindigkeit bestimmt, sondern auch ein anderes Potenzial: Das Licht interagiert mit den Elektronen der Glasatome. Man kann dies als ein zusätzliches Potenzial betrachten, das die von dem Licht erlebte Elastizität ändert.

Dieser Effekt hat tiefgreifende Auswirkungen auf das Verhalten von Feldern. Tatsächlich wird das Verhalten von Wellen in Feldern durch alle Potenziale bestimmt, die sie erfahren. In der mathematischen Beschreibung der Quantenfeldtheorie werden solche Potenziale in dem, was als die Lagrange-Funktion bezeichnet wird, zusammengefasst. Diese Formel wird wiederum verwendet, um die Kinematik der Wellen zu verstehen. Man könnte sagen, dass alle Potenziale zusammen bestimmen, wie die Wellen sich im Feld bewegen. Das macht Sinn. Wir tun das Gleiche, wenn wir ein fallendes Objekt betrachten: Das durch die Schwerkraft erzeugte Potenzial bestimmt, wie schnell das Objekt an Geschwindigkeit gewinnt. Auf der Erde ist dies schneller als auf dem Mond, da auf der Erde das Gravitationspotenzial höher ist. Also verwenden wir unser Wissen über das Gravitationspotenzial, um zu verstehen, wie sich das Objekt bewegt.

Im nächsten Kapitel werden wir tiefer auf diesen Effekt eingehen. Wir werden uns ansehen, wie ein zusätzliches Potenzial die Elastizität ändern kann, die von Wellen erfahren wird. Und wir werden uns einige der Konsequenzen ansehen. Wir werden diesen Effekt verwenden, um das relativistische Verhalten von Objekten zu erklären. In späteren Kapiteln werden wir diese Sichtweise im Laufe der Untersuchungen weiter präzisieren.

Kapitel 6
Eine Welle der Relativität

Die Theorie der speziellen Relativität ist eine der Säulen der Quantenfeldtheorie. Der Ursprung der Relativität liegt in der Lösung des Ätherproblems, wie es das Michelson-Morley-Experiment beschreibt. Wir haben früher gesehen, dass das Experiment klarmachte, dass die Lichtgeschwindigkeit immer gleich ist, egal wie schnell Sie sich bewegen. Dies wird als „Naturgesetz" betrachtet und wir haben es mit der Elastizität des Vakuums in Verbindung gebracht. H.A. Lorentz schrieb die Formeln nieder, um zu verstehen, wie Geschwindigkeiten addiert werden müssen, um eine konstante Lichtgeschwindigkeit zu haben. Es war jedoch Einstein, der erklärte, warum das so sein muss [Ref. 42]. Er stellte fest, dass Naturgesetze in jedem Bezugssystem gleich sein sollten, d. h., egal welche relative Geschwindigkeit Sie haben. Und für ihn war die Konstanz der Lichtgeschwindigkeit ein Naturgesetz.

Die Folge dieser Beobachtungen und Vorstellungen ist, dass wir ein seltsames Verhalten bekommen, mit dem wir im Alltag nicht vertraut sind, hauptsächlich weil die Lichtgeschwindigkeit viel schneller ist als alles, was wir normalerweise erleben. Schauen wir uns also einige dieser Effekte an.

6.1 Wellengeschwindigkeit

Bisher haben wir festgestellt, dass Raum-Zeit nicht leer ist. Sie ist gefüllt mit einem Medium, das wir Vakuum nennen. Wir, unsere Welt, Teilchen und alles andere sind nur Wellen in diesem Medium. Das Vakuum hat eine bestimmte Elastizität, die die Geschwindigkeit der Wellen bestimmt, die durch diese Elastizität bestimmt wird. Diese Geschwindigkeit ist C, die Lichtgeschwindigkeit (und die Geschwindigkeit aller masselosen Wellen).

Wie wir gleich sehen werden, gibt es einen Grund, warum massive Wellen sich mit Geschwindigkeiten bewegen, die niedriger als C sind. Aber nichts geht

W. Schmitz, *Teilchen, Felder und Kräfte*,
https://doi.org/ 10.1007/978-3-031-46280-1_6

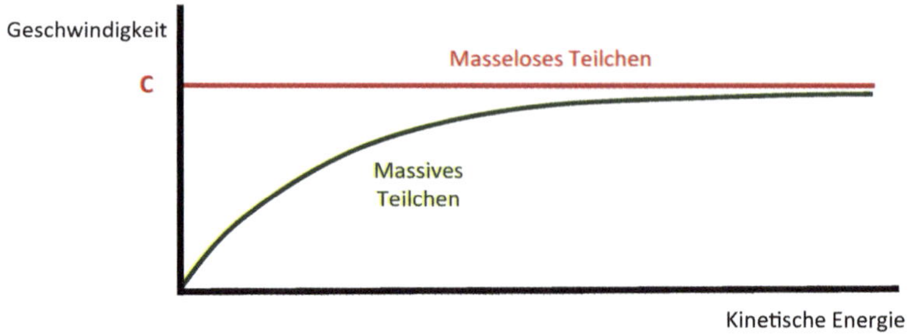

Abb. 6.1 Die Geschwindigkeit einer masselosen Welle wie eines Photons ist immer C, unabhängig von ihrer Energie. Eine massive Welle hingegen beginnt bei Geschwindigkeit 0, wenn die Energie 0 ist. Sie gewinnt an Geschwindigkeit mit jeder zusätzlichen Energie, die sie erhält. Mit genügend Energie wird diese Geschwindigkeit nahe an C herankommen, aber sie wird sie nie erreichen

schneller. Also bestimmt die Elastizität des Vakuums, wie schnell wir uns bewegen können. Schneller als C ist nicht möglich: Die (Gruppen-)Wellen können sich einfach nicht schneller bewegen, als die Elastizität es ihnen erlaubt.

Wenn eine massive Welle sich fast mit Lichtgeschwindigkeit bewegt, können wir immer noch Energie hinzufügen. Dies wird jedoch nicht mehr in eine wesentlich höhere Geschwindigkeit umgesetzt. Dennoch muss es sich in höhere kinetische Energie und höheren Impuls umsetzen. Daher kann die Beziehung zwischen Impuls und Geschwindigkeit für alles, was Masse hat (s. Abb. 6.1), nicht linear sein!

Um zu erklären, wie das möglich ist, beginnen wir auf eine eher ungewöhnliche Weise: indem wir das Verhalten von Masse und Energie betrachten. Dann werden wir uns andere Effekte wie die Metrik von Raum-Zeit und Effekte wie Längenkontraktion und Zeitdilatation ansehen.

6.2 Wie wird eine Welle massiv?

Also, wir sehen ein seltsames Verhalten in der Relativität. Während masselose Wellen immer die gleiche Geschwindigkeit C haben, haben massive Wellen das nicht. Woher kommt dieser Unterschied? Tatsächlich, was *ist* Masse in unserer welligen Welt? Und warum verhalten sich massive Wellen anders im Vergleich zu masselosen?

6.2.1 Ein Spiel mit Seil und Federn

Stellen Sie sich eine Welle in einem Seil vor. Sie müssen das Ende des Seils auf und ab bewegen, um eine Welle zu erzeugen. Die Elastizität des Seils bestimmt die Geschwindigkeit der Welle und damit das Verhältnis zwischen Frequenz und Wellenlänge.

Stellen Sie sich eine solche Welle in einem Seil vor, das an Federn befestigt ist, die am Boden angebracht sind (s. Abb. 6.2). Was macht das mit den Eigenschaften des Seils? Zunächst einmal war es einfach, eine Welle zu erzeugen, bevor Sie die Federn befestigt haben. Mit den angebrachten Federn müssen Sie viel mehr Anstrengung aufwenden, um eine Welle in Gang zu bringen. Im Wesentlichen benötigt es eine höhere Energie, also Frequenz, um eine Welle zu starten.

Das zweite, was passiert, ist, dass die Welle im Seil die nächste Feder hochziehen muss. Sie müssen also nicht nur das Seil selbst hochziehen, sondern auch die angebrachte Feder. Dadurch entsteht eine zusätzliche Kraft zwischen Ihrer Hand und der Feder, die in die entgegengesetzte Richtung zieht. Das Ergebnis ist, dass das Seil stärker gedehnt wird. Es wird stärker gedehnt, weil es eine zusätzliche Kraft zwischen einem Teil des Seils (+ Feder) und dem nächsten Teil des Seils (+ Feder) gibt. Das Dehnen des Seils braucht Zeit. Das bedeutet, dass ein Signal sich langsamer durch das Seil bewegt. Folglich können wir ein stärker gedehntes Seil als ein Seil mit höherer Elastizität betrachten. Ein Seil mit höherer Elastizität erzeugt eine Welle mit geringerer Geschwindigkeit und kürzerer Wellenlänge (s. Abb. 6.2).

Das dritte, was passiert, ist, dass Energie in den Federn gespeichert wird. Wenn Sie eine Feder mit Ihren Händen dehnen, merken Sie, dass das Energie kostet. Wenn Sie die Feder loslassen, zieht sie sich zusammen. Die Energie, die Sie in der Feder gespeichert haben, wird ebenfalls freigesetzt. Also enthält jede gedehnte Feder Energie. In Abb. 6.2 können Sie sehen, dass eine Welle in einem Seil mit angebrachten Federn eine Anzahl von Federn dehnt. Also dehnt eine Welle in einem

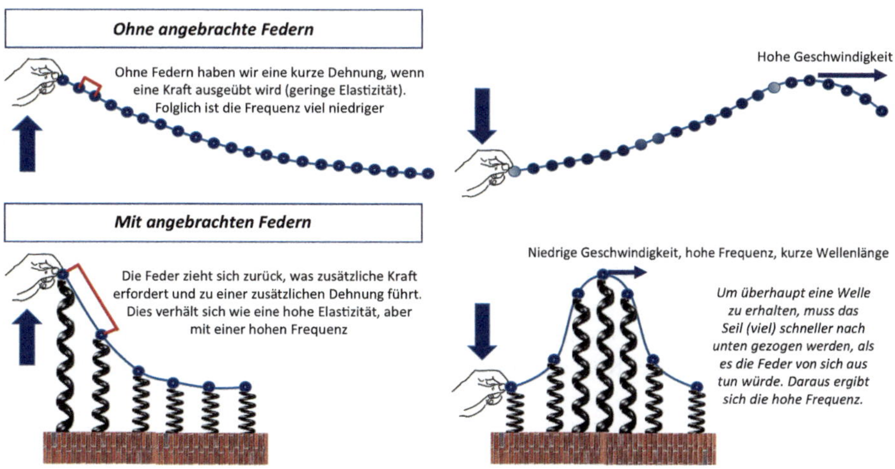

Abb. 6.2 Ein an Federn befestigtes Seil benötigt mehr Energie, um eine Welle zu starten und erhöht seine Elastizität, wodurch die Geschwindigkeit der durchlaufenden Welle verringert und ihre Frequenz erhöht wird

solchen Seil zu jeder Zeit während ihrer Existenz eine Anzahl von Federn. Die Summe der Dehnung in diesen Federn entspricht der in ihnen gespeicherten Energie. Daher würde das In-Gang-Setzen einer Welle in einem solchen Seil bedeuten, dass ein Teil der Energie der Welle in den Federn gespeichert wird.

Wir sehen, dass das Anbringen von Federn am Seil die Eigenschaften des Mediums, das wir „Seil“ nennen, verändert. In Wirklichkeit haben wir keine Federn und das Vakuum ist kein Seil. Also, was könnte die Rolle der Federn spielen? Im Wesentlichen erzeugt eine Feder nur einen Potenzialunterschied, wenn sie gedehnt wird. Also könnten wir sagen, dass jeder Potenzialunterschied, der auf das Seil wirkt, wie ein Satz von Federn wirken würde, die am Seil befestigt sind. Ein solcher Potenzialunterschied würde ein unterschiedliches Potenzial an der Wellenspitze im Vergleich zum Wellental zeigen.

Was könnte einen solchen Potenzialunterschied verursachen? Grundsätzlich könnte jedes Feld, das mit dem Medium (dem Seil) interagiert, das tun. Ein Beispiel ist das Higgs-Feld. Dieses Feld ist überall (wie alle Felder), aber es unterscheidet sich von anderen Feldern dadurch, dass es überall einen von null verschiedenen Wert hat. Folglich erfährt jedes Feld, das mit dem Higgs-Feld interagiert, einen zusätzlichen Potenzialunterschied. Dies verändert die Eigenschaften des Vakuums für dieses Feld, als ob das Vakuum für dieses spezielle Feld an Federn befestigt wäre. Die Veränderung der Eigenschaften besteht immer darin, dass die Elastizität erhöht wird, was zu einer geringeren Geschwindigkeit, kürzerer Wellenlänge und höherer Frequenz führt.

Sie können das Feld mit Federn als ein anderes Medium im Vergleich zu einem Feld ohne Federn betrachten. Sie können es mit Licht in einem Medium vergleichen, wie im vorherigen Abschnitt besprochen: Es gibt viele ähnliche Effekte. Das Licht interagiert mit den Elektronen, z. B. in Glas, und fühlt dadurch ein Potenzial. Dies verlangsamt das Licht und reduziert seine Wellenlänge. Man könnte sagen, dass eine reduzierte Wellenlänge impliziert, dass der Impuls steigt. Allerdings wird die Welle auch verlangsamt. Vergleichen wir dies mit massiven Teilchen. Ihr Impuls wird durch ihre Geschwindigkeit und Masse bestimmt. Wenn wir einer masselosen Welle einen Potenzialunterschied hinzufügen, machen wir es „massiv“ und es beginnt, sich wie ein massives Teilchen zu verhalten. Wie bei massiven Teilchen muss, um den Impuls gleich zu halten, seine Geschwindigkeit reduziert werden, wenn seine Masse zunimmt. Auf jeden Fall reduziert das Hinzufügen eines Potenzials zu einer Welle sowohl ihre Wellenlänge als auch ihre Geschwindigkeit, und der Impuls bleibt gleich. Solange das Potenzial gleich bleibt, besteht eine umgekehrte Beziehung zwischen dem Impuls und der Wellenlänge ($P \sim 1/\lambda$), aber wenn das Potenzial sich ändert, ändert sich auch diese Beziehung.

Untersuchen wir die Konsequenzen des Seil- und Federnmodells für massive Wellen.

6.2.2 Konsequenz 1: Sie können nicht schneller als das Licht sein

Die (Gruppen-)Geschwindigkeit von Wellen in einem Feld mit angebrachten Federn kann die Lichtgeschwindigkeit nicht überschreiten. Ihre Geschwindigkeit muss niedriger sein, egal wie viel Energie hineingesteckt wird. Dies wird dadurch verursacht, dass jedes Potenzial die Welle elastischer macht. Daher wird die (Gruppen-)Geschwindigkeit einer massiven Teilchenwelle immer niedriger sein als die einer masselosen Welle.

6.2.3 Konsequenz 2: Die Beziehung zwischen Frequenz und Wellenlänge hängt von der Masse ab

Die Beziehung zwischen Frequenz und Wellenlänge ist für massive Wellen anders als die Beziehung im Vakuum, ohne die „Federn", sozusagen. Dieser Unterschied wird tatsächlich durch die „Federn" verursacht. In ihrer Anwesenheit ist die Gesamtenergie in der Welle nun eine Kombination aus der Energie im Seil (der bewegenden Welle) und der Energie in den „Federn", als ob es zwei Frequenzen in einer Welle gäbe: $f1 + f2$.

Wir können diese Frequenzen nicht einfach addieren. Das Seil und die Federn müssen getrennt betrachtet werden, als wären sie zwei verschiedene Dimensionen. Schauen wir uns an, warum.

Stellen Sie sich zunächst vor, was passiert, wenn wir Energie nur in die Federn stecken: Wenn wir nur eine Feder auslösen könnten, würde das die Geschwindigkeit ihres Nachbarn nicht verändern, da sie nicht mit ihm verbunden ist, wenn kein Seil vorhanden ist. Also könnten wir sagen, dass die Elastizität nicht existiert und daraus resultiert keine Welle und keine Geschwindigkeit. Es kann keinen Impuls übertragen, weil es nicht mit seinem Nachbarn verbunden ist.

Also, der einzige Weg für diese Federn, Impuls zu übertragen, besteht darin, mit dem Seil verbunden zu sein. Das Seil wird die Übertragung durchführen. Aber bevor wir irgendeine Art von Welle erzeugen können, müssen wir zuerst genug Energie einbringen, um die Zugkraft der Feder zu überwinden. Die Federkonstante bestimmt die zu erzeugende Welle (Teilchen). Anders ausgedrückt, eine Welle kann erzeugt werden, wenn die Feder so angeregt wird, dass sie mindestens eine Wellenlänge des Teilchens halten kann. Diese Wellenlänge steht in Beziehung zur Feder und nicht zur Welle, die sich entlang des Seils plus Federn ausbreitet. Die Feder ist ein harmonischer Oszillator und die Art und Weise, wie sie schwingt, hat eine eigene Wellenlänge und Frequenz. Die Welle, die den Impuls überträgt, ist eine Welle im Seil, über die Federn hinweg (s. Abb. 6.3).

Also müssen wir schlussfolgern, dass wir es in diesem System mit zwei verschiedenen Arten von Wellen zu tun haben. Bevor wir eine Welle im Seil aufbauen können, müssen wir zuerst genug Energie einbringen, um die Feder anzuregen.

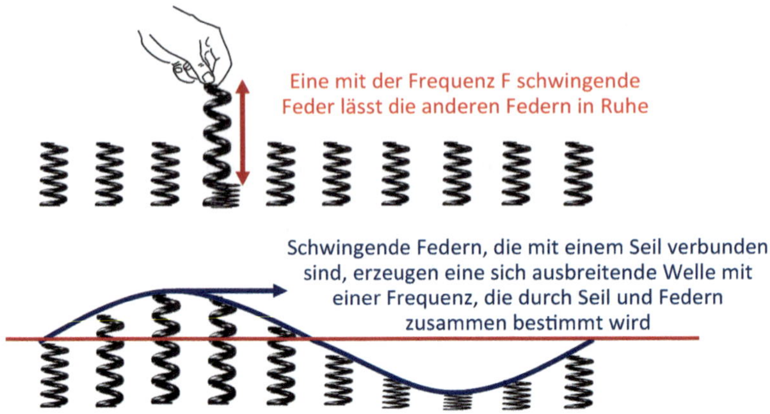

Abb. 6.3 Die getrennten Frequenzen der Feder und des Seils. Die Feder verursacht einen Potenzialunterschied. Wenn sie gezogen und losgelassen wird, schwingt sie mit einer Frequenz, die allein durch die Eigenschaften der Feder bestimmt wird. Aber das Seil bringt seine eigenen Eigenschaften ein und zusammen bestimmen sie, wie eine Welle sich entlang des Seils und der Federn ausbreitet

Wir werden keine Art von Welle im Seil erzeugen können, bevor diese Bedingung erfüllt ist.

Nachdem wir das getan haben, können wir mehr Energie hinzufügen und diese wird in das Seil fließen, um eine Welle in Gang zu setzen. Wenn dies nur ein kleines bisschen mehr Energie ist als die Energie, die in die Federn gesteckt wurde, wird die Welle mit einer Geschwindigkeit laufen, die vollständig durch die erhöhte Elastizität bestimmt wird, die durch die Federn verursacht wird. An diesem Punkt können wir sagen, dass die Elastizität von den Federn dominiert wird. Je stärker die Federn, desto höher die Elastizität des Seils und desto niedriger die Geschwindigkeit des Teilchens bei einer bestimmten, niedrigen Energie.

Nehmen wir nun an, wir identifizieren die Stärke der Federn (die Federkonstante) mit der Masse des Teilchens. Wenn wir sagen, dass wir zuerst eine Schwingung in der Feder erzeugen müssen, sagen wir eigentlich, dass wir zuerst ein „Teilchen" erzeugen müssen, oder besser: ein Feldquant (s. Kap. 7 zur Feldquantisierung). Dies ist eine klumpenförmige Welle im „Seilfeld", aber ihre Masse wird durch die Federn bestimmt. Stärkere Federn (höhere Federkonstanten) entsprechen dann einer größeren Teilchenmasse: Es muss mehr Energie eingebracht werden, um die Federn anzuregen.

Wenn wir ein wenig zusätzliche Energie ΔE einbringen, kommt die Welle in Gang, aber ihre Geschwindigkeit hängt stark von der Elastizität ab. Höhere Masse = stärkere Federn = höhere Elastizität = niedrigere Geschwindigkeit, wenn das gleiche ΔE hinzugefügt wird. Also, je größer die Masse, desto niedriger die Geschwindigkeit, die mit ein wenig zusätzlicher Energie gewonnen wird. Dies wird Trägheit genannt: Um eine größere Masse zu bewegen, müssen Sie mehr Energie einbringen.

Betrachten wir nun die Situation, in der wir viel zusätzliche Energie einbringen, so dass wir eine ernsthafte Welle in Gang setzen. Nehmen wir an, es gibt so viel überschüssige Energie, dass die Menge an Energie, die in die Welle fließt, die Energie, die in die Federn geflossen ist, dominiert. Die Frequenz, die die kinetische Energie darstellt, ist viel höher als die Frequenz, mit der die Federn schwingen wollen. Also schwingt das Seil schneller, als die Federn folgen können. Folglich verhält sich die Welle fast so, als ob die Federn nicht da wären: Sie nehmen nicht so stark an der Wellenbewegung teil, wie sie es sonst tun würden.

Nun können Sie sich vorstellen, dass das Verhalten des Systems mehr (aber nie vollständig) durch das Seil und die Elastizität des Seils selbst (ohne Federn) bestimmt wird. Sie können auch über den Extremfall von sehr schwachen Federn nachdenken: Die Stärke der Federn wäre vernachlässigbar im Vergleich zur Energie in der Welle. In diesem Fall wäre die Geschwindigkeit der Welle (fast) vollständig durch die Elastizität des Seils bestimmt. Wenn wir vom Seil zurück zum Vakuum gehen, wird diese Geschwindigkeit durch die Elastizität des Vakuums bestimmt. Wir kennen diese Geschwindigkeit: Sie ist C.

Also, die Geschwindigkeit der Welle variiert zwischen sehr niedrig und fast C. Diese Geschwindigkeit wird vollständig durch das Verhältnis zwischen der Energie, die in die Federn gesteckt wurde, und der Energie, die in die Welle gesteckt wurde, bestimmt. Die Geschwindigkeit ist niedrig, wenn die Energie so niedrig ist, dass das Verhalten des Systems überwiegend durch die Federn (das Higgs-Potenzial) bestimmt wird, und die Geschwindigkeit ist fast C, wenn die Energie so hoch ist, dass das Verhalten des Systems überwiegend durch die Eigenschaften des Seils (das Vakuum) bestimmt wird.

Wir haben dieses Verhältnis in Abb. 6.4 dargestellt. Damit überhaupt eine Art von Welle entstehen kann, ist die minimale benötigte Energie auf der vertikalen Achse. Die überschüssige Energie geht nicht in die Federn (da dies auf ein Feldquant quantisiert ist), sondern geht vollständig in den Impuls, der durch das Seil bestimmt wird.

Das Bild zeigt, wie wir die beiden verschiedenen Arten von Energie als zwei Dimensionen sehen können. Wenn wir zwei verschiedene Dimensionen kombinieren, müssen wir sie nach Pythagoras addieren.

Also, wir bekommen die Formel:

$$E^2(\text{gesamt}) = E^2(\text{Seil}) + E^2(\text{Federn}).$$

Oder, wenn wir erkennen, dass die Frequenz der Welle mit der Energie zusammenhängt, d. h., $F \sim E$:

$$F^2(\text{gesamt}) = F^2(\text{Seil}) + F^2(\text{Federn}).$$

Für das Seil allein haben wir $E = PC \sim C/\lambda$. Für die Federn führen wir die standardmäßige relativistische Formel für die Energie einer Masse im Ruhezustand ein $E = M_0C^2$. Dann haben wir

$$F^2(\text{gesamt}) \sim E^2(\text{gesamt}) = P^2C^2 + M_0^2C^4.$$

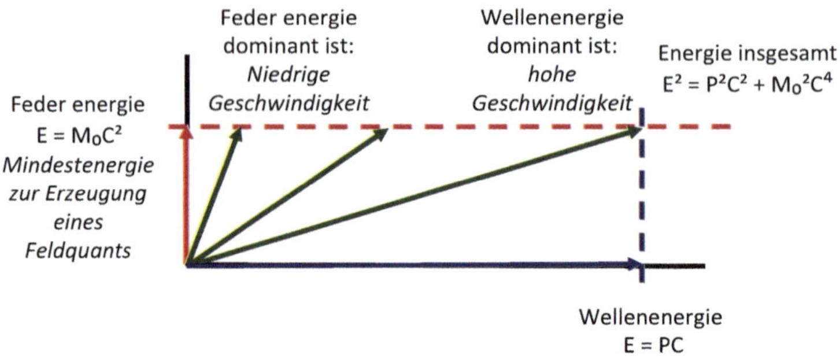

Abb. 6.4 Die Beziehung zwischen Energie in den Federn (Potenzialunterschied) und Energie im Seil (Vakuum)

Dies ist die relativistische Formel für die Gesamtenergie eines Systems. Sie wird tatsächlich die „Dispersionsrelation" für massive Teilchen genannt! So sehen wir, dass für massive Teilchen die Dispersionsrelation anders ist als für masselose Teilchen: In der Gleichung $F \sim E = PC$ ist die Phasengeschwindigkeit immer C und hängt nicht von der Frequenz ab (daher sind masselose Wellen dispersionslos). Im Falle von massiven Wellen unterscheidet sie sich je nach Frequenz. Ein Teilchen besteht aus einer Gruppe von Wellen, wie wir zuvor gesehen haben, und diese Wellen haben alle (leicht) unterschiedliche Frequenzen, entsprechend der Energie-Unsicherheitsrelation. Jetzt sehen wir, warum diese Wellen auch eine unterschiedliche Geschwindigkeit haben werden! Wie wir zuvor gesehen haben, hat das zur Folge, dass der Buckel, der das Teilchen darstellt, breiter werden muss, wenn die verschiedenen Wellen unterschiedliche Geschwindigkeiten haben. Also wird der Buckel sich ausbreiten. Er wird breiter und reduziert sich in der Höhe (Amplitude). Daher die „Dispersionsrelation" [Ref. 10, 11].

Wir haben angenommen, dass die Energie der Federn M_0C^2 entspricht und wir haben festgestellt, dass wir die relativistische Dispersionsformel für die Gesamtenergie mit dem Bild eines Seils mit angehängten Federn erklären können. Im nächsten Abschnitt werden wir sehen, wie sich das auf die Gruppengeschwindigkeit der Wellen in einem solchen Seil mit Federn auswirkt.

6.2.4 *Folge 3: Masse = Trägheit*

In unserer täglichen Erfahrung wissen wir, dass Masse Trägheit hat. Man muss Energie hineinstecken, um die Geschwindigkeit zu erhöhen. In der bisherigen Diskussion haben wir bereits gesehen, dass, wenn die Masse höher ist, wir mehr Energie benötigen, um die Geschwindigkeit zu erhöhen.

Etwas sehr Massives hat viele starke Federn angebracht, was zu einer sehr hohen Elastizität führt. Eine Welle in einem solchen „Seil" in Gang zu setzen, erfordert viel Energie. Ebenso das Beschleunigen dieser Welle. Stellen Sie sich einfach eine sehr hohe Elastizität und eine durchgehende Welle vor. Wenn Sie eine solche Welle beschleunigen wollen, müssen Sie dem Seil viel zusätzlichen Schwung geben. Viel zusätzlicher Schwung bedeutet viel zusätzliche Energie, insbesondere wenn starke Federn angebracht sind.

Abschließend können wir sagen, dass das Verhältnis zwischen der eingesetzten Energie (zur Erhöhung der Geschwindigkeit) und der gesamten Massenenergie der Welle bestimmt, wie schnell die Geschwindigkeit zunimmt (die Beschleunigung). Da die Masse durch die Stärke der Federn bestimmt wird, *sind es die Federn, die die Trägheit bestimmen.*

Zum Beispiel wird in der klassischen Physik die Menge an Energie, die Sie hineinstecken, um etwas zu bewegen, „Arbeit" genannt. Wenn eine konstante Kraft angewendet wird, haben wir

$$\text{Arbeit} = \text{Kraft} \times \text{Verschiebung} = \text{Masse} \times \text{Beschleunigung} \times \text{Verschiebung}.$$

Wenn wir also die Arbeit durch die Masse des Objekts teilen, erhalten wir

$$\text{Arbeit}/\text{Masse} = \text{Beschleunigung} \times \text{Verschiebung}.$$

Daher wird die Beschleunigung durch das Verhältnis zwischen der eingesetzten Energie (der Arbeit) und der Masse des Objekts bestimmt. Folglich benötigt eine masselose Welle (nur Vakuumelastizität) keine Energie, um Lichtgeschwindigkeit zu erreichen. Ein Elektron (höhere Elastizität) kann mit einer angemessenen Menge an Energie auf (fast) Lichtgeschwindigkeit beschleunigt werden. Aber etwas so Schweres wie ein Raumschiff kann mit den uns heute zur Verfügung stehenden Mitteln nicht auf Lichtgeschwindigkeit beschleunigt werden. Es erfordert zu viel Energie.

Wir können dies auch in einer anderen Art von Bild verdeutlichen (s. Abb. 6.5). Hier ist die Gesamtenergie auf der vertikalen Skala. Der Impuls ist auf der horizontalen Skala. Auf dem Bild sehen Sie, dass, wenn der Impuls 0 ist, die Energie vollständig durch die Masse des Teilchens/der Welle bestimmt wird. Für masselose Teilchen ist es 0 (wie für Licht), während es für massive Teilchen M_0C^2 ist. Wenn der Impuls steigt, folgen die masselosen Teilchen der geraden Linie $E = PC$. Das massive Teilchen folgt der Linie, die bei geringem Impuls von den Federn dominiert wird, d. h., $E = MC^2$, und der Linie, die bei hohem Impuls von dem Seil dominiert wird, d. h., $E = PC$. Und so sehen wir, dass diese Linie nicht gerade ist, sondern wie eine Schale gebogen ist. Stellen Sie sich nun vor, dass der Impuls in drei Dimensionen sein kann (die drei Richtungen, in die wir uns bewegen können), und Sie werden sehen, dass die Linie des massiven Teilchens zu einer Art Tasse oder Schale wird. Dies wird die *Massenschale* genannt. Wie wir später sehen werden, wird gesagt, dass ein reales Teilchen „auf der Schale" ist, was bedeutet, dass es dieser Energielinie ordnungsgemäß folgt. Von einem virtuellen Teilchen wird gesprochen, wenn es „außerhalb der Schale" ist, was bedeutet, dass es von dieser Linie abweicht. Aber das ist für später.

Wenn Energie in ein massives Teilchen eingespeist wird, erhöht es sowohl seine Geschwindigkeit als auch seinen Impuls. Bei niedrigen Impulswerten sollten wir die klassischen Formeln für Energie und Impuls finden. Wenn die Geschwindigkeit

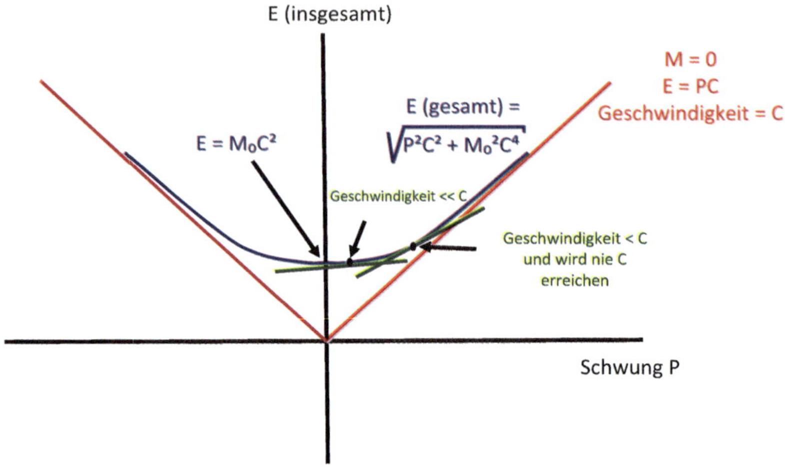

Abb. 6.5 Die Massenschale. Die (Gruppen-)Geschwindigkeit einer Quantenwelle wird dadurch bestimmt, wie sich die Gesamtenergie (Frequenz) mit dem Impuls (Wellenlänge) ändert, also durch die Steigung des Graphen. Für masselose Teilchen ist die Steigung konstant: Die Gesamtenergie entspricht dem konstanten C multipliziert mit dem Impuls. Für massive Teilchen beinhaltet die Gesamtenergie die Energie, die in die Masse geht (die Oszillation der Federn). Daher ist die Art und Weise, wie die Energie (Frequenz) von dem Impuls (Wellenlänge) abhängt, nicht konstant

nahe an die Lichtgeschwindigkeit herankommt, kann die Geschwindigkeit nicht viel weiter steigen. Der Impuls steigt jedoch weiter an, wenn wir dem Teilchen weiterhin Energie zuführen. Das bedeutet, dass der Impuls nicht proportional zur Geschwindigkeit steigen kann (wie in der klassischen Formel $P = MV$).

Wir können dies auch auf folgende Weise sehen: Die zugeführte Energie führt zu einer Erhöhung der Frequenz. Anfangs führt dies zu einer Erhöhung der Geschwindigkeit und einer Verringerung der Wellenlänge gemäß $F = V / \lambda$. Mit zunehmender Geschwindigkeit steigt der Impuls, was bedeutet (da $P \sim 1/\lambda$), dass die Wellenlänge kürzer wird. Bei noch niedrigeren Geschwindigkeiten verteilt sich die Erhöhung der Frequenz auf eine Erhöhung der Geschwindigkeit und eine gleich große Abnahme der Wellenlänge. Wenn die Geschwindigkeit so stark zunimmt, dass sie nicht mehr viel weiter zunehmen kann (nahe an C), kann die weitere Erhöhung der Frequenz nur in eine *zusätzliche* Abnahme der Wellenlänge umgesetzt werden (s. Abb. 6.6).

Abb. 6.6 zeigt die Dispersionsrelation verschiedener Wellen. Schauen wir uns zunächst die beiden skizzierten Situationen für niedrige Geschwindigkeit links in Abb. 6.6 und hohe Geschwindigkeit rechts an:

a. Die linke Seite von Abb. 6.6 (niedrige Geschwindigkeit)

Wenn die kinetische Energie viel niedriger ist als die Massenenergie, wird das Wellenverhalten von der Massenenergie dominiert. Daher sollten wir das gleiche

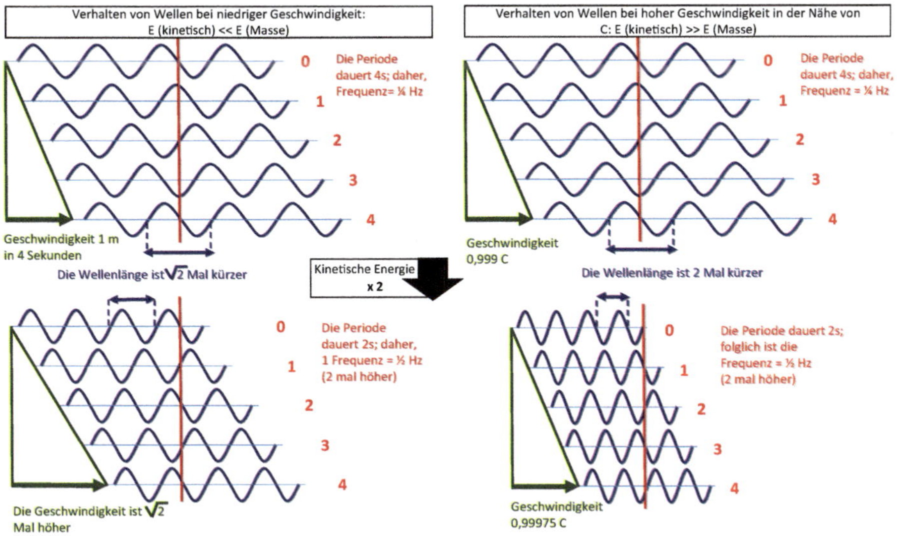

Abb. 6.6 Die Dispersionsrelation von massiven Wellen bei niedriger kinetischer Energie (links) und bei hoher kinetischer Energie (rechts)

Verhalten für die Gruppengeschwindigkeit erhalten, wie es die klassischen Formeln für Teilchen vorschreiben, d. h., wir sollten $E = ½ PV$ und $P = MV$ erhalten. Verdoppeln wir nun die Energie. Das würde bedeuten, dass die Frequenz der Welle ebenfalls verdoppelt wird. Wenn wir die Zunahme der Energie gleichmäßig auf die Teilchengeschwindigkeit V und den Impuls P verteilen, stellen wir fest, dass beide klassischen Formeln erfüllt sind:

$$2E = 2 \times 1/2PV = 1/2\left(\sqrt{2}P\right)\left(\sqrt{2}V\right)$$

$$\sqrt{2}P = M\sqrt{2}V.$$

Wenn also die Energie (Frequenz) verdoppelt wird, erhöht sich der Impuls um den Faktor $\sqrt{2}$ und die Geschwindigkeit erhöht sich um den gleichen Faktor. Folglich, da Impuls ~ $1/\lambda$, wird die Wellenlänge um den Faktor $\sqrt{2}$ reduziert, was mit $F = v/\lambda$ übereinstimmt.

b. Die rechte Seite von Abb. 6.6 (hohe Geschwindigkeit)

Wenn die kinetische Energie viel höher ist als die Massenenergie, wird das Wellenverhalten von der kinetischen Energie dominiert. Auch in diesem Fall verdoppelt sich die Frequenz, wenn die Energie verdoppelt wird (da E ~ Frequenz). Die Geschwindigkeit ändert sich jedoch kaum, so dass eine Verdoppelung der Frequenz zu einer Halbierung der Wellenlänge führt oder

$$2E \sim 2F \sim 1/2\lambda \sim 2P.$$

Also bedeutet eine Verdoppelung der Energie eine Verdoppelung des Impulses. Da die Geschwindigkeit fast C ist, wird die Beziehung E = PC sichtbar. In diesem Fall ist Gruppengeschwindigkeit = Phasengeschwindigkeit = C. Wir werden den Unterschied zwischen der linken und rechten Seite des Bildes im Detail in Abschn. 6.4 untersuchen. Dann werden wir entdecken, wie dieser Effekt mit Längenkontraktion und Zeitdilatation zusammenhängt.

Fazit

Wenn die Massenenergie das Verhalten der Welle dominiert (niedrige Geschwindigkeit), wird eine Verdoppelung der kinetischen Energie gleichmäßig auf eine Erhöhung des Impulses und eine Erhöhung der Geschwindigkeit verteilt. In diesem Fall herrscht das klassische Verhalten vor. Wenn jedoch die kinetische Energie die Massenenergie dominiert, tritt das relativistische Verhalten auf (Geschwindigkeit nahe C), wie das Verhalten von masselosen Wellen im Vakuum. Interessant ist, dass all dieses Verhalten durch Betrachtung von Wellen ($F = v/\lambda$) und einem einfachen Bild von Federn, die an einer Welle befestigt sind, erklärt werden kann.

6.2.5 Folge 4: Andere potenzielle Unterschiede können „Masse" erzeugen

Es ist nicht nur das Higgs-Feld, das den Teilchen Masse verleiht. Zum Beispiel hat ein Atom eine geringere Masse als die Summe der Massen von Protonen und Neutronen. Sie müssen Energie aufwenden, um das Atom zu zerlegen. Wenn wir also die Protonen und Neutronen auf eine bestimmte Entfernung bringen, besitzen sie potenzielle Energie. Was ist diese Energie? Im Grunde genommen spüren sie einen potenziellen Unterschied. Der potenzielle Unterschied verursacht, dass die Teilchenwelle eine höhere Massenenergie hat, genau wie bei den Federn.

Dieser potenzielle Unterschied ist jedoch nicht derselbe wie das Higgs-Feld. Das Higgs-Feld hat überall die gleiche Stärke, daher bietet es keinen potenziellen Unterschied *im Raum*. Folglich wird kein Teilchen eine Kraft vom Higgs-Feld erfahren, da Kräfte nur aus potenziellen Unterschieden *im Raum* resultieren (wie wir in Abschn. 9.4 sehen werden). Das Higgs-Feld kann nur bemerkt werden, wenn Sie versuchen, ein Feld anzuregen, das mit Higgs verbunden ist. In diesem Fall verursachen die Federn des Higgs-Feldes, dass Sie viel Energie aufwenden müssen, bevor Sie das Feld anregen und eine Welle (ein Teilchen) erzeugen können.

Das Potenzial der starken Kraft (wie im Beispiel des Atoms anwendbar) zeigt jedoch einen potenziellen Unterschied *im Raum*. Es ist dieser potenzielle Unterschied, der eine Kraft zwischen den Protonen und Neutronen des Kerns verursacht. Die Federn sind also da, aber sie sind einfach anders angeordnet (s. Abb. 6.7). Und auch sie verändern das Verhalten der Welle, indem sie zu ihrer Trägheit beitragen. In der Abbildung wird die Kraft durch Federn dargestellt. Es ist wahr, dass der potenzielle Unterschied größer ist, wenn die Entfernung zur Kraftquelle

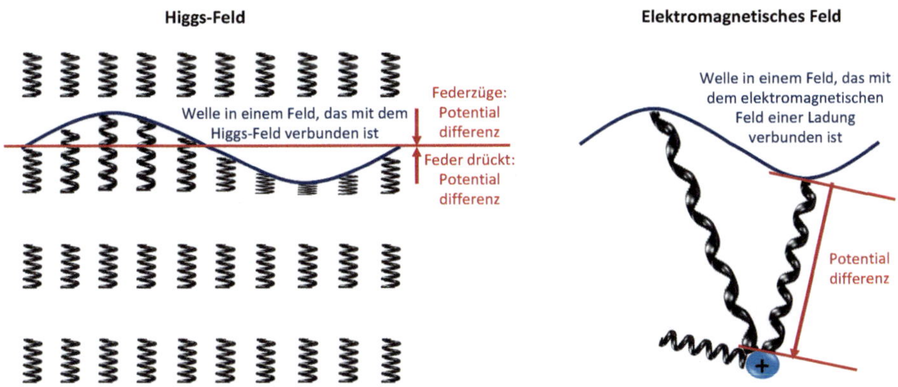

Abb. 6.7 Higgs und andere Felder sind unterschiedlich und jedes erzeugt auf seine Weise einen potenziellen Unterschied. Eine Welle im Feld, die diese potenziellen Unterschiede erfährt, wird massiver mit höherer Elastizität, höherer Trägheit und geringerer Geschwindigkeit

größer ist, aber die Analogie bricht zusammen, wenn man die Kraft des elektromagnetischen Feldes mit der einer Feder vergleicht. Die Feder wird eine größere Kraft ausüben, wenn sie gedehnt wird, während das elektromagnetische Feld bei größerer Entfernung eine kleinere Kraft ausübt.

Nehmen wir z. B. den He^4-Kern. Wenn wir seine Masse mit der Gesamtmasse von 2 einzelnen Protonen und 2 einzelnen Neutronen vergleichen, die ihn bilden, erhalten wir ein interessantes Ergebnis (s. Tab. 6.1).

Wir sehen also, dass die Masse des Heliumkerns etwa $0{,}05 \times 10\text{—}^{27}$ kg geringer ist als die Masse der einzelnen Protonen und Neutronen. Wenn wir die einzelnen Protonen und Neutronen auf eine bestimmte Entfernung voneinander bringen könnten, würden sie eine Masse von $0{,}05 \times 10^{-27}$ kg gewinnen. Diese Masse wird als „Federenergie" oder potenzielle Energie (aus dem potenziellen Unterschied) erzeugt, wie sie von den Protonen- und Neutronenwellen erfahren wird.

Federn, Higgs und potenzieller Unterschied sind also die Ursache der Masse. Masse ist nichts anderes als die Veränderung des Verhaltens der Welle, weil „Federn" an sie angehängt sind, oder besser, weil die Welle mit einem Feld verbunden ist, das eine Art von potenziellem Unterschied erzeugt. Aber was ist ein potenzieller Unterschied? Wie wird ein Feld an ein anderes Feld angehängt und wie fühlt es sich an, als ob es an Federn angehängt ist? Wir werden versuchen, all diese Arten von Fragen in den folgenden Kapiteln zu beantworten. Wir werden uns ansehen, wie Felder interagieren und das Konzept von virtuellen „Teilchen" (natürlich Wellen …). Wir werden uns auch ansehen, wie die Welle auf ihrem Weg durch den Raum durch das Pfadintegral beeinflusst wird, und wir werden uns ansehen, wie eine Kraft erzeugt wird. Dann werden Sie eine Vorstellung davon haben, was wir mit einem potenziellen Unterschied und Feldern meinen, die „mit anderen Feldern verbunden sind".

Tab. 6.1 Die Masse eines Kerns

Protonenmasse	$1.672621898(21) \times 10^{-27}$ kg	$\times 2 = 3.345243796 \times 10^{-27}$ kg
Neutronenmasse	$1.674927471(21) \times 10^{-27}$ kg	$\times 2 = 3.349854942 \times 10^{-27}$ kg
Insgesamt 2 Neutronen + 2 Protonen		$6.695098738 \times 10^{-27}$ kg
Heliumkernmasse		$6.644657230(82) \times 10^{-27}$ kg
Unterschied		$0.050441508 \times 10^{-27}$ kg

6.2.6 Folge 5: Masse kann in Energie umgewandelt werden

Wenn die Protonen und Neutronen aus dem vorherigen Beispiel freigesetzt werden, gewinnen sie an Geschwindigkeit, wenn sie sich wieder im He^4-Kern zusammenfinden und der Potenzialunterschied verringert wird. So wird potenzielle Energie gegen kinetische Energie ausgetauscht. Wenn eine Neutronenwelle eine geringere potenzielle Energie erfährt, weil sie den anderen Neutronen und Protonen näherkommt, beginnt sie sich so zu verhalten, als ob sie weniger Federkraft spürt. Folglich verhält sie sich, als ob sie ein wenig weniger Masse hätte. Gleichzeitig bleibt die Gesamtenergie (Frequenz) gleich. Daher muss die Energie „irgendwohin" gehen. Was passiert, ist, dass die Welle im Seil eine höhere Geschwindigkeit bekommt, wenn die potenzielle Energie abnimmt. In Bezug auf die Frequenz wird ein Teil der „Massenfrequenz" gegen „Impulsfrequenz" ausgetauscht. Sie können sich aus unserer bisherigen Diskussion vorstellen, wie eine geringere Federkraft die Elastizität verringert. Eine verringerte Elastizität führt zu einer höheren Geschwindigkeit (s. Abb. 6.2).

Man könnte argumentieren, dass die Energie, die im Impuls des Teilchens steckt, ein Massenäquivalent hat. Daher ändert die „Massen"-Energie, die in Impulsenergie umgewandelt wird, die Gesamtmasse nicht wirklich. Die Gesamtenergie bleibt gleich, daher bleibt auch die Gesamtmasse gleich. Allerdings kann die Impulsenergie auf andere Teilchen übertragen werden! Wenn das passiert, bleibt eine geringere Massenenergie im ursprünglichen Teilchen zurück. Also, wenn die Protonen und Neutronen aus unserem Beispiel anfangen, Impuls zu gewinnen, wenn sie sich zusammenfinden, kann dieser Impuls auf andere Teilchen übertragen werden. Wenn das passiert ist, haben wir einen He^4-Kern, der eine geringere Masse hat als die ursprünglichen Neutronen und Protonen.

Teilchen können auch vernichtet werden. Zum Beispiel, wenn ein Teilchen auf ein Antiteilchen trifft. Dann wird die Gesamtmasse beider vernichtet und in Impulsenergie umgewandelt, z. B. durch die Erzeugung von zwei Photonen. Wir werden später sehen, wie das funktioniert. Kurz gesagt, die Federfrequenz wird vollständig gestoppt und stattdessen wird eine Impulsfrequenz eines anderen Feldes erzeugt.

6.2.7 *Beispiel: Photonen in einem Plasma*

Wir haben herausgearbeitet, welche Folgen es hat, wenn Wellen in ein anderes Medium eintreten. Ein interessantes Beispiel ist das Verhalten von Photonen in einem Plasma. Ein Plasma ist ein Gas, in dem die Elektronen von den Atomen getrennt sind. Folglich sind sie frei, jederzeit und mit jeder Energie kontinuierlich mit Photonen zu interagieren. Daher verhält sich ein Plasma in Bezug auf die Photonen wie ein kontinuierliches und homogenes Wechselwirkungsfeld. Die Wechselwirkung, die die Photonen mit dem Plasma haben, wirkt wie Federn auf dem Seil. Interessant daran ist, dass, wenn dies ausgearbeitet wird [Ref. 54, Handout 14], die masselosen Photonen genau das gleiche Verhalten wie ein massives Teilchen im Vakuum haben!

Innerhalb des Plasmas können Photonen unterhalb einer bestimmten Energie nicht existieren. Sie können die Situation unterhalb dieser Energieschwelle mit dem zu langsamen Auf- und Abbewegen des Seils in Abb. 6.2 vergleichen. In diesem Fall zieht das Potenzial das Seil schneller nach unten, als Sie es tun. Die Folge ist, dass keine Welle entsteht. Nur durch schnelleres Bewegen, als das Potenzial induzieren könnte, kann eine Welle entstehen. Daher gibt es eine minimale Energieschwelle, die die Rolle der Masse spielt. Oberhalb dieser Schwelle können Photonenwellen sich nur mit einer Gruppengeschwindigkeit bewegen. Diese Geschwindigkeit hängt von der Energie der Photonen im Verhältnis zur Schwellenenergie ab! Wenn also die Energie der Photonen nur sehr leicht über der Schwellenenergie liegt, ist ihre Gruppengeschwindigkeit sehr niedrig. Wenn diese Energie zunimmt, so nimmt auch die Gruppengeschwindigkeit zu. Wenn die Gruppengeschwindigkeit nahe an die Lichtgeschwindigkeit herankommt, gilt für das Verhältnis zwischen der Photonenenergie und der Schwellenenergie genau die gleiche Formel wie die relativistische Formel für massive Teilchen. Das bedeutet, dass die Geschwindigkeit nahe an die Lichtgeschwindigkeit herankommen kann, aber wenn sie das tut, braucht es eine zunehmende Menge an Energie, um die Geschwindigkeit der Photonen weiter zu erhöhen. Daraus können wir schließen, dass die Schwellenenergie tatsächlich die Rolle der Masse spielt. Dieser Vergleich sagt uns, dass, wenn wir massive Teilchen als Wellen mit angehängten Federn betrachten, sie tatsächlich all das Verhalten zeigen werden, das wir von massiven Teilchen gewohnt sind.

6.2.8 *Schlussfolgerung und Zusammenfassung*

Wir haben eine Vorstellung davon entwickelt, wie wir ein Teilchen als Wellenpaket, eine Gruppe von Wellen, sehen können. Eine solche Gruppe von Wellen kann das gesamte Verhalten eines massiven Teilchens zeigen, wenn die Wellen mit einem kontinuierlichen Feld (ein Higgs-Feld) interagieren, analog zu Federn an einem Seil. Dieses Bild erklärt das relativistische Verhalten von „massiven Teilchen“ nahe der Lichtgeschwindigkeit.

In diesem Verhalten haben wir zwei Arten von Energie identifiziert:

Impulsenergie

Impulsenergie wird in der Elastizität des Mediums gespeichert. Wenn eine Welle in einem Medium wie einem Seil oder dem Vakuum erzeugt wird, hält sie eine bestimmte Menge an Energie. Dies wird als kinetische Energie oder Impulsenergie der Welle bezeichnet. Die Frequenz der Welle ist gleich ihrer Energie, die Wellenlänge ist umgekehrt proportional zu ihrem Impuls, und Frequenz und Wellenlänge sind über die Geschwindigkeit der Welle miteinander verbunden.

Massenenergie

Massenenergie hängt mit Federn zusammen, die an die Welle angehängt werden können. Diese Federn können tatsächliche Federn sein, die an ein Seil angehängt sind, oder ein Potenzial, das eine Welle im Vakuum zieht. Die Federn können auch Energie speichern, und das wird als Massenenergie bezeichnet. Dies kann ein Higgs-Potenzial sein, das der Welle Ruhemasse verleiht, aber es kann auch ein „reguläres“ Potenzial sein, das von einem anderen Feld erzeugt wird und der Welle Masse verleiht, die wir als potenzielle Energie interpretieren. Die Massenenergie verändert die Elastizität, die die Welle erfährt, und daher auch das Verhältnis zwischen Frequenz, Wellenlänge und Geschwindigkeit.

Diese Veränderungen beeinflussen die Art und Weise, wie die Geschwindigkeit der Welle durch eine Kraft verändert werden kann. Wenn die Federn stärker sind, wird mehr Energie in ihnen gespeichert und es wird schwieriger, die Geschwindigkeit des Wellenpakets zu ändern: Die in den Federn gespeicherte Energie erzeugt den Begriff der Trägheit.

Massenenergie kann gegen Impulsenergie ausgetauscht werden. Die Energie, die in den Higgs-Federn gespeichert ist, die an die Welle angehängt sind (die Ruhemasse der Welle), kann nur dann gegen Impulsenergie ausgetauscht werden, wenn die Welle vernichtet wird. Dies ist eine Folge der Tatsache, dass die Higgs-Federn da sind, sobald die Welle erzeugt wird, und sie sind immer gleich stark. Ein reguläres Potenzial ändert seinen Potenzialunterschied je nach Entfernung zur Quelle des Potenzials. Daher kann ein reguläres Potenzial kontinuierlich in Impulsenergie umgewandelt werden, wenn die Entfernung zur Quelle geändert wird (das Konzept der Kraft).

Also sind Masse/Trägheit, Energie und Geschwindigkeit alle Folgen des Verhaltens von Wellen im elastischen Vakuum und der Federn (Potenzial, das durch ein anderes Feld verursacht wird), die an die Welle angeschlossen werden und die erlebte Elastizität verändern.

Das ist ziemlich spektakulär! Was wir hier getan haben, ist, den Ursprung von Masse und Trägheit aus einer Wellenperspektive zu erklären und zu erläutern, warum die Geschwindigkeit eines massiven Objekts sich so verhält, wie es durch die spezielle Relativitätstheorie vorgegeben ist.

6.3 Die Elastizität der Minkowski-Metrik

Was ist eine Metrik? Eine Metrik beschreibt, wie sich Raum-Zeit verhält. Zum Beispiel kann ein flaches Stück Papier durch senkrechte gerade Linien beschrieben werden. Aber ein Ballon kann am besten durch gebogene Linien beschrieben werden (wie Längenkoordinaten, wie sie auf der Erde verwendet werden). Beide Formen können durch die Definition von „Abstand" charakterisiert werden. Jeder Abstand auf dem flachen Papier wird durch Pythagoras beschrieben: $\text{Abstand}^2 = x^2 + y^2$, wenn wir die beiden möglichen senkrechten Achsen, die das Papier beschreiben, x und y nennen. Auf der Kugel bekommen wir eine sphärische Formel, um einen Abstand zu beschreiben. Sie können nicht gerade von A nach B gehen, wenn Sie auf der Erde sind, Sie müssen der gekrümmten Oberfläche folgen. Wenn Sie auf die andere Seite der Erde fliegen, können Sie nicht gerade durch den Kern des Planeten gehen, Sie müssen um ihn herumfliegen. Daher wird Abstand auf einer Kugel anders definiert als auf einem flachen Stück Papier.

Was ist nun mit Raum-Zeit? In unserem täglichen Leben würden wir eine Entfernung im Raum auf die gleiche Weise definieren wie auf dem Papier, mit Hilfe von Pythagoras: $\text{Entfernung}^2 = x^2 + y^2 + z^2$. Aber dann haben wir die Zeit nicht eingerechnet! Wie gehen wir also mit der Zeit um? Wenn wir die Zeit einbeziehen, würden wir eine Entfernung als die „Trennung" zwischen Ereignis A (an Position Xa, Ya, Za und Zeit Ta) und Ereignis B (an Position Xb, Yb, Zb und Zeit Tb) definieren. Aber was ist die Entfernung zwischen Ta und Tb? Wenn wir dies als Entfernung messen wollen, müssen wir die Zeitdifferenz mit einer Geschwindigkeit multiplizieren: v(Tb-Ta) = Entfernung zwischen den beiden Ereignissen nur in der Zeit. Aber welche Geschwindigkeit sollen wir hier verwenden? Es ist sinnvoll, die maximale verfügbare Geschwindigkeit zu wählen, die für alle gleich ist. Dies gibt uns die minimale Entfernung in der Zeit: Es ist der schnellste Weg von A nach B. Schließlich messen wir die Entfernung auf einem Stück Papier auch nicht in Schleifen, wir nehmen die kürzeste Entfernung zwischen zwei Punkten, um „Entfernung" zu definieren.

Was ist nun mit dieser maximalen Geschwindigkeit? Das Vakuum liefert uns als Folge seiner Elastizität eine maximale Geschwindigkeit. Also sollte die Entfernung in der Zeit im Vakuum als C(Tb-Ta) oder kurz CT gemessen werden. Die Konsequenzen davon sind weitreichend. Der deutsche Mathematiker Hermann Minkowski war der Erste, der diese Metrik definierte. Sie beschreibt die Entfernung wie folgt:

$$\text{Entfernung}^2 = (\text{CT})^2 - \left(\text{X}^2 + \text{Y}^2 + \text{Z}^2\right) = (\text{CT})^2 - \text{X}^2 - \text{Y}^2 - \text{Z}^2.$$

Diese Art der Abstandsberechnung in der vierdimensionalen Raum-Zeit wird die Minkowski-Metrik genannt, und sie ist die Grundlage für alle Formeln und Verhaltensweisen, die in der speziellen Relativitätstheorie auftreten. Die Raum-Zeit, die mit dieser Metrik aufgebaut wird, nennen wir Minkowski-Raum.

Diese Metrik hat einige interessante Eigenschaften:

a. Die Entfernung ist 0, wenn man sich mit Lichtgeschwindigkeit bewegt.

Machen Sie einfach die Berechnung, bewegen Sie sich in X-Richtung (also $Y=0$ und $Z=0$) und reisen Sie 300.000 km in 1 s: also, $x=300.000$ km und $T=1$ s:

$$\text{Entfernung}^2 = (300.000\,\text{km/s} \times 1\text{s})^2 - (300.000\,\text{km})^2 = 0.$$

Das bedeutet, dass, wenn Sie mit Lichtgeschwindigkeit fliegen, jede Entfernung 0 ist. Anders ausgedrückt, Sie würden nicht altern, wenn Sie von A nach B bewegen: Sie wären sofort dort! Obwohl andere Beobachter Sie mit einer Geschwindigkeit C vorbeifliegen sehen. Nehmen wir an, Sie fliegen mit Lichtgeschwindigkeit zum nächsten Stern, etwa 4 Lichtjahre entfernt. Ein außenstehender Beobachter würde sagen, dass Sie 4 Jahre gebraucht haben, um dorthin zu gelangen. Aber Sie selbst würden losfliegen und in buchstäblich *keiner Zeit* wären Sie dort. Es ist eher so, als hätte die Lichtgeschwindigkeit die Stelle einer Art „unendlicher Geschwindigkeit" eingenommen. Wie wir später sehen werden, kann dies nur funktionieren, wenn die Länge (Entfernung im Raum allein) verkürzt und die Zeit gedehnt wird. All dies als Folge der Elastizität des Vakuums!

b. Die Entfernung zwischen A und B kann zeitähnlich oder raumähnlich sein.

Man kann nur von A nach B reisen, wenn die Entfernung im Raum kürzer ist, als das Licht brauchen würde, um dorthin zu gelangen. Zum Beispiel, wenn Sie sich von Ihrem Sitzplatz zum Fenster bewegen müssen und eine Stunde Zeit haben, werden Sie es schaffen. Dies wird als zeitähnliche Entfernung bezeichnet. Wenn Sie jedoch gebeten werden, in einer Sekunde zum Mars zu gelangen (aus der Perspektive eines außenstehenden Beobachters), können Sie das nicht tun, und Sie könnten es auch nicht tun, wenn Sie sich mit Lichtgeschwindigkeit bewegen könnten. Dies ist eine raumähnliche Entfernung. Eine zeitähnliche Entfernung beschreibt also eine Trennung, die Sie überqueren können, während eine raumähnliche Entfernung eine ist, die Sie nicht überqueren können.

Die Oberfläche, die Entfernungen trennt, die man überqueren und nicht überqueren kann, wird Lichtkegel genannt (s. Abb. 6.8). Der Lichtkegel verbindet alle Punkte, die gerade noch vom Licht erreicht werden können. Der dunkelblau hervorgehobene Bereich ist der raumähnliche Bereich, den man nicht erreichen kann.

c. Wenn C 0 wäre, gäbe es effektiv keinen Raum und keine Zeit.

Wenn $C=0$, $V=0$. Sie können also nirgendwohin gelangen. Alle anderen Orte im Universum (außer denen auf Ihrer eigenen Zeitlinie) können nicht erreicht werden. Also würden wir von keinem anderen Teilchen wissen, selbst wenn es direkt neben uns sitzen würde. Der Lichtkegel sieht eingeklemmt aus (s. Abb. 6.8). Der zeitähnliche Bereich wird auf nichts reduziert.

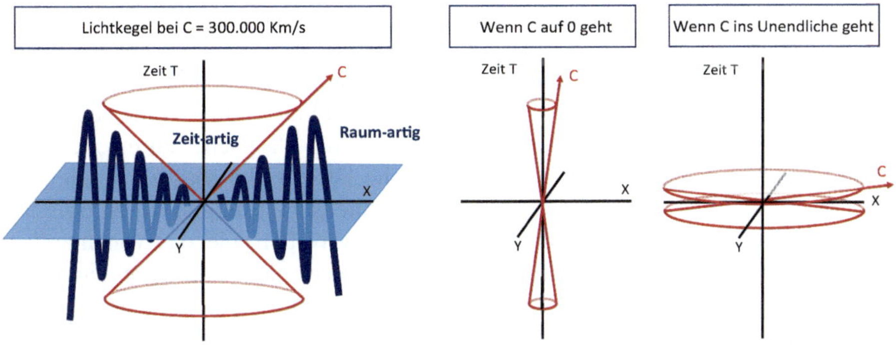

Abb. 6.8 Der Lichtkegel

Die Elastizität des Vakuums wäre sehr hoch. Tatsächlich würde die Beeinflussung eines Punktes im Raum-Zeit-Kontinuum nicht zu einer Anregung des nächsten Punktes im Raum-Zeit-Kontinuum führen (das Vakuum ist zu elastisch). Folglich könnte keine Welle existieren. Dies impliziert, dass es keine Kenntnis von anderen Punkten im Raum-Zeit-Kontinuum geben könnte und man effektiv sagen könnte, dass Entfernung und andere Punkte im Raum-Zeit-Kontinuum nicht existieren.

Wenn wir C als nicht 0, aber nahe 0 betrachten könnten, sagen wir 1 m/s, wäre eine Welle möglich. Allerdings wäre das Vakuum so elastisch, dass eine Feder mit der geringsten Federstärke das Verhalten der Wellen verändern würde (s. Abb. 6.2). Die mit dieser Feder verbundene Massenenergie wäre sehr gering. Wenn wir eine Massenenergie aus unserem Alltag in unserem eigenen Universum betrachten, würde sie das Verhalten der Wellen völlig verändern und es wäre sehr schwierig, überhaupt eine Geschwindigkeit zu erreichen. Stellen Sie sich vor, Sie ziehen ein sehr elastisches Seil mit schweren Federn hoch. Sie würden es hochziehen, aber das Seil hätte nicht genug Kraft, um die nächste Feder zu heben. Das Seil würde sich einfach ausdehnen. Der einzige Weg wäre, das Seil so schnell hochzuziehen, dass es keine Zeit zum Ausdehnen hätte und so vielleicht die nächste Feder heben könnte. Also, um eine Welle in Gang zu bringen, müsste man enorme Mengen an Energie aufbringen, um die Federn zu überwinden.

Wenn es jemandem gelänge, solche Energie einzubringen und eine Welle mit einer gewissen (niedrigen) Geschwindigkeit in Gang zu bringen, würde man schnell relativistische Effekte bekommen. Zum Beispiel, wenn Sie mit dem Zug zur Arbeit fahren, würde Ihre Uhr im Vergleich zu denen, die zu Hause geblieben sind, zurückbleiben. Die Kommunikation mit den Daheimgebliebenen wäre schwierig, da jedes Signal eine lange Zeit für die Hin- und Rückreise benötigen würde.

d. Wenn C unendlich wäre, wären Raum und Zeit endlos.

Wenn C unendlich ist, kann V jeden Wert haben (s. Abb. 6.8). Ein unendliches C impliziert, dass die Elastizität des Vakuums 0 ist. Es ist völlig unelastisch, so dass jede Auslösung eines masselosen Feldes in einem solchen Vakuum sich sofort mit unendlicher Geschwindigkeit ausbreiten würde. Um das Verhalten eines solchen unelastischen Vakuums zu ändern (d. h., es elastischer zu machen), benötigt man unendlich starke Federn (s. Abb. 6.2). Dies ist schwer vorstellbar, also nehmen wir einen sehr großen Wert von C (aber nicht unendlich). Man würde sehr starke Federn benötigen, um ein solches Vakuum ein wenig elastischer zu machen, aber nicht unendlich. Angenommen, man hat solche Federn, die Massenenergie wäre extrem groß und es wäre sehr schwer für die kinetische Energie, sie zu dominieren. Folglich würde das Verhalten von massiven Wellen wie das von massiven Wellen in unserer Welt bei niedriger Geschwindigkeit sein. Im Grunde genommen könnten Sie in einem solchen Vakuum jede Geschwindigkeit haben und eine Erhöhung der kinetischen Energie würde zu einer Erhöhung der Geschwindigkeit führen. Das Verhalten solcher massiven Wellen würde fast nie wie $E=PC$ werden (s. Abb. 6.6).

Keiner der relativistischen Effekte, wie wir sie in unserer Welt kennen, würde für sehr massive Wellen existieren. Es gäbe keine Zeitdilatation und keine Längenkontraktion (s. Abschn. 6.4). Es wäre möglich, eine sehr hohe Geschwindigkeit zu haben, ohne mehr zu altern als diejenigen, die zurückbleiben. Wir könnten im Prinzip zum nächsten Stern gelangen, während alle anderen, einschließlich derjenigen, die zu Hause bleiben, das Ergebnis erleben und eine Live-Aufnahme des Ereignisses sehen könnten.

Wir können also schlussfolgern, dass es die Elastizität des Vakuums ist, die bestimmt, wie unsere Wellen sich verhalten und wie schwierig es ist, irgendwo anders hinzukommen. Es ist die Elastizität des Vakuums, die bestimmt, welche relativistischen Effekte wir erleben. Dies ist nicht unerwartet. Schließlich, wenn wir alle aus Wellen im Medium bestehen, das wir Vakuum nennen, muss die Art und Weise, wie wir Raum-Zeit erleben, durch das Verhalten dieser Wellen im Vakuum bestimmt werden.

6.4 Längenkontraktion und Zeitdilatation von Wellen

In Abschn. 6.2 haben wir gesehen, dass, wenn die Geschwindigkeit einer massiven Welle nahe C liegt, ihre Geschwindigkeit nicht viel weiter zunehmen kann. Wenn wir die Energie (die Frequenz) der Welle weiter erhöhen, kann die Geschwindigkeit nicht steigen, so dass die Wellenlänge kürzer werden muss als erwartet (s. Abb. 6.6), in Übereinstimmung mit $F=V/\lambda$.

In Abb. 6.6 haben wir gesehen, dass dies zu einer zusätzlichen Abnahme der Wellenlänge im Vergleich zum Szenario mit niedriger Geschwindigkeit führt. Woher könnte die zusätzliche Abnahme der Wellenlänge stammen? Schließlich gibt es für die Wellen nur eine Beziehung zwischen Frequenz, Geschwindigkeit und Wellenlänge (die oben genannte Formel). Daher kann eine „zusätzliche" Abnahme der Wellenlänge nicht aus dem Wellenverhalten erklärt werden. Es gibt nur eine Möglichkeit, dieses Paradoxon zu lösen. Es muss der Raum selbst sein, der sich zusammenzieht.

Wie können wir das sehen? Die zusätzliche Abnahme der Wellenlänge, die wir benötigen, ist in Abb. 6.6 dargestellt. Wir können dies als eine Diskrepanz in der Formel bezeichnen, die die Frequenz mit der Wellenlänge für massive Wellen mit einer Geschwindigkeit nahe C in Beziehung setzt. Aber Raum und Zeit müssen gleich behandelt werden. Folglich kann die Diskrepanz zwischen Frequenzerhöhung und Wellenlängenabnahme (wenn V ungefähr gleich bleibt) nicht vollständig durch die Kontraktion des Raums allein ausgeglichen werden. Was muss also auf der Zeitseite geschehen, um die Diskrepanz auszugleichen? Die Zeit steht in Beziehung zur Frequenz, daher sollte eine Kompensation auf der Zeitseite dazu führen, dass die Frequenz genauso stark kontrahiert wird, wie wir die Wellenlänge kontrahieren. Wenn wir das tun, wird die Diskrepanz vollständig ausgeglichen und auf gleicher Ebene (s. Abb. 6.9).

Jetzt fragen Sie sich vielleicht, was Frequenzkontraktion bedeutet. Die Frequenz einer Welle ist definiert als 1/Periode. Die Periode (T) ist die Zeit, die zwischen dem Start einer Welle und dem Abschluss einer Wellenlänge vergeht. Also, $F = 1/T$. Folglich muss, wenn die Frequenz kontrahiert wird, die Periode dilatiert werden. Dies wird als Zeitdilatation bezeichnet. Alles wird langsamer, wenn die Geschwindigkeit C annähert. Zum Beispiel, wenn $T = 1$ h und wir auf die Uhr schauen, um zu sehen, wann 1 h vergangen ist, stellen wir fest, dass T bei hoher Geschwindigkeit viel länger dauert, was von jemandem beobachten wird, der uns vorbeirasen sieht. Nahe an C geht unsere Uhr extrem langsam, unser Herzschlag sieht so aus, als wären wir gestorben, und wir altern einfach nicht.

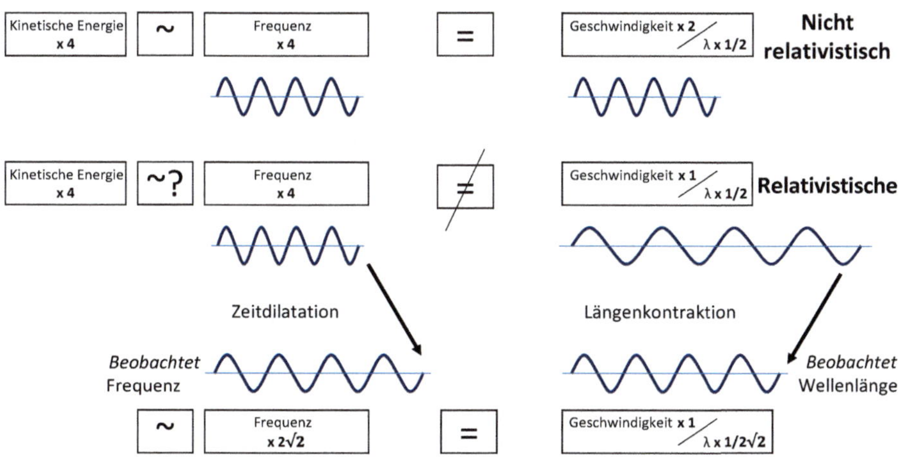

Abb. 6.9 Die Diskrepanz zwischen Wellenlänge und Frequenz im relativistischen Fall wird durch Zeitdilatation und Längenkontraktion gelöst. Auf der linken Seite der Gleichung sehen Sie, dass die Frequenz kontrahiert (mit einer kleineren Zahl multipliziert) und die Periode dilatiert wird. Auf der rechten Seite der Gleichung wird die Wellenlänge durch eine größere Zahl geteilt und so kontrahiert, so dass die Formel das korrekte Ergebnis liefert. Bitte beachten Sie, dass die Frequenz nicht wirklich mit einer kleineren Zahl multipliziert wird, sondern dass die Zeit sich so dilatiert, dass ein außenstehender Beobachter eine langsamere Uhr und folglich eine niedrigere Frequenz beobachten würde

Daraus ergibt sich, dass für massive Wellen das Verhältnis zwischen kinetischer Energie und Massenenergie die Geschwindigkeit der Wellen sowie das Verhalten von Raum und Zeit bestimmt. Bei niedriger kinetischer Energie dominiert die Massenenergie. Die Formel $F = V/\lambda$ funktioniert und es gibt keine Diskrepanz. Bei hoher kinetischer Energie gibt es eine Diskrepanz: Die Formel $F = V/\lambda$ funktioniert nur, wenn sowohl die Frequenz F als auch die Wellenlänge λ auf gleicher Ebene kontrahiert werden, so dass V nicht viel ändern muss, wenn die Energie zunimmt.

Letztendlich, wenn die Massenenergie im Vergleich zur kinetischen Energie vernachlässigbar ist, sollte das Verhalten von Wellen dem von masselosen Wellen ähneln. Der relative Einfluss der Federn wird bei solch hohen kinetischen Energien gering. Das bedeutet, dass die Minkowski-Distanz nahe 0 kommen muss, wie es bei masselosen Wellen wie Licht der Fall ist. Es gibt keine Länge und die zwischen zwei Ereignissen auf der Weltlinie der masselosen Welle verstrichene Zeit ist 0. Daher würde ihre Uhr scheinbar unendlich langsam gehen. Wie wir bereits gesehen haben, wird die Formel für die Welle sich $F = C/\lambda$ nähern.

Für massive Wellen bei niedrigen Geschwindigkeiten ist die Distanz nicht 0. Daher verändert das Geben von Masse zu einer Welle nicht nur ihre Eigenschaften, *sondern schafft auch das Konzept von Distanz in Raum und Zeit.* Darüber hinaus existiert Geschwindigkeit tatsächlich nicht für masselose Wellen. Wenn unsere Welt nur aus masselosen Wellen bestünde, würde alles sofort geschehen und niemand wäre da, um „die Geschwindigkeit des Lichts" zu beobachten. Daher ist Geschwindigkeit auch ein Konzept, das mit einer Welle einhergeht, die massiv wird.

Längenkontraktion und Zeitdilatation sind Eigenschaften des Vakuums, die die massive Welt mit Distanz und Zeit mit der masselosen Welt verbinden, in der die Distanz 0 ist und die Zeit nicht vergeht. Es ist ein Effekt, der mit der Veränderung der Elastizität des Vakuums durch ein Potenzial wie Higgs einhergeht.

Zusammenfassend:

1. Federn auf einer Welle verändern die Elastizität.
2. Bei geringem Impuls dominiert der Massenaspekt der Federn das Wellenverhalten. Die Beziehung zwischen Wellenlänge und Frequenz folgt der Dispersionsrelation, was bedeutet, dass eine Zunahme der Energie sich über eine Zunahme der Geschwindigkeit und eine gleichzeitige Abnahme der Wellenlänge verteilt.
3. Bei hohem Impuls (hoher Geschwindigkeit) beginnt die Beziehung zwischen Wellenlänge und Frequenz zunehmend, der einer masselosen Welle zu ähneln, mit einer konstanten Geschwindigkeit nahe c. Eine Zunahme der Energie kann nicht mehr zu einer wesentlichen Zunahme der Geschwindigkeit führen.
4. Wie von einem externen Beobachter gesehen, führt dies dazu, dass sich beschleunigende Wellen an das Verhalten massenloser Wellen anpassen, indem sie ihre Wellenlänge verkürzen und Zeitintervalle verlängern.

5. Daher sind relativistische Effekte wie Zeitdilatation und Längenkontraktion nichts anderes als unsere Wellen, die sich von überwiegend federähnlichem Verhalten hin zu hauptsächlich wellenähnlichem Verhalten verschieben.
6. Da alles aus Wellen besteht, einschließlich Uhren und Messstäben, zeigt alles Längenkontraktion und Zeitdilatation als Folge unserer Wellen, die sich an höhere Geschwindigkeiten anpassen.
7. Das Ergebnis ist, dass wir bei niedriger Geschwindigkeit eine andere Wahrnehmung von Entfernung im Raum-Zeit-Kontinuum haben im Vergleich zu unserer Wahrnehmung bei hoher Geschwindigkeit.
8. Folglich wird der Begriff der Entfernung im Raum-Zeit-Kontinuum durch die veränderte Elastizität, die durch die Federn verursacht wird, geschaffen. Eine große Entfernung wird bei niedrigen Geschwindigkeiten erlebt, aber eine kurze Entfernung bei hohen Geschwindigkeiten.
9. Da wir uns nur mit anderen Wellen (mit denen wir interagieren) vergleichen können, sind diese Effekte immer relativ zwischen verschiedenen Bezugssystemen, d. h. zwischen massiven Wellen, die sich mit unterschiedlichen Geschwindigkeiten bewegen.
10. Ein Beobachter kann sehen, dass eine beschleunigte massive Welle eine Geschwindigkeit nahe c und eine Lichtwelle bei c hat. Dennoch wird die beschleunigte massive Welle die Lichtwelle ebenfalls bei c sehen. Der Beobachter kann diesen Unterschied in der Wahrnehmung aus dem kontrahierten Messstab und der dilatierten Uhr der beschleunigten massiven Welle erklären.
11. Wenn der Beobachter seine Geschwindigkeit auf die der massiven Welle erhöht, wird er denselben kontrahierten Stab und die dilatierte Uhr haben. Folglich wird er immer noch die Lichtwelle bei c sehen und er wird sehen, dass die Uhr der massiven Welle im gleichen Zeitintervall wie die seine läuft.
12. All dies ist die direkte Folge des Zusammenspiels zwischen Wellen und Federn!

6.5 Über Higgs

Wir haben das Higgs-Feld bereits mehrmals erwähnt und werden noch häufiger darauf zurückkommen, aber lassen Sie uns einen kurzen Überblick geben.

Der Higgs-Mechanismus wird oft erklärt, z. B. in populärwissenschaftlichen Blogs, auf folgende populäre Weise:

- Ein Beispiel ist die „Melasse“-Analogie. In dieser Analogie wird das Higgs-Feld mit Melasse verglichen, die den Raum füllt. Teilchen, die mit Higgs interagieren, werden so dargestellt, als würden sie durch die Melasse verlangsamt, so dass ihre Geschwindigkeit nicht mehr C ist und sie eine Trägheit bekommen. Das heißt, ein solches Teilchen in Melasse zu beschleunigen, kostet Energie. Die Analogie bricht sofort zusammen, wenn man versucht sich vorzustellen, wie ein solches Teilchen seine Geschwindigkeit beibehält, wenn keine Kraft angewendet wird. Natürlich würde die Melasse es verlangsamen, bis es stoppt. Ich habe also nicht das Gefühl, dass ich die Sache verstehe.

- Ein weiteres Beispiel ist die „Promi"-Analogie. In dieser Analogie wird das Teilchen mit einem Prominenten in einem Raum voller Fans verglichen. Auch hier wird das Teilchen durch Fans, die ein Autogramm wollen, verlangsamt. Ein solches Promi-Teilchen zu beschleunigen ist schwierig, daher seine Trägheit. Aber diese Analogie erklärt auch nicht, wie das Teilchen seine Geschwindigkeit beibehalten kann.

Wenn wir die in diesem Buch vorgestellte Sichtweise einnehmen, bei der das Teilchen eine Welle ist und das Higgs-Feld wie Federn ist, die mit der Welle verbunden sind, erhalten wir eine bessere Analogie. Es ist klar, warum die Geschwindigkeit niedriger ist und wie sie Trägheit bekommt. Außerdem wird die Welle weitergehen, wenn keine Kraft angewendet wird. Allerdings hilft unsere Sichtweise zu verstehen, was die anderen Analogien eigentlich meinen, wenn sie das Teilchen verlangsamen. Das Wesentliche aller Analogien ist, dass das allgegenwärtige Higgs-Feld sich mit der Teilchenwelle verbindet, was ihre Eigenschaften verändert, sie auf unter C verlangsamt und es schwieriger macht, sie zu beschleunigen.

Unsere Sichtweise ist auch näher an der Mathematik, da sie dort als ein Feld beschrieben wird, das sich mit dem Teilchenfeld verbindet, das Masse aus dem Higgs-Potenzial gewinnt. Wir werden auf das Higgs-Feld in den Kap. 16 und 17 zurückkommen, wenn wir die gebrochene Symmetrie diskutieren. Dann werden wir noch ein bisschen mehr über den Ursprung des Higgs-Feldes sagen.

Bisher haben wir gesagt, dass die Masse eines Teilchens von der Stärke der Federn abhängt, d. h. von der Stärke der Verbindung zwischen der Teilchenwelle und dem Higgs-Feld. Dies erklärt jedoch nicht, warum wir z. B. kein schwereres Elektron erzeugen können. Wir müssen nur mehr von einer Elektronenwelle hinzufügen und fertig! Warum gibt es also Elektronen (und alle anderen Teilchen) nur in einer Größe? Mit unserem Verständnis von Energie und Masse in Wellenbegriffen können wir nun betrachten, wie die Felder im Vakuum in eine Größe quantisiert werden können. Wir werden dies im nächsten Kapitel behandeln.

Kapitel 7
Quantisierung von Feldern

Wir haben bisher gesehen, dass Teilchen durch Wellen dargestellt werden können. Der Prozess, durch den Teilchen als Wellen beschrieben werden, wird als erste Quantisierung bezeichnet. Warum nennt man das Quantisierung? Ein „Quantum“ kann als minimale Menge einer physikalischen Einheit definiert werden, die an einer Wechselwirkung beteiligt ist. In der Physik wird die Vorstellung, dass physikalische Einheiten quantisiert sein können (diskret statt kontinuierlich), als die „Quantisierungshypothese“ bezeichnet.

7.1 Erste Quantisierung

Quantisierung steht in direktem Zusammenhang mit dem Wellencharakter von Teilchen. Wenn Sie z. B. versuchen, ein Teilchen in eine Box zu stecken und ein Teilchen tatsächlich eine Welle ist, entsteht eine Bedingung. Die Welle selbst muss kontinuierlich sein. Wenn wir also den Rand der Box betrachten, kann die Welle keinen von null verschiedenen Wert haben, während sie außerhalb der Box 0 sein muss. Die Bedingung, die wir erhalten, ist, dass die Welle am Rand der Box 0 sein muss (s. Abb. 7.1).

Wenn die Welle an den Rändern der Box 0 sein muss, kann sie nur bestimmte Wellenlängen haben: die Wellenlängen, die in die Box passen. Daher muss die Wellenlänge „quantisiert“ sein: nur diskrete Werte der Wellenlänge sind erlaubt. Da die Wellenlänge direkt mit der Frequenz und daher der Energie zusammenhängt, müssen auch diese quantisiert sein. Das Gleiche gilt für den Impuls. Daher sehen wir, dass eine Teilchenwelle in einer Box nur diskrete Energieniveaus haben kann. In der Natur sehen wir dies bei Atomen. Elektronen in Atomen können nur diskrete Energieniveaus haben. Wir werden in Abschn. 13.1 tiefer darauf eingehen, wenn wir über Spins sprechen.

W. Schmitz, *Teilchen, Felder und Kräfte*,
https://doi.org/ 10.1007/978-3-031-46280-1_7

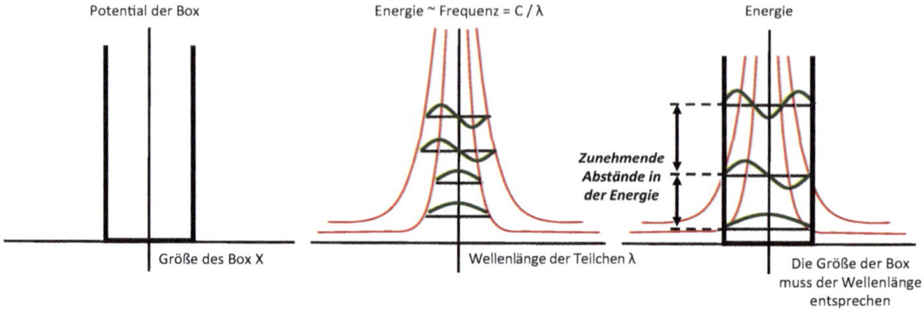

Abb. 7.1 Auf der linken Seite ist eine Box mit undurchdringlichen Wänden. Wir könnten eine undurchdringliche Wand als eine Wand mit unendlich hohem Potenzial am Rand beschreiben. Nichts kann ein unendliches Potenzial überqueren, daher muss die Wellenamplitude außerhalb dieser Wand 0 sein. Das mittlere Diagramm (rot) zeigt, wie die Energie der Wellen (grün) von ihrer Wellenlänge abhängt. Das dritte Diagramm zeigt die ersten beiden Diagramme übereinandergelegt. Wenn eine halbe Wellenlänge in die Box passt, müssen wir uns anschauen, wo das rote Diagramm der „halben Wellenlänge“ die Boxwände kreuzt. Dann finden wir die Energie, die mit dieser Situation einhergeht. Wenn wir auf die gleiche Weise eine Wellenlänge in die Box einpassen, finden wir ein höheres Energieniveau. Es stellt sich heraus, dass, wenn wir jedes Energieniveau erhöhen, ein größerer Unterschied in der Energie als zwischen den vorherigen Ebenen auftritt

Die Darstellung von Teilchen durch Wellen führt also zur Quantisierung ihrer Energie und ihres Impulses in bestimmten Situationen.

Die Vorstellung von einer Box mit unendlichem Potenzial ist natürlich eher akademisch. Etwas weniger akademisch ist eine Box mit endlichem Potenzial. Dies ermöglicht eine interessante Möglichkeit: Die Unschärferelationen erlauben einer Welle, für kurze Zeit etwas zusätzliche Energie zu haben. Das würde bedeuten, dass die Welle nicht unbedingt eine Amplitude von 0 an der Wand haben muss, sondern dort eine gewisse Amplitude haben und über die Wand hinaus reichen könnte (s. Abb. 7.2).

Das Bild zeigt zwei Möglichkeiten. Option 1 ist eine Potenzialwand. Jenseits der Wand ist das Potenzial wieder 0. In diesem Fall kann die Welle für kurze Zeit zusätzliche Energie „ausleihen“, um die Wand zu überwinden und als Welle jenseits der Wand fortzusetzen. Die Wahrscheinlichkeit, dass dieser Prozess eintritt, ist gering, aber nicht gleich null. Das Feld ist jenseits der Wand niedriger, was darauf hinweist, dass die Wahrscheinlichkeit, das Teilchen dort zu finden (d. h., mit dem Feld zu interagieren), niedriger ist.

Option 2 ist, dass die Box im Grunde ein Potenzialbrunnen ist. Das Potenzial bleibt jenseits der Wand hoch. Die Welle kann zusätzliche Energie ausleihen, aber nur für kurze Zeit. Daher kann die Welle sich außerhalb des Brunnens nicht aufrechterhalten. Sie kann nur eine kurze Strecke durchdringen. Daher sinkt die Welle schnell auf 0 jenseits der Wand.

All dies kann aus der Perspektive des vorherigen Abschnitts gesehen werden, in dem ein Potenzial als Massenenergie betrachtet wird. Innerhalb der Box hat die

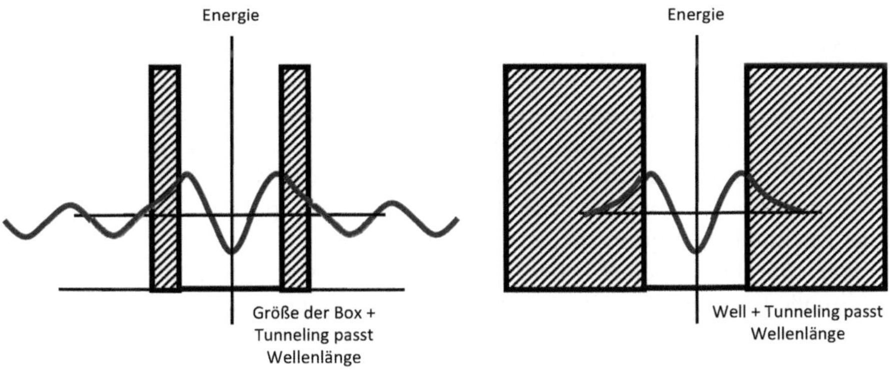

Abb. 7.2 Tunneln durch die Potenzialwand einer Box (links) oder eines Brunnens (rechts)

Welle einfach nicht genug (kinetische) Energie, um sie gegen potenzielle Energie (Massenenergie) einzutauschen. Aber da die Box eine begrenzte Größe hat, muss die Teilchenwelle aus einer Anzahl von Wellen aufgebaut sein, basierend auf den Unschärferelationen. Einige dieser Wellen werden die Energie haben, um sie gegen Massenenergie einzutauschen, was die Möglichkeit des Überquerens der Wand darstellt. Dieser Prozess wird als Tunneln bezeichnet.

7.2 Zweite Quantisierung

Die Quantenfeldtheorie schlägt eine „zweite Quantisierung" vor. In diesem Fall sind es nicht die Teilchen, die Wellen mit quantisierter Energie und Impuls sind („erste Quantisierung"). Jetzt betrachten wir Wellen in einem Feld und schließen daraus, dass sie Teilchen sein können, also ist es eher umgekehrt.

Der Punkt hier ist, dass Teilchen in der Natur anscheinend mit einer festen Ruhemasse auftreten. Die Ruhemasse eines Elektrons (die Masse bei 0 Geschwindigkeit) kann nicht geändert werden. Das sieht sehr nach Quantisierung aus. Man kann ein Elektron oder zwei haben, aber nichts dazwischen. Wir können nicht 1,5-mal die Energie nehmen, die benötigt wird, um ein Elektron zu erzeugen, und beschließen, 1,5 Elektronen zu erzeugen. Es ist fast so, als ob die Wellen in einer Box zu diskreten Energieniveaus führen würden.

Schauen wir uns also an, wie das funktioniert. Wir haben gesagt, dass ein Teilchen eigentlich eine Welle in einem Feld ist. Wir haben im vorherigen Abschnitt gesehen, dass das Vakuum ein Medium ist, das Wellen tragen kann (wie ein Seil). Wir haben auch gesehen, dass, wenn eine solche Welle massiv ist, wir sie als ein Seil mit Federn betrachten können, die an einer Wand befestigt sind. Schauen wir uns also diese Federn genauer an.

Was ist eine Feder? Wenn sie gedehnt und losgelassen wird, springt sie zurück. Wenn es in diesem Prozess keinen Energieverlust gäbe, würde die Feder in ihre ursprüngliche Position zurückkehren, Geschwindigkeit gewinnen und ihre ursprüngliche Position überschießen. Bis sie zusammengedrückt wird, danach beginnt sie wieder sich zu dehnen. Ohne Energieverlust würde dies ewig so weitergehen. Ein wenig wie das Gewicht einer normalen Uhr an der Wand. Diese Art von Bewegung ist ein harmonischer Oszillator, wie zuvor besprochen. Er schwingt mit einer bestimmten Frequenz.

Wenn wir dies mit einer Feder tun und sie zu schwingen beginnt, speichern wir im Grunde Energie in ihr. Sie schwingt mit einer Frequenz, die mit dieser Energie übereinstimmt. Sie wird das tun, bis wir sie durch Berührung stoppen. Wenn wir das tun, spüren wir den Stoß der Feder gegen unsere Hand, was bedeutet, dass sie ihre Energie wieder an unsere Hand abgibt.

Je weiter wir die Feder dehnen, desto schwieriger wird es. Je mehr wir sie dehnen, desto mehr Energie benötigt es. Tatsächlich ist dies nicht linear: Wenn wir sie doppelt so weit dehnen, benötigt es 4-mal so viel Energie. Darüber hinaus spielt die Stärke der Feder eine Rolle. Wenn die Feder doppelt so stark ist, benötigt es doppelt so viel Energie, um sie über die gleiche Strecke zu dehnen. Dies ist das Hooke'sche Gesetz (s. Abb. 7.3).

Wenn wir ein Feld mit angehängten Federn anregen wollen, haben wir gesehen, dass wir zuerst genug Energie in die Feder stecken müssen. Wir nannten das die Masseenergie. Jetzt schauen wir uns an, was das wirklich für ein Feld bedeutet. Wir haben gesehen, dass das Higgs-Feld die Rolle der Federn spielt. Nehmen wir an, das Feld wird gedehnt und es spürt das zurückziehende Higgs-Feld. Wenn es auf eine bestimmte Feldamplitude gedehnt wird, wissen wir, dass es eine 0-Wahrscheinlichkeit gibt, das Feld darüber hinaus gedehnt zu finden. Also, wenn wir

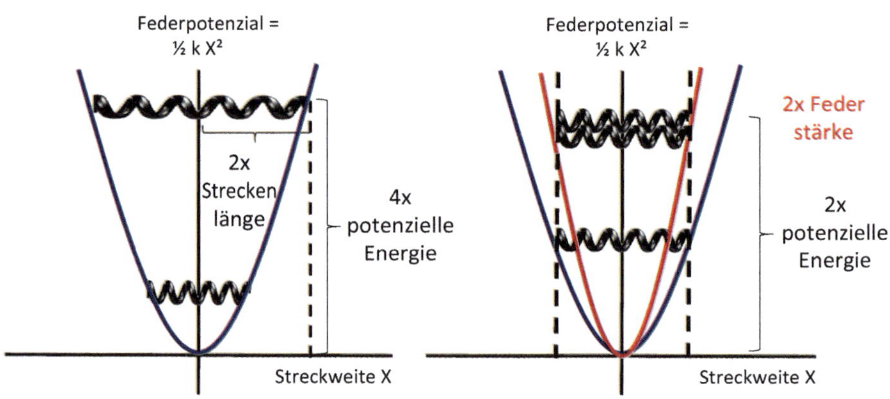

Abb. 7.3 Hooke'sches Gesetz: Die potenzielle Energie in einer Feder steigt mit dem Quadrat der Dehnungsstrecke: Wenn man sie doppelt so weit dehnt, benötigt man 4-mal so viel Energie. Darüber hinaus ist ein wichtiger Faktor die Stärke der Feder selbst. Auf der rechten Seite sehen wir, was passiert, wenn die Feder doppelt so stark ist: Das Potenzial wird verengt. Das bedeutet, dass es doppelt so viel Energie benötigt, um sie über die gleiche Strecke zu dehnen

eine Welle verwenden, um den Schwingungsprozess zu beschreiben, muss sie bei der größten Dehnung 0 sein.

Sie können sehen, wohin das führt: Wenn eine Welle bei beiden maximalen Amplituden 0 sein muss (s. Abb. 7.4), kann es nur eine diskrete Anzahl von erlaubten Wellenlängen geben. Nur die Wellenlängen, die zu dieser Amplitude passen. Jetzt quantisieren wir das Feld zum zweiten Mal.

Obwohl wir dies mit dem vergleichen können, was mit den Wellen in einer Box passiert ist, ist die Feder keine Box. Sie hat kein unendliches Potenzial auf einer bestimmten Entfernung. Das Potenzial der Feder wird durch das Hooke'sche Gesetz bestimmt. Je weiter die Feder gedehnt wird, desto höher ist das Potenzial. Es ist nicht trivial zu sehen, was mit den erlaubten Wellenlängen passiert. Also, zeichnen wir ein Bild (s. Abb. 7.5).

Die Abbildung zeigt zuerst (auf der linken Seite) das Potenzial der Feder. Die horizontale Achse stellt die Feldamplitude dar (die Strecke, über die die Feder gedehnt wird). Auf der vertikalen Achse ist die in der Feder gespeicherte potenzielle Energie dargestellt (gleich der Energie, die zum Dehnen benötigt wird). Die mittlere Grafik im Bild zeigt, wie Wellen mit Energie zusammenhängen. Je höher die Energie einer Welle, desto kürzer ist ihre Wellenlänge ($E \sim F = v/\lambda$). Die Natur dieser Gleichung ist, dass wenn die Wellenlänge wirklich kurz wird (nahe 0) bei konstanter Geschwindigkeit, die Frequenz wirklich groß werden muss (strebt gegen unendlich, wenn λ gegen 0 geht). Die innere rote Grafik zeigt, wie sich eine halbe Wellenlänge verkürzt, wenn die Energie (Frequenz) steigt. Die äußere rote Grafik zeigt das Gleiche für eine Wellenlänge.

Jetzt müssen wir also eine solche Wellenlänge in die Amplitude der an das Feld angehängten Federn einpassen. Das bedeutet, dass wir sowohl die linke als auch die mittlere Grafik übereinanderlegen müssen, damit wir die Wellenlänge in die Feldamplitude einpassen können. Daher erhalten wir die Grafik auf der rechten Seite. Wo eine rote Grafik die blaue Grafik kreuzt, ist die Wellenlänge (rote Grafik) gleich der Feldamplitude (blaue Grafik).

Dies wird interessant, wenn wir uns die Energieniveaus ansehen, auf denen dies stattfindet. Diese Energieniveaus sind genau gleich weit voneinander entfernt. So ist der Energieunterschied zwischen dem Anpassen einer halben Wellenlänge

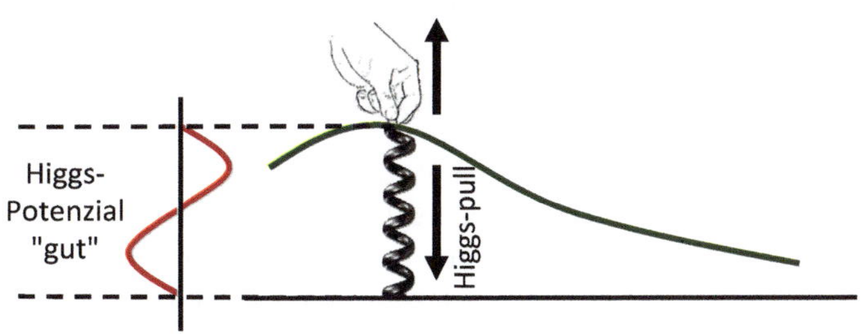

Abb. 7.4 Anbringen einer Wellenlänge an eine gedehnte Feder

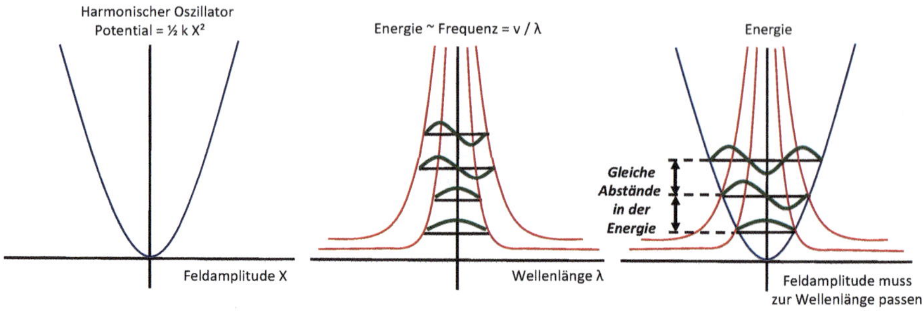

Abb. 7.5 Die zur Anregung des Feldes benötigte Energie steht in Beziehung zu einer Frequenz. Diese Frequenz steht in Beziehung zu einer Wellenlänge. Die Beziehung ist so, dass eine höhere Energie zu einer kürzeren Wellenlänge führt ($F = v/\lambda$). Diese Wellenlänge muss zur Feldamplitude passen. Die erste Grafik zeigt das Feldpotenzial (blau) als Funktion der Feldamplitude. Die zweite Grafik zeigt die Energie der Wellen (rot) als Funktion ihrer Wellenlänge. Die dritte Grafik zeigt die beiden Grafiken übereinandergelegt. Wenn wir eine halbe Wellenlänge in die Feldamplitude einpassen, müssen wir uns anschauen, wo die rote Grafik der „halben Wellenlänge" die blaue Grafik der Feldamplitude kreuzt. Dann finden wir die Energie, die zu dieser Situation passt. Wenn wir auf die gleiche Weise eine Wellenlänge in die Feldamplitude einpassen, finden wir ein höheres Energieniveau. Es stellt sich heraus, dass die Abstände zwischen den einzelnen Energieniveaus gleich groß sind

und dem Anpassen einer Wellenlänge in die Feldamplitude genau derselbe wie der Energieunterschied zwischen dem Anpassen einer Wellenlänge und dem Anpassen von 1,5 Wellenlängen.

Es stellt sich also heraus, dass wir ein Feld mit angehängten Federn anregen und Energie darin nur in diskreten Mengen speichern können. Die minimale Stufe, auf die wir das Feld anregen können, ist die Stufe, die einer halben Wellenlänge entspricht. Wenn wir versuchen, mehr Energie hineinzustecken, kann dies nicht zu einer höheren Feldamplitude führen, bis wir so viel Energie hineingesteckt haben, dass das Feld durch eine ganze Wellenlänge angeregt wird.

Die Anregung des Feldes durch eine halbe Wellenlänge erzeugt das, was wir als Grundzustand des Feldes bezeichnen. Tatsächlich kann das Feld nicht weniger Energie haben! Daher muss jedes Feld mit angehängten Federn eine Mindestenergie haben oder es kann nicht existieren. Wenn wir Energie in ein Feld stecken, ist die erste Stufe, auf die wir es anregen können, die Stufe, die zu einer Wellenlänge passt. Diese Stufe wird als ein Teilchen bezeichnet. Wir stecken entweder Energie hinein, die der Masse des Teilchens entspricht, oder das Feld wird nicht auf diese Stufe angeregt. Punkt. Man kann das Feld nicht halbwegs oder auf irgendeine kontinuierliche Weise anregen.

Was bedeutet es, zwei Teilchen im Feld zu haben? Es bedeutet im Grunde, dass das Feld auf 1,5 Wellenlängen angeregt ist. Jede höhere Stufe ist ein weiteres Teilchen. Da jede höhere Stufe genau die gleiche Menge an Energie erfordert, hat jedes Teilchen, das im Feld erzeugt wird, genau die gleiche Energie (d. h. Masse).

Als wir also darüber sprachen, die Federn (die Massenenergie) zuerst anzuregen, bevor wir eine Welle im Feld erzeugen können (s. Abschn. 6.2), meinten wir, dass das Feld auf die Stufe angeregt werden muss, auf der es ein Teilchen hält! Nachdem dies geschehen ist, kann die Welle durch Hinzufügen von zusätzlicher Energie Schwung aufnehmen. Diese Energie geht nicht in die Federn, sondern in das Seil (s. Abb. 6.4).

Die Massenenergie ist wirklich die Energie, die in den Federn gespeichert wird, wenn das Feld angeregt wird. Folglich wird dies als Feldquant bezeichnet. Und es wird klar, warum wir von „Quantisierung des Feldes" sprechen. Die „zweite Quantisierung" zeigt uns also, wie ein Feld quantisiert werden kann, um „Teilchen" zu halten, einfach indem gezeigt wird, wie die Massenenergie eines Teilchens im Feld gespeichert werden kann und dass diese Massenenergie diskret ist: Sie ist quantisiert.

Wie funktioniert das also für masselose Teilchen? Sind das auch Feldquanten? Ja, das sind sie. Aber wo sind die Federn, um ihre Energie zu speichern? Tauchen wir in dieses Thema ein. Die Sache ist, dass das Vakuum eine bestimmte Elastizität hat. Also selbst, wenn keine Federn angehängt sind, erfordert die Anregung einer Welle in einem Vakuumfeld immer noch Energie. Diese Energie besteht jedoch nur aus Impulsenergie, da keine Federn angehängt sind. Da es keine Federn gibt, sind die erlaubten Wellenlängen kontinuierlich und nicht diskret. Daher kann man Feldquanten in einem masselosen Feld jeder gewünschten Frequenz anregen. Die Energie wird direkt mit der Wellenlänge durch $E \sim F = C/\lambda$ in Beziehung gesetzt.

Sobald das Feld mit einer bestimmten Menge an Energie (d. h. Frequenz und Wellenlänge) angeregt wird, ändert sich diese Energie nicht. Das Feld speichert also Energie in der Elastizität des Vakuums. Die Erzeugung einer Welle mit einer bestimmten Frequenz erfordert eine Energie, die mit dieser Frequenz in Beziehung steht. Man kann nicht die Hälfte dieser Energie verwenden, um eine halbe Welle dieser Frequenz zu erzeugen. Daher ist auch diese Welle quantisiert. Die Rolle der Federn wird durch die Elastizität des Vakuums gespielt und die Energie wird darin gespeichert. Daher können wir auch in diesem Fall von einem Feldquant sprechen. Jedes Mal, wenn man eine Welle mit einer bestimmten Frequenz erzeugt, handelt es sich um ein neues Feldquant. Jedes Feldquant kann nur als Ganzes absorbiert werden. Und so sehen wir das Teilchenverhalten in masselosen Feldern wie Licht auftreten.

7.3 Phononen

Wenn wir uns Medien ansehen, die näher an unserem Standort liegen, z. B. Wasser oder ein Metall, können diese Medien auch Wellen ausbreiten. Nehmen wir ein Metall. Es hat eine riesige Anzahl von Atomen, die durch eine Kraft miteinander verbunden sind. Wenn ein Atom zu schwingen beginnt, überträgt die Kraft die Schwingung auf das nächste Atom, und das wird wiederum angeregt usw. Daher können wir das Metall als ein Medium betrachten, das ein Feld tragen kann. Zum Beispiel ein Wärmefeld: Wenn wir ein Ende eines Metallstabs erhitzen, wird kurz

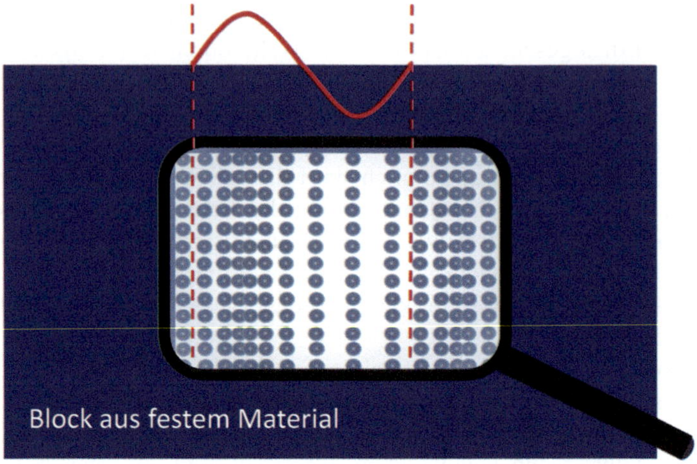

Abb. 7.6 Wenn man die einzelnen Atome in einem festen Material mit einer Lupe betrachten könnte, könnte man ein Phonon als eine Welle durch die verbundenen Atome im Material beobachten. Die Welle besteht im Wesentlichen aus Bereichen von gepackten Atomen (hohe Dichte), die sich abwechseln mit Bereichen von weniger Atomen (niedrige Dichte), die sich schnell durch das Material bewegen

darauf auch das andere Ende heiß. Die durch die Hitze angeregten Atome übertragen diese auf die nächsten Atome usw., bis die Hitze das andere Ende des Stabs erreicht hat.

Auf einer feineren Skala könnten wir ein Atom anregen, wodurch eine Welle mit einer bestimmten Energie erzeugt wird, die sich durch das Material ausbreitet (s. Abb. 7.6), bis sie ihre Energie abgibt, z. B. in einem Messgerät. Eine solche Welle nennen wir ein Phonon, ein Begriff, der von Igor Tamm im Jahr 1932 eingeführt wurde. Es verhält sich genau wie ein Feldquant, aber das Medium ist anders als das Vakuum. Die Quantenfeldtheorie wird z. B. in der Festkörperphysik (der Physik, die feste Materie erforscht) verwendet, um Phononen in einem Festkörper zu beschreiben. Ähnliche Eigenschaften von Teilchen im Vakuum können auch in Phononen gefunden werden. Daher kann die gleiche Theorie angewendet werden.

7.4 Schlussfolgerung

Wellen in Feldern haben eine quantisierte Energie. Massive Wellen speichern diese quantisierte Energie in den an das Feld angehängten Federn. Eine solche Anregung des Feldes wird als Feldquant bezeichnet. Die Federn erfordern, dass es eine spezifische diskrete Energie hat, die Massenenergie. Es ist diese Energie, die die verschiedenen dispersionsbezogenen Eigenschaften erzeugt, die zuvor diskutiert wurden.

Masselose Wellen speichern nur Impulsenergie in der Elastizität des Vakuums und können jede Frequenz haben. Das mit dieser verbundene Feldquant hat eine Energie, die an diese Frequenz gebunden ist.

Kapitel 8
Energie in Wellen und Feldern

In den vorherigen Abschnitten haben wir über die kinetische Energie und die potenzielle Energie gesprochen. Wir haben gezeigt, wie eine Welle in einem Feld ein ständiges Wechselspiel von Geschwindigkeit und Potenzial ist wie das Pendel. Lassen Sie uns dies etwas genauer betrachten.

Einem Teilchen wird eine bestimmte Energie und ein bestimmtes Potenzial zugeordnet. Ein Feld hat nicht einen Ort wie ein Teilchen. Wie können wir also einem Feld eine bestimmte Energie zuordnen? Das Einzige, was wir tun können, ist, die Energie, die das Feld an jeder Position hat, zuzuordnen und zu sagen, was die Stärke und Richtung des Potenzials an diesem Punkt ist. Daher definieren wir die Energiedichte und die Potenzialdichte. Das bedeutet, dass, wenn ein Teilchen durch eine Gruppe von Wellen dargestellt wird, können wir sehen, wie sich die durchschnittliche Energiedichte durch das Medium entwickelt (s. Abb. 8.1).

Die Gesamtenergie des Teilchens kann gefunden werden, indem man seine Energiedichte an allen Positionen im Feld summiert.

Klassisch könnten wir uns die potenzielle Energie eines Teilchens und seine kinetische Energie ansehen (wie beim Pendel). Die Art und Weise, wie die potenzielle Energie gegen kinetische Energie ausgetauscht wird, sagt uns, wie sich das Teilchen bewegen wird.

In der QFT müssen wir dasselbe tun, aber basierend auf der Energie*dichte* und der Potenzial*dichte.* Der Austausch von potenzieller Energie gegen kinetische Energie und zurück wird eine Welle im Feld erzeugen.

Lassen Sie uns dies etwas genauer ausführen: Wenn wir das Feld an einem Punkt anregen, erhält dieser Punkt eine hohe Feldamplitude. Da das Vakuum elastisch ist, zieht es das Feld an den benachbarten Punkten hoch. Dies ist dasselbe, als würde man ein Potenzial auf diese benachbarten Punkte anwenden. Diese Punkte bekommen eine Geschwindigkeit, gehen selbst hoch und bieten im Gegenzug ein Potenzial für die nächsten Punkte usw. (s. Abb. 8.2). Wenn wir also mit einer Energiedichte und einer Potenzialdichte arbeiten, weisen wir jedem Punkt im Feld Energie und Potenzial zu. Die Elastizität des Vakuums stellt eine Beziehung

W. Schmitz, *Teilchen, Felder und Kräfte*,
https://doi.org/ 10.1007/978-3-031-46280-1_8

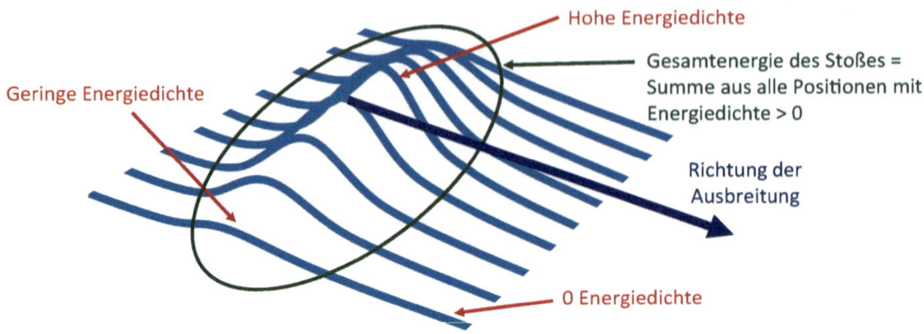

Abb. 8.1 Energiedichteverteilung im Feld

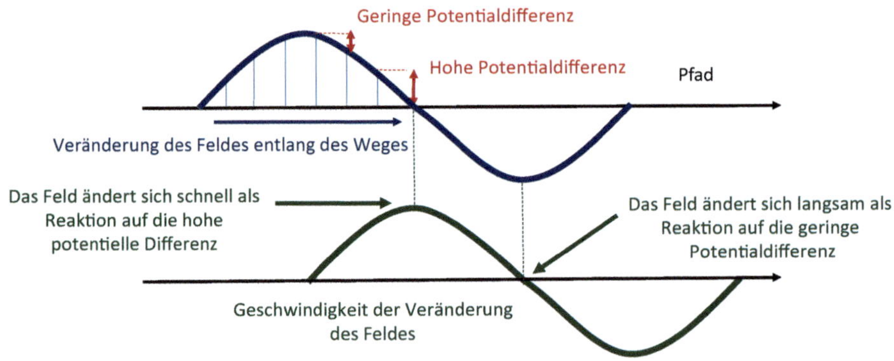

Abb. 8.2 Wechselspiel zwischen Potenzialdifferenz und kinetischer Energie einer Welle in einem Feld. Wenn die Feldamplitude auf ihrem Maximum ist, kommt die Auf- und Abwärtsbewegung des Feldes zum Stillstand und kehrt um (sie wechselt von einer Aufwärtsbewegung zu einer Abwärtsbewegung): Das Potenzial ist maximal, die Potenzialdifferenz zwischen benachbarten Punkten im Feld ist minimal und es gibt kaum kinetische Energie (Auf-/Abwärtsbewegung). Später, wenn die Feldamplitude um 0 herum ist, ist es umgekehrt: keine potenzielle Energie, hohe Potenzialdifferenz und maximale kinetische Energie (schnelle Bewegung von oben nach unten)

zwischen diesen Punkten her und so reagieren sie aufeinander. Das Ergebnis sind Wellen, die sich durch das Vakuum ausbreiten. Das Arbeiten mit Potenzial- und Energiedichten führt also zu Wellen im Vakuum.

Die Potenzial- und Energiedichten bestimmen also, wie sich das Feld bewegen wird, oder besser gesagt, wie es schwingen wird. Wenn sich das Feld wie ein harmonischer Oszillator verhält, gibt es einen ständigen Austausch von kinetischer Energie zu potenzieller Energie und zurück.

Alles hängt nun von den verschiedenen Arten von Potenzialen ab, die das Feld erfahren wird! Wie sich herausstellt, gibt es davon ziemlich viele. In den folgenden Kapiteln werden wir sie alle kennenlernen, aber bevor wir das tun, wollen wir zuerst sehen, ob wir unser Verständnis von Energie- und Impulsdichten vertiefen können.

8.1 Erhaltungsgesetze

Jetzt, da wir mit Energiedichte und Impulsdichte arbeiten müssen, wie wird dies richtig transportiert? Man kann einem Teilchen Energie und Impuls zuordnen und man kann die *Erhaltung* dieser Mengen beschreiben. Energie und Impuls können übertragen werden, aber sie werden nicht auf magische Weise (ver-)schwinden. Kennt man einmal alle Quellen von Energie und Impuls, ist es einfach eine Frage der Buchhaltung, welches Potenzial gegen welche Energie und umgekehrt ausgetauscht wird.

Wie funktioniert also die Buchhaltung in einem Feld? Lassen Sie uns zuerst verstehen, wie Impuls und Energie im Feld bewegt werden können. Wir werden dies mit dem Konzept des Flusses tun. Unter Fluss verstehen wir, wie eine Dichte von einem Ort zum anderen bewegt wird. Angenommen, Sie haben eine der bekannten Reihen von Metallkugeln, wie in Abb. 8.3 gezeigt und allgemein als Newtons Wiege bezeichnet. Wenn Sie die linke Kugel anheben und sie gegen die verbleibenden, stationären Kugeln fallen lassen, erhält nach kurzer Zeit die rechte Kugel eine Amplitude und schlägt die Reihe zurück. Dann erhält die linke Kugel eine Amplitude usw. Der im ersten Schritt eingebrachte Impuls wird durch die Kugeln weitergegeben. Auf ähnliche Weise kann ein Feld Impuls von einem Ort zum anderen über eine Welle weitergeben.

Der Unterschied besteht darin, dass eine Welle sich über den Raum erstrecken und aus einem Paket von Wellen, einer Beule oder einer Gruppe bestehen kann. Was wir tun können, um diesen durchkommenden Impuls und diese Energie zu messen, ist, eine Art „Bildschirm“ *im Raum* zu erstellen, durch den die Welle

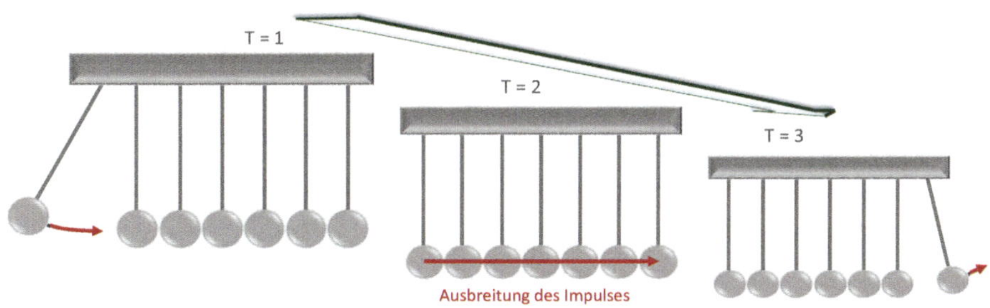

Abb. 8.3 Eine Reihe von Metallkugeln, die Impuls weitergeben

hindurchgeht. Die Summe aller Impulse und Energien, die durch den Schirm hindurchgehen, muss den gesamten Impuls-/Energie*fluss* von A nach B ergeben. Wir können genau einen solchen Bildschirm *in der Zeit* platzieren, um alle Energie- und Impuls*dichte* zu summieren, die von Moment 1 bis Moment 2 durchströmt wurde (s. Abb. 8.4). In diesem Fall summieren wir alle Energie und den Impuls, die in einem Raum zum Zeitpunkt 1 verfügbar waren, und wir machen diese Summe erneut im Raum zum Zeitpunkt 2 und stellen fest, dass sich das Gesamtsumme nicht geändert hat: Energie und Impuls bleiben erhalten. Denken Sie daran, dass Energie proportional zur Frequenz ist. Wenn wir also sagen, dass die Energie in der Zeit erhalten bleibt, sagen wir eigentlich, dass die durchschnittlich aufsummierte Frequenz in den beteiligten Feldern sich nicht mit der Zeit ändern wird. Ebenso ist der Impuls umgekehrt proportional zur Wellenlänge. Daher bedeutet die Erhaltung des Impulses, dass die durchschnittlich aufsummierte Wellenlänge sich nicht mit der Zeit ändern wird.

8.1.1 *Energie-Impuls-Tensor*

Der Energie-Impuls-Tensor enthält alle Elemente der Energie- und Impulsdichte sowie den Energie und Impulsfluss. Wir können ihn beispielsweise verwenden, um die Erhaltungsgesetze zu beschreiben. Ein Tensor ist eine Matrix, die beschreibt, wie Vektoren ihre Größe und Richtung ändern. Betrachten Sie z. B. den Wind in der Atmosphäre. An jedem Punkt in der Atmosphäre hat der Wind eine (leicht) andere Richtung. Schauen Sie sich einfach Wetterkarten an, um das zu sehen. So können Sie jedem Punkt im Raum einen Windvektor zuweisen. Aber diese Vektoren ändern sich mit der Zeit. Und jeder von ihnen kann sich unterschiedlich ändern. Ein Tensor beschreibt, wie die Windvektoren sich ändern. In Feldern ist die Impulsdichte an jedem Punkt im Feld unterschiedlich. Wir können jedem Punkt

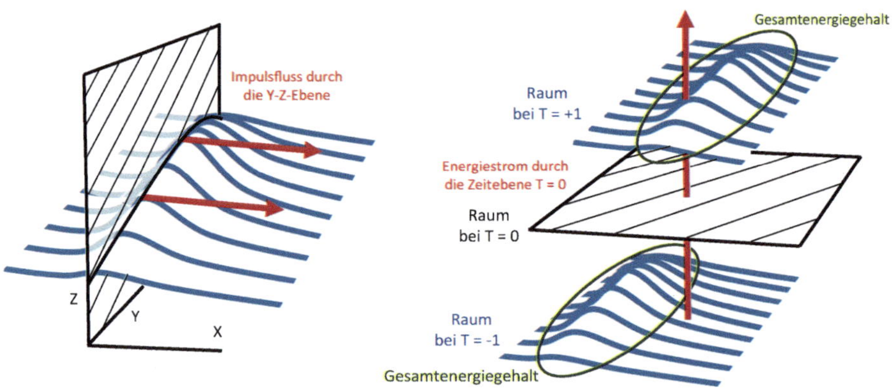

Abb. 8.4 Bildschirm im Raum zur Addition des durchgehenden Impulses (links) und ein Bildschirm in der Zeit zur Addition der durchgehenden Energie (rechts)

einen Impulsvektor zuweisen, da der Impuls an jedem Punkt eine andere Größe und Richtung hat, genau wie der Wind in der Atmosphäre. Energie hat nur eine Größe und keine Richtung. Zum Beispiel hat die Energie eines Balls keine Richtung. Die Richtung, in die der Ball sich bewegt, ist die Richtung seines Impulses. In einem Feld kann Energie jedoch einen Fluss haben: Sie kann in eine bestimmte Richtung fließen (d. h. sich ändern). Der Impuls, der durch den Bildschirm in Abb. 8.4 hindurchgeht, ist im Wesentlichen der Impulsfluss in x-Richtung.

Die Dichte in Feldern kann sich also in Zeit und Raum ändern. Angenommen, Sie haben einen Würfel mit einer bestimmten Impulsdichte zu einem bestimmten Zeitpunkt darin. In der Richtung des Impulses kann der Impuls sich ändern (er wird wegfließen). Der Impuls kann sich jedoch auch in anderen Richtungen ändern, z. B. im Falle einer Kraft, die die Richtung des Impulses ändert, manchmal Schubspannung genannt. So können wir in jeder Richtung einen unterschiedlichen Zu- oder Abfluss von Impuls in oder aus dem Würfel haben (s. Abb. 8.5).

Das bedeutet, dass wir für jede Richtung, die der Impuls im Raum hat, einen anderen Impulsflussvektor definieren müssen. Wenn wir drei Impulsrichtungen mal die drei Richtungen des Impulsflusses haben, benötigen wir eine Matrix von $3 \times 3 = 9$ Zahlen, um den Impulsfluss für alle drei Impulskomponenten zu beschreiben. Wenn wir die Energiedichte und den Fluss als vierte Komponente hinzufügen, benötigen wir $4 \times 4 = 16$ Zahlen (s. Abb. 8.6).

Die Zeilen der Matrix sagen uns etwas über die Erhaltungsgesetze. Die Art und Weise, wie die Dichte (z. B. die Dichte des Impulses in x-Richtung) sich mit der Zeit ändert, entspricht dem gesamten Zu- und Abfluss dieser Dichte in alle drei Richtungen. Das macht Sinn: Wenn es einen Nettozufluss von Impuls gibt, wächst die Impulsdichte mit der Zeit. Wenn es einen Nettoabfluss von Impuls gibt, nimmt die Impulsdichte mit der Zeit ab. Das Gleiche gilt für die Energiedichte. Das Wachstum der Energiedichte entspricht der Nettoenergiezufuhr usw.

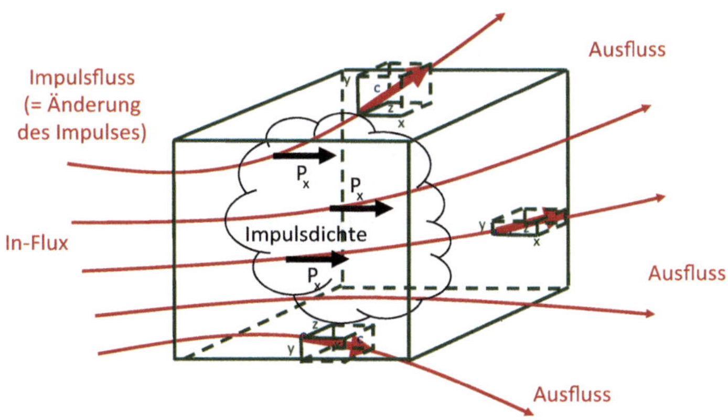

Abb. 8.5 Die zeitliche Änderung der Impulsdichte entspricht dem Nettozufluss/-abfluss der Impulsdichte. Das Gleiche gilt für die Energiedichte. Dies ist dasselbe wie die Aussage, dass Energie und Impuls nicht verloren gehen (Erhaltungsgesetz). Sie werden nur von Ort zu Ort bewegt und in andere Formen umgewandelt

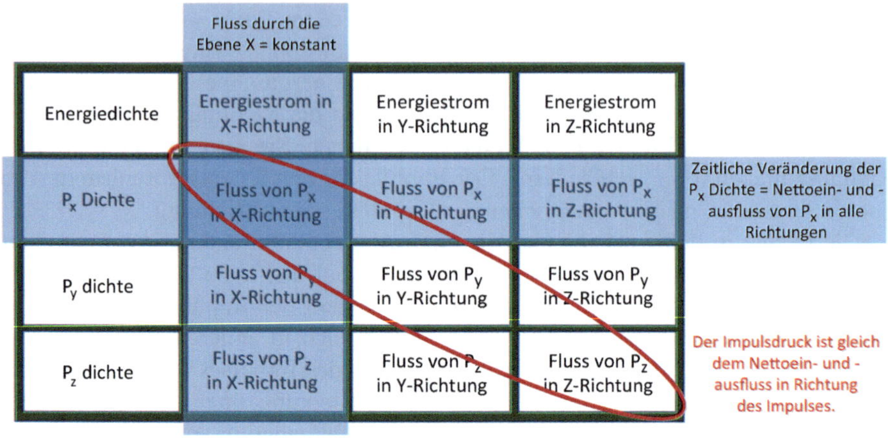

Abb. 8.6 Energie-Impuls-Tensor

Eine Spalte in der Matrix sagt uns etwas über den Fluss, der durch eine bestimmte Ebene geht, z. B. den gesamten Fluss, der durch die Ebene geht, die durch $x = \text{konstant}$ definiert ist. In dieser Ebene finden wir einen Energiefluss, einen Fluss von x-Impulsen, einen Fluss von y-Impulsen und einen Fluss von z-Impulsen.

Die Erhaltungsgesetze stammen aus dem Noether'schen Theorem, nach Emmy Noether, einer Mathematikerin, die um 1900 lebte. Sie legte die mathematische Grundlage für die Definition der Erhaltungsgesetze [Ref. 65]. Auf eine nichtmathematische Weise lautet das Noether'sche Theorem wie folgt [Ref. 66]:

Wenn ein System eine kontinuierliche Symmetrieeigenschaft hat, dann gibt es entsprechende Größen, deren Werte im Laufe der Zeit erhalten bleiben.

Die Fortpflanzung dieser Größen im Laufe der Zeit wird als Noether'scher Strom bezeichnet.

Zum Beispiel ändern sich die Gesetze der Physik nicht in verschiedenen Teilen des Raum-Zeit-Kontinuums. Die Symmetrie besteht darin, dass, wenn man ein System an einen anderen Teil des Raum-Zeit-Kontinuums versetzt, die gleichen Gesetze gelten müssen. Das Theorem besagt, dass „es entsprechende Größen gibt, die im Laufe der Zeit erhalten bleiben". Eine solche Größe ist die Energie.

Wir nehmen z. B. an, dass die Gesetze, die beschreiben, wie Energie ausgetauscht wird, in einem Teil des Raums anders wären als in einem anderen. In diesem Fall könnten Sie möglicherweise Energie aus dem Nichts erschaffen. Nehmen Sie z. B. ein Rad mit einer Masse darauf. Die Schwerkraft könnte die Masse auf der einen Seite nach unten ziehen, was das Rad zum Drehen bringt, und wenn die Schwerkraft auf der anderen Seite nach oben statt nach unten zeigen würde, könnte das Rad unendlich Energie gewinnen, immer schneller und schneller drehen (s. Abb. 8.7). Das wäre eine großartige Energiequelle!

Die Tatsache, dass sich die Gesetze der Physik *nicht* in verschiedenen Teilen des Raum-Zeit-Kontinuums ändern (oder genauer gesagt, die Tatsache, dass sie

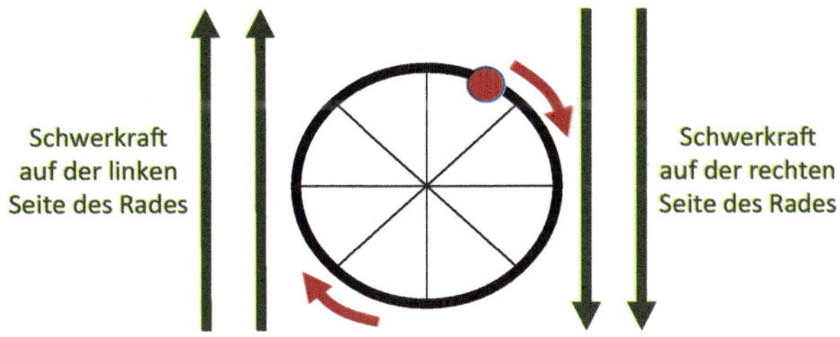

Abb. 8.7 Die unmögliche Energiepumpe

überall dieselbe kontinuierliche Funktion des Raum-Zeit-Kontinuums sind) bedeutet, dass es nur möglich ist, Energie unter den gleichen Bedingungen überall auszutauschen. Also muss eine Zunahme der Energie von einer Quelle kommen, die eine Abnahme erfährt. Wenn die Energie zurückübertragen wird, muss dies unter den gleichen Bedingungen geschehen, was zu einer gleichen Abnahme und einer gleichen Zunahme in der Quelle führt. So sind wir genau wieder in der ursprünglichen Situation. In diesem Fall ist das oben beschriebene Rad nicht möglich. Die Natur erweist sich als hervorragende Buchhalterin, einfach indem sie die Regeln zu jeder Zeit gleich hält. Auf diese Weise folgt die Energieerhaltung aus der Symmetrie, dass die Regeln sich nicht mit der Zeit ändern.

Auf die gleiche Weise können wir sagen, dass die Buchführung von Energie- und Impulsdichte perfekt ist, da die Gesetze der Physik, die ihre Ausbreitung bestimmen, sich nicht im Raum und in der Zeit ändern. Daher sind der Impulsdichtefluss und der Energiefluss Noether'sche Ströme: Sie werden bei Übersetzungen im Raum und in der Zeit erhalten.

Ein weiteres Beispiel ist die Erhaltung des Drehimpulses. Die Gesetze der Physik sind symmetrisch in Bezug auf eine Drehung im Raum und in der Zeit (das bedeutet, dass, wenn Sie etwas drehen, die Gesetze der Physik immer noch die gleichen sind). Daher impliziert das Noether'sche Theorem, dass der Drehimpuls sich nicht ändern kann, es sei denn, eine Kraft wirkt darauf. Eine Kraft gibt eine Richtung im Raum vor, Sie können z. B. die Kraft verwenden, um eine Richtung in Linie mit der Kraft, entgegen der Kraft oder senkrecht zur Kraft zu bestimmen. Daher können Sie die Kraft als Symmetriebrechung sehen. Aber solange es keine Kraft gibt, ist der Drehimpuls erhalten.

Jetzt, da wir etwas Einblick in Energie- und Impulsdichten haben und verstehen, wie sie sich verhalten, schauen wir uns erneut Teilchen an und wie sie durch Wellen in einem Feld dargestellt werden können. Dieses Mal aus der Perspektive von Feldern und Dichten.

8.2 Wie man sich ein Feldquant vorstellt

Wir haben bereits darüber gesprochen, wie eine Welle ein Teilchen sein kann, aber jetzt haben wir die Idee von Seilen (1 Raumdimension) auf Felder (3 Raumdimensionen) und Dichte in einem Feld ausgedehnt. Wie ist eine solche Dichte ein

Teilchen? Wenn ein Teilchen erzeugt wird, sagten wir, dass zuerst Energie in die Federn, die am Feld befestigt sind, eingebracht werden muss. Diese Federn sind quantisiert, d. h., ein Teilchen repräsentiert eine Energie und eine Frequenz in den Federn. Für eine Feder haben wir gezeigt, wie man eine Welle in diese Feder einpasst, was zur Quantisierung der Energieniveaus in der Feder führt. Ein Energieniveau entspricht einem Teilchen.

Das ist großartig für eine Feder, aber das ganze (3D-)Feld ist voll von Federn. Und diese Federn sind über das elastische Vakuum verbunden. Daher schwingt nie nur eine Feder: Mehrere Federn sind in verschiedenen Stadien der Schwingung, wenn ein Teilchen im Feld ist. Diese Federn schwingen alle mit einer Frequenz, aber die im Feld enthaltene Energie ist mehr, als wir in einer Feder finden. Die Anzahl der Federn, die zu einem bestimmten Zeitpunkt schwingen, hängt von der Elastizität des Vakuums ab. Wenn das Vakuum völlig unelastisch wäre, würde das Anregen einer Feder bedeuten, dass das Vakuum auch eine große Anzahl anderer Federn hochziehen würde (s. Abb. 8.8).

8.2.1 Gekoppelte Oszillatoren

Die Quantisierungsanforderung einer einzelnen Feder bezieht die Amplitude des Feldes auf die Massenwellenlänge (s. Abb. 7.5). Wenn jedoch Federn angebracht sind, stört diese Anbringung die Art und Weise, wie das Ganze sich bewegt. Die Federn könnten sich sehr gut gegenseitig im Weg sein und die Welle als Ganzes könnte nicht nachhaltig sein. In diesem Fall würden die Federn Energie aufeinander übertragen und die Welle würde instabil werden oder sich abschwächen.

Abb. 8.8 Anzahl der schwingenden Federn, wenn das Vakuum sehr elastisch (oben) oder kaum elastisch (unten) ist

Lassen Sie uns ein häufig verwendetes Modell betrachten, um zu zeigen, wie dies funktioniert. In diesem Modell haben wir zwei Massen und drei Federn, die miteinander verbunden sind. Eine nachhaltige Welle zeichnet sich dadurch aus, dass die Massen sich so bewegen, dass sie die Bewegung des anderen verstärken. Das bedeutet, dass sie sich in einer Linie oder in genau entgegengesetzten Richtungen bewegen müssen. Tatsächlich sind dies für ein Modell mit zwei Massen die beiden Arten, wie sie schwingen müssen: in einer Linie oder entgegengesetzt (s. Abb. 8.9). Die beiden Arten beziehen sich auf eine bestimmte Wellenlänge der gesamten Welle. Diese speziellen Bewegungen werden Moden oder Eigenfunktionen des Systems gekoppelter Oszillatoren genannt. Eine solche spezifische Mode kann als *ein* harmonischer Oszillator beschrieben werden. Der einfachste Weg, dies zu sehen, besteht darin, sich die Bewegung in einer Linie anzusehen: Die beiden Massen verhalten sich, als wären sie ein harmonischer Oszillator. Daher können wir schlussfolgern, dass *ein Satz gekoppelter harmonischer Oszillatoren als ein harmonischer Oszillator betrachtet werden kann*, aber nur, wenn sie in einer spezifischen Mode mit einer spezifischen Wellenlänge sind. Hätten wir drei Gewichte, die durch vier Federn verbunden sind, würden wir drei solche Modi finden. Die Anzahl der Modi, die wir in einem System finden können, entspricht also der Anzahl der Gewichte (in diesem Beispiel).

Betrachten wir ein weiteres Beispiel: Phononen. Um die Sache einfach zu halten, nehmen wir nur 7 Atome in einem Kristallgitter. Die Atome ziehen sich gegenseitig an, so dass, wenn eines auf und ab bewegt wird, es die benachbarten Atome mit sich zieht. Diese Situation ähnelt unseren Gewichten auf einer Feder. Es handelt sich auch um einen gekoppelten harmonischen Oszillator. Welche Modi

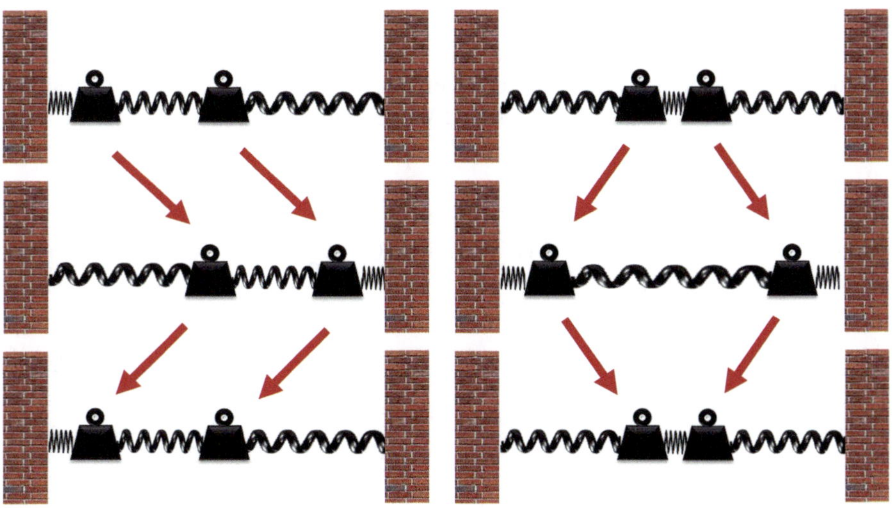

Abb. 8.9 Es gibt zwei Möglichkeiten, wie zwei Massen, die mit drei Federn verbunden sind, in einer Linie schwingen könnten. Jedes dieser Beispiele kann als eine harmonische Schwingung für sich beschrieben werden

können wir also in diesem System erwarten? Der Modus mit dem niedrigsten Impuls ist die längste Wellenlänge, die wir auf den 7 Atomen unterbringen können. Um der Argumentation willen nehmen wir an, dass die Endatome fest sind oder sich immer in einer Linie bewegen (was als periodische Randbedingung bezeichnet wird). Die längste Wellenlänge, die auf den 7 Atomen passt, ist dann eine halbe Wellenlänge über die 7 Atome.

Der Modus mit dem höchsten Impuls entspricht der niedrigsten Wellenlänge, die das Doppelte des Abstands zwischen den Atomen beträgt. Der Grund dafür ist, dass kürzere Wellenlängen nicht unterstützt werden können. Im Falle der kürzesten Wellenlänge bewegt sich jedes benachbarte Atom in die entgegengesetzte Position (s. Abb. 8.10). Versuchen Sie sich eine viel kürzere Wellenlänge vorzustellen und fragen Sie sich, wie die Atome diese erzeugen könnten.

Das Ergebnis ist, dass es 6 mögliche Modi gibt. Im Allgemeinen ist die Anzahl der Modi gleich der Anzahl der Atome, aber wir haben die Endpunkte fixiert und das reduziert die Anzahl der Modi um eins. Daher sehen wir, dass Phononen nur diskrete Energiemengen aufnehmen können: die Mengen, die mit den verfügbaren Modi zusammenhängen. Ein Phonon ist also auch ein Quant und verhält sich sehr ähnlich wie fundamentale Teilchen im Vakuum. Jede Welle im Kristall kann als Überlagerung dieser Modi oder Quanten beschrieben werden.

Die Gesamtheit aller möglichen Phononen wird als Phononendichtezustand bezeichnet, der die Wärmekapazität des Kristalls bestimmt. Schließlich kann der Kristall die Wärme, die er speichern kann, nur in der Bewegung der Atome speichern, also in den Wellen. Bei 0 K gibt es keine Phononen. Bei jeder höheren Temperatur gibt es eine mittlere Anzahl von Phononen im Kristall, abhängig von dieser Temperatur. Die Vielzahl von Phononen verhält sich genauso wie eine Box mit schwarzen Wänden, die Photonen enthält. Die Wärme in der Box wird durch die Anzahl der Photonen bestimmt, die von den Wänden in thermischem Gleichgewicht absorbiert und emittiert werden. Wenn wir eine unendliche Anzahl von verbundenen Gewichten oder Atomen in einem Gitter oder dergleichen betrachten, wird die Anzahl der möglichen Modi und Wellenlängen endlos.

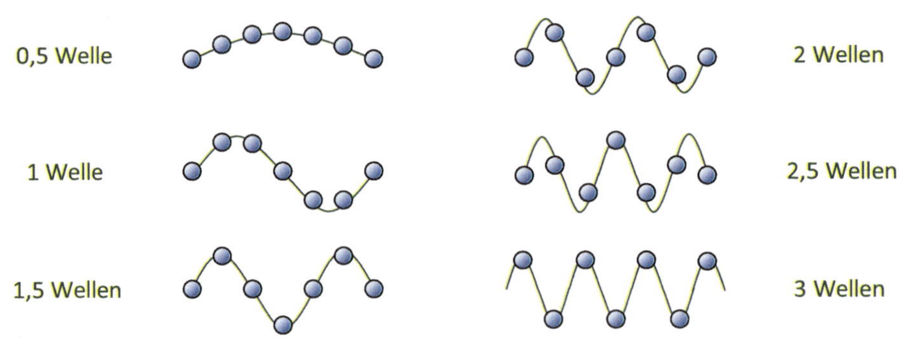

Abb. 8.10 Sieben Atome mit 0,5–3 Wellen. Es gibt nur 6 Modi statt 7, weil die Endpunkte entweder fest sind oder immer in Phase schwingen (periodische Randbedingung)

Das System, das wir für massive Wellen betrachten (das Seil, das durch Federn verbunden ist), ist von etwas anderer Natur. In diesem Bild haben wir zwei Arten von „Federn“: die „Massenfedern“ und die Elastizität des Vakuums (die wir als eine Art Feder betrachten können). Jetzt wird es komplizierter, die Art und Weise zu betrachten, wie Modi in diesem System erzeugt werden. Dennoch gibt es auch in diesem Fall Modi. Da wir normalerweise von einem endlosen Satz von Federn sprechen, ist die Anzahl der Modi ebenfalls endlos. Jeder solche Modus kann als einzelner harmonischer Oszillator mit einer spezifischen Frequenz behandelt werden. Wenn ein massives Feldquant (Teilchen) erzeugt wird, wird tatsächlich ein Modus mit einer spezifischen Frequenz erzeugt. Die Frequenz wird durch die Stärke der Federn (d. h. durch die Art und Weise, wie das Feld mit dem Higgs-Potenzial interagiert) und den Impuls des Quantums bestimmt. So sind verschiedene Wellenlängen und (Gruppen-)Geschwindigkeiten möglich. Das Quantum kann den Modus ändern, indem es beschleunigt oder verlangsamt. Mathematisch gesehen wird, wenn ein Quantum im Feld erzeugt wird, eine Welle mit einem spezifischen Modus erzeugt, der von der Masse und dem Impuls abhängt.

Was bewirkt die Verbundenheit der Federn für die Amplitude des Feldes? Eine einzige getrennte Feder hätte die Amplitude, die der gesamten in dieser einen Feder gespeicherten Energie entspricht. Die Schwingung dieser einzelnen Feder kann wie in Abb. 7.5 quantisiert werden. Aber wie funktioniert das, wenn mehr Federn angebracht sind? Grundsätzlich würde das Bewegen von zwei Federn gleichzeitig die doppelte Energie erfordern. Wenn also die Energie eines Quantums auf zwei Federn verteilt werden müsste, wäre ihre Amplitude kleiner.

Je mehr Federn beteiligt sind, desto geringer ist ihre Amplitude. Die Quantenwelle würde immer noch einem Oszillator entsprechen, aber jetzt besteht dieser Oszillator aus einem Modus von vielen Federn zusammen, wie in Abb. 8.10. Die Amplitude des Oszillators bezieht sich auf die kombinierte Amplitude aller beteiligten Federn.

Wenn sich das Quant über den Raum ausbreitet, sind mehr Federn beteiligt, und ihre durchschnittliche Feldamplitude nimmt ab. Der Energiegehalt (und daher die Frequenz) bleibt gleich, obwohl sie gemeinsam schwingen. Die Tatsache, dass die Frequenz gleich bleibt, kann bis zu einem gewissen Grad durch den Vergleich mit dem Pendel verstanden werden: Die Amplitude des Pendels hat keinen Einfluss auf die Frequenz. So kann sich eine Welle über einen großen Raum ausbreiten, während die Federn im Wesentlichen „verbunden“ bleiben und eine kombinierte Gesamtenergie bilden.

Wenn ein Quant auch eine Geschwindigkeit erhält, steigt die Frequenz der gesamten Welle. Wenn diese Frequenz steigt, steigt auch die Geschwindigkeit, während die Wellenlänge abnimmt. Das Quant ist frei, sich über den Raum auszubreiten und die Wellenlängen und Geschwindigkeiten der Wellen, aus denen es besteht, zu verbreiten, während es die gleiche Massenfrequenz beibehält.

Bisher haben wir das Teilchen als ebene Welle diskutiert. Wie zuvor besprochen, können wir die Gruppe von Wellen, die ein Teilchen bilden, als eine Welle mit einer Gruppengeschwindigkeit beschreiben. Bedenken Sie jedoch, dass das Quant in Wirklichkeit aus einer Reihe verschiedener Wellen besteht und die

Energie über sie verteilt wird. Jede Welle (jeder Modus) hat eine Amplitude, und die kombinierten Amplituden bilden das Quant. Daher ist das Quant wirklich ein Wellenpaket.

In der mathematischen Beschreibung wird ein Feld als Summe von Modi mal eine Amplitude für jeden Modus beschrieben, die die Anzahl der Anregungen (Quanten) dieses Modus beschreibt. Die Gesamtfeldamplitude ist also eine Summe aller Modi, multipliziert mit ihren Amplituden. Dies zeigt, wie ein Feld mehrere Quanten enthalten kann.

Was passiert, wenn es mehr als ein Quant im Feld gibt? Wenn sich zwei Bosonen am selben Ort und im selben Zustand (d. h. im selben Modus) befinden, steigt die Amplitude des Feldes auf die Amplitude, die zwei Quanten beherbergt (s. Abb. 7.5) und der Gesamtenergiegehalt des Feldes beträgt 2hF statt hF. Wenn zwei solche Quanten an *verschiedenen* Positionen residieren, wird die Amplitude um diese beiden Positionen jeweils ein Quant sein. Wenn sie sich treffen, wird die Gesamtfeldamplitude gezwungen sein, auf zwei Quanten an der Position, an der sie sich treffen, zu steigen. Wir werden später sehen, warum dies nur für Bosonen und ausdrücklich nicht für Fermionen funktioniert.

Es ist also klar, dass sowohl Frequenz als auch Wellenlänge sich als Ergebnis einer Geschwindigkeitszunahme ändern können, was zu einem massiven Quant mit einer bestimmten (Gruppen-)Geschwindigkeit führt. Ein Quant ist also nicht einfach eine Sache mit einer Frequenz/einer Wellenlänge, sondern eher ein kompliziertes Set von Wellen mit verschiedenen Wellenlängen und Frequenzen. Daher machen Mengen wie Energiedichte und Impulsdichte mehr Sinn für die Beschreibung von Quanten in einem Feld als der klassische Impuls und die Energie.

8.3 Vernichtung eines Feldquants

Das ideale Feldquant wird als Modus im Feld erzeugt. Dieser Modus kann als einzelner harmonischer Oszillator beschrieben werden. Dies wird kanonische Quantisierung genannt. Kanonisch bezieht sich auf den absoluten „Eigenzustand“, in dem das System sein kann, der orthogonal zum nächsten Eigenzustand ist. Orthogonal bedeutet, dass die beiden Eigenzustände völlig unabhängige und unterschiedliche Zustände sind. Wie bereits erwähnt, kann die Realität anders sein. Was würde passieren, wenn das Quant nicht in einem perfekten Modus wäre? In diesem Fall wäre das Quant nicht mehr in einer nachhaltigen Welle und die Welle könnte auseinanderfallen. Wir werden später verschiedene Beispiele dafür sehen, wenn wir Absorptionen von Photonen betrachten. In diesem Fall bricht die „kanonische Quantisierung“ zusammen.

Ein dringendes Problem ist z. B., wie die Vernichtung eines Quants zu betrachten ist, wenn das Quant über eine gewisse Entfernung im Raum verteilt ist. Wie kann es in dieser Situation an einer Position vernichtet werden?

Eine Möglichkeit, dieses Problem zu betrachten, besteht darin, zu berücksichtigen, dass der Energiegehalt mit der Frequenz der Federn zusammenhängt.

Nehmen wir an, dass ein Teil der Wellen an einer Position absorbiert wird. Dann könnte der Energiegehalt der Wellen unter den minimalen Energiegehalt eines Quants fallen (d. h. unter das Energielevel des Quants bei 0 Geschwindigkeit). Was würde passieren? Denken Sie an Abb. 7.5, dass ein ideales Quant eine Welle ist, die ein Energielevel hat, bei dem es genau in die Potenzialwände des Higgs-Feldes passt, mit dem es interagiert. Selbst wenn das Quant nicht perfekt ist und aus mehreren Wellen aufgebaut ist, müssen sich diese Wellen genau zu diesem Energielevel addieren. Wenn ein Teil der Energie absorbiert wird, reicht die Energie in den kombinierten Wellen nicht aus, um genau in die Potenzialwände zu passen (s. Abb. 8.11). Wenn an einer bestimmten Stelle der Welle Energie absorbiert wird, bedeutet das, dass die Feder an dieser Stelle nicht mehr so stark schwingen wird. Das bedeutet, dass sie die benachbarten Federn herunterziehen wird. Die Konsequenz für die Welle als Ganzes ist, dass alle Federn zusammen nicht genug Energie haben, um die Potenzialwände zu erreichen.

Das Ergebnis ist, dass die Massenwelle beginnt, sich selbst negativ zu beeinflussen. Um dies zu verstehen, stellen Sie sich eine Welle vor (s. Abb. 7.1), die nicht 0 an der Potenzialwand ist. Sie würde gegen die Wand reflektieren und beginnen, sich selbst negativ zu beeinflussen. So wird die Schwingung der Federn beginnen auszusterben. Dies geschieht mit allen verbundenen Federn, und so hört das Quant auf zu existieren. Im Prozess muss die Energie irgendwohin gehen, und die absorbierende Entität hat keine andere Wahl, als sie vollständig zu absorbieren. Oder im Falle eines Teilchens, das gegen sein Antiteilchen vernichtet wird, wird die Energie freigesetzt, um z. B. ein hochenergetisches Photon zu erzeugen.

Das Verschwinden der Welle ist eine Möglichkeit, wie die Wellenfunktion „kollabieren" kann. Die Energie steht nicht mehr zur Verfügung, um von anderen absorbiert zu werden, und das Feldquant kann nicht mehr aufrechterhalten werden.

Eine andere Form des „Kollapses der Wellenfunktion" tritt auf, wenn ein Feldquant, das sich über den Raum ausbreitet, an einer bestimmten Position gemessen wird. Wir werden darauf in Kap. 12 zurückkommen, wenn wir Quantendekohärenz diskutieren.

8.4 Beschreibung eines Feldquants

Wir haben diskutiert, wie ein Feldquant aus einer Summe vieler Wellen besteht, von denen jede ein Modus des Feldes ist. Das ist ein kompliziertes Bild. Wir haben auch gesehen, dass gekoppelte harmonische Oszillatoren auf einfache Weise als ein harmonischer Oszillator beschrieben werden können. Das ist eine große Vereinfachung. Das Gleiche erfolgt in der Feldtheorie, wo ein Quant als ebene Welle beschrieben wird. Aus energetischer Sicht wird es auch als ebene Welle beschrieben, die kontinuierlich die potenzielle Energie ihres bloßen Feldes mit kinetischer Energie austauscht, wie in Abb. 8.2 dargestellt. Das bedeutet nicht, dass wir nicht manchmal zu dem Bild zurückkehren müssen, dass ein Quant in Wirklichkeit aus vielen Wellen in einem Wellenpaket aufgebaut ist.

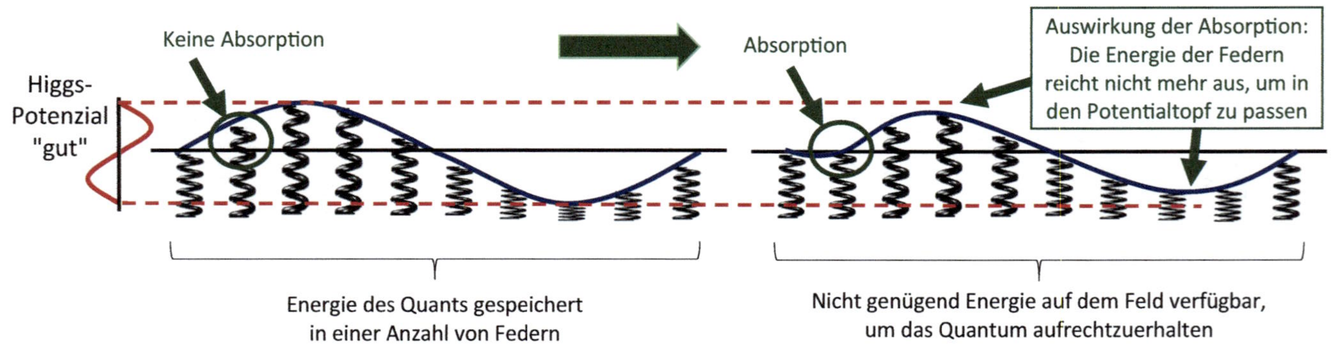

Abb. 8.11 Vernichtung der Wellenfunktion. Wenn irgendwo in der Welle Energie absorbiert wird, kann die Gesamtenergie unter den Punkt fallen, an dem die Federn zwischen den Potenzialwänden schwingen können und sie werden nicht mehr in der Lage sein, dies zu tun. Die Federn können die Welle nicht aufrechterhalten und die Schwingung stirbt vollständig aus

In dieser nackten Welle begegnen wir nur der Elastizität des Feldes. Da dies die Elastizität des Vakuums ist, beginnt jede Beschreibung mit einer masselosen Welle im nackten Feld, als ob nichts anderes da wäre: kein Higgs, gar nichts. Die Bewegung des Feldes hängt nur von seiner anfänglichen Anregung und dem durch seine Elastizität gelieferten Potenzial ab.

Jetzt, nachdem wir das Bild eines Feldquantums auf das einer einzigen nackten ebenen Welle vereinfacht haben, kann der Spaß beginnen. Ein Quant existiert nicht für sich allein. Es wird mit vielen anderen Feldern interagieren, so dass es mit allen Arten von Potenzialen umgehen muss. In der Quantenfeldtheorie wird ein Quant durch alle Potenziale beschrieben, mit denen es zu tun hat. Alle Potenziale zusammen werden uns am Ende sagen, wie das Quant sich bewegen und verhalten wird. Genauso, wie wir das Gravitationspotenzial verwenden, um uns zu sagen, wie ein Ball fallen wird. Jedes dieser Potenziale hat seine eigene Wirkung. Eines davon haben wir bereits kennengelernt: das Higgs-Potenzial.

Oft wird das Higgs-Potenzial als ein „Massenpotenzial" beschrieben. Das Massenpotenzial (oder Massenfeder) zeigt genau das gleiche Verhalten wie eine Feder nach Hookes Gesetz: Wenn die Feldamplitude doppelt so hoch ist, ist die benötigte Energie 4-mal so hoch (s. Abb. 8.12).

Beim Vergleich mit dem Massenpotenzial zeigt sich, dass die Feldamplitude Φ dem Dehnungsweg X einer Feder entspricht. Denken Sie daran, dass die Feldamplitude die Amplitude einer Welle im Feld ist. Darüber hinaus entspricht die Masse^2 dann der Federstärke. Das bedeutet, dass, wie in Abb. 7.3, eine Verdoppelung der Masse^2 zu einer Verdoppelung der potenziellen Energie führen wird, wenn das Feld auf die gleiche Amplitude gedehnt wird. Tatsächlich hat das Massenpotenzial, das ein Feldquant erfährt, genau die gleiche Form wie das einer Feder. Deshalb können wir das Modell von Seilen und Federn so effektiv verwenden. Wir kennen die Wirkung dieses Potenzials mittlerweile: Es wirkt wie die Federn, die an das Seil angebracht sind, und erzeugt das massenähnliche Verhalten

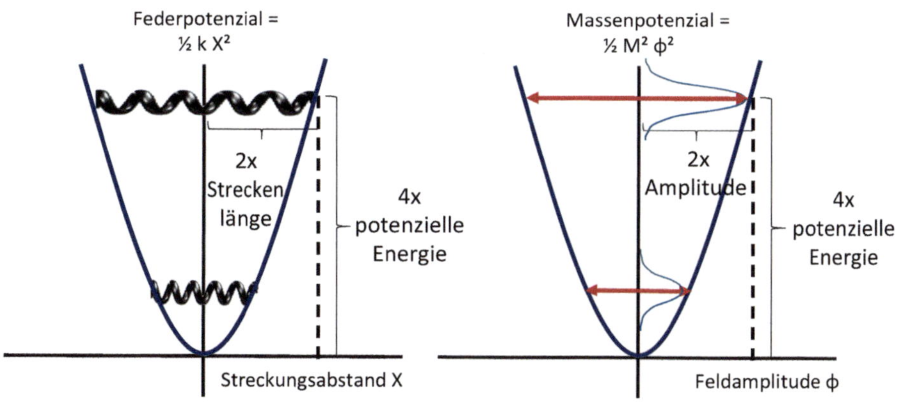

Abb. 8.12 Das Massenpotenzial im Vergleich zu Hookes Gesetz

des Quantums. Also wird dieses Potenzial zur Teilchenwelle hinzugefügt, um die nackte Welle massiv zu machen und sich entsprechend zu verhalten.

In den folgenden Kapiteln werden wir andere Potenziale untersuchen, die eine Rolle spielen. Es gibt eine wichtige Kategorie von Potenzialen, die eng mit Symmetrien zusammenhängen. Wir werden sehen, dass diese Kategorie für Kräfte verantwortlich ist, daher werden wir im nächsten Kapitel dort weitermachen.

Kapitel 9
Symmetrie und der Ursprung der Kraft

9.1 Drehbare Symmetrie

Symmetrien spielen eine wichtige Rolle in der Quantenfeldtheorie. Es gibt verschiedene Arten von Symmetrie, und diese werden alle mathematisch durch Gruppentheorie beschrieben.

Was ist eine Symmetrie? Wenn Sie Ihr Gesicht im Spiegel betrachten, sieht die linke Seite Ihres Gesichts aus wie das Spiegelbild der rechten Seite: Ihr Gesicht ist symmetrisch. Ein einfacher Ball ist auf die gleiche Weise symmetrisch: Die linke Seite ist das Spiegelbild der rechten Seite. Es gibt jedoch mehr Symmetrien. Dieser Ball ist beispielsweise kreisförmig symmetrisch: Wenn Sie ihn um sein Zentrum drehen, sieht er gleich aus. Es spielt keine Rolle, wie weit Sie ihn drehen, er sieht gleich aus.

Anscheinend ist etwas symmetrisch, wenn es nach einer bestimmten Operation gleich aussieht. Eine Operation kann sein: „das Spiegelbild nehmen“ oder „es drehen“ oder „es über eine Strecke im Raum verschieben“. Eine Menge von Operationen wird als Symmetriegruppe eines Objekts bezeichnet, wenn sie alle Operationen umfasst, die das Objekt unverändert (ununterscheidbar) lassen. Beispielsweise verändert bei einem gleichseitigen Dreieck die Operation „Drehung um 120°“ das Dreieck in ein ununterscheidbares Dreieck. Die Operation „Drehung um 240°“ tut dies ebenso, genau wie „Drehung um 360°“. Alle diese Operationen sind Mitglieder der Symmetriegruppe eines gleichseitigen Dreiecks.

9.1.1 Drehungen in einer Ebene

Betrachten wir Drehungen in einer Ebene und genauer gesagt nur solche Drehungen, die einen Kreis mit Radius 1 fixieren. Angenommen, Sie haben einen Vektor, der vom Zentrum zu einer Position auf dem Kreis zeigt. Nun nehmen wir an,

W. Schmitz, *Teilchen, Felder und Kräfte*,
https://doi.org/ 10.1007/978-3-031-46280-1_9

Sie drehen ihn um einen Winkel. Dann zeigen Sie immer noch auf eine Position auf dem Kreis. Daher ist eine Drehung eines solchen Vektors um jeden Winkel eine Symmetrieoperation. Die Gruppe solcher Drehungen wird U(1) genannt, die Gruppe der unitären Drehungen in einer Ebene. Unitär bedeutet, dass der rotierende Vektor die Länge 1 hat, so dass er Drehungen beschreibt, die auf einem Kreis mit Radius 1 bleiben. Folglich können Sie jede Drehung so oft anwenden, wie Sie möchten, und Sie bleiben auf dem Kreis. Eine Operation mit einer U(1)-Drehung auf einen Vektor würde bedeuten, dass Sie den Winkel des Vektors ändern, aber nicht seine Länge.

Sie können einen Vektor, der um den Einheitskreis rotiert, verwenden, um die Phase einer Welle zu beschreiben (s. Abb. 9.1). Die Phase ist eindimensional. Es scheint, als bräuchten Sie zwei Dimensionen (die Ebene des Kreises), aber der Radius des Kreises in der Ebene wird auf einem Wert, den Einheitswert, gehalten. Folglich ist das Einzige, was bei der Beschreibung der Phase zählt, der Winkel. Eine Variable (der Winkel) bedeutet eine Dimension. Die Wellenfunktion, die die Welle beschreibt, weist dann jeder Phase eine Feldstärke zu (oder in der Quantenmechanik die Wahrscheinlichkeitsamplitude).

Die 1 in der U(1)-Gruppe bedeutet, dass wir von einer Gruppe mit einer eindimensionalen Operation sprechen (sie wirkt nur auf den Winkel). Angenommen, Sie haben eine schöne glatte Welle. Aber dann operieren Sie darauf mit einer U(1)-Operation. Das bedeutet, dass Sie die Phase von einem Wert auf einen anderen verschieben. Das ist so, als würden Sie den Kreis in Abb. 9.1 um einen Winkel drehen (unteres Bild). Das Ergebnis ist, dass Sie die Phase der Welle von Position 1 auf Position 2 ändern. Da die Wellenfunktion der Phase eine Feldstärke zuweist, impliziert eine Änderung der Phase eine plötzliche Änderung des Feldwerts (s. Abb. 9.2). Wenn jedoch die gleiche Phasenänderung im gesamten Universum

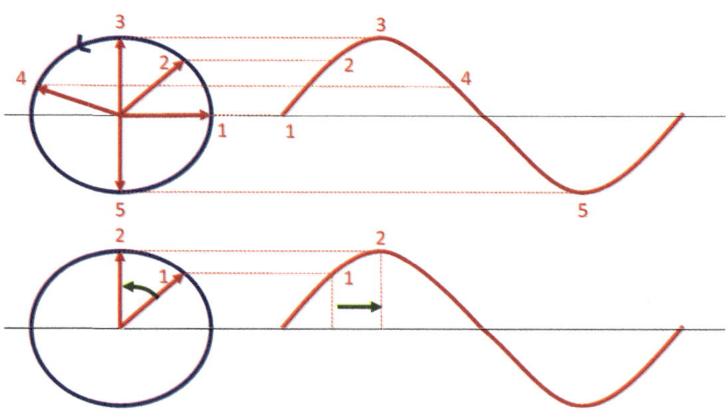

Abb. 9.1 Welle beschrieben als Vektor in einer Ebene. Ein rotierender Vektor in einer Ebene kann eine Welle wie folgt beschreiben: Nehmen Sie den Winkel, den der Vektor mit der x-Achse bildet, und setzen Sie diesen Winkel auf die x-Achse in der Grafik rechts. Dann nehmen Sie die Projektion des Vektors auf die y-Achse und kopieren Sie diese auf die y-Achse in der zweiten Grafik (die roten gestrichelten Linien). Das Ergebnis ist die Welle rechts

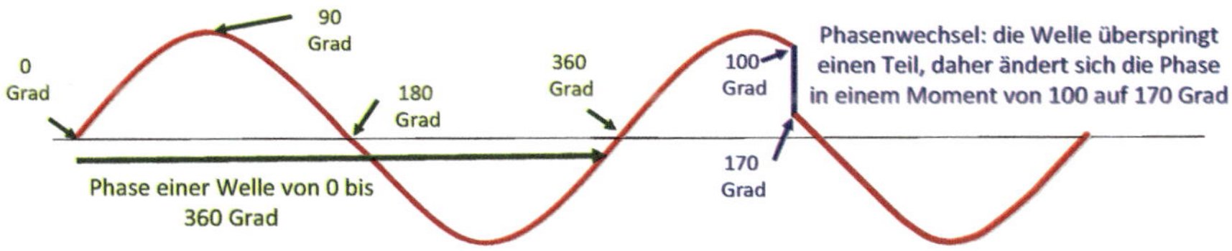

Abb. 9.2 Eine U(1)-Operation beschreibt eine Phasenänderung (blau) in der Wellenfunktion (rot)

stattfindet, ändert sich nichts wirklich. Es wäre das Gleiche, als würde man das gesamte Universum nehmen und es 100 m weiter platzieren. Da alle relativen Abstände gleich bleiben, bemerkt niemand eine Änderung.

Man könnte einwenden, dass eine Phasenverschiebung den Feldwert einiger Wellen erhöht und den von anderen Wellen senkt (wie in Abb. 9.2), da verschiedene Wellen in einer anderen Phase sein werden, wenn die Verschiebung stattfand. Plötzlich werden also die relativen Feldstärken unterschiedlich sein. Dies könnte ein Problem sein, wenn die relativen Feldstärken von zwei Wellen zu einem bestimmten Zeitpunkt tatsächlich einen messbaren Unterschied machen würden. Aber bevor die Phasenverschiebung stattfand, waren alle Wellen glatt. Sie werden also auch nach einer globalen Phasenänderung noch glatt sein. Darüber hinaus ändert sich bei einer Phasenänderung, die im gesamten Raum zum gleichen Zeitpunkt stattfindet, die Energie (Frequenz) und der Impuls (Wellenlänge) keiner der Wellen. Daher ändert sich wirklich nichts, wenn wir eine Phasenverschiebung anwenden.

Das Ergebnis ist, dass eine U(1)-Operation die Welt unverändert lässt und daher eine Symmetrie des Universums ist. Im nächsten Abschnitt werden wir sehen, dass nichts so ist, wie es in unserer welligen Quantenwelt scheint. Wir werden entdecken, wie diese Symmetrie mit der elektromagnetischen Kraft zusammenhängt. Aber zuerst wollen wir noch einige weitere Symmetrien untersuchen.

9.1.2 Drehungen in drei Dimensionen

Einige Wellenfunktionen können sich ineinander umwandeln. Das bedeutet, dass Sie in einem Moment eine Welle in einem Feld sind und im nächsten Moment eine andere Welle im selben Feld. Oder besser gesagt, die Welle hat zwei „Zustände" im selben Feld. Ein Beispiel dafür ist Spin (wie wir später sehen werden). Ein Teilchen kann in einem Spin-Zustand sein (das Teilchen „dreht sich" in eine Richtung) und im nächsten Moment ist es im anderen Spin-Zustand (das Teilchen „dreht sich" in die andere Richtung). Die Fähigkeit, den Zustand zu ändern, wird ein „innerer Freiheitsgrad" genannt. Man kann es auch eine Symmetrie nennen. Schließlich, wenn ein Teilchen den Zustand nach Belieben ändern kann, ist es wie eine Symmetrieoperation, die das Teilchen von einem Zustand in den anderen oder zurückführt. Genau wie das Drehen eines gleichseitigen Dreiecks um 120° und zurück. Wenn du das Dreieck drehst, ist es in einem anderen Zustand (gedreht), aber dieser Zustand ist vom ursprünglichen Zustand nicht zu unterscheiden: Das Dreieck sieht nach der Drehung genau gleich aus. Daher ist die Drehung eine Symmetrieoperation und die Fähigkeit, das Dreieck ständig um 120° und zurück zu drehen, ist ein Freiheitsgrad.

Was passiert also, wenn du ein Magnetfeld auf z. B. ein Fermion mit Spin up (d. h., es dreht sich in eine Richtung) anwendest? Ein Magnetfeld interagiert mit dem Spin eines geladenen Teilchens. Die Folge ist, dass, während Spin up und Spin down zuvor keinen Unterschied zeigten, sie das jetzt tun: Spin up bekommt ein anderes Energieniveau im Magnetfeld als Spin down. Daher wird Energie benötigt, um von einem Spin-Zustand in den anderen zu wechseln. Es ist nicht mehr eine Symmetrie. Wir sagen, dass die Symmetrie gebrochen ist und diese beiden Zustände des Fermions können nicht mehr auf diese Weise ineinander umgewandelt werden. Es benötigt Energie, um Spin down in Spin up zu ändern und diese beiden Wellen sind nicht mehr symmetrisch.

Ein weiteres Beispiel ist, dass einige Teilchentypen tatsächlich zwei verschiedene Manifestationen eines und desselben Teilchens sind. Diese beiden Manifestationen können dann nach Belieben ineinander umgewandelt werden. Auch dies ist eine Symmetrie zwischen zwei Zuständen und die Fähigkeit, nach Belieben zu wechseln, ist ein innerer Freiheitsgrad. Das mag ein wenig abstrakt erscheinen. Angenommen, du hast ein sehr flexibles Gesicht (vielleicht bist du der Hulk, John Travolta in „Face Off", Ethan Hunt oder irgendein anderer gesichtsverändernder Filmcharakter). Dann hast du die Freiheit, nach Belieben von einem Gesicht zum anderen zu wechseln. Das ist eindeutig ein Freiheitsgrad. Es ist auch eine Symmetrie in dem Sinne, dass beide Gesichter dieselbe Person darunter repräsentieren.

Eine andere Möglichkeit, dies zu betrachten, besteht darin, ein Teilchen als Eigenschaften in einer Dimension außerhalb unserer vier Dimensionen von Raum-Zeit zu betrachten. Um dies zu erklären, nehmen wir ein Beispiel aus der Flachwelt: die Welt des flachen Raums in zwei Dimensionen. Angenommen, wir haben ein Teilchen, das ein dreidimensionaler Zylinder ist. Wenn es in der Flachwelt existiert, können die Bewohner dieser Welt nur zwei der Dimensionen des Zylinderteilchens sehen (s. Abb. 9.3). Sie könnten also ein kreisförmiges Teilchen sehen. Aber wenn dieses Teilchen um einen Winkel von 90° gedreht wird, sieht das Teilchen plötzlich wie ein Quadrat in der Flachwelt aus! Die Menschen in der Flachwelt könnten also sagen, dass es sich um zwei verschiedene Teilchen handelt, während es nur eine Drehung in einer anderen Dimension erfordert, um ein Teilchen in das andere zu verwandeln. So können wir verstehen, was als eine SU(2)-Symmetrie bezeichnet wird: Sie beschreibt, wie ein Teilchen in ein anderes umgewandelt werden kann, indem eine Symmetrieoperation definiert wird, die ein Teilchen in das andere „umwandelt". Offensichtlich müssen beide Teilchen zur selben Symmetriegruppe gehören, wenn es möglich sein soll, das eine in das andere umzuwandeln. Die spezifische Symmetrie wird nur in der Lage sein, diese beiden Teilchen ineinander umzuwandeln und nicht in andere Teilchen.

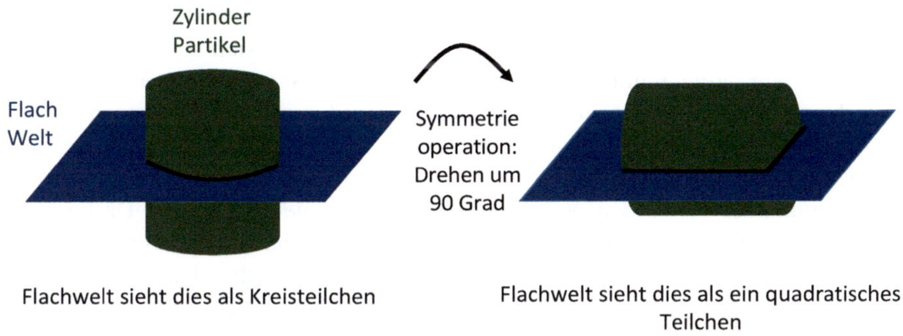

Abb. 9.3 Wie ein Zylinderteilchen in der Flachwelt zwei verschiedene Teilchen sein kann, die durch die Symmetrieoperation einer Drehung in der dritten Dimension miteinander verbunden sind

Wie wird eine solche Symmetrie beschrieben? Wir können eine Welle durch zwei Dimensionen charakterisieren: die Phase der Welle (horizontale Achse in Abb. 9.1) und die Feldstärke (vertikale Achse in Abb. 9.1). Wenn wir also von einem Zustand (einer Welle) in einen anderen wechseln können, bedeutet das, dass wir eine Symmetrieoperation benötigen, die eine Welle in zwei Dimensionen in eine andere Welle umwandelt, die ebenfalls in zwei Dimensionen existiert. Das ist eine Drehung in vier Dimensionen.

Gleichzeitig kann die Drehung die Gesamtgröße der Welle nicht verändern. Das heißt, die gesamte aufsummierte Feldstärke der ersten Welle kann in der zweiten Welle nicht verändert werden, sonst würde die in der ersten Welle gespeicherte Gesamtenergie beim Wechsel zur anderen Welle verändert werden. Daher benötigen wir eine Symmetrieoperation in vier Dimensionen, die die Gesamtgröße der Welle nicht verändert. Das ist wie eine U(1)-Operation in dem Sinne, dass die Größe des Vektors nicht verändert werden kann, aber jetzt in vier Dimensionen. Eine solche Symmetrie wird als SU(2)-Symmetrie bezeichnet. Das bedeutet eine „spezielle unitäre Operation in zwei Dimensionen“. Zwei Dimensionen? Aber wir brauchten vier! In diesem Fall ist die SU(2) in zwei *komplexen* Dimensionen definiert. Es würde uns zu weit führen, uns mit komplexen Zahlen zu beschäftigen. Kurz gesagt, eine komplexe Zahl hat zwei eigene Dimensionen, so dass wir, wenn wir zwei komplexe Dimensionen betrachten, tatsächlich über $2 \times 2 = 4$ Dimensionen im realen Raum sprechen, mit dem wir vertraut sind. Das „unitär“ in SU(2) bedeutet, dass die Operation die Größe nicht verändert, genau wie U(1). Das „speziell“ bedeutet, dass die vier Dimensionen auf eine besondere Weise miteinander verbunden sind.

Wie kann man das sehen? Wenn wir Drehungen in vier Dimensionen betrachten, können wir vier Möglichkeiten finden, eine Drehung zu machen, eine um jede Achse der vier Dimensionen. Wie können wir also vier Drehungen zwischen zwei Zuständen finden? Wir können Zustand 1 in Zustand 2 umwandeln und wir können Zustand 2 in Zustand 1 umwandeln. Das sind zwei Arten von Drehungen.

Welche anderen Drehungen können wir uns vorstellen? Wir können „Selbstdrehungen“ in Betracht ziehen: Ein Zustand dreht sich in sich selbst. Schließlich, wenn man ein Dreieck um 360° dreht (eine zulässige Symmetrieoperation), erhält man das Dreieck in seinem ursprünglichen Zustand zurück. Also können wir Zustand 1 in Zustand 1 und Zustand 2 in Zustand 2 umwandeln. Das sind die anderen beiden Drehungen. Es gibt jedoch ein Problem. Die beiden Selbstdrehungen sind miteinander verbunden. Wir müssen sie als die gleiche Art von Drehung betrachten. Das Ergebnis ist, dass wir nur drei Drehungen haben: von 1 nach 2, von 2 nach 1 und eine Art von Drehung jedes Zustands in sich selbst. Das bedeutet, dass wir nicht einfach irgendeine U(2)-Symmetrieoperation verwenden können, da wir dann alle vier Drehungen unterscheiden könnten. Wir müssen eine spezielle Version von U(2) verwenden, die auf drei Drehungen beschränkt ist. Das wird SU(2) genannt.

Später werden wir diskutieren, wie diese Symmetrie mit der schwachen Kraft zusammenhängt.

9.1.3 Rotationen in acht Dimensionen

Im Grunde genommen ist die Geschichte dieselbe wie bei vier Dimensionen, nur dass wir jetzt nicht *zwei* Zustände haben, die nach Belieben ineinander rotiert werden können. Wir haben *drei* Zustände, die nach Belieben ineinander rotiert werden können, und drei Wellen, jede mit zwei Dimensionen, ergeben $3^2 = 9$ Dimensionen.

Wenn wir jeder Welle Ψ eine Dimension zuweisen, können wir diese Symmetrie wie in Abb. 9.4 darstellen.

Die neun Dimensionen lassen vermuten, dass es neun mögliche Rotationen geben wird. Wir sollten Rotationen von 1 zu 2, von 2 zu 3 und von 3 zu 1 haben. Dann sollten wir die gleichen drei Rotationen im entgegengesetzten Sinn haben. Damit bleiben drei Selbstrotationen übrig. Aber wie kann der rote Pfeil in Abb. 9.4 eine 360°-Drehung machen? Das können wir auf zwei Arten tun: über die blaue Dimension oder über die grüne Dimension. Die Selbstrotationen sind verwandt, genau wie im Fall von SU(2). Aber jetzt haben wir zwei mögliche Selbstrotationen statt drei. Das bedeutet, dass wir tatsächlich acht Dimensionen statt neun haben. Daher ist diese Symmetrie, genannt SU(3), achtdimensional. Es handelt sich um die spezielle Version von U(3), die neundimensional ist. Sie beschreibt, wie drei Wellen gleich aussehen und ineinander rotiert werden können.

Ein Beispiel dafür sind Quarks und Gluonen. Quarks sind die Teilchen, aus denen z. B. Protonen und Neutronen bestehen. Gluonen sind die Teilchen, die Quarks zusammenhalten, z. B. in einem Proton. Sie sind verantwortlich für die starke Kraft. Darauf werden wir später noch eingehen. Jedes Quark und jedes Gluon kann sich in einem von drei Zuständen befinden. Jeder Zustand wird durch eine Farbe (Rot, Grün oder Blau) repräsentiert. Natürlich haben sie tatsächlich keine Farbe, aber das ist eine Möglichkeit, die drei Zustände zu beschreiben, in denen sie sich befinden können. Sie können den Zustand nach Belieben wechseln.

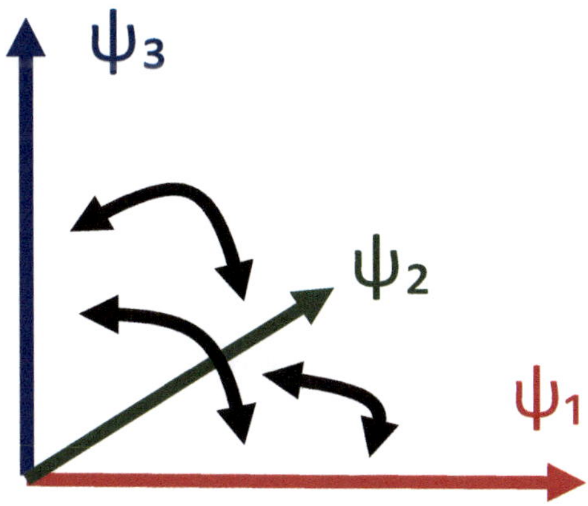

Abb. 9.4 Rotationen zwischen drei Wellenfunktionen

Daher handelt es sich um eine innere Symmetrie oder einen inneren Freiheitsgrad. Sie können es mit einem Hulk vergleichen, der jetzt drei Gesichter zur Auswahl hat. Er kann von rosig rot zu grün wechseln (wie Sie es aus den Filmen kennen), aber jetzt auch zu blau.

Dieses Beispiel zeigt, dass SU(3) mit der starken Kraft zusammenhängt.

9.2 Das elektromagnetische Feld

Die erste Symmetrie, die wir uns ansehen werden, ist die U(1)-Symmetrie. Wir werden später auf die anderen zurückkommen. Wir haben erklärt, dass eine U(1)-Operation die Welt unverändert lässt und daher eine Symmetrie des Universums ist. Aber ich habe auch versprochen, dass in unserer welligen Quantenwelt nichts so ist, wie es scheint.

Sehen Sie, das Problem ist Folgendes: Wenn wir einfach eine Welle im Feld nehmen (massiv oder nicht), ist sie symmetrisch in Bezug auf eine globale Phasenänderung. Wenn wir eine Phasenänderung im gesamten Universum auf einmal durchführen, werden wir feststellen, dass sich nichts Messbares geändert hat. *Aber wenn die Lichtgeschwindigkeit die maximale Geschwindigkeit ist, wie können wir dann die Phase im gesamten Universum auf einmal ändern?* Das Vakuum muss die Phasenverschiebung ausbreiten und kann das nicht schneller tun, als seine Elastizität es zulässt. Aber die Ausbreitung einer solchen Phasenverschiebung wird in den Wellen und Potenzialen, die wir bisher haben, nicht beschrieben. Also fehlt etwas.

Betrachten wir zunächst, womit wir es hier zu tun haben. Was passiert, wenn eine Phasenverschiebung stattfindet? Sie führt zu einer plötzlichen Änderung der Feldstärke. Dieser „Schock für das System“ sollte überall gleichzeitig sein. Aber da dies unmöglich ist, müssen wir jetzt sehen, wie man eine solche Phasenverschiebung ausbreitet (s. Abb. 9.5). Sie könnten die Phasenverschiebung mit dem

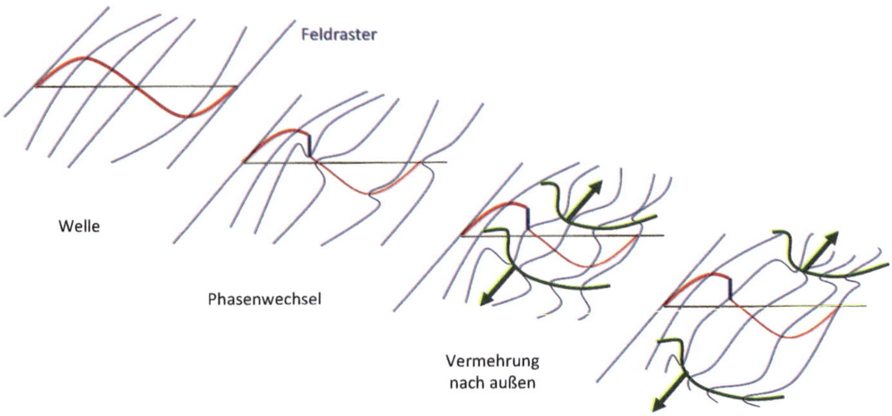

Abb. 9.5 Ausbreitung einer Phasenverschiebung

Werfen eines Steins ins Wasser vergleichen. Es führt zu einer Welle, die sich nach außen ausbreitet. Die Phasenverschiebung wird dasselbe tun. Die Phasenverschiebung führt zu einer Phasenverschiebung ein Stück weiter im Raum. Diese Phasenverschiebung führt zu einer Phasenverschiebung noch weiter unten usw. mit Lichtgeschwindigkeit.

Warum mit Lichtgeschwindigkeit? Wenn Sie einen Stein ins Wasser werfen, entsteht eine Anregung in einem Feld. Also erzeugt die Phasenverschiebung eine Anregung in einem Feld. An diesem Punkt unserer Überlegungen ist nicht klar, welches Feld angeregt wird. Gehen wir vorerst davon aus, dass es sich um ein Feld handelt, das nicht mit Higgs verbunden ist und daher masselos ist. Dann wird die Ausbreitung der Phasenverschiebung mit Lichtgeschwindigkeit erfolgen.

Angenommen, die Phasenverschiebung findet in einem Elektronenfeld statt, d. h. dem Feld, das eine Elektronenwelle enthält, wenn es angeregt wird. Die Phasenverschiebung selbst erzeugt eine Welle, aber es kann keine Elektronenwelle sein. Wenn es so wäre, würde ein Elektron ständig Elektronen aussprühen (mit jeder Phasenverschiebung würde ein neues Elektron erzeugt). Offensichtlich gibt es nicht genug Energie, um so etwas zu tun. Also muss es eine andere Art von Welle sein, die aus einer Phasenverschiebung resultiert. Aber das Elektronenfeld selbst kann keine andere Art von Welle beherbergen. Es kann nur Anregungen enthalten, die Elektronenquanten sind. *Also erzeugt eine Phasenverschiebung in einem Feld keine Anregung in diesem gleichen Feld.* Folglich muss die Phasenverschiebung in einem *anderen Feld* propagiert werden, einem Feld, das speziell zur Propagierung dieser Phasenverschiebung erzeugt wird.

Zusammenfassend ist das Problem, dass eine globale Symmetrie aufgrund der Relativität oder aufgrund der Elastizität des Vakuums nicht möglich ist. Eine Symmetrieoperation muss global sein. Wenn sie nicht global sein kann (auf einen Schlag für das gesamte Universum), muss sie verbreitet werden. Wir sagen also, dass die Symmetrie nur eine lokale Symmetrie sein kann. Daher müssen wir ein

Feld hinzufügen, das in der Lage ist, die Symmetrieoperation im Einklang mit der Elastizität des Vakuums zu verbreiten.

Das Feld, das allgemein hinzugefügt wird, um eine Symmetrie lokal zu machen, wird ein Eichfeld genannt. Die Anregungen in einem solchen Feld werden Eichbosonen genannt, da sie sich im Allgemeinen als Bosonen herausstellen. Wir werden die Eigenschaften von Bosonen später behandeln.

Wie können wir ein solches Eichfeld beschreiben? Wenn eine Phasenverschiebung auftritt, entsteht ein Unterschied zum benachbarten Teil des Feldes, der noch nicht verschoben wurde. *Dieser Unterschied ist im Wesentlichen ein Potenzialunterschied.* Dieser Potenzialunterschied wird durch das Eichfeld verbreitet. Es ist wichtig, dass das Feld, das die Phasenverschiebung erzeugt, mit dem Eichfeld „verbunden" ist. Verbunden zu sein bedeutet, dass der Potenzialunterschied der Phasenverschiebung vom Eichfeld aufgenommen wird. Wenn er aufgenommen wird, ist es das Gleiche, als würde man ein Seil im Eichfeld anheben. Dies löst eine Welle im Eichfeld aus (s. Abb. 9.6).

Eine solche Welle hat alle Dinge, die wir von einer Welle in einem Feld erwarten: Sie hat einen grundlegenden Wellenausdruck, der die Dynamik der Welle beschreibt, eine Schwingung zwischen Potenzialunterschied und Bewegung im Feld. Sie kann ein Massenpotenzial haben, wenn das Eichfeld mit Higgs verbunden ist. Wir werden später sehen, warum das U(1)-Eichfeld nicht mit Higgs verbunden ist (s. Kap. 17).

Das Potenzial, das es verbreitet, wird das Kopplungspotenzial oder Wechselwirkungspotenzial genannt. Im Grunde beschreibt dieses Potenzial (oder Feder) die Verbundenheit des Feldes, dessen Phase verschoben wurde, und des Eichfeldes, das die Verschiebung wegschickt. Wenn das Potenzial von einem anderen Feld gespürt wird, sieht es wieder aus wie das Hooke'sche Gesetz (s. Abb. 9.7)!

Ein Satz von drei Parabeln. Höhen sind als 4 x potenzielle Energie markiert. Teil A: eine Feder am Boden und eine gestreckte Feder oben auf der Parabel. 2 x

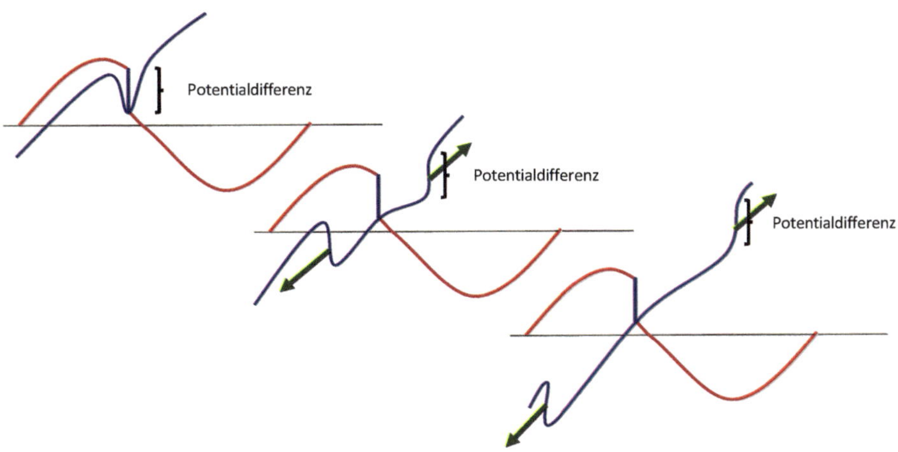

Abb. 9.6 Eine Eichwelle als Ergebnis einer Phasenverschiebung

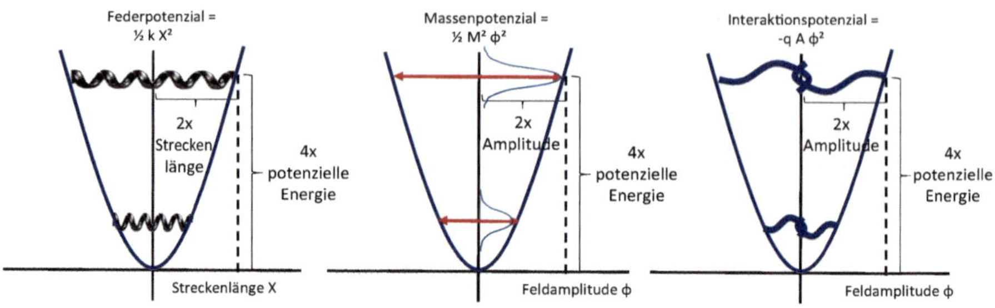

Abb. 9.7 Das Kopplungs- oder Wechselwirkungspotenzial hat ähnliche Eigenschaften wie das Hooke'sche Gesetz und das Massenpotenzial. Das Wechselwirkungspotenzial verhält sich wie eine Feder

ist die gestreckte Distanz markiert vom Zentrum bis zum gestreckten Ende. Federpotenzial ist gegeben. Teil B: eine nach links gerichtete Parabel ist am Boden und oben auf der rechten Seite. 2 x ist die Amplitude. Massenpotenzial ist gegeben. Teil C: eine stark gestreckte Seite am Boden und oben, um die Ausbreitung der Welle zu bezeichnen. Wechselwirkungspotenzial ist gegeben.

In diesem Potenzial beschreibt q die Verbundenheit. Es wird auch die Kopplungskonstante genannt. A ist das Potenzial (oder die Feldstärke) des Eichfeldes und Φ ist die Feldstärke des Feldes, das die Phasenverschiebung erzeugt hat. Dies erscheint logisch: Der Energieaustausch zwischen dem Feld und dem Eichfeld hängt von ihren Feldstärken sowie der Verbundenheit zwischen den Feldern ab. Daher ist die Federstärke in diesem Fall gleich 2qA. Die Stärke der Feder, die vom Feld φ gespürt wird, wird durch die Kopplungskonstante q und die Amplitude A des Eichfeldes bestimmt. Dies bestimmt die potenzielle Energie, die vom Feld φ gespürt wird. Daher gilt: Je stärker die Kopplung, desto stärker wird das Potenzial gespürt; und je stärker das Eichfeld, desto stärker wird das Potenzial gespürt. Dieses Potenzial beschreibt, wie die Welle ausgelöst wird. Es beschreibt, wie das Eichfeld als Folge der Phasenverschiebung angeregt wird.

Dieses Potenzial sagt uns auch etwas anderes: Es sagt uns, was passiert, wenn eine sich ausbreitende Phasenverschiebung auf ein anderes Feldquantum trifft, z. B., wenn es auf ein Protonenquantum in einem Protonenfeld trifft. Dann erzeugt dieses Potenzial eine „Feder", die vom Proton gespürt wird, da das Protonenfeld mit dem Eichfeld verbunden ist. Das gespürte Potenzial ist eine Kombination aus beiden Feldstärken und ihrer Verbundenheit. So sehen wir hier, dass die grundlegenden Merkmale einer Kraft auftauchen! Wir werden in Abschn. 9.4 darauf zurückkommen, wie der Kraftmechanismus funktioniert. Wir werden zeigen, wie das Ergebnis dieses Prozesses eine Änderung der Geschwindigkeit und Richtung der beteiligten Quanten ist und wie „Anziehung" und „Abstoßung" als Folge davon funktionieren.

Mathematisch ergibt sich, wenn dies für die U(1)-Symmetrie ausgearbeitet wird, ein interessantes Ergebnis. *Die Grundwelle und das Kopplungspotenzial können das elektromagnetische Feld beschreiben!* Dies passt nicht nur gut zu den Feldbeschreibungen des EM-Feldes, sondern ist auch die einfachste Lösung. Elektromagnetismus ist die einfachste Eichtheorie [Ref. 8, S. 129]. Daher könnte das elektromagnetische Feld tatsächlich das Eichfeld sein, das benötigt wird, um die Phasenverschiebungssymmetrie lokal zu machen. Daher wird in der Quantenelektrodynamik angenommen, dass es so ist. Folglich erzeugt ein geladenes Teilchen, wenn es die Phase verschiebt, ein Photon.

Wenn man dies weiterführt, könnte man sagen, dass, wenn die Lichtgeschwindigkeit unendlich wäre, die Phasenverschiebungssymmetrie tatsächlich eine globale Symmetrie wäre und das Eichfeld, das benötigt wird, um die Phasenverschiebung zu verbreiten, nicht existieren würde, d. h., das elektromagnetische Feld würde nicht existieren, wenn die Lichtgeschwindigkeit unendlich wäre. Folglich könnte man sagen, dass das elektromagnetische Feld ein direktes Ergebnis der Elastizität des Vakuums ist!

Jetzt können wir die Variablen im Kopplungspotenzial erkennen: q ist die elektrische Ladung und A ist das elektromagnetische Potenzial. Sie könnten mit dem elektrischen Feld E und dem magnetischen Feld in der elektromagnetischen Theorie vertraut sein. Allerdings sind E und B miteinander verknüpft. Eine elektromagnetische Welle ist eine kontinuierliche Oszillation zwischen E und B. Es stellt sich heraus, dass E und B auch durch ein Potenzial beschrieben werden können, das allgemein mit A bezeichnet wird.

Eine Phasenverschiebung kann in zwei Richtungen stattfinden. In Abb. 9.2 ändert sich die Phase von 100 auf 170°. Sie ändert sich vorwärts, oder in Abb. 9.1, nach rechts um den Kreis (s. Abb. 9.8). Sie könnte sich auch rückwärts ändern, oder in Abb. 9.8, nach links um den Kreis. Eine Phasenverschiebung nach vorne (nach rechts um den Kreis) ist mit einer positiven Ladung verbunden, während eine Phasenverschiebung in die entgegengesetzte Richtung mit einer negativen Ladung verbunden ist.

Also, mit q als elektrische Ladung ist klar, welche Rolle es spielt: Die „Ladung eines Teilchens" bestimmt, ob und wie es das elektromagnetische Feld spürt. Die Ladung bestimmt, ob und wie eine Welle eine Phasenverschiebung erzeugt oder

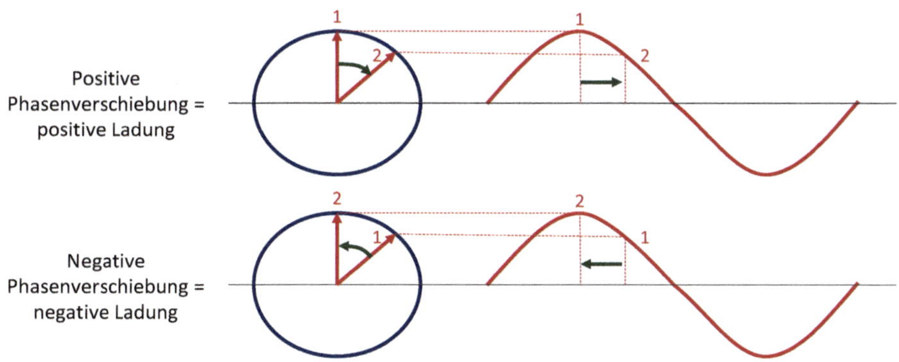

Abb. 9.8 Positive und negative Ladung sind nur Phasenverschiebungen in entgegengesetzte Richtungen

erfährt. Die Art und Weise, wie eine Welle (ein Quant, ein Teilchen) eine Welle im Eichfeld erzeugt, wenn sie die Phase verschiebt, ist identisch mit der Art und Weise, wie sie eine sich ausbreitende Phasenverschiebung von anderswo erfährt!

Wir sagten zuvor, dass eine globale Phasenverschiebung die Energie oder den Impuls nicht verändert. Dies ist der Grund, warum es überhaupt eine Symmetrie ist. Offensichtlich, wenn diese Symmetrie nur lokal sein kann, ändert sich dies: Elektromagnetische Wellen tragen Energie und Impuls.

Die Eichwelle kann Informationen in der Welle über Energie (durchschnittliche Frequenz), Impuls (durchschnittliche Wellenlänge) und das Potenzial, das sie wegführt (die Phasenänderung), speichern. Sie breitet sich in der gesamten Raum-Zeit aus und trägt daher Informationen über die Position in der Raum-Zeit. Sie hat eine Spin-Orientierung und trägt daher Spin-Informationen. Es gibt keinen Raum für andere Informationen, die in der Welle getragen werden sollen. Daher kann sie keine Ladung tragen. Eine Ladung (die Fähigkeit, Phasenverschiebungen zu erzeugen und zu spüren) würde erfordern, dass die Welle Informationen über die Art der Ladung (negativ oder positiv) hält. Das Photon hält nur eine Zahl neben den regulären Raum-Zeit-, Spin-, Impuls- und Energieinformationen, die man in einer Welle findet. Diese Zahl ist die Phasenänderung, ein Potenzial. Die Eichgruppe U(1) ist abelsch. Das bedeutet, dass es keine Rolle spielt, in welcher Reihenfolge Phasenänderungen stattfinden, das Ergebnis ist immer gleich. Anders ausgedrückt, das Photon hat keine (verborgene) Erinnerung an die Art und Weise, wie es durch die Phasenverschiebung erzeugt wurde. Es weiß nicht, ob es die erste Phasenänderung, die zweite oder die dritte ist, oder welche Phasenänderungen zuvor gekommen sind.

9.2.1 QED

Wenn wir die Wellen und Potenziale, die wir bisher kennengelernt haben, zusammenfügen, erhalten wir eine bahnbrechende Gleichung: die Gleichung, die die Wellen und Potenziale in der Quantenelektrodynamik (QED) beschreibt. Sie sagt uns, wie geladene Teilchen in einem elektromagnetischen Feld sich bewegen. Dies ist eine sehr gut getestete Theorie und extrem erfolgreich: Die Messungen stimmen manchmal mit extrem großer Genauigkeit mit der Theorie überein [z. B. Ref. 60, S. 196; Ref. 30, S. 641]. In der Gleichung finden wir zwei Arten von Feldern und sie beschreibt die Wellen und Potenziale für diese Felder (s. Tab. 9.1).

Also, es gibt zwei Wellen und zwei Potenziale in dieser Gleichung. Das Potenzial, das die Masse des geladenen Teilchens erzeugt (Masse „Feder“) und das

Tab. 9.1 Zwei Arten von Feldern in QED

Feld	Wellentyp	Masse „Feder“	Wechselwirkung „Feder“
Geladenes Fermion	Fermion	Ja	Mit Photon
Photon	Eichboson	Nein	Mit geladenem Fermion

Potenzial, das von der Eichwelle fortgeleitet wird und vom geladenen Teilchen gespürt wird, wenn es mit der Eichwelle interagiert (Wechselwirkung „Feder").

Das Wechselwirkungspotenzial soll die Welle des geladenen Teilchens verändern (das ist es, was eine Wechselwirkung tut). Also, das geladene Teilchen mag ein perfekter harmonischer Oszillator für sich allein sein, aber mit dem Wechselwirkungspotenzial eingeschlossen wird das sich ändern. Wir werden weiter untersuchen, wie diese Änderung aussieht, wenn wir virtuelle Teilchen diskutieren.

9.2.2 *Das elektromagnetische Feld*

Also, wir haben gesehen, dass eine Phasenverschiebung in z. B. einem Elektronenfeld zu einer Welle führt, die über ein Potenzial ausbreitet. Wir haben jedoch auch gesehen, dass die neue Welle kein Elektron ist. Dann kamen wir zu dem Schluss, dass diese Eichwelle eine Welle des elektromagnetischen Feldes ist. Somit verursacht eine Phasenverschiebung in einem Feld eine Welle in einem anderen Feld. Wie sollten wir das betrachten?

Lassen Sie uns zurückkehren z. B. zu den Feldern in der Atmosphäre. Unterschiedliche Felder in der Atmosphäre sind das Temperaturfeld (ein Skalarfeld) und das Windfeld (ein Vektorfeld). Dies sind verschiedene Felder im selben „Träger", der Atmosphäre. Wie sich herausstellt, beeinflussen diese Felder sich auch gegenseitig: Wenn es einen erheblichen Temperaturunterschied in der Atmosphäre gibt, kann dies zu Winden führen. Manchmal kann eine bestimmte Art von Temperaturunterschied sogar einen Tornado verursachen (dies erfordert auch, dass die Luft Feuchtigkeit enthält, ein weiteres Feld, das man in der Atmosphäre definieren kann). Also anscheinend können Felder Verhalten in anderen Feldern im selben Träger auslösen.

Das Elektronenfeld und das elektromagnetische Feld sind nicht vergleichbar mit den Feldern in der Atmosphäre, aber es gilt ein ähnliches Prinzip. Das Elektronenfeld ist ein Feld, das an die „Federn" des Higgs-Feldes gebunden ist. Das elektromagnetische Feld ist es nicht. Also wird die Phasenverschiebung, die zu einem Potenzialunterschied im Elektronenfeld führt, von einem Feld mit sehr unterschiedlichen Eigenschaften weggeleitet.

Einige Eigenschaften des elektromagnetischen (EM) Feldes sind:

Das EM-Feld ist masselos

Das EM-Feld koppelt nicht an das Higgs-Feld. Daher erfährt es kein Higgs-„Potenzial": Keine Higgs-„Federn" sind an das Feld gebunden. Das Feld erfährt auch keine anderen Potenziale. Daher fühlt eine Welle im EM-Feld nur die Elastizität des Vakuums und nichts anderes. Diese Elastizität allein setzt die Geschwindigkeit der Wellen im Vakuum auf C, die Lichtgeschwindigkeit.

Ladung als Wicklungszahl
Mathematisch stellt die Phasenverschiebung die elektrische Ladung dar. Die Ladung ist eine ganze Zahl, die die Anzahl der Phasenänderungen angibt, die das Feld natürlich durchläuft. Wir wissen nicht, warum einige Felder Phasenänderungen durchlaufen und andere nicht, aber sie scheinen dies nach einer festen (quantisierten) Zahl q zu tun. Für die meisten Felder ist q −1, 0 oder +1. Es kann jedoch z. B. auch +2 existieren. Ein Sonderfall sind die Quarks, die eine Ladung haben, die ein Vielfaches von 1/3 ist, aber sie treten nur in Kombinationen auf, die zu ganzen Zahlen addieren.

Manchmal wird die Ladung als „Wicklungszahl" bezeichnet, d. h. die Anzahl der Male, die das EM-Feld in einer Phasenverschiebung „aufgewickelt" wird.

Eichinvarianz
Mathematisch erweist sich das EM-Feld als symmetrisch unter lokalen Phasenänderungen. Das bedeutet, dass eine Phasenänderung im EM-Feld selbst nicht zu einer zusätzlichen EM-Welle führt. Anders ausgedrückt, es hat keine eigene Ladung. Es koppelt nicht an sich selbst und es löst keine anderen EM-Wellen aus. Es hat eine Ladungs-„Wicklungszahl" von 0.

Wir werden später sehen, dass das Gluonenfeld seine eigene Ladung trägt. Dies hat einen großen Einfluss auf das Verhalten des Feldes. Die Tatsache, dass das EM-Feld keine eigenen EM-Wellen erzeugt, bedeutet, dass der Einfluss des Feldes über die Entfernung einfach nach $1/r^2$ abnimmt. Dies wäre zu erwarten, wenn der einzige Grund für das Abnehmen des Feldes wäre, dass es sich über eine größere Kugel bei größerer Entfernung ausbreitet. Die Kugel vergrößert ihre Oberfläche um den Faktor r^2, so dass das sich ausbreitende Feld um den Faktor $1/r^2$ abnehmen muss.

Photonen
Das EM-Feld kann zweitquantisiert werden. Das bedeutet, dass die Modi, die wir im EM-Feld finden, als harmonische Oszillatoren mit diskreten Energieunterschieden betrachtet werden können. Jeder Energieunterschied ist gleich

$$E = hF.$$

Also kann der harmonische Oszillator, der mit einem Modus mit Frequenz F in Verbindung gebracht werden kann, einen Energieunterschied von hF mit der nächsten Stufe haben. Das bedeutet, dass eine Welle im EM-Feld mit einer Frequenz F erzeugt werden kann, wenn wir die Energie hF hineinstecken. Dies ist das erste Energieniveau über dem Grundzustand im harmonischen Oszillator, der mit dieser Frequenz assoziiert ist. Wenn wir eine zweite Welle erzeugen wollen, braucht es eine weitere Energiemenge hF. Also ist das EM-Feld quantisiert und die Quanten haben ein energieabhängiges Energieniveau. Beachten Sie, wie dies anders ist als z. B. bei einem Elektronenfeld, wo der Energieunterschied für die Erzeugung eines Elektrons durch seine Ruhemasse (d. h. die Higgs-Federn) bestimmt wird und daher konstant ist. Es ist nicht frequenzabhängig. Es gibt nur eine Art von Elektron mit einer (Ruhe-)Energie.

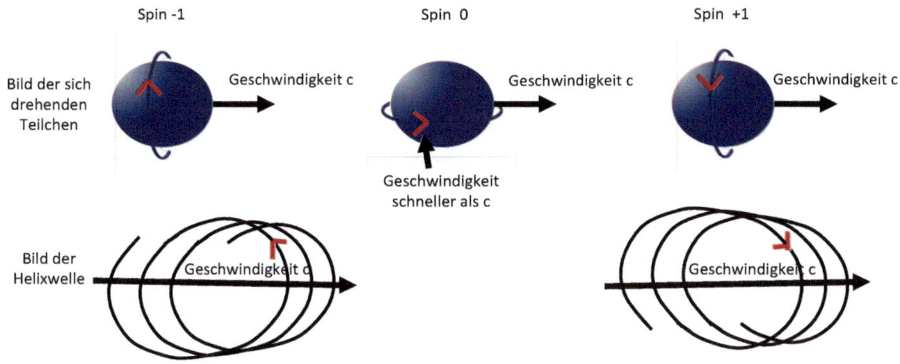

Abb. 9.9 Spin-Möglichkeiten des Photons

Das impliziert auch, dass EM-Wellen nur in solchen Quanten erzeugt und absorbiert werden können. Diese Quanten werden Photonen genannt. Die Modusausdehnung, die aus dem Zweitquantisierungsprozess resultiert, erlaubt zwei Polarisationen für jedes Photon. Diese Polarisationen werden als Spin +1 und Spin −1 bezeichnet, als ob die Welle sich wie eine Helix drehen könnte. Wir werden später auf den Spin zurückkommen.

Für den Moment ist es interessant, einen Aspekt zu betrachten. Der Spin des Photons ist Spin 1, was bedeutet, dass es Spin-Werte −1, 0 und +1 haben können sollte. Spin 0 ist jedoch nicht erlaubt. Man kann Spin 1 und −1 als „Drehung" um eine Achse betrachten, die parallel zur Bewegungsrichtung des Photons ist (s. Abb. 9.9). Spin +1 und Spin −1 beinhalten dann eine Drehung in entgegengesetzte Richtungen um die gleiche Achse. Spin 0 wäre senkrecht zur Bewegungsrichtung. Dies würde bedeuten, dass Teile der Welle schneller als C gehen müssen und andere Teile langsamer als C. Dies ist nicht möglich, daher ist Spin 0 nicht erlaubt.

Wir können schlussfolgern, dass eine Phasenverschiebung in einem Feld wie dem Elektronenfeld das EM-Feld anregt, um ein Photon zu erzeugen. Das Photon benötigt eine Energie hF, um erzeugt zu werden. Die Energie muss durch den Potenzialunterschied in der Elektronenwelle bereitgestellt werden, wenn die Phasenverschiebung auftritt. Dies bedeutet, dass die Elektronenwelle Energie verliert. Dies geschieht, wenn Elektronen beschleunigt werden. Sie erzeugen Photonen, wenn sie beschleunigt werden und verlieren dabei Energie. Als Ergebnis beschleunigen sie nicht so stark, wie man erwarten würde. Ein Teil der in die Beschleunigung investierten Energie geht wieder in die Erzeugung von Photonen verloren.

Aber wie können Photonen die EM-Kraft erzeugen? Dies würde bedeuten, dass ein einzelnes Elektron ständig Photonen abstrahlt, um das Feld zu erzeugen, von denen einige von anderen geladenen Teilchen eingefangen werden. Dies ist die Art und Weise, wie ein Potenzial auf das andere geladene Teilchen übertragen wird. Aber das würde bedeuten, dass das Elektron ständig Energie verlieren würde, indem es ständig Photonen abstrahlt. Dies geschieht offensichtlich nicht. Wir werden dieses Rätsel später lösen, wenn wir virtuelle Teilchen diskutieren.

9.3 Pfadintegral

Bevor wir die Frage klären können, wie die Ergebnisse von Abschn. 9.2 eine Kraft erzeugen, müssen wir uns etwas mit dem Konzept des Pfadintegrals beschäftigen. Dies wird für das Verständnis, wie eine Kraft entsteht, von wesentlicher Bedeutung sein.

Das grundlegende Konzept für das Pfadintegral ist die Vorstellung, dass ein Quant aus vielen Wellen besteht, von denen jede von A nach B über jeden denkbaren Weg gelangt [Ref. 32]. Unser Verständnis davon, dass ein Quant wirklich aus Wellen besteht, macht dies plausibel: Eine Welle breitet sich in jedem möglichen Raum aus. Die Wahrscheinlichkeit, an einem Punkt B anzukommen, wird dann durch die Interferenz der Welle am Punkt B bestimmt (s. Abb. 9.10). Die Frage lautet also: Wie bestimmen wir die Wahrscheinlichkeit, an Punkt B anzukommen?

Das Pfadintegral ist eine mathematische Methode, um (1) die Phase der Welle am Punkt B herauszufinden und (2) die Phasen jeder Welle, die einen anderen Weg genommen hat, zu addieren (s. Abb. 9.10).

Ein Problem bei einer solchen Berechnung ist, wie man die Phase verfolgt, wenn verschiedene Wege möglich sind. Im Pfadintegral wird dies dadurch gelöst, dass eine Uhr mit der Welle mitbewegt wird. Die Uhr misst die Phase der Welle. Wenn wir keine vollständige Berechnung durchführen wollen, sondern nur eine Zeichnung betrachten, um ein Bild vom Ergebnis zu bekommen, reicht es aus, die Welle und ihre Phase zu zeigen.

In Abb. 9.10 werden drei mögliche Wege gezeigt. An einigen Punkten entlang der oberen Route wird die Phase durch die Uhr angezeigt. Beachten Sie, dass die Uhr nur einen Zeiger hat. Der Punkt ist, dass es keine Rolle spielt, wie oft die Uhr herumgeht. Was zählt, ist die Phase, in der sich die Welle gerade am Punkt B befindet. Also hat jede Welle an Punkt B eine bestimmte Phase, die durch die Uhren I, II und III

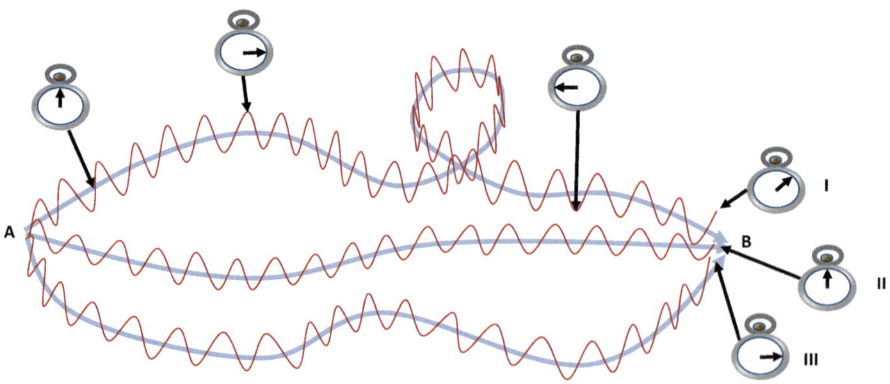

Abb. 9.10 Pfadintegral: Addition der Phasen aller Wellen, die unterschiedliche Wege genommen haben

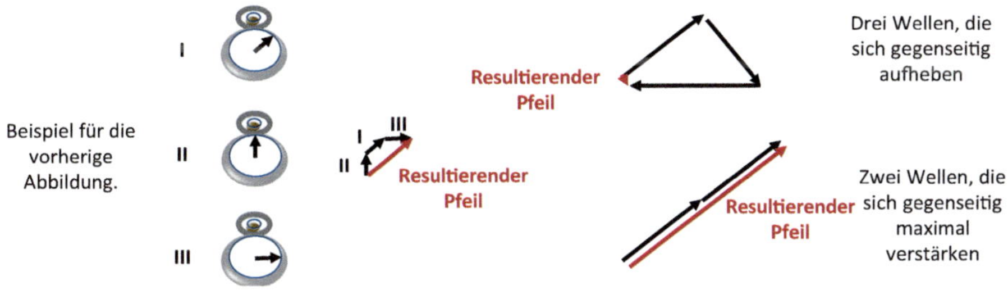

Abb. 9.11 Ermittlung des Ergebnisses des Pfadintegrals bei Punkt B

angezeigt wird. Die Phasen dieser Uhren werden addiert, um herauszufinden, wie die Wellen am Punkt B interferieren. In diesem Beispiel ergibt sich ein positiver Nettowert, wenn wir die Pfeile der Uhren addieren.

Die Regeln für die Addition sind einfach: Sie nehmen alle Pfeile der Uhren aller Wellen, die bei B enden (s. Abb. 9.11). Dann platzieren Sie das hintere Ende jedes Pfeils am vorderen Ende des vorherigen Pfeils. Nachdem Sie alle Pfeile auf diese Weise angeordnet haben, zeichnen Sie den resultierenden Pfeil (das Resultat) vom hinteren Ende des ersten Pfeils bis zum vorderen Ende des letzten Pfeils. Die Länge des resultierenden Pfeils zeigt das Ausmaß der Interferenz der Wellen [Ref. 32]. Daher zeigt es, wie groß die Feldstärke bei B ist. Nehmen wir an, wir betrachten nur drei Wellen und zusammen heben sie sich bei Punkt B auf. Dann wird der resultierende Pfeil 0 sein: Die Wellen heben sich gegenseitig auf. Wenn zwei Wellen „synchron" sind, zeigen ihre Pfeile in die gleiche Richtung und der resultierende Pfeil hat die maximale Länge: Die Wellen verstärken sich maximal.

Jetzt, da wir eine Vorstellung davon haben, wie wir ein Pfadintegral angehen können, beginnen wir damit zu zeigen, wie ein Quant, das sich von links nach rechts bewegt, in einer geraden Linie weiterbewegt, wenn es keine Kräfte oder andere Felder gibt (s. Abb. 9.12).

Abb. 9.12 zeigt, dass der Weg von A nach B in einer geraden Linie eine positive Interferenz zwischen den Wellen ergibt. Der resultierende Pfeil ist lang. Um zu zeigen, wie das funktioniert, haben wir nur ein paar Pfade gezeichnet. In Wirklichkeit gibt es viel mehr Pfade und die Pfade, die weiter von der geraden Linie entfernt sind, zeigen eine größere Phasendifferenz. Zum Beispiel, wenn die Entfernung eines Pfades um eine Wellenlänge von einem anderen Pfad abweicht, macht die Uhr eine ganze Umdrehung. In diesem Fall benötigt eine Welle eine zusätzliche Wellenlänge, um den längeren Pfad zu nehmen.

Wenn wir viel mehr Pfade hinzufügen, als in Abb. 9.12 gezeigt, erhalten wir das Bild in Abb. 9.13. Hier sehen wir, dass der resultierende Pfeil immer noch lang ist. Wir sehen auch, dass die Länge des resultierenden Pfeils hauptsächlich durch die grünen Pfeile in der Mitte erzeugt wird. Die grünen Pfeile sind diejenigen, die von den Pfaden kommen, die nahe an der geraden Linie liegen. Offensichtlich ist es ihr Beitrag, der die positive Interferenz erzeugt.

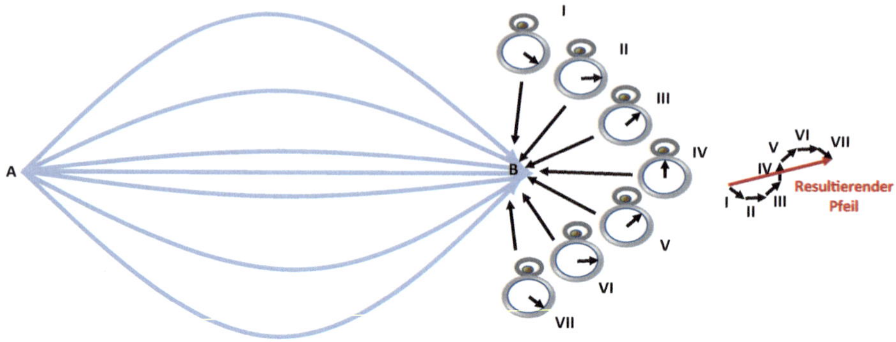

Abb. 9.12 Bewegung in einer geraden Linie

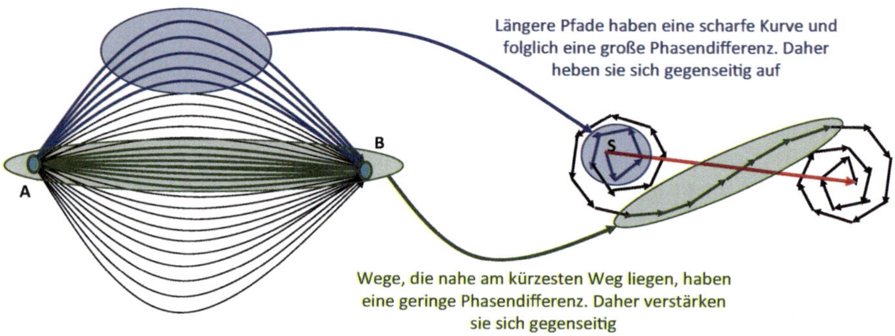

Abb. 9.13 Hinzufügen der Phasen vieler Pfade von A nach B [Ref. 32]

Betrachten Sie nun einen abweichenderen Pfad. Die Pfeile für einen solchen Pfad und die nahegelegenen Pfade sind in Blau dargestellt. Es ist klar, dass der resultierende Pfeil für nur diese Pfade sehr klein wäre. Um das zu sehen, zeichnen Sie einfach einen Pfeil zwischen dem Startpunkt S und dem Endpunkt eines der blauen Pfeile. Dies sind alles kurze Pfeile, die eine geringe Wahrscheinlichkeit repräsentieren, dass ein solcher Pfad genommen würde. Das bedeutet, dass die Wellen, die diesen Pfad nehmen, schnell negativ interferieren. Dies liegt daran, dass die Phasendifferenz zwischen zwei Pfaden größer wird, wenn diese Pfade weiter von dem kürzesten Pfad entfernt liegen. Dies können Sie aus dem Winkel zwischen zwei benachbarten Pfeilen rechts in Abb. 9.13 erkennen: Wenn zwei Pfeile einen schärferen Winkel bilden, bedeutet das, dass sie eine größere Phasendifferenz haben. Denken Sie an die Uhren: Ein schärferer Winkel zwischen zwei Pfeilen bedeutet, dass die Uhr für die Welle auf einem Pfad im Vergleich zur Uhr für die Welle auf dem anderen Pfad weiter fortgeschritten ist.

Warum würden Pfade, die weiter vom kürzesten Pfad entfernt sind, eine größere Phasendifferenz zeigen? Je weiter weg vom kürzesten Pfad, desto schärfer ist die Kurve des Pfades. Vergleichen Sie dies mit dem Gehen auf der Straße. Wenn die Straße eine scharfe Kurve macht, ist es viel kürzer, die Innenseite der Kurve zu gehen als die Außenseite. Also, je gekrümmter der Pfad, desto größer ist der Unterschied in der Pfadlänge zwischen benachbarten Pfaden auf der Innenseite und Außenseite.

Sie können es auch so sehen: Für jeden Pfad, der (viel) länger als der kürzeste Pfad ist, können Sie einen kürzeren Pfad finden, der um eine halbe Wellenlänge abweicht und diesen Pfad aufhebt. Nur die Pfade, die nahe am kürzesten Pfad liegen, haben keinen kürzeren Pfad, der um eine halbe Wellenlänge abweicht und sie aufheben könnte. Dies spiegelt sich rechts in Abb. 9.13 wider: Die längeren Pfade kreisen umeinander, wenn wir ihre Pfeile addieren. Nur die kürzesten Pfade kreisen nicht umher und addieren sich zu einem großen resultierenden Pfeil.

Also, wir schließen daraus, dass nur die Wellen nahe am kürzesten Pfad sich gegenseitig verstärken. Die Wellen, die längere Pfade nehmen, treffen auf aufhebende Gegenstücke und werden effektiv ausgeschlossen. Daher wird eine Welle, wenn es keine Kräfte gibt, sich entlang einer geraden Linie bewegen, weil das der kürzeste Pfad ist.

Der kürzeste Weg ist in diesem Beispiel eine gerade Linie. Aber man könnte argumentieren, dass jede gerade Linie von A nach B oder nach C oder nach D dasselbe Ergebnis zeigen würde! Warum sollte also ein Teilchen in die gleiche Richtung weiterfliegen? Die nächste Strecke könnte in eine andere Richtung gehen, solange es eine gerade Linie ist. Nehmen Sie z. B. ein Teilchen, das von A nach B in einer geraden Linie reist und dann in eine andere Richtung nach C, ebenfalls in einer geraden Linie (s. Abb. 9.14, schwarze Pfeile). Sicher, aber jetzt bedenken Sie dies: Sie können diesen Prozess für jeden beliebigen Punkt A und B wiederholen! So können Sie das Pfadintegral auch auf Punkt A und C in einem Zug anwenden (grüner Pfeil). Dann wird klar, dass der von A nach C genommene Weg anders ist als der Weg, der zuerst von A nach B und dann von B nach C genommen wurde. Das ist inkonsistent! Das Pfadintegral muss das gleiche Ergebnis liefern, egal welche Punkte A und B Sie wählen. Schließlich kann es nicht sein, dass ein Teilchen Sie beobachtet, um zu sehen, welche Punkte Sie wählen, und dann entscheidet, welchen Weg es einschlägt. Der Weg, den ein Teilchen nimmt, muss immer gleich sein, egal welche Punkte Sie wählen, um das Pfadintegral zu berechnen! Daher bleibt der einzige konsistente Weg eine gerade Linie. Dies muss die Linie sein, die der ursprünglichen Richtung des dem Teilchen bei der letzten Interaktion gegebenen Impulses folgt. So sehen Sie, dass eine plötzliche Wendung oder ein Winkel im Weg, den das Teilchen nimmt, nicht möglich ist, wenn keine Kräfte auf es einwirken.

Sie können dies auch auf eine andere Weise sehen. Nehmen Sie die Impulsdichte, die in eine bestimmte Richtung fließt. Wenn keine Kräfte auf die Wellen

Abb. 9.14 Ein Pfad A-B-C mit einer plötzlichen Wendung oder einem Winkel ist inkonsistent mit dem Pfad A-C und daher nicht möglich

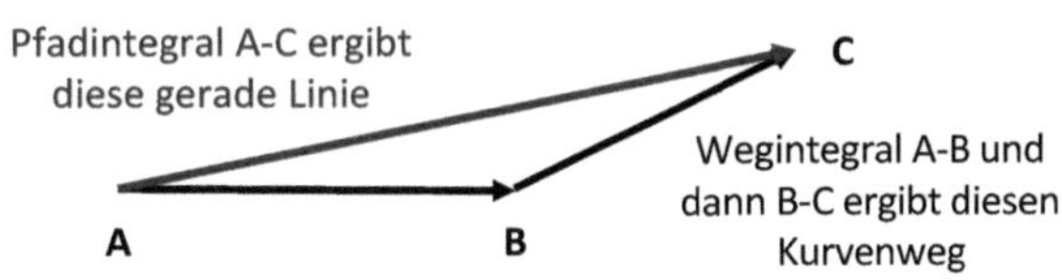

wirken, geht der Impulsfluss in die gleiche Richtung. Über kurze wie auch über lange Strecken werden die Wellen weiterhin miteinander interferieren. Daher werden sie den kürzesten Weg in der ursprünglichen Richtung des Impulsflusses weiterhin verfolgen.

Das Pfadintegral zeigt, wie eine Welle den kürzesten Weg nehmen kann. *Das Pfadintegral erklärt, warum das Fermat'sche Prinzip auf die gezeigte Weise funktioniert* in Abb. 5.4. Wenn Sie sich erinnern, habe ich versprochen, dieses Rätsel zu lösen. Es ist die Tatsache, dass die Wellen jeden beliebigen Weg in Kombination mit ihrer gegenseitigen Interferenz nehmen können, die sie dazu zwingt, den kürzesten Weg zu nehmen. Aber warum, könnten Sie argumentieren, folgt das Licht einem gebogenen Pfad in Abb. 5.4? Wir haben gerade gesehen, dass es, wenn keine Kraft wirkt, geradeaus gehen sollte. Nun, warten Sie einfach ab!

Das Pfadintegral erklärt auch den geradlinigen Teil von Newtons erstem Gesetz: *„In einem Inertialsystem bleibt ein Objekt entweder in Ruhe oder bewegt sich mit konstanter Geschwindigkeit weiter* [also auch auf einer geraden Linie], *es sei denn, es wirkt eine Kraft.“*

Da jedes Objekt nur eine Gruppe von Wellen ist, die als Gruppe reisen, werden auch sie in einer geraden Linie reisen, weil das die Art und Weise ist, wie die Wellen miteinander interferieren. Wenn wir das Bild von Objekten als „Teilchen“ oder „Bälle“ nehmen, die sich durch den leeren Raum bewegen, ist es viel schwieriger zu erklären, warum sie sich in einer geraden Linie bewegen würden. Schließlich, wie würden sie sich im leeren Raum orientieren? Man könnte argumentieren, dass sie geradeaus weitergehen würden, wenn keine Kraft ausgeübt wird, aber was bedeutet „geradeaus“ ohne einen Bezugspunkt? Wellen definieren „geradeaus“ als den kürzesten Weg durch ihre Interferenz. „Teilchen“ können das nicht tun, es sei denn, sie bestehen aus Wellen.

9.4 Wie erzeugt Symmetrie eine Kraft?

Wir haben in den vorherigen Abschnitten gesehen, dass das Kopplungspotenzial sich verhält wie eine Feder, die an der Welle befestigt ist. Lassen Sie uns nun das Pfadintegral verwenden, um zu sehen, wie dies uns das Erscheinungsbild von einer Kraft gibt.

Wir haben gesehen, dass die Kopplung zwischen dem Feld eines geladenen Teilchens und der elektromagnetischen Eichwelle von der Ladung des Teilchens abhängt. Nehmen wir an, wir haben zwei gleich geladene Teilchen. Wenn eines der Teilchen die Phase verschiebt, erzeugt es eine elektromagnetische Welle, die einen Potenzialunterschied trägt. Wenn diese Welle auf das andere (gleich geladene) Teilchen trifft, wird das Potenzial hinzugefügt. Folglich erhält das zweite Teilchen ein erhöhtes Potenzial. Es wird das als eine zusätzliche Federstärke erleben. Diese zusätzliche Stärke enthält zusätzliche Energie. Anders ausgedrückt, seine Masse erhöht sich.

Wenn wir eine Feder hinzufügen (s. Abb. 6.2), erhöhen wir die Elastizität, was zu einer geringeren Geschwindigkeit und kürzerer Wellenlänge (= höherer Impuls) führt. Allerdings haben wir auch die Energie erhöht. Wenn zwei gleich geladene Teilchen sich nähern, verlieren sie beide Impuls und gewinnen Potenzial, aber die Gesamtenergie im System bleibt gleich. Daher muss der Effekt des Eichpotenzials anders sein als „einfach eine Feder hinzufügen“. Es muss eine Feder *auf Kosten von etwas anderem* hinzufügen. Dieses „etwas andere“ kann nur daher kommen, dass ihre Wellenenergie abnimmt. Wenn die Wellenenergie abnimmt, nimmt auch die Wellenfrequenz ab. Das bedeutet, dass ihre Geschwindigkeit abnimmt und ihre Wellenlänge zunimmt (geringerer Impuls).

Also, der Effekt des Potenzials ist, dass die Masse aufgrund der erhöhten Federstärke des Potenzials steigt, aber es führt nicht zu einer kürzeren Wellenlänge. Das Ergebnis ist stattdessen eine längere Wellenlänge, da die Gesamtenergie im System nicht verändert wird. Dies zeigt, dass der Effekt eines Austauschs von Eichwellen nicht einfach ist. In Kap. 10 werden wir diskutieren, was ein solcher Austausch von Eichwellen bedeutet.

Wenn die beiden Teilchen entgegengesetzt geladen sind, ist der Effekt umgekehrt: Wenn die elektromagnetische Welle auf das zweite (entgegengesetzt geladene) Teilchen trifft, wird das Potenzial *subtrahiert,* weil das absorbierende Teilchen eine Phasenverschiebung in die entgegengesetzte Richtung um den Kreis erlebt. Das Ergebnis ist, dass das Potenzial des Teilchens verringert wird. Es erlebt das als eine geringere Federstärke: Seine Masse verringert sich. Außerdem bleibt die Gesamtenergie in diesem System gleich, so dass die Folge sein muss, dass ihr Impuls steigt und ihre Wellenlänge verkürzt wird.

Lassen Sie uns sehen, welchen Effekt dieser Prozess auf die Wellen und das Pfadintegral hat.

Zwei Quanten mit der gleichen Ladung

Je näher die beiden Quanten einander sind, desto mehr Eichwellen werden ausgetauscht. Daher wird mehr Potenzialunterschied ausgetauscht. Mehr Potenzial entspricht einer größeren Federstärke. Eine größere Federstärke bedeutet eine höhere Masse. Also, je näher sie einander kommen, desto höher wird ihre Masse. Die potenzielle Energie wird als zusätzliche Masse gespeichert!

Aus Sicht des Impulses, wenn die Quanten in die Felder des jeweils anderen eintreten, werden ihre Wellenlängen länger. Je tiefer sie in das Feld des jeweils anderen eindringen und je mehr Eichwellen ausgetauscht werden, desto mehr werden ihre Wellenlängen verlängert. Dies setzt sich fort, bis die Quanten zum Stillstand kommen und die Wellenlänge so lang ist, wie sie für ein solches Quantum sein kann. Sie können also nur so nahe kommen, wie es ihre anfängliche kinetische Energie (Geschwindigkeit) ihnen erlaubt. Wenn diese aufgebraucht ist, können sie nicht näher kommen. Mit „aufgebraucht“ ist gemeint, dass ihre Wellenlänge ihre maximale Länge erreicht hat. Die kinetische Energie beträgt dann 0. An diesem Punkt haben die Quanten die maximale Menge an potenzieller Energie („Massenenergie“ oder Federstärke) aufgebaut, die sie mit dem Impuls, den

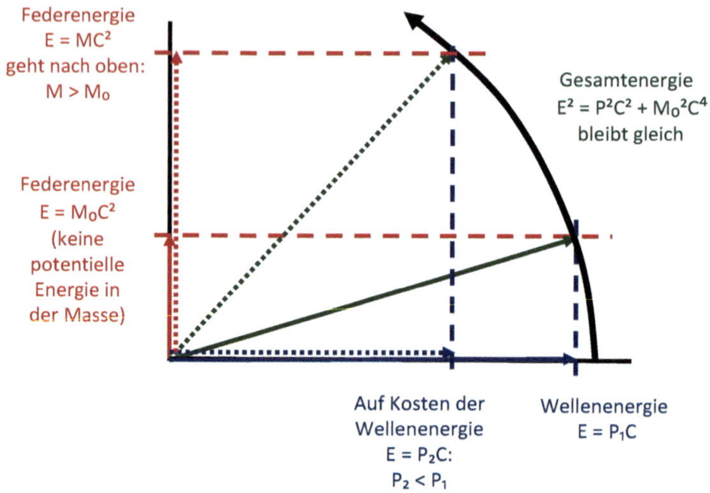

Abb. 9.15 Wenn die Gesamtenergie des Systems gleich bleibt, muss die Zunahme der potenziellen Energie (Massenfeder) durch eine Abnahme der Wellenenergie (Impuls) ausgeglichen werden

sie zuvor hatten, erreichen konnten. In Abb. 9.15 bedeutet dies, dass der Pfeil der Gesamtenergie vertikal entlang der Achse der Massenenergie verläuft.

Wir kommen zu dem Ergebnis, dass *Quantenwellen von gleich geladenen Quanten eine längere Wellenlänge bekommen, wenn sie sich nahe sind, und eine kürzere Wellenlänge, wenn sie weiter voneinander entfernt sind.*

Nun lassen wir ein Quantum am anderen vorbeiziehen und sehen, wie der Weg von Punkt A nach Punkt B aussehen würde. Dafür benötigen wir das Wegintegral (s. Abb. 9.16). Auf dem Bild werden die Wellen, die sich nahe am anderen Quantum bewegen, länger und die Wellen, die sich weiter entfernt bewegen, kürzer. So wird der kürzeste Weg durch das Ändern dieser Wellenlängen beeinflusst. Dieses Bild ist stark übertrieben, um eine bessere Vorstellung davon zu geben, was vor sich geht. Auf dem Bild macht die Uhr auf der unteren Route weniger Rundreisen als die Uhr auf der oberen Route. Also ist in Bezug auf die Anzahl der Wellenlängen die untere Route die kürzere. Die untere Route stellt sich als eine Kurve heraus!

Man könnte einwenden, dass man einen noch niedrigeren Weg finden kann, der eine noch längere Wellenlänge zeigt. Warum ist das nicht ein noch kürzerer Weg? Die Antwort ist, dass ein weiterer Effekt berücksichtigt werden muss. Erinnern Sie sich daran, dass wir die Auswirkung einer gekrümmten Route auf den Phasenunterschied zwischen benachbarten Wegen diskutiert haben? Wenn der Weg eine scharfe Kurve nimmt, ist die Innenseite der Kurve viel kürzer als die Außenseite. Daher ist der Weg entlang der Außenseite deutlich länger im Vergleich zum Weg entlang der Innenseite. Dieser Effekt macht Wege *länger*, wenn sie stär-

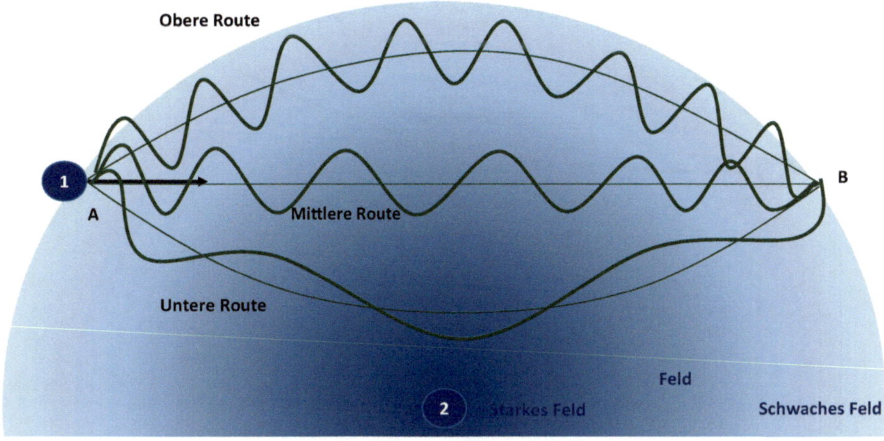

Abb. 9.16 Wellen im Feld eines Quantums mit gleicher Ladung: Die Interferenz zwischen den Wellen führt zu einem kürzesten Weg, der sich vom anderen Quantum entfernt, so haben wir eine abstoßende Kraft

ker gekrümmt werden! Das Ergebnis ist, dass, wenn wir eine niedrigere Route in Abb. 9.16 nehmen, wir zwei sich entgegenwirkende Effekte haben:

- Die Wellenlänge wird länger, was den Weg aus einer Phasenperspektive verkürzt.
- Die Kurve wird stärker gekrümmt, was den Weg länger macht.

Es gibt einen Weg, bei dem die beiden Effekte gleich stark sind: Das wird der kürzeste Weg sein. Jeder niedrigere Weg wäre zu stark gekrümmt. Jeder höhere Weg hätte eine zu kurze Wellenlänge. In jedem Fall können wir schlussfolgern, dass der kürzeste Weg wie der untere Weg in Abb. 9.16 gebogen sein wird.

Wir kommen also zu einem gekrümmten Weg. Der Weg entfernt sich von der Ladung am Boden weg. *Effektiv haben wir eine abstoßende Kraft nachgewiesen!* Warum sollte sich das Quantum nach diesem Prinzip nicht zunächst geradeaus nach rechts bewegen und dann einen Weg nach unten und wieder nach oben nehmen? Das scheint seltsam, aber hier sehen wir, dass wir die Wegintegrale zwischen verschiedenen Punkten betrachten müssten, um herauszufinden, welcher der tatsächliche Weg des Quantums sein wird. Auch hier brauchen wir einen konsistenten Weg, bei dem es keine Rolle spielt, welche zwei Punkte wir nehmen, weil wir am Ende den gleichen Weg haben.

Nehmen wir an, die Anfangsposition und -geschwindigkeit ist wie in Abb. 9.17 gezeichnet, mit dem Quantum links und der Geschwindigkeit gerade nach rechts. Verschiedene Wege, die vor und nach Punkt A beginnen, müssten alle das nach oben biegende Verhalten zeigen. Daher bekommen wir einen Weg, der stetig nach oben biegt. Dies erkennen wir als einen Weg, der genauso aussieht, wie wir es von einem Teilchen erwarten würden, das durch die andere Ladung abgelenkt wird, wie es in den klassischen Formeln beschrieben wird.

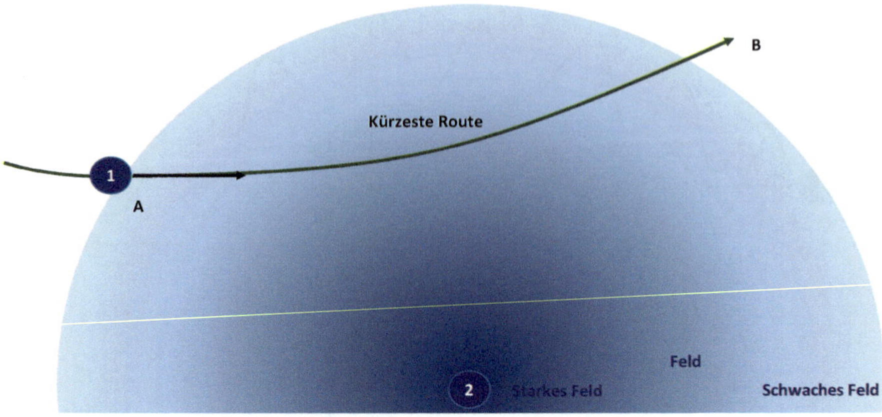

Abb. 9.17 Ein konsistenter, gleichmäßig gekrümmter Weg, wie er durch Wegintegrale zwischen verschiedenen Punkten entlang des Weges beschrieben würde

Lassen Sie uns sehen, was passiert, wenn die Anfangsgeschwindigkeit schneller ist. Der Impuls, mit dem wir beginnen, ist höher. Daher ist die Wellenlänge von Anfang an kürzer. Was also ist die Auswirkung einer kürzeren oder längeren Wellenlänge auf den Ablenkungsprozess? Grundsätzlich gilt: Je kürzer die Wellenlänge, desto geringer ist der Unterschied in der Weglänge, der benötigt wird, um einen bestimmten Phasenunterschied zu erzielen (s. Abb. 9.18). Anders ausgedrückt, wenn die Anfangswellenlänge kürzer ist, liegt der Weg, der um eine halbe Wellenlänge abweicht, viel näher am ursprünglichen Weg, als wenn die Anfangswellenlänge länger ist.

Die Konsequenz ist, dass eine Welle mit einer kürzeren Wellenlänge weniger abgelenkt wird als eine Welle mit einer längeren Wellenlänge. Was passiert also, wenn ein Quant mit hoher Geschwindigkeit in einem Feld abgelenkt wird mit den

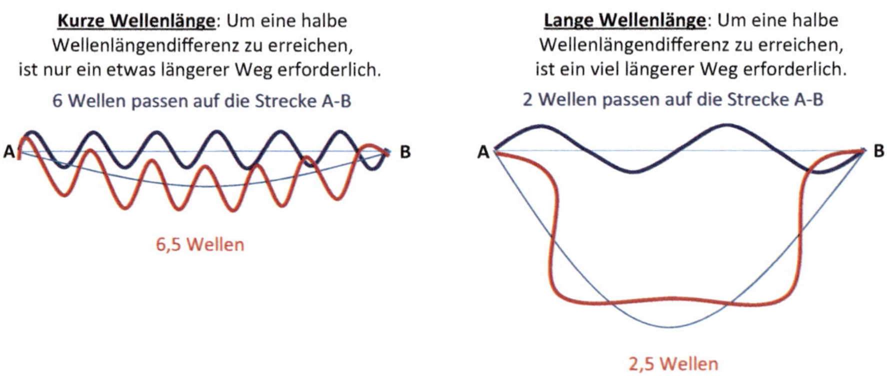

Abb. 9.18 Die Auswirkung einer kürzeren oder längeren Wellenlänge auf die Biegung des Weges

beiden entgegengesetzten Effekten von (1) Verlängerung der Wellenlänge im Feld und (2) Verlängerung des gekrümmten Pfades? Wenn das Quant eine hohe Geschwindigkeit und damit eine kürzere Wellenlänge hat, *benötigt es weniger Biegung im Pfad, um die Verlängerung der Wellenlänge im Feld auszugleichen.* Mit anderen Worten, das Quant wird mit weniger Biegung abgelenkt. So sehen wir, dass ein Quant umso weniger abgelenkt wird, je höher seine Geschwindigkeit ist.

Es ist auch interessant, sich die Auswirkung der Masse auf den Pfad anzusehen. Wenn wir ein größeres Objekt mit einer höheren Masse betrachten, ist der Impuls ebenfalls höher. In diesem Fall sehen wir auch, dass die Wellenlänge mit einer höheren Masse kürzer wird. Folglich wird ein Objekt mit höherer Masse weniger abgelenkt: Sein Pfad ist weniger gebogen im Vergleich zu einem Objekt mit geringerer Masse. Hier sehen wir direkt, wie die Masse ein Maß für die Trägheit ist: Es ist „schwieriger", die Bewegungsrichtung eines schwereren Objekts zu ändern.

Wir haben uns früher im Buch mit der Trägheit beschäftigt. Damals sagten wir, dass *es die (Higgs-)Federn waren, die die Trägheit* bestimmten. Wenn die Masse größer ist, sind die Federn stärker und die Frequenz ist höher (bei gleicher Geschwindigkeit!). Daher muss die Wellenlänge kürzer werden. Jetzt sehen wir, wie das Pfadintegral und die Wellenlänge des Quants bestätigen, dass die Higgs-Federn die Trägheit erzeugen.

Nehmen wir nun an, dass die beiden Quanten zunächst nahe beieinander und *nicht* in Bewegung sind. Eines der Quanten ist fest, während das andere sich frei bewegen kann. Was passiert? Wenn es kein anderes Quant gibt (Situation 1 in Abb. 9.19), würden alle Wellen, die irgendwohin gehen, genau an der gleichen Stelle, an der das Quant zuvor war, positiv interferieren. Wenn es ein anderes Quant gibt (Situation 2), werden die Wellenlängen weg vom anderen Quant relativ

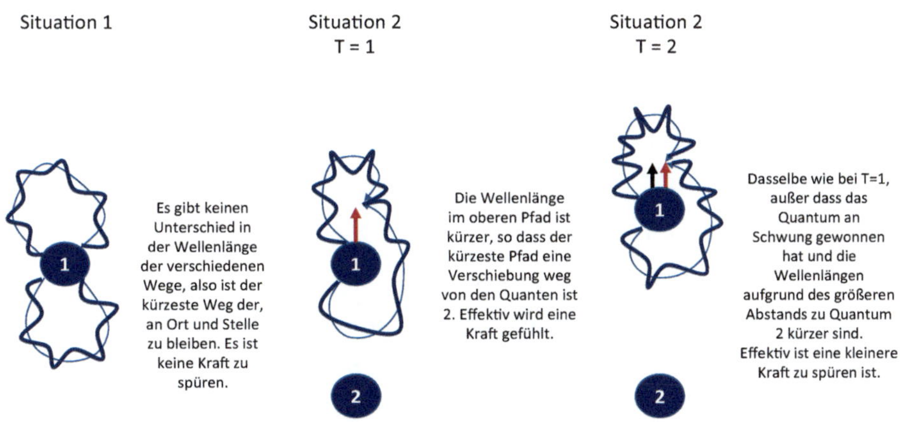

Abb. 9.19 Ein Quant in der Nähe eines anderen gleich geladenen und festen Quants würde beginnen, sich von Letzterem zu entfernen. Situation 1 zeigt ein einzelnes Quant. Sie können jeden Pfad zeichnen, aber der kürzeste Pfad ist, an der gleichen Stelle zu bleiben. Situation 2 zeigt zwei gleich geladene Quanten zu unterschiedlichen Zeiten. Der kürzeste Weg ist immer, sich schneller und schneller von dem festen Quant zu entfernen

kürzer, so dass der nächste Ort, an dem das Quant sein wird, nicht derselbe Ort ist, sondern etwas weiter entfernt vom anderen Quant. Und das geht weiter, mit dem ersten Quant jedes Mal weiter weg vom anderen. Dabei nimmt das Quant Impuls auf. Auch in diesem Fall erfährt das Quant eine abstoßende Kraft.

Zwei Quanten mit entgegengesetzten Ladungen
Als die beiden Teilchen entgegengesetzt geladen waren, sahen wir, dass der Effekt umgekehrt war: Wenn die elektromagnetische Welle auf das zweite (entgegengesetzt geladene) Teilchen trifft, wird das Potenzial subtrahiert. Daher erhält das zweite Teilchen ein niedrigeres Potenzial, wenn sie näherkommen. Es erlebt das als eine geringere Federstärke: Seine Masse nimmt ab. Wie wir bereits gesehen haben, bedeutet das, dass sein Impuls zunimmt. Daher verkürzt sich seine Wellenlänge.

Die Wellenlänge von Wellen, die nahe an dem anderen Quant vorbeigehen, wird also kürzer, während die Wellenlänge von Wellen, die in größerer Entfernung vorbeigehen, länger wird. Folglich wird ein Quant, das sich an einem entgegengesetzt geladenen Quant vorbeibewegt, von dem geraden Weg abweichen, indem es sich in Richtung des anderen Quants beugt (s. Abb. 9.20 und 9.21).

Ein Teil einer Kugel mit drei Routen, mittlere, obere und untere Routen von Punkt A nach B. Das Zentrum der Kugel ist als starkes Feld markiert, während der Rand als schwaches Feld markiert ist.

Die Wirkung dieses Prozesses ist eine anziehende Kraft! Wenn das Quant sich direkt auf das andere Quant zubewegen würde, würde seine Masse geringer, sein Impuls höher und seine Wellenlänge kürzer werden. Das Quant würde an Geschwindigkeit gewinnen.

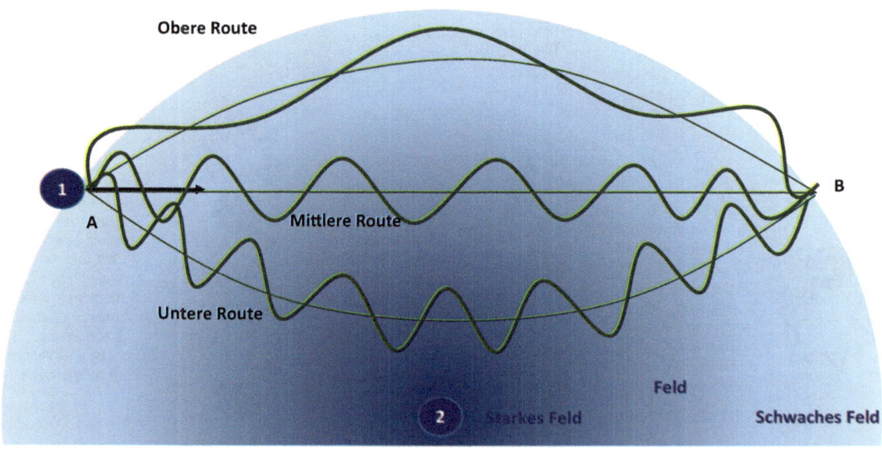

Abb. 9.20 Wellen im Feld eines Quanten mit entgegengesetzter Ladung: Dieses Mal hat die untere Route eine kürzere Wellenlänge und die obere Route eine längere Wellenlänge. Folglich wird der Weg von A nach B eher genommen als der obere Weg. Dieser Weg biegt sich so, als ob Quant 2 Quant 1 anzieht

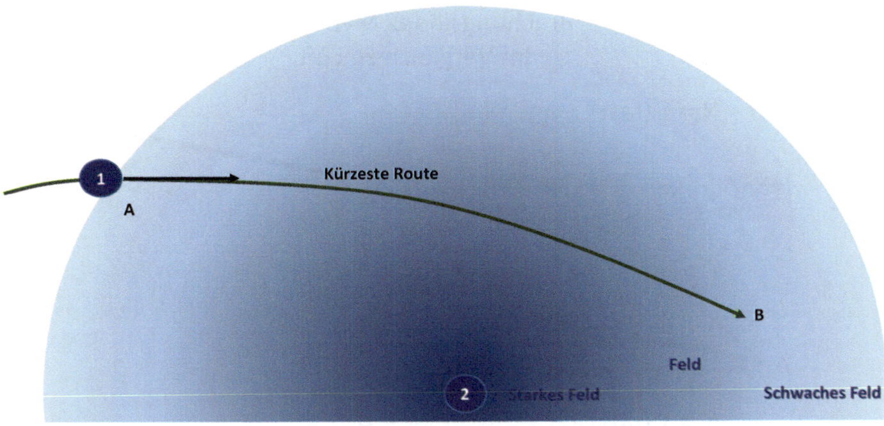

Abb. 9.21 Die Interferenz zwischen den Wellen führt zu einem kürzesten Weg,der sich zu Quant 2 beugt: Wir haben eine anziehende Kraft

9.5 Ein konstantes Feld und der Brechungsindex

Was passiert in einem konstanten Feld? In den Beispielen, die wir bisher gesehen haben, hat das Feld einen Gradienten: Es ändert seine Stärke von der Quelle nach außen. Diese Änderung der Stärke ist verantwortlich für den Unterschied in der Wellenlänge der Wellen, die unterschiedliche Wege nehmen. Wenn das Feld konstant ist, ist dieser Unterschied null und der Weg wird nicht abgelenkt. Es gibt kein Auftreten einer Kraft.

Dies ist der Fall für das Higgs-Feld. Dieses Feld existiert überall im Raum und ist konstant. Daher lenkt Higgs den Weg eines Quantums nicht ab. Es wirkt jedoch wie eine Feder auf jedes Feld, das mit ihm interagiert. Daher gibt Higgs diesen Feldern Masse, erzeugt aber nicht das Auftreten einer Kraft.

Ein weiteres Beispiel ist die Brechung von Licht in verschiedenen Medien. Wie wir zuvor gesehen haben, erhält das Licht eine kürzere Wellenlänge in dem Medium, da es mit den Elektronen im Glas interagiert. Dies ändert die Phase des Photons und verursacht, dass das Photon langsamer wird. Die Folge ist, dass der Weg abgelenkt wird. Das Ausmaß der Ablenkung wird durch den Brechungsindex bestimmt, der als Verhältnis der Wellenlängen in den beiden verschiedenen Medien definiert ist. Wenn dieses Verhältnis hoch ist, wird das Licht an der Grenzfläche zwischen den beiden Medien, wo sich die Wellenlänge ändert, stark abgelenkt.

Allerdings wird es nur dort abgelenkt, wo das Medium sich ändert. Innerhalb eines konstanten Mediums geht das Licht geradeaus. Tatsächlich nimmt es den kürzesten Weg zwischen jedem Paar von Punkten, die Sie auf dem Weg angeben können. Das Pfadintegral hat erklärt, warum (s. Abb. 9.22).

So sehen wir, dass der Weg relativ mehr von der Strecke mit der langen Wellenlänge nimmt. Daher biegt es in Richtung der kurzen Wellenlänge ab, wie wir in

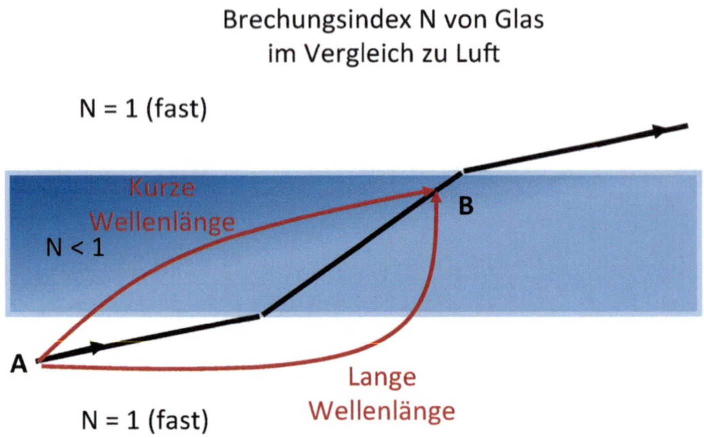

Abb. 9.22 Brechung des Lichts nach dem Pfadintegral

den vorherigen Beispielen gesehen haben. Innerhalb des Glases ist der Weg gerade, wie es auch außerhalb des Glases ist.

Eine auffällige Situation entsteht in der Hitze des Sommers. Wenn Sie auf einer heißen Straße fahren, sehen Sie vielleicht etwas, das wie Wasser auf der Straße aussieht, es aber dann doch nicht ist. Was Sie in Wirklichkeit sehen, ist eine Reflexion des Himmels in der Straße. Oder besser, die Reflexion des Himmels in der heißen Luft direkt über der Straße. Wie funktioniert das?

Die Straße wird von der Sonne erhitzt und dies erhitzt wiederum die Luft direkt darüber. Je näher Sie der Straße kommen, desto heißer wird die Luft. Heiße Luft hat eine geringere Dichte und daher einen geringeren Brechungsindex. So kann die Luft über der Straße als ein Medium gesehen werden, dessen Dichte und Temperatur je nach Höhe über der Straße variieren (s. Abb. 9.23).

In kalter Luft hat das Licht einen höheren Brechungsindex. Es bewegt sich etwas langsamer als in heißer Luft. Folglich ist die Wellenlänge des Lichts in kalter Luft etwas kürzer als in heißer Luft.

Diese Situation ist vergleichbar mit einem Feld, das nicht konstant ist. Und das Ergebnis ist, dass das Licht vom Himmel in den Luftschichten abgelenkt wird, ganz ähnlich wie ein Teilchen in einem elektromagnetischen Feld. Aber wenn wir von einem Teilchen in einem elektromagnetischen Feld sprechen, sagen wir, dass sein Weg durch die elektromagnetische Kraft abgelenkt wird. Allerdings sagen wir das nicht über die Luft, die den Weg des Lichts ablenkt. Während dies in der Tat sehr ähnliche Effekte sind. Beide sind Wellen, die durch ein Medium (Feld) gehen, das die Wellenlänge dieser Wellen variiert, so dass sie entlang eines gekrümmten Pfades positiv interferieren.

Für mich beendet dies das Konzept von einer „Kraft, die über eine Distanz wirkt“, und ersetzt es durch Wellen, die sich durch ein inhomogenes Medium bewegen. Also, das nächste Mal, wenn Sie eine Kraft (irgendeine Kraft!) spüren,

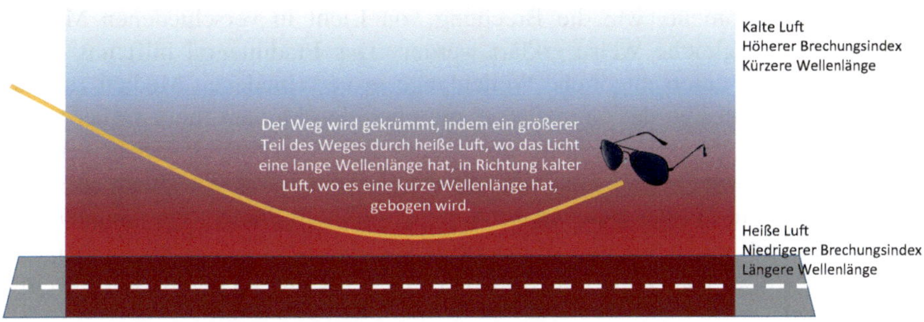

Abb. 9.23 Licht, das durch die variierende Luftdichte über einer heißen Straße abgelenkt wird

realisieren Sie, dass dies nur Ihre Wellen sind, die sich durch ein inhomogenes Medium bewegen, anstatt dass etwas tatsächlich an Ihnen zieht oder schiebt!

9.6 Schlussfolgerung bezüglich der elektromagnetischen Kraft

Die regelmäßige Phasenverschiebung, die ein Quant haben kann, wurde als seine Ladung identifiziert. Die Phasenverschiebung erzeugt einen Potenzialunterschied, der sich durch das Vakuum ausbreitet. Die sich ausbreitende Phasenverschiebung wurde als Photon identifiziert. Der übertragene Potenzialunterschied beeinflusst ein anderes Quant, das diesen Potenzialunterschied spürt. Das Potenzial wirkt wie eine Feder, erhöht oder verringert die „Masse“ oder eher die „potenzielle Energie“ des anderen Quantums.

Diese Federn verkürzen die Wellenlänge des Quantums oder machen die Wellenlänge in verschiedenen Bereichen des Feldes länger. Wir haben das Pfadintegral verwendet, um zu zeigen, dass diese Wellen so interferieren, dass der Pfad des Quantums abgelenkt wird. Dies ist der Ursprung der abstoßenden oder anziehenden elektromagnetischen Kraft, die zwei geladene Quanten aufeinander auszuüben scheinen.

Wir haben auch gezeigt, dass die Biegung seines Pfades von der Masse des Quantums abhängt. Dies ist eine direkte Folge der Tatsache, dass die Wellenlänge kürzer wird, wenn die Gesamtmasse (Gesamtenergie) zunimmt. Wenn die ursprüngliche Wellenlänge des Quantums selbst kürzer wird, neigen seine Pfade dazu, sich weniger zu biegen. Daher haben wir die Auswirkungen der Trägheit auf die Biegung des Pfades gesehen: Trägheit macht es „schwieriger“, den Pfad zu biegen.

Andere Phänomene, wie die Brechung von Licht in verschiedenen Medien, können auf die gleiche Weise erklärt werden. Das Pfadintegral hilft uns zu erklären, wie eine unterschiedliche Wellenlänge in verschiedenen Medien zu einer Biegung des Pfades an der Grenzfläche zwischen den Medien führt. Daher wurde das Fermat'sche Prinzip mit Hilfe des Pfadintegrals erklärt. Der in heißer Luft gebogene Lichtweg zeigt genau das gleiche Verhalten wie ein Quant in einem variierenden Feld mit der gleichen Art von gekrümmten Pfaden. Für Quanten sind wir es gewohnt, einen solchen gebogenen Pfad als „Kraft" zu denken, aber jetzt können wir dieses Konzept durch Wellen ersetzen, die durch ein inhomogenes Medium gehen!

Kapitel 10
Propagatoren und virtuelle Teilchen

Im vorherigen Abschnitt haben wir gezeigt, wie eine Phasenverschiebung einen Potenzialunterschied erzeugt, der sich ausbreitet und mit einer anderen Welle interagieren und somit eine Kraft erzeugen kann. Das bedeutet auch, dass die Phasenverschiebung eine Welle erzeugt, die Energie und Impuls transportiert. Wenn also eine Welle ständig Phasenverschiebungen verursacht, sendet sie ständig Energie ab. Dies kann nicht möglich sein, da die Welle ständig Energie verlieren und bald aufhören würde zu existieren.

Wie funktioniert das also? Nehmen wir das Beispiel eines Elektrons. Im Grunde genommen verwandelt sich das Elektron, das die Phasenverschiebung erzeugt, in ein virtuelles Elektron und ein virtuelles Photon: Es spaltet die Phasenänderung ab. Ein Teil der Energie des Elektrons geht in das Photon über, das die Phasenverschiebung ausbreitet.

Dann passiert eines von zwei Dingen: Das virtuelle Photon wird entweder mit dem Elektron rekombiniert, wodurch die Phasenverschiebung wiederhergestellt wird, oder das virtuelle Photon wird anderswo absorbiert und das virtuelle Elektron lebt mit geringerer Energie weiter. So scheint das Rätsel des ständigen Energieverlusts gelöst zu sein, indem man sagt, dass jede Störung, die nicht von einem anderen Quant absorbiert wird, vom Quant, der sie ausgesendet hat, zurückabsorbiert wird.

Dies wirft jedoch einige neue Fragen auf:

1. Das Elektron hat nicht immer genug Energie, um ein echtes Quant zu erzeugen, aber die Phasenverschiebung findet trotzdem statt. Wie kann ein richtiges Quant (das Elektron) in zwei virtuelle Teilchen zerfallen? Was sind diese virtuellen Teilchen, wenn sie keine richtigen Quanten sind? Wie können sie existieren, wenn wir zuvor gesehen haben, dass nur Quanten einer bestimmten Energie echte Anregungen des Feldes sein können? Schließlich reicht bei der Absorption eines Teilchens ein geringer Energieverlust aus, um die Wellenfunktion zum Zusammenbruch zu bringen. Warum sollte das nicht der Fall sein, wenn ein Photon abgespalten wird?

W. Schmitz, *Teilchen, Felder und Kräfte*,
https://doi.org/ 10.1007/978-3-031-46280-1_10

2. Wenn das Photon anderswo absorbiert wird, wie kann das Elektron in seinem virtuellen Zustand weiterleben?

Beginnen wir mit der ersten Frage, indem wir genauer betrachten, was tatsächlich während einer Phasenverschiebung passiert und was es wirklich bedeutet, ein echtes Teilchen oder ein virtuelles Teilchen zu sein. Die zweite Frage werde ich etwas später beantworten, wenn wir die Eigenschaften von virtuellen Teilchen auf der Massenschale diskutieren.

Beginnen wir damit, die Welle zu betrachten, wenn eine Phasenverschiebung stattfindet: Es ist nicht mehr eine perfekte Welle (s. Abb. 9.5 oder 9.6)! Es gibt einen unschönen Sprung in der ursprünglichen Welle, so dass sie nicht mehr durch eine Welle mit einem Impuls beschrieben werden kann. Sie muss den Impuls ändern. Der Impuls geht in die neu erzeugte Welle über. Die Summe der Impulse und der Energie bleibt gleich.

Aber die Welle, die im Eichfeld beginnt, muss nicht die Bedingungen erfüllen, um ein tatsächliches Photon zu sein, d. h., die Energie, die benötigt wird, um ein Photon bei dieser Frequenz zu erzeugen, muss nicht verfügbar sein. Daher muss der Zusammenhang zwischen Energie und Impuls nicht für diese Welle gelten. Die Konsequenz ist jedoch, dass diese Welle (da sie kein richtiges Quant ist) nicht bestehen bleiben kann. Warum sollte das so sein?

Wenn wir einen harmonischen Oszillator anregen, können wir das tun, indem wir genau die Energie hF (h = Planck'sche Konstante) hineinstecken. Dies stellt ein Feldquant dar. Ein solches Quant ist ein echtes Quant mit genau der (Massen-)Frequenz F im entsprechenden (Materie-)Feld. Diese genaue Frequenz impliziert, dass das Quant auf der Zeitachse für immer weitergeht (s. Abb. 10.1).

Als wir die Unschärferelationen diskutierten, sahen wir, dass, wenn die Energie (Frequenz) genau bekannt ist, wir keine begrenzte Lebensdauer feststellen können. Andersherum, wenn die Lebensdauer begrenzt ist, kann die Energie (Frequenz) nicht genau bekannt sein. Wenn wir über ein Feldquant sprechen, können wir genau wissen, welche Frequenz es hat, und daher muss es ein langes Leben führen. Das nennen wir ein echtes Quant oder ein echtes Teilchen.

Ein echtes Teilchen ist wie eine Resonanz auf der Stimmgabel. Eine Resonanz ist ihre natürliche Bewegung. Wie ein Kind auf einer Schaukel schwingt es mit unterschiedlichen Amplituden, aber immer mit der gleichen Frequenz. Einmal angeregt, wird eine Stimmgabel für lange Zeit ihren natürlichen Ton erzeugen.

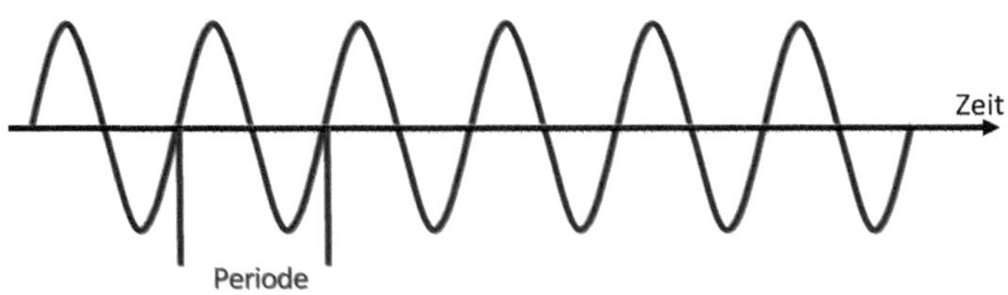

Abb. 10.1 Eine Welle mit einer Frequenz ist eine einzelne Welle auf der Zeitachse. Die Frequenz entspricht 1/Periode

Schließlich wird sie abdämpfen, da sie ständig Energie verliert, indem sie ständig auf die Luft trifft, während sie ihren Ton abgibt. Wenn ein Quant ständig Phasenverschiebungen erzeugt, passiert etwas Ähnliches. Aber es gibt einen großen Unterschied: Die Stimmgabel hat viele Möglichkeiten, ihre Energie weiterzugeben, aber ein Quant hat das nicht. Es kann kein echtes Photon erzeugen, da die Phasenverschiebung im Allgemeinen nicht genug Energie dafür liefert (oder die richtige Kombination aus Impuls und Energie, wie wir sehen werden). Das Einzige, was es *kann,* ist, das Eichfeld zu stören. Daher erzeugt es ein „unvollständiges Eichphoton" oder besser eine Störung, die sich nicht selbst erhalten kann. Das bedeutet, dass die Störung irgendwie absterben muss.

Das Eichquant hat also eine begrenzte Lebensdauer. Es existiert nur für eine begrenzte Zeit. Auf der Zeitachse sieht das aus wie in Abb. 10.2.

Wir können eine Form wie diese nur erzeugen, wenn wir Wellen unterschiedlicher Frequenzen addieren. Je kürzer die Lebensdauer, desto mehr Frequenzen werden benötigt. So kann ein unvollständiges Quant, eine Störung, für eine begrenzte Zeit als Wellenpaket mit unklarer Frequenz existieren.

Wir können das mit dem Versuch vergleichen, die Stimmgabel mit einer anderen Frequenz zum Klingen zu bringen. Das erfordert viel Arbeit. Oder setzen Sie ein Kind auf eine Schaukel und versuchen Sie, die Schaukel auf eine andere Frequenz als ihre Resonanz oder natürliche Frequenz zu bringen. Sie müssten sich sehr anstrengen, um das zu tun. Sie müssten die Schaukel anschubsen und sie irgendwann auffangen, dann wieder anschubsen. Um sie mit einer anderen Frequenz schwingen zu lassen, müssten Sie ständig mit ihr interagieren. Bei jeder Rückkehr müssten Sie sie stoppen und erneut anschubsen. Tatsächlich können Sie einen harmonischen Oszillator nur durch Störung in eine unnatürliche Bewegung oder eine unnatürliche Frequenz zwingen, und eine solche Störung unterscheidet sich grundsätzlich von ihrer natürlichen Bewegung.

Etwas Ähnliches passiert, wenn Phasenverschiebungen stattfinden. Die Phasenverschiebung ist tatsächlich eine Störung im elektromagnetischen Feld. Diese Störung kann nicht mit einem Quant verglichen werden. Ein Quant im elektromagnetischen Feld (ein Photon) enthält eine Energie, die seiner Frequenz entspricht. Aber die Phasenverschiebung muss nicht diese Kombination aus Energie,

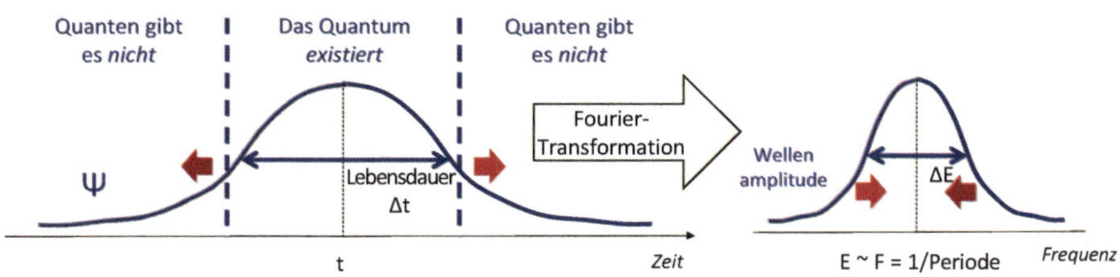

Abb. 10.2 Eine kurze Lebensdauer führt zu einer Vielzahl von Frequenzen im Wellenpaket, daher eine Vielzahl von Energien. Wenn die Lebensdauer länger wird, schrumpft die Vielfalt der Frequenzen (rote Pfeile) und die Energie des Wellenpakets wird schärfer

Wellenlänge und Frequenz erzeugen. Daher ist die Störung kein Quant und sie kann nicht aus einer einzigen Welle bestehen. Eine solche Störung ist nicht stabil. Die Wellen im Wellenpaket werden sich schließlich gegenseitig auslöschen.

Aber die Störung enthält Energie, so kann sie nur durch eine erneute Absorption erlöschen kann, d. h., bevor die Schwingung vorbei ist, wird sie wieder von dem Elektron eingefangen, das die Phasenverschiebung ursprünglich erzeugt hat. Während dieser Zeit haben sowohl das Elektron, das die Quelle der Phasenverschiebung ist, als auch das Eichphoton eine andere Energie und einen anderen Impuls. Wenn wir diese jedoch addieren, ist ihre Gesamtenergie und ihr Gesamtimpuls gleich dem des ursprünglichen Elektrons vor der Phasenverschiebung. Also ändert sich die Gesamtenergie und der Gesamtimpuls nicht. Das Elektron und das Photon bleiben verbunden, so dass die Wellenfunktion nicht zusammenbricht. Bevor das passieren könnte, werden das Photon und das Elektron wieder kombiniert.

Etwas Interessantes passiert, wenn das Eichphoton von einem anderen Quant eingefangen wird. Dann absorbiert dieses andere Quant seine Energie und seinen Impuls, und das ursprüngliche Elektron muss ohne es weitermachen. So findet effektiv eine Übertragung von Energie und Impuls statt. Um zu sehen, was mit dem Elektron passiert, müssen wir uns unseren alten Freund, die Massenschale, genauer ansehen.

Auf oder außerhalb der Massenschale

Da die Lebensdauer einer Störung kurz und ihre Frequenz nicht richtig definiert ist, kann auch ihre Energie nicht richtig definiert werden, und die Störung muss aus einer Reihe von Wellen bestehen. Der Impuls, der zu jeder Welle im Wellenpaket gehört, hängt von der Geschwindigkeit der Welle ab, aber das kann jede Geschwindigkeit sein. Dann gibt es die Geschwindigkeit des Wellenpakets, die bei so stark variierenden Frequenzen, Geschwindigkeiten und Wellenlängen der einzelnen Wellen jede Geschwindigkeit sein kann. Einige Wellen können so weit von der Resonanz mit den Federn entfernt sein, dass die Federn keine Zeit zum Reagieren haben, was zu einer sehr niedrigen *effektiven* Masse führt.

Wenn wir uns die Massenschale (s. Abb. 10.3) ansehen, hat ein Quant auf der Massenschale eine streng zugeordnete Masse, Impuls und Energie. Die Beziehung zwischen ihnen ist mathematisch in einer relativistischen Dispersionsrelation festgelegt. Dies funktioniert nicht für Störungen. Sie können jede beliebige Beziehung haben (der graue Bereich im Bild). Wenn Sie sich die Abb. 9.5 oder 9.6 ansehen, sehen Sie, dass, wenn ein Quant die Phase verschiebt, sowohl die Quantenwelle als auch die Eichwelle nicht wirklich wie Wellen aussehen. Die Quantenwelle zeigt diesen unschönen Sprung und die Eichwelle sieht eher aus wie ein sich fortbewegender Schritt als eine schöne Sinuswelle. Also, wenn ein Quant die Phase verschiebt, geht seine Welle von der Massenschale weg und die Eichwelle ist auch von der Massenschale entfernt. Nur die Eigenschaften von Quantenwellen und Eichwellen zusammen bleiben auf der Massenschale, da ihre Summe immer noch das ursprüngliche Quant darstellt.

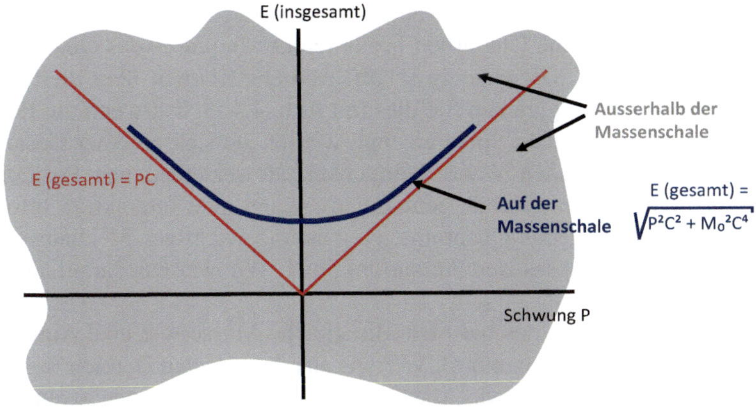

Abb. 10.3 Störungen sind außerhalb der Massenschale und Quanten sind auf der Massenschale. Quanten folgen einer strengen relativistischen Beziehung zwischen Energie (Frequenz), Impuls (Wellenlänge) und Masse, nämlich der Dispersionsrelation. Störungen tun das nicht

Im vorherigen Kapitel haben wir diskutiert, wie ein Austausch von Eichwellen das Potenzial (Massenenergie) eines absorbierenden Teilchens erhöhen könnte. Wenn wir die Federstärke erhöhen, erwarten wir (in einer perfekten Welle), dass ihre Wellenlänge verkürzt wird (s. Abb. 6.2). Wir haben die Tatsache diskutiert, dass das Gegenteil passiert (die Wellenlänge wird verlängert), weil sich die Gesamtenergie im System nicht ändern konnte. Jetzt sehen wir, dass so etwas passieren kann, weil die Gesamtenergie der Welle auf zwei unvollkommene Wellen, zwei Störungen, die außerhalb der Massenschale sind, aufgeteilt wird. Für solche Teilchen funktionieren die üblichen perfekten Wellenbeziehungen nicht. Und so kann es passieren, dass eine solche Aufspaltung und Absorption die Federstärke erhöhen könnte, während die Wellenlänge verlängert wird.

Nach einiger Zeit beginnen die Quantenwellen wieder wie eine richtige Welle auszusehen (wenn der Schritt der Phasenverschiebung Geschichte wird), so dass, wenn die Eichwellen von einem anderen Teilchen absorbiert werden, wird das ursprünglich emittierende Quant wieder zu einem echten Quant, aber jetzt mit anderem Impuls und Energie. Wenn die Quantenwellen die Eichwellen wieder absorbieren, die das Quant zuvor emittiert hat, kann man sich vorstellen, dass sie gut passen, um sich in die ursprüngliche Welle zu rekombinieren. Nehmen wir an, der ursprüngliche Schritt wird rückgängig gemacht, indem dieser Vorgang auf genau dieselbe Weise wieder aufgenommen wird.

Wenn die Messwelle von einem anderen Quant absorbiert wird und ein Impulsübertrag stattfindet, wird der Impuls beider Quanten für eine kurze Weile unsicher gewesen sein. Das bedeutet, dass wir während dieser Periode des Impulsübertrags die Gesamtwellen jedes Quantums (einschließlich seiner Störungen) als sich ändernde Wellen mit einer sich ändernden Wellenlänge betrachten müssen. Wie können wir eine sich ändernde Welle betrachten? Genau wie bei jeder unvollkommenen Sinuswelle müssen wir eine solche Änderung aus einer ganzen Reihe von Sinuswellen aufbauen. Eine Reihe von Sinuswellen mit unterschiedlichen Wellenlängen erzeugt eine Unklarheit bezüglich des Impulses des Quantums während dieses Übergangs. Gleichzeitig schafft es mehr Klarheit über die Positionen der beiden Quanten! Vergleichen Sie dies mit Abb. 4.4. Selbst wenn die Reihe von Sinuswellen keinen genauen Spike erzeugt, werden sie sich zu einer Gesamtwelle mit einer unterschiedlichen Wahrscheinlichkeit an verschiedenen Positionen im Raum aufsummieren. Im Grunde genommen erzeugt jede Interaktion Informationen über die Position jedes Quantums. Dies ist ein wichtiger Mechanismus zum Verständnis des „Kollapses der Wellenfunktion". Wir werden darauf in Abschn. 12.1 zurückkommen.

Eine Störung eines Feldes hat nicht die gleiche Masse wie eine Anregung des Feldes (ein tatsächliches Quantum). Wie wir aus dem grauen Bereich in Abb. 10.3 schließen können, kann es jede Masse, einschließlich einer negativen Quadratmasse, manchmal als imaginäre Masse bezeichnet, haben. In dieser Art von Situation gibt es keine natürliche Definition der Masse eines Teilchens [Ref. 30, S. 463]. Ich kann Ihnen kein Bild einer solchen Welle vermitteln. Wenn dies jedoch existieren kann, scheint es plausibel, dass wir sogar masselose Störungen des Elektronenfeldes erzeugen könnten. Wir werden diese Idee später verwenden.

10.1 Zeitliche Reihenfolge von Ereignissen und Feynman-Diagramme

Wir haben über Quanten gesprochen, die Störungen erzeugen können, die entweder wieder absorbiert oder von einem anderen Quanten eingefangen werden können. Im letzteren Fall wird der Impuls übertragen, die Pfade ändern sich und wir erleben eine Kraft.

Wie wir sehen werden, kann es viele solcher Prozesse geben. In Berechnungen führt die Vielzahl möglicher Störungen und Interaktionen zu langen und komplizierten Integralen. Um den Überblick über die Störungen und Interaktionen zu behalten, werden sie mit einfachen Diagrammen ausgearbeitet. Diese Diagramme werden Feynman-Diagramme genannt, nach dem großen Physiker des 20. Jahrhunderts Richard Feynman, der diesen Ansatz entwickelt hat [Ref. 2, 32, 56].

Ein Feynman-Diagramm besteht im Allgemeinen aus mehreren Komponenten:

- Echte Quanten, die in das Diagramm eintreten, dargestellt als eingehende externe Linien
- Interaktionspunkte, dargestellt als Punkte, an denen drei oder mehr Linien interagieren
- Störungen, dargestellt als interne Linien zwischen zwei Punkten
- Echte Quanten, die das Diagramm verlassen, dargestellt als ausgehende externe Linien

Bosonen werden durch gewellte und Fermionen durch gerade Linien dargestellt.

Schauen wir uns ein erstes Beispiel an (s. Abb. 10.4). Ein reales Teilchen kommt herein, sendet ein reales Boson aus, bewegt sich weiter, absorbiert ein anderes reales Boson und verlässt.

In diesem Diagramm zeigen wir auch eine Zeitleiste, damit Sie sehen können, in welcher Reihenfolge die Interaktionen stattgefunden haben. Die sofort auftauchende Frage ist: Was würde ein anderer Beobachter sehen, wenn er sich mit einer anderen Geschwindigkeit bewegt? Relativität zeigt, dass die zeitliche Reihenfolge der Ereignisse, wie sie von einem Beobachter wahrgenommen wird, für einen anderen Beobachter ganz anders sein kann. Also könnte der andere Beobachter T2 und T3 umgekehrt sehen! Schauen wir uns an, wie dieses Diagramm aussieht (Abb. 10.5).

Dieses Diagramm ist im Wesentlichen anders! Wenn wir der Zeitleiste folgen, betreten das Teilchen und das Boson zuerst die Szene. Das Nächste, was wir sehen, ist, dass das Boson sich bei T3 in ein Teilchen-Antiteilchen-Paar aufspaltet! Das ist sicherlich nicht das, was der erste Beobachter in Abb. 10.4 gesehen hat. Das Teilchen und das Antiteilchen bewegen sich weiter, bis das Antiteilchen das Teilchen trifft, das ursprünglich die Szene bei T2 betreten hat. Wenn sie sich treffen, vernichten sie sich gegenseitig und erzeugen ein Boson, das die Szene verlässt. Das erste Teilchen, das als Teil des Paares erzeugt wurde, verlässt ebenfalls die Szene.

Aber was ist ein Antiteilchen? Im Wesentlichen ist es das Gegenteil eines Teilchens. Zum Beispiel wird das Antiteilchen, das zu einem Elektron gehört, Positron genannt. Alle Teilchen haben ein Antiteilchen. Im Allgemeinen kann ein Teilchen nur erzeugt werden, indem sowohl das Teilchen als auch sein Antiteilchen erzeugt werden. Dies wird „Paarproduktion“ genannt, da ein Paar von Teilchen erzeugt wird. Ein Teilchen und sein Antiteilchen können sich auch gegenseitig vernichten, wenn sie sich treffen. Zu diesem Zeitpunkt wird die Energie verwendet, um ein

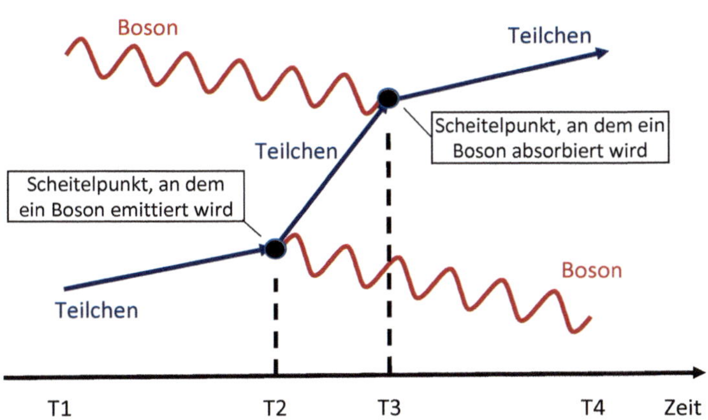

Abb. 10.4 Beispiel für eine Interaktion: Ein Teilchen ändert seinen Pfad, indem es Bosonen sendet und empfängt

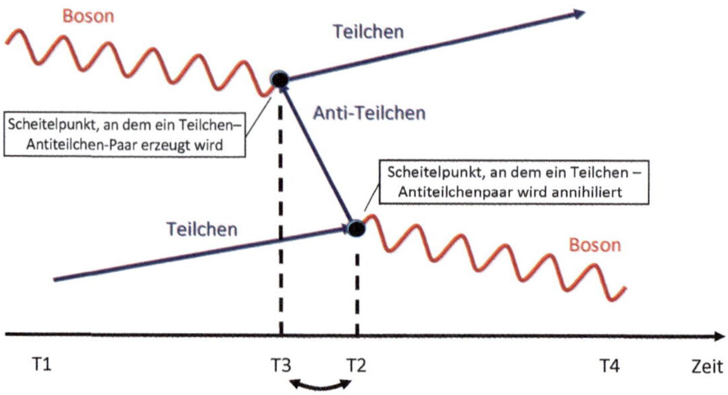

Abb. 10.5 Die gleiche Interaktion aus der Sicht eines anderen Beobachters: T2 und T3 sind umgekehrt

anderes Teilchen wie ein hochenergetisches Photon zu erzeugen, das die gesamte Energie abführt.

Was also der erste Beobachter als ein Teilchen sah, das einige Wechselwirkungen mit Bosonen hatte, sah der zweite Beobachter als eine komplizierte Paarproduktion und Vernichtung. Und das alles, weil die zeitliche Reihenfolge von zwei Ereignissen umgekehrt wurde [Ref. 35, S. 120]! Dieses Problem kann gelöst werden, wenn wir annehmen, dass in Abb. 10.5 *das Antiteilchen tatsächlich das Teilchen ist, das in der Zeit zurückreist!* Wenn wir die Situation so interpretieren, können die beiden Beobachter zumindest übereinstimmen, dass sie beide über ein und dasselbe Teilchen sprechen. Es ist nur so, dass der zweite Beobachter sieht, dass dieses Teilchen in der Zeit zurückgeht. Paarproduktion ist in diesem Fall nicht wirklich „Produktion", sondern nur ein Teilchen, das seine Zeitrichtung umkehrt. Die Erklärung von Antiteilchen als in der Zeit zurückreisend wird die Feynman-Stückelberg-Interpretation genannt [Ref. 30, S. 145].

Eine Schlussfolgerung, die gezogen werden kann, ist, dass Wellen anscheinend nicht darauf beschränkt sein müssen, in der Zeit vorwärts zu gehen. Daher wird das zugehörige Antiteilchen, wenn ein Teilchen durch eine Welle dargestellt wird, durch eine Welle gezeigt, die in der Zeit zurückgeht. Eine Antiteilchen-Welle muss dann eine negative Frequenz haben (s. Abb. 10.6). Wenn man sich die Zeitachse ansieht, ist die Zeit, die benötigt wird, um eine Wellenlänge zu passieren, für ein normales Teilchen positiv, aber für seine Antivariante geht die Zeit in die andere Richtung, so dass die Zeit, die benötigt wird, um eine Wellenlänge zu passieren, negativ ist: Sie ist $-T$. Die Frequenz ist dann $F = 1/(-T)$ und ist ebenfalls negativ.

Ein Antiteilchen hat auch eine entgegengesetzte Ladung. Wenn also ein Teilchen eine negative Ladung hat, hat seine Antivariante eine positive Ladung. Warum eine entgegengesetzte Ladung? Ladung wurde als die Fähigkeit identifiziert, die Phase zu verschieben und als Folge dieser Verschiebung eine Eichwelle zu erzeugen (oder zu absorbieren). Wenn wir diesen Prozess darstellen (s. Abb. 10.7), sehen wir, dass, wenn eine Störung sich einer normalen Teilchenwelle nähert, das Potenzial

Abb. 10.6 Die negative Periode einer Welle, die in der Zeit rückwärts läuft, führt zu einer negativen Frequenz

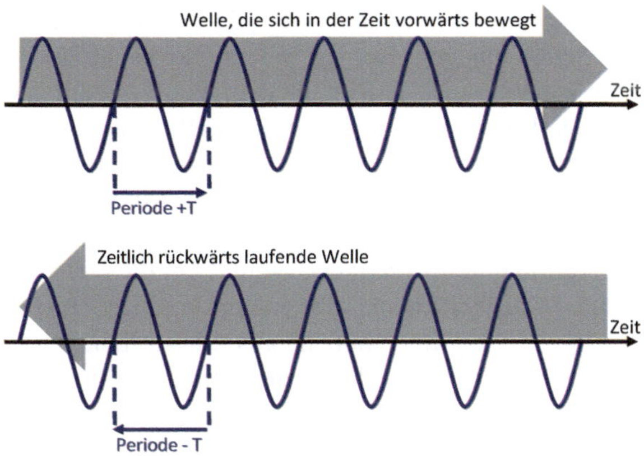

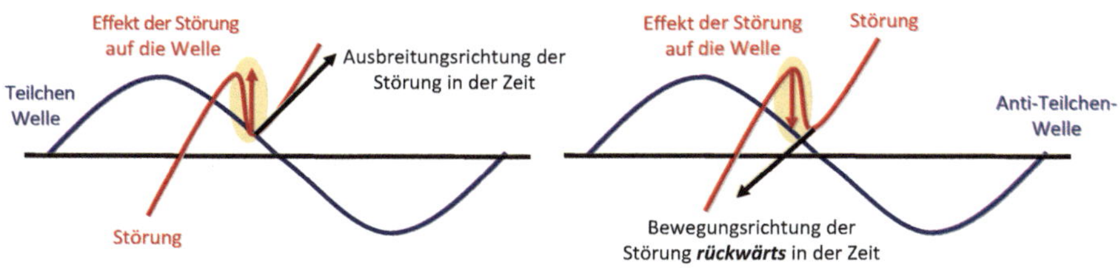

Abb. 10.7 Teilchen und Antiteilchen erleben die Störungswelle auf entgegengesetzte Weise

der Eichwelle über einen kurzen Zeitraum übertragen wird, wenn die Störungswelle vorbeigeht. Nähert sie sich jedoch einer Antiteilchen-Welle, geht die Uhr dieser Welle rückwärts. Der Effekt ist, dass die Störungswelle tatsächlich in die andere Richtung bewegt wird, wie sie von der Antiteilchen-Welle gesehen wird! Genau wie beim Rückwärtsabspielen eines Films. Wenn sie das tut, hat die Störungswelle genau den entgegengesetzten Effekt. Wenn also die Störung die Masse (potenzielle Energie) des Teilchens verringern und seine Wellenlänge verkürzen würde, würde sie immer genau das Gegenteil zum Antiteilchen tun. Dann können wir auch erwarten, dass die Änderung der Richtung des Pfades genau entgegengesetzt ist. Wo also ein Teilchen angezogen würde, würde der Pfad des Antiteilchens in die andere Richtung abbiegen, als ob es abgestoßen würde. Daher haben Antiteilchen im allgemeinsten Sinne immer genau die entgegengesetzte Ladung im Vergleich zu ihren normalen Versionen.

Man kann dies auch so sehen, dass die entgegengesetzte Wirkung der Störung eine entgegengesetzte Phasenänderung ist. Und aus Abb. 9.8 sehen wir, dass eine entgegengesetzte Phasenänderung dasselbe ist wie eine entgegengesetzte Ladung.

Beachten Sie jedoch, dass ein Antiteilchen in unserem Bezugssystem trotz seiner negativen Frequenz eine positive Energie hat! Sie können dies sehen, indem Sie ein Elektron gegen ein Positron vernichten. Die dabei erzeugte Energie entspricht der von zwei Elektronen. Also treffen wir in unserem Bezugssystem auf

Teilchen und Antiteilchen, die alle eine positive Energie haben, obwohl die Antiteilchen in unserem Bezugssystem eine negative Frequenz haben.

Wir haben also einige überzeugende Argumente für Antiteilchen gesehen, die einfach Teilchen sind, die in der Zeit zurückreisen. Aber ist das wahr? Die Meinungen gehen auseinander, aber bisher gibt es keine experimentelle Bestätigung dafür, dass Antiteilchen (nicht) in der Zeit zurückreisen würden. Ohne eine solche Bestätigung in beide Richtungen können wir nicht sicher sein. Persönlich finde ich die Argumente überzeugend genug, um dies ernsthaft als Hypothese in Betracht zu ziehen. Darüber hinaus gibt es ein Symmetrieproblem. Wenn wir die Zeit als eine symmetrische Dimension behandeln wollen, würde jede Anregung eines Feldes zu einer Welle in beiden Zeitrichtungen führen. Die Erzeugung eines Teilchens würde also zu einer Welle in der positiven Zeitrichtung sowie zu einer Welle in der negativen Zeitrichtung führen. Vergleichen Sie dies mit dem Werfen eines Steins ins Wasser: Die Welle geht gleichmäßig in alle Richtungen. Symmetrie bedeutet, dass keine bestimmte Richtung für die Welle ausgewählt wird. Übertragen wir dies auf eine Raumdimension wie ein Seil, so wird bei Anheben des Seils in der Mitte eine Welle in beide Richtungen gestartet. Versuchen Sie sich eine Situation vorzustellen, in der die Welle nur nach rechts entlang des Seils geht, aber links nichts passiert. Solange die Situation symmetrisch ist, haben wir immer eine Welle, die in beide Richtungen geht.

Folglich, wenn die Anregung eines Feldes nur zu Teilchen und Antiteilchen in der positiven Zeitrichtung führt und in der negativen Zeitrichtung nichts passiert, *kann die Zeit nicht symmetrisch sein*! Daher, wenn Antiteilchen *nicht* in der Zeit zurückreisen würden, wäre die Zeit nicht symmetrisch. Das würde bedeuten, dass es eine fundamentale Asymmetrie im Universum gäbe. Wenn das der Fall wäre, müsste ich annehmen, dass die Symmetrie im Raum-Zeit-Kontinuum um den Beginn des Urknalls herum gebrochen wurde. In Abschn. 18.5 werden wir sehen, dass die schwache Kraft ein gewisses asymmetrisches Verhalten zeigt, das auch die Zeitsymmetrie beeinflusst. Dies ist tatsächlich eine Folge der Symmetriebrechung im frühen Universum. Allerdings scheint das Ausmaß dieser Symmetriebrechung bisher sehr begrenzt zu sein. Es reicht bei Weitem nicht aus, um zu erklären, wie eine Feldanregung zu einer Welle in nur einer Zeitrichtung führen könnte. Daher gibt es bis heute keine Beweise dafür, dass die Symmetrie unserer Zeitdimension so vollständig gebrochen ist, dass sie den Zeitpfeil in nur eine Richtung lenkt. Persönlich bevorzuge ich die Annahme, dass die Zeit im Allgemeinen symmetrisch ist (mit einigen Ausnahmen, die im Rahmen der CPT-Symmetrie korrigiert werden, s. Abschn. 18.5), und folglich, dass Antiteilchen tatsächlich in der Zeit zurückreisen.

Was bedeutet das für die Art und Weise, wie wir die Welt um uns herum wahrnehmen? Da wir das Universum als in einer Zeitrichtung fortschreitend wahrnehmen (z. B. nimmt die Entropie zu, ein Ei zerbricht in Stücke und kommt nicht wieder zusammen), müssen wir erklären, wie das in einem zeitsymmetrischen

Universum möglich ist. Sie könnten sich auch fragen, welchen Einfluss es hätte, wenn Antiteilchen tatsächlich in der Zeit zurückreisen würden. Würde das die Kausalität beeinflussen? Ich werde auf diese Fragen in einem separaten Abschnitt über den „Zeitpfeil" eingehen.

So kommen wir nun zu Feynman-Diagrammen, die je nach Beobachter unterschiedlich sind. Das ist nicht gut. Wir brauchen eine Theorie, die nicht vom Beobachter abhängt! Eine solche Theorie wird als lorentzinvariant bezeichnet. Das bedeutet, dass die Theorie sich unter einer Lorentz-Transformation nicht ändert. Eine Lorentz-Transformation ist ein Wechsel von einem Bezugssystem zu einem anderen, oder einfach ausgedrückt, es ist ein Wechsel zu einem anderen Beobachter, der sich mit einer anderen Geschwindigkeit bewegt. Schließlich sollte sich die Physik nicht ändern, wenn wir uns mit einer anderen Geschwindigkeit bewegen. Das haben wir aus der Relativitätstheorie gelernt.

Wie können wir also Feynman-Diagramme lorentzinvariant machen? Was wir tun müssen, ist, die zeitliche Reihenfolge der Ereignisse aus dem Diagramm zu entfernen. Das können wir nur tun, indem wir beide möglichen Prozesse (von Abb. 10.4 und 10.5) in die Berechnung einbeziehen. So wird das Diagramm vereinfacht, indem die Zeitachse entfernt und alle möglichen Wege, wie die Wechselwirkung stattfinden kann, in die Berechnung einbezogen werden.

Das bedeutet, dass eine sinnvolle Berechnung einer Wechselwirkung nur durch die Addition aller möglichen Wege, auf denen die Wechselwirkung stattfinden kann, erhalten werden kann. Verschiedene Beobachter werden verschiedene Wege sehen, aber sie müssen die Wege aller anderen Beobachter in ihre Berechnung einbeziehen. Jeder Beobachter wird dann zu dem gleichen Schluss kommen. Dies macht das Diagramm lorentzsymmetrisch, was es einfacher macht, Wechselwirkungen richtig zu beschreiben. Wenn wir Wechselwirkungen kombinieren, müssen wir uns keine Sorgen machen, ob wir alle möglichen Variationen berücksichtigt haben. Sie sind bereits im Feynman-Diagramm aufaddiert. Dieses „Aufaddieren aller Variationen" wird in dem sogenannten Propagator der Wechselwirkung durchgeführt (s. nächster Abschnitt).

Es sieht so aus, als ob man ein Haus aus symmetrischen (lorentzsymmetrischen!) Ziegeln baut, anstatt aus asymmetrischen Ziegeln [Ref. 35, S. 126]. Viel einfacher! Bei der Berechnung einer Art von Wechselwirkung müssen wir nicht eine ganze Reihe von Berechnungen durchführen, die bereits zuvor gemacht wurden. Wir zeichnen einfach die Feynman-Diagramme, die auf die Wechselwirkung zutreffen, wenden die Feynman-Regeln auf die Linien und Punkte an (jede Feynman-Regel fügt einen Multiplikationsfaktor hinzu), und kommen zu der Formel, die die Wechselwirkung beschreibt.

Energie und Impuls werden an jedem Punkt im Feynman-Diagramm erhalten. Daher muss die Änderung des Impulses des einfallenden Teilchens zum ausgehenden Teilchen dem Impuls entsprechen, der von der Störung weggetragen wird.

10.2 Propagator

Schauen wir uns virtuelle Photonen an. Wir haben zuvor besprochen, wie die Phasenverschiebung, die durch eine Quelle (ein Teilchen) erzeugt wird, einen Potenzialunterschied erzeugt, der sich durch den Raum ausbreitet. Das Wort „propagiert“ hat eine besondere Bedeutung, da die Lösung, die den Potenzialunterschied „Welle“ beschreibt, auch als Propagator bezeichnet wird. *Er beschreibt die Ausbreitung eines Pakets von Wellen, die aufaddiert einen anderen Charakter haben können als ein tatsächliches Quant.* Es kann von der Massenschale abweichen und es kann eine begrenzte Lebensdauer haben. Im Grunde genommen beschreibt ein Propagator, wie eine *Störung* sich durch das Raum-Zeit-Kontinuum bewegt.

Es gibt etwas Lustiges über den Propagator zu sagen, da er auch ein reales Quant beschreiben kann. Das reale Quant ist in der Tat ein Spezialfall einer Störung. Ein reales Quant ist der „Pol“ im Propagator. Dies ist ein spezieller Zustand im Propagator mit speziellen Eigenschaften. In diesem Fall wird die Lösung zu einer einzigen Welle auf der Massenschale mit unbegrenzter Lebensdauer. Das Quant erfüllt Bedingungen, die nicht für den Rest des Propagators gelten, sondern nur am Pol. Als Pol im Propagator wird ein reales Quant auch als eine *Resonanz* bezeichnet. Ein reales Quant ist daher ein Spezialfall einer Störung: die wahre Anregung des Feldes. Wenn eine Störung mehr wie ein reales Quant aussieht, beschreibt der Propagator eine höhere Wahrscheinlichkeit, eine solche Störung zu finden, und eine längere Lebensdauer. Allerdings, wie wir bereits gesehen haben, existiert ein reales Quant nie wirklich. Es wird immer mit anderen Feldern interagieren und Störungen erzeugen. Wenn es das tut, ist es nicht mehr das ideale reale Quant.

Wenn es um Propagatoren geht, gibt es verschiedene Typen. Es gibt den freien Propagator, der nur ein virtuelles Teilchen (Störung) beschreibt, das von A nach B geht, ohne zu interagieren. Es gibt auch den vollen Propagator, der den gesamten Propagationsprozess einer Wechselwirkung und alle virtuellen Teilchen, die daran teilnehmen, beschreibt. Wechselwirkungen können sich unterscheiden, z. B. durch Berücksichtigung der Anzahl der in den Prozess eintretenden Teilchen und der Anzahl der austretenden Teilchen. Es gibt einen vollen Propagator für jede mögliche Anzahl von Teilchen, die an einer Wechselwirkung beteiligt sind.

Wenn z. B. ein Teilchen eintritt und ein Teilchen austritt, beschreibt der vollständige Propagator einen Prozess mit zwei Teilchen und wird 2-Punkt-Propagator genannt. Dies kann verwendet werden, um eine Störung zu beschreiben, die durch das eingehende Teilchen erzeugt wird und von diesem wieder absorbiert wird. Ein 4-Punkt-Propagator ist ein vollständiger Propagator, der eine Interaktion mit zwei ein- und zwei austretenden Teilchen beschreibt ($2 + 2 = 4$). Dies kann verwendet werden, um die Interaktionsprozesse zwischen zwei Teilchen zu beschreiben.

Der vollständige Multiplikator im Raum-Zeit-Kontinuum wird (konzeptionell) definiert durch:

Propagator = Summe der Wellen, die jeweils einen unterschiedlichen Impuls haben x Amplitude jeder Welle.

Die Amplitude bezieht sich auf die „Wahrscheinlichkeitsamplitude“ und nicht auf die „Höhe“ der Welle. Sie repräsentiert die Wahrscheinlichkeit, eine Welle mit diesem speziellen Impuls im Wellenpaket zu finden. Daher hängt die (Wahrscheinlichkeits-)Amplitude jeder Welle von ihrem Impuls ab. Im Falle des 2-Punkt-Multiplikators hängt die Amplitude für die Störungswellen (die virtuellen Teilchen) auch von den folgenden Faktoren ab:

- Σ(p): sagt Ihnen, wie stark jede Welle mit Impuls p im Paket mit anderen Feldern im Vakuum interagiert.
- Γ(p): gibt die Zerfallsrate jeder Welle mit Impuls p im Paket an. Die Zerfallsrate begrenzt die Lebensdauer der Welle bei Impuls p.

Nehmen wir den Zwei-Punkt-Prozess: Ein Teilchen tritt ein, es sendet eine Störung aus, die es wieder absorbiert, und das Teilchen verlässt den Prozess. Die Wahrscheinlichkeit für diesen Prozess wird ungefähr gefunden, indem die eingehende Welle mit dem 2-Punkt-Multiplikator und der auslaufenden Welle multipliziert wird:

Wahrscheinlichkeit(2−Punkt−Prozess) = eingehende Welle x Propagator x ausgehende Welle.

Dieser Prozess kann in einem Diagramm dargestellt werden (s. Abb. 10.8), das die Erzeugung und Wiederaufnahme der Störung zeigt. Das Diagramm zeigt auch, wie der Impuls in jeder Phase des Prozesses gleich bleibt. Das Gleiche gilt für die (durchschnittliche) Energie.

Wenn eine bestimmte Welle mit Impuls p nicht mit anderen Feldern interagiert und eine unendliche Lebensdauer hat, sind sowohl Σ als auch Γ 0. Unter dieser Bedingung beträgt die Wahrscheinlichkeit einer solchen Welle 100 %. Dies ist die Situation am Pol für ein reales Teilchen: Die Welle ist perfekt, interagiert nicht mit anderen Feldern, erzeugt keine Störungen und hat eine endlose Lebensdauer. Wenn Σ oder Γ nicht 0 sind, ist die Welle nicht perfekt, in diesem Fall interagiert sie oder erzeugt Störungen und sie hat keine endlose Lebensdauer: Sie ist eine Störung.

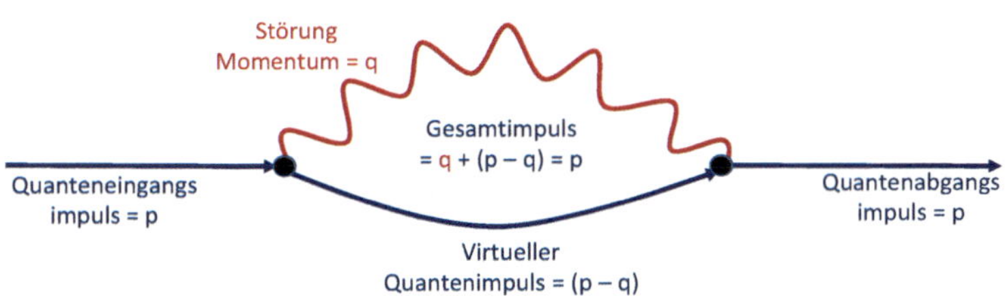

Abb. 10.8 Diagramm für die Erzeugung einer Störung und deren Wiederaufnahme. Wie Sie sehen können, ist in jeder Phase der Gesamtimpuls gleich p, dem Impuls am Anfang

In Abb. 10.8 gibt das Quant einen Teil seiner Energie und seines Impulses in die Störung ab. Wir nennen diese Energie *Selbstenergie*, wenn die Störung vom Teilchen wieder aufgenommen wird. Dieser Prozess wird durch den diskutierten 2-Punkt-Propagator beschrieben. Selbstinteraktion ist ein spezieller Prozess, der Unendlichkeiten in der Masse des Elektrons verursachen kann. Wir werden dieses Rätsel im Abschnitt über die Renormierung behandeln, wo wir diese Art von Interaktion weiter untersuchen werden.

Betrachten wir nun den Propagator für *zwei* eintretende und *zwei* austretende Teilchen (den 4-Punkt-Propagator). Dies beschreibt eine Interaktion. Die Wahrscheinlichkeit für diesen Prozess ist daher

$$\begin{aligned}\text{Wahrscheinlichkeit} &= \text{Eintreten(Welle 1} \times \text{Welle 2)} \\ &\times \text{4−Punkt−Propagator} \times \text{Austreten(Welle 2} \times \text{Welle 1)}.\end{aligned}$$

Dieser Prozess wird in einem anderen Diagramm beschrieben (s. Abb. 10.9).

Bis jetzt haben wir die beiden Möglichkeiten beschrieben, die einer von einem Teilchen erzeugten Störung passieren können:

1. Sie kann wieder aufgenommen werden, was ein Selbstenergieprozess ist. Die Störung wird durch einen 2-Punkt-Propagator beschrieben.
2. Sie kann von einem anderen Teilchen aufgenommen werden, was ein Interaktionsprozess ist. Die Störung wird durch einen 4-Punkt-Propagator beschrieben.

Im Allgemeinen stellen wir fest, dass der Propagator eine ganze Reihe von Wellen beschreibt, die starten und enden können und die aufsummiert werden müssen. Daher müssen diese Wellen miteinander interferieren und zusammen eine Störung im Feld bilden. Die einzige Gewissheit, die sich daraus ergibt, ist, dass die Energie- und Impulsdichte der Summe aller einlaufenden Wellen gleich der Energie- und Impulsdichte der Summe aller auslaufenden Wellen ist.

Um *alle* Wellen zu beschreiben, die die Interaktion ausmachen, muss der Propagator alle möglichen Wege addieren, wie eine Interaktion sich entwickeln kann.

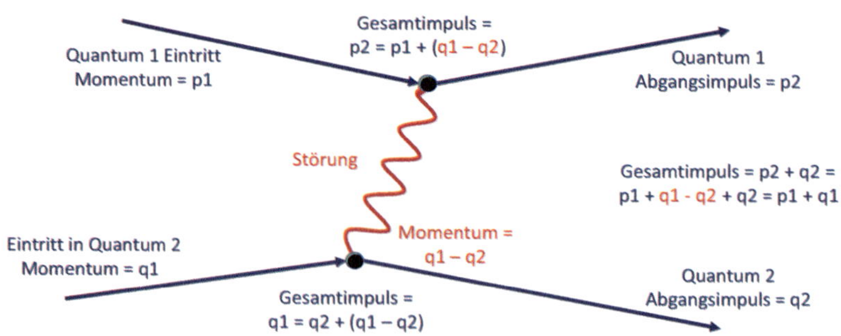

Abb. 10.9 Diagramm eines 4-Punkt-Prozesses: Interaktion zwischen zwei Teilchen. Die Störung nimmt Impuls von q1 weg und fügt ihn zu p1 hinzu. Daher wird der Impuls an jedem Knotenpunkt im Diagramm und insgesamt erhalten

Alle Möglichkeiten zählen und addieren sich zur Gesamtwahrscheinlichkeit für die beschriebene Interaktion. Welche Möglichkeiten gibt es also und wie können wir sehen, dass der Propagator alle berücksichtigt? Zum Beispiel kann der 2-Punkt-Propagator, der die Selbstenergie eines Teilchens beschreibt, als Reihe geschrieben werden (s. Abb. 10.10).

Wie Sie sehen können, berücksichtigt der vollständige 2-Punkt-Propagator die Tatsache, dass es eine beliebige Anzahl von Selbstinteraktionen geben kann, wenn ein Teilchen von A nach B bewegt wird, einschließlich keiner Selbstinteraktionen. Die Diagramme in Abb. 10.10 sind nicht ganz korrekt. Jede einzelne Selbstinteraktion stellt tatsächlich selbst eine Reihe dar. Sie repräsentiert eine Reihe von möglichen Unterinteraktionen, wie sie im Zusammenhang mit der Zeitordnung von Ereignissen diskutiert wurden (s. Abb. 10.11).

In Abb. 10.11 finden wir z. B. die Möglichkeit, dass eine Störung (die rote wellige Linie) wiederum ein anderes Feld stören und ein virtuelles Teilchen- und Antiteilchen-Paar erzeugen kann, bevor es weitergeht und vom ursprünglichen Quanten wieder aufgenommen wird. Es besteht auch die Möglichkeit, dass zwei Störungen gleichzeitig auftreten, und wir können so weitermachen. Die Wahrscheinlichkeit jeder Variation fällt schnell, wenn sie mehr verschachtelte Störungen enthält.

Die Reihe in Abb. 10.10 summiert sich zum vollständigen Propagator. Sie zeigt an, wie oft die Interaktion stattfinden kann. Jede Interaktion kann mit einer Reihe von Diagrammen wie in Abb. 10.11 in Verbindung gebracht werden, die alle möglichen Wege zeigen, wie die Interaktion sich entwickeln kann. So sehen wir jetzt, dass der n-Punkt-Propagator alle möglichen Wege beschreibt, wie eine n-Punkt-Interaktion in einer Formel stattfinden kann. Er kann durch eine Kombination von Diagrammen dargestellt werden, die jeweils eine mögliche Version der gleichen Art von Interaktion beschreiben. Zusammenfassend:

$$n\text{–}Punkt\text{–}Propagator = Summe\ aller\ möglichen$$
$$Feynman\text{–}Diagramme\ mit\ n\ externen\ Linien.$$

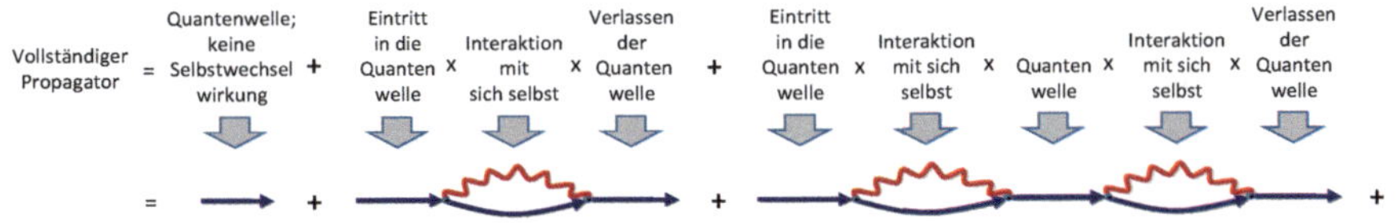

Abb. 10.10 Der vollständige Propagator kann als Reihe geschrieben werden, die direkt in Diagramme übersetzt werden kann

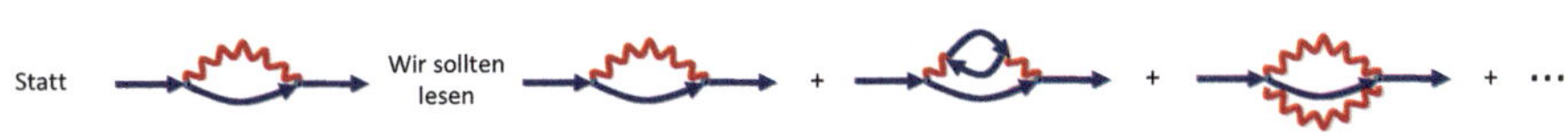

Abb. 10.11 Alle möglichen Wege, wie sich eine Selbstinteraktion entwickeln könnte

Obwohl alle Feynman-Diagramme berücksichtigt werden müssen, tragen nicht alle in gleichem Maße zum Prozess bei. Wie viel ein Diagramm zum Prozess beiträgt, hängt davon ab, wie weit die Störungen, die die Kraft erzeugen, von der Schale entfernt sind. Je weiter von der Schale entfernt, desto geringer ist die Wahrscheinlichkeit, dass der durch dieses Diagramm dargestellte Prozess stattfindet. Daher ist der Beitrag dieses Diagramms zum Gesamtprozess geringer.

Also, wann ist eine Störung weiter off shell? Schauen wir uns noch einmal Abb. 10.9 an. Dies ist ein Beitrag mit hoher Wahrscheinlichkeit, da die Störung sehr gut (nahe) on shell sein könnte. Zum Beispiel könnte es ein Photon sein, das den Impuls und die Energie sauber überträgt, so dass die übertragene Energie gleich dem übertragenen Impuls mal c ist ($E = PC$). Aber die Versionen, die wir in Abb. 10.11 sehen, könnten weniger wahrscheinlich sein. Nehmen wir z. B. die Situation, in der das Photon sich für eine Weile auf halbem Weg in ein Teilchen-Antiteilchen-Paar aufspaltet. Diese beiden Teilchen müssen eine Energie und einen Impuls haben, die sich zu $E = PC$ addieren (gültig für das Photon, wenn es nahe an on shell ist). Aber wenn sie on shell wären, müsste es eine andere Beziehung zwischen Energie und Impuls für diese Teilchen geben! Also, sie *können* nicht on shell sein und sind tatsächlich weit off shell. Daher ist der Beitrag dieser Situation zum Gesamtprozess viel kleiner.

Um Verwirrung zu vermeiden, wird der Propagator, über den wir gesprochen haben, als Feynman-Propagator bezeichnet. Im Allgemeinen beschreibt der Feynman-Propagator den Austausch von virtuellen Teilchen. Oder genauer gesagt, er beschreibt ein Paket von Wellen, das vom Interaktionspunkt A zum Interaktionspunkt B geht. Oft wird er einfach „der" Propagator genannt. Es gibt jedoch auch Propagatoren für reale Teilchen, die eine mathematisch sehr unterschiedliche Form haben. Sie beschreiben die Wahrscheinlichkeit, dass ein reales Teilchen von Position A nach Position B gelangt. Diese Arten von Propagatoren haben keine Beziehung zu dem Propagator, über den wir in diesem Abschnitt gesprochen haben. Sie werden im Kontext der Quantenmechanik verwendet, während der Feynman-Propagator in der Quantenfeldtheorie verwendet wird.

Nehmen wir an, wir setzen eine Quelle (ein geladenes Teilchen) in das Vakuum. Wenn wir das tun, wird das elektromagnetische Feld gestört und wird inhomogen. Die Folge ist, dass andere geladene Teilchen, die sich durch das gestörte Feld bewegen, eine Kraft erfahren und wir können diese Kraft nutzen, um etwas zu bewegen oder eine Induktion zu erzeugen (d. h. einen elektrischen Strom). Beispiele sind:

Transformator: Das elektromagnetische Feld, das von einer Spule (Quelle) erzeugt wird, induziert einen Strom in einer anderen Spule. Dies geschieht in Ihrem Zahnbürstenladegerät, wenn Sie ein separates Ladegerät (Quelle) haben, das in die Steckdose geht und eine Zahnbürste darauf platziert. Die Störungen, die vom Ladegerät erzeugt werden, induzieren einen Strom in einer Spule der Zahnbürste, der die Batterie in der Zahnbürste lädt.

Kommunikation im Nahbereich: Die Quelle könnte z. B. eine Zahlungsmaschine sein, die ein elektromagnetisches Signal erzeugt, das von Ihrer Bankkarte aufgenommen werden kann. Die Bankkarte hat einen Chip und eine

Induktionsspule. Die Karte erhält sowohl Energie als auch das Signal von der Zahlungsmaschine und verwendet dies, um eine Antwort an die Maschine zu senden. All dieses Senden erfolgt mit Störungen.

MRI(Magnetresonanztomographie)-Scanner: Der Scanner ist hier die Quelle und erzeugt starke Störungen. Diese Störungen werden von bestimmten Molekülen in Ihrem Körper (z. B. Wassermolekülen) aufgenommen. Die Art und Weise, wie sie aufgenommen werden, wird als Resonanz bezeichnet (aber nicht auf die gleiche Weise, wie wir sie in diesem Abschnitt besprochen haben), daher der Name der Maschine. Die Moleküle werden angeregt (insbesondere ändert sich ihre Spinrichtung). Sie reagieren darauf, indem sie nach einiger Zeit in ihren ursprünglichen Zustand zurückfallen. Wenn sie dies tun, erzeugen sie (echte!) Photonen, die gemessen werden. Der Punkt ist, dass das von der Maschine erzeugte Feld einen Gradienten hat, so dass nur in einem bestimmten Abstand die Moleküle genau die richtige Energie aus dem Feld aufnehmen, um angeregt zu werden. Durch Änderung der Feldstärke ändert sich dieser Abstand. Also, die Maschine erzeugt ein Feld, misst eine Scheibe, erhöht das Feld und misst die nächste Scheibe. Am Ende kann die Maschine angeben, wo die gegebenen Moleküle in Ihrem Körper in kleineren oder größeren Konzentrationen vorhanden sind.

10.3 Beziehung zwischen virtuellen und realen Teilchen

Einer der Unterschiede zwischen einem realen und einem virtuellen Quant liegt in seiner Lebensdauer. Wie steht es also um ein reales Photon, das schnell absorbiert wird? Es hätte eine sehr kurze Lebensdauer gehabt, so dass dieses Photon auch aus einer Anzahl von Wellen und Frequenzen bestehen sollte und seine Energie wäre unsicher, richtig? Dies könnte wie eine Störung aussehen. Der Hauptunterschied besteht jedoch darin, dass die Störung immer noch eine andere Beziehung zwischen ihrer Masse, Energie und Impuls erfüllt. Beispielsweise hat die Störung, die zwischen einem Elektron und einem Atomkern ausgetauscht wird, sehr wenig Energie und viel Impuls (sie ändert die Richtung des Impulses des Elektrons, aber nicht die Energie des Elektrons). Sie ist weit davon entfernt, ein tatsächliches (reales) Photon zu sein. Der Unterschied kommt also darauf an, dass ein kurzlebiges reales Quant im Durchschnitt immer noch *im Durchschnitt* auf der Massenschale liegt. Und eine Störung kann weit davon entfernt sein, sogar im Durchschnitt.

Ein reales Teilchen ist eine Resonanz. Es hat eine schärfere Energie und daher eine schärfere Frequenz, da dies die natürliche Frequenz des Feldes ist (wie die Stimmgabel). Wenn es kurzlebig ist, ist es immer nahe (in der Zeit) an seiner Erzeugung und seiner Vernichtung. Dies sind Prozesse, die die Frequenz ändern („Kollaps“ der Wellenfunktion) und dafür verantwortlich sind, dass seine Frequenz unklar ist. Andernfalls lebt es lange und kann als einzelne Welle auf der Massenschale modelliert werden.

Felder können Energie in Störungen und in Resonanzen (Quanten) tragen. Eine Störung, die weit von der Massenschale entfernt ist, zerfällt, weil sie nicht resonant ist. Eine Störung, die nahe an der Massenschale ist, zerfällt aufgrund von Dämpfung, nicht aufgrund von Nicht-Resonanz. Eine Resonanz auf der Massenschale hat die Tendenz zu bleiben. Die Konsequenz dieses Unterschieds ist, dass statistisch gesehen Teilchen häufiger sind als Störungen. Anders ausgedrückt, wir messen Teilchen, nicht Störungen. Obwohl die Störungen ein wesentlicher Teil der Wechselwirkungen im Messprozess sind.

Wenn wir ein Teilchen messen, messen wir es möglicherweise zu einem Zeitpunkt, an dem es aus vielen Störungen besteht. Diese Störungen sind jedoch verknüpft. Zusammengefasst behalten sie die Eigenschaften des Teilchens. Die Wechselwirkung, die uns Informationen über das Teilchen lieferte, interagiert also mit der Summe der Störungen. Wenn beispielsweise ein Teilchen im Messprozess absorbiert wird (z. B. ein Photon), werden alle verknüpften Störungen absorbiert. Sie leben als neue Störungen weiter und werden Teil des Teilchens, das das Photon absorbiert hat.

Quanten und Störungen innerhalb eines Feldes stehen in Beziehung zueinander, da sie im selben Feld leben. Es gibt jedoch viele wesentliche Unterschiede, die ihr Verhalten bestimmen. Die allgemeine populäre Literatur lässt uns glauben, dass virtuelle Teilchen dasselbe sind wie reale Teilchen, mit dem Unterschied, dass virtuelle Teilchen für kurze Zeit aus dem Vakuum gezogen werden (basierend auf dem Unschärfeprinzip). Ich hoffe, dass Sie jetzt eine viel subtilere Sicht auf die Angelegenheit haben und es klar ist, dass virtuelle und reale Teilchen sehr unterschiedliche Wesen sind.

10.3.1 Zusammenfassung

Tab. 10.1 gibt uns eine Zusammenfassung der Unterschiede zwischen Quanten („reale“ Teilchen) und Störungen („virtuelle“ Teilchen).

Wir können also schlussfolgern, dass eine nicht resonante Störung in einem Feld das Ergebnis einer Phasenverschiebung ist, die durch eine Quelle verursacht wird, mit der Folge, dass das Feld inhomogen wird. Sie wird durch den Propagator repräsentiert, der eine solche Störung als eine Reihe von Wellen beschreibt, die

Tab. 10.1 Zusammenfassung der Unterschiede zwischen realen und virtuellen Teilchen

Reale Teilchen	Virtuelle Teilchen
Resonanz	Störung
Ton der Stimmgabel	Stimmgabel wird gezwungen, einen anderen Ton zu erzeugen
Keine Quelle notwendig	Quelle (geladenes Teilchen) stört das Feld, um den „falschen Ton“ zu erzeugen
Lösung ist eine Welle	Lösung ist ein Propagator
Eine Welle	Wellenpaket
Langes Leben/stabil	Kurzes Leben/schneller Tod
Auf der Massenschale	Außerhalb der Massenschale

außerhalb der Massenschale liegen. Diese Wellen haben eine begrenzte Lebensdauer, nach der sie entweder mit der Quelle rekombiniert oder von einem anderen Quant absorbiert werden.

Ein Quant hingegen ist eine Resonanz im Feld, die sich lange halten kann und idealerweise durch eine einzelne Sinuswelle in einem homogenen Feld beschrieben wird. Es wird durch eine Wellengleichung repräsentiert, die die relativistische Dispersionsrelation erfüllt und auf der Massenschale liegt.

Wenn ein Quant die Phase verschiebt, werden sowohl die Quantenwelle als auch die Eichwelle zu einer Störung und liegen außerhalb der Massenschale. Zusammengefasst repräsentieren sie immer noch dieselbe Energie, denselben Impuls und dieselbe Masse wie das ursprüngliche Quant und zusammen liegen sie auf der Massenschale. Wenn sie rekombinieren, sind sie dasselbe Quant wie zuvor. Wenn die Eichwelle von einem anderen Teilchen absorbiert wird, wird das ursprüngliche Quant wieder zu einer Sinuswelle, aber jetzt mit einer anderen Energie und einem anderen Impuls und wieder auf der Massenschale.

10.4 Was ist ein Elektron wirklich?

Wenn ein Elektron Phasenverschiebungen erzeugt, stört es das EM-Messfeld. Es erhält Rückstöße davon, da dies die einzige Möglichkeit ist, das EM-Feld in einem „off-mass shell"-Ton klingen zu lassen. Wie wir bereits gesehen haben, verbringt das Elektron seine Zeit als Kombination von zwei Störungen: einer im Elektronenfeld und einer im elektromagnetischen Feld (s. Abb. 10.12).

Das Diagramm zeigt ein Feynman-Diagramm eines Photons, das ein Elektron-Positron-Paar erzeugt und es dann wieder zu einem Photon rekombiniert. Ein Photon verbringt einen Teil seiner Zeit als Störung im elektromagnetischen Feld und einen Teil als Störung im Elektronenfeld.

Etwas Ähnliches gilt für das Photon selbst (s. Abb. 10.13). Es verbringt einen Teil seiner Zeit als Störung im elektromagnetischen Feld und einen Teil als Störung des Elektronenfeldes. Diese Störung hat einige Bereiche mit negativer elektrischer Ladung und einige mit positiver elektrischer Ladung, aber mit insgesamt null Ladung. Die Summe der Störungen des Photons im Elektronenfeld ergibt immer null Ladung und null Masse. Das Photon kann dies in allen geladenen Feldern tun. Zum Beispiel ist es manchmal eine Störung im Feld des Myons (eine schwere Art von Elektron, das zu einer anderen Teilchenfamilie gehört) und manchmal im Quark-Feld.

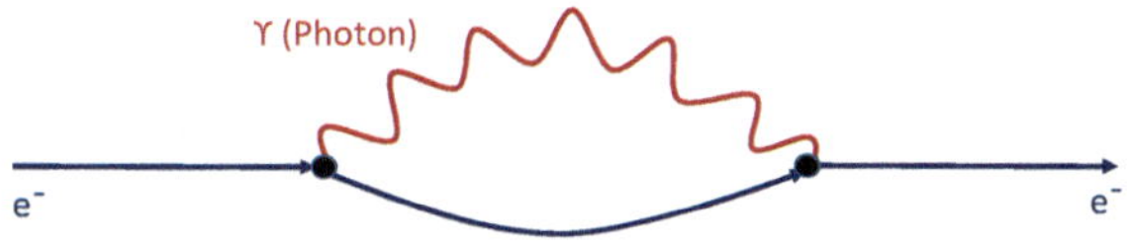

Abb. 10.12 Feynman-Diagramm eines Elektrons, das ein Messphoton erzeugt und es wieder absorbiert

Abb. 10.13 Feynman-Diagramm eines Photons, das ein Elektron-Positron-Paarerzeugt und sich wieder zu einem Photon rekombiniert

Ein Photon erzeugt ein Teilchen-Antiteilchen-Paar in einem solchen Feld. Hier verwenden wir unsere vorherige Erkenntnis, dass ihre Nettomasse null sein kann. Ihre Wellen sind begrenzt und sie bewegen sich so, dass sie zusammen eine Nettobewegung null der an das Elektronenfeld angehängten Federn verursachen. Oder besser, das Nettopotenzial des Paares im Higgs-Feld bleibt null. Sie haben auch eine kombinierte Ladung von null. Beachten Sie, dass das Elektron-Positron-Paar tatsächlich ein Elektron ist, das zuerst vorwärts in der Zeit läuft, die Richtung ändert und wieder zurück in der Zeit läuft, bis es wieder dorthin gelangt, wo es begonnen hat. So können Sie dieses „Paar von Störungen" als Elektronenschleife sehen!

All diese Effekte können richtig berechnet werden, aber die Berechnung ist so kompliziert, dass es nicht machbar wäre, all diese Effekte konzeptionell zu erarbeiten. Um das richtige Bild dieser Effekte zu bekommen, müssen sie berechnet werden. Die Berechnung für das Photon, das manchmal eine Störung in anderen (geladenen) Feldern ist, ergibt genau das Ergebnis, dass das Elektron-Positron-Paar null Nettomasse und Ladung hat [Ref. 12].

Wenn ein Photon manchmal eine Störung des Elektronenfeldes sein kann, polarisiert es im Grunde das Vakuum. Der Punkt ist, dass, wenn ein Photon eine Elektron-Positron-Kombination ist, etwas mehr negative Ladung auf einer Seite des Photonenwegs und etwas mehr positive Ladung auf der anderen Seite des Wegs ist. Im Allgemeinen wird dies zufällig wechseln, so dass es keinen Nettoladungseffekt gibt und das Photon sein eigenes Feld nicht stört. Wenn jedoch eine andere Ladung in der Nähe ist, sagen wir eine negative Ladung, dann wird die Elektron-Positron-Kombination in ihrer Richtung voreingenommen sein. Das Positron wird näher an der negativen Ladung sein wollen (da es selbst positiv ist), während das Elektron weiter weg sein möchte. Wir werden diesen Prozess später verwenden, wenn wir Vakuum-Polarisation und ein damit verbundenes Unendlichkeitsproblem der Theorie diskutieren.

So können wir nun diese Störungen zu einem Bild dessen zusammenfügen, was ein Elektron wirklich ist (s. Abb. 10.14). Das Elektron besteht aus einer ganzen Reihe von Störungen. Der lustige Teil ist, dass ein Elektron manchmal ein bisschen Quark + Antiquark oder ein bisschen Myon + Antimyon sein kann.

Wir können mit diesem Prozess fortfahren, in dem z. B. eine Tau-Störung das Photonenfeld stören kann und diese Photonenstörung wiederum das Elektronenfeld oder andere Felder stören kann usw. Sie können sich vorstellen, dass jede solche Verzweigung in noch unterschiedliche Störungen die Energie über sie verteilt. Wenn die Energie verteilt wird, wird die Energie für jede solche einzelne Störung weniger. Je verzweigter die Störungen werden, desto weniger Energie wird

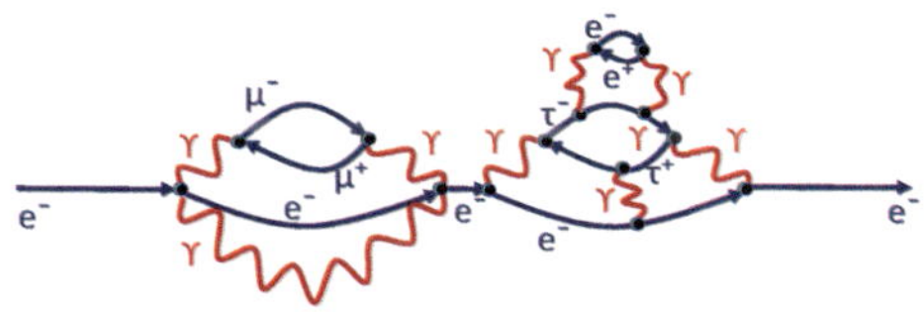

Abb. 10.14 Ein Elektron, dargestellt als eine Reihe von Störungen im Photonenfeld, das wiederum Störungen in anderen geladenen Feldern wie Myonen(μ)- oder Tau(τ)-Feldern hat

für jede einzelne Störung verfügbar sein. Folglich werden diese Störungen immer weiter von der Massenschale entfernt und weniger wichtig in der Berechnung ihrer Effekte. Im Allgemeinen, wenn Berechnungen gemacht werden, werden Effekte oft nur ein paar Verzweigungen tief einbezogen.

Die Summe all dieser Effekte zu einem bestimmten Zeitpunkt entspricht der Masse und Ladung eines Elektrons (aus einiger Entfernung gesehen). Und so bewegt sich ein Elektron durch die Welt. Für viele allgemeine Zwecke kann das Elektron immer noch als eine einzelne Welle mit einem Impuls modelliert werden, aber in Wirklichkeit ist es ein ständiger Schmelztiegel von Störungen. Dieser Schmelztiegel wird manchmal als virtuelle Teilchenwolke bezeichnet. Nur wenn ein Teilchen nicht mit anderen Feldern in Verbindung steht, kann es eine schöne Sinuswelle sein. Andernfalls wird es ständig stören und gestört werden.

Das Bild von Elementarteilchen, das wir hier erstellen, mag seltsam erscheinen, und es bleibt unklar, wie dieser Mechanismus der Störungen es schafft, die Energie und den Impuls zu verfolgen (ohne einige auf dem Weg zu verlieren), aber die Berechnungen, die auf diese Weise durchgeführt werden, stimmen mit Messungen zu einem unglaublichen Grad an Genauigkeit überein.

Es wird besonders interessant, wenn der Impuls eines Elektrons sehr hoch ist. Wenn wir zwei solche Elektronen haben, die aufeinander prallen, kann ihre kombinierte Energie ausreichen, um nicht eine Störung, sondern ein echtes Quant zu erzeugen. Beispielsweise können die beiden Elektronen eine Photonstörung sehr hoher Energie austauschen, und dieses Photon kann dann in ein Elektron-Positron-Paar aufspalten. Angenommen, seine Energie reicht aus, um nicht nur das Paar als Störung zu erzeugen, sondern zwei „on-mass shell"-Quanten zu erzeugen, werden diese Quanten stabiler sein als die Störungen und mit einem eigenen Leben davonfliegen. Daher können zwei hochenergetische Elektronen, die aufeinanderprallen, dazu führen, dass drei Elektronen und ein Positron davonfliegen. Daher können Störungen zu tatsächlichen Quanten werden, wenn genügend Energie vorhanden ist.

10.5 Wie erzeugen virtuelle Teilchen eine Kraft?

Wir haben zuvor gesehen, dass eine Kraft durch geladene Teilchen aufeinander einfach durch das Biegen des Pfades der Wellen des anderen erzeugt wurde. Wie erklärt, ist dies eine Folge eines Austauschs von Potenzial durch die Eichwelle, die die Wellenlänge verlängert oder verkürzt (d. h. Impuls).

In diesem Kapitel haben wir entdeckt, dass eine solche Eichwelle, die den Potenzialunterschied transportiert, wirklich ein virtuelles Teilchen ist. Im Allgemeinen haben wir gesehen, dass ein Teilchen wie ein Elektron viele virtuelle Photonen erzeugt und sich als „off shell"-Elektron + eine Menge virtueller Photonen und anderer Störungen durch die Welt bewegt. Wir können dies eine Wolke von Störungen nennen. Eine Interaktion zwischen zwei solchen Wolken kann nicht leicht konzeptionell verstanden werden und muss wirklich berechnet werden.

Dennoch, wir geben nicht auf! Lassen Sie uns sehen, wie weit wir unser konzeptionelles Bild verbessern können. Für die folgende Diskussion beschränken wir die Wolke der Störungen auf ein „off shell"-Elektron und eine Menge virtueller Photonen und lassen die anderen Störungen außer Acht. Das reicht aus, um eine Vorstellung davon zu bekommen, was vor sich geht. In diesem Bild ist die Gesamtenergie und der Impuls des Elektrons + Wolke die des „klassischen Elektrons", so dass die Wolke der virtuellen Photonen einen Teil dieses Impulses und dieser Energie trägt.

Was würde passieren, wenn ein solches Elektron auf ein anderes Teilchen treffen würde? Dieses andere Teilchen hat auch eine Menge virtueller Photonen um sich herum. Ihre Wolken würden bereits aus einiger Entfernung anfangen sich zu mischen. Da die virtuellen Photonen ständig erzeugt und wieder absorbiert werden, werden sie unweigerlich anfangen, die virtuellen Photonen des anderen zu absorbieren. Von hier an unterscheiden wir zwischen Elektronen gleicher Ladung und solchen entgegengesetzter Ladung (z. B., wenn ein Elektron auf ein Positron trifft).

10.5.1 Elektronen gleicher Ladung

Nehmen wir an, die beiden Elektronen kommen aus großer Entfernung aufeinander zu. Das bedeutet, dass sie entgegengesetzten Impuls haben, ebenso wie ihre virtuellen Photonwolken, da sie einen Teil dieses Impulses tragen (s. Abb. 10.15). Wenn Elektron 1 ein virtuelles Photon von Elektron 2 absorbiert, bedeutet dies, dass es ein wenig entgegengesetzten Impuls absorbiert. Wenn sie noch weit auseinander sind, ist das nicht viel, aber es führt zu einem kleinen Rückgang seines Impulses. Die Photonen tragen nicht nur Impuls, sondern auch eine Federstärke (Potenzial). Für gleiche Ladungen haben wir gesehen, dass Potenziale addiert werden müssen. Das bedeutet, dass die Federstärke, die von einem virtuellen Photon von Elektron 2 getragen wird, zur Federstärke von Elektron 1 hinzugefügt wird, wenn es von ihm absorbiert wird. Andersherum funktionieren die Dinge auf die gleiche Weise: Wenn Elektron 2 ein virtuelles Photon von Elektron 1 absorbiert, wird es etwas entgegengesetzten Impuls und zusätzliche Federstärke absorbieren. Daher wird es seinen Impuls verringern und seine Federstärke erhöhen. Wenn die beiden Teilchen sich näher kommen, beginnen sie, mehr von den virtuellen Photonen des anderen zu absorbieren. Das Ergebnis ist, dass der Effekt

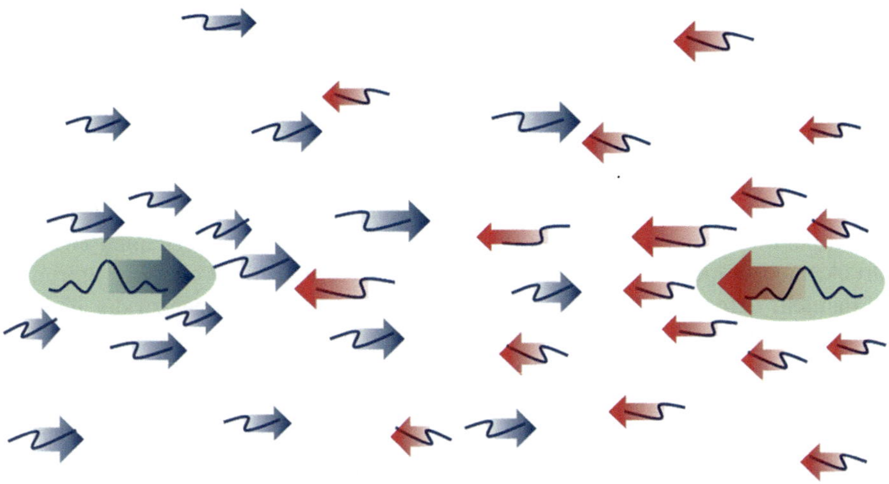

Abb. 10.15 Zwei Wolken von virtuellen Photonen. Jedes Elektron teilt die gleiche Farbe mit den virtuellen Photonen, die zu ihm gehören. Beide Elektronen haben die gleiche Ladung (blaue Wellen), aber ihr Impuls ist entgegengesetzt (rote und blaue Pfeile). Die verschiedenen virtuellen Photonen sind durch lange und kurze Pfeile dargestellt, die kleinere und größere Anteile des Impulses der Wolke repräsentieren. Einige Pfeile sind schlank und einige sind fett, was den Anteil der Federstärke der Wolke anzeigt, den sie tragen. All dies bedeutet, dass jedes virtuelle Photon einen unterschiedlichen Anteil der Gesamtenergie und des Gesamtimpulses tragen kann. Diese Unterschiede werden sich ausgleichen, wenn viele von dem anderen Teilchen absorbiert werden

stärker wird: Der Impuls jedes Elektrons wird weiter abnehmen und seine Federstärke wird zunehmen.

Eine andere Möglichkeit, dies zu betrachten, besteht darin, an die Feldstärke der Elektronen zu denken. Im Grunde genommen ist es die Wolke der virtuellen Photonen, die das Feld eines Elektrons bildet. Wenn zwei Elektronen sich näher kommen, werden ihre Federstärken zunehmen. Diese höhere Federstärke wird teilweise von ihren virtuellen Photonwolken getragen. Also ist die Federstärke (d. h. Feldstärke) in diesen Wolken höher, wenn die Elektronen sich näher sind. Das ist logisch! Klassisch gesehen, wenn Sie zwei Elektronen nahe beieinander haben, addieren sich ihre Ladungen und das elektrische Feld um sie herum ist doppelt so stark. Dies signalisiert die erhöhte Federstärke, die von den virtuellen Photonen getragen wird.

Die Wolke der virtuellen Photonen enthält Impuls und Potenzial (Federstärke). Wir können dies als eine Impulsdichte und Potenzialdichte betrachten, die sich über den Raum ausbreiten und durch ihn hindurch propagieren. Wie wir gesehen haben, können wir das Verhalten dieser Wolke als eine einzige „on shell"-Welle zusammenfassen. Wenn jedoch zwei Wolken anfangen zu interferieren, ändern sich beide Wellen. Wenn sie sich ändern, sind sie nicht mehr eine perfekte Sinuswelle, was impliziert, dass sie beide off shell gehen. Die Absorption der virtuellen Photonen des anderen kann als ein Austausch von virtuellen Photonen betrachtet werden, der beide Wellen verändert. Wie sollten wir diese beiden Ansichten verbinden?

Wir können diese Situation mit der eines Gases in einer Flasche vergleichen. Es gibt Billionen von einzelnen Gasmolekülen, die gegen die Wand der Flasche hämmern. Addiert führt dies zu einem Druck auf die Wand. Das Gleiche gilt für die Temperatur des Gases. Wenn die Temperatur steigt, beginnen die Moleküle stärker gegen die Wand zu hämmern. Folglich steigt der Druck. Also, das Hämmern der Moleküle summiert sich immer zu der gleichen einfachen Beziehung zwischen Druck und Temperatur. Auf ähnliche Weise können wir die Wolke der Störungen betrachten, deren individuelle Impulse und Energien sich immer zu der gleichen einfachen Beziehung zwischen Impuls und Energie (on shell) addieren. Diese Beziehung kann mit einer Welle modelliert werden. Dies veranschaulicht, dass das Wellenbild eines Elektrons als die statistische Summe der Wolke der Störungen gesehen werden kann, aus denen das Elektron wirklich besteht.

Wenn wir zwei Flaschen des gleichen Gases zusammenmischen lassen, jedoch jede bei einer anderen Temperatur und Druck, beginnen sie sich zu vermischen und die Gesamttemperatur und der Druck gleichen sich schnell aus, bis der Unterschied null ist. Ähnlich vermischen sich zwei Elektronenwolken, bis der Unterschied im Impuls null ist. Der Vergleich zwischen einem Gas und einem Elektron hört jedoch hier auf: Die Vermischung zwischen den Elektronenwolken kann danach weitergehen und die Elektronen gewinnen wieder an Impuls, jeweils in entgegengesetzter Richtung. Dies führt dazu, dass der Pfad sich so biegt, dass die Elektronen näher zusammenkommen, bis der Impuls null ist, aber dann wieder abfliegen. Dieser Effekt kann auch durch das Konzept des „Potenzials“ verstanden werden. Bei dem Gasvermischungsprozess wird alles ausgeglichen, aber bei dem Prozess, der Elektronenwolken mischt, wird das Potenzial von zwei sich nähernden gleich geladenen Elektronen nicht ausgeglichen: Es steigt stattdessen. Dennoch ist die Beziehung zwischen der Gesamtenergie des Systems, der potenziellen Energie und dem Impuls (kinetische Energie) eine einfache Beziehung, die das gesamte Wolkenverhalten zusammenfasst. Versuchen wir also, den Prozess der Vermischung von Elektronenwolken mit einem Wellenbild zu verstehen.

Die Zunahme der Federstärke (Potenzial) kann mit Hilfe der Abb. 7.3, 7.4 und 7.5 verstanden werden. Diese zeigen die Welle der Federstärke oder die Massenwelle. Wenn die Federstärke zunimmt, verengt sich das Potenzial und die Energie steigt. Das bedeutet, dass die Massenenergie (oder potenzielle Energie) steigt. Anders ausgedrückt, es gibt mehr Energie in den Federn der Welle. Gleichzeitig bedeutet dies, dass die Amplitude ein wenig abnimmt (vgl. Abb. 7.3 und 7.5).

Die Gesamtenergie im System von zwei Elektronen ändert sich nicht, aber die Energie in den Federn nimmt zu. Wir können Abb. 9.15 verwenden, um zu sehen, dass diese Zunahme der Federenergie (oder äquivalent der Federfrequenz) zu einem Rückgang der Wellenenergie (Frequenz) führen muss. Der Rückgang der Wellenfrequenz muss zu einem Rückgang der Geschwindigkeit und einer gleichzeitigen Zunahme der Wellenlänge führen. Wir können den gesamten Prozess in einem Wellenbild zusammenfassen, wie in Abb. 10.16 gezeigt. Dort sehen wir, dass der Austausch von virtuellen Photonen die Federstärken und Wellenlängen

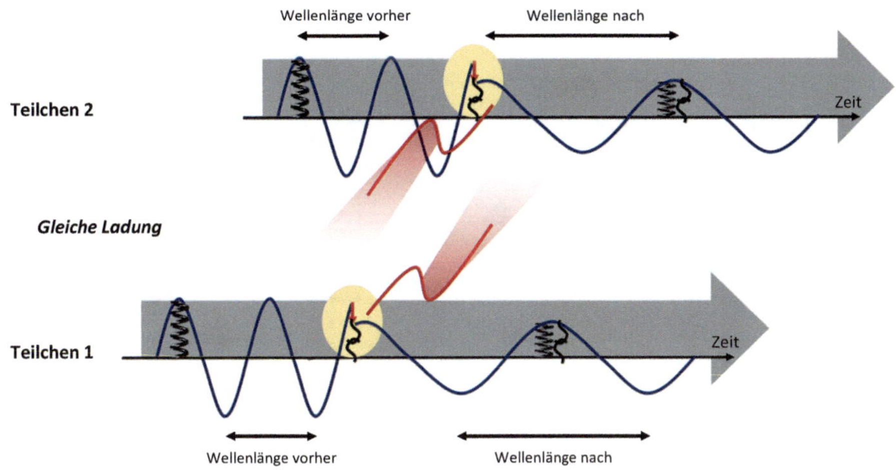

Abb. 10.16 Austausch von virtuellen Photonen im Wellenbild. Gleiche Ladungen erhöhen gegenseitig ihre Federstärke und ihre Wellenlänge

beider Elektronen erhöht. Je näher die Elektronen sich kommen, desto stärker ist das Feld und desto mehr virtuelle Photonen werden ausgetauscht. Daraus können wir schließen, dass die Wellen beider Elektronen ausgedehnter sind, wenn sie sich näher kommen. Wenn wir bedenken, dass wir alle möglichen Pfade berücksichtigen müssen, die die Elektronenwellen nehmen können, werden einige Wellen näher an das andere Elektron herankommen und einige weiter entfernt. Die näheren Wellen werden länger sein, während die weiter entfernten kürzer sein werden. Mit Hilfe des Pfadintegrals aus Abschn. 9.4 („Wie erzeugt Symmetrie eine Kraft?") können wir verstehen, wie dies zu einer abstoßenden Kraft führt. Allerdings haben wir ein vereinfachtes Bild verwendet, um zu diesem Ergebnis zu kommen. In der Quantenfeldtheorie wird die *Berechnung* nicht genauso durchgeführt (s. Abschn. 10.6).

10.5.2 Ein Elektron und ein Positron

Was passiert, wenn die beiden Teilchen entgegengesetzte Ladungen haben? Wenn die beiden Teilchen von weit her anfliegen, beginnen sie, die virtuellen Photonen des anderen zu absorbieren (s. Abb. 10.17). Nehmen wir an, das Elektron absorbiert ein virtuelles Photon vom Positron. Die Federstärke einer entgegengesetzten Ladung muss subtrahiert und nicht addiert werden! Früher haben wir die entgegengesetzte Ladung mit einem Antiteilchen verglichen (s. Abb. 10.7). Dieses Bild machte deutlich, dass das Potenzial auf entgegengesetzte Weise absorbiert wird und subtrahiert werden muss. Das bedeutet, dass die Federstärke jedes Teilchens reduziert wird, wenn sie sich näher kommen und das Feld stärker wird. Folglich wird auch die Energie in den Federn reduziert.

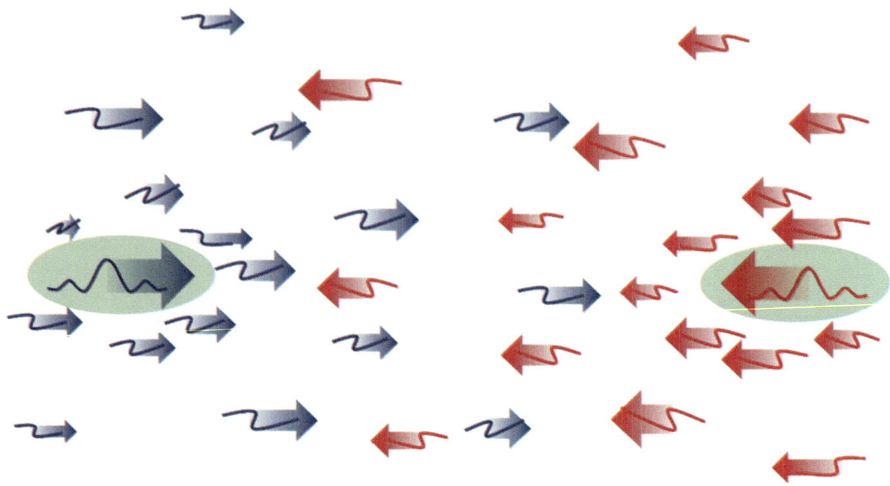

Abb. 10.17 Die virtuellen Wolken eines Elektrons und eines Positrons. Die beiden Teilchen haben entgegengesetzte Ladungen (rote und blaue Wellen) und sie haben auch entgegengesetzte Impulse (rote und blaue Pfeile)

Die Gesamtenergie des Elektron- und Positronsystems bleibt gleich. Daher schließen wir, dass, wenn die Federenergie reduziert wird, die Impulsenergie zunehmen muss. Das bedeutet, dass die entgegengesetzten Impulse der beiden Teilchen sich nicht aufheben, sondern addiert werden müssen, wenn sie die virtuellen Photonen des anderen absorbieren, als ob der Impuls, der von einem virtuellen Photon eines Positrons getragen wird, in umgekehrter Weise vom Elektron absorbiert wird, genau wie die Federstärke. Folglich, wenn die beiden Teilchen sich nähern, nimmt ihr Impuls zu.

Wieder können wir die beiden Wolken aus einer Wellenperspektive betrachten. Jedes Teilchen plus seine Wolke wird dann als eine einzelne „on shell"-Welle modelliert, bevor sie interagieren. Wenn die Interaktion beginnt, müssen sie off shell gehen, da die Interaktion beginnt, die Wellen zu verändern. Dies wird so lange andauern, bis die Interaktion vorbei ist. Dieses Mal wird die Abnahme der Federstärke in ein breiteres Potenzial, eine niedrigere Federenergie (Frequenz) und eine leicht höhere Amplitude übersetzt (s. Abb. 7.3, 7.4 und 7.5). Allerdings *ist es nicht die Ruhemasse Feder, die entspannt wird.* Dieser Prozess hat nichts mit Higgs zu tun. Nehmen wir an, die Teilchen werden weit voneinander entfernt getragen. In diesem Fall nimmt die Federstärke zu und die Energie in den Federn wächst. Also, wenn die Teilchen weit voneinander entfernt getragen werden, bauen wir die potenzielle Energie auf. Es ist die Federstärke dieser potenziellen Energie, die entspannt wird, wenn die Teilchen aufeinander zufliegen (s. Abb. 10.18). Da der Impuls zunehmen muss, wird die Wellenlänge kleiner. Also, wenn die Teilchen sich näher kommen, verkürzt sich die Wellenlänge. Wenn wir uns erneut die vielen verschiedenen Wege ansehen, die die Wellen nehmen könnten, werden Wellen, die

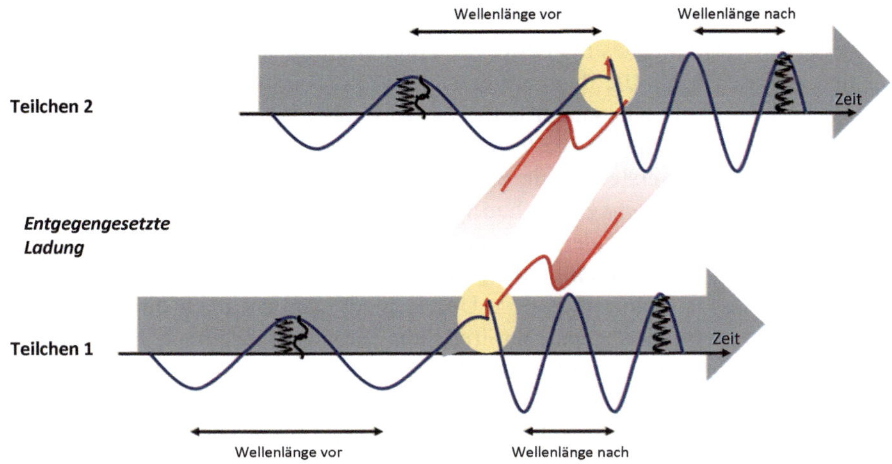

Abb. 10.18 Austausch von virtuellen Photonen in der Wellenbild. Entgegengesetzte Ladungen verringern die Federstärke und die Wellenlänge des anderen

näher an dem anderen Teilchen sind, verkürzt, während Wellen, die weiter entfernt sind, länger werden. Folglich können wir das Pfadintegral erneut verwenden, um zu verstehen, wie dies zu einer anziehenden Kraft führt.

Wir können uns auch die Feldstärke ansehen. Wenn ein Elektron und ein Positron nahe zusammenkommen (noch nicht vernichten!), neutralisieren sie das Feld des anderen. In der Nachbarschaft des Paares fällt das elektrische Feld schnell ab. Dies zeigt, dass in den verbleibenden virtuellen Photonen nicht mehr viel Federstärke vorhanden ist. Sie wurden alle in Impuls umgewandelt.

10.5.3 Schlussfolgerung

Wir haben gesehen, wie ein Elektron mit einer Wolke von virtuellen Photonen als eine Reihe von Feldstärken im Photonfeld und im Elektronenfeld betrachtet werden kann. Wir haben diskutiert, wie virtuelle Photonen absorbiert und ausgetauscht werden und wir haben diese Sichtweise mit Feldstärken verbunden. Wir haben die Feldstärken in eine einzige Welle vereinfacht, die als die Summe der Störungen der Wolke gesehen werden kann. Mit diesem Wellenbild konnten wir verstehen, wie die Interaktion die Wellenlänge verkürzt oder verlängert. Von da an erledigt das Pfadintegral alle Arbeiten, um uns zu zeigen, wie die Pfade der interferierenden Wellen gebogen werden, und gibt uns so den Begriff einer Kraft.

Der Potenzialunterschied, der von (der Wolke von) den virtuellen Photonen getragen wird, ist mathematisch formalisiert in das sogenannte Vektorpotenzial (A). Dieses Potenzial beschreibt sowohl das elektrische Feld als auch das magnetische Feld. Die Kombination von beiden in ein Potenzial zeigt, dass elektrische und magnetische Felder zwei Seiten derselben Medaille sind. Ob Sie ein elektrisches Feld oder ein magnetisches Feld erleben, hängt von Ihrer Bewegung relativ zu den geladenen Teilchen ab, die das Feld erzeugen. Ebenso, wenn zwei geladene Teilchen sich nicht relativ zueinander bewegen, wird ihre gegenseitige Kraft rein elektrisch sein, aber wenn sie sich bewegen, wird sie eine Mischung aus elektrisch und magnetisch sein. So verstehen wir, dass sie wirklich dasselbe Phänomen sind: das Ergebnis von der elektromagnetischen Wechselwirkung.

Aber Sie werden einwenden, dass die magnetische Wechselwirkung eine Reihe von unterschiedlichen Eigenschaften im Vergleich zur elektrischen Wechselwirkung hat. Das ist wahr, aber diese Unterschiede werden durch die relative Bewegung der betreffenden geladenen Teilchen verursacht. Nehmen Sie z. B. die folgende Situation: Platzieren Sie ein Positron genau in der Mitte zwischen zwei Elektronen. Es wird keine Netzkraft erfahren, da beide Elektronen es mit gleicher Kraft in entgegengesetzte Richtungen ziehen. Aber wenn das Positron sich nach links bewegt, genau in dem Moment, in dem es in der Mitte zwischen den Elektronen ist, wird es eine Kraft spüren! Dies liegt daran, dass es das virtuelle Photon, das von rechts kommt, als weniger energiereich empfindet im Vergleich zum Photon von links. Dies ist eine Folge der Tatsache, dass die Energie der Bewegung zu der des Photons hinzugefügt wird, wenn es frontal kommt (von links), und es wird subtrahiert, wenn das Photon von rechts das bewegende Positron einholen muss. Wir können dies mit dem Doppler-Effekt vergleichen. Es reduziert die Frequenz des Photons, das von rechts kommt, während es die Frequenz des Photons, das von links kommt, erhöht. Folglich ist die Kraft, die von zwei Ladungen erfahren wird, die sich relativ zueinander bewegen, anders als die Kraft, die von zwei Ladungen erfahren wird, die sich nicht relativ zueinander bewegen.

10.6 Pfadintegral neu betrachtet

Das Pfadintegral, das wir zuvor besprochen haben, war das Pfadintegral, wie es in der Quantenmechanik definiert ist. Es bezieht sich auf den Pfad eines Teilchens. Mittlerweile wissen wir, dass wir es mit einem komplizierten Zusammenspiel von Wellen und Störungen zu tun haben, eher als mit einem „Teilchen“. Der Pfad von A nach B beinhaltet nicht mehr nur eine einzige Welle. In der Quantenfeldtheorie beinhaltet er alle möglichen Feynman-Diagramme auf dem Weg, einschließlich einer Vielzahl von Wechselwirkungen, Selbstwechselwirkungen und Phasenänderungen. Und alle möglichen Variationen müssen berücksichtigt werden. Wie formuliert man also das Pfadintegral in dieser neuen Landschaft?

Klassischerweise verwenden wir zwei Arten von Energie zur Beschreibung von Kräften: (1) Impuls oder kinetisch (T) und (2) potenziell (V). Aber wie wir gesehen haben, ist V eine Folge der virtuellen Teilchen, die um eine Quelle herumschwärmen (z. B. ein Elektron). Wir haben gesehen, wie T und V ausgetauscht werden. Das Verhalten von Feldquanten wird durch diesen Austausch bestimmt. Tatsächlich sind T und V stark miteinander verbunden: In einem geschlossenen

System (in dem die Gesamtenergie nicht verändert wird), muss T steigen, wenn V abnimmt und umgekehrt. Folglich können wir eine einzige Größe definieren, die diesen Austausch zusammenfasst: die Wirkung. In der Feldtheorie müssen wir sowohl V als auch T als Energiedichten des Feldes betrachten.

Der Austausch zwischen V und T wird durch die Phasenverschiebung bestimmt. Wir haben gesehen, dass bei einer Phasenänderung ein Potenzial durch die Eichwelle weggetragen wird. Dieses weggetragene Potenzial signalisiert den Austausch zwischen V und T: Potenzial wird auf Kosten der Geschwindigkeit hinzugefügt oder Geschwindigkeit wird auf Kosten des Potenzials hinzugefügt. Wenn wir also mit der Wirkung arbeiten, anstatt mit T und V, ist es die Änderung der Wirkung, die durch die Phasenänderung der Quanten bestimmt wird. Sie fasst den gesamten Prozess des Austauschs von virtuellen Bosonen und des Austauschs von V mit T und umgekehrt zusammen. Die Änderung der Wirkung ist die Größe, die aussagt, wie schnell V mit T ausgetauscht wird. Eine große Änderung der Wirkung impliziert also einen schnellen Austausch von potenzieller Energie V mit kinetischer Energie T (oder umgekehrt).

Aber Moment mal! Wie hängt all das mit der Verkürzung der Wellenlänge und damit der Biegung des Pfades zusammen, wie im Pfadintegral? Wenn wir eine einzige Wellenlänge verwenden, um das (durchschnittliche) Verhalten eines Teilchens zu modellieren, ist die Wellenlänge mit dem Impuls verbunden ($P = 1/\lambda$). Die kinetische Energie T (die durch den Impuls bestimmt wird) ist also mit der Wellenlänge verbunden. Gleichzeitig ist das durch die Eichwelle getragene Potenzial mit V verbunden. Im Grunde genommen stimmt das Bild einer sich ändernden Wellenlänge also mit dem Bild des Austauschs von potenzieller Energie (V) für kinetische Energie (T) überein. Tatsächlich können wir die Phase der Welle direkt mit der Wirkung in Verbindung bringen:

$$\text{Phase} = (\text{Wirkung}/\text{h}) \times 2\pi,$$

was Plancks Konstante h zu einem Quant der Wirkung macht. Also, h steht für einen Wirkungsgrad, der sich auf eine Phase von 360 Grad ($=2\pi$) bezieht. Die erste Schlussfolgerung, die aus dieser Formel zu ziehen ist, ist, dass eine stationäre Wirkung einer stationären Phase entspricht. Wenn die Wirkung also nicht verändert wird, ändert sich auch die Phase nicht. Dies geschieht, wenn das Potenzial konstant ist und die kinetische Energie konstant ist: Es gibt keinen Nettoaustausch von potenzieller zu kinetischer Energie. Offensichtlich kann ein Teilchen in einer solchen Situation viele Phasenverschiebungen durchlaufen, aber es wird sie wieder aufnehmen. Ein konstantes Feld entspricht auch einem konstanten Potenzial. Das Teilchen wird die virtuellen Photonen dieses Feldes absorbieren, aber überall in der gleichen Menge. Daher ist die Wirkung immer noch 0. Nur wenn das Teilchen unterschiedliche Mengen von virtuellen Photonen in verschiedenen Bereichen des Raumes absorbiert (also ein inhomogenes Feld), wird seine Welle anfangen sich zu verändern, und folglich wird auch seine Phase anfangen sich zu verändern und wir werden Wirkung haben!

In einem inhomogenen Feld ändert sich die Phase mit jedem kleinen Schritt entlang des Pfades ein wenig. Daher ändert sich die Aktion mit jedem Schritt. Wir können dies ungefähr wie folgt formulieren:

$$\text{Änderung der Phase} = 2\pi \times (1/h) \times \text{Änderung der Aktion,}$$
$$\text{Änderung der Aktion} = \text{der Austausch von V mit T in einem}$$
$$\text{Schritt entlang des Pfades in der Raum}-\text{Zeit.}$$

Die *gesamte* Änderung der Aktion entlang eines Pfades ist also die *Summe* (oder eher das *Integral*) über alle Schritte in der Raum-Zeit des Austauschs von V mit T x Schritt. Und die gesamte Phasenänderung entspricht der gesamten Änderung der Aktion x 2π x (1/h).

Zusammenfassend müssen wir, um das Pfadintegral zu berechnen, den folgenden Prozess anwenden:

1. Identifizieren Sie alle möglichen Raum-Zeit-Pfade von A nach B.
2. Berechnen Sie V im Feld, ausgetauscht mit T entlang aller Pfade, unter Verwendung aller möglichen Interaktionen.
3. Finden Sie die Gesamtphase für jeden Pfad, indem Sie die Phasenänderung in jedem Schritt entlang des Pfades aufsummieren.
4. Addieren Sie die Phasen am Ende jedes Pfades (Superposition).
5. Das Endergebnis ist die Wahrscheinlichkeit, von A nach B zu gelangen.

Wir stellen fest, dass der höchste Beitrag, um von A nach B zu gelangen, vom Pfad mit der geringsten Phasenänderung (geringste Aktion) kommt. Der Pfad mit der geringsten Phasenänderung ist der Pfad, der am positivsten mit nahegelegenen Pfaden interferiert. Es ist der kürzeste Pfad. Bis jetzt machen wir das genauso wie in der Quantenmechanik und wir haben immer noch das gleiche Ergebnis wie zuvor: Pfade, die sich biegen.

Der Unterschied entsteht, wenn der Austausch von V mit T durch die Superposition von Feldquanten anstelle eines kontinuierlichen Feldes bestimmt wird. Die Quantisierung des Feldes (zweite Quantisierung) ist spezifisch für die Quantenfeldtheorie. Das bedeutet, dass wir alle Feldkonfigurationen addieren müssen, einschließlich z. B. Photonen, die sich in Elektronen aufspalten, rekombinieren und Leptonen einer anderen Geschmacksrichtung erzeugen. Entlang jedes Pfades finden wir eine große Anzahl solcher Bosonenpunkte, die mit dem Teilchen verbunden sind. Daher können wir den Austausch von V mit T berechnen, indem wir alle möglichen Teilchen, Interaktionen und Punkte finden, d. h., indem wir alle relevanten Feynman-Diagramme entlang des Pfades finden.

Zusammenfassend lässt sich sagen, dass das Pfadintegral in der Quantenfeldtheorie unter Verwendung aller möglichen Feynman-Diagramme entlang eines Pfades anstelle einer Welle entlang eines Pfades berechnet wird. Dies ist sehr abstrakt, aber das Ergebnis ist extrem genau. Die Wirkung aller virtuellen Teilchen (Eichwellen, die das Potenzial wegtragen) biegt immer noch den Pfad der Teilchenwelle. Auch wenn „die Welle" tatsächlich eine Kombination von Feldintensitäten zahlreicher Störungen ist.

10.7 Schwankende Felder

Quantenfelder schwanken ständig. Man kann dies mit dem Meer vergleichen. Selbst wenn keine klaren Wellen vorhanden sind, bewegt sich die Oberfläche des Meeres immer auf zufällige Weise. Sie schwankt. Das tun auch Felder. Es gibt immer Störungen. Sie klingen ab, so dass sie keine Energie von A nach B transportieren. Man kann dies genauso gut mit dem Unschärfeprinzip betrachten. Während einer Zeit ΔT kann eine Energie ΔE existieren, solange sie nach dieser Zeit verschwindet. Das bedeutet, dass ein Wellenpaket (eine Störung) existieren kann, das abklingt. Diese Störung muss mit der gleichen Energie und dem gleichen Impuls enden, mit dem sie begonnen hat: 0. Sie kann also existieren, hinterlässt aber keine Spur.

Die Störungen, die spontan für kurze Zeit im Vakuum existieren können, können in einem typischen Feynman-Diagramm dargestellt werden, das als Vakuumdiagramm bezeichnet wird (s. Abb. 10.19). Ein solches Diagramm zeichnet sich dadurch aus, dass es keine externen Linien zeigt!

Man könnte sich fragen, ob solche Schwankungen wirklich existieren? Wenn sie keine Spur hinterlassen, wie können wir das wissen? Nun, es gibt ein interessantes Experiment, das auf ihre Existenz hinweist. Dieses Experiment basiert auf dem Casimir-Effekt.

10.7.1 Casimir-Effekt

Der Casimir-Effekt kann als Beweis für die Existenz von virtuellen Teilchen in schwankenden Feldern verstanden werden. Die Idee besteht darin, drei ungeladene Metallplatten zu nehmen und sie parallel eng zusammenzustellen. Klassisch gesehen sollten diese Platten keine Kraft spüren, da es keine Ladung und daher kein elektromagnetisches Feld gibt.

Wenn wir jedoch die Existenz von Störungen im Feld annehmen, kann Folgendes passieren. Die Platten stoßen elektromagnetische Wellen über einer bestimmten Wellenlänge ab. Wenn die Wellenlänge zu kurz wird, kann sie durch die Platte hindurchgehen und versickern. Aber längere Wellenlängen können nur zwischen den Platten existieren, wenn sie zwischen die Platten passen. Daher ist die Skala der Wellenlängen, die auf die Platten Druck ausüben können, auf das Intervall zwischen der kürzesten abzustoßenden Welle und der längsten Welle, die zwischen die Platten passt, begrenzt.

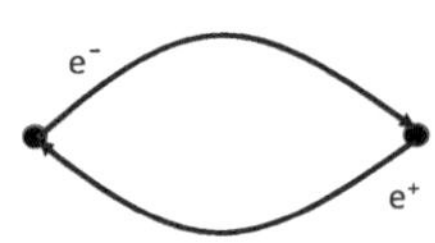

Abb. 10.19 Feynman-Vakuumdiagramm

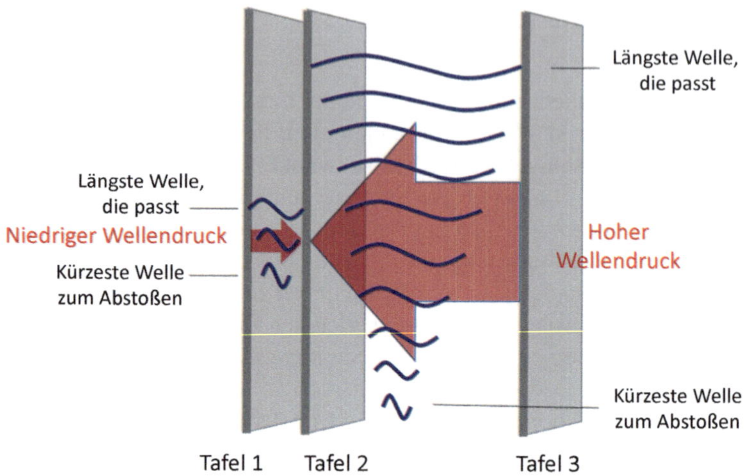

Abb. 10.20 Casimir-Druck auf eine Metallplatte

Also, wir haben drei solche Platten (s. Abb. 10.20). Nehmen wir nun an, wir stellen Platte 2 sehr nahe an Platte 1. Dann kann der Raum zwischen den Platten 1 und 2 ein kleineres Intervall von Wellenlängen enthalten als der Raum zwischen den Platten 2 und 3. Das bedeutet, dass, wenn virtuelle Teilchen existieren, es zu einem gegebenen Zeitpunkt weniger von ihnen auf der linken Seite von Platte 2 geben würde als auf der rechten Seite von Platte 2. Effektiv wird der Gesamtdruck der virtuellen Teilchen auf Platte 2 von rechts größer sein als von links. Der Nettodruck drückt Platte 2 in Richtung Platte 1.

Dieser Effekt ist extrem klein, konnte aber gemessen werden. Es braucht einen Abstand zwischen den Platten 1 und 2 von etwa 10 nm, um einen Casimir-Druck von etwa 1 Pa auf Platte 2 zu erzeugen. Das ist eine Entfernung, die etwa 100-mal so groß ist wie ein Atom. Die Anzahl der virtuellen Teilchen wird deutlich geringer, wenn die Platten sehr nahe beieinander sind.

Ein überraschender Vergleich ist, dass wir diesen Effekt auch von Schiffen im Wasser kennen! Wenn zwei Schiffe nebeneinander im Wasser liegen, aber mit etwas Platz dazwischen, werden sie anfangen, sich aufeinander zuzubewegen. Der Grund ist ähnlich: Es können weniger Wellen zwischen den Schiffen sein als um sie herum. Der Grund dafür ist, dass Wellen, die länger sind als der Abstand zwischen den Schiffen, nicht zwischen sie passen. Daher ist der Druck der Wellen außerhalb der beiden Schiffe größer als der Druck der Wellen zwischen den Schiffen und die Wellen beginnen, die Schiffe aufeinander zu drücken.

Dieser Effekt wurde als Beweis für die Existenz von Schwankungen in einem Feld genommen, wenn wir akzeptieren, dass nur virtuelle Teilchen für den erlebten Druck verantwortlich sein könnten. Hendrik Casimir, ein niederländischer Physiker des 20. Jahrhunderts, entwickelte ursprünglich die Theorie, um die Kraft zu beschreiben. Es gibt auch eine alternative Erklärung, die auf der Van-der-Waals-Kraft zwischen den Platten [Ref. 67] basiert. Diese Erklärung beruht nicht auf Vakuumschwankungen. Daher bleibt die Frage offen!

10.8 Der Pfeil der Zeit

Nehmen wir einen genaueren Blick auf die Idee, dass Antiteilchen Teilchen sind, die in der Zeit zurückreisen. Schafft das Probleme für die Kausalität? Die Kausalität ist empfindlich gegenüber der Richtung der Zeit. Schließlich geht der Ursache die Wirkung voraus, um Kausalität zu haben. Aber was ist Kausalität wirklich?

Angenommen, ich habe ein einzelnes Teilchen A, das aus Richtung 1 kommt, ein anderes Teilchen B trifft, ablenkt und in Richtung 2 abgeht. Für diesen Prozess könnten wir leicht den Pfeil der Zeit umkehren. In diesem Fall sehen wir Teilchen A, das aus Richtung 2 kommt, Teilchen B trifft und in Richtung 1 abgeht. Also kann dieser Prozess umgedreht werden, ohne dass es ein Problem gibt. Kausalität existiert immer noch, aber jetzt in der anderen Zeitrichtung.

Jetzt wollen wir die Einsätze etwas erhöhen und uns einen snookerähnlichen Prozess ansehen, bei dem eine Kugel eine Reihe von Kugeln auf dem Tisch trifft. In diesem Fall würden wir, wenn wir die Zeit zurückdrehen, eine Reihe von Kugeln sehen, die genau zur gleichen Zeit zusammenkommen und eine Kugel treffen, die abfliegt, während die anderen Kugeln vollständig zum Stillstand kommen. Obwohl dies prinzipiell möglich wäre, ist es extrem unwahrscheinlich. Also sehen wir jetzt eine Vorliebe für einen Pfeil der Zeit. Kausalität scheint in eine Richtung zu funktionieren, aber nicht zurück. Warum ist das so?

Im ersten Beispiel ist die Wahrscheinlichkeit, dass der Prozess in eine Richtung abläuft, genau gleich der Wahrscheinlichkeit, dass er in die andere Zeitrichtung abläuft. Der Grund dafür ist, dass die Anzahl der Möglichkeiten, wie dieser Prozess in eine Zeitrichtung ablaufen kann, gleich der Anzahl der Möglichkeiten ist, wie dieser Prozess in die andere Zeitrichtung ablaufen kann.

Aber das ist bei den Kugeln im zweiten Beispiel nicht der Fall. Eine Kugel, die auf eine Gruppe von Kugeln trifft, lässt viele Möglichkeiten offen, da wir zulassen, dass die sich bewegenden Kugeln mit jeder Geschwindigkeit in jede Richtung gehen können. Der umgekehrte Weg hat jedoch viel weniger Möglichkeiten. Es erfordert, dass sich alle Kugeln genau auf eine bestimmte Weise bewegen, wenn sie die andere Kugel treffen und zum Stillstand kommen sollen, und das ist nur eine von vielen Möglichkeiten, wie dieser Prozess sonst ablaufen könnte. Daher ist es sehr unwahrscheinlich, dass genau dieser eine Prozess passieren wird. Beachten Sie jedoch, dass auch Folgendes sehr unwahrscheinlich ist: Wir treffen die Kugeln mit einer Kugel und jede der Kugeln geht genau in die Richtung der Löcher an den Seiten und in den Ecken des Tisches und sie kommen kurz vor jedem Loch zum Stillstand (sehr frustrierend). Das wird auch nicht passieren, weil es so unwahrscheinlich ist! Die Wahrnehmung eines Zeitpfeils hängt also mit der Wahrscheinlichkeit eines Prozesses zusammen. Wenn wir viele Einschränkungen vornehmen, ist die Wahrscheinlichkeit, dass ein Prozess passiert, sehr gering.

Wenn wir alle Variationen eines Prozesses zulassen, ist es wahrscheinlich, dass einer von ihnen passiert. Es ist das Gleiche, als würde man eine Million Lottoscheine kaufen, anstatt nur einen zu kaufen. Die Chancen, etwas zu gewinnen, sind mit einer Million Tickets viel größer. Wenn wir die Kugeln treffen und wir mit jeder Richtung zufrieden sind, in die die Kugeln abprallen können, werden wir jedes Mal gewinnen. Wenn wir auf nur eine bestimmte Art und Weise bestehen, wie diese Kugeln sich bewegen sollen, müssen wir vielleicht eine Million Mal versuchen, bevor wir es tatsächlich sehen.

Jedes System neigt dazu, von einer Situation, die eine geringe Wahrscheinlichkeit des Eintretens hat, zu einer Situation überzugehen, die eine hohe Wahrscheinlichkeit des Eintretens hat. Dies ist in der Thermodynamik beschriebene Entropie und unsere Wahrnehmung des Zeitpfeils bestimmt.

Wir könnten uns jedoch immer noch fragen, warum die Zeit in eine Richtung und nicht in die andere geht? Warum diese Vorliebe? Wenn wir sagen, dass Materie in eine Zeitrichtung und Antimaterie tatsächlich Materie ist, die in die andere Richtung geht, haben wir eine einfache Antwort darauf. Im Universum scheint es mehr Materie als Antimaterie zu geben. Folglich treffen wir nur auf Materie. Antimaterie wird schnell vernichtet. Und der Zeitpfeil stimmt mit der Richtung überein, in die die Materie geht. Warum gibt es mehr Materie als Antimaterie? Darauf hat die Wissenschaft derzeit keine Antwort. Aber wir können immer ein wenig über das fantasieren, was wir nicht wissen. Eines, was wir nicht wissen, ist, wie der Urknall begonnen hat. Zeit und Raum sollen beim Urknall entstanden sein. Vielleicht können wir eine weitere Symmetrie annehmen, nämlich dass das Universum, das in eine Richtung beginnt, sein Gegenstück in der anderen Richtung haben könnte, genauso wie das Werfen eines Steins ins Wasser eine Welle in alle Richtungen erzeugt, nicht nur in eine Richtung. In dieser Fantasie könnte es ein Antimaterie-Universum geben, das in die entgegengesetzte Zeitrichtung geht. Wer weiß?

Angenommen, das Universum bestünde hauptsächlich aus Antimaterie. Dann würden wir Prozesse als Entwicklung in die andere Zeitrichtung erleben und wir würden sehen, dass die Entropie unter der Antimaterie in diese Richtung entwickelt. Nehmen wir nun an, Sie sind ein Zuschauer aus unserer Welt, der (mit irgendeinem Schutz!) die Welt der Antimaterie betritt. Was würden Sie sehen? Sie würden erleben, wie Eier zusammenkommen, zerbrochenes Glas sich in ein Weinglas verwandelt usw. Es wäre wirklich ein Spektakel, das zu beobachten! Für die Antiteilchen, aus denen diese Welt besteht, fällt das Ei jedoch einfach auseinander und das Glas zersplittert, wenn es auf den Boden trifft.

Die Zeitrichtung ist also einfach die der vorherrschenden Art von Materie. Kausalität existiert in beiden Zeitrichtungen. Es sind nur die großen Mengen an Teilchen, die die Wahrscheinlichkeit erhöhen, dass bestimmte Kategorien von Prozessen wahrscheinlicher passieren als andere Kategorien. Nehmen Sie die Kategorie aller Prozesse, durch die ein Ei fallen und in Stücke brechen könnte. Diese Kategorie ist riesig: Es gibt so viele Möglichkeiten, wie ein Ei brechen kann. Aber die Kategorie der Prozesse, durch die die Stücke eines Eis zusammenkommen und ein ganzes Ei werden, ist sehr klein: Es gibt wahrscheinlich nur eine Möglichkeit, dies zu tun. Die Wahrscheinlichkeit, dass dies passiert, ist nicht 0, aber sie könnte genauso gut sein, wenn wir sie mit den unvorstellbar vielen anderen Prozessen vergleichen, die mit den vielen Eierschalenstücken und den Flüssigkeiten im Inneren passieren könnten.

Aber halt! Das kann es nicht sein! Kann ich nicht Antimaterie benutzen, um eine Nachricht in die Vergangenheit zu schicken und auf diese Weise die Kausalität zu brechen? Nun, nicht wirklich. Das Problem ist, dass der Rest der Welt immer noch vorwärts in der Zeit geht. Probieren wir es aus!

Angenommen, ich möchte wissen, ob mein Lieblingspferd heute gewinnen wird. Ich habe zufällig ein Labor, das in der Lage ist, Positronen zu erzeugen. Also, was ich mache, ist, dass ich eine große Anzahl von hochenergetischen Photonen erzeuge und auf Positronen aus der Zukunft warte, damit sie durch die Interaktion mit Photonen in Elektronen umgewandelt werden können (s. Abb. 10.21). In der Zukunft werde ich die Positronen erzeugen, wenn mein Pferd gewinnt. Andernfalls werde ich das nicht tun. Wenn ich also eine Menge Positronen finde, die sich mit meinen Photonen treffen, weiß ich, dass das Pferd gewinnen wird.

Angenommen, ich bekomme eine Menge Positronen, die mit meinen Photonen interagieren. Was wirklich passiert, ist, dass eine erhebliche Anzahl von Photonen sich in Elektronen und Positronen aufspaltet (bezogen auf meinen Zeitpfeil). Ich fange die Positronen sorgfältig in einem Vakuumglas auf, damit sie bis heute überleben können (wie wäre das für eine Flaschenpost!). Wenn mein Pferd gewinnt, werde ich sie mit Elektronen kombinieren, um sie in Photonen zu vernichten. Wenn mein Pferd nicht gewinnt, werde ich sie nicht mit Elektronen kombinieren. Hm? Aber wenn ich die Positronen habe, weiß ich, dass das Pferd gewinnen wird, also muss ich sie mit den Elektronen kombinieren. Ich kann jedoch immer noch die Wahl treffen, sie zu kombinieren oder nicht zu kombinieren!! Was passiert also, wenn ich sie *nicht* mit Elektronen kombiniere? Sie existieren immer noch, und sie werden zu einem späteren Zeitpunkt vernichtet. Die Tatsache, dass ich die Positronen in der Vergangenheit erhalten habe, sagt also nichts darüber aus, wie sie in der Zukunft erzeugt wurden! Und jetzt sehen wir, dass immer noch unser

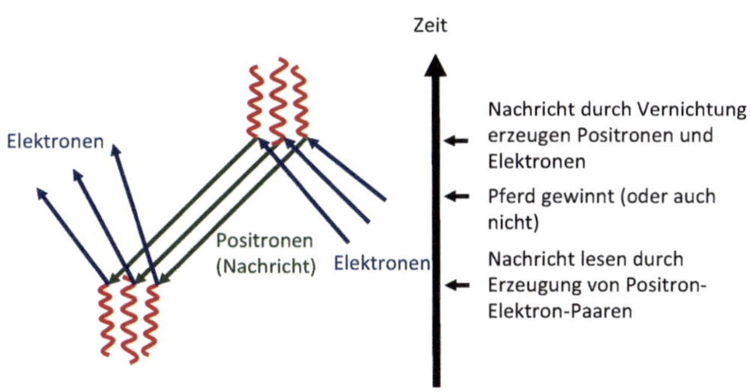

Abb. 10.21 Wie man eine Nachricht aus der Zukunft empfängt (oder nicht?)

eigener Zeitpfeil wichtig ist. Ich werde keine Nachricht in die Vergangenheit schicken können, da die Zukunft noch passieren muss und es unklar bleibt, wie (und warum!) die Nachricht in der Zukunft erstellt wird.

Aber Sie könnten einwenden, was passiert, wenn Sie am Anfang keine Positronen erhalten? Sagt das nicht, dass das Pferd sicher nicht gewinnen wird? Nicht wirklich. Zum Beispiel könnte ich herausfinden, dass das Pferd gewinnt und ich würde gerne die Positronen erzeugen, aber ich habe keine Positronen im Glas (in meiner Zeitrichtung), also kann ich sie nicht mit Elektronen kombinieren. Hier beginnen Sie, das Problem zu sehen. Die einzige Möglichkeit, Elektronen in Positronen zu verwandeln, besteht darin, sie zu eliminieren. Folglich müssen wir *in unserer Zeitrichtung* diese Positronen bereithalten. Wir müssen diese Positronen pflegen, bis (d. h. „bis" in unserer Zeitrichtung) wir bereit sind, sie zu vernichten. Es wäre anders, wenn wir die Elektronen durch andere Interaktionen oder Mittel in Positronen verwandeln könnten, aber das können wir nicht.

Also, es läuft darauf hinaus, dass wir Materie nicht aktiv in Antimaterie verwandeln können! Folglich sind wir nicht in der Lage, eine Nachricht in die Vergangenheit zu erstellen. Diese Unfähigkeit ist kein Mangel an Technologie, es ist prinzipiell unmöglich. Daher bleibt die Kausalität erhalten.

Und so können wir schließen, dass die Kausalität in beiden Richtungen des Zeitpfeils existiert. Die Art und Weise, wie Prozesse sich entwickeln werden, hängt von den Chancen des Prozesses ab, nicht so sehr vom Zeitpfeil. Unsere Wahrnehmung der Zeit basiert im Allgemeinen auf wachsender Entropie. Das ist (bei Weitem) der wahrscheinlichste Weg, wie Prozesse mit großen Teilchenzahlen sich entwickeln. Daher werden große Teilchenzahlen uns die Zeit als in eine Richtung verlaufend erleben lassen, während ein Universum aus Antimaterie genau dasselbe, aber in der anderen Zeitrichtung erleben würde. Nur für einfache Prozesse, die ein oder zwei Teilchen betreffen, ist der Zeitpfeil perfekt umkehrbar. Die Wahrscheinlichkeit, dass ein solcher Prozess in einer Zeitrichtung stattfindet, ist gleich der Wahrscheinlichkeit, dass er in der anderen Richtung stattfindet. Die einzige Ausnahme sind schwache Wechselwirkungen: Sie sind nicht zeitlich symmetrisch. Wir werden darauf zurückkommen, wenn wir die sogenannte „CP-Verletzung" durch die schwache Kraft diskutieren.

Kapitel 11
Renormalisierung der gefürchteten Unendlichkeiten

Wenn wir die bahnbrechende Gleichung der QED betrachten, enthält sie die Wellen geladener Teilchen und Photonen, sie beschreibt die Federn, die den Teilchen Masse verleihen und sie beinhaltet die Wechselwirkung zwischen Teilchen und Photonen. Im vorherigen Abschnitt haben wir gesehen, dass z. B. ein Elektron einen Teil seiner Energie abspaltet, um ein virtuelles Photon zu erzeugen. Wie wird dieser Prozess in der QED-Gleichung beschrieben? Dazu müssten die Massenfedern z. B. schwächer werden. Aber die Gleichung beschreibt so etwas nicht. Sie beschreibt nur die perfekten Wellen, die Federn (die nicht verändert werden) und die Wechselwirkung.

Es scheint also, dass uns etwas fehlt. Aber was ist das Problem damit? Um die Wahrscheinlichkeit zu berechnen, dass sich ein Elektron durch ein Feld, mit dem es wechselwirkt (wie das elektromagnetische Feld), bewegt, müssen wir alle Feynman-Diagramme addieren. Im Grunde ist das Problem, dass die Anzahl der virtuellen Photonen, die auf die Art und Weise, wie sie durch die QED-Gleichung beschrieben wird, erzeugt werden könnte, unendlich sein könnte, und es gibt nichts, was wir dagegen tun können. Das Elektron produziert einfach weiter Eichwellen und diese haben alle eine gewisse Energie, aber wir ziehen diese Energie nicht vom Elektron in der QED-Gleichung ab. Das Ergebnis ist, dass das Elektron plus seine Photonenwolke eine viel höhere Masse hätte, als wir beobachten. Unter bestimmten Bedingungen könnte die Elektronenmasse gegen unendlich gehen! Daher müssen wir einen Weg finden, die Masse des Elektrons um den gleichen Betrag zu reduzieren, wie die Energie, die von einem virtuellen Photon abgezogen wird.

Das Unendlichkeitsproblem verschlimmert sich, je genauer wir hinsehen. Näher bedeutet mit einem kleineren Längenintervall und einem kürzeren Zeitintervall. Wenn wir das Intervall begrenzen, erhalten wir eine höhere Unsicherheit in Impuls und Energie. Also, je genauer wir hinsehen, desto mehr Energie ist am Prozess der Erzeugung virtueller Photonen beteiligt und desto mehr schwankt das Vakuum um das Elektron. Gleichzeitig ist die Wahrscheinlichkeit, dass dies

W. Schmitz, *Teilchen, Felder und Kräfte*,
https://doi.org/ 10.1007/978-3-031-46280-1_11

geschieht, umso geringer, je kürzer das Intervall ist. Wir könnten uns dafür entscheiden, die Prozesse vieler kurzer Perioden zusammenzufügen, aber das würde nur zu einem Mittelwert führen, der mit einer Messung im größeren Maßstab vergleichbar ist.

Wie lässt sich das lösen? Ein Weg wäre, die Längen- und Zeitskalen zu begrenzen. Also, wir würden nicht genauer hinschauen als bis zu einer bestimmten Skala. Im Grunde schneiden wir die Prozesse ab, die innerhalb einer bestimmten „kleinsten" Skala stattfinden. Aber welche Skala sollen wir wählen? Wir könnten die Planck-Skala verwenden, aber es gibt keinen formalen Hinweis darauf, dass wir irgendwo eine Grenze setzen können. Wir werden darauf zurückkommen, wenn wir uns die Renormierungsgruppe ansehen.

Eine andere Lösung besteht darin, zusätzliche Terme zur QED-Gleichung hinzuzufügen. Diese Terme werden formal „Gegenterme" genannt. Die Gegenterme sorgen dafür, dass die Masse des Elektrons um den gleichen Betrag reduziert wird wie die Energie, die in das virtuelle Photon gesteckt wird. Das scheint ein wenig künstlich (und das ist es auch), aber sehen wir uns an, warum das eine gewisse Logik hat. Die Gegenterme erkennen und reflektieren im Grunde die Tatsache, dass das Elektron keine perfekte Welle ist. Also bekommt die Welle einen Gegenterm, der die perfekte Welle in eine Störung verwandelt. Was wir dann sagen, ist, dass wir, anstatt die perfekte Elektronenwelle als Basis zu nehmen und virtuelle Photonen hinzuzufügen, nun das Elektron + Photonen als Basis nehmen und sie als Störungen beschreiben, die zusammen eine Elektronenwelle ergeben. Tatsächlich genauso, wie wir es getan haben, als wir erklärt haben, was ein Elektron wirklich ist (s. Abb. 11.1).

Der Prozess der Hinzufügung von Gegentermen zur QED-Gleichung wird „Renormierung" genannt. In diesem Prozess wird die Feldwelle neu skaliert und ein Teil davon wird zu einer Störung im Photonenfeld. Wenn es keine Wechselwirkungen gibt, ist dieser Term 0 und die Welle ist eine einfache Welle. Die Wechselwirkungen könnten auch so stark sein, dass es unmöglich wird, ein Elektron zu erzeugen, da es sofort so stark mit dem Photonenfeld wechselwirkt, dass jeder Versuch, ein Elektron zu erzeugen, sofort zu zahlreichen Störungen im Photonenfeld führt. Wenn die Wechselwirkung so stark ist, hebt der Gegenterm die

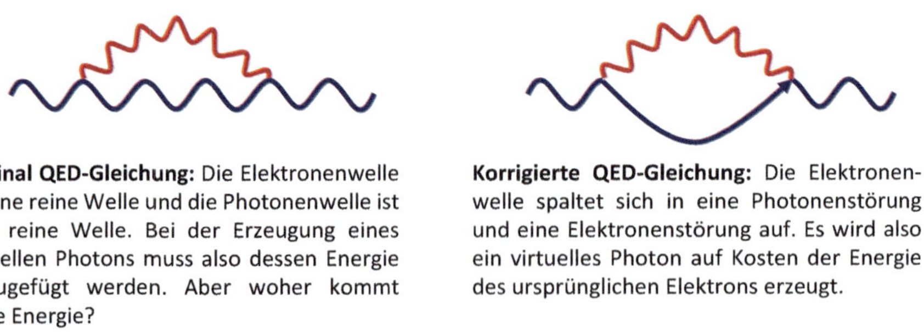

Abb. 11.1 Welche Welle beschreibt die QED?

Welle auf. Im Allgemeinen verteilt dieser Term die Störung auf beide Felder, abhängig von der Wechselwirkungsstärke.

Die Konsequenz ist, dass die neue QED-Gleichung ein Wellenpaket von Störungen in beiden Feldern beschreibt. Je mehr Wellen das Wellenpaket hat, desto schneller stirbt es ab und es entsteht die nächste Reihe von Störungen oder, vielleicht für eine kurze Zeit, eine einzelne Elektronenwelle.

Die Gegenterme haben Konsequenzen für die Masse und die Wechselwirkungspotenziale. Wenn es keine Wechselwirkung gäbe, gäbe es keine virtuellen Teilchen um das Elektron und keine Selbstenergie, die die Masse beeinflusst. Also, schauen wir uns die Konsequenzen für die Masse und die Wechselwirkungspotenziale an.

11.1 Renormierung der Masse

In der ursprünglichen QED-Gleichung war die Masse die Masse, die mit der perfekten Welle einhergeht und sie wurde durch das Massenpotenzial („Massenfeder") beschrieben. Wenn wir hierzu eine Wolke von virtuellen Photonen hinzufügen, steigt die Energie des Ganzen und kann sogar bis ins Unendliche gehen. Die Energie in diesen Selbstenergieprozessen entspricht der Masse, so dass auch die Masse bis ins Unendliche gehen kann.

In der korrigierten QED-Gleichung reduziert der Gegenbegriff die Masse (s. Abb. 11.2). Er verschiebt die Masse zur korrekten Elektronenmasse (wie wir sie aus der Ferne messen). Es gibt jedoch nichts in der Natur, das uns sagt, wie wir zum richtigen Korrekturbegriff gelangen! Hier liegt die Schwachstelle der Quantenfeldtheorie. Im Grunde genommen wählen wir den Korrekturbegriff so, dass wir bei der gemessenen Elektronenmasse ankommen. Anstatt also die Elektronenmasse zu nehmen und virtuelle Photonen hinzuzufügen, nehmen wir die Masse der Elektronen + Photonenwolke als die Elektronenmasse (s. Abb. 11.2).

Eine faszinierende Frage ist diese: Wie groß ist die verbleibende Masse des Elektrons, die in der Photonenwolke verborgen ist? Angenommen, wir

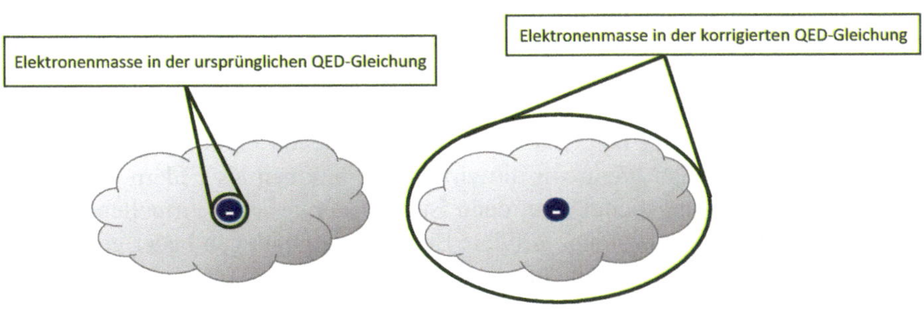

Abb. 11.2 Verschiebung der Masse

subtrahieren diese Photonenwolke und messen die Masse des verbleibenden Elektrons. Wie groß ist das? Das ist unklar, da es davon abhängt, wie genau wir hinschauen! Je genauer wir hinschauen, desto mehr durchdringen wir die Photonenwolke und desto mehr sehen wir das verborgene Elektron, aber wir werden nie nahe genug kommen, um das reine, nackte Elektron zu sehen. Die Masse des nackten Elektrons wird als seine „nackte Masse“ bezeichnet. Die Masse des Elektrons einschließlich seiner Photonenwolke wird als die „bekleidete Masse“ des Elektrons bezeichnet, und ein solches Elektron wird als „bekleidetes Elektron“ bezeichnet. Das Elektron wird als von seinen Photonen bekleidet dargestellt.

Die Massenverschiebung in einem Feld geschieht nicht nur im Vakuum. Es gibt auch Beispiele für Teilchen in einem Medium. Beispielsweise interagiert ein Elektron in einem Kristall mit den Kristallionen und verhält sich, als hätte es eine effektive Masse M*, die höher ist als die Masse eines Elektrons im Vakuum. Wir können diesen Massenunterschied bestätigen, indem wir das Elektron aus dem Kristall nehmen und es in ein Vakuum setzen. Die Wechselwirkungen im Kristall wirken wie ein Potenzial, das die Elektronenwelle als Ganzes verändert und sie massiver macht. So handelt das Elektron mit größerer Trägheit als das „nackte“ Elektron außerhalb des Mediums.

Dasselbe passiert mit dem Elektron im wechselwirkenden elektromagnetischen Feld. Die Wechselwirkung erhöht die Masse des nackten Elektrons auf die des gemessenen Elektrons. Die Masse des *nackten* Elektrons wird durch die Wechselwirkung des Elektrons mit dem *Higgs-Feld* verursacht. Beide Wechselwirkungen haben die gleiche Konsequenz: Beide Felder wirken wie Federn, die an die Elektronenwelle angehängt sind, und das Potenzial, das sie erzeugen, verändert das Verhalten der grundlegenden Elektronenwelle. Es verändert die Masse und die Dispersionsrelation des Elektrons.

Das einzige Problem ist, dass wir diesen Effekt nicht messen können, wie wir es mit dem Kristall getan haben, einfach weil wir nicht in der Lage sind, das Elektron aus dem Vakuum, aus dem elektromagnetischen Feld oder aus dem Higgs-Feld zu nehmen. Alle diese Felder sind überall im Raum. Es gibt also keine Möglichkeit, das Elektron aus ihrem Einfluss zu nehmen und es mit den Eigenschaften des Elektrons zu vergleichen, wie sie außerhalb dieser Felder gewesen wären. Daher können wir nur das vollständig bekleidete Elektron messen.

Zusammenfassend können wir die bekleidete Masse des Elektrons als durch die Federn der Wechselwirkung mit dem elektromagnetischen Feld verstärkt betrachten. Entsprechend können wir die bekleidete Masse des Elektrons als seine nackte Masse + die Masse betrachten, die in der virtuellen Photonenwolke um das Elektron gespeichert ist. Wenn wir die virtuellen Photonen als Federn betrachten, die an das Elektron angehängt sind, dann ist die Energie eines virtuellen Photons einfach die Energie, die in seiner mit dem Elektron verbundenen Feder gespeichert ist. Und so können wir die Ähnlichkeit zwischen den beiden Ansichten sehen.

11.2 Renormierung der Ladung

Was passiert mit dem Wechselwirkungspotenzial? Dafür müssen wir zunächst sehen, welchen Effekt die Photonwolke auf das Wechselwirkungspotenzial hat. Wir haben zuvor gesehen, dass ein virtuelles Photon ein virtuelles Elektron-Positron-Paar erzeugen kann, das wieder in das virtuelle Photon annihilieren kann. Wir können dies so betrachten, dass die virtuelle Photonstörung auf das Elektronenfeld zurückwirkt und es dadurch wieder stört. Das Photon kann auch andere geladene Felder stören. All dies geschieht in der Nachbarschaft des ursprünglichen Elektrons. Da dieses Elektron geladen ist, erhalten wir einen seltsamen Prozess, genannt Vakuumpolarisation (s. Abb. 11.3).

In diesem Prozess spürt das durch das Photon erzeugte virtuelle Elektron-Positron-Paar die Ladung des ursprünglichen Elektrons (Spüren bedeutet Interagieren, also wird ein virtuelles Photon zwischen ihnen ausgetauscht). Die Folge ist, dass das Paar eine „Kraft" erfährt: Ihre Wege werden im elektromagnetischen Feld des ursprünglichen Elektrons abgelenkt. Daher wird das Positron zum ursprünglichen Elektron hin und das Elektron von ihm weg abgelenkt. Dies führt zu einer Ansammlung von positiver Ladung um das ursprüngliche Elektron und einem Ring negativer Ladung etwas weiter entfernt. Man könnte sagen, dass die Wolke aus virtuellen Positronen und Elektronen um das ursprüngliche Elektron dessen Ladung abschirmt, aber auch neue Ladung zur Außenwelt erzeugt. Das Ergebnis ist, dass das Vakuum um das Elektron nicht homogen neutral ist. Es gibt mehr positive Ladung in Richtung Zentrum und mehr negative Ladung in Richtung Rand. Wir sagen, dass das Vakuum polarisiert wird. Dieser Prozess wird „Abschirmung" der Ladung im Zentrum genannt.

Die Abschirmung beeinflusst die Ladungsverteilung um das Elektron. Es handelt sich nicht mehr um eine Punktladung, sondern um eine „ausgebreitete" Ladung. Aus einer bestimmten Entfernung mag es immer noch wie eine Punktladung aussehen, aber in der Nähe haben die Auswirkungen der Ladungsverteilung einen

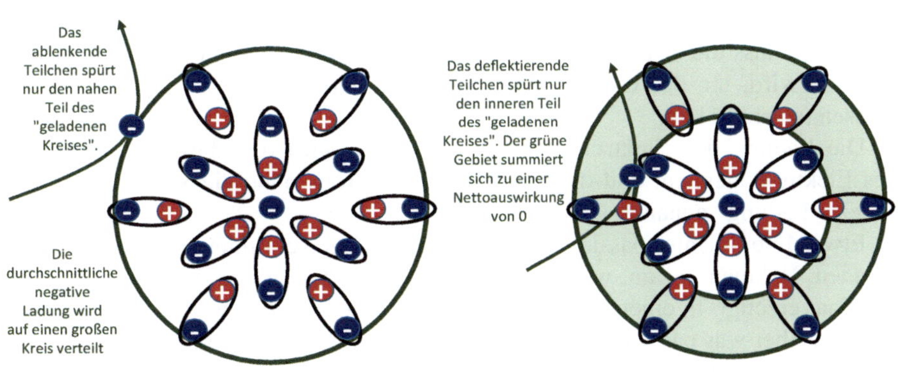

Abb. 11.3 Vakuumpolarisation

Einfluss auf die Wechselwirkung mit anderen Teilchen. Dieser Effekt kann gemessen werden, da er zu Verschiebungen in den Energieniveaus des Elektrons führt, z. B. im Wasserstoffatom. Diese Verschiebungen werden Lamb-Verschiebungen genannt. Die theoretischen Vorhersagen dieses Prozesses erklären die gemessenen Energieverschiebungen extrem gut [Ref. 60, S. 196].

Da die Ladung über eine ganze Region „verteilt" wird, sieht das Feld schwächer aus, als es wäre, wenn das Vakuum diesen Effekt nicht erzeugen würde. Wenn das Vakuum also keine virtuellen Elektron-Positron-Paare erzeugen würde, gäbe es den Ausbreitungseffekt nicht. In diesem Fall würden wir die nackte Elektronenladung sehen. Wenn Sie sich Abb. 11.3 ansehen, sehen Sie, dass ein ablenkendes Teilchen eine Ladung erfährt, aber die durchschnittliche Ladung ist über den gesamten Kreis verteilt, so dass außerhalb des Kreises das abgelenkte Teilchen eine *niedrigere* Ladung erfährt. Da in Wirklichkeit die „Photonen- und Paarwolke" keine klare Grenze hat (es gibt keinen Kreis), erstreckt sich dieser Effekt nach außen.

Auf der anderen Seite, wenn Sie in den Kreis eintreten und näher an das ursprüngliche Elektron herankommen könnten, würde der Abschirmeffekt reduziert und die tatsächlich erfahrene Ladung würde exponentiell ansteigen. Aber man könnte einwenden, dass die weiter entfernten Ladungen Sie immer noch beeinflussen werden. Warum hat das keinen durchschnittlichen Effekt? Für eine solche Ladungsverteilung können Sie berechnen, dass im Groben gesprochen die Auswirkungen der Ladungen außerhalb des inneren Kreises (d. h. des grünen Bereichs) sich gegenseitig aufheben werden. Die entstandene Nettoerfahrung ist also die gesamte im inneren Kreis hinzugefügte Ladung. Je kleiner der innere Kreis wird, desto weniger Abschirmung und desto mehr werden Sie die nackte Ladung des Elektrons sehen. Wenn Sie jedoch den Radius des inneren Kreises auf 0 reduzieren, wird die Ladung unendlich werden.

Folglich müssen wir diesen Prozess berücksichtigen. Die Korrektur der QED-Gleichung zielt darauf ab, die tatsächlichen Störungen, die tatsächliche Masse und daher die tatsächliche Ladung in die Formel zu bekommen. Anstatt also einer einzigen Welle mit Ladung und Masse, die alle unendlich werden können, wenn die virtuelle Teilchenwolke berücksichtigt wird, ziehen wir jetzt die gestörte Welle, die verschobene Masse und die verschobene Ladung in Betracht. Das Ergebnis ist, dass die virtuelle Teilchenwolke in die korrigierte QED-Gleichung einbezogen wird, um das Ganze gleich der Masse und Ladung zu machen, die wir messen (s. Abb. 11.4).

Die Ladung des Elektrons plus seiner Wolke wird die „bekleidete Ladung" des Elektrons genannt und die Ladung des Elektrons ohne die Wolke wird seine „nackte Ladung" genannt.

Etwas Interessantes passiert, wenn wir ein starkes elektromagnetisches Feld anwenden. Nehmen wir an, wir haben ein virtuelles Photon, das ein Elektron-Positron-Paar erzeugt. In einem starken Feld können diese beiden voneinander getrennt werden. Aber was passiert mit ihnen, wenn sie nur Störungen sind? Wenn das Feld schwach ist, ist die einzige Möglichkeit, dass sie schließlich wieder zu einem virtuellen Photon rekombinieren. Aber wenn das Feld stark ist, können sie virtuelle

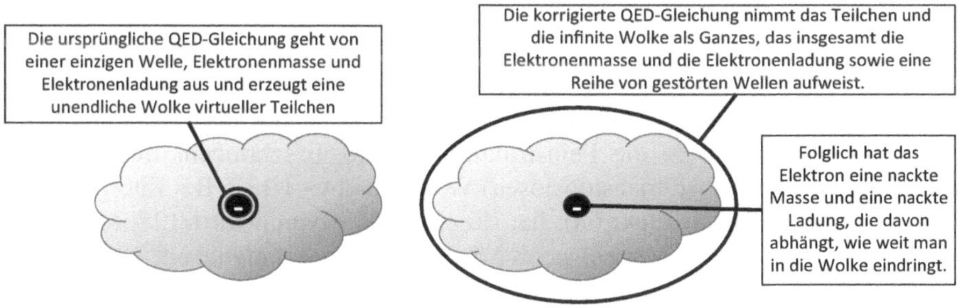

Abb. 11.4 Renormierung: Die korrigierte QED-Gleichung setzt das nackte Elektron + die virtuelle Wolke der Elektronenmasse und -ladung gleich

Photonen aus dem Feld absorbieren und genug Energie gewinnen, um ein reales Elektron und ein reales Positron zu werden. Dies ist die Paarproduktion in einem starken elektromagnetischen Feld.

Eine Vakuumfluktuation kann auch die Quelle sein. In diesem Fall wird angenommen, dass das virtuelle Paar für eine sehr kurze Zeit existiert (innerhalb der Unschärferelation). Aber wenn die Teilchen Energie von den virtuellen Photonen im Feld absorbieren, können sie real werden. Dies erfordert die Fähigkeit, eine Energie von zwei Elektronenmassen (Elektron + Positron!) aus dem Feld zu gewinnen. Das Feld muss also sehr stark sein, um so etwas zu tun.

11.3 Renormierungsgruppe

Die Renormierungsgruppe ist nicht eine Gruppe wie die, über die wir im Abschnitt über Symmetriegruppen gesprochen haben. Das Ziel der Renormierungsgruppenanalyse besteht darin, herauszufinden, wie sich die Kopplungskonstanten mit der Skala des Interesses ändern. Wenn wir uns also beispielsweise dem Elektron nähern, finden wir weniger Abschirmung zwischen uns und der Ladung und die Ladung steigt. Daher steigt die Kopplungs-„Konstante“.

Wie kommen wir dem Elektron näher? Im Grunde genommen sondieren wir eine kürzere Längenskala. Dafür benötigen wir eine kürzere Wellenlänge. Die Wellenlänge muss von der Größenordnung der Längenskala sein, um auf dieser Skala „sehen“ zu können. Eine kürzere Wellenlänge impliziert jedoch einen höheren Impuls.

Eine andere Möglichkeit, das zu sehen, besteht darin, wenn wir eine Fourier-Analyse eines Signals durchführen. Das bedeutet, dass wir das Signal mit Hilfe eines Satzes von Wellen aller Frequenzen beschreiben. Wenn wir die höheren Frequenzen abschneiden, verlieren wir Details im Signal. Wenn wir beispielsweise eine Fourier-Analyse eines Bildes durchführen, die hohen Frequenzen abschneiden und die Wellen wieder in ein Bild übersetzen, wird dieses Bild unscharf sein: Die feineren Details sind verschwunden!

Je höher also der Impuls und die Frequenz sind, mit denen wir das Elektron sondieren, desto größer ist das Detailniveau und die kürzeren Längenskalen werden untersucht. Auf diese Weise nähern wir uns dem Elektron, und das Ergebnis ist, dass wir eine höhere Ladung messen. Die Stärke der elektromagnetischen Kopplung wird durch α, die Feinstrukturkonstante, beschrieben. Bei normalen Energien hat sie einen (dimensionslosen) Wert von etwa 1/137. Bei Energien nahe 81 GeV (also näher am Elektron), hat sie einen Wert von etwa 1/128, also etwas höher [Ref. 68]. Wie sich α bei noch höheren Energien entwickelt, ist nicht bekannt, aber es wird angenommen, dass es gegen unendlich geht. Bei extrem hohen Energien gilt die Quantenfeldtheorie aufgrund der Struktur des Vakuums nicht mehr (wir werden darauf im letzten Kapitel zurückkommen). Wir sprechen also von sehr hohen Energien, die normalerweise nicht verfügbar sind. Es gab jedoch eine Zeit, in der dies normal war: die sehr frühen Stadien des Universums. In jenen Tagen könnte die elektromagnetische Kopplungsstärke durchaus höher gewesen sein.

Die schwache Kraft und die starke Kraft ändern ebenfalls ihre Stärke, wenn wir uns bei deutlich höheren Energien umsehen. Die Kopplungskonstante der starken Kraft *verringert* sich tatsächlich bei sehr hohen Energien! Wir werden später sehen, warum das so ist. Das bedeutet jedoch, dass die starke Kraft nicht auf unendlich geht, wenn wir uns sehr nahe kommen! Daher leidet die begleitende Theorie, QCD, nicht unter diesem Unendlichkeitsproblem.

Was passiert also, wenn die Längenskala wirklich kurz wird? Vergleichen wir zunächst mit der Feldtheorie eines Kristalls. In einem Kristall gibt es keine Probleme mit Unendlichkeiten! Der Grund dafür ist, dass es eine kürzeste Längenskala gibt: die Skala des Kristallgitters. Wenn wir zu Längenskalen kommen, die in der Größenordnung des Abstands zwischen zwei Atomen im Gitter liegen, beginnt der Feldansatz zu versagen. Das ist logisch, da es unmöglich ist, Phononen auf einer Skala zwischen zwei Atomen zu definieren: Es gibt dort nichts, das die Phononen tragen könnte. Daher hört das Feld auf, auf atomaren Skalen homogen zu sein.

Was sagt uns das über das Vakuum? Wenn das Vakuum auch bei Skalen unterhalb der Planck-Länge homogen wäre, hätten wir ein ernsthaftes Problem mit Unendlichkeiten. Es ist jedoch nicht abwegig anzunehmen, dass das Vakuum selbst auf einer bestimmten Skala eine Struktur haben könnte. In diesem Fall würde die Feldtheorie dort nicht gelten und müsste auf dieser Skala durch eine andere Theorie ersetzt werden. Die Feldtheorie wäre immer noch anwendbar, aber nur auf höheren Längenskalen, genau wie es beim Kristall der Fall ist.

Obwohl all dies spekulativ ist, können wir den Schluss ziehen, dass wir einfach nicht wissen, was auf einer solchen Längenskala passiert, und solange wir das nicht tun, können wir nicht sagen, dass die Feldtheorie aufgrund dieser Unendlichkeiten falsch ist. Wir können nur sagen, dass die Feldtheorie auf Längenskalen, die wir kennen, in Ordnung ist und dass wir sie nicht auf Energie- und Impulsskalen verwenden können, die kürzeren Längenskalen entsprechen.

Welche Theorien könnte es also für kürzere Längenskalen geben? Tatsächlich gibt es dafür keine Theorien. Es gibt eine Reihe von Hypothesen, aber keine davon konnte bisher durch Experimente bestätigt oder widerlegt werden. Daher werden sie Hypothesen bleiben, bis wir dies tun. Einige von ihnen wurden mathematisch sehr detailliert ausgearbeitet, aber sie alle sagen Dinge voraus, die wir nicht messen können. Beispiele sind die Stringtheorie, Quantenschleifengravitation und kausale dynamische Triangulationen. Alle diese Hypothesen beinhalten die Gravitation, die wir bisher nicht mit der Feldtheorie kombinieren konnten.

Kapitel 12
Ist die Katze tot oder lebendig? Wie Quantendekohärenz das Universum „digitalisierte“

Bis jetzt haben wir eine Welt aus Wellen und virtuellen Teilchen erforscht. Aber das ist nicht das, was wir um uns herum sehen. Was wir erleben, wenn wir die Welt beobachten, sind konkrete Dinge, die sich in einer bestimmten Position oder einem bestimmten Zustand befinden. In den Kap. 3 und 4 haben wir diskutiert, warum wir das Wellenverhalten um uns herum nicht sehen und wie Interaktionen Informationen über die Position einer Welle erzeugen. Dennoch, wäre es nicht möglich, die Quantenwelt der Interferenz zwischen Wellen auf eine beobachtbare Ebene zu bringen? Und wie könnten wir besser verstehen, warum wir die Wellen-Teilchen-Dualität im Doppelspaltexperiment sehen? Zum Beispiel, wie können wir besser verstehen, was passiert, wenn die Welle den Detektor trifft? Die Welle mag sich über den Raum erstrecken, aber wir messen das Teilchen dennoch an einer Position. In Abschn. 4.3 haben wir die Tatsache diskutiert, dass Interaktionen den Impuls der Welle verändern, was zu einem Wellenpaket führt, das eine klarere Position hat. Jetzt ist es an der Zeit, unser Verständnis dieses Konzepts zu vertiefen.

Schrödinger war ein Quantenphysiker, der versuchte, das Problem der Wellen-Teilchen-Dualität durch ein Gedankenexperiment, genannt Schrödingers Katze, explizit zu machen. Er schlug vor (aber nur im Gedanken!), eine Katze in eine Box mit einem Gerät zu setzen, das ein radioaktives Atom misst. Das Atom befindet sich in einer Quantensuperposition von zwei möglichen Zuständen: zerfallen oder nicht zerfallen. Wenn das Atom zerfallen würde, würde das Messgerät ein tödliches Gas freisetzen, das die Katze töten würde. Als die Box geschlossen wurde, war die Katze noch am Leben, aber ab diesem Moment wissen wir nicht, in welchem Zustand die Katze ist, bis wir die Box öffnen und nachsehen. Also solange wir nicht hinschauen, lebt die Katze? Ist sie tot? Oder befindet sie sich in einer Superposition von lebendig und tot? Schließlich bestimmt das Atom den Zustand der Katze und das Atom befindet sich in einer Superposition der beiden Zustände. Wir könnten versuchen, uns vorzustellen, wie dieses System zu einem großen Pool von Wellen werden könnte, der alle möglichen Kombinationen von

W. Schmitz, *Teilchen, Felder und Kräfte*,
https://doi.org/ 10.1007/978-3-031-46280-1_12

lebendig und tot beinhaltet. Aber irgendwie ist klar, dass dies nicht wirklich der Fall sein wird. Schrödinger wollte unseren Verstand kitzeln, indem er uns dieses explizite Paradoxon spüren ließ. Das Problem ist, dass diese Geschichte kein befriedigendes Ende hat, weil es keine Erklärung dafür gibt, warum wir eine konkrete Welt erleben, in der Dinge klar lebendig oder klar tot sind und nicht in einer beobachtbaren Superposition der beiden.

Unsere Erfahrung, dass Dinge in einem bestimmten Zustand sind, kann als eine klassische „digitalisierte" Welt gesehen werden. In dieser Welt sind Dinge entweder 0 oder 1, Kopf oder Zahl, tot oder lebendig. Natürlich ist die Welt nicht schwarz und weiß, sondern voller Graustufen. Aber selbst, wenn es fünfzig Graustufen gibt, sind sie nicht in Superposition. Wir beobachten Dinge im Allgemeinen in einem dieser Zustände. Lassen Sie uns sehen, ob wir verstehen können, warum das so ist. Und wie die Welt der Wellen und virtuellen Teilchen zur klassischen Welt übergeht.

12.1 Quantendekohärenz und „Kollaps der Wellenfunktion"

Wir haben uns ein Bild von einem Teilchen als einer Wolke von virtuellen Teilchen oder eher Störungen gemacht. Diese Wolke summiert sich im Grunde genommen zum gesamten Feldquantum. Folglich ist es diese Wolke, die (aufsummiert) die Wellenfunktion des Teilchens darstellt. Die Welle verhält sich manchmal wie ein Teilchen. Wie können wir das in dem Bild einer Wolke von Störungen anstatt einer einfachen Welle sehen?

Lassen Sie uns zuerst noch einmal die Absorption eines Feldquantums betrachten. Wir haben dies bereits in Abschn. 8.3 diskutiert. Damals sagten wir, dass die Anregung des Feldes (ein Quantum) nicht existieren kann, wenn ein Teil davon absorbiert wird, und folglich muss das Ganze absorbiert werden. Das ist immer noch richtig, aber wir können das jetzt etwas genauer machen.

Wir haben gesehen, was bei dem Austausch von virtuellen Photonen passiert: Sie werden von einem Quantum wie einem Elektron erzeugt, das sich in ein virtuelles Photon und ein virtuelles Elektron aufspaltet. Das virtuelle Photon kann Energie und Impuls auf ein anderes Quantum übertragen, ohne dass das Elektron aufhört zu existieren. Um das zu tun, muss das zweite Quantum das virtuelle Photon absorbieren. Ein reales Photon kann auch von einem geladenen Quantum absorbiert werden. Wie kann das Photon tatsächlich an einer unterscheidbaren Position absorbiert werden? Wie sollten wir diesen Absorptionsprozess betrachten?

Zunächst müssen wir uns klarmachen, dass es einen Unterschied zwischen der Ruhemasse-Energie und der kinetischen Energie gibt (s. Abschn. 6.2). Die Ruhemasse-Energie kann nicht geteilt werden, ohne das Feldquantum zu zerstören.

Wie wir bereits gesehen haben (s. Abschn. 8.3), gibt es für Fermionen keinen bekannten Prozess, der dies tun würde, es sei denn, ein Fermion trifft auf sein Antiteilchen und die Quanten hören auf zu existieren (während sie hochenergetische Photonen erzeugen). Die kinetische Energie kann jedoch geteilt werden, was zu Impulsänderungen führt. Masselose Teilchen (wie Photonen) können absorbiert werden, aber auch hier muss das Quantum als Ganzes absorbiert werden. Dass ein Photon nur Impuls austauscht, bedeutet in erster Linie, dass es abgelenkt wird.

Zweitens, da wir nicht von einer einzigen Welle oder einem einzigen Quantum sprechen, sondern von einer Wolke von Störungen, haben wir folgende Situation: Nehmen wir ein Photon, das in einem Detektor absorbiert wird. Das Photon hat eine Wolke von virtuellen Elektron-Positron-(und anderen!)Paaren um sich herum. Wenn es in die Nähe eines Atoms des Detektors kommt, wird die Wolke anfangen, mit der Wolke von virtuellen Photonen um ein Elektron im Atom zu interferieren. Einige der virtuellen Paare könnten sich zu einem virtuellen Photon rekombinieren, das vom Elektron absorbiert wird, und das Elektron wird dadurch Energie gewinnen. Dieser Prozess ist hochgradig statistisch und wird bald irreversibel.

Um dies zu sehen, vergleichen Sie diesen Prozess mit dem Mischen von Gasen in der Thermodynamik (s. Abb. 12.1). Nehmen Sie zwei Gase, eines blau und eines rot, und stellen Sie sie nebeneinander. Jedes Gas repräsentiert eine virtuelle Teilchenwolke aus einem Teilchen. Wir haben also eine Situation, die ähnlich ist wie zwei Teilchen mit ihren Wolken, die nebeneinander sitzen. Jetzt öffnen wir die Trennung zwischen den beiden Gasen. Was passiert? Es gibt immer eine gewisse Bewegung in den Gasen, so dass sie anfangen werden, sich zu mischen. Am Anfang gibt es viele rote Gasteilchen auf der rechten Seite und keine auf der linken Seite. Wenn sie also anfangen, sich zu bewegen, sind die Chancen, dass Rot nach

Abb. 12.1 Mischen eines roten und eines blauen Gases. Auf der linken Seite wurde gerade die Trennwand geöffnet. Es gibt keine roten Teilchen auf der linken Seite, so dass der Pfeil zeigt, dass sie nur nach links gehen können und umgekehrt für Blau. In der Mitte gibt es genug rote Teilchen auf der linken Seite, dass einige zurück nach rechts gehen können. Aber es gibt kein Gleichgewicht: Der Pfeil nach rechts ist immer noch kleiner als der Pfeil nach links. Im rechten Bild gibt es ein Gleichgewicht und die beiden Gase haben sich vollständig vermischt. Es gibt keine praktische Wahrscheinlichkeit, zum Ausgangszustand auf der linken Seite zurückzukehren

links geht, viel größer als die Chancen, dass irgendein Rot nach rechts geht. Das Gleiche gilt für Blau, aber andersherum. Am Ende werden sie anfangen, sich zu mischen, bis es genauso viele Rote auf der linken Seite gibt wie auf der rechten Seite und das Gleiche gilt für Blau. Das ist die Situation, wenn die Chancen, dass sich Rot nach rechts bewegt, im Gleichgewicht mit den Chancen sind, dass es sich nach links bewegt. Jetzt könnten wir uns fragen, ob sie sich spontan wieder in Rot und Blau trennen werden. Die beste Vermutung ist, dass sie das nicht tun werden. Der Grund dafür ist, dass es so viel mehr Zustände gibt, in denen die Gase gemischt sind, als Zustände, in denen sie vollständig getrennt sind, so dass die Chancen, im getrennten Zustand zu sein, viel, viel geringer sind.

Daher können Sie, wenn Sie zurück zu den virtuellen Teilchenwolken gehen, sehen, dass es, sobald sie anfangen sich zu stören, eine viel größere Wahrscheinlichkeit gibt, dass sie sich vermischen (auch Verschränkung genannt), als getrennt zu bleiben. Dieser Prozess geht schnell, so dass es eine sehr kurze Interaktionszeit braucht, um die Chancen, zu den ursprünglichen Zuständen zurückzukehren, erheblich zu reduzieren. Dieser Prozess ist effektiv irreversibel.

12.1.1 Verschränkung

Die Diskussion über die Absorption eines Photons hat uns zum Konzept der Verschränkung geführt. Lassen Sie uns sehen, ob wir dies allgemeiner machen können, für jede Art von Interaktion. Während einer Interaktion wird gesagt, dass die beiden Wellenfunktionen der interagierenden Teilchen sich verschränken. Diese Verschränkung kann bestehen bleiben, auch wenn die Teilchen nach der Interaktion weit weg fliegen. Aus der obigen Diskussion wird klar, dass der Prozess der Verschränkung als das Mischen der virtuellen Wolken der beiden Teilchen gesehen werden kann. Während dieses Mischens können sie ihren Impuls austauschen, was dazu führt, dass die Teilchen in andere Richtungen fliegen als die, die sie vor der Interaktion hatten (s. auch Abb. 10.15).

Verschränkung führt zu veränderten Wellenfunktionen für beide Teilchen und bis die Teilchen gemessen werden, bleibt unklar, wie die Wellenfunktion verändert wurde. Die beiden Teilchen tragen jedoch Informationen übereinander. Wenn also eines gemessen wird, wird es etwas über das andere Teilchen aussagen, auch wenn es weit weg gegangen ist. Bis zur Messung können wir nur von Wahrscheinlichkeiten bezüglich der Art und Weise sprechen, wie die Wellenfunktion sich entwickelt hat. Die Messung führt zu einem definitiven Zustand eines Teilchens, und so wird gesagt, dass der Zustand des anderen Teilchens im selben Moment definitiv wird, was eine „spukhafte Fernwirkung“ wäre (ein Begriff, der von Einstein geprägt wurde), weil es schneller als das Licht passiert. Es besteht jedoch keine Notwendigkeit für ein *Signal,* das sich durch den Raum bewegt, um dies zu verstehen [Ref. 82, 91, 92]. Die Veränderung in den Wellenfunktionen der beiden Teilchen wird während der Interaktion verschränkt. Wenn ein Teilchen gemessen wird, wissen wir, was diese Veränderung ist und wir werden auch wissen, wie die andere Wellenfunktion während der Interaktion verändert wurde. Wir wissen es einfach nicht vor der Messung. Beachten Sie, dass jede Interaktion mit einem der beiden Teilchen, die nach ihrem Treffen stattfindet, als Messung betrachtet wird.

Verschränkung ist eine typische Quanteneigenschaft. Der erste Beweis, dass sie wirklich existiert, wurde durch ein Experiment von Alain Aspect im Jahr 1982 [Ref. 92] erbracht. Der Beweis war jedoch nicht vollständig. Einige Schlupflöcher blieben bestehen. Im Jahr 2015 wurde der endgültige Beweis in einem Experiment von Qutech [Ref. 91] erbracht. Heute wurde die Quantenverschränkung als Quantenphänomen akzeptiert. Es wurde verstanden, dass Verschränkung verwendet werden kann, um ein Computernetzwerk zu erstellen, das nicht ohne Erkennung manipuliert werden kann. Das Lesen von Informationen in einem solchen Netzwerk ist unvermeidlich eine Messung, die die Verschränkung zerstören wird. Daher kann immer bekannt sein, ob das Netzwerk verletzt wurde. Das erste einfache Quantennetzwerk auf der Basis von Verschränkung wurde im Jahr 2021 gebaut [Ref. 90].

12.1.2 Quantendekohärenz

Während einer Interaktion zwischen zwei Teilchen verlieren sie beide ihre getrennten Zustände, verstricken sich und fliegen in einem neuen Zustand davon. Der Prozess des Verlusts ihrer getrennten Zustände wird Quantendekohärenz genannt [Ref. 52, 80] und wurde tatsächlich 1996 zum ersten Mal von Serge Haroche et al. gemessen [Ref. 52, 55, 80].

Bisher haben wir über zwei Teilchen gesprochen, die sich verstricken. In Wirklichkeit ist es jedoch äußerst schwierig, ein Teilchen oder eine einzelne Interaktion zwischen zwei Teilchen zu isolieren. In der Atmosphäre auf der Erde hat jedes Teilchen Milliarden von Interaktionen pro Sekunde mit Luftmolekülen, Photonen, kosmischer Strahlung, Neutrinos von der Sonne usw. Selbst weit draußen im Hochvakuum des Weltraums gibt es thermische Photonen von der 2,7 K Hintergrundstrahlung, Photonen von Sternen usw., und das Vakuum ist nie völlig leer.

Das Ergebnis solcher Interaktionen mit der Umgebung kann sein, dass die Wellenfunktion ziemlich schnell abnimmt. Was bedeutet das? In einer Wellenfunktion haben verschiedene Zustände (oder Pfade) eines Teilchens eine bestimmte Phasenbeziehung. Wie wir im Pfadintegral gesehen haben, führt dies zu Interferenzeffekten und einem resultierenden Pfad und Zustand, in dem sich das Teilchen befindet. Solange diese Phasenbeziehung zwischen den möglichen Zuständen und Pfaden des Teilchens besteht, wird gesagt, dass die Wellenfunktion kohärent ist. Wenn eine Interaktion auftritt und einige virtuelle Teilchen sich mit (virtuellen) Teilchen aus einer anderen Wolke verbinden, wird dies zu einer Störung der Wellenfunktion des ursprünglichen Teilchens führen. Die Phasenbeziehung zwischen den möglichen Zuständen des Teilchens wird sich ändern oder in einigen Fällen aufhören zu existieren. Das Ergebnis ist, dass die

Wellenfunktion des ursprünglichen Teilchens ihre Kohärenz verliert, und daher haben wir Quantendekohärenz.

Kommen wir zurück zu nur zwei Teilchen und sagen wir, wir haben eine einzige Wellenfunktion, die sie beide beschreibt. Sie interagieren nur miteinander. Diese Wellenfunktion bleibt kohärent, da sie die Überlagerung aller möglichen Zustände und Pfade von *beiden* Teilchen *einschließlich* ihrer Interaktionen enthält. Nur wenn diese beiden Teilchen mit einer Umgebung interagieren, die nicht zu dieser Wellenfunktion gehörte, wird sie dekohärent. Die Wellenfunktion, die dieses größere System beschreibt, bleibt jedoch kohärent. Wenn wir das weiterdenken, können wir uns eine einzige Wellenfunktion vorstellen, die das gesamte Universum beschreibt. Diese Wellenfunktion wird immer kohärent sein. Nur wenn wir versuchen, ein Teilsystem (sagen wir, ein einzelnes Teilchen oder Molekül) zu betrachten, müssen wir uns mit einer allgegenwärtigen Umgebung auseinandersetzen, die wir nicht kontrollieren. Also, auf der Ebene des Teilsystems erleben wir Dekohärenz.

Die Auswirkungen der Umgebung sind erheblich. Nehmen wir z. B. ein isoliertes Elektron. Seine Wellenfunktion würde sich mit einer Geschwindigkeit von etwa 1000 km/s im Raum ausbreiten [Ref. 80, S. 117]. Das ist ziemlich schnell. Das würde bedeuten, dass das Elektron nach einer Sekunde über eine Region mit einer linearen Dimension von etwa 1000 km verteilt ist. Wie können wir ein solches Elektron jemals lokalisieren? Die Messung der Position des Elektrons müsste zu einem „Zusammenbruch“ dieser superbreiten Wellenfunktion führen. Jede Interaktion zwischen dem Elektron und der Umgebung wirkt jedoch wie eine Positionsbestimmung. Jede solche Interaktion nimmt einige Informationen über die Position, an der die Interaktion stattfand, und damit über die Position des Elektrons, weg. Jede solche Interaktion dekohäriert die Wellenfunktion und verhindert ihre Ausbreitung. Es wurde geschätzt, dass die Dekohärenzzeit eines Elektrons, wenn wir nur die Interaktion mit Photonen aus der Umgebung berücksichtigen, in der Größenordnung von $10-^{16}$s liegt! [Ref. 80, S. 136]. Also, unter normalen Umständen würde sich die Wellenfunktion eines Elektrons nicht über eine messbare Entfernung ausbreiten.

Das ist der Grund, warum es so schwierig ist, Interferenzeffekte zwischen Elektronen im Labor zu messen. Mit viel Abschirmung und Kühlung ist es einigen Forschern gelungen, Interferenzeffekte zwischen Molekülen zu zeigen, die so groß sind wie C70 (Buckminster-Fullerene oder einfach sogenannte Buckyballs) [Ref. 80]. Sie konnten auch den Dekohärenzeffekt zeigen und die Zeit messen, die es dauerte, bis die Interferenz auf null reduziert war.

Das mag immer noch etwas abstrakt sein. Also, lassen Sie uns ein wenig weiter erforschen, indem wir uns das Wesen des Problems ansehen: den Messprozess. Dieser Prozess beschreibt im Wesentlichen den Übergang von der Quantenwelt (Wellen) zur klassischen Welt (Teilchen und Positionen).

12.1.3 Der Übergang vom Quantenverhalten zum klassischen Verhalten

Lassen Sie uns unsere Reise fortsetzen, indem wir zurückkehren zum Doppelspaltexperiment. In diesem Experiment haben wir gesehen, dass Elektronen ein Interferenzmuster auf dem Schirm hinter den beiden Spalten aufbauen, solange sie ungestört sind. Jetzt können wir sehen, dass es sehr schwierig ist, die Elektronen lange genug ungestört zu lassen, um dieses Interferenzmuster zu erhalten. Aber angenommen, wir schaffen es und die Elektronenwelle erreicht den Schirm. Was lässt diese Welle „zusammenbrechen" auf die eine Position, an der ein einzelnes Elektron gemessen wird? Lassen Sie uns das Schritt für Schritt betrachten.

Zunächst sprechen wir nicht mehr von einer Interaktion zwischen zwei Teilchen. Um zu messen, wo das Elektron auf den Detektor trifft, muss das Gerät aus vielen Atomen bestehen. Das Elektron beginnt, seine (weit verbreitete) Wolke von virtuellen Teilchen mit vielen dieser Atome zu vermischen (s. Abb. 12.2). Die Wolke um das Photon ist Teil eines Systems geworden, das *viel mehr Freiheitsgrade* hat: Es sind viele mehr (virtuelle) Teilchen beteiligt und daher existieren viele mehr Zustände. Der Zustand, in dem das Elektron unentdeckt bleibt, ist immer noch ein möglicher Zustand dieses Systems, ist aber nur eine von sehr vielen Möglichkeiten. Unter all diesen Möglichkeiten müssten Sie diejenigen zählen, bei denen das Elektron von einem der vielen Atome im Detektor erkannt wird.

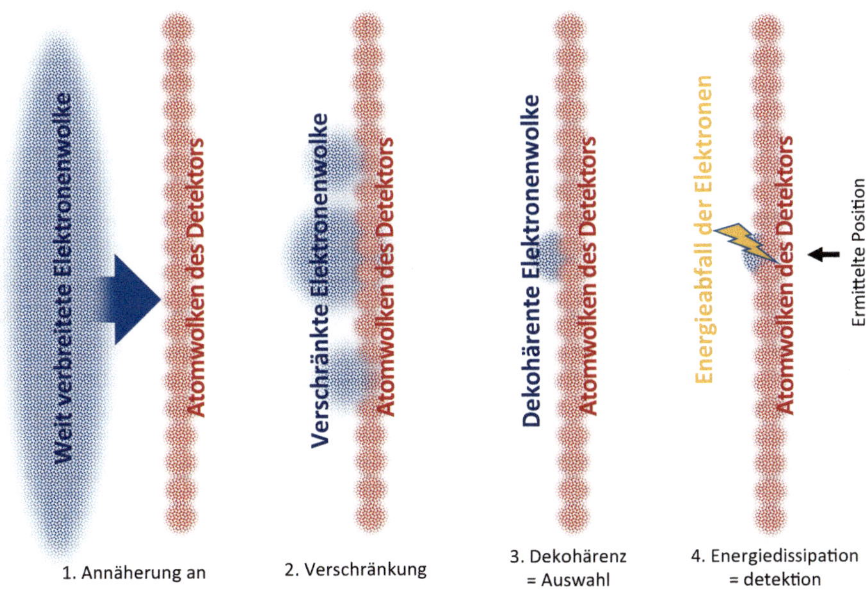

Abb. 12.2 Quantendekohärenz geht der Energiedissipation voraus

Schritt 2 ist, dass die Elektronenwolke sich mit vielen der Atome im Detektor verstrickt. Man könnte erwarten, dass der größte Teil ihrer Energie in einer Gruppe von Atomen abgelagert wird, in der Nähe der Stelle, an der das Elektronenfeld stark ist (der Spitze der Welle). Aber das würde immer noch dazu führen, dass ein ausgebreitetes Elektron gemessen wird, wobei der größte Teil der Energie in den Detektor an der Spitze der Welle abgegeben wird, einschließlich einiger Energie, die in anderen Bereichen abgegeben wird, in denen die Elektronenwelle nicht null war. Das ist jedoch nicht das, was wir messen. Wir messen die Energie, die an ungefähr einer Position abgegeben wird. Wahrscheinlich ist diese Position dort, wo die Spitze der Welle war, aber immer noch eine Position.

Schritt 3 hält den Schlüssel. Während man mit den ersten Atomen interferiert, kann die Positionsinformation noch weit gestreut sein, aber diese wird schnell durch die Verschränkung mit den ersten Messatomen reduziert. Denken Sie daran, dass in dem Wellenbild aus Abschn. 4.3 der Impulswechsel das Wellenpaket in Wellenlängen diversifiziert und eine schmale Position erzeugt hat. Die Wahrscheinlichkeit, dass die Positionsinformation sich um den Gipfel der Elektronenwelle verengt, ist am größten, aber dies kann auch an anderen Stellen geschehen, an denen die Elektronenwelle nicht null ist. Allerdings reduziert *jede Verschränkung die Welle weiter*. Sie könnten dies als schrittweise Veränderung der Welle sehen. Eine sich verändernde Welle ist keine schöne Sinuswelle, sondern wird immer mehr zu einer Überlagerung vieler Wellen (s. auch die Diskussion in Kap. 10). Dies führt zu einer immer klareren Position. Vergleichen Sie dies mit Abb. 4.4: Eine Position im Raum erfordert eine Überlagerung vieler Wellen. Dies funktioniert auch andersherum: Jede Verschränkung verändert die Welle und lässt die Welle aus vielen Sinuswellen mit unterschiedlichen Wellenlängen bestehen. Das Hinzufügen vieler Sinuswellen reduziert die Unsicherheit in der Position. So wird die Welle dekohärent. Daher kann die Dekohärenz mit einem Auswahlprozess verglichen werden. Die Welle wird auf eine einzelne Position reduziert, die durch den Dekohärenzprozess ausgewählt wurde.

Betrachtet man diesen Prozess aus der Perspektive einer virtuellen Teilchenwolke, so vermischen sich die ersten virtuellen Teilchen mit vielen Atomen über einen Bereich von Positionen. Die virtuellen Teilchen der Atome vermischen sich auch mit der Elektronenwolke, so dass der Nettoeffekt immer noch 0 ist. Bei einigen Atomen verflechten sich etwas mehr virtuelle Teilchen der Elektronenwolke. Wo das passiert, erhöht sich die (statistische) Wahrscheinlichkeit einer stärkeren Wechselwirkung schnell. Überall sonst nimmt sie ab. Und so baut sich die Wechselwirkungsstärke an einer Stelle auf und nimmt an anderen Stellen ab. Aus dieser Sicht wird also auch die Wolke auf eine einzelne Position in einer statistischen Weise dekohärent.

Erst dann kommen wir zu Schritt 4: Energieverlust. Die Schritte 1 bis 3 geschehen sehr schnell, und so wird die Welle, bevor irgendein Energieverlust stattfinden kann, auf eine schmale Position reduziert worden sein. Auf atomarer Ebene, lange nachdem dieses Spiel abgelaufen ist, findet die massive Wechselwirkung des Elektrons mit den benachbarten Atomen statt und die Energie beginnt sich zu übertragen. Diese Energieverlust wird im Detektor aufgenommen und so kann er eine Position bestimmen, an der das Elektron „auf den Bildschirm trifft“.

Die Lösung des Problems des „Kollapses der Wellenfunktion“ liegt also darin, dass *die Quantendekohärenz auf viel schnelleren Zeitskalen stattfindet als der Energieverlust* (s. Abb. 12.2*)*.

Schauen wir uns noch ein weiteres Beispiel an, um den Unterschied in der Zeitskala zwischen Dekohärenz und Energieverlust zu veranschaulichen [Ref. 80]. Nehmen Sie einen Planeten im Sonnensystem, z. B. Saturn (mein Favorit). Saturn kreist seit Milliarden von Jahren um die Sonne und verliert dabei kaum Energie aus seiner Umlaufbahn. Der Planet wird jedoch ständig von Photonen überwacht und seine Position ist daher all diese Zeit über sehr klar gewesen. Die Tatsache, dass seine Position immer klar ist, während kaum Energieverlust stattfindet, zeigt, dass nicht der Energieverlust die Position bestimmt, sondern der Dekohärenzprozess. Dekohärenz ist ein rein quantenmechanischer Effekt, der mit der Verschränkung der Wolken virtueller Teilchen zusammenhängt, während Energieverlust mit der Energieübertragung zwischen bereits verschränkten Systemen zusammenhängt. Daher geht die Dekohärenz immer dem Energieverlust voraus. Deshalb werden wir nie eine Energieverlustmessung über die Elektronenwelle verteilt messen. Der Quantenzustand wird vorher jedes Mal dekohärent gewesen sein.

Man stellt fest, dass das Ausmaß der Unterdrückung von Überlagerungen (z. B. wie ein Interferenzmuster) exponentiell mit der Anzahl der Teilchen in der Umgebung zunimmt, die mit dem System interagieren können [Ref. 80]. Dies liegt daran, dass diese Teilchen nicht nur mit dem System, sondern auch miteinander verschränkt werden. Folglich nimmt die Unterscheidbarkeit zwischen Zuständen wie Positionszuständen exponentiell mit der Zeit zu. In unserem Beispiel von Abb. 12.2 sind auch die vielen Atome miteinander verschränkt. Dies erklärt noch weiter, warum die Elektronenwelle schneller dekohärent wird, wenn eine Verschränkung mit mehr Atomen im Detektor stattfindet.

Versuchen wir, dieses Konzept weiter zu verallgemeinern. In der Quantenmechanik können wir ein System nur in seinem Eigenzustand messen (s. Abschn. 8.3). Aber solange es nicht gemessen wird, entwickelt sich das System als Welle, beschrieben durch die Wellenfunktion. Die Born-Regel definiert die Wahrscheinlichkeit, das System in einem dieser Eigenzustände zu finden, wenn es gemessen wird. Woher kommen also diese Eigenzustände? Wer hat definiert, was die Eigenzustände sein sollen? Jetzt, da wir ein wenig über Dekohärenz verstehen, können wir beginnen, eine Antwort auf diese Fragen zu formulieren [Ref. 80].

Einer der häufigsten Eigenzustände ist die Position eines Teilchens. Wir haben bereits gesehen, wie die Position durch die ständige Präsenz von Milliarden von Wechselwirkungen mit der Umgebung überwacht werden kann. Das bedeutet, dass die Positionsinformation nicht nur einmal oder zweimal in dieser Umgebung gespeichert wird, sondern reichlich vorhanden und redundant ist. Daher können wir die Position eines Teilchens jederzeit bestimmen, indem wir die Umgebung messen. Zum Beispiel finden wir die Position des Saturns, indem wir die Photonen messen, die von ihm abgelenkt wurden. Bei jeder Wechselwirkung mit der Umgebung dekohäriert die Wellenfunktion des Teilchens zur Position, an der die

Wechselwirkung stattgefunden hat. Danach kann sie sich entwickeln, aber die nächste Wechselwirkung wird bereits stattgefunden haben. Daher ist die Position ein robuster Zustand: Sie bleibt bestehen aufgrund der vielen Wechselwirkungen, die ihre Wellenfunktion ständig auf eine tatsächliche Position reduzieren. Überlagerungen der Position (wie ein Interferenzmuster, das über Positionen verteilt ist) sind nicht robust, da sie bei jeder stattfindenden Wechselwirkung in Frage gestellt werden. Dies macht die (klassische) Position eines Teilchens zu einem robusten Zustand, der redundant in der Umgebung zur Messung vorhanden ist. Und das macht es zu einem Eigenzustand. Eigenzustände sind jene Zustände, die am redundantesten in der Umgebung gespeichert sind. Das macht sie zu den am messbarsten Zuständen in der Umgebung. Wenn wir die Born-Regel anwenden, können wir nun die Wahrscheinlichkeit definieren, ein Teilchen an einer bestimmten Position zu finden. Dies wird durch das kontinuierliche Abtasten durch die Umgebung sinnvoll gemacht.

Das Messgerät ist genauso Teil der Umgebung. Es ist entweder darauf ausgelegt, die redundante Information in der Umgebung zu messen oder die Messung eines einzelnen Teilchens zu vergrößern. Der Vergrößerungsprozess ähnelt der Überwachung durch viele Teilchen in der Umgebung. In beiden Fällen mitteln viele Zustände der Umgebung oder des Geräts aus. Je mehr Mittelung, desto klarer die Messung und desto klarer der einzelne Zustand (z. B. Position), der herauskommt. Unsere Sinne sind solche Geräte. Vergleichen Sie dies mit dem Druck eines Gases: Er ist scharf definiert und messbar, während er in Wirklichkeit ein statistischer Durchschnitt der Bewegungen von Milliarden von Gasmolekülen ist. Schließlich ist das Gerät darauf ausgelegt, A oder B zu messen und hat daher viele Zustände für A und viele für B und nur wenige für andere Zustände. So kommen wir statistisch gesehen bei A oder B an, einem einzigen Ergebnis statt einer Überlagerung.

Ein weiteres Beispiel sind die Energielevel eines Elektrons in einem Atom. Das Elektron ist stark mit dem Kern und den anderen Elektronen im Atom verschränkt. Es wird kontinuierlich durch diese Verschränkung abgetastet. Allerdings wird es nicht auf seine Position abgetastet. Die in dieser Verschränkung ausgetauschten Informationen offenbaren nicht seine Position, aber sie offenbaren sein Energielevel. Daher wird das Elektron auf sein Energielevel abgetastet. Warum zeigt die Verschränkung innerhalb eines Atoms ein anderes Verhalten im Vergleich zur Messung der Position eines Elektrons in einem Detektor? Um eine Position zu messen, ist eine Änderung des Impulses erforderlich. Nur eine Änderung des Impulses erhöht die Unsicherheit im Impuls und verringert dadurch die Unsicherheit in der Position. Ein in einem Atom eingefangenes Elektron ändert seinen Impuls innerhalb des Atoms nicht. Dies liegt daran, dass das Elektron innerhalb des Atoms nur in einem Zustand bestimmter Wellenlänge (s. Abschn. 13.1) und damit eines bestimmten Impulses existieren kann. Der Impuls des gesamten Atoms kann sich ändern, aber nicht der des einzelnen in einer „Bahn“ innerhalb des Atoms eingefangenen Elektrons. Klarheit über seinen Impuls übersetzt sich in *einen Mangel an* Klarheit darüber, wann das Elektron an einem bestimmten Ort ist. Unsicherheit über die Zeit erhöht die Gewissheit über das Energielevel. Im Allgemeinen müssen wir Position und Zeit als Vierervektor betrachten, der eine Unsicherheitsrelation mit dem Impuls-Energie-Vierervektor hat. Daher erklärt das Wellenbild, warum manchmal Energie-Impuls durch Verschränkung und manchmal durch Zeit-Position definiert wird. Im Allgemeinen können freie Teilchen ihre Energie und ihren Impuls während der Wechselwirkungen kontinuierlich ändern. Daher ist ihre Position in der Raum-Zeit ein Eigenzustand. Teilchen, die in einem Potenzialtopf gebunden sind, müssen bestimmte Wellenlängen und Frequenzen haben (s. auch Abschn. 7.1). Daher sind ihr Impuls und ihre Energie Eigenzustände und ihre Position in der Raum-Zeit ist unklar. Daher kann diese Verschränkung eines Elektrons innerhalb eines Atoms zwischen Energieleveln unterscheiden.

Folglich werden Überlagerungen verschiedener Energielevel nicht anhalten, aber Überlagerungen der Position halten im Atom an. Deshalb bleibt das Elektron auf einem so gut definierten Energielevel, während seine Position im Atom nie klar ist und nur als Wahrscheinlichkeit beschrieben werden kann, das Elektron irgendwo im Atom zu finden. Folglich sind die Energielevel die (robusten) Eigenzustände des Atoms. Natürlich wird das Atom als Ganzes von der Umgebung reichlich auf seine Position abgetastet. Aber das unterscheidet (oder offenbart) im Allgemeinen nicht die Position jedes Elektrons innerhalb des Atoms selbst.

Da Eigenzustände aus der Umgebungsabtastung der Teilchenwelle entstehen, wird der Prozess, durch den Eigenzustände erzeugt werden, als „umgebungsinduzierte Superselektion“ [Ref. 80] bezeichnet. Es ist also die Wechselwirkung mit der Umgebung, die die robusten Zustände auswählt, die zu den Eigenzuständen werden. Die Wechselwirkung ist ein Prozess der Verschränkung, der zur Dekohärenz führt. Daher können wir sagen, dass die Wolke virtueller Teilchen um ein Teilchen herum für die Verschränkung mit der Umgebung verantwortlich ist, die ihre eigene Wellenfunktion ändert, und aus dieser entsteht ein Eigenzustand.

Da die Eigenzustände tatsächlich klassische Beobachtungsgrößen (wie Position oder Energielevel) sind, klärt dies den Übergang vom quantenmechanischen Verhalten (Interferenz) zum klassischen (robuste Eigenzustände). Lange Zeit konnten Wissenschaftler den Übergang von der Quantenphysik zur klassischen Physik nicht erklären. Die Messung einer Wellenfunktion würde zu einem „Kollaps der Wellenfunktion“ führen, aber der Kollapsprozess war unbekannt. Verschränkung und Quantendekohärenz haben uns einige Einblicke in die Art und Weise gegeben, wie dieser Prozess stattfindet. Quantenverhalten ist überall um uns herum. Teilchen sind tatsächlich nur Wolken von Wellen und Störungen. Aber ihr klassisches Aussehen wird durch die Art und Weise verursacht, wie die virtuelle Wolke eines Teilchens mit anderen Teilchen verschränkt wird. Auf der makroskopischen Ebene spielen viele Teilchen eine Rolle in diesem Prozess. Eine so große Anzahl von Teilchen dekohäriert schnell den Quantenzustand jedes Systems, das wir messen (oder sehen) wollen. Am Ende kommt nur die klassische Information tatsächlich dabei heraus.

12.2 Tunneln und Dekohärenz

In Abschn. 7.1 haben wir das Konzept des Tunnelns behandelt. Wir haben deutlich gemacht, dass, wenn ein Quant aus einer Vielzahl von Wellen mit unterschiedlichen Frequenzen besteht, es einige Wellen geben kann, die genug Energie haben, um eine Potenzialbarriere zu überwinden. Insbesondere besteht ein Quant für eine kurze Zeit aus einer Vielzahl von unterschiedlichen Wellen (s. Kap. 4). Je kürzer das Zeitintervall, desto größer ist die Bandbreite der Frequenzen (also Energie). Dieser Prozess erklärt jedoch nicht, warum nur einige der Wellen, die es auf die andere Seite schaffen, das *ganze* Quant auf die andere Seite der Potenzialbarriere bewegen können.

Also, lassen Sie uns das Tunneln aus der Perspektive der virtuellen Teilchenwolke und der Dekohärenz erneut betrachten, um zu sehen, ob wir diese Frage beantworten können. Dazu werden wir die spezifische Eigenschaft virtueller Teilchen (oder Störungen) nutzen, dass sie off-shell existieren (s. Kap. 10). Diese Tatsache hat eine tiefe Implikation. Off-shell wird die Beziehung zwischen Energie, Masse und Impuls nicht mehr streng eingehalten. Was bedeutet das?

Zunächst einmal bedeutet es, dass ein virtuelles Teilchen jede Energie haben kann. Daher kann es eine Potenzialbarriere überwinden, die das reale Quant nicht überwinden könnte. Wenn also ein Quant tatsächlich aus einer Wolke virtueller Teilchen (Störungen) besteht, ist es wahrscheinlich, dass es all seine Eigenschaften nacheinander über die Barriere bewegt, da die einzelnen Mitglieder der Wolke *alle* off-shell sind. Es ist nur in der Summe, dass sie als ein einziges „on-shell"-Teilchen wirken.

Als passiert als Nächstes, wenn einige der virtuellen Teilchen auf der anderen Seite der Potenzialbarriere mit Wolken anderer Quanten auf dieser Seite verschränkt werden (s. Abb. 12.3)? Nehmen wir z. B. an, wir haben ein Messgerät auf der anderen Seite. Die virtuellen Teilchen des Quantums, die die Barriere überquert haben, beginnen sich mit dem Messgerät zu verschränken. Dies führt zur Dekohärenz des Quantums. Innerhalb kurzer Zeit wird die Anzahl der Zustände, in denen das Quantum mit dem Messgerät interferiert hat, weit größer als die Anzahl der Zustände, in denen das Quantum auf seiner ursprünglichen Seite der Barriere bleibt. So überqueren die virtuellen Teilchen nacheinander die Barriere. Schließlich wird die Energie des Quantums im Detektor verbraucht und das Quantum wird auf der anderen Seite der Barriere gemessen.

Jedoch werden anfangs nicht viele virtuelle Teilchen die Barriere überqueren. Daher hängt die Wahrscheinlichkeit für dieses Ereignis wirklich davon ab, wie weit die virtuellen Teilchen von der Schale entfernt sein müssen, bevor sie sich kreuzen können. Je weiter sie von der Schale entfernt sind, desto unwahrscheinlicher wird der Prozess.

Es gibt einen weiteren Aspekt, der sich auf die Zeitskala des Tunnelns auswirkt. Im Grunde genommen verhält sich ein Teilchen auf der Massenschale so, wie wir es gewohnt sind: Die Geschwindigkeit eines Teilchens bleibt unterhalb der Lichtgeschwindigkeit. Vergleichen Sie dies mit der blauen Linie in den Abb. 6.5 und

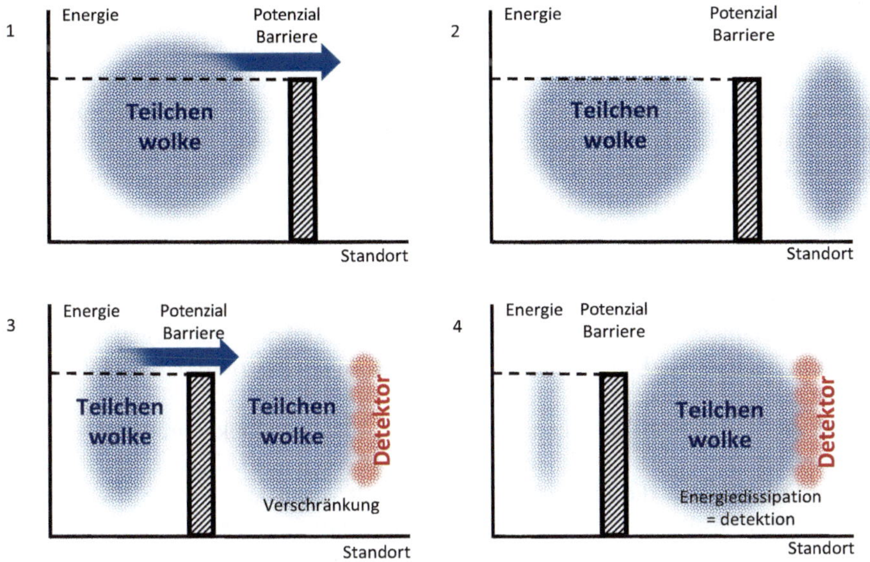

Abb. 12.3 Tunneln. In Schritt 1 überqueren die virtuellen Teilchen mit genügend Energie die Potenzialbarriere. In Schritt 2 befindet sich ein Teil der virtuellen Wolke auf der anderen Seite und nur virtuelle Teilchen mit geringerer Energie bleiben auf der linken Seite. In Schritt 3 verteilt die Teilchenwolke auf der linken Seite ihre Energie über die Wolke und wieder haben einige genug Energie, um auf die andere Seite zu gelangen. Wenn sich ein Detektor auf der anderen Seite befindet, beginnt die Verschränkung. In Schritt 4 hat der größte Teil der Wolke die Barriere überquert und die Verschränkung hat dafür gesorgt, dass die Wahrscheinlichkeit, das Teilchen auf der linken Seite zu finden, schnell abnimmt, da die meisten verschränkten Zustände auf der rechten Seite sind. Dies führt wiederum zur Energieverlust im Detektor und somit zur Detektion des Teilchens auf der rechten Seite.

10.3. Es wird die rote Linie nicht überqueren, die die Situation für masselose Teilchen wie Photonen beschreibt. In Abschn. 6.2 wurde erklärt, dass „auf der Schale zu sein“ bedeutet, eine Geschwindigkeit unter c zu haben.

Auf der rechten Seite der roten Linie würde sich das Teilchen jedoch schneller als das Licht bewegen! Bedeutet das also, dass virtuelle Teilchen sich schneller als das Licht bewegen können, weil sie off-shell sind? Nun, es gibt eine gewisse Wahrscheinlichkeit, dass virtuelle Teilchen dies tun können. Je mehr c jedoch überschritten wird, also je mehr das virtuelle Teilchen off-shell wird, desto mehr verschlechtert sich diese Wahrscheinlichkeit [Ref. 9, Kap. I.3]. Potenziell bedeutet dies, dass das Tunneln schneller als das Licht stattfinden könnte. In der Praxis zeigen Experimente, dass die Tunnelzeit kleiner sein kann als die Barrierebreite geteilt durch die Lichtgeschwindigkeit, ohne die Kausalität zu verletzen [Ref. 81]. Daher können wir dies als experimentelle Bestätigung dafür nehmen, dass virtuelle Teilchen sich schneller als das Licht bewegen können.

Es scheint also, dass die Dekohärenz einen Einfluss auf das Tunneln hat. Aber kann das wirklich wahr sein? Nehmen wir an, es gibt kein Messgerät und keine Umgebung, die auf das Vorhandensein des Quantums auf der anderen Seite der Barriere hinweisen könnte. Dann können wir nicht sagen, ob das Quantum getunnelt hat oder nicht. Theoretisch können wir jedoch sagen, dass eine Wellenfunktion von A nach B und wieder zurück tunneln kann. Daher könnte es auf beiden Seiten existieren. Dies impliziert, dass es eine Wahrscheinlichkeit gibt, das Quantum auf Seite A sowie eine Wahrscheinlichkeit, es auf Seite B zu finden. Tatsächlich bedeutet das Finden, es zu messen und daher einen Dekohärenzeffekt beim Messen. Daher ist es nicht wirklich möglich, den Einfluss der Dekohärenz auf das Tunneln zu beurteilen. Das einzige, was der Dekohärenz vorgeworfen werden kann, ist, dass sie klarmacht, auf welcher Seite der Barriere das Quantum sich befindet.

Aber nicht so schnell! Es kann verschiedene Arten von Dekohärenz geben. Eine Art, die postuliert wird, ist die sogenannte intrinsische Dekohärenz. Dies ist eine Art von Dekohärenz, die nicht durch die Umwelt verursacht wird. Sie würde implizieren, dass Wellenfunktionen von selbst dekohärieren können. Folglich würde es tatsächlich einen „Kollaps der Wellenfunktion" geben. Eine solche Eigenschaft der Quantenwelt würde die in diesem Buch vorgestellten Ansichten erheblich verändern. Wenn eine solche intrinsische Dekohärenz existiert, wird erwartet, dass sie tatsächlich den Tunnelprozess beeinflusst [Ref. 89]. Sie könnte die Tunnelrate erhöhen, abhängig von der intrinsischen Dekohärenzzeit. Je kürzer diese Zeit, desto höher die Wahrscheinlichkeit des Tunnelns (bis zu einer theoretischen Grenze). Vielleicht kann dies dadurch verstanden werden, dass der Dekohärenzprozess das Quantum tatsächlich dazu zwingt, auf der einen oder anderen Seite zu sein. Der Grund, warum dies untersucht wird, ist, dass die Messung von Tunnelzeiten einen Hinweis darauf geben kann, ob intrinsische Dekohärenz existiert oder nicht [Ref. 89]. Das könnte uns schlüssige Informationen darüber geben, ob die Umgebungsdekohärenz allein für den Übergang von der Quantenphysik zur klassischen Physik verantwortlich ist. Bisherige Experimente haben gezeigt, dass die Umgebungsdekohärenz in jedem Fall ein wichtiger und dominanter Prozess ist, der das klassische Verhalten erklärt, dem wir normalerweise in der Makrowelt begegnen. Aber ist es der einzige Prozess, der für diesen Übergang verantwortlich ist? Das ist derzeit eine Schlüsselfrage.

12.3 Quantencomputing

Ein Quantencomputer unterscheidet sich von einem klassischen Computer dadurch, dass er Verschränkung und Überlagerung zur Berechnung verwendet. Schauen wir uns also an, wie das funktioniert [Ref. 84].

Ein klassischer Computer verwendet 0 und 1, um Informationen darzustellen. Zum Beispiel kann 011 die Zahl 3 darstellen. Wenn man 3+3 addiert, ergibt das

011+011=110=6. Jede 0 oder 1 wird als „Bit“ bezeichnet. Analog dazu verwendet ein Quantencomputer sogenannte „Qubits“. Diese sind nicht dasselbe wie Bits. Während jedes Bit in einem klassischen Computer entweder 1 oder 0 ist, ist ein Qubit mehr oder weniger beides gleichzeitig sowie jede Kombination davon. Wir können dies verdeutlichen, indem wir uns ansehen, wie 0 und 1 in einem physischen Gerät dargestellt werden. In einem klassischen Computer wird eine 0 oder 1 durch die Position eines Schalters in einem Computerchip dargestellt. Der Schalter ist entweder offen (0) oder geschlossen (1). Und so kann ein einzelner Schalter ein klassisches Bit darstellen. Ein Qubit wird nicht durch einen Schalter, sondern durch den Zustand eines Quantensystems dargestellt. Zum Beispiel einen Zustand des Elektronenspins. Dieser Zustand kann beim Messen (seine Eigenzustände) oben (0) oder unten (1) sein. Aber solange wir seinen Zustand nicht messen, sind alle Kombinationen möglich. Jede Kombination stellt eine Wahrscheinlichkeit zwischen 0 und 100 % dar, das System in 1 oder 0 zu messen. Der Zustand eines solchen Systems kann durch

$$|\text{state}>= a|0> +b|1>,$$

wobei a und b die Amplituden für das Auffinden des Systems in $|0>$ bzw. $|1>$ darstellen. Grafisch können wir alle möglichen Kombinationen auf einer Kugel darstellen, die als Bloch-Kugel bezeichnet wird (s. Abb. 12.4). In dieser Darstellung ordnen wir a dem Winkel um die z-Achse (0 bis 360°) und b dem Winkel um die x-Achse (−90 bis +90°) zu. Auf diese Weise erhalten wir eine vollständige Kugel, die alle möglichen Zustände für dieses System darstellt.

Das ist immer noch etwas abstrakt. Schauen wir, ob wir es etwas anschaulicher machen können. Sowohl die Zustände Spin up (= 0) als auch Spin down (= 1) können als die Elektronenwelle visualisiert werden, die sich um eine Achse dreht (s. Kap. 13). Der Einfachheit halber vergessen wir hier, dass ein Elektron auf einem Möbius-Streifen rotiert. Aber wie sollten wir den kombinierten Zustand sehen? Stellen wir uns beide Zustände als Wasserwellen vor (Abb. 12.5). Wenn diese Wellen aufeinandertreffen, entsteht das bekannte Interferenzmuster. Was Sie sehen, ist die Überlagerung der beiden Wellen. Gehen wir einen Schritt weiter. Was passiert, wenn wir einen Stock ins Wasser stecken? Offensichtlich werden beide Wellen (und ihre Überlagerung) gleichzeitig vom Stock beeinflusst. Wenn wir den Stock nun mit einer Computeroperation oder einem Algorithmus vergleichen, wird klar, wie eine Computeroperation gleichzeitig auf zwei Zustände (und ihre Überlagerung) wirken kann.

Also nehmen wir dieses Konzept und erarbeiten, wie ein Ein-Qubit-Computer funktionieren könnte. Ein einzelnes Qubit kann gleichzeitig zwei Zahlen 0 und 1 in Überlagerung halten. Wenn wir also eine Operation auf dieses Qubit anwenden, bearbeiten wir gleichzeitig zwei Zahlen (s. Abb. 12.6). Eine solche Operation könnte „Wähle die größte Zahl“ sein. *Vor* der Operation würde das Qubit bei einer Messung ebenso wahrscheinlich 0 wie 1 erzeugen. Die Quantenoperation ändert jedoch die Wahrscheinlichkeiten. Nach der Operation würden wir in 100 % der Fälle 1 messen.

Abb. 12.4 Die Bloch-Kugel

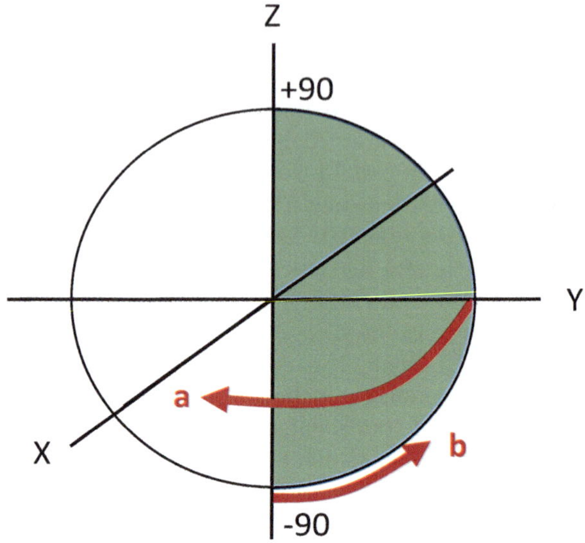

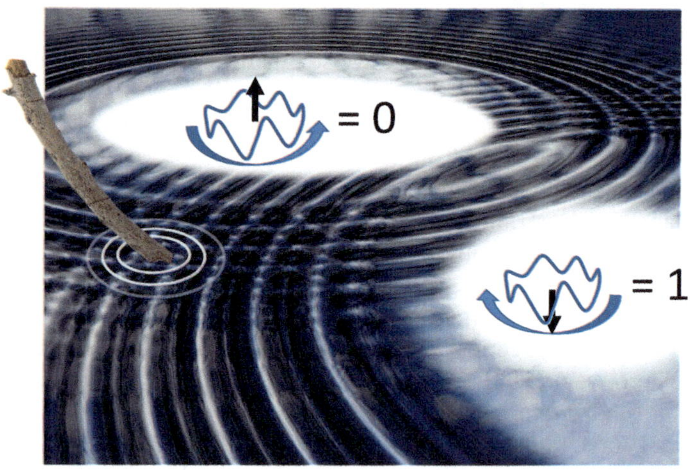

Abb. 12.5 Darstellung der beiden möglichen Elektronenspin-Zustände oben und unten durch zwei Wellen auf Wasser. Der gesamte Quantenzustand des Elektrons (wenn nicht gemessen) besteht aus der Überlagerung der beiden Zustände. Ein Stock im Wasser stellt eine Operation (oder einen Algorithmus von Operationen) auf den beiden Wellen dar (was keine Messung ist, da sie keine Informationen über den Spin-Zustand des Elektrons liefert). Diese Operation beeinflusst eindeutig beide Zustände und ihre Überlagerung

All das ist noch nicht sehr spektakulär. Was wäre, wenn wir einen Zwei-Qubit-Computer bauen würden? Um dasselbe mit zwei Qubits zu tun, müssen wir zuerst die Qubits verschränken (s. Abb. 12.7). Die Verschränkung der beiden Qubits

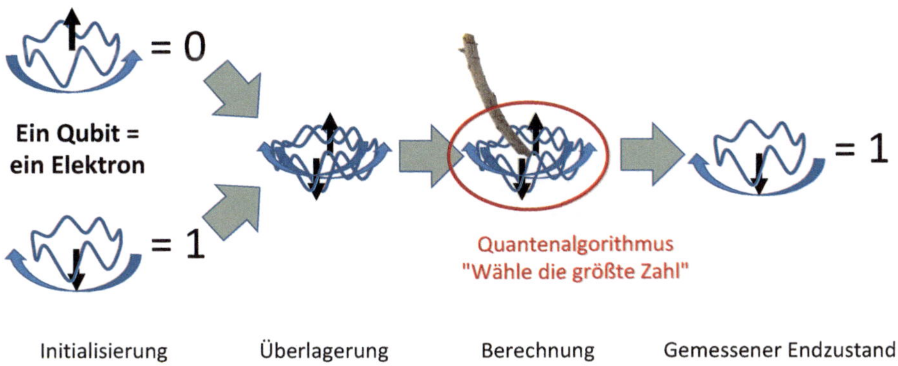

Abb. 12.6 Ein Ein-Qubit-Computer kann gleichzeitig zwei Zahlen mit einem Quantenalgorithmus bearbeiten

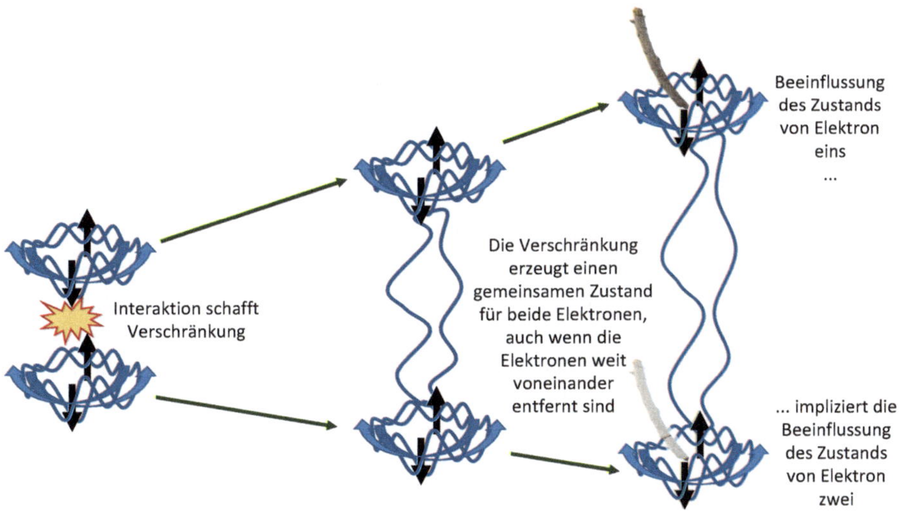

Abb. 12.7 Zwei Qubits verschränken

bedeutet, dass ihre jeweiligen Wellenfunktionen so lange zu einer kombinierten Wellenfunktion werden, wie sie nicht gemessen werden. Während sie verschränkt sind, können wir Quantenoperationen auf sie anwenden. Diese Operationen sind nicht dasselbe wie Messungen! Die durchgeführte Operation wird niemals den Zustand (eines) der Qubits offenbaren. Solange der Zustand nicht offenbart wird, können die Qubits während der Operation verschränkt bleiben.

Jetzt sehen wir uns an, wie ein Zwei-Qubit-Computer funktioniert (s. Abb. 12.8). Zuerst müssen wir die Qubits initialisieren. Das bedeutet, dass wir sie in einen bestimmten Zustand versetzen können (oder auch nicht). Dann müssen wir die Verschränkung zwischen den Qubits herstellen. Ist das erledigt, kann der

Abb. 12.8 Ein Zwei-Qubit-Computer

verschränkte Zwei-Qubit-Zustand gleichzeitig vier Zahlen darstellen. Als Nächstes können wir unseren Algorithmus anwenden, um die größte Zahl auszuwählen. Nach dieser Operation können wir den Endzustand messen und wir werden die größte Zahl unter den vier finden. Wichtig ist, dass nur eine Operation benötigt wird, um diese Auswahl zu treffen. Ein klassischer Computer benötigt drei Vergleiche, um die größte Zahl zu finden. Im Wesentlichen liegt das daran, dass ein klassischer Computer immer nur zwei Zahlen gleichzeitig vergleichen kann.

Ich kann mir vorstellen, dass Sie immer noch nicht beeindruckt sind. Um das zu erreichen, müssen wir unsere Anzahl an verschränkten Qubits erhöhen. Drei Qubits könnten 8 Zahlen (2^3) halten. Mit 8 Qubits hätten wir 256 Zahlen. 50 Qubits geben uns 1,13 $\times$ 10^{15} Zahlen. Versuchen Sie jetzt, die größte Primzahl unter diesen zu finden. Ein Supercomputer könnte dies in etwa der gleichen Zeitordnung wie unser Quantencomputer tun. Aber wenn wir 100 Qubits hätten, könnte ein moderner Supercomputer bis zu 40 Mio. Jahre benötigen, um eine vergleichbare Auswahl zu treffen. Mit 200 Qubits würde der Supercomputer länger als das Alter des Universums benötigen.

Ich hoffe, Sie haben bis jetzt eine sehr wichtige Sache bemerkt. In unseren Beispielen sprechen wir nur von einer Auswahl, nicht von paralleler Datenverarbeitung an sich. Ein Quantencomputer mag in der Lage sein, gleichzeitig auf eine riesige Anzahl von Eingaben zu wirken, aber er wird immer nur eine Antwort liefern! Die Antwort, die Sie erhalten, ist der gemessene Endzustand aller Qubits. Das ist nur eine Zahl. Ein Quantencomputer wird also nicht in der Lage sein, viele Berechnungen auf einmal durchzuführen, da er die gleiche Anzahl von Antworten im gemessenen Endzustand liefern müsste, und das kann er nicht.

Das bedeutet, dass ein Quantencomputer hauptsächlich in der Lage ist, eine bestimmte Art von Aufgabe sehr effizient auszuführen. Diese Aufgaben fallen in die Kategorie der Probleme, die wir „Auswahlprobleme" nennen könnten. Wie in unserem Beispiel ist das Finden der größten Zahl unter einer Menge von Zahlen ein Auswahlproblem. Es gibt viele solche Probleme und viele davon können mit klassischen Computern nicht gelöst werden. Ein Beispiel ist das klassische „Problem des Handlungsreisenden“. In diesem Problem muss der Verkäufer viele Kunden im ganzen Land besuchen und möchte die effizienteste Route dafür finden. Man könnte das Problem so formulieren: Finde die kürzeste Route, die jeden Standort des Kunden genau einmal besucht und am Ausgangspunkt endet. Dies kann einen klassischen Computer überraschend viel Zeit kosten, da er im Prinzip jede Option in Betracht ziehen muss (obwohl es praktische Algorithmen gibt, die die Zeit erheblich verkürzen). Ein Quantencomputer könnte alle möglichen Routen auf einmal in Betracht ziehen und das Problem in sehr kurzer Zeit lösen. Das Ergebnis wäre ein Ergebnis: die kürzeste Route. Das Finden einer kürzesten Route oder effizientesten Konfiguration hat viele Anwendungen in fast jedem Fachgebiet.

Eine andere Art von Problem, für das Quantencomputer besonders nützlich sind, sind Quantensimulationen. Man versucht, die Quantenzustände der Energieniveaus eines komplexen Quantensystems (wie eines Moleküls) auf die Anfangszustände des Quantencomputers abzubilden und ihn sich entwickeln zu lassen. Das Endergebnis des Prozesses im Quantencomputer wird sehr wahrscheinlich den Zustand der niedrigsten Energie des Systems darstellen. Zum Beispiel sollte es zeigen, wie sich ein Molekül in seinen stabilen Zustand niedrigster Energie faltet.

Hier sind einige Beispiele, für die wir einen Quantencomputer verwenden könnten:

- Sicherheit: Primfaktorzerlegung: Was sind die beiden größten Primzahlen, die multipliziert eine gegebene Zahl ergeben? Dies würde eine bestimmte Art von Verschlüsselung (RSA-Verschlüsselung) brechen. Allerdings können nicht alle Arten von Verschlüsselungen mit einem Quantencomputer gebrochen werden.
- Chemische (Quanten-)Simulation: Was ist die optimale Konfiguration eines Moleküls? Dies wurde bisher nur für die einfachsten Moleküle mit klassischen Computern gelöst.
- Finanzen: Was ist das Investitionsszenario mit dem geringsten Risiko (unter Berücksichtigung vieler Faktoren)?
- Künstliche Intelligenz: Was ist die optimale Konfiguration eines neuronalen Netzwerks?
- Chips: Was ist die optimalste Architektur eines Mikrochips?
- Und viele andere.

Bisher haben wir die Rolle der Quantendekohärenz nicht diskutiert. Und es stellt sich heraus, dass die Dekohärenz es so extrem schwierig macht, einen Quantencomputer zu bauen [Ref. 83]. Warum ist das so? Im Grunde funktioniert unser Quantencomputer nur, wenn es uns gelingt, alle Qubits zu verschränken und sich wie eine Wellenfunktion verhalten zu lassen. Darüber hinaus muss er dies tun, während er den gesamten Algorithmus bis zur endgültigen Phase anwendet: die Messung des Endzustands. Je komplizierter der Algorithmus, desto länger muss der verschränkte Zustand bestehen bleiben.

Als wir über Quantendekohärenz sprachen, wurde klar, dass es immer viele Wechselwirkungen mit der Umgebung gibt, die die Welle dekohärieren würden. Tatsächlich scheinen die Dekohärenz-Zeitskalen extrem kurz zu sein. Um einen Quantencomputer zum Funktionieren zu bringen, müssten wir ihn also extrem gut vor der Umgebung abschirmen. Dies beinhaltet alle Arten von Strahlung, Kontakt mit anderen Molekülen, externe elektromagnetische Felder, Wärme usw. Daher muss ein Quantencomputer extrem gekühlt werden (bis auf 10 mK), in einem sehr guten Vakuum platziert und vor elektromagnetischen Feldern abgeschirmt werden. Und selbst dann ist die Stabilität der heutigen Quantencomputer gering. In gewissem Maße wird das Stabilitätsproblem umgangen, indem die Berechnung 200- bis 1000-mal wiederholt wird. Die Antwort, die >95% der Zeit auftritt, ist wahrscheinlich die richtige Antwort. Forscher, die Quantencomputer bauen, betrachten das Stabilitätsproblem als wichtiger als die Anzahl der Qubits. Weniger Qubits mit höherer Stabilität sind oft wertvoller als mehr Qubits mit geringerer Stabilität.

12.4 Schrödingers Katze

Zusammenfassend kehren wir zu Schrödingers armer Katze zurück. Die Diskussion in diesem Kapitel, einschließlich der Diskussion über den Quantencomputer, zeigt, wie vorherrschend Quantendekohärenz tatsächlich ist. Einen Quantenzustand aufrechtzuerhalten, ist so schwierig, dass es zeigt, warum wir ständig eine klassische Welt um uns herum wahrnehmen. Quantenverhalten ist aufgrund der Dekohärenz selten. Es zeigt auch, dass das Ausschließen der Umgebung (z. B. um ein „reines" Experiment an einer gut vorbereiteten Probe durchzuführen) nicht so einfach ist, wie es scheint. Die Wirkung der Umgebung und ihrer vielen Wechselwirkungen ist etwas, dessen man sich bewusst sein sollte. Das Gedankenexperiment über Schrödingers Katze hat diese Umgebung und die Auswirkungen von (gegenseitigen) Wechselwirkungen im Grunde nicht berücksichtigt. Wenn man die Umgebung und die vielen Wechselwirkungen in großen Systemen einbezieht, kann man das vorgelegte Paradoxon besser lösen. Im Falle von Schrödingers Katze ist es nicht die Person außerhalb der Box, die bestimmt, ob die Katze lebt oder nicht. Dies wird innerhalb der Box durch die vielen Wechselwirkungen zwischen dem Messgerät, der Katze und der Tötungsvorrichtung bestimmt. Selbst auf mikroskopischer Ebene ist (ein Teil der) Katze nicht in einem Zustand der Superposition zwischen lebendig oder tot. Nicht einmal der Mechanismus, der das tödliche Gas produziert, ist in einer Superposition von zwei Zuständen. Wahrscheinlich könnte nur das radioaktive Atom, das den tödlichen Schalter auslösen sollte, in einer Superposition sein, aber aufgrund der vielen Wechselwirkungen mit der Umgebung wird das nicht lange der Fall sein. Daher reduziert die Quantendekohärenz die Frage nach Schrödingers Katze auf ein rein klassisches Problem.

Kapitel 13
Spin bildet Bosonen und Fermionen

Bisher haben wir Teilcheneigenschaften wie Spin, Helizität und Chiralität ignoriert. Wir werden diese Eigenschaften aus einer Wellenperspektive betrachten, anstatt aus der üblicheren Teilchenperspektive, die in der Quantenmechanik vorherrscht.

13.1 Was ist Spin?

Es ist verlockend, „Spin" als das Drehen eines Teilchens zu betrachten. Oft wird es der Einfachheit halber so behandelt. In ernsthafteren Physikbüchern wird Spin als ein interner Freiheitsgrad bezeichnet. Dies ist die allgemeinste Art, es zu beschreiben. Dies geschieht, weil wir wirklich nicht genau wissen, was Spin ist. Wir wissen aus Experiment und Theorie, was die Eigenschaften von Spin sind und aus mathematischer Sicht funktioniert es gut, es als einen weiteren Freiheitsgrad zu behandeln. Einige dieser Eigenschaften sind:

- Spin ist quantisiert, daher ist nicht jede „Drehgeschwindigkeit" erlaubt.
- Teilchen haben einen bestimmten Spin, der bestimmt, welche Spin-Zustände sie annehmen können, z. B. bestimmt Spin ½, dass das Teilchen in den Spin-Zuständen +½ und −½ sein kann.
- Ein geladenes Teilchen mit Spin hat ein magnetisches Feld proportional zu seinem Spin. Eine Ladung, die in einem Kreis läuft, erzeugt ein magnetisches Feld (s. Abb. 13.1). Die Geschwindigkeit, mit der sie sich dreht, bestimmt die Stärke des magnetischen Feldes. Dieser Vergleich führt uns zu dem Bild eines sich drehenden geladenen Teilchens, das ein magnetisches Feld erzeugt.
- Teilchen mit Spin 1/2, 3/2, 5/2 usw. werden Fermionen genannt.
- Teilchen mit Spin 0, 1, 2 usw. werden Bosonen genannt.
- Fermionen und Bosonen haben klar unterscheidbare Eigenschaften, die durch ihren Spin bestimmt sind.

W. Schmitz, *Teilchen, Felder und Kräfte*,
https://doi.org/ 10.1007/978-3-031-46280-1_13

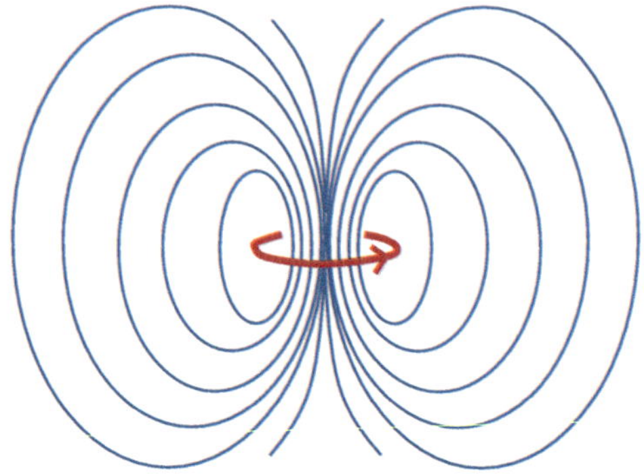

Abb. 13.1 Eine Ladung, die in einem Kreis (rot) läuft, erzeugt ein magnetisches Feld (blau). Daher ist es verlockend, die Tatsache zu erklären, dass ein geladenes Teilchen wie ein Elektron ein magnetisches Feld erzeugt, indem man es als ein sich drehendes Teilchen betrachtet

Es ist also klar, warum eine Teilchensicht verlockend ist. Insbesondere ist es die Vorstellung des sich drehenden Teilchens als Dynamo, der ein magnetisches Feld erzeugt, die nahelegt, dass wir Spin als Eigenschaft eines sich drehenden Teilchens betrachten können. Allerdings wissen wir bei fundamentalen Teilchen wie Elektronen und Quarks nicht, wie wir ein solches Teilchen betrachten sollen. In den vorherigen Abschnitten haben wir einige seltsame Verhaltensweisen gesehen, die sich nicht leicht mit diesem Bild vereinbaren lassen. Und dann gibt es die Quantisierung des Spins. Warum ist das so? Die Vorstellung vom sich drehenden Teilchen gibt uns darauf keine Antwort. Eine weitere Frage ist: Warum verhalten sich Fermionen so anders als Bosonen? Die Vorstellung von einem sich drehenden Teilchen hilft uns auch dabei nicht weiter.

Schauen wir uns also einen Wellenansatz zum Verständnis von Spin an. Auch dies ist nur ein Bild, das uns hilft zu verstehen, was vor sich geht, aber es ist keineswegs unbedingt die Wahrheit darüber, was Spin ist. Denken Sie daran, dass wir nur die Eigenschaften messen können und wir nicht direkt sehen können, was Spin ist.

13.1.1 Orbitalmoment im Atom

Als Beispiel werden wir zuerst das Orbitalmoment von Elektronen in einem Atom behandeln. Orbitalmoment ist nicht dasselbe wie Spin-Moment. Das Orbitalmoment betrifft eine Elektronenwelle, die um das Atom herumgeht, während das Spin-Moment ein interner Freiheitsgrad des Elektrons selbst ist.

Wenn wir das *orbitale* Moment quantisieren, können wir ein Teilchen wie ein Elektron betrachten, das in einem Kreis im Atom herumgeht. Betrachten wir das Elektron als Welle, so kann eine solche Welle nur auf einem Kreis laufen, der genau einer ganz bestimmten Anzahl von Wellen entspricht. Wenn dies nicht der Fall ist, wird die Welle schließlich (nachdem sie eine Anzahl von Malen herumgegangen ist) sich selbst negativ beeinflussen und auslöschen. Daher ist für eine Elektronenwelle die einzige stabile Möglichkeit, in der Umlaufbahn zu existieren,

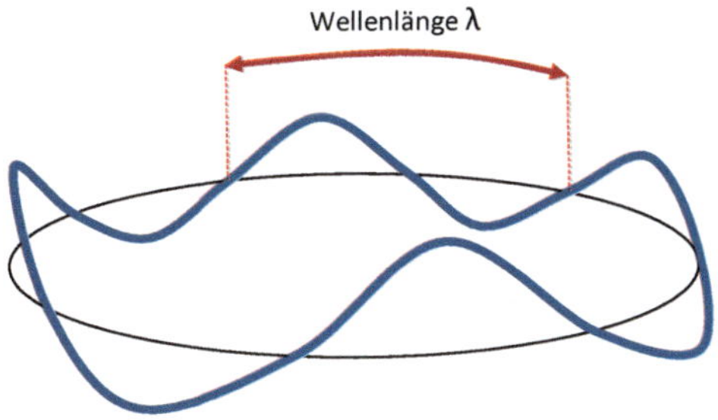

Abb. 13.2 In diesem Beispiel passen vier Wellenlängen (4 × λ) auf einen Kreis

darin, diejenigen Umlaufbahnen zu wählen, die genau einer oder mehreren ganzen Wellen entsprechen (s. Abb. 13.2).

Das Ergebnis ist, dass Elektronen nur bestimmte Umlaufbahnen in einem gut definierten Abstand vom Zentrum des Atoms besetzen können. Die kleinste Umlaufbahn, die das Elektron besetzen kann, ist diejenige, die nur eine Wellenlänge der Elektronenwelle aufnehmen kann. Es gibt keine Möglichkeit, dass das Elektron eine kleinere Umlaufbahn besetzen kann, da es keine ganze Wellenlänge mehr aufnehmen kann. Die nächste (größere) Umlaufbahn ist diejenige, die genau zwei Wellenlängen aufnehmen kann.

Jede bisher diskutierte Umlaufbahn wird mit einer Quantenzahl n angegeben. Die potenzielle Energie jeder Umlaufbahn ist proportional zu $1/n^2$, so dass wir quantisierte Energieniveaus sehen. Es braucht mehr Energie, ein Elektron aus der kleinsten Umlaufbahn zu befreien als aus einer größeren Umlaufbahn. Dies ist logisch, da man eine größere Potenzialdifferenz überwinden muss, um das Elektron aus einer kleineren Umlaufbahn zu befreien. Also, $n = 1$ stimmt mit der kleinsten Umlaufbahn überein, auf die die Elektronenwelle passt. Die nächste Umlaufbahn ist $n = 2$ und hat eine Energie $2^2 = 4$-mal niedriger.

Dies ist jedoch nicht die ganze Geschichte. Bahnen können entartet sein, was bedeutet, dass es mehr Zustände geben kann, die jedes Energieniveau besetzen. Wie ist das möglich? Es stellt sich heraus, dass es eine ganze Klasse von Bahnen gibt, die die gleiche Energie wie ein Kreis haben. Dies sind elliptische Bahnen, deren lange Achse gleich der Achse des Kreises ist (s. Abb. 13.3). Das bedeutet, dass z. B. ein Planet, der in jeder dieser Ellipsen um die Sonne kreist, die gleiche Energie hätte. Der Unterschied besteht darin, dass die Sonne für den Kreis in der Mitte platziert wäre, aber nicht für die Ellipsen. Ein weiterer Unterschied besteht darin, dass diese Ellipsen nicht den gleichen Bahndrehimpuls haben. So hätte zwar jede Masse in jeder Ellipse die gleiche Energie, sie würden sich jedoch in ihrem Bahndrehimpuls unterscheiden.

Schauen wir uns an, wie das für Elektronenwellen funktioniert. Zunächst der Fall $n = 1$. In diesem Fall passt nur eine Wellenlänge in den Kreis. Wir können alle möglichen Ellipsen finden, die die gleiche Energie haben. Allerdings würde keine von diesen in eine Wellenlänge passen, da sie alle viel kleiner sind. Also stellt $n = 1$ nur einen Zustand dar und ist nicht entartet, was bedeutet, dass keine anderen Zustände auf diesem Energieniveau möglich sind.

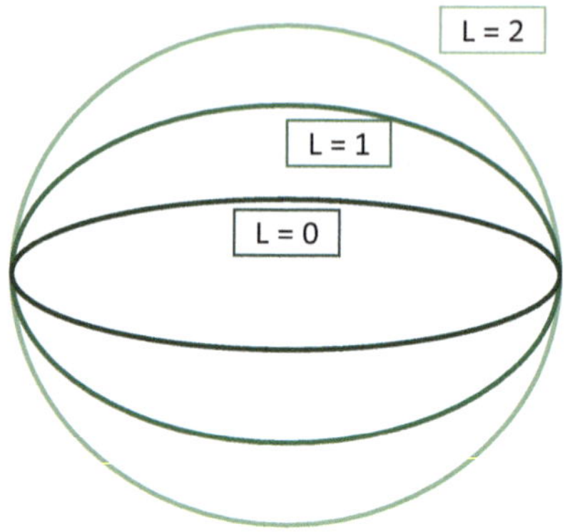

Abb. 13.3 Alle diese Ellipsen haben die gleiche lange Achse. Die lange Achse bestimmt die Energie der Ellipse, so dass jede dieser Ellipsen die gleiche Energie hat. Wenn eine Masse so um z. B. die Sonne kreist, ist die Gesamtenergie (= potenzielle Energie + kinetische Energie der Masse) identisch. Allerdings würde jede dieser Ellipsen einen anderen Bahndrehimpuls darstellen

Nehmen wir also den Fall $n = 2$. Wir können jetzt 2 Wellenlängen auf einen Kreis legen. Dieser Kreis ist größer, also ist er weiter vom Kern entfernt. Daher ist die Energie, die benötigt wird, um ein Elektron aus dieser Bahn zu befreien, geringer und so sagen wir, dass das Elektron auf einem höheren Energieniveau ist. Wir können wieder viele Ellipsen finden, die kleiner im Umfang sind, aber die gleiche Energie darstellen.

Keine von diesen passt auf zwei Wellenlängen, aber wir können auch versuchen, eine Wellenlänge auf ihnen unterzubringen! Wenn wir das tun, scheint es zunächst, als ob wir das nicht können. Schließlich hat der Kreis einen Umfang von $2\pi r$, was 2 Wellen entspricht, so dass eine Welle eine Länge $\pi r = 3.14\ldots \times r$ hätte. Die kleinste Ellipse, die wir uns vorstellen können, ist eine Linie durch das Zentrum mit einer Länge, die gleich dem Durchmesser des Kreises ist. Der Durchmesser ist 2r, und die Welle müsste hin und her entlang des Durchmessers gehen, was $2r + 2r = 4r$ ist. Also würde eine Welle nicht einmal auf die kleinste Ellipse passen, die wir uns vorstellen können. Ist also dieses Energieniveau nicht degeneriert?

Moment mal! Die kleineren Ellipsen haben auch einen kleineren Bahndrehimpuls. Und wir haben gesehen, dass kleinere Impulse längeren Wellenlängen entsprechen ($P \sim 1/\lambda$)! Folglich müssen wir, wenn wir kleinere Ellipsen betrachten, berücksichtigen, dass die Wellenlänge des Elektrons länger sein wird!

Da seine Energie dieselbe sein wird (und daher seine Frequenz F gleich bleiben wird), müsste die „Geschwindigkeit" v der Welle zunehmen, um eine längere Wellenlänge λ zu haben, gemäß der Formel $F = v/\lambda$. Vergleichen Sie dies mit dem Sonnensystem. Es ist bekannt von elliptischen Bahnen, dass, wenn ein Komet näher an die Sonne kommt, seine Geschwindigkeit zunimmt. Das ist die ganze Idee hinter dem Bahndrehimpuls: Er ist definiert als die Entfernung zur Sonne × die Geschwindigkeit des Kometen. Da der Bahndrehimpuls erhalten bleibt, ist er umso schneller, je näher er kommt. Andererseits, je weiter er entfernt ist, desto langsamer geht er. Im Durchschnitt ist der Bahndrehimpuls für eine elliptische Bahn geringer als für eine kreisförmige Bahn. Bei kürzerer Entfernung wiegt die höhere Geschwindigkeit nicht gegen die kürzere Entfernung auf, und die Entfernung × Geschwindigkeit ist kleiner als für die kreisförmige Bahn.

Also können wir am Ende eine Ellipse finden, die auf eine Wellenlänge passt, mit einem niedrigeren Bahndrehimpuls, aber der gleichen Energie. Wenn wir die Kreisversion dieser Bahn und die Ellipsenversion jeweils mit einer Quantenzahl l kennzeichnen, erhalten wir $n = 2$ mit zwei Energieniveaus $l = 1$ (Kreis) und $l = 0$ (Ellipse).

Aber wir sind noch nicht fertig! Es gibt noch mehr Möglichkeiten mit der gleichen Energie. Schauen Sie sich den Kreis für $n = 2$ an. Er enthält 2 Wellenlängen. Jetzt müssen wir in drei Dimensionen denken! Es gibt nicht nur einen Kreis um den Kern, der die gleiche Energie hat; es gibt eine ganze Kugel mit der gleichen Entfernung zum Kern, die der gleichen Energie entspricht. Auf dieser Kugel können wir einen kleineren Kreis finden, der eine Wellenlänge enthält. Davon gibt es zwei: einen auf der „nördlichen Halbkugel" und einen auf der „südlichen Halbkugel" (s. Abb. 13.4). Also finden wir drei Kreise mit der gleichen Entfernung zum Kern und daher der gleichen Energie. Diese Kreise erhalten die Quantenzahl M. Da dies alles *Kreise* mit der gleichen Energie sind, haben sie auch den gleichen Bahndrehimpuls.

Also, wir enden mit der $n = 2$-Ebene, die vierfach entartet ist: Ein Kreis, der auf zwei Wellenlängen passt, begleitet von zwei kleineren Kreisen, die auf eine Wellenlänge mit der gleichen Energie und dem gleichen Drehimpuls passen. Und wir haben eine Ellipse, die auf eine Wellenlänge mit der gleichen Energie, aber kleinerem Drehimpuls passt. All dies ist in Tab. 13.1 zusammengefasst.

Dieses System setzt sich fort. Wenn wir zu $N = 3$ gehen, finden wir einen Kreis, der auf drei Wellenlängen passt. Dieser Kreis befindet sich auf einer Kugel mit einem kleineren Kreis in der nördlichen Hemisphäre, der auf zwei Wellenlängen passt und einem noch kleineren, der auf eine Wellenlänge passt. Das Gleiche gilt für die südliche Hemisphäre. Dann gibt es eine Ellipse, die auf zwei Wellenlängen passt. Aber diese Ellipse kann auch als Ellipsoid gesehen werden (genau wie die Kugel). Und auf diesem Ellipsoid können wir eine kleinere Ellipse

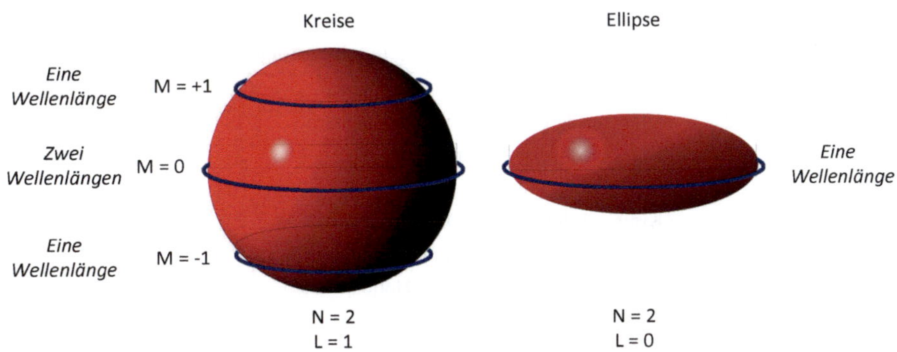

Abb. 13.4 Alle möglichen Zustände mit der gleichen Energie bei $n = 2$

Tab. 13.1 Kreise und Ellipse mit Energielevel N = 2, aber unterschiedlichen Drehimpulsen und Arten von Bahnen

Art des Kreises	Energielevel	Drehimpuls	Arten von Bahnen	Anz. der Wellenlängen
Ellipse	$N = 2$	$L = 0$		1
Oberer Kreis	$N = 2$	$L = 1$	$M = +1$	1
Mittlerer Kreis	$N = 2$	$L = 1$	$M = 0$	2
Unterer Kreis	$N = 2$	$L = 1$	$M = -1$	1

finden, die nur eine Wellenlänge enthält. Schließlich können wir eine Ellipse finden, die mehr gequetscht ist als die vorherige Ellipse. Wir sagen, dass diese Ellipse eine höhere Exzentrizität hat, was bedeutet, dass sie flacher aussieht. Anders ausgedrückt, die kurze Achse ist kürzer im Vergleich zur langen Achse. Da diese Ellipse mehr gequetscht ist, hat sie einen noch niedrigeren Bahndrehimpuls und somit eine längere Wellenlänge, und sie wird auf eine Wellenlänge bei der gleichen Energie passen. Dies wird in Tab. 13.2 zusammengefasst.

Dieses System setzt sich fort. Im Allgemeinen gilt, dass es für jedes N N mögliche Werte von L gibt, und für jedes L gibt es 2L + 1 mögliche Werte von M. Wenn wir das zusammenzählen, erhalten wir insgesamt N^2-Zustände, die die gleiche Energie haben. Jeder Zustand kann 2 Elektronen aufnehmen (wie wir später sehen werden). Daraus ergeben sich die sogenannten Atomhüllen, in denen wir eine unterschiedliche Anzahl von Elektronen auf jeder Energieebene finden können (s. Tab. 13.3).

Die Atomhüllen und die Art und Weise, wie sie von Elektronen gefüllt werden, erzeugen die chemischen Eigenschaften der Atome. All diese Eigenschaften sind eine direkte Folge der Anpassung von Elektronenwellen an Kreise und Ellipsen, die die gleiche Energie haben.

Bedenken Sie, was diese Elektronenwellen wirklich bedeuten: Sie sind Wellen des Elektronenfeldes. Die Amplitude der Welle an jedem Punkt um den Kreis herum zeigt die Feldstärke an. Wenn die Welle also einen Höhepunkt erreicht, ist die Feldstärke hoch. Die Feldstärke bestimmt wiederum das Ausmaß

Tab. 13.2 Kreise und Ellipsen mit Energielevel N = 3 und ihre Arten von Orbit und Impulsen

N	L	M	Art des Kreises	Anzahl der Wellenlängen
3	2	+2	Kleinster Kreis, nördliche Hemisphäre	1
3	2	+1	Kreis, nördliche Hemisphäre	2
3	2	0	Zentraler (größter) Kreis	3
3	2	−1	Kreis, südliche Hemisphäre	2
3	2	−2	Kleinster Kreis, südliche Hemisphäre	1
3	1	+1	Kleinste Ellipse, nördliche Hemisphäre	1
3	1	0	Zentrale (größte) Ellipse	2
3	1	−1	Kleinste Ellipse, südliche Hemisphäre	1
3	0	0	Ellipse mit höherer Exzentrizität	1

Tab. 13.3 Übersicht über die Anzahl der Bahndrehimpulszustände, die jede Energieebene aufnehmen kann, und folglich die maximale Anzahl von Elektronen, die auf jeder Energieebene gefunden werden können

Energieebene	Enthält	Kann aufnehmen
N = 1	1 Zustand	2 Elektronen
N = 2	4 Zustände	8 Elektronen
N = 3	9 Zustände	18 Elektronen
N = 4	16 Zustände	32 Elektronen
usw.		

der Wechselwirkung mit anderen Feldern. Daher beeinflusst sie die Chancen der Wechselwirkung. Eine hohe Feldstärke bedeutet eine hohe Wahrscheinlichkeit der Wechselwirkung. Eine hohe Wahrscheinlichkeit der Wechselwirkung übersetzt sich in eine hohe Wahrscheinlichkeit, „das Teilchen an dieser Stelle zu finden". In der Quantenmechanik wird die Wellenfunktion als die Wahrscheinlichkeit interpretiert, ein Teilchen dort zu finden. So präsentieren uns die Wellen effektiv eine Wahrscheinlichkeitsverteilung, wo das Elektron „im" Atom ist.

Sie fragen sich vielleicht, warum die Kreise auf der Nord- oder Südhalbkugel gültige „Bahnen" sein könnten. Klassisch gesehen könnte ein Planet nicht so um die Sonne kreisen. Die Tatsache, dass wir eine Welle auf diesen „Bahnen" anpassen können, erklärt nicht, warum ein Elektron tatsächlich die ganze Zeit auf einer Seite des Atoms sein könnte. Der Punkt ist, dass all diese Zustände die gleiche Energie haben (sie sind entartet), sie sind nicht zu unterscheiden. Wir haben gesehen, dass sich in der Quantenmechanik nicht unterscheidbare Zustände vermischen. Ein Elektron könnte also zu einem bestimmten Zeitpunkt in einem dieser Zustände und zu einem anderen Zeitpunkt in einem anderen Zustand sein. Das bedeutet, dass das Elektron nicht auf einer Seite des Atoms bleibt.

Nur wenn wir diese Zustände trennen, könnte das Elektron in einem solchen Zustand bleiben. Die Elektronenwellen, die sich in Bahnen bewegen, sind im Wesentlichen elektrische Ströme, die sich in einer Bahn bewegen. Ein solcher Strom erzeugt ein magnetisches Feld. Wenn wir von außen ein magnetisches Feld anlegen, wird es mit dem magnetischen Feld der Elektronenwelle interagieren und die Zustände mit unterschiedlichen Werten für M trennen. Das bedeutet, dass die Wechselwirkung mit dem magnetischen Feld dazu führt, dass das Energieniveau jedes Zustands unterschiedlich ist. So können wir die verschiedenen Zustände trennen. Folglich wird das Elektron in einem Zustand bleiben. Es kann auch in diesem Zustand bleiben, da es durch das von außen angelegte magnetische Feld dort gehalten wird.

Das hier erklärte Modell basiert auf dem sogenannten „Laplace-Runge-Lenz-Vektor" (LRL-Vektor). Dies ist der Vektor, der mit einer Ellipse verbunden ist (von der der Kreis ein Spezialfall ist). Dieser Vektor ist eine Bewegungskonstante, das bedeutet, dass er unter bestimmten Umständen überall auf einer elliptischen Bahn den gleichen Wert hat, d. h., die Kraft muss eine zentrale $1/r^2$ Kraft sein. Solche Bahnen werden Kepler-Bahnen genannt, nach dem Astronomen Johannes Kepler, der im 17. Jahrhundert lebte. Er arbeitete solche Bahnen für die Planetenbewegung aus.

Der LRL-Vektor wurde in der ersten Ableitung des Spektrums des Wasserstoffatoms verwendet. Es basierte auf der Quantenmechanik, aber bevor die Schrödinger-Gleichung gefunden worden war [Ref. 69]. Die Ergebnisse dieses Modells stimmten hervorragend mit dem Experiment überein. Allerdings ist das Wasserstoffatom einfach. Es hat nur ein Proton im Zentrum und ein Elektron, das sich bewegt. Dies ist die ideale Kraft, auf die man den LRL-Vektor anwenden kann. In größeren Atomen besteht der Kern aus mehr Protonen, so dass die elektromagnetische Kraft von mehr als einer Ladung erzeugt wird. Außerdem gibt es mehrere Elektronen und diese beeinflussen sich gegenseitig. Man könnte sagen, dass jedes Elektron ein elektromagnetisches Feld erzeugt, das die anderen Elektronen beeinflusst, wodurch die Entartung der Energieniveaus aufgehoben wird. Mit anderen Worten, es gibt kleine Unterschiede in der Energie zwischen den Zuständen mit unterschiedlichen Werten für L und M. Später wurden die Quantenmechanik und die Störungstheorie verwendet, um kompliziertere Systeme zu beschreiben, und die auf dem LRL-Vektor basierende Methode wird nicht mehr sehr oft verwendet. Ihr Prinzip ist jedoch nach wie vor gültig und gibt einen großen Einblick in die Funktionsweise. Es ist eine gute Grundlage für die Erklärung der atomaren Struktur unter Verwendung der wellenartigen Natur von Elektronenfeldern.

13.1.2 Der Ursprung des Spins

Der Drehimpuls hat einen klaren Ursprung. Wir könnten die Elektronenwelle auf verschiedenen Bahnen um den Kern anpassen. Was bedeutet es dann, wenn ein Teilchen von selbst rotiert? Schließlich ist das Teilchen wirklich eine Welle in einem Feld. Und wie würde eine Welle rotieren? Um zu verstehen, wie das funktionieren kann, müssen wir zuerst zur speziellen Relativitätstheorie zurückkehren.

In der Relativitätstheorie gibt es einen Unterschied in der Art und Weise, wie Geschwindigkeiten addiert werden. Wenn wir in einem Zug fahren und einen Ball werfen, können wir einfach die Geschwindigkeiten des Zuges und des Balls im normalen Raum addieren. Aber nahe der Lichtgeschwindigkeit addieren sich Geschwindigkeiten anders. Der Wechsel von einem Bezugssystem zu einem anderen (wie das Springen auf einen Zug mit einer anderen Geschwindigkeit) wird formell als ein „Boost" bezeichnet. Bei einem Boost geben Sie einem Objekt eine andere Geschwindigkeit. Hier wird nicht der Prozess der Beschleunigung beschrieben, sondern die Auswirkung einer anderen Geschwindigkeit. In diesem Zusammenhang ist eine Lorentz-Transformation eng mit Boosts verbunden. Eine Lorentz-Transformation beschreibt, wie die Raum- und Zeitkoordinaten eines Bezugssystems in die Raum- und Zeitkoordinaten eines anderen Bezugssystems (das sich mit einer anderen Geschwindigkeit bewegt) „transformiert" werden müssen. Sie zeigt also, wie die Koordinaten von zwei Systemen in Beziehung gesetzt werden, wenn eines von ihnen im Verhältnis zum anderen „geboostet" wird.

Dies wird interessant, wenn wir versuchen, in x-Richtung zu boosten und dann in y-Richtung. Wenn wir diese Operationen nacheinander ausführen, stellt sich heraus, dass der zweite Boost gedreht ist. Es wird noch schlimmer, wenn wir versuchen, es andersherum zu machen: zuerst in y-Richtung boosten und dann in x-Richtung. In diesem Fall ist der zweite Boost in die andere Richtung gedreht. Die Konsequenz ist, dass das Boosten in x und dann in y ein anderes Ergebnis liefert als das Boosten in y und dann in x (s. Abb. 13.5).

Was könnte die Ursache für diesen Effekt sein? Nehmen wir an, wir boosten in x-Richtung. Das andere System erhält eine Geschwindigkeit und einen Impuls in x-Richtung. Wenn diese Geschwindigkeit nahe der Lichtgeschwindigkeit C liegt, wird die relativistische Masse des Objekts zunehmen.

Nehmen wir nun an, wir boosten es in y-Richtung. Das System erhält eine Geschwindigkeit und einen Impuls in y-Richtung. Wenn wir das jedoch tun, *steigt die relativistische Masse des Systems noch weiter an*. Während dieses zweiten Boosts bleibt der Impuls in x-Richtung gleich, aber die relativistische Masse nimmt zu. Dies kann nur so sein, wenn die Geschwindigkeit in x-Richtung abnimmt! Also haben wir den seltsamen Effekt, dass ein Boost in y-Richtung die Geschwindigkeit in x-Richtung reduziert. Wenn wir dies andersherum machen, erhalten wir den entgegengesetzten Effekt (s. Abb. 13.5). Der Unterschied ist eine Drehung um die z-Achse. Diese Drehung wird „Thomas-Rotation" genannt, nach dem Physiker Llewellyn Thomas, der im 20. Jahrhundert lebte und die Auswirkungen dieses Effekts auf Atome und Elementarteilchen beschrieb [Ref. 14].

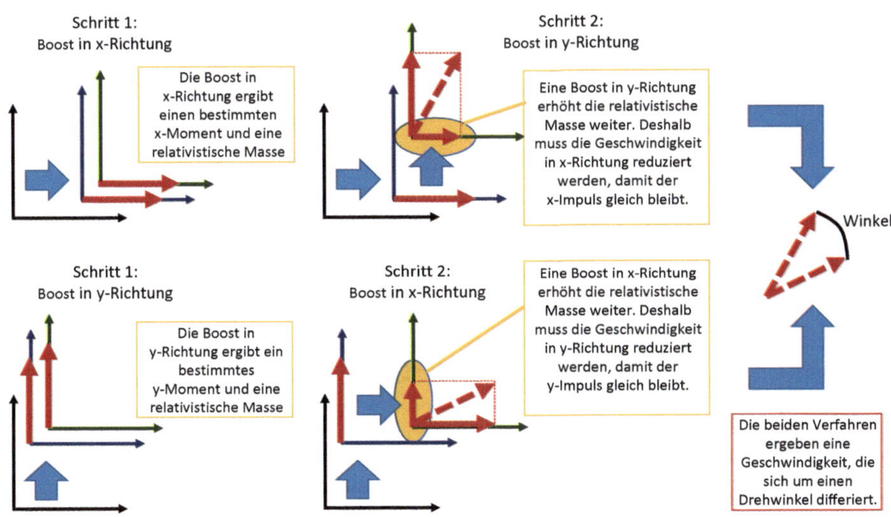

Abb. 13.5 Ein Boost nach einem anderen Boost ergibt einen Boost und eine Drehung

Eine andere Möglichkeit, dies zu sehen, besteht darin zu erkennen, dass in der Relativitätstheorie ein Boost tatsächlich eine Drehung zwischen Raum und Zeit ist! Dies kann in jedem Minkowski-Diagramm gesehen werden (s. Abb. 6.8): Wenn Sie eine Geschwindigkeit von null haben, folgen Sie der Zeitachse des Diagramms. Wenn etwas eine Geschwindigkeit relativ zu Ihnen erhält, beginnt es, einer Linie zu folgen, die einen Winkel mit der Zeitachse bildet. Ein Boost in eine Richtung gefolgt von einem Boost in eine andere Richtung kann also mit einer Drehung um eine Achse gefolgt von einer Drehung um eine andere Achse verglichen werden. Drehungen ergeben im Allgemeinen nicht das gleiche Ergebnis, wenn sie in einer anderen Reihenfolge durchgeführt werden. Nehmen Sie z. B. einen Würfel. Wenn Sie den Würfel um eine Achse drehen und dann um eine andere, erhalten Sie ein anderes Ergebnis im Vergleich dazu, wenn Sie es andersherum machen (s. Abb. 13.6).

Wenn Sie eine Rundreise machen (Boost in x-Richtung, gefolgt von einem Boost in y-Richtung, dann zurück in x-Richtung und zurück in y-Richtung), befinden Sie sich im Vergleich zur ursprünglichen Situation in Ruhe, aber Sie werden sich gedreht haben!

Die Implikation davon ist, dass diese linearen Transformationen, die Boosts, in der Relativitätstheorie keine Gruppe bilden. Erinnern Sie sich aus unserer Diskussion über Symmetriegruppen, dass eine Operation, die zu einer solchen Gruppe gehört, ein Ergebnis liefert, das symmetrisch zum Ausgangspunkt ist. Zum Beispiel sieht das Dreieck nach einer Drehung um 120° gleich aus. Wir können auch eine andere Gruppenoperation durchführen und zum Ausgangspunkt zurückkehren. Aus der vorherigen Diskussion folgt, dass wir zwei Boosts anwenden können und mit einer Drehung enden, einem Element, das nicht zur Menge der Boosts gehört und/oder uns nicht zum Ausgangspunkt zurückführt. Die Konsequenz ist, dass wir eine größere Menge, die aus Boosts *und* Drehungen besteht, in Betracht ziehen müssen, um eine Gruppe zu bekommen. Dies wird die Lorentz-Gruppe genannt. Wenn Sie auch Raum-Zeit-Translationen einbeziehen (d. h. Ihre Position im

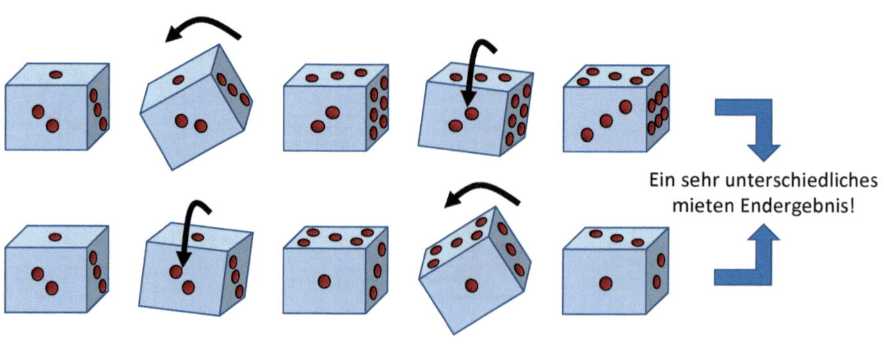

Abb. 13.6 Eine Drehung um eine Achse gefolgt von einer anderen ergibt ein anderes Ergebnis im Vergleich zur umgekehrten Reihenfolge

Raum und/oder in der Zeit ändern), erhalten Sie eine noch größere Gruppe: die Poincaré-Gruppe.

Zusammenfassend besteht die Poincaré-Gruppe aus (Kombinationen von) drei Operationen:

- Boosts
- Drehungen
- Translationen

Sie beschreibt die grundlegende Symmetrie des Raum-Zeit in der speziellen Relativitätstheorie. Alle drei Vorgänge zusammen sind notwendig, um die richtige Symmetrie zu erreichen. Folglich *erfordert die Raum-Zeit, dass wir in Betracht ziehen, dass jedes Objekt relativ zu uns gedreht sein kann.* Es braucht nur ein oder zwei Boosts, um dies geschehen zu lassen.

Wenn wir Wellen betrachten, was bedeutet es zu sagen, dass eine Welle sich drehen kann? Im Grunde genommen ist eine rotierende Welle eine Helix (s. Abb. 9.9). Also können wir tatsächlich eine Welle auf eine kreisförmige Weise bewegen. Dies kann durch einen einfachen Kreis beschrieben werden. Wie sich jedoch herausstellt, ist dies nicht die ganze Geschichte. Zusätzlich zur Rotation können wir uns eine zweite Rotation vorstellen. Ein Objekt in einer kreisförmigen Bewegung kann sich auch *um seine Umlaufbahn* bewegen, ähnlich wie ein Planet sich um die Sonne sowie um seine eigene Achse dreht. Wir können diese Art von Rotation als eine Rotation um einen verdrehten Streifen betrachten. Ein solcher verdrehter Streifen wird Möbius-Streifen genannt. Also haben wir zwei Arten von Rotation (s. Abb. 13.7).

Wenn eine Welle helikal ist, wie auf dem einfachen Kreis, kann sie sich in zwei Richtungen drehen. Diese beiden Richtungen können als Spin up und Spin down betrachtet werden. Wenn sich jedoch eine Welle auf die Möbius-Art dreht,

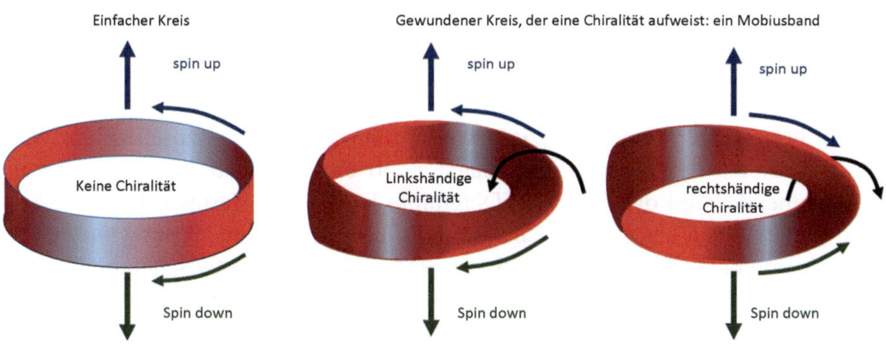

Abb. 13.7 Die Darstellung einer Rotation als einfacher Kreis (links). Eine Welle kann sich in zwei Richtungen entlang eines Kreises drehen (Spin up und Spin down). Wenn wir eine weitere Rotation auf die kreisförmige Bewegung (oder eher eine Verdrehung) hinzufügen, erhalten wir einen Möbius-Streifen. Die Verdrehung kann in die eine Richtung (linksdrehende Chiralität) oder in die andere Richtung (rechtsdrehende Chiralität) erfolgen

gibt es vier Möglichkeiten für die Rotation: auf dem mittleren Möbius-Streifen in Abb. 13.7 mit Spin up und Spin down sowie auf dem rechten Möbius-Streifen mit Spin up und Spin down.

Diese beiden Versionen des Möbius-Streifens entsprechen dem, was als die Chiralität der Wellenfunktion bezeichnet wird, wie wir später entdecken werden. Die ersten beiden Spin-Zustände werden als linksdrehend bezeichnet, während die zweiten beiden Spin-Zustände als rechtsdrehend bezeichnet werden. So kommen wir zu den folgenden vier möglichen Zuständen:

- Linksdrehend + Spin +½
- Linksdrehend + Spin −½
- Rechtsdrehend + Spin +½
- Rechtsdrehend + Spin −½

Eine Welle, die diese Eigenschaft einer verdrehten Rotation um einen Möbius-Streifen hat, wird Spinor genannt. Wir werden später über Spinoren sprechen.

Wir können aus all dem schließen, dass die Einbeziehung der speziellen Relativität in unsere quantenmechanische Beschreibung von Teilchen dazu führt, dass Wellen einen Spin-Zustand sowie eine Chiralität haben. Sowohl Spin als auch Chiralität sind daher Eigenschaften einer Welle, die aus der Struktur von Raum-Zeit, wie sie durch die spezielle Relativität beschrieben wird, hervorgehen. Sie sind eine direkte Folge der Minkowski-Metrik von Raum-Zeit.

Wir können sagen, dass ein solches Teilchen lorentzsymmetrisch ist. Das bedeutet, dass sich seine physikalischen Eigenschaften nicht ändern, wenn eine Lorentz-Transformation auf es angewendet wird. Wenn wir das Objekt beispielsweise aus einem anderen Bezugssystem (ein Beobachter mit einer anderen Geschwindigkeit) beschreiben, sieht es immer noch gleich aus. Dies ist eine wichtige Anforderung. Wenn ein Teilchen nicht gemäß dieser Anforderung handeln würde, würde es die Symmetrie der Minkowski-Raum-Zeit verletzen. Eine Konsequenz davon wäre, dass wir potenziell zwischen verschiedenen Bezugssystemen unterscheiden könnten und wir könnten aufgrund dieser Unterscheidung ein „bevorzugtes" Bezugssystem bestimmen. Das würde implizieren, dass es so etwas wie eine absolute Geschwindigkeit gibt, und das würde gegen den Geist der Relativität verstoßen.

Der Propagator muss modifiziert werden, um Spinoren einzuschließen. Wenn das erledigt ist, beschreibt der Propagator, ob ein linksdrehender Teil oder ein rechtsdrehender Teil das Feynman-Diagramm betritt oder verlässt. Für jede Situation gibt es einen anderen Propagator, der diesen speziellen Zustand einschließt. Ein linksdrehendes Teilchen, das eintritt und austritt, kann zwischendurch mehrmals oder gar nicht auf rechtsdrehend gewechselt haben. Wir werden später sehen, wenn wir über Chiralität sprechen, dass ein massives Fermion zwischen links- und rechtsdrehend oszillieren kann.

Sowohl Spin als auch Chiralität haben einige besondere Eigenschaften. Spin ist mit Helizität verbunden, die auch eine Eigenschaft dieser Teilchen ist. Also, tauchen wir tiefer ein in Spin, Helizität und Chiralität.

13.1.3 Spin als Welle

Wir haben gelernt, dass die relativistischen Eigenschaften des Vakuums erfordern, dass alles sich drehen oder eher spinnen kann. Der Spin eines Teilchens könnte mit dem Bahndrehimpuls verglichen werden, wenn wir die Welle in einer kreisförmigen Bewegung betrachten, z. B. wie eine Helix. In diesem Fall schwingt die Welle nicht nur entlang einer geraden Linie; sie kann auch senkrecht zur Linie in einer kreisförmigen Bewegung schwingen (s. Abb. 13.8).

Angesichts der Tatsache, dass ein Teilchen eher eine Wolke von Störungen als eine einzelne Welle ist, könnte es richtiger sein, den Spin nicht als eine Welle zu betrachten, die zu einer Helix wird, sondern als die virtuelle Wolke, die einen Spin erhält. Da die Ladung in dieser Wolke ebenso verteilt war (Vakuum-Polarisation), können wir uns vorstellen, dass eine solche rotierende Wolke ein magnetisches Moment haben kann. Um der Einfachheit willen werden wir uns an das Modell einer einzelnen Welle halten. Einige Konzepte im Zusammenhang mit Spin würden sonst schwer zu erklären sein.

Betrachten wir nun den Spin als den Teil der Welle, der um den Kreis herumgeht (der kreisförmige Teil der Helix). Jetzt können wir diese Welle auf den Kreis anpassen (s. Abb. 13.9). Dieser Teil der Welle, der um den Kreis herumgeht, hat nichts mit der Geschwindigkeit, dem Impuls oder der Frequenz des Teilchens zu tun. Es ist ein fester Teil, der streng zum Typ des Teilchens gehört. Zum Beispiel hat ein Photon einen Spin von 1, was bedeutet, dass es auf eine Wellenlänge des Kreises passt, genau wie in Abb. 13.9.

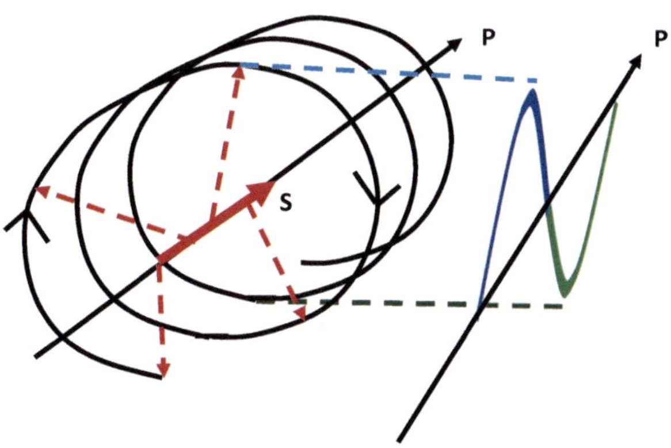

Abb. 13.8 Wenn eine Welle sich drehen muss, wird sie zu einer Helix. Die Helix enthält einen Wellenteil entlang der Bewegungsachse (der blaue und grüne lineare Wellenteil auf der rechten Seite) und einen kreisförmigen Teil, der einen bestimmten Winkel mit der Bewegungsachse bildet (der rote Spin-Wellenteil). Zum Beispiel kann das Spinnen senkrecht zur Bewegungsachse sein. In diesem Fall (wie auf dem Bild) zeigt der Spin-Vektor (roter Pfeil), der die Spin-Richtung anzeigt, in die Bewegungsrichtung (schwarzer Pfeil) oder entgegengesetzt zur Bewegungsrichtung (in diesem Fall würde es sich andersherum drehen)

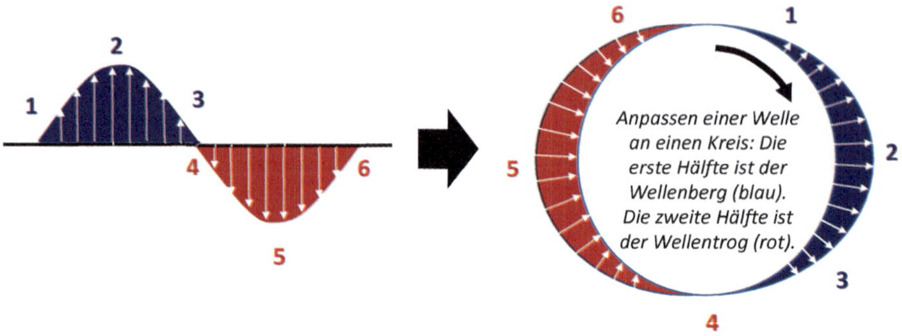

Abb. 13.9 Eine Welle auf einen Kreis anpassen. Die Zahlen auf der Welle stimmen mit den Zahlen auf dem Kreis überein, so dass man sehen kann, wie die Welle auf den Kreis passt

Wir nehmen an, dass es nur eine Art von Kreis gibt, mit einem Radius. Dies würde durch das Vakuum vorgegeben und für alle elementaren Teilchenwellen gültig sein. Jedes mit einem Teilchen verbundene Feld erbt diesen Kreis vom Vakuum. Es repräsentiert den zusätzlichen Freiheitsgrad, in dem jede Welle sich bewegen kann. Man könnte auch sagen, dass die virtuelle rotierende Wolke um das Teilchen (den durchschnittlichen Radius) diesen Kreis definiert, aber wie das berechnet werden sollte, wüsste ich nicht! Auf jeden Fall sollte man im Hinterkopf behalten, dass die Mathematik keinen Hinweis darauf gibt, wie man dies betrachten sollte, so dass die hier vorgestellte Sichtweise nur eine der möglichen Sichtweisen ist, die den Spin erklären könnte.

Wir können 0, 1, 2, …, n Wellen auf einen solchen Kreis anpassen. Jeder Wert von n entspricht Spin n, so dass Spin 1 genau eine Wellenlänge auf dem Kreis abbildet. Spin 2 entspricht genau zwei Wellenlängen auf dem Kreis (s. Abb. 13.10). Für diese Welle ist ihre kreisförmige Wellenlänge halb so lang und ihr kreisförmiger Impuls daher doppelt so groß. Man könnte dies als einen Dynamo betrachten, der das magnetische Moment der Welle bestimmt.

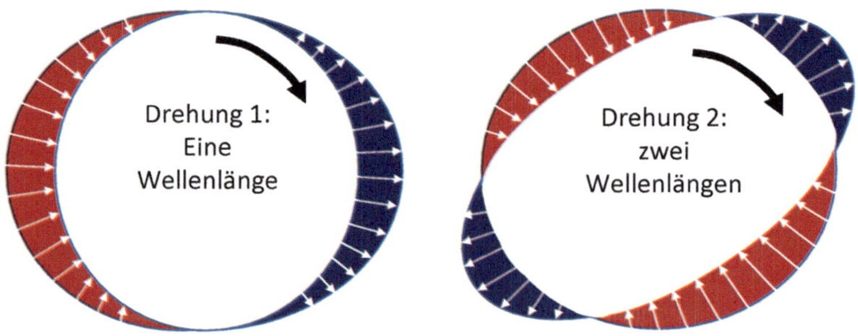

Abb. 13.10 Beispiele für Spin 1 (eine Wellenlänge passt in einen Kreis) und für Spin 2 (zwei Wellenlängen passen in einen Kreis)

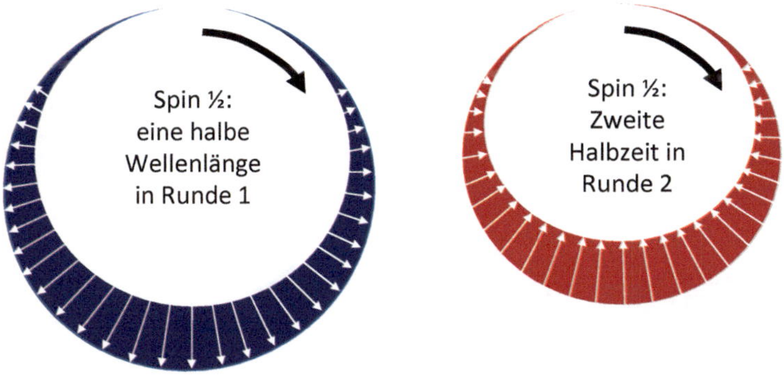

Abb. 13.11 Beispiel für Spin ½. Auf der ersten Rundreise sehen wir die erste Hälfte der Welle: den Wellengipfel (blau). Auf der zweiten Rundreise sehen wir die zweite Hälfte der Welle: das Wellental (rot)

Aber das ist noch nicht alles. Wir können eine andere Art von Welle auf diesem Kreis unterbringen! Wir können eine Welle einpassen, die zwei Runden um den Kreis macht, um eine Wellenlänge zu vollenden. Dies ist eine eigenartige Situation, da sie im Fall des Bahndrehimpulses nicht erlaubt ist. Wir werden später sehen, warum dies im Fall des Spins erlaubt sein könnte.

Untersuchen wir dies ein wenig weiter. Eine solche Welle wird nach einer Runde (s. Abb. 13.11) die Hälfte ihres Zyklus vollendet haben. Wir können 1, 3, …, 2n + 1 Wellen auf eine „2-mal um den Kreis"-Trajektorie passen. Eine Wellenlänge, die 2-mal herumgeht, verbraucht eine halbe Welle, um 1-mal herumzugehen (wie zuvor). Zwei Wellenlängen, die 2-mal herumgehen, wären wie das Original „eine Wellenlänge auf einem Kreis", und diesen Typ haben wir bereits (Spin 1). Der nächste *einzigartige* Weg, der zwei Rundreisen benötigt, um in seinen ursprünglichen Zustand zurückzukehren, sind drei Wellenlängen, die 2-mal herumgehen (s. Abb. 13.12). In diesem Fall hat die Welle auf der ersten Rundreise 1½ Wellen vollendet. So kommen wir auf 1, 3, …, 2n + 1 Wellen, die 2-mal herumgehen oder (2n + 1)/2 = n + ½ pro Rundreise.

Wir enden mit zwei Arten von Wellen:

1. Wellen, die n-mal auf dem Kreis rotieren können.
2. Wellen, die n + ½-mal rotieren können. Wir werden später sehen, warum dies erlaubt ist, im Gegensatz z. B. mit dem Orbitaldrehimpuls.

13.2 Fermionen und Bosonen

Schauen wir uns die Wahrscheinlichkeit an, ein Teilchen in einem gegebenen Zustand zu finden. Die Wahrscheinlichkeit hängt von der Wellenamplitude oder der Feldstärke ab. Wie wir zuvor gesehen haben, impliziert ein starkes Feld eine hohe Wahrscheinlichkeit, das Teilchen dort zu finden.

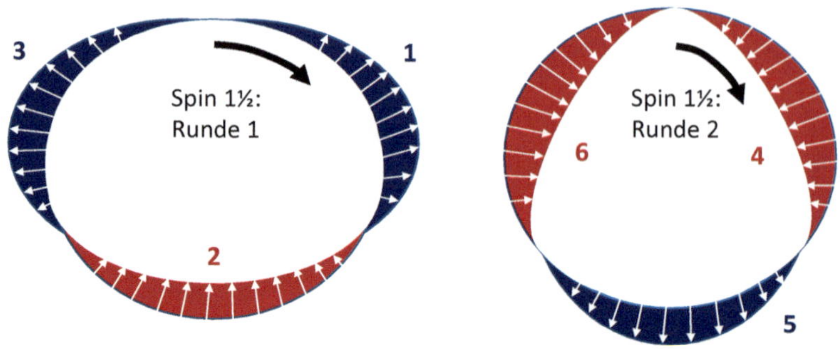

Abb. 13.12 Beispiel für Spin 1½. Auf der ersten Rundreise sehen wir einenWellengipfel (1), ein Wellental (2) und wieder einen Wellengipfel (3). Auf der zweitenRundreise sehen wir ein Wellental (4), einen Gipfel (5) und wieder ein Tal (6) und wir sindzurück am Ausgangspunkt. Offensichtlich hat diese Welle auf einer Rundreise 1½ Wellenlängenvollendet

In der Quantenmechanik wird die Wahrscheinlichkeit durch die Quadratur der Wellenfunktion (nach der Born-Regel) gefunden. Das bedeutet, dass die Welle quadriert wird (s. Abb. 13.13). Das macht Sinn, da eine Welle die Hälfte der Zeit negative Werte hat und eine Wahrscheinlichkeit nicht negativ sein kann. Durch Quadratur der Wellenfunktion erhalten wir also eine hohe Wahrscheinlichkeit, wo das Feld stark ist (negativ oder positiv).

Wenn wir die Wellenfunktion eines Teilchens mit Impuls p als |p> beschreiben, ist die Wahrscheinlichkeit P gleich $P = ||p>|^2$.

Nehmen wir nun an, wir haben *zwei* Zustände, die zu einer Teilchenwelle passen. Wir setzen eine Teilchenwelle in einen Zustand und eine zweite in den anderen. Die resultierende Wellenfunktion sieht aus wie |p1p2>, wobei p1 für das erste Teilchen und p2 für das zweite steht. Man kann auch das zweite Teilchen in den ersten Zustand und das erste Teilchen in den zweiten Zustand setzen. Dies sieht aus wie |p2p1>, wobei die Teilchen ausgetauscht sind.

Wenn die beiden Teilchen nicht zu unterscheiden sind, muss die Wahrscheinlichkeit, dass sich „zwei Teilchen in zwei Zuständen“ befinden, gleich groß sein, egal ob man p1 in Zustand 1 und p2 in Zustand 2 setzt oder umgekehrt. Das bedeutet also, dass

$$\big||p1p2>|^2 = \big||p2p1>|^2.$$

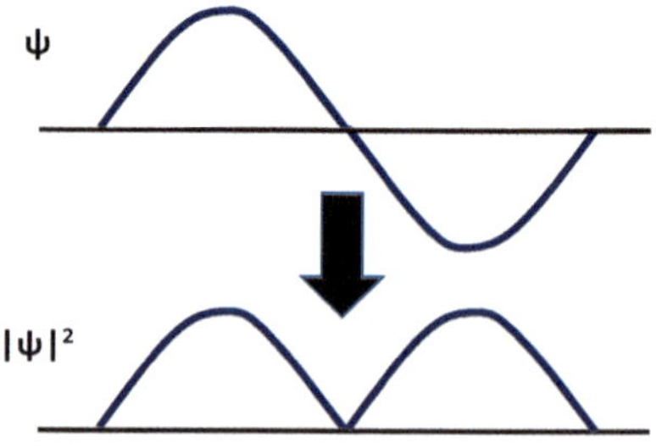

Abb. 13.13 Die Born-Regel: Das Quadrat der Welle gibt die Wahrscheinlichkeit. Die Wahrscheinlichkeit ist immer positiv und ihre Größe ist größer, wenn die Wellenamplitude größer ist

Damit diese Gleichung wahr ist, müssen die beiden Wellenfunktionen gleich oder entgegengesetzt sein:

$$|p1p2> \; = \; +/- \, |p2p1>.$$

Diese beiden Optionen beschreiben, was wir symmetrische und antisymmetrische Wellenfunktionen nennen:

$$\text{Symmetrisch:} \qquad |p1p2> \; = |p2p1>.$$

$$\text{Antisymmetrisch:} \qquad |p1p2> \; = \; -|p2p1>.$$

13.2.1 Wellenphase

Das oben Gesagte verlangt, dass zwei Teilchen entweder in einer symmetrischen oder in einer antisymmetrischen Wellenfunktion zusammenkommen müssen. Es gibt viele Möglichkeiten, zwei gleiche Wellen zu einer dieser beiden zu kombinieren. Nehmen wir an, zwei Teilchenwellen kommen in einer *symmetrischen* Wellenfunktion zusammen. Wenn Teilchenwelle 1 in Phase 0 ist (die Welle beginnt gerade aufzusteigen, wie der Beginn einer Sinuswelle), kann Welle 2 in jeder anderen Phase sein. Wenn Welle 2 genau in der richtigen Phase wäre, um genau entgegengesetzt zu Welle 1 zu verlaufen, würden sie sich gegenseitig aufheben. Das funktioniert nicht. Diese Situation sieht jedoch aus wie eine *anti* symmetrische Wellenfunktion. Die Tatsache, dass die beiden Teilchen zusammen in einer symmetrischen Wellenfunktion waren, schließt eine solche Situation aus! Daher können wir sagen, dass, wenn zwei Teilchen in eine Überlagerung kommen und eine (anti-)symmetrische Wellenfunktion bilden, *sie ihre Phasen abstimmen müssen, bevor sie dies tun.*

13.2.2 Fermionen

Betrachten wir den antisymmetrischen Fall: Die ausgetauschte Version ist das Minus der unausgetauschten Version. Wie kann eine kombinierte Welle ihr ausgetauschtes Pendant negieren? Dies kann nur der Fall sein, wenn die kombinierte Welle selbst antisymmetrisch ist (s. Abb. 13.14). Das bedeutet wiederum, dass die Teilchenwelle für p1 identisch wie die Teilchenwelle für p2 sein muss, aber entgegengesetzt. Und das kann nur der Fall sein, wenn beide Teilchen ununterscheidbar sind, denn sonst können die Wellen nicht das Gegenteil voneinander sein.

Nehmen wir nun an, wir haben nur einen Zustand, in den wir ein Teilchen setzen können. Wir betrachten immer noch den antisymmetrischen Fall. Die Wellenfunktion für p1 ist genau dieselbe wie die Wellenfunktion für p2, aber sie sind gegenseitig entgegengesetzt. Nur jetzt sind sie im gleichen Zustand, so dass sie miteinander interferieren müssen. Da sie gegenseitig entgegengesetzt sind, heben

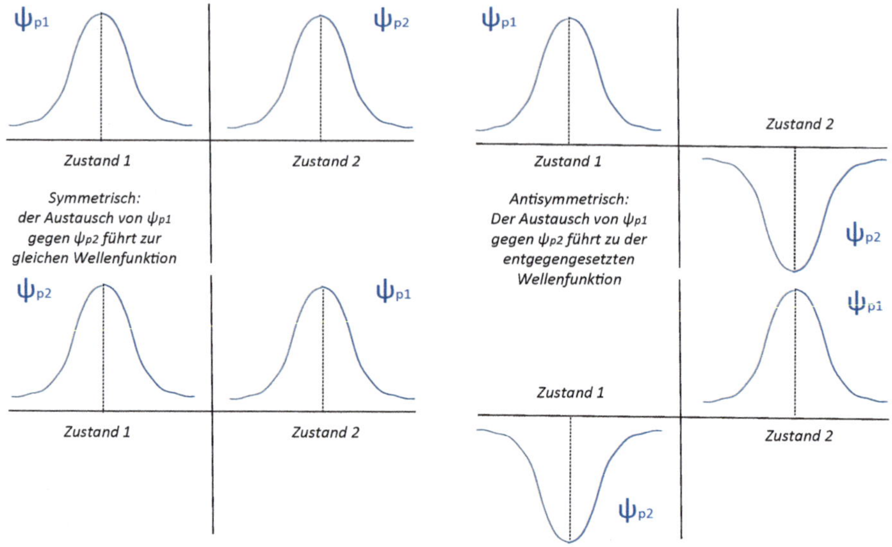

Abb. 13.14 Wenn die beiden Teilchenwellen für p1 und p2 ausgetauscht werden, bleibt die symmetrische Wellenfunktion gleich (daher symmetrisch), während die antisymmetrische Wellenfunktion ihr Gegenteil wird. Dies kann nur der Fall sein, wenn die Wellen für p1 und p2 im Wesentlichen gleich, aber gegenseitig entgegengesetzt sind, und das funktioniert nur für ununterscheidbare Teilchen. Sowohl die symmetrische als auch die antisymmetrische Wellenfunktion haben die gleiche Wahrscheinlichkeit: Die quadrierten Wellenfunktionen werden alle positiv und von der gleichen Form sein

sie sich genau auf. Das bedeutet, dass die Netto-Wahrscheinlichkeit, p1 und p2 in diesem Zustand zu finden, 0 ist. Daher können diese zwei identischen Teilchen mit entgegengesetzten Wellenfunktionen nur in verschiedenen Zuständen existieren, aber nie im gleichen Zustand.

Wie können zwei identische Teilchen entgegengesetzte Wellenfunktionen haben? Das muss bedeuten, dass sie sich tatsächlich in irgendeiner Weise unterscheiden, während sie ihre Ununterscheidbarkeit beibehalten. Position und Impuls sind unterscheidbar, wenn sie sich unterscheiden. So ist es auch mit dem Spin. Allerdings können zwei Teilchen denselben Spin (und dieselbe Spin-Richtung) haben, während sie entgegengesetzte Wellenfunktionen im Fall von Spin ½ haben. Warum ist das so?

Wir haben zuvor gesehen, dass Wellen mit Spin ½ 2-mal um den Kreis gehen müssen, bevor sie an ihrer ursprünglichen Position ankommen. Wenn eine solche Welle auf der ersten Runde ist, ist sie tatsächlich genau das Gegenteil von der, wenn sie auf der zweiten Runde ist (s. Abb. 13.11 und 13.12)! Wir werden diese Eigenschaft genauer betrachten, wenn wir Spinoren diskutieren. Für jetzt müssen wir verstehen, dass Teilchen mit Spin ½, 5/2, n + ½ immer in einer antisymmetrischen Wellenfunktion zusammen sein werden. Diese Teilchen werden Fermionen genannt.

Es ist diese Eigenschaft, die es unmöglich macht, dass Fermionen jemals im gleichen Zustand sind. Alle Teilchen, die Materie bilden (im Gegensatz zu Kräften), sind Fermionen. Der Grund dafür hängt direkt mit dieser Spin-Eigenschaft zusammen. Zum Beispiel haben wir in einem Atom eine begrenzte Anzahl von Zuständen (wie wir zuvor gesehen haben). Diese Zustände können alle mit Elektronen in zwei Spin-Zuständen (Spin up und Spin down) besetzt werden. Mehr davon würde negativ interferieren, was zu einer 0-Wahrscheinlichkeit führt, dass die Elektronen im gleichen Zustand sind. Der einzige Weg, um mehr Elektronen in das Atom zu passen, besteht darin, Zustände weiter weg vom Atomkern zu besetzen. Eine Konsequenz davon ist, dass Materie Raum einnimmt, dass Atome nicht die Umgebungen anderer Atome besetzen und folglich immer mehr Materie sich zu beträchtlichen Objekten wie Planeten und Sternen anhäuft. So stammen diese Eigenschaften der Materie aus dem Spin-½-Verhalten der Fermionen.

13.2.3 Bosonen

Bosonen sind der symmetrische Typ von Teilchen. Sie haben Spin 0, 1, 2 usw. Daher gehen sie 1-mal oder 2-mal oder öfter um den Kreis. Egal wie wir es versuchen, wir können diese Wellenfunktionen nicht negativ interferieren lassen. Schauen wir uns an, wie das funktioniert. Wir beginnen mit dem allgemeinen Prinzip, dass zwei Wellen in einem kombinierten Zustand mit der gleichen Phase beginnen. Mit einer Spin-Richtung geht die Welle nach oben (Aufwärtstrend) in die Spin-Richtung. Wenn wir eine andere Teilchenwelle nehmen, die in die andere Richtung dreht, geht die Welle in die andere Richtung nach unten (s. Abb. 13.15). Eine solche Welle ist jedoch genau in Phase mit der ersten Welle. Daher interferieren Bosonen mit entgegengesetztem Spin immer positiv miteinander.

Bosonen sind also Teilchenwellen, die immer in symmetrischen Wellenfunktionen zusammen enden. Das bedeutet auch, dass, wenn wir zwei Bosonen in den gleichen Zustand bringen, sie positiv miteinander interferieren. Folglich verdoppelt sich die Feldstärke. Die Wahrscheinlichkeit dafür ist quadriert, also $2^2 = 4$. Daher ist die Wahrscheinlichkeit, dass dies geschieht, größer als dass diese Teilchen in verschiedenen Zuständen bleiben.

Diese Eigenschaft der Bosonen führt zum Konzept des Lasers. In einem Laser wird eine bestimmte Art von Atom in einen angeregten Zustand versetzt. Dies ist ein Zustand, in dem Elektronen eine höhere Umlaufbahn besetzen, als sie es im Atom könnten. Diese Elektronen fallen wieder in ihren ursprünglichen Zustand zurück und emittieren ein Photon einer typischen Frequenz. Jedes Atom, das ein Photon emittiert, wird eines mit der gleichen Frequenz emittieren, da dies durch den Energieunterschied zwischen den Umlaufbahnen der Elektronen bestimmt wird. Für die gleiche Art von Atomen ist das der gleiche Energieunterschied. Wichtig ist, dass die Photonen in die Nähe anderer Atome gelangen, die sich noch in einem angeregten Zustand befinden. Wenn sie das tun, sind die Wahrscheinlichkeiten für ein Photon, sich in seinem „absorbierten Zustand" zu befinden, halb

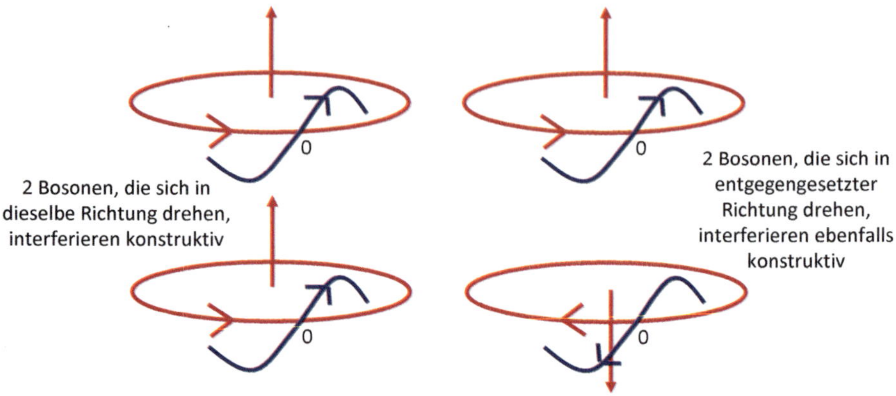

Abb. 13.15 Zwei Bosonen interferieren konstruktiv, egal ob sie in die gleiche Richtung drehen (und im gleichen Zustand sind) oder ob sie in entgegengesetzte Richtungen drehen

so hoch wie für es, sich in seinem „emittierten Zustand" zu befinden. Daher wird das Atom angeregt, zurückzufallen und das Photon zu emittieren. Deshalb wird es Laser genannt: „Light Amplified by *Stimulated Emission* of Radiation". Je mehr Photonen also vorhanden sind, desto mehr Atome emittieren Photonen. Dies wird zu einem Schneeballeffekt, der einen sehr starken Strahl von Photonen erzeugt. Um den Effekt zu verstärken, werden die Photonen zwischen zwei Spiegeln reflektiert, so dass sie die emittierenden Atome mehrmals passieren, bevor sie den Laser verlassen. Alle Photonen, die den Laser verlassen, haben die gleiche Frequenz und sie reisen genau in Phase, so sind sie in einem schmalen, hoch fokussierten Strahl konzentriert. Dies gibt uns einen extrem kohärenten Strahl von Strahlung.

Aus diesem Beispiel wird klar, warum Bosonen ein kohärentes Feld aufbauen können: Es liegt daran, dass sie gerne im gleichen Zustand sind. Außerdem können wir so viele Bosonen in einem kleinen Bereich platzieren, wie wir wollen. Tatsächlich werden sie es mögen, so dass es eher mehr als weniger Bosonen in diesem Bereich geben wird. Das bedeutet, dass Bosonen keinen Mechanismus haben, um ein Objekt von beliebiger Größe zu bilden, wie es Fermionen tun. Bosonen sind eher ein extravertierter Teilchentyp: Je mehr los ist, desto besser! Fermionen sind eher ein introvertierter Teilchentyp: Sie brauchen ihren eigenen Raum und ziehen es vor, nicht in einer großen Gruppe unterzugehen.

Folglich braucht es Bosonen, um ein konzentriertes kohärentes Feld zu erzeugen, das genug Kraft hat, um z. B. kontinuierlich auf Fermionen einzuwirken. Das ist notwendig, um die Bahnen der Fermionen in signifikanter Weise zu verändern. Daher tragen Bosonen typischerweise Kräfte, während Fermionen messbare Materie erzeugen. Das Zusammenspiel von Fermionen und Bosonen schafft größere Strukturen: Fermionen für die Größe und Bosonen, um sie zusammenzuhalten. Ein bisschen wie Ziegel und Mörtel.

13.2.4 Spinorfelder

Wir haben gesehen, dass wir die Phase auf dem Kreis nicht verschieben können, was dazu führt, dass Bosonen immer positiv interferieren, wenn sie im gleichen Zustand sind. Fermionen interferieren negativ, weil sie in der gleichen Phase auf dem Kreis sind, aber auf der anderen Reise herum. Man könnte argumentieren, dass dies als Phasenverschiebung von einer Rundreise gesehen werden kann. Warum sollte das erlaubt sein? Außerdem unterscheiden sich Fermionen in dieser Eigenschaft im Vergleich zum Bahndrehimpuls. Warum können wir diesen Trick nicht für den Bahndrehimpuls anwenden?

Um diese Frage zu beantworten, müssen wir uns das Möbius-Band ansehen (Abb. 13.16). Wir erstellen ein Möbius-Band, indem wir einen normalen geraden Streifen nehmen, ein Ende um 180° um eine Achse entlang des Streifens drehen und es mit dem anderen Ende verbinden. Wenn wir dann 1-mal herumgehen, finden wir uns auf der anderen Seite des Streifens wieder. Wir müssten noch eine weitere Runde machen, um wieder auf die ursprüngliche Seite zu gelangen. Wir können Spin-½-Teilchenwellen als Wellen betrachten, die eine Wellenlänge um das Möbius-Band 1-mal verwenden, was impliziert, dass sie 2-mal herumgehen müssten, um wieder an den ursprünglichen Ort zu gelangen. Auf diese Weise gibt es keine Phasenverschiebung. Es handelt sich eher um einen gedrehten Pfad. Wenn wir es so betrachten, müssen wir uns keine Sorgen machen, dass Phasenverschiebungen plötzlich für Fermionen erlaubt sind.

Aus diesem Bild können wir schließen, dass Fermionen Wellen sind, die sich auf Möbius-Bändern drehen, während Bosonen Wellen sind, die sich auf regulären Streifen drehen. So können wir jetzt Abb. 13.7 und die beiden dort dargestellten Arten der Rotation mit Bosonen und Fermionen verbinden.

Mit diesem Bild können wir erklären, warum es nur zwei Arten von Spin-Wellen gibt: auf Möbius-Streifen und regulär. Nehmen wir an, wir schneiden den Streifen und verdrehen ihn 1-mal statt 2-mal. Sie würden einen „2-mal verdrehten“ Möbius-Streifen bekommen. Aber wenn wir um diesen herumgehen, bleiben wir auf der gleichen Seite, so dass wir nur 1-mal um den Kreis herumgehen können. Wenn wir ihn 3-mal drehen, landen wir auf der anderen Seite und

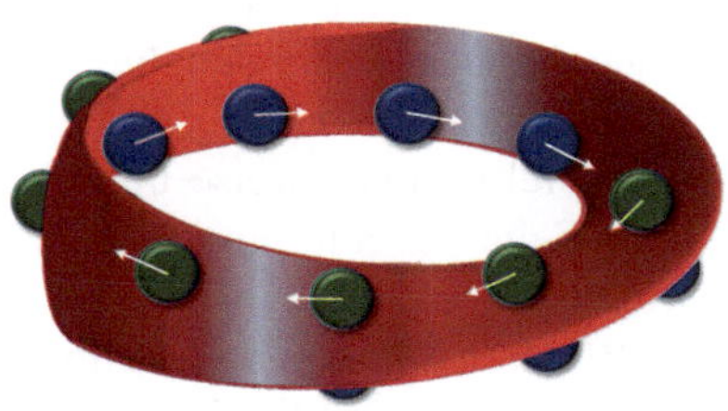

Abb. 13.16 Möbius-Band. Wenn wir dem grünen Ball auf der ersten Runde um den Streifen folgen, finden wir uns auf der anderen Seite des Streifens wieder. Der blaue Ball zeigt die zweite Runde um den Streifen. Der blaue Ball endet dort, wo der grüne Ball begonnen hat, was zeigt, dass es zwei Runden braucht, um wieder an die ursprüngliche Position zu gelangen

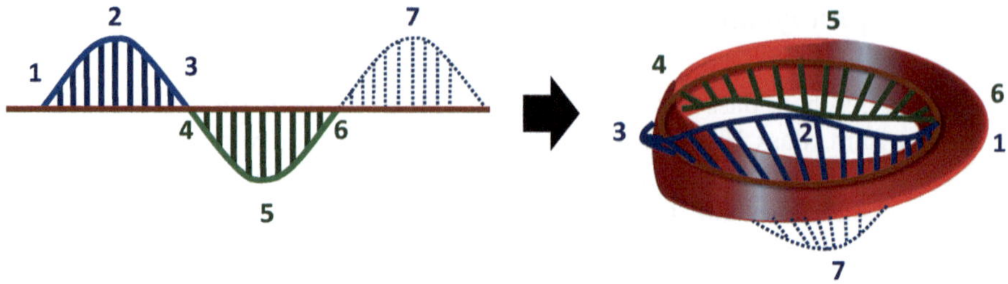

Abb. 13.17 Eine Welle mit einer Wellenlänge auf einer Rundreise. Die Zahlen 1, 2 und 3 (blau) zeigen den ersten Gipfel der Welle, über der Linie und somit über dem Streifen. Die Zahlen 4, 5 und 6 (grün) zeigen das Tal der Welle, unter der Linie und somit unter dem Streifen (andere Seite des Streifens). Wenn der zweite Gipfel beginnt, muss er im Vergleich zum vorherigen Tal die Seiten wechseln. Daher muss er auf der anderen Seite des Streifens im Vergleich zum ersten Wellengipfel erscheinen! Dies ist eine Folge der Tatsache, dass der Streifen sich selbst um 180° dreht. Eine solche Welle würde sich auf der zweiten Rundreise eindeutig selbst auslöschen

haben die gleiche Erfahrung wie mit dem ursprünglichen Möbius-Streifen. Daher gibt es nur zwei Arten von Situationen: reguläre und Möbius-Situationen.

Das ist eine großartige Idee, der Möbius-Streifen, aber wie soll ich einen Möbius-Streifen im Vakuum betrachten? Natürlich ist dies kein tatsächlicher Streifen (da er aus „etwas" bestehen müsste). Nehmen Sie also das Bild der Welle, die 2-mal um den Möbius-Streifen herumgeht, und entfernen Sie den Möbius-Streifen selbst. Was übrig bleibt, ist einfach eine Welle, die bei einer Umrundung eines Kreises eine halbe Drehung macht. Sie vollendet diese Drehung bei der zweiten Umrundung. Das ist alles. Und jetzt können wir dies mit der früheren Schlussfolgerung verbinden, dass die Relativitätstheorie erfordert, dass wir uns auf zwei verschiedene Arten im Raum drehen können: die verdrehte Art und die nicht verdrehte Art.

Der Spin unterscheidet sich also vom Bahndrehimpuls dadurch, dass die Welle sich beim Umrunden des Kreises verdrehen kann. Spin-n- + ½-Teilchen (Fermionen) machen eine solche Drehung. Spin-n-Teilchen (Bosonen) tun dies nicht.

Lassen Sie uns ein wenig tiefer in dieses Bild eintauchen. In Abb. 13.17 wird eine Welle auf einem Möbius-Streifen gezeigt. In diesem Bild zeigen wir eine Wellenlänge, die eine Runde macht, wie es ein Boson tun würde. Wir beginnen mit einem Wellengipfel (blaue Spitzen, verbunden durch eine blaue Linie), gefolgt von einem Wellental (grüne Spitzen). Der blaue Teil befindet sich auf einer Seite des Streifens, da der Wellengipfel normalerweise über der Linie liegt. Der grüne Teil erscheint auf der anderen Seite des Streifens, da ein Wellental normalerweise unter der Linie liegt. Es wird interessant, wenn wir uns die zweite Rundreise der Welle ansehen. Die zweite Rundreise würde wieder mit einem Wellengipfel beginnen, aber jetzt auf der anderen Seite des Streifens (blaue Spitzen auf der anderen Seite des Streifens, ebenfalls verbunden durch eine blaue Linie)! Diese Welle interferiert negativ mit sich selbst! Also, diese Welle würde sich selbst auslöschen.

Jetzt versuchen wir eine Welle auf dem Möbius-Streifen, die zwei Rundreisen benötigt, um eine Wellenlänge zu vollenden. Das bedeutet, dass der Wellengipfel die gesamte erste Rundreise und das Wellental die gesamte zweite Rundreise einnehmen würde. Das sieht aus wie Abb. 13.18.

Eine Schlussfolgerung aus diesem Bild ist, dass, da der Gipfel der Welle und das Tal der Welle in einer Linie liegen, sie sich gegenseitig verstärken. Sie interferieren positiv. Diese Welle kann auf dem Möbius-Streifen existieren.

Wellen, die in einer Wellenlänge 2-mal herumgehen, können also nicht auf einem regulären Kreis existieren, denn sie würden sich selbst auslöschen. Aber sie können auf einem Möbius-Streifen existieren. Offensichtlich gehören diese Wellen zu den Fermionen. Eine Welle, die in einer Wellenlänge 1-mal herumgeht, kann nicht auf dem Möbius-Streifen existieren, denn sie würde sich selbst auslöschen. Aber sie kann auf einem regulären Kreis existieren. Diese Wellen repräsentieren Bosonen. Zusammenfassend:

	Regulärer Kreis	Möbiusstreifen
Bosonen: Wellenlänge passt auf eine Rundreise	Verstärkt sich selbst	Löscht sich selbst aus
Fermionen: Wellenlänge passt auf zwei Rundreisen	Löscht sich selbst aus	Verstärkt sich selbst

Jetzt wird klar, warum es nur zwei Arten geben kann. Nehmen wir an, Sie könnten das Band um einen beliebigen Wert statt um die 180° des Möbius-Streifens verdrehen. Dann würde die Welle sich nicht genau verstärken und nach einer Anzahl von Umdrehungen würde sie beginnen, eine entgegengesetzte Welle zu werden und sich selbst auszulöschen. Wellen können nur in einem verstärkenden Lauf um einen Kreis und um einen Möbius-Streifen enden. Alle Möglichkeiten dazwischen würden sich schließlich selbst auslöschen.

Eine überraschende Tatsache über Fermionenwellen ist, dass diese Wellen eine Feldamplitude haben, die nur auf einer Seite des Möbius-Bandes bleibt! Es gibt

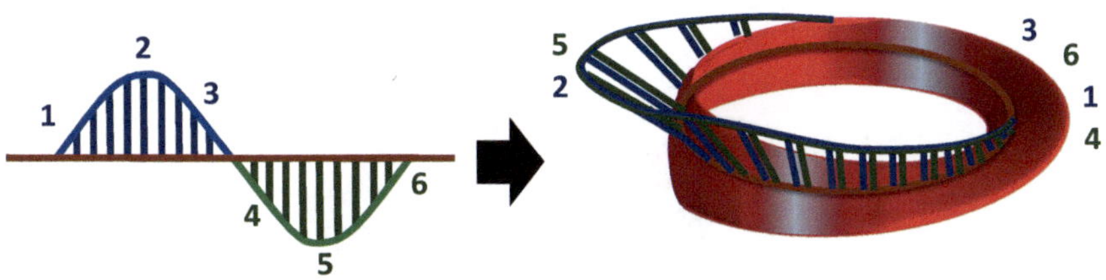

Abb. 13.18 Wenn eine Welle 2-mal herumgeht, passiert noch etwas Überraschendes. Die Zahlen 1, 2 und 3 und die blauen Spitzen zeigen den Gipfel der Welle. Es dauert eine ganze Rundreise, um den Gipfel der Welle zu vollenden. Der Gipfel endet auf der anderen Seite des Streifens. Folglich muss das Tal (grün) die Seiten wechseln (die Welle auf der linken Seite bewegt sich von über der Linie zu unter der Linie). Das Ergebnis ist, dass das Tal genau in Linie mit dem Gipfel der Welle während der vorherigen Runde geht! Das Tal wird durch die grünen Spitzen und die Zahlen 4, 5 und 6 angezeigt

keinen Grund, warum die Welle auf einer Seite des Bandes oder auf der anderen sein sollte. In jedem Fall würde die Welle jedoch auf der gewählten Seite des Bandes bleiben.

Dies hat wiederum eine interessante Implikation. Es bedeutet, dass eine solche Welle in zwei Arten existieren könnte. Lassen Sie uns beide Arten nebeneinander in Abb. 13.19 stellen. Hier sehen wir, dass diese beiden Arten von Wellen Gegensätze sind! Wir haben also jetzt eine Grundlage für unsere frühere Schlussfolgerung, dass zwei Fermionenwellen gegensätzlich sind. Ihre Gegensätzlichkeit impliziert, dass eine Überlagerung von zwei Fermionen eine antisymmetrische Wellenfunktion sein kann.

Bedenken Sie, dass diese Analyse uns nicht sagt, warum zwei Fermionen gegensätzlich sein *müssen.* Sie zeigt nur, dass sie es *können,* während Bosonen das nicht können (es sei denn, Sie erlauben Phasenverschiebungen auf dem Spin-Kreis). Es ist nicht klar, warum zwei Fermionen in Überlagerung in eine Wellenfunktion geraten würden, bei der eines auf der einen Seite des Bandes und das andere auf der anderen Seite wäre. Es sollte auch bedacht werden, dass diese Sicht auf Wellenfunktionen auf dem Möbius-Band nur eine Möglichkeit ist, besser zu verstehen, was passiert. In Wirklichkeit könnte es anders funktionieren. Mathematisch wird es jedoch mit der hier vorgestellten Ansicht übereinstimmen.

Wir können schlussfolgern, dass das Vakuum allen Feldern entweder den gleichen Kreis oder das gleiche Möbius-Band zum Drehen gibt. Verschiedene Felder können mit verschiedenen Werten drehen. Auf dem Möbius-Band werden diese Werte die Form n + ½ haben. Auf einem regulären Kreis werden sie einen ganzzahligen Wert n annehmen.

Die Felder, die auf dem Möbius-Typ des Kreises definiert sind, werden Spinorfelder genannt. Die mit diesen assoziierten Teilchenwellen werden Spinoren genannt. Spinoren sind Wellen, die durch zweimaliges Drehen (d. h. 720°) zu ihrer ursprünglichen Position gelangen. Folglich sind alle Fermionen Spinoren. Das Möbius-Band ist eine Möglichkeit, dies zu sehen, aber es gibt andere Möglichkeiten. Der Gürteltrick von Dirac ist bei Physikern beliebt [Ref. 8, S. 141]. Sie können auch Wikipedia (Spin oder Spinor) besuchen, wo Sie einen schönen Film finden, der zeigt, wie ein verbundener Ball sich drehen kann, ohne die Verbindungen, an

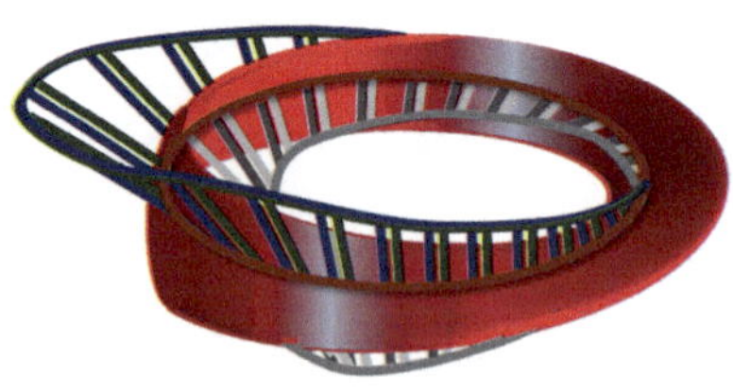

Abb. 13.19 Gegensätzliche Wellenfunktionen auf dem Möbius-Band. Die grünen und blauen Spitzen zeigen die Feldstärke (Amplitude) wie in Abb. 13.18. Die dunklen und hellgrauen Spitzen repräsentieren die Amplitude der gegenüberliegenden Welle. Da es keinen Grund gibt, warum der Gipfel der Welle auf einer Seite oder der anderen beginnen sollte, ist die graue Welle genauso wahrscheinlich wie die grüne und blaue.

denen er hängt, zu verdrehen. Dies ist nur eine weitere Möglichkeit zu zeigen, wie es zwei Rundreisen dauern kann, um zu Ihrer ursprünglichen Position zu gelangen. Ein weiteres berühmtes Beispiel ist die balinesische Bauchtänzerin. Diese Tänzerin dreht ihre Hände ständig herum, während sie ihren Arm in die eine Richtung (erste Runde) und dann in die andere Richtung (zweite Runde) verdreht.

Sie können dies selbst ausprobieren, indem Sie eine Tasse auf Ihre Hand legen und versuchen, Ihre Hand in die gleiche Richtung zu drehen. Wenn Sie mit der rechten Hand oben beginnen, können Sie die Tasse nach links drehen, indem Sie Ihre Hand nach unten lassen, dann unter Ihren Arm drehen. Danach drehen Sie Ihre Hand weiter, während Sie sie nach oben bewegen. Bisher haben Sie eine volle Drehung gemacht, während sich Ihr Arm maximal verdreht anfühlt. Jetzt gehen Sie weiter, indem Sie Ihre Hand nach oben und über Ihren Arm bewegen, effektiv Ihren Arm zurückdrehen, dann weiter herum, bis Sie wieder in der Ausgangsposition sind. Sie sehen also, dass Sie zuerst eine volle Drehung unter Ihrem Arm gemacht haben, bis Ihr Arm maximal verdreht war, und dann haben Sie eine zweite Drehung über Ihrem Arm gemacht, wobei Sie Ihren Arm wieder zurückgedreht haben. Sie können die Tasse weiter drehen, während sich Ihr Arm immer wieder in eine Richtung und zurück verdreht. Die erste Runde ist wie eine Seite des Möbius-Bandes. Die zweite Runde ist wie die andere Seite des Möbius-Bandes.

Wir haben also verschiedene Arten von Feldern, die mit Spin zusammenhängen:

- Für Bosonen: Skalarfelder (Spin 0, z. B. das Higgs-Boson) und Vektorfelder (Spin 1, z. B. Eichfelder wie das Photon)
- Für Fermionen: Spinorfelder

Diese Felder leihen sich einen internen Freiheitsgrad vom Vakuum, den wir als Kreis oder Möbius-Band betrachten können, um eine Spin-Welle darauf zu passen.

13.2.5 Fermionen mit entgegengesetztem Spin

Wir wissen, dass wir in jedem Zustand ein Fermion mit Spin nach oben und ein Fermion mit Spin nach unten unterbringen können. Wie können zwei Fermionen mit entgegengesetztem Spin zusammen in einem Zustand sein? Die Idee ist, dass sie nicht im gleichen Zustand sind, wenn ihr Spin unterschiedlich ist. So können wir ein Fermion mit Spin nach oben und ein Fermion mit Spin nach unten in einen Zustand bringen. Aber wie funktioniert das, wenn wir es aus der Wellenperspektive betrachten?

Fermionen in der Nähe voneinander werden in eine antisymmetrische Wellenfunktion geraten, so dass jedes von ihnen sich auf der gegenüberliegenden Seite des Möbius-Bandes dreht. Wenn sie den gleichen Spin hätten, würden sie sich gegenseitig aufheben.

Aber wie ist die Situation, wenn ihr Spin entgegengesetzt ist? Eine Spin-Welle beginnt mit dem oberen Teil der Welle in der Spin-Richtung. Wenn die Spins also entgegengesetzt sind, werden ihre Spin-Wellen auf gegenüberliegenden Seiten des Möbius-Bandes beginnen. Da die Fermionen zusammen in einer antisymmetrischen Wellenfunktion sein müssen, beginnt eines von ihnen auf der anderen Seite des Möbius-Bandes. Das Ergebnis ist, dass beide Fermionen jetzt auf der gleichen Seite des Möbius-Bandes drehen. Folglich interferieren sie positiv und können zusammen denselben Zustand besetzen. Weitere Fermionen würden nicht passen, da sie anfangen würden, negativ mit einem der anderen zu interferieren.

13.3 Helizität

Helizität ist nichts anderes als die Projektion der Spin-Richtung auf die Bewegungsrichtung. Die Spin-Richtung wird durch einen Pfeil beschrieben, der senkrecht zur durch den Spin-Kreis erzeugten Fläche steht. Die Richtung des Spin-Pfeils wird durch die Rechte-Hand-Regel bestimmt. Diese Regel besagt, dass, wenn Sie die Finger Ihrer rechten Hand in die Richtung biegen, in die ein Objekt rotiert, Ihr Daumen in die Richtung zeigt, in die der Pfeil gezeichnet werden sollte. Wenn Sie also einen Spin-Pfeil sehen, müssen Sie nur den Daumen Ihrer rechten Hand in die Richtung dieses Spin-Pfeils zeigen und Sie wissen, in welche Richtung das Objekt rotiert. Offensichtlich gibt es nur zwei mögliche Wege, um eine gegebene Achse zu drehen: im Uhrzeigersinn, wenn man entlang der Achse schaut (formell als Spin down bezeichnet) oder gegen den Uhrzeigersinn (formell als Spin up bezeichnet) (s. Abb. 13.20).

All dies ist nur eine Frage der Konvention. Hinter der Rechte-Hand-Regel steckt keine verborgene Bedeutung, es ist nur eine von Physikern vereinbarte Standardmethode, um sicherzustellen, dass wir alle wissen, was wir mit „Spin up“ und „Spin down“ meinen.

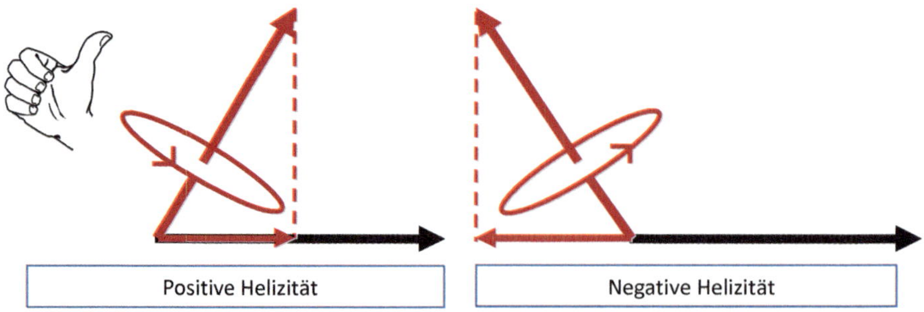

Abb. 13.20 Die Richtung des Spins. Der Pfeil zeigt die Richtung des Spins. Der Pfeil kann auf die Bewegungsrichtung projiziert werden. Dies gibt uns die Helizität des rotierenden Objekts

Mit zwei Spin-Richtungen kommt die Helizität auch mit zwei möglichen Werten:

1. Positive Helizität = Spin up in Richtung der Ausbreitung (also Spin down in entgegengesetzter Richtung)
2. Negative Helizität = Spin up in entgegengesetzter Richtung (also Spin down in Richtung der Ausbreitung)

Wir werden später sehen, wie die Helizität mit der Chiralität zusammenhängt.

13.4 Chiralität

Wir haben Chiralität eingeführt als die Drehrichtung des Möbius-Streifens (s. Abb. 13.7). Allerdings haben wir noch nicht seine formelle Definition besprochen.

Was ist Chiralität? Chiralität ist die Eigenschaft, die ein Objekt hat, wenn es ein Spiegelbild hat, das asymmetrisch zu sich selbst ist. Zum Beispiel ein linker Schuh. Im Spiegel sieht ein linker Schuh aus wie ein rechter Schuh. Nehmen wir an, Sie könnten durch den Spiegel greifen, das Spiegelbild des linken Schuhs nehmen und es aus dem Spiegel ziehen (natürlich ist das unmöglich, aber nehmen wir an, Sie könnten). Dann würden Sie einen rechten Schuh in der Hand halten. Der rechte Schuh kann in keiner Weise in drei Dimensionen gedreht werden, um ein linker Schuh zu werden. Also sind die Schuhe nicht symmetrisch zu ihrem Spiegelbild. Schuhe gibt es in zwei Chiralitäten: links und rechts.

Chiralität stammt vom griechischen Wort „cheir", was „Hand" bedeutet. Ihre Hände sind ein perfektes Beispiel für ein Objekt, das zwei Chiralitäten hat: links und rechts. Sie können Ihre rechte Hand nicht so drehen, dass sie zu Ihrer linken Hand wird.

Also kann ein linker Schuh nicht in einen rechten Schuh verwandelt werden, oder doch? Versuchen Sie es, wie Sie wollen, in drei Dimensionen werden Sie nicht erfolgreich sein. Aber eine Dimension mehr und Sie können tatsächlich einen linken Schuh drehen und sich einen rechten Schuh besorgen! Um dies zu verstehen, müssen wir uns in eine niedrigere Dimension begeben. Zeichnen Sie einfach einen rechten Schuh auf ein Stück Papier (Abb. 13.21) und nehmen Sie

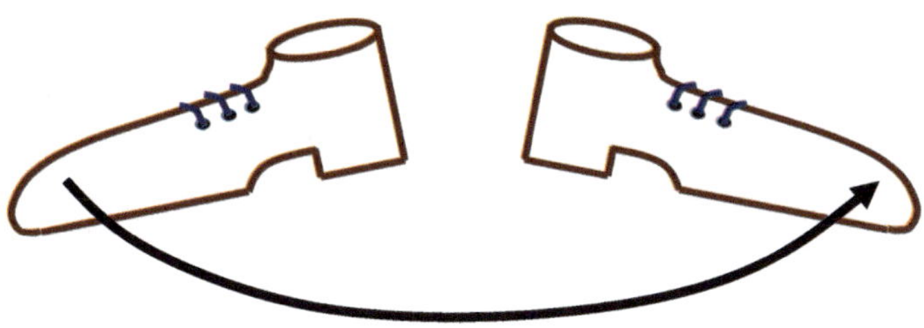

Abb. 13.21 Ein zweidimensionaler rechter Schuh kann in unserer dreidimensionalen Welt in einen zweidimensionalen linken Schuh verwandelt werden. Aber wenn Sie versuchen, dies zu tun, indem Sie den rechten Schuh auf dem zweidimensionalen Papier drehen, werden Sie keinen zweidimensionalen linken Schuh daraus machen können

ihn dann aus dem flachen Raum und drehen Sie ihn in unserer dreidimensionalen Welt. Sie enden mit einem linken Schuh!

Wie kann also ein Teilchen eine Chiralität haben? Teilchen sind Wellen, keine Schuhe. Es scheint nicht logisch, dass Teilchen eine bestimmte Form haben, die ihnen eine Chiralität wie Schuhen gibt. Wie funktioniert das also?

13.4.1 Fermionen haben zwei Chiralitäten, genannt links und rechts. Bosonen besitzen keine

Der Kernunterschied zwischen Bosonen und Fermionen liegt in ihrem Spin. Wie wir gesehen haben, bedeutet dies, dass Fermionen eine Spin-Welle haben, die um einen Möbius-Streifen herumgeht, während Bosonen ihre Spin-Welle um einen regulären Kreis herum haben.

Die Frage war: Wie kann eine Welle eine Chiralität haben wie ein linker oder rechter Schuh? Da der Unterschied zwischen Bosonen und Fermionen hauptsächlich im Möbius-Streifen liegt, werfen wir einen tieferen Blick darauf. Der Punkt ist, dass das Spiegelbild eines Möbius-Streifens wieder ein Möbius-Streifen ist, aber einer, der nicht in drei Dimensionen gedreht werden kann, um seinem Original gleich zu sein (s. Abb. 13.22). Wie bei Schuhen gibt es also auch bei einem Möbius-Band zwei mögliche Chiralitäten.

Wie unterscheiden sich also diese beiden Chiralitäten des Möbius-Streifens? Schauen wir uns noch einmal an, wie man einen Möbius-Streifen herstellt. Man nimmt einen regulären Streifen, schneidet ihn irgendwo durch, dreht ein Ende um 180° und klebt es wieder an das andere Ende. Moment mal! Ein Ende um 180° drehen? Man kann es in zwei Richtungen drehen: links oder rechts. Wenn man

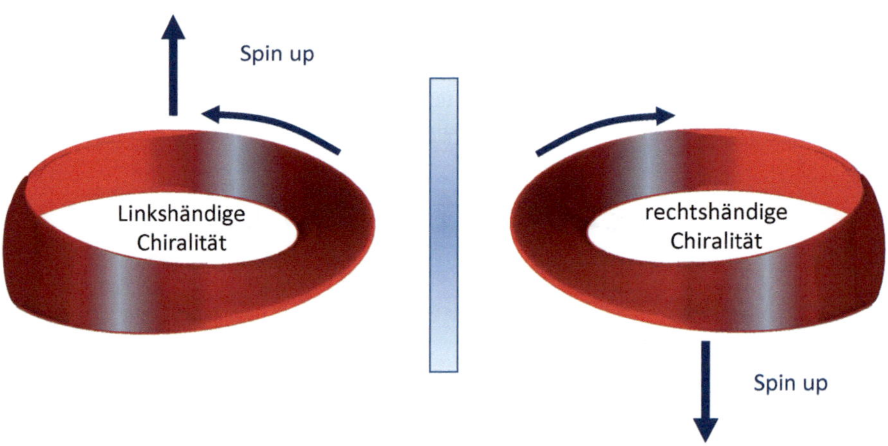

Abb. 13.22 Die zwei Chiralitäten des Möbius-Streifens

ein Ende um 180° nach links dreht, erhält man eine Chiralität des Möbius-Streifens. Wenn man es 180° nach rechts dreht, erhält man *sein Spiegelbild,* die andere Chiralität! Deshalb kann man den Streifen mit einer Chiralität nicht einfach in einem dreidimensionalen Raum drehen, um die andere Chiralität zu erhalten. Man muss den Streifen durchschneiden, dann ein Ende 360° in die andere Richtung drehen und es wieder ankleben, um die andere Chiralität zu erhalten. Dies kann nicht durch eine Drehung in drei Dimensionen erreicht werden.

Jetzt wissen wir also, warum wir die beiden Drehrichtungen eines Möbius-Streifens seine beiden Chiralitäten genannt haben. Sie sind jeweils das Spiegelbild des anderen.

13.4.2 Unter Parität wird die Chiralität eines Fermions zur entgegengesetzten Chiralität gewechselt

Die Paritätsoperation wird durchgeführt, indem man das Spiegelbild eines Objekts nimmt und es dann um 180° um die Achse senkrecht zum Spiegel dreht. Diese Operation stellt eine Symmetrie im Raum dar. Man würde nicht erwarten, dass sich die Gesetze der Natur unter dieser Operation ändern, da eine bevorzugte Richtung im Raum nicht existiert.

Wenn wir das mit dem Möbius-Streifen machen, sehen wir, dass wir die andere Chiralität bekommen, indem wir das Spiegelbild nehmen. Die Drehung um 180° bringt es in eine interessante Position: Es dreht sich genau in der gleichen Position wie vorher, während der Möbius-Streifen jetzt „innen nach außen“ liegt, entsprechend seinem Spiegelbild. Die Ausbreitungsrichtung ist jetzt in die entgegengesetzte Richtung, was eine Folge der Paritätsoperation ist (s. Abb. 13.23). Auf dem Bild sollte man im Hinterkopf behalten, dass die Bewegungen gespiegelt werden, nicht die Pfeile. Für etwas, das eine Reise um einen Kreis macht, bedeutet das, dass die Reise um den Kreis gespiegelt wird. Wenn wir diese Rundreise mit einem Pfeil beschreiben, zeigt der Pfeil in eine andere Richtung als sein Spiegelbild. Daher ist die Spiegelreflexion verantwortlich für die Änderung des Winkels, den der Spin mit der Bewegungsrichtung macht, der ursprüngliche Winkel α und der gespiegelte $180° - \alpha$.

Also, wir schließen daraus, dass das Spiegelbild für zwei Effekte verantwortlich ist, die anscheinend linksdrehende Chiralität von rechtsdrehender Chiralität unterscheiden:

1. Der Winkel zur Bewegungsrichtung ist unterschiedlich.
2. Der Möbius-Streifen dreht sich in eine andere Richtung für die beiden Chiralitäten.

Wie wir später sehen werden, ist der Winkel zur Bewegungsrichtung nicht der entscheidende Unterscheidungsfaktor, da er vom Bezugssystem abhängen kann.

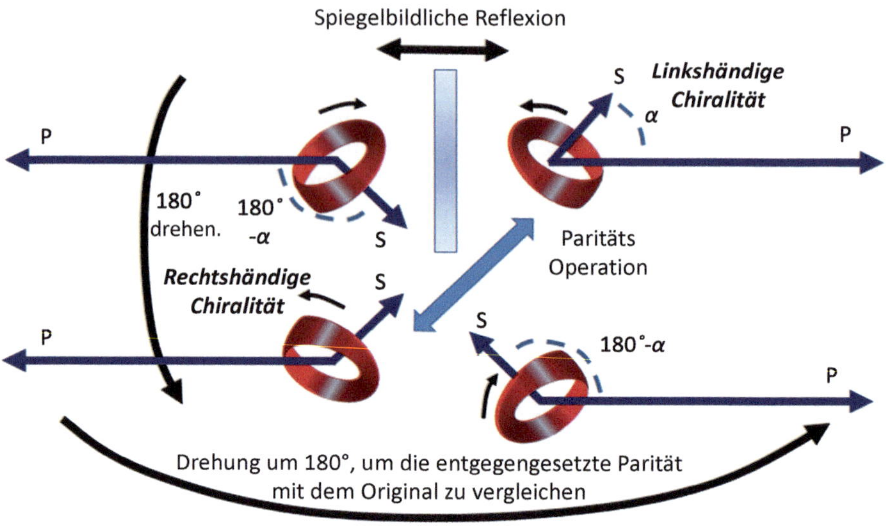

Abb. 13.23 Paritätstausch für einen Möbius-Spin der rechtsdrehenden Chiralität. Nach der Parität (Spiegelreflexion + 180°-Drehung) macht der Spin einen anderen Winkel mit der Ausbreitungsrichtung. Um zu vergleichen, was mit der ursprünglichen Situation passiert ist, wird die resultierende linksdrehende Chiralität durch weitere 180° gedreht. Dies führt zu der Version in der unteren rechten Ecke. Dies zeigt deutlich, dass die linksdrehende Chiralität einen Winkel von $180° - \alpha$ relativ zur Bewegungsrichtung macht, während die rechtsdrehende Chiralität einen Winkel von α mit der Bewegungsrichtung macht

13.4.3 Fermionen mit niedriger Geschwindigkeit ändern die Chiralität mit der Frequenz ihrer Masse

In der Quantenfeldtheorie kann man mathematisch beschreiben, wie Fermionen sich bewegen. Aus dieser Beschreibung kann man zeigen, dass Fermionen bei niedrigen Geschwindigkeiten von linksdrehender Chiralität zu rechtsdrehender Chiralität wechseln, und zwar mit einer Frequenz, die ihrer Masse entspricht [Ref. 8, S. 326]. Andere interpretieren dies so, dass „Masse *mischt* die links- und rechtsdrehenden Zustände" [Ref. 30, S. 186]. Aber das ist eine merkwürdige Situation. Was hat Masse mit dem Wechsel (oder Mischen) der Chiralität zu tun?

Erinnern wir uns daran, was Masse ist. Masse wird durch ein zusätzliches Potenzial erzeugt. Sie führt zu einer zusätzlichen Frequenz, der Massenfrequenz. Das Higgs-Feld ist für dieses Potenzial verantwortlich. Wir haben das Higgs-Feld mit einer endlosen Reihe von Federn verglichen, die an der Welle ziehen. Man könnte es auch mit der Schwerkraft vergleichen. Was macht die Schwerkraft mit einem Kreisel? Sie erzeugt eine Präzession. Wenn man einen Kreisel dreht und ihn auf den Boden fallen lässt, ist die Achse normalerweise nicht senkrecht, sondern geneigt. Die Schwerkraft wirkt auf die geneigte Achse und zieht sie nach unten. Das Ergebnis dieser Aktion ist, dass die Achse seitlich bewegt wird. Am Ende dreht sich die Achse in einem Kreis um die Senkrechte zum Boden. Das nennt man Präzession.

Es ist verlockend, das zusätzliche Massenpotenzial als eine ähnliche Aktion auf die drehende Welle zu betrachten. Die Wirkung wäre, dass die Achse zu präzedieren beginnt. Wenn der Drehungseffekt in einer anderen Dimension auftritt (nicht in unserer dreidimensionalen Welt), würde das Möbius-Band von einer linksdrehenden zu einer rechtsdrehenden Chiralität wechseln, und zwar mit einer Frequenz, die durch die Masse bestimmt wird. Genau wie der zweidimensionale linke Schuh, den wir durch Drehen in unserer dreidimensionalen Welt in einen rechten Schuh verwandeln könnten. Dies ist in Abb. 13.24 dargestellt. Allgemeiner gesagt, tauscht die Wechselwirkung mit dem Higgs-Feld die Chiralität eines Fermions aus. Je öfter es mit Higgs interagiert, desto höher die Masse (die stärkeren Federn), aber auch desto öfter wechselt es die Chiralität.

13.4.4 Chiralität ist nicht dasselbe wie Spin

Die beiden Chiralitäten haben den gleichen Effekt: Einmal herumgehen führt Sie auf die andere Seite des Möbius-Bandes. Daher hat die Chiralität des Möbius-Bandes keinen Einfluss auf die Spin-Wellen. Wir können sowohl Spin up als auch Spin down in beiden Chiralitäten haben. Spin up ist im Grunde die Spin-Welle, die sich in eine Richtung dreht (im Uhrzeigersinn), während Spin down sich in die andere Richtung dreht (gegen den Uhrzeigersinn) auf dem Möbius-Band. Dies kann in jeder Chiralität auf gleiche Weise geschehen. Dies können wir aus Abb. 13.25 entnehmen, die zeigt, wie sich Spin up und Spin down in jeder Chiralität verhalten.

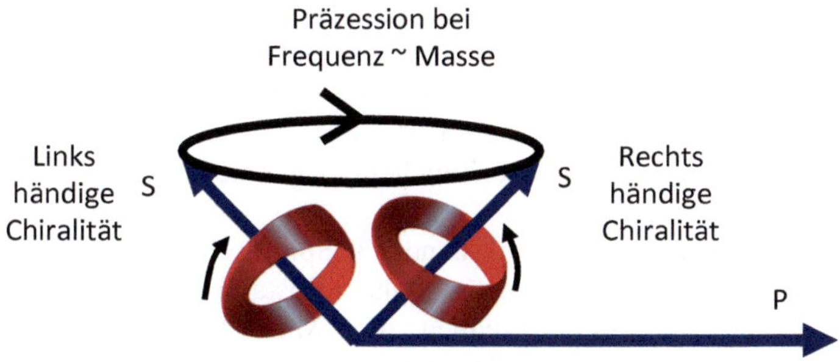

Abb. 13.24 Präzession der Chiralität mit der Frequenz der Masse. Beachten Sie, dass das Möbius-Band in einer anderen Dimension als unserer dreidimensionalen Welt umgeklappt wird, eine Dimension, die wir hier nicht darstellen können. Daher unterscheidet sich diese Umkehrung von der Spiegelung, die wir in Abb. 13.23 gezeigt haben, genauso wie das Umdrehen von zweidimensionalen Schuhen in der dritten Dimension sich von ihrer Spiegelung in der flachen Ebene, auf der sie gezeichnet wurden, unterscheidet

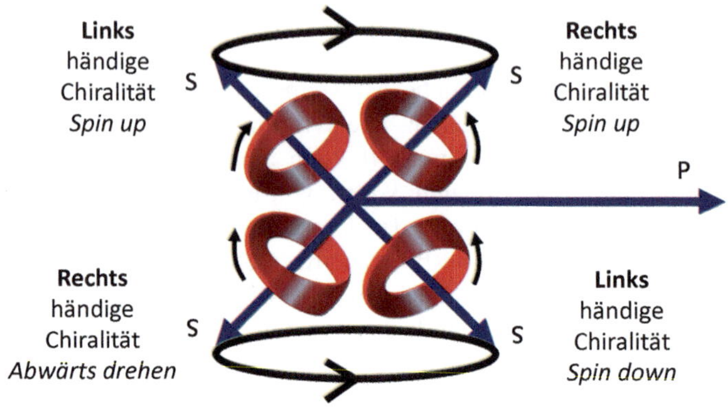

Abb. 13.25 Spin up und Spin down in jeder Chiralität. Hier finden wir alle vier Lösungen, die wir auch identifiziert haben, als wir den Ursprung des Spins diskutiert haben

Die Kombinationen von Chiralität und Spin entsprechen genau den vier Arten, wie ein Fermion rotieren kann, wie im Abschnitt über den Ursprung des Spins beschrieben.

13.4.5 Fermionen unterschiedlicher Chiralität sind verschiedene Teilchen

Die Drehung im Möbius-Streifen ist entgegengesetzt für linkshändige Fermionen im Vergleich zu rechtshändigen Fermionen. Folglich zeigen die Feldamplituden (die Amplituden der Wellen) von linkshändigen und rechtshändigen Fermionen in verschiedene Richtungen (s. Abb. 13.26).

Eine Spin-Welle in einer Chiralität folgt einem anderen Pfad mit verschiedenen Richtungen des Spinorfeldes im Vergleich zur anderen Chiralität. Daher können sie nicht gegenseitige Gegensätze sein und sie können nicht zusammen in einer antisymmetrischen Wellenfunktion sein. Die Konsequenz ist, dass wir die beiden Chiralitäten als zwei verschiedene Teilchentypen unterscheiden müssen: linkshändig und rechtshändig.

Bedeutet das, dass wir ein linkshändiges Spin-up-Elektron und ein rechtshändiges Spin-up-Elektron zusammen in einem Zustand finden können? Nein. Da Fermionen ihre Chiralität in der Frequenz ihrer Masse tauschen, können sie nicht im gleichen Zustand sein. Vielleicht würden sie sogar ihre „Präzessionen" ausrichten. Wer weiß? Aber in der Quantenwelt würden wir nicht genau wissen, in welcher Chiralität ein Teilchen zu einem bestimmten Zeitpunkt ist. Daher kann es in einem dieser Chiralitätszustände sein und wird somit negativ mit jedem anderen Fermion des gleichen Typs interferieren.

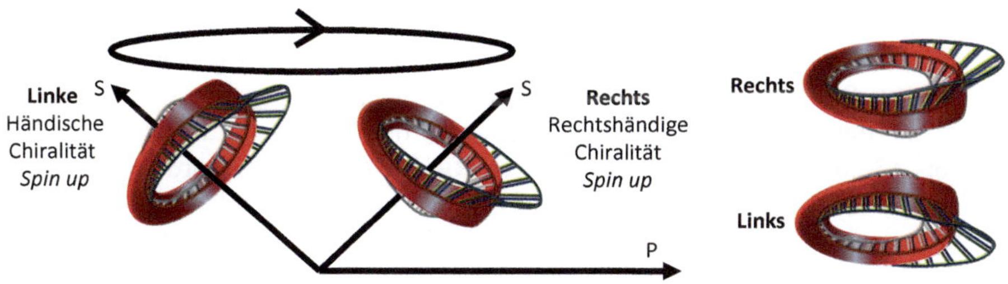

Abb. 13.26 Gegensätzliche Wellenfunktionen in jeder Chiralität. Alle vier möglichen Wellenfunktionen zeigen in eine andere Richtung, unabhängig vom Winkel zur Ausbreitung. Daher kann eine Spin-Welle in einer Chiralität nicht eine Spin-Welle in der anderen Chiralität auslöschen. Das heißt, ein rechtshändiges Fermion kann nur in eine antisymmetrische Wellenfunktion mit einem anderen rechtshändigen Fermion gelangen. Folglich müssen wir die beiden Chiralitäten als verschiedene Teilchentypen behandeln: linkshändige Fermionen und rechtshändige Fermionen

Das Bild verdichtet sich, wenn wir erkennen, dass in dem Standardmodell Fermionen mit unterschiedlichen Chiralitäten unterschiedliche Hyperladungen und unterschiedliche Isospins haben, wie wir später sehen werden. Darüber hinaus koppelt die schwache Kraft nur an linkshändige Fermionen. Das Ergebnis ist, dass sich nur linkshändige Fermionen in ihren Bruder oder ihre Schwester im Standardmodell verwandeln können. Wir werden später auf all dies zurückkommen.

Warum sollte das so sein? Dies ist eine bisher unbeantwortete Frage, aber es führt uns zu der Annahme, dass die rechtshändige Chiralität des Spins eine Eigenschaft (oder einen spezifischen Grund) hat, die es unmöglich macht, sich mit der schwachen Kraft zu verbinden. Massive Fermionen, die von links nach rechts wechseln und zurück, fühlen daher nur einen Teil der Zeit die schwache Kraft, wenn sie in der linkshändigen Chiralität sind.

Dies impliziert auch, dass die Natur nicht symmetrisch unter der Paritätsoperation ist. Das bloße Spiegelbild eines linkshändigen Chiralitätsteilchens ändert die Art und Weise, wie die Natur das Teilchen behandelt.

13.4.6 Bei sehr hohen Geschwindigkeiten wird die Chiralität der Fermionen fest und mit ihrer Helizität verbunden

Massive Fermionen können sich nicht mit Lichtgeschwindigkeit bewegen. Folglich können sie von jemandem überholt werden, der schneller geht. Wenn die Helizität des Teilchens in einem langsameren Rahmen positiv ist, wird sie in einem schnelleren Rahmen negativ sein. Dies ist eine Folge der Definition der Helizität: die Projektion der Spin-Richtung auf die Bewegungsrichtung. Die Bewegungsrichtung des Fermions ist in den beiden Rahmen entgegengesetzt.

Die Spin-Richtung bleibt jedoch gleich. Stellen Sie sich einfach einen Kreisel vor. Wenn Sie an der Spitze in die andere Richtung vorbeigehen, ändert sich die „oben" Richtung nicht. Angenommen, die Richtung, in die sich die Spitze dreht, ist durch die Rechte-Hand-Regel mit der Richtung „oben" verknüpft (s. Abb. 13.20). Wenn Sie aus der anderen Richtung kommen, würden Sie immer noch die Rechte-Hand-Regel auf die Richtung „oben" anwenden, um die Drehrichtung zu beschreiben. Wenn die Spitze sich wirklich in die andere Richtung drehen würde, würden Sie schlussfolgern, dass sie sich mit der Rechte-Hand-Regel in die Richtung „unten" dreht. Diese Drehrichtung ist unabhängig von der Richtung, in der Sie sie passieren.

Eine Konsequenz daraus ist, dass in einem anderen Rahmen die Bewegungsrichtung zwar unterschiedlich sein kann, die Spin-Richtung jedoch nicht. Daher hängt die Helizität vom Bezugssystem ab (die relative Geschwindigkeit des Beobachters).

Die Chiralität ändert sich *nicht,* wenn sie aus verschiedenen Rahmen beobachtet wird, da dies eine Paritätsoperation erfordern würde, die eine Spiegelreflexion beinhaltet. Eine Spiegelreflexion kann nicht durch Ändern eines Bezugssystems erreicht werden, was nur eine andere Geschwindigkeit und Bewegungsrichtung ist. Bisher ist klar, dass Helizität und Chiralität sehr unterschiedliche Dinge sind (s. Abb. 13.27).

Wenn die Geschwindigkeit 0 ist, zeichnen wir Spin up als Pfeil nach oben und Spin down als Pfeil nach unten. Wenn die Geschwindigkeit steigt, beginnt der Pfeil, sich mehr an der Bewegungsrichtung auszurichten. Dies ist ein relativistischer Effekt. Wenn der Spin einen Winkel zur Bewegungsrichtung bildet, sehen wir die Spin-Bewegung als teilweise parallel zur Bewegungsrichtung und teilweise senkrecht dazu. Der parallele Teil wird bei hoher relativer Geschwindigkeit eine Längenkontraktion erleiden. Sehr nahe an der Lichtgeschwindigkeit wird die Längenkontraktion den parallelen Teil der Spin-Bewegung vermindert haben, so dass nur noch der senkrechte Teil übrig bleibt. Das Ergebnis ist, dass der Pfeil der

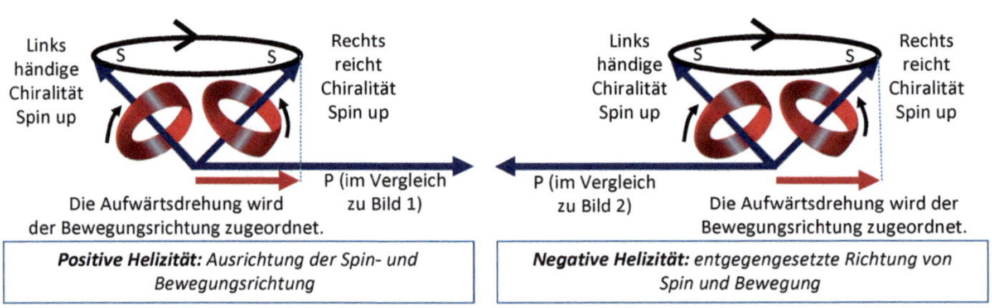

Abb. 13.27 Chiralität und Helizität. Weder Spin-Richtung noch Chiralität ändern sich, wenn sie aus einem anderen Bezugssystem beobachtet werden, aber die Bewegungsrichtung tut es. Daher hängt die Helizität vom Bezugssystem ab, die Chiralität jedoch nicht. Der Winkel der Chiralität zur Bewegungsrichtung hängt vom Bezugssystem ab, was uns nur einen unterscheidenden Faktor zwischen links- und rechtshändiger Chiralität lässt, der rahmenunabhängig ist: die Art und Weise, wie der Möbius-Streifen verdreht ist

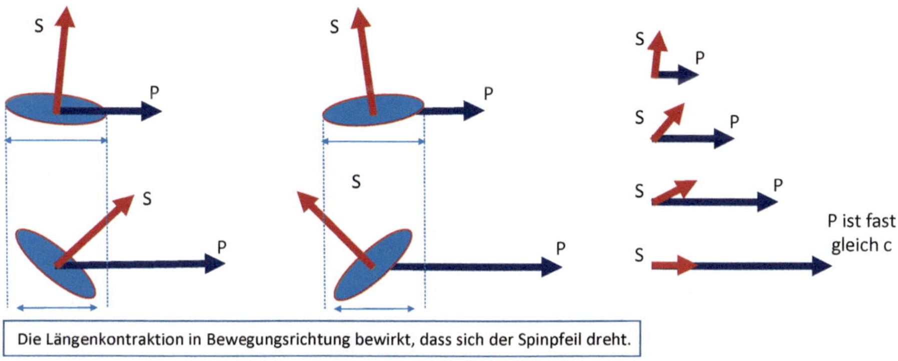

Abb. 13.28 Wenn die Geschwindigkeit p zunimmt, bewirkt die Längenkontraktion entlang der Geschwindigkeitsrichtung, dass der Spin-Pfeil sich dreht. Wenn die Geschwindigkeit sehr nahe an c (die Lichtgeschwindigkeit) ist, wird der Spin-Pfeil nahezu parallel zur Bewegungsrichtung sein

Spin-Richtung sich so gedreht hat, dass er parallel zur Bewegungsrichtung geworden ist (s. Abb. 13.28).

Der Winkel des rechtshändigen Spin up auf der linken Seite in Abb. 13.28 würde bei Geschwindigkeiten nahe c gleich der positiven Helizität werden. Auf der rechten Seite in Abb. 13.28 würde der Winkel des rechtshändigen Spin up gleich der negativen Helizität werden.

Die Mathematik zeigt jedoch, dass bei sehr hohen Geschwindigkeiten ein rechtshändiges Chiralitätsteilchen eine positive Helizität hat (Spin in Richtung der Ausbreitung) [Ref. 8, S. 329], während linkshändige Chiralität bei sehr hoher Geschwindigkeit eine negative Helizität hat.

Offenbar wählt also ein Teilchen mit Spin up in Bewegungsrichtung (positive Helizität) die rechtshändige Chiralität als bevorzugte Chiralität. Ein Schritt weiter: Wenn dieses Fermion masselos wäre, hätte es eine feste positive Helizität, da es nicht überholt werden kann. Es gibt keinen Rahmen, der schneller geht, also gibt es keinen Rahmen, in dem die Helizität umgeschaltet werden kann. Ein solches Fermion hätte auch nur eine feste Chiralität: rechtshändig.

Das Gleiche gilt für ein Teilchen mit Spin down in einer Richtung entgegen der Bewegungsrichtung. Dies würde die linkshändige Chiralität zur bevorzugten Chiralität machen. Wenn dieses Fermion masselos wäre, hätte es eine feste negative Helizität und eine feste linkshändige Chiralität.

Wie könnten die Spin-Richtung und die Bewegungsrichtung eine Chiralität auswählen? Das scheint ein bisschen verdächtig. Die Chiralität wird durch den Drehwinkel im Möbius-Streifen bestimmt. Dies veranlasst die Spin-Welle, sich auf eine bestimmte Weise um den Streifen zu drehen.

Bei (fast) Lichtgeschwindigkeit könnten wir argumentieren, dass es schwierig ist (oder sogar bei Lichtgeschwindigkeit nicht möglich), dass die Feldstärke sich in Bewegungsrichtung dreht, da sie an diesem Punkt schneller als das Teilchen

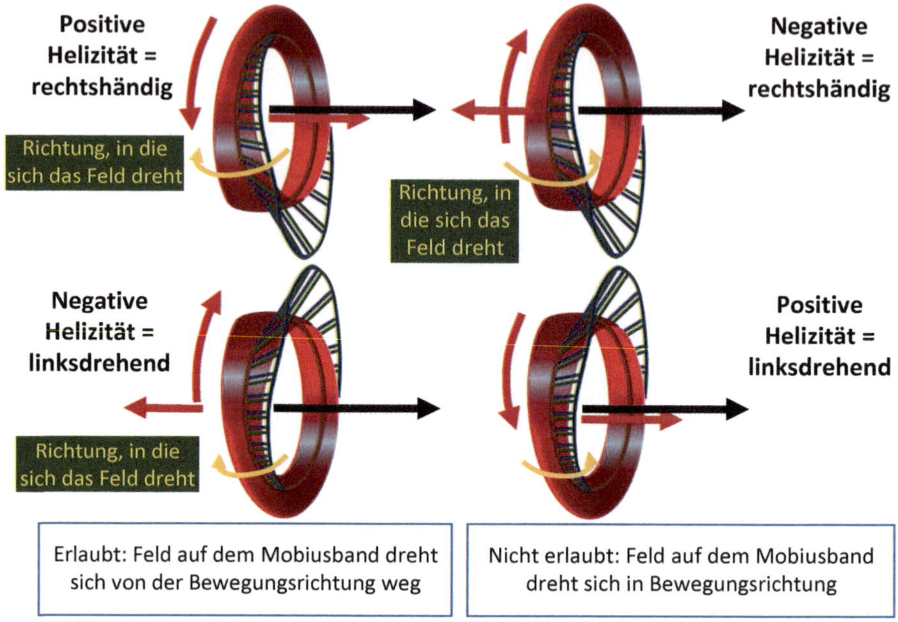

Abb. 13.29 Die Feldstärke dreht sich in den Kombinationen „rechtshändig + positive Helizität" und „linkshändig + negative Helizität" von der Bewegungsrichtung weg. Die anderen beiden Kombinationen führen dazu, dass die Feldstärke sich in Bewegungsrichtung dreht, was potenziell schneller als das Teilchen ist und nicht erlaubt ist. Also ist z. B. „rechtshändige Chiralität + negative Helizität" nicht erlaubt

gehen würde. Bei Lichtgeschwindigkeit ist dies nicht möglich. Also schauen wir uns an, wie das Feld sich um den Möbius-Streifen dreht (s. Abb. 13.29).

Die Anforderung, dass die Feldstärke sich bei (fast) Lichtgeschwindigkeit von der Bewegungsrichtung wegdrehen muss, führt zu dem von der Mathematik beschriebenen gewünschten Muster, d. h., es impliziert, dass sich Spin up in Kombination mit rechtshändiger Chiralität das Feld auf dem Möbius-Streifen von der Bewegungsrichtung wegdrehen lässt. Das Gleiche funktioniert mit der entgegengesetzten Situation: linkshändige Chiralität kombiniert mit Spin down. Die anderen Kombinationen lassen das Feld in Bewegungsrichtung drehen, was nicht erlaubt ist. Folglich kann rechtshändige Chiralität nicht in einer Situation negativer Helizität existieren und linkshändige Chiralität kann nicht in einer Situation positiver Helizität existieren.

Was bedeutet es, dass Wellen nicht schneller gehen dürfen? Offensichtlich wissen wir das aus der Relativitätstheorie. Mit dem Wellenbild können wir das jedoch etwas spezifischer machen. Wellen im Feld können sich maximal mit Lichtgeschwindigkeit ausbreiten. Wenn das Feld also versucht, sich schneller auszubreiten, was in den verbotenen Kombinationen passieren würde, gelingt es ihm einfach nicht, das zu tun. Dies impliziert, dass das Feld in diesen Situationen keine Spin-Welle aufrechterhalten kann. Folglich würde ein solcher Zustand aufhören zu existieren. All dies führt dazu, dass die „erlaubten" Kombinationen die einzigen sind, die wir von einem Bezugsrahmen mit hoher Geschwindigkeit aus sehen werden. Beachten Sie, dass ein Beobachter in einem anderen Bezugssystem immer noch in der Lage sein wird, beide Chiralitäten zu sehen. Nur bei masselosen Fermionen wird dies nie der Fall sein.

13.5 Fermionen werden zu Bosonen

Fermionen können zu anderen Teilchen kombiniert werden. Diese zusammengesetzten Teilchen können Bosonenverhalten zeigen. Beispiele sind Mesonen (bestehend aus einem Quark und einem Antiquark) und He^4 (bestehend aus zwei Protonen, zwei Neutronen und zwei Elektronen). Mesonen verhalten sich wie Bosonen und tragen unter anderem die starke Kraft zwischen Protonen und Neutronen in Atomkernen. He^4 zeigt Bosonenverhalten, wenn es unter 2,17 K abgekühlt wird. Tatsächlich zeigt es Superfluidität, weil die He^4-Atome in den gleichen Zustand gelangen [Ref. 8, S. 370].

Dies impliziert, dass eine solche Kombination von Fermionen in eine symmetrische Wellenfunktion gelangen kann. Wie funktioniert das? Zunächst einmal ist der Gesamtspin des zusammengesetzten Teilchens die Summe der Spins seiner Bestandteile. Als Ergebnis hat ein zusammengesetztes Teilchen aus einer geraden Anzahl von Fermionen einen ganzzahligen Gesamtspin. Dies bedeutet wiederum, dass das zusammengesetzte Teilchen eine symmetrische Wellenfunktion hat. Zum Beispiel können zwei antisymmetrische Wellenfunktionen zusammenkommen und eine symmetrische Wellenfunktion bilden, genau wie eine linke Hand und eine rechte Hand (die zueinander antisymmetrisch sind) *als Paar* symmetrisch zu einem anderen Paar von linken und rechten Händen sind. Daher verhält sich ein solches *zusammengesetztes* Teilchen wie ein Boson. Das bedeutet, dass es *als zusammengesetztes Teilchen* gerne im gleichen Zustand wie seine Kollegen ist.

Die Einschränkung besteht darin, dass dies nur auf der Ebene des zusammengesetzten Teilchens funktioniert. Zwei He^4-Atome können sich z. B. nicht an der gleichen Stelle anhäufen (wie Photonen es können). Wenn ein He^4 wirklich nahe an das andere He^4 herankommt, kommen die individuellen Wellenfunktionen der Bestandteile ins Spiel und diese sind Fermionenwellenfunktionen. Folglich hat He^4 das gleiche Volumen, wenn es superfluid wird. Was diese Atome tun können, ist, Kohärenz zu zeigen, und das ist es, was wir sehen, wenn die Flüssigkeit superfluid wird.

Ein weiterer Aspekt ist, dass ein zusammengesetztes Teilchen delokalisiert sein muss, um sein Bosonenverhalten offensichtlich zu machen (s. Abb. 13.30). Das bedeutet, dass ein einzelnes He^4 nicht an einer bestimmten Position lokalisiert werden kann, so dass die symmetrischen Wellenfunktionen dieser Atome über ihre „Positionen" hinaus reichen. Nur dann können sie mit der gesamten, symmetrischen Wellenfunktion des anderen interferieren und Bosonenverhalten zeigen. Für Teilchen wie He^4 bedeutet dies, dass ihr Impuls sehr niedrig sein muss.

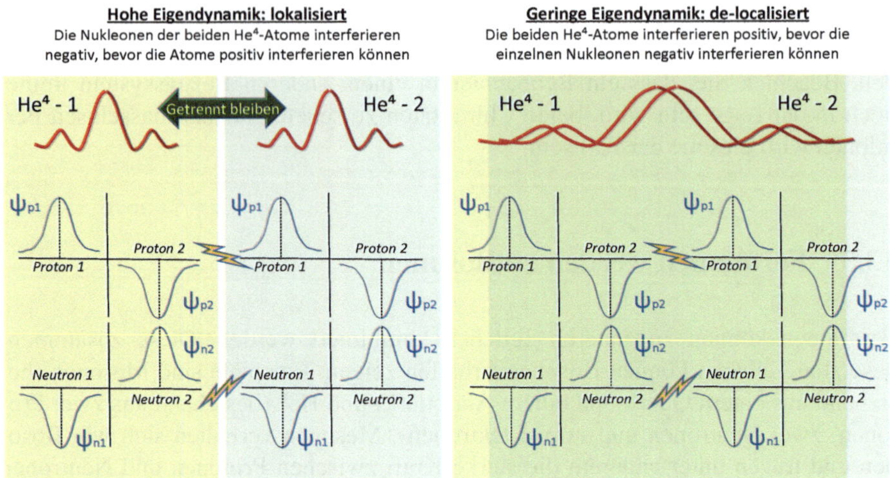

Abb. 13.30 Delokalisierung als Voraussetzung für das Bosonenverhalten von He^4

Nur dann ist ihre Position nach dem Unschärfeprinzip weitgehend unbekannt. Daher zeigt He^4nur bei sehr niedrigen Temperaturen Superfluidität, d. h. Temperaturen, die niedrig genug sind, um die Wellenfunktionen ausreichend zu delokalisieren, um sich zu überlappen.

13.6 Schlussfolgerungen zu Spin, Helizität und Chiralität

Spin kann als Welle betrachtet werden, die auf einem Kreis herumgeht. Diese Spin-Welle ist Teil der Wellen, die ein „Teilchen“ bilden. Diese Welle kann als Helix betrachtet werden. Die Spin-Eigenschaft von Wellen stammt von den relativistischen Eigenschaften von der Raum-Zeit. Man könnte sagen, dass das Vakuum allen Teilchenwellen eine „Standard“-Art von Kreis aufzwingt.

Es gibt zwei Arten von Spins. Die Spin-Welle eines Bosons geht auf einem regulären Kreis herum und ist in ganzzahlige Einheiten quantisiert, da die Wellen mit ganzzahligen Werten ihrer Wellenlänge positiv interferieren würden. Die Spin-Welle eines Fermions geht um einen Möbius-Streifen herum und braucht zwei Runden, um wieder in ihre ursprüngliche Position zu gelangen. Die Möbius-Art des Verdrehens wird als Spinor bezeichnet. Daher wird das Feld, in dem ein Fermion schwingt, als Spinorfeld bezeichnet. Als Konsequenz muss eine Fermionen-Spin-Welle in ganzzahlige +½-Einheiten quantisiert werden. Dieses Verhalten führt dazu, dass Bosonen in symmetrische Zustände und Fermionen in antisymmetrische Zustände gelangen. Dies wiederum macht es am wahrscheinlichsten, dass Bosonen in die gleichen Zustände gelangen, während Fermionen nicht in die gleichen Zustände gelangen können.

Das Verhalten von Fermionen ist komplexer als eine Folge ihrer Spin-Wellen, die um einen Möbius-Streifen herumgehen. Fermionen haben eine Chiralität, die durch die Drehung des Möbius-Streifens bestimmt wird. Eine Drehung in die eine Richtung wird als linkshändige Chiralität bezeichnet, während eine Drehung in die andere Richtung als rechtshändige Chiralität bezeichnet wird. Die Chiralität zeigt eine Art Präzession mit einer Frequenz, die durch die Teilchenmasse bestimmt wird. Fermionen zeigen auch Helizität. Massereiche Fermionen können negative Helizität haben, wenn die Spin-Richtung entgegengesetzt zur Bewegungsrichtung ist und positiv, wenn sie gleich der Bewegungsrichtung ist. Positive Helizität ist mit rechtshändiger Chiralität bei (fast) Lichtgeschwindigkeit assoziiert. Negative Helizität ist mit linkshändiger Chiralität bei dieser Geschwindigkeit assoziiert. Dies ist auf die Richtung zurückzuführen, in die das Feld entlang des Möbius-Streifens verdreht wird.

Denken Sie daran, dass dies nur Möglichkeiten sind, um ein Verständnis von Spin und seinem Verhalten zu bekommen. Was Spin wirklich ist, bleibt unbekannt. Viele Physiker sagen einfach, dass Spin ein interner Freiheitsgrad ist, und behaupten damit, dass es keinen Sinn macht, qualitativ zu erklären, was Spin ist, weil wir es wirklich nicht genau wissen. Wir kennen nur seine Eigenschaften in einem mathematischen Sinne. Ich widerspreche insofern, als es nicht nur großartig ist, zumindest *ein* Gefühl dafür zu bekommen, wie es alles funktionieren könnte, sondern auch, weil das Erraten des nächsten Schritts für die Forschung von einem solchen Bild profitieren könnte.

Kapitel 14
Erhaltung von Ladung und Teilchenzahl

Zuvor haben wir über den Noether-Strom gesprochen, um zu zeigen, wie Energie und Impuls als Folge der Tatsache erhalten bleiben, dass die Gesetze der Physik (die Energie und Impuls regeln) sich nicht ändern, wenn wir zu einem anderen Abschnitt des Raum-Zeit-Kontinuums wechseln. Das Noether-Theorem besagt [66]:

> Wenn ein System eine kontinuierliche Symmetrieeigenschaft hat, dann gibt es entsprechende Größen, deren Werte im Laufe der Zeit erhalten bleiben.

Die Fortpflanzung dieser Größen im Laufe der Zeit wird als Noether-Strom bezeichnet.

Jetzt, da wir ein gutes Bild davon haben, was „Teilchen" sind, wie sie aus Wellen bestehen und was elektrische Ladung ist, wollen wir den Noether-Strom erneut betrachten und sehen, welche anderen Symmetrien wir finden können und zu welchen Erhaltungsgesetzen sie führen.

14.1 Erhaltung der Teilchenzahl

Wir haben gesehen, dass Fermionen aus einer Reihe von Wellen bestehen. Alle diese Wellen repräsentieren eine Energie- und Impulsdichte. Betrachten wir eine Anzahl von Fermionen in einer Box. Es gibt keinen Kontakt zur Außenwelt, so dass es sich um ein geschlossenes System handelt. Wenn wir alle Wellen aller Fermionen addieren, erhalten wir die Gesamtenergie und den Gesamtimpuls der Fermionen in der Box. Da Energie und Impuls den physikalischen Gesetzen unterliegen und diese Gesetze bei Translationen in der Raum-Zeit symmetrisch sind, können wir sagen, dass diese Gesamtenergie und dieser Gesamtimpuls sich nicht ändern werden, es sei denn, sie werden von außen beeinflusst.

W. Schmitz, *Teilchen, Felder und Kräfte*,
https://doi.org/ 10.1007/978-3-031-46280-1_14

Darüber hinaus gibt es Gesetze, die regeln, wie Fermionen erzeugt oder vernichtet werden können. Ein Fermion kann nur dann vernichtet werden, wenn es auf sein Antiteilchen trifft. Das Ergebnis ist Energie, z. B. in Form eines Photons. Also wird die Energie im Prozess erhalten. Ebenso kann ein Fermion nur zusammen mit seinem Antiteilchen erzeugt werden. Diese Gesetze sind ebenfalls im Raum-Zeit-Kontinuum symmetrisch. Also haben wir ein System (eine Box), das Gesetzen unterliegt, die alle symmetrisch sind in Bezug auf die Verschiebung in Raum und Zeit.

Folglich können wir mit dem Noether-Theorem sagen, dass die Anzahl der Teilchen minus die Anzahl der Antiteilchen erhalten bleiben muss! All dies ist logisch: Wenn es keine andere Möglichkeit gibt, ein Fermion zu erzeugen, außer durch die Erzeugung eines Fermion-Antiteilchen-Paares, kann sich die Anzahl der Fermionen minus die Anzahl der Antiteilchen nicht ändern. Sobald wir ein Fermion hinzufügen, fügen wir auch ein Antiteilchen hinzu und die Anzahl der Fermionen minus die Anzahl der Antiteilchen bleibt gleich.

Diese Zahl kann sich als Ganzes nicht ändern, aber innerhalb des Systems kann sie sich von A nach B bewegen. Daher wird die zeitliche Entwicklung der Anzahl der Fermionen minus der Anzahl der Antiteilchen als Noether-Teilchenstrom bezeichnet.

Sie fragen sich vielleicht, warum es keinen anderen Weg gibt, ein Fermion zu erzeugen. Schließlich handelt es sich nur um eine Anregung des speziellen Fermionenfeldes. Warum könnten wir das Feld nicht auf eine andere Weise anregen? Im Allgemeinen gibt es mehrere Möglichkeiten, ein bestimmtes Fermionenfeld anzuregen. Der Anregungsprozess erfordert jedoch immer, dass ein Paar erzeugt wird. *Wir können das Feld nicht in eine Richtung der Zeit anregen, ohne es auch in die andere Richtung der Zeit anzuregen* (s. Abschn. 10.1). Wir haben gesehen, dass das Antiteilchen dasselbe ist wie das Teilchen, außer dass es in die andere Richtung der Zeit läuft (oder besser gesagt, es ist das CPT-Spiegelbild des Teilchens, s. Abschn. 17.5). Daher ist die Symmetrie in der Zeit (oder eher CPT) der Grund, warum kein Fermion ohne seine Antiversion erzeugt werden kann.

Dies wirft eine interessante Frage über unser Universum auf. Wir haben zuvor gesehen, dass es im Universum mehr Materie als Antimaterie gibt. Nun, wenn die Gesetze der Physik in Bezug auf die Richtung der Zeit gleich sind, wie wurde der Überschuss an Fermionen erzeugt? Oder anders ausgedrückt, wo sind all die Antiteilchen hin? Wir können über ein Antimaterie-Universum in der anderen Richtung der Zeit fantasieren (s. Abschn. 10.8), aber das ist noch nicht einmal wissenschaftlich hypothetisiert, geschweige denn bewiesen. Im Abschn. 17.5, in dem wir über Paritätsverletzung und CPT-Symmetrie sprechen, werden wir aus einer wissenschaftlicheren Sicht auf diese Frage zurückkommen. Aber, wie wir sehen werden, ist sie noch nicht ganz gelöst!

14.2 Ladungserhaltung

Wir haben gesehen, dass das Universum lokal symmetrisch in Bezug auf Phasenverschiebungen ist. Die Tatsache, dass es lokal symmetrisch ist, führt dazu, dass Phasenverschiebungen durch eine Eichwelle (ein Photon) übertragen werden. Es ist jedoch immer noch eine Symmetrie! Die „Stärke" der Phasenverschiebung wird durch die Stärke bestimmt, mit der ein Fermion sich mit dem Eichfeld verbindet. Diese Stärke wurde als die Ladung des Fermions bezeichnet. Die Ladung ist einfach ein Maß dafür, wie das Fermion Phasenverschiebungen erzeugt.

Es gibt nichts, was ein Fermion von einem anderen (desselben Typs!) in Bezug darauf unterscheidet, wie es Phasenverschiebungen erzeugen kann. Daher wird jedes Fermion eines bestimmten Typs dies auf genau die gleiche Weise tun. Daher hat jedes Fermion desselben Typs die gleiche Ladung. Das bedeutet auch, dass die Ladung eines bestimmten Fermions sich nicht in Zeit oder Raum ändern kann. Also haben wir wieder eine Symmetrie: Die Ladung jedes Fermions bleibt an jeder Position im Raum-Zeit-Kontinuum gleich. Anders ausgedrückt, ein Fermion kann nur auf eine Weise Phasenverschiebungen erzeugen und dies ändert sich nicht im Raum-Zeit-Kontinuum.

Ladung kann nur durch Vernichtung oder Erzeugung eines Fermions vernichtet oder erzeugt werden. Bei einem solchen Prozess wird auch ein Antifermion vernichtet oder erzeugt. Das Antifermion muss aufgrund seiner Bewegung in entgegengesetzter Zeitrichtung die entgegengesetzte Ladung haben.

Daher können wir sagen, dass, genau wie die Fermionenzahl minus die Antifermionenzahl erhalten bleibt, auch die Ladung erhalten bleibt. Beachten Sie, dass sich die Ladung eines Fermions gegen die des Antifermions aufhebt, da sie ein entgegengesetztes Zeichen hat, so dass wir nicht explizit sagen müssen: „Ladung minus Antiladung" ist erhalten. Es genügt zu sagen: „Ladung ist erhalten". Nehmen wir z. B. an, wir haben 6 Elektronen in der Box. Dann beträgt die Gesamtladung -6. Wenn wir 4 Elektronen +4 Positronen erzeugen, beträgt die Gesamtladung $-6 - 4 + 4 = -6$. Innerhalb des Systems kann sich die Ladung von A nach B bewegen. In diesem Fall haben wir einen Noether-Ladungsstrom.

Im Allgemeinen können wir sagen, dass ein geschlossenes System eine Anzahl von Möglichkeiten (Gesetzen) hat, eine Menge zu ändern. Wenn alle diese Prozesse, die die Menge ändern, auf die gleiche Weise symmetrisch sind, wird die Menge erhalten. Das bedeutet, dass wir zwei Dinge über das System wissen müssen, um entscheiden zu können, ob eine Menge erhalten bleibt:

1. Wir müssen alle Prozesse kennen, die diese Menge ändern können
2. Wir müssen sicherstellen, dass alle diese Prozesse die gleiche Symmetrie einhalten

Wenn diese Bedingungen erfüllt sind, bedeutet Erhaltung einfach, dass die Buchführung stimmt und es keine *unbekannten* Prozesse gibt, die diese Eigenschaft ändern könnten. Ein solcher unbekannter Prozess könnte die Teilchenzahl, Ladung,

Energie usw. ändern und uns verwirren. Aber sobald wir herausfinden, was dieser Prozess ist und wir bestätigen können, dass er die gleiche Symmetrie einhält, können wir ihn in unsere Beschreibung des Systems einbeziehen und die Buchführung wird wieder funktionieren. Also, wie wir schon vorher gesehen haben, gibt es nichts Mysteriöses über Erhaltungsgesetze. Wenn alle Prozesse, die ein System regieren, die gleiche Symmetrie einhalten, ist Erhaltung nur langweilige Buchführung.

Da Dinge frei von einem Ort zum anderen bewegen können und alle Dinge sich durch die Zeit bewegen, ist die Symmetrie von Raum und Zeit in Bezug auf diese Prozesse relevant. Wenn wir feststellen würden, dass es einen Prozess gibt, der die Ladung eines Fermions in einer anderen Region im Raum ändert, aber hier nicht existiert, wäre der Raum nicht symmetrisch. Folglich wäre die Ladung nicht erhalten und alles, was es bräuchte, um die Ladung im System zu verändern, wäre einfach, sich zwischen den beiden Raumregionen auf und ab zu bewegen.

Kapitel 15
Teilchenzoo

Bisher haben wir nur über eine Fermionenwelle und die elektromagnetische Eichwelle gesprochen. Aber es gibt viele Teilchen. Jedes Teilchen ist eine Anregung eines anderen Feldtyps. Wenn wir diese Teilchen beschreiben wollen, müssen wir die zugehörigen Felder unterscheiden. Das bedeutet, dass wir für jedes unterschiedliche Feld eine separate Welle, Massenpotenzial und Wechselwirkungspotenzial in Betracht ziehen müssen.

15.1 Ein Besuch im Teilchenzoo

Bevor wir daran denken können, Wellen zu beschreiben, werfen wir zunächst einen Blick auf einige der entdeckten Teilchen. Die Hauptteilchen sind in Tab. 15.1 aufgeführt, einschließlich des Entdeckungszeitpunkts und wer sie entdeckt hat.

Tab. 15.1 zeigt einige der Teilchenentdeckungen, die in den letzten hundert Jahren gemacht wurden. Die linke Spalte gibt den Namen und den (griechischen) Buchstaben für das Teilchen an. Ein Antiteilchen wird durch einen Strich über dem Teilchenbuchstaben angezeigt. Im Allgemeinen wird das Antiteilchen dann „Teilchen-Bar" genannt, z. B. wird das Proton „p" genannt und das Antiteilchen eines Protons wird „p-Bar" genannt.

Die dritte Spalte gibt das Entdeckungsdatum an. Viele Teilchen wurden in den späten 1940er und 1950er Jahren entdeckt. Zu dieser Zeit war das Quark noch nicht hypothetisiert worden. Das geschah erst Mitte der 1960er Jahre. Man kann sich also leicht vorstellen, welches Kopfzerbrechen all diese neuen Teilchen den Physikern in jenen Tagen bereiteten. Was bedeuteten all diese Teilchen? Woher kamen sie alle? Aber dann wurde in den 1960er Jahren entdeckt, dass viele dieser Teilchen tatsächlich aus kleineren Bestandteilen bestehen, die Quarks genannt wurden. Der Erfinder dieses Begriffs, M. Gell-Mann, schrieb eine amüsante

W. Schmitz, *Teilchen, Felder und Kräfte*,
https://doi.org/ 10.1007/978-3-031-46280-1_15

Tab. 15.1 Liste einiger der Teilchenentdeckungen in den letzten 100+ Jahren

Partikel	Typ	Jahr der Entdeckung	Von	Wie
Elektron e–	Lepton	1897	J. J. Thomson	Kathodenstrahlröhre
Proton P	Baryon uud	1911–19	E. Rutherford	Alpha-Streuung von Kernen
Photon Γ	Eichboson	1923	A. Compton	Röntgenstrahlen gestreut von atomaren Elektronen
Neutron N	Baryon udd	1932	J. Chadwick	Beryllium bombardiert mit Alpha-Teilchen
Positron (Anti-Elektron) e^+	Lepton	1932	C. Anderson	Kosmische Strahlung
(Anti-) Muon μ^+, μ^-	Lepton	1937	C. Anderson und S. Neddermeyer	Kosmische Strahlung
Pion π^+, π^-	Meson $u\bar{d}$, $d\bar{u}$	1947	C. Powell und Gruppe	Kosmische Strahlung
Kaon K°	Meson $d\bar{s}$, $s\bar{d}$	1947	G. Rochester und C. Butler	Kosmische Strahlung
Kaon K^+, K^-	Meson $u\bar{s}$, $s\bar{u}$	1947	G. Rochester und C. Butler	Kosmische Strahlung
Pion π°	Meson $u\bar{u}$, $d\bar{d}$	1949	R. Bjorkland und Team	Proton Beschleuniger (Zyklotron)
Lambda Λ°	Baryonuds	1951	C. Butler und Gruppe	Kosmische Strahlung
Xi Ξ–	Baryon dss	1952	R. Armenteros und Team	Kosmische Strahlung
Sigma Σ^-	Baryon dds	1953	W. Fowler und Team	Beschleuniger – Kaonstrahl
Sigma Σ^+	Baryon uus	1953	G. Tomasini und Mailand-Genua Team	Kosmische Strahlung
Anti-Proton p^-	Baryon $\bar{u}\bar{u}\bar{d}$	1955	E. Segre und Team	Beschleuniger – Protoneninteraktionen
Anti-Neutron $\bar{n}$	Baryon $\bar{d}\bar{d}\bar{u}$	1956	B. Cork und Team	Beschleuniger – Protonen-Interaktionen
Sigma Σ°	Baryon uds	1956	R. Plano und Team	Beschleuniger – Kaon-Strahl
Elektron-Neutrino ν (e)	Lepton	1956	C. Cowan und F. Reines	Kernreaktor
Anti-Lambda $\bar{\Lambda}$	Baryon $\bar{u}\bar{d}\bar{s}$	1958	D. Prowse und M. Baldo-Ceolin	Beschleuniger – Pion-Strahl

(Fortsetzung)

Tab. 15.1 (Fortsetzung)

Partikel	Typ	Jahr der Entdeckung	Von	Wie
Xi $\Xi°$	Baryon uss	1959	L. Alvaraz und Team	Beschleuniger – Kaon-Strahl
Muon-Neutrino $\nu\,(\mu)$	Lepton	1962	L. Lederman, M. Schwartz, J. Steinberger	Beschleuniger – Zerfall von Pionen
Omega $\Omega-$	Baryon	1964	V. Barnes und Team	Beschleuniger – Kaon-Strahl
(Anti-) Up (ū), u	Quark	1964–72	Gell-Mann und Zweig (Theorie)	Elektronenstreuung/ Neutrino-Streuung
(Anti-) Down (d̄), d	Quark	1964–72	Gell-Mann und Zweig (Theorie)	Elektronenstreuung/ Neutrino-Streuung
(Anti-) Strange (s̄), s	Quark	1964–72	Gell-Mann und Zweig (Theorie)	Elektronenstreuung/ Neutrino-Streuung
J/Psi J/ψ	Meson cc̄	1974	B. Richter und Team/S. Ting und Team	Beschleuniger – e^-/e^+ Vernichtung
(Anti-) Charm (c̄)c	Quark	1974	B. Richter und Team/S. Ting und Team	Aus J/ψ abgeleitet
(Anti-) Tau $\tau^+, \tau-$	Lepton	1975	M. Perls Team	Beschleuniger – e^-/e^+ Vernichtung
Charmed Lambda Λc	Baryon udc	1975	N. Samios und Team	Beschleuniger – Neutrinostrahl-Interaktionen
$D°, D^+$	Meson cū, cd̄	1976	G. Goldhaber und Team	Beschleuniger – $e-/e^+$ Vernichtung
Upsilon Y	Meson bb̄	1977	L. Lederman und Team	Beschleuniger – Protoneninteraktion
(Anti-) Bottom b̄, b	Quark	1977	L. Lederman und Team	Aus Upsilon abgeleitet
Gluon	Eichboson	1979	TASSO und andere Experimente bei DESY	Beschleuniger – $e-/e^+$ Vernichtung
$B°, B-$	Meson	1983	Cleo-Team	Beschleuniger – e^-/e^+ Vernichtung
$W^+, W-$	Eichboson	1983	UA1 und UA2 Teams CERN	Beschleuniger p/p^- Vernichtung
Z	Eichboson	1983	UA1 und UA2 Teams CERN	Beschleuniger $p/p-$ Kollisionen
Lambda-B Λ_b	Baryon udb	1991	R422 Team CERN ISR	Beschleuniger p/p^- Kollisionen
(Anti-) Top t̄, t	Quark	1995	CDF und D0 Teams Fermilab	Aus dem Zerfall von Teilchen in W und b abgeleitet

(Fortsetzung)

Tab. 15.1 (Fortsetzung)

Partikel	Typ	Jahr der Entdeckung	Von	Wie
Tau-Neutrino ν (τ)	Lepton	2000	DONUT Team Fermilab	Neutrinostrahl
Higgs H	Boson	2012	ATLAS und CMS Experimente CERN	Beschleuniger p/p–Kollisionen

Anekdote über den Ursprung des Wortes „Quark", in der er erklärte, dass es aus der Phrase „three quarks for muster mark" stammt, entnommen aus „Finnegan's Wake" von James Joyce [Ref. 27].

Zunächst waren nur drei Quarks bekannt, später wurden jedoch weitere entdeckt. Tatsächlich gibt es 6 Arten von Quarks. In der Zwischenzeit wurden auch die Träger verschiedener Kräfte entdeckt. Dies waren die W- und Z-Bosonen (schwache Kraft) und die Gluonen (starke Kraft). Die neueste berühmte Entdeckung war das Higgs-Boson, das vielen dieser Teilchen ihre Masse verleiht [Ref. 15]. Also, die Quarks haben vielleicht *etwas* Struktur im Teilchenzoo gegeben, aber es gibt noch viel mehr zu erzählen. Schließlich wurde die Beziehung zwischen all diesen Teilchen durch das „Standardmodell" beschrieben. Dieses Modell beschreibt alle fundamentalen Teilchen (Quarks, Leptonen, Bosonen) als Anregungen in verschiedenen Arten von Feldern.

Der beste Weg, um zu entdecken, wie sie miteinander in Beziehung stehen, besteht darin, die zugehörigen Kräfte zu betrachten. Daher werden die nächsten beiden Kapitel über die schwache Kraft handeln. Dies wird uns viel über die Beziehungen zwischen den fundamentalen Teilchen sowie über die Rolle des Higgs verraten. Im darauf folgenden Kapitel werden wir die starke Kraft untersuchen. Diese ist verantwortlich für das Zusammenhalten von Quarks, um Protonen, Neutronen, Mesonen und dergleichen zu bilden. Als sekundärer Effekt ist sie auch verantwortlich für das Binden von Protonen und Neutronen im Kern eines Atoms. Bis dahin werden wir das gesamte Standardmodell besprochen haben.

Die vierte Spalte der Tab. 15.1 nennt die Personen, Teams oder Einrichtungen, die die betreffenden Teilchen entdeckt haben, während die rechte Spalte zeigt, wie sie entdeckt wurden. In den 1940er und 1950er Jahren wurden viele Teilchen durch die Untersuchung kosmischer Strahlung entdeckt. Dies ist Strahlung, die von hochenergetischen kosmischen Prozessen oder Ereignissen, wie Supernovae oder aktiven Kernen bestimmter Galaxien, stammt. Sie besteht aus sehr hochenergetischen Photonen (Gammastrahlen), Protonen und Elektronen. Sie treffen mit extrem hohen Geschwindigkeiten auf die Außenbereiche unserer Atmosphäre und kollidieren mit Atomen. Bei diesen Kollisionen werden viele Teilchen aus der hohen Energie der Kollision erzeugt. Letztere kollidieren mit anderen Atomen in der Atmosphäre und erzeugen noch mehr Teilchen, bis schließlich ganze Teilchenschauer die unteren Regionen der Atmosphäre oder sogar den Erdboden erreichen. Durch die Detektion dieser Teilchen können wir erfahren, was die ursprünglichen

Teilchen waren. In jenen Tagen wurden auf diese Weise viele verschiedene Arten von Teilchen gefunden.

Später lernten wir, wie man Teilchen beschleunigt und sie mit einem Ziel oder miteinander kollidieren lässt. Wenn die kollidierenden Teilchen jeweils Anti-Teilchen des anderen sind, würde ihre Massenenergie zur Kollisionsenergie bei der Erzeugung neuer Teilchen hinzukommen. Der leistungsfähigste Beschleuniger, der auf diese Weise arbeitet, ist der Large Hadron Collider (LHC) am CERN in Genf [Ref. 70]. Er lässt Protonen und Antiprotonen mit sehr hohen Energien aufeinanderprallen. Der Vorteil solcher Maschinen gegenüber kosmischen Strahlen besteht darin, dass wir nicht nur wissen, welche Teilchen in die Kollision eingegangen sind, sondern auch ihre Geschwindigkeit (Energie) und Richtung kennen. Ein weiterer Vorteil ist, dass wir die Kollision von Anfang an detektieren können. Dies erleichtert die Interpretation der Kollision und ihrer Produkte, einschließlich der exotischen kurz nach der Kollision.

Die zweite Spalte der Tab. 15.1 zeigt, wie jedes Teilchen klassifiziert wird. Wenn ein Teilchen aus Quarks besteht, wie es bei allen Mesonen und Baryonen der Fall ist, wird ihr Quarkgehalt durch einen Buchstabencode angezeigt. Jeder Buchstabe repräsentiert eine Quark-Art. Zum Beispiel besteht das Proton aus uud, was bedeutet, ein Up-Quark (u), ein weiteres Up-Quark (u) und ein Down-Quark (d). Es gibt mehrere Möglichkeiten, Teilchen zu klassifizieren. Eine Möglichkeit haben wir bereits gesehen: Fermionen gegen Bosonen, basierend auf ihrem Spin (s. Abb. 15.1). Es gibt jedoch eine Unterteilung. Fermionen fallen in zwei Kategorien: Leptonen und Hadronen. Die Leptonen sind fundamentale (oder elementare) Teilchen, in dem Sinne, dass wir bisher keine Unterstruktur in diesen Teilchen kennen. Die Hadronen hingegen sind zusammengesetzte Teilchen: Sie bestehen aus Quarks. Um die Dinge zu verkomplizieren, sind nicht alle Hadronen Fermionen. Nur diejenigen, die aus drei Quarks bestehen, sind Fermionen. Sie erhalten die Unterkategorie „Baryonen“. Die andere Unterkategorie der Hadronen sind die „Mesonen“. Sie bestehen aus zwei Quarks und sind tatsächlich Bosonen, da sie Spin 0 oder 1 haben. Neben Leptonen und Hadronen gibt es die Eichbosonen. Also sind einige Bosonen fundamental und andere, die Mesonen, sind zusammengesetzt. Siehe Abb. 15.1 für einen Überblick über diese Gruppen und wie sie miteinander in Beziehung stehen.

Die fundamentalen Leptonen teilen sich in sechs Lepton-Arten auf. Zunächst gibt es das Elektron, das Myon und das Tau, die das gleiche Verhalten, Ladung usw. aufweisen. Sie unterscheiden sich nur in ihrer Masse. Dann hat jedes dieser drei Teilchen ein „begleitendes“ Neutrino. Wir werden später sehen, wie diese miteinander in Beziehung stehen. Die drei Leptonen und ihre Neutrino-Gegenstücke werden oft als drei Familien von Teilchen bezeichnet, obwohl sie manchmal auch Generationen genannt werden. Allerdings gefällt mir Familien besser.

Die Bausteine der Hadronen, die Quarks, sind ebenfalls fundamental (soweit wir wissen). Es gibt sechs Quark-Arten. Auch sie verbinden sich zu drei Paaren, die in drei Familien organisiert werden können. Die Paare der verschiedenen Familien sehen gleich aus, unterscheiden sich aber wiederum in ihrer Masse.

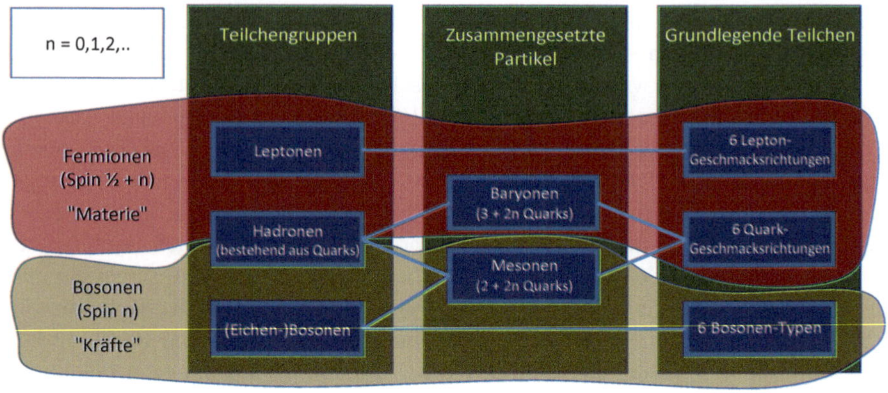

Abb. 15.1 Arten von Teilchen

Wenn wir sie nach ihrer Masse ordnen, erhalten wir drei Familien, wobei jede Familie zwei Leptonen und zwei Quarks enthält. Die Familie mit den leichtesten Leptonen und Quarks besteht aus dem Elektron, seinem Neutrino-Freund und den Up- und Down-Quarks. Die Up- und Down-Quarks sind die Bestandteile des Protons und Neutrons sowie der Pionen. Daher besteht diese Familie aus der gewöhnlichen Materie, die wir in unserem Alltag um uns herum finden.

Die letzte Gruppe der fundamentalen Teilchen sind die Bosonen. Es gibt sechs Arten, aber diese stehen nicht in Beziehung zu den gerade besprochenen Familien. Es gibt das Photon, das die Eichwelle der elektromagnetischen Wechselwirkung ist. Dann gibt es drei Bosonen, die die schwache Kraft übertragen. Wir werden diese später im Kapitel über die schwache Kraft besprechen. Es gibt das Gluon, das in Kombinationen von drei verschiedenen „Farben" und „Antifarben" existiert. Es stellt sich heraus, dass es acht verschiedene Kombinationen gibt. Dies wird auch später behandelt, im Kapitel über QCD. Das letzte fundamentale Boson ist das Higgs-Boson, das für die Massenvergabe an Teilchen verantwortlich ist. Auch dies wird im Kapitel über die schwache Kraft besprochen.

Im letzten Kapitel haben wir die Chiralität von Teilchen besprochen. Wir haben gesehen, dass die linkshändigen und rechtshändigen Teilchen als verschiedene Arten von Teilchen betrachtet werden sollten. Alle fundamentalen Leptonen und Hadronen existieren in einer linkshändigen Form. Mit Ausnahme des Neutrinos haben alle Teilchen auch ein rechtshändiges „Gegenstück". Wir haben auch schon Antiteilchen kennengelernt. Also hat jedes fundamentale Teilchen sowie sein rechtshändiges Gegenstück (wenn es existiert) eine Antiteilchen-Version.

15.2 Einführung in die Übersicht der Elementarteilchen

Alle diese Teilchen sind in Abb. 15.2 zusammengefasst. Sie sind in die drei Familien kategorisiert.

Die Übersicht in Abb. 15.2 deutet eine Struktur an, aber bisher haben wir nur die U(1)-Symmetrie beschrieben, die durch den grauen Bereich repräsentiert wird. Diese Symmetrie erzeugt Phasenverschiebungen, die wir als Ursprung der elektromagnetischen Kraft identifiziert haben. Alle Fermionen außer Neutrinos sind geladen und erzeugen und spüren daher Phasenverschiebungen. Es stellt sich heraus, dass mehr Symmetrien zwischen den Teilchen existieren. Diese Symmetrien erzeugen andere Arten von Kräften. Solche Symmetrien werden auftauchen, wenn wir beginnen, die einzelnen Teilchenwellen anstelle der generischen Gruppe von „Fermionen" zu betrachten. Wir werden Symmetrien sehen, die andere Eigenschaften haben als die von uns besprochene Phasenverschiebung. Die Grundidee bleibt jedoch gleich: Jede Symmetrie muss aufgrund der maximalen Geschwindigkeit im Vakuum zu einer lokalen Symmetrie gemacht werden. Dies führt zu Eichwellen, ähnlich der Photonen-Eichwelle, die mit Phasenverschiebungen verbunden ist. Solche Eichwellen existieren für die schwache Kraft, die eine Folge der SU(2)-Symmetrie ist. Diese Eichwellen werden zu den W- und Z-Bosonen. Eichwellen existieren auch für die starke Kraft, die eine Folge der SU(3)-Symmetrie ist. Diese Eichwellen werden zu Gluonen. Eines bleibt gleich: Diese ganze komplexe Welt

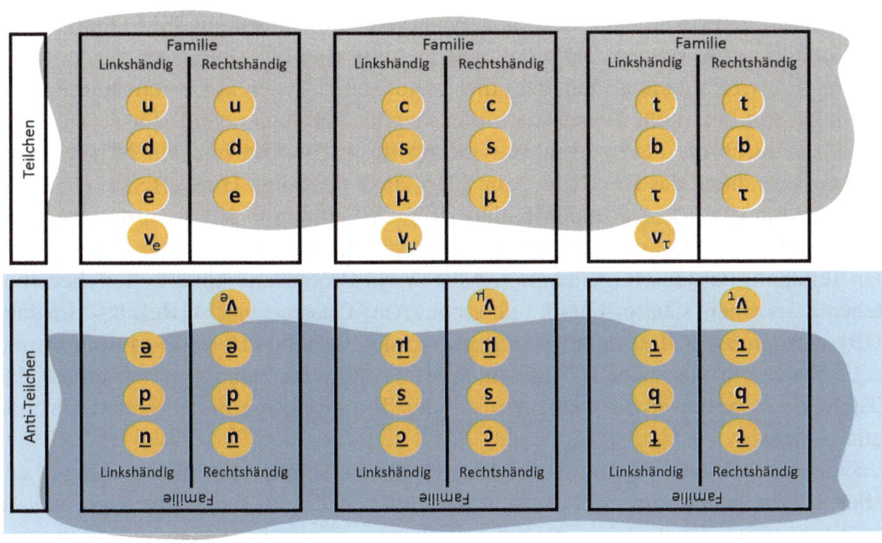

Abb. 15.2 Ãœbersicht Über fundamentale Fermionen. Der graue Bereich repräsentiert die U(1)-Symmetrie, der sie alle unterliegen. Nur Neutrinos haben null Ladung, aber ansonsten sind alle fundamentalen Fermionen geladen, was bedeutet, dass sie Phasenverschiebungen erzeugen und fühlen

der Teilchen ist in Wirklichkeit nur eine Welt der Wellen. Jedes unterschiedliche Teilchen ist eine Anregung (eine Welle) in einer anderen Art von Feld und erzeugt unterschiedliche Arten von symmetrischen Verschiebungen und Drehungen, was zu einer Vielzahl von Eichwellen führt.

Also, denken Sie daran, wenn wir über Teilchen sprechen, sprechen wir tatsächlich über die idealisierte Anregung des Feldes, das mit diesem Teilchen verbunden ist. In Wirklichkeit besteht jede solche Anregung aus einer Wolke von Störungen in verschiedenen Feldern, genau wie sich das Elektron als eine Wolke von Störungen herausstellte. Das bedeutet, dass viele Teilchen tatsächlich Mischungen aus verschiedenen Arten von Teilchen sind, wie wir sehen werden.

15.3 Das Kaninchenloch

Wenn Sie denken, Sie hätten gerade so etwas wie einen vollständigen Überblick erhalten, bereiten Sie sich auf eine Enttäuschung vor. Das Kaninchenloch geht viel tiefer. Die Tabelle der Teilchen ist bei Weitem nicht vollständig. Es gibt andere Mesonen, Baryonen und exotische Versionen davon, von denen viele erst kürzlich gefunden wurden. Ein Beispiel für exotische Quark-Kombinationen sind Tetraquarks und Pentaquarks. Die Ersteren sind „Mesonen", die aus zwei Quarks und zwei Antiquarks bestehen. Sie sehen also tatsächlich aus wie ein doppeltes Meson. Es wird angenommen, dass sie aus zwei Mesonen bestehen, die schwach gebunden sind. Sie zerfallen jedoch durch die starke Wechselwirkung in ihre Bestandteile, die normale Mesonen sind. Pentaquarks bestehen aus fünf Quarks: vier Quarks und ein Antiquark, sie sehen also aus wie Baryonen mit zwei zusätzlichen Quarks. Es wird angenommen, dass diese exotischen Typen aus einem Baryon und einem Meson bestehen, die schwach miteinander verbunden sind. Tatsächlich zerfallen sie durch die starke Wechselwirkung in ein Baryon und ein Meson. Zum Beispiel berichtete das CERN im Jahr 2015, dass sie einige Hinweise auf die Existenz von Pentaquarks gefunden hatten [Ref. 26]. Im Jahr 2019 wurde ein neuer Pentaquark entdeckt, der die Beweise für solche Fünf-Quark-Zustände stärkte. Das Teilchen, Pc(4312)+ genannt, zerfällt in ein Proton und ein J/ψ-Teilchen (bestehend aus einem Charm-Quark und einem Anti-Charm-Quark) [Ref. 88]. Im Jahr 2020 wurden zwei Tetraquarks entdeckt ($cs\bar{u}\bar{d}$, bestehend aus D-Mesonen, und $cc\bar{c}\bar{c}$, bestehend aus zwei J/ψ-Mesonen) [Ref. 87]. Im Jahr 2021 berichtete das CERN, dass sie ein etwas weniger instabiles Tetraquark gefunden hatten, das aus $cc\bar{u}\bar{d}$ besteht.

Ein interessantes Problem ist die Masse solcher Tetraquarks. Wie wir zuvor gesehen haben (s. Abschn. 6.2), hat ein gebundener Zustand eine geringere Masse als die Summe der Teilchenmassen, aus denen er besteht. Daher würde es eine Energie vergleichbar mit der „fehlenden" Masse benötigen, um diesen Zustand zu brechen. Die Vorhersagen für die Masse des $cc\bar{u}\bar{d}$-Zustands variierten erheblich, von 250 MeV unter bis 200 MeV über der D* + D0-Masse [Ref. 87], d. h. der

Masse der Mesonen, aus denen er besteht. Seine Beobachtung am CERN zeigt, dass er nur 273 ± 61 keV unter der Masse der beiden D-Mesonen liegt [Ref. 87]. Es sollte also ein gebundener Zustand sein! Aufgrund der Unschärferelation kann er jedoch vorübergehend genug Energie haben, um zu zerfallen. Dieser Mechanismus ist jedoch ein langsamer Zerfallsmechanismus, viel langsamer, als wenn die Masse des Tetraquarks in der Nachbarschaft (oder darüber) der Masse seiner Bestandteile läge. Die Tatsache, dass die Masse unter dieser Schwelle liegt, bedeutet, dass es eine signifikante Bindungsenergie gibt. Das bedeutet, dass es einen klaren Mechanismus für die Bindung von Mesonen in einem Tetraquark gibt. Ein solcher Mechanismus könnte der Austausch von leichten Mesonen sein, vergleichbar mit dem, was Protonen und Neutronen in einem Atomkern zusammenhält (s. auch die restliche starke Kraft oder die „Kernkraft“ in Abschn. 18.4). Dies erhöht die Erwartung, dass ein noch schwererer Tetraquark $bb\bar{u}\bar{d}$ stabil gegenüber der starken Wechselwirkung sein könnte [Ref. 87], was bedeuten würde, dass er nicht in reguläre Mesonen zerfällt oder dass es sehr lange dauern würde, dies zu tun.

Es gibt auch Resonanzen. Dies sind Mesonen oder Baryonen, die eine sehr kurze Lebensdauer haben, in der Größenordnung von nur 10^{-24} s, bevor sie in etwas anderes zerfallen. Ein Beispiel ist das Delta-Teilchen, das eine Resonanz des Protons ist, wenn es mit Pionen einer bestimmten Energie bombardiert wird. Im Grunde genommen passiert Folgendes: Das Pion vernichtet eines der Quarks im Proton und ersetzt es durch ein anderes. Zum Beispiel besteht ein π^+ aus einem Anti-Down-Quark und einem Up-Quark. Das Proton hat zwei Up-Quarks und ein Down-Quark. Das Down-Quark im Proton annihiliert mit dem Anti-Down im π^+. Gleichzeitig wird das u im π^+ Teil des „Protons“. Das „Proton” besteht nun aus drei Up-Quarks. Dies ist eines der existierenden Delta-Teilchen. Es dauert in der Größenordnung von 10^{-24} s, bevor das Delta wieder in einen uud-Zustand (ein Proton) zurückfällt, während es ein π^+ emittiert.

Dieser Prozess kann mit der Absorption eines Photons durch ein Atom verglichen werden. Das Atom gelangt in einen höheren Energiezustand und fällt zurück in seinen Grundzustand, während es wieder ein Photon emittiert. Die kurze Existenz eines Delta-Teilchens kann als angeregter Zustand des Protons betrachtet werden. Das Delta wird dann als Resonanz bezeichnet. Eine solche Resonanz kann nicht direkt gemessen werden. Sie wird normalerweise durch ein Absorptionsmaximum im Pionenstrahl gemessen, der die Protonen bombardiert. Die Breite des Peaks ist ein Hinweis auf die Lebensdauer der Resonanz. Je kürzer die Lebensdauer, desto unsicherer ist die Energie des Prozesses. Daher ist der Energiepeak der Resonanz breiter. Wenn Pionen genau die Resonanzenergie haben, werden sie absorbiert. Aber wenn die Lebensdauer der Resonanz kürzer ist, werden die Pionen auch absorbiert, wenn ihre Energie leicht abweicht, wegen der Unsicherheit in der Energie der Resonanz. Wie Sie sich vorstellen können, gilt dies für viele andere Mesonen und Baryonen, was zu vielen verschiedenen Arten von Resonanzen führt.

Und jetzt die gute Nachricht: Bisher sind all diese (exotischen) Teilchen und Resonanzen immer noch aus den in Abb. 15.2 gezeigten Grundteilchen gemacht. Daher werden wir einige der Teilchen in der Übersicht als Beispiel verwenden, aber wir werden uns auf die Grundlagen konzentrieren. Anders ausgedrückt, wir werden die verschiedenen Arten von Lego®-Blöcken diskutieren, aber das bedeutet nicht, dass wir die endlose Anzahl von Dingen diskutieren müssen, die Sie mit diesen Blöcken machen können.

Also, in den Kap. 16 und 17 werden wir beginnen, die einzelnen Teilchenwellen des Elektrons und Neutrinos (anstelle eines generischen Fermions) zu berücksichtigen und wir werden die SU(2)-Symmetrie einbeziehen. Wir werden diskutieren, wohin uns das führt und wir werden dies auf einige der Quark-Verhaltensweisen ausweiten. In Kap. 18 werden wir tiefer darauf eingehen und die SU(3)-Symmetrie hinzufügen, um zu sehen, welche Wellen wir daraus erhalten. Schließlich werden wir unseren Weg aus dem Kaninchenloch finden und das Bild vervollständigen.

Kapitel 16
Elektroschwache Kraft im frühen Universum

Wenn wir uns den Zoo der Teilchen ansehen und sie vergleichen, deuten sie auf eine bestimmte Struktur hin. Eine Sache, die auffällt, ist, dass einige Teilchen Massen haben, die sich nicht sehr unterscheiden. Wenn die Massen für Teilchen zufällig bestimmt würden, wären die Chancen, dass zwei Teilchen solche engen Massen haben, nicht groß, also muss etwas Besonderes vor sich gehen. Ein Beispiel sind das Proton und das Neutron. Ihre Massen sind:

- Proton: $1.672621898(21) \times 10{-}^{27}$ kg
- Neutron: $1.674927471(21) \times 10^{-27}$ kg

Das liegt also sehr nahe beieinander. Man könnte sich fragen, ob sie nur zwei Gesichter desselben Teilchens sind? Das ist eine interessante Idee. Was bedeutet es, wenn ein Teilchen zwei Gesichter hat? Es würde bedeuten, dass das Teilchen in der Lage ist, einige seiner Eigenschaften zu ändern, indem es in „einer anderen Dimension" „rotiert" (s. Abb. 9.3 und Abschn. 9.1). Wenn zwei Teilchen wirklich unterschiedlich sind, können sie sich nicht ineinander „verwandeln". Eine solche Änderung würde nicht ohne eine Welle im Vakuum vor sich gehen. Es kann mit einer Phasenverschiebung verglichen werden und wird ein gewisses Potenzial weiterleiten. Daher vermuten wir, dass eine Art von Kraft mit einer solchen Änderung einhergehen muss. Die Tatsache, dass ein Teilchen zwei Gesichter hat und ein Gesicht in das andere verwandeln kann, ist eine Art von Symmetrie.

Für das Proton und das Neutron würde das bedeuten, dass sie hauptsächlich die Ladung ändern, wenn sie ineinander übergehen. Das Problem mit dem Proton und Neutron ist, dass ihre Masse nicht genau gleich ist und sie zusammengesetzte Teilchen sind. Sie bestehen aus Up-Quarks und Down-Quarks. Könnten also diese beiden Arten von Quarks ein Teilchen mit zwei Gesichtern sein? Sie unterscheiden sich jedoch viel mehr in der nackten Masse und in der Ladung. Ist das also alles nur ein Zufall?

W. Schmitz, *Teilchen, Felder und Kräfte*,
https://doi.org/10.1007/978-3-031-46280-1_16

Nicht wirklich, aber um das zu verstehen, müssen wir in der Zeit zurückgehen. Weit zurück in der Zeit. Tatsächlich zurück bis zum ersten Bruchteil einer Sekunde des Universums. Wie sich herausstellt, existieren einige der Symmetrien im Universum, aber nur über einem bestimmten Energielevel. Ein Level, das nur am Anfang des Universums existierte. Unter dieser Energie wurden diese Symmetrien gebrochen und was wir in unserem aktuellen Universum sehen, sind die Überreste davon.

Das Brechen der Symmetrie hat auch Auswirkungen auf die U(1)-Symmetrie, über die wir ebenfalls diskutiert haben. Da dies eine komplizierte Angelegenheit ist, beginnen wir damit, zurück zum Anfang des Universums zu gehen, als das Leben noch einfach war und Symmetrien als Symmetrie erkennbar waren, und daran knüpfen wir an.

16.1 Die ersten $10-^{12}$ s

Die aktuelle Theorie über das Universum besagt, dass es mit einem „Urknall" vor etwa 13,8 Mrd. Jahren begann. Diese Urknalltheorie beschreibt, wie das Universum von einer sehr kleinen Größe, als es eine sehr hohe Dichte und Temperatur hatte, zu dem aktuellen Universum, in dem wir leben, expandierte. Diese Theorie kann eine Reihe von Phänomenen erklären, die wir im aktuellen Universum sehen und wenn wir in die Geschichte zurückblicken. Eines dieser Phänomene ist die Beobachtung, dass sich alle Galaxien voneinander weg bewegen und auch, dass sie, je weiter sie voneinander entfernt sind, sich schneller voneinander entfernen. Die beste Erklärung dafür ist ein expandierendes Universum.

Eine weitere Beobachtung ist die Hintergrundstrahlung mit 2,7 K. Diese Strahlung ist in allen Richtungen im Universum extrem homogen. Wie kann das sein? Eine solche Homogenität in der Temperatur würde erfordern, dass diese Strahlung zu einem bestimmten Zeitpunkt im thermischen Gleichgewicht war. Das wiederum erfordert, dass die Strahlung in Kontakt war, so dass sie Temperaturunterschiede ausgleichen kann, etwas, das nicht möglich ist, wenn diese Strahlung Milliarden von Lichtjahren voneinander entfernt ist. Das Urknallmodell kann dies erklären, indem angenommen wird, dass die Strahlung tatsächlich zu einem sehr frühen Zeitpunkt des Universums in Kontakt war, als es noch sehr klein war, zu einer Zeit, als das Universum eine Temperatur von 3000 K hatte. Dies war die Temperatur, unter der Elektronen mit Protonen gebunden wurden, um Wasserstoffatome zu bilden. Davor wäre das Licht ständig von all den losen Elektronen und Protonen gestreut, absorbiert und emittiert worden, und das Universum wäre ein großer Nebel gewesen. Danach wäre das Licht nicht mehr ständig gestreut oder absorbiert worden, und das Universum wäre für Strahlung transparent geworden. Diese Strahlung hat sich seitdem abgekühlt, da das Universum expandiert ist. Man könnte sagen, dass die Wellenlänge dieser Strahlung sich zusammen mit der

Expansion gestreckt hat, bis sie Strahlung wurde, die mit einer Temperatur von 2,7 K übereinstimmt. Die aktuelle Struktur im Universum stammt von geringfügigen Unterschieden in der Homogenität der Massen-Energie-Verteilung am Anfang des Universums. Diese geringfügigen Unterschiede müssen vorhanden gewesen sein, als das Universum transparent wurde, was zu kleinen Temperaturunterschieden in der Strahlung zu dieser Zeit führte. Diese sollten in der sonst homogenen Hintergrundstrahlung sichtbar sein. Solche Unterschiede wurden in der Hintergrundstrahlung durch den Cobe-Satelliten [Ref. 25] gemessen, was eine weitere Bestätigung der Urknalltheorie liefert.

Indem wir die Geschwindigkeiten und Entfernungen von Galaxien betrachten, können wir zurückrechnen, wann diese in einem Punkt konzentriert gewesen sein sollten. Diese Berechnung gibt uns das Alter des Universums als 13,8 Mrd. Jahre.

Die Theorie erklärt auch den großen Anteil an leichten Elementen im Universum. Im Grunde genommen erlaubten die Prozesse im frühen Universum die Kondensation in atomare Strukturen ab dem Moment, als das Universum unter 3000 K abkühlte. Die ersten Elemente, die gebildet werden konnten, waren Wasserstoff und etwas Helium, die beiden leichtesten Elemente. Die anderen Elemente wurden alle in Sternen produziert, die später entstanden. Die Prozesse in Sternen, die für die Erzeugung der Elemente verantwortlich sind, sind gut erforscht und können die relativen Häufigkeiten von leichteren und schwereren Elementen im Universum erklären.

Es gibt also gute Beweise, die in Richtung der Urknalltheorie weisen, aber es gibt auch ungelöste Probleme. In diesem Buch werden wir nicht darauf eingehen. Wir werden einige der relevanten Ergebnisse dieser Theorie verwenden. Die aktuelle Theorie beschreibt nicht, wie alles begann, aber sie kann mehr oder weniger genau beschreiben, was ab den ersten $10-^{43}$ s passiert. Fast Zeit null, aber nicht ganz! Die Temperatur des gesamten Universums zu diesem Zeitpunkt wäre eine erstaunliche 10^{28} K gewesen. In diesen ersten Bruchteilen einer Sekunde wäre viel passiert. Das Universum hätte sich sehr schnell ausgedehnt und die Temperatur wäre schnell gesunken. Bei $10-^{12}$ s wäre sie auf 10^{16} K gesunken. Immer noch eine extrem hohe Temperatur, aber es dauerte nur einen Bruchteil einer Sekunde, um dorthin zu gelangen.

Bei dieser Temperatur wäre die elektroschwache Symmetrie gebrochen worden. Also, was ist elektroschwache Symmetrie? Und was passiert genau, wenn eine Symmetrie bricht?

16.1.1 Elektronen- und Neutrinowellen

Der Hauptunterschied zu unserem gegenwärtigen Universum besteht darin, dass vor der Symmetriebrechung das Higgs-Feld 0 war. Nach der Symmetriebrechung war das Higgs-Feld homogen im gesamten Universum vorhanden. Dies hat eine

Reihe von Konsequenzen. Eine davon ist, dass die Masse aller Fermionen vor der Symmetriebrechung 0 war. Wir sagten zuvor, dass die Massen der Fermionen aus ihrer Wechselwirkung mit dem Higgs-Feld resultieren. Also, als das Higgs-Feld nicht existierte (oder besser gesagt, als seine Federn keine Stärke hatten), müssen alle Fermionen masselos gewesen sein.

Da das Up-Quark und das Down-Quark in diesem Stadium überhaupt keine Masse haben, ist der Unterschied zwischen ihnen verschwunden, und das legt nahe, dass sie zwei Seiten desselben Teilchens sein könnten. Das Gleiche gilt für das Elektron und das Neutrino. Beide sind vor der Symmetriebrechung masselos. Schauen wir uns das also etwas genauer an. Wir betrachten das Elektron und das Neutrino als getrennte Felder, die zu getrennten Wellen führen. Das bedeutet, dass wir anstelle einer einzigen Fermionenwelle zwei Wellen beschreiben würden: eine Neutrinowelle und eine Elektronenwelle. Eine weitere Konsequenz ist, dass wir für beide ein Massenpotenzial hätten. Ihre Masse ist jedoch vor der Symmetriebrechung 0 und daher gibt es kein Massenpotenzial. Oder besser, es gibt ein Massenpotenzial, aber es enthält die Kopplungsstärke mit Higgs und Higgs ist 0.

Darüber hinaus müssen wir eine Unterscheidung zwischen linkshändigen und rechtshändigen Wellen treffen. In dem Abschnitt, in dem wir diesen Unterschied zwischen linkshändigen und rechtshändigen Wellen diskutiert haben, haben wir sie als verschiedene Teilchen betrachtet. Wir haben gesehen, dass ihre Wechselwirkung mit Higgs sie von der einen zur anderen wechseln lassen kann. Wir werden dies später diskutieren. Für den Moment ist das Higgs-Feld 0 und die linkshändigen und rechtshändigen Wellen *können* nicht von der einen zur anderen wechseln. Daher müssen wir sie als zwei verschiedene Arten von Teilchen betrachten. Sie sind einfach nicht die gleiche Welle, und wie wir später sehen werden, verhalten sie sich unterschiedlich.

Es gibt ein interessantes Problem: Ein Neutrino existiert nur als linkshändiges Teilchen. Es ist nicht bekannt, warum es kein rechtshändiges Neutrino gibt. Dies legt ebenfalls nahe, die linkshändigen und rechtshändigen Teilchen als verschiedene Arten zu betrachten.

Folglich müssen wir die Elektronenwelle in zwei Wellen aufteilen: eine linkshändige Elektronenwelle und eine rechtshändige Elektronenwelle. Zusammenfassend kommen wir auf drei Wellentypen (s. Tab. 16.1).

In dieser Übersicht haben wir die U(1)-Symmetrie, die zu Phasenverschiebungen und einer elektromagnetischen Kraft führt, noch nicht berücksichtigt.

Tab. 16.1 Drei Fermionenwellentypen, die drei verschiedene Teilchen repräsentieren

Feld	Wellentyp	Masse „Feder“
Rechtshändiges Elektron	Fermion	0
Linkshändiges Elektron	Fermion	0
Neutrino	Fermion	0

16.1.2 Einführung des ursprünglichen U(1)-Eichfeldes

Wir haben zuvor über die U(1)-Symmetrie gesprochen, die zur Möglichkeit von Phasenverschiebungen führt. Dies führt wiederum zu einem Wechselwirkungspotenzial und einer Eichwelle. Das Wechselwirkungspotenzial enthält eine Kopplungskonstante, wie wir sie schon zuvor gesehen haben. Diese Kopplungskonstante sollte die Ladung der Teilchen sein. Allerdings hat die Symmetriebrechung auch Auswirkungen auf die U(1)-Symmetrie. Daher ist die Ladung vor der Symmetriebrechung anders. Diese Ladung wird „schwache Hyperladung“ genannt und mit Y bezeichnet. Sowohl das Elektron als auch das Neutrino haben eine schwache Hyperladung. Bedenken Sie, dass das Neutrino in unserem heutigen Universum keine Ladung hat, daher haben wir hier einen der Unterschiede in der Ladung vor und nach der Symmetriebrechung.

Eine weitere Konsequenz ist, dass das Eichfeld, das erzeugt wird, nicht genau dasselbe ist wie das elektromagnetische Feld, wie wir es in unserem heutigen Universum kennen. Daher werden die Anregungen dieses Feldes nicht Photonen genannt. Sie werden B-Bosonen genannt.

Die schwache Hyperladung des linkshändigen Elektrons und des Neutrinos beträgt $Y = -1$. Das rechtshändige Elektron hat eine schwache Hyperladung $Y = -2$. Warum ist das so? Ehrlich gesagt, können wir die schwache Hyperladung nicht messen, da wir die Umstände vor der Symmetriebrechung in unseren Detektoren nicht erzeugen können. Die richtigen Umstände bedeuten, die Situation im Universum vor $10-^{12}$ s nachzubilden. Dies würde bedeuten, eine Temperatur über 10^{16} K zu erzeugen. Der leistungsfähigste Teilchenbeschleuniger der Welt heute ist der Large Hadron Collider (LHC) am CERN, der in Wechselwirkungen eine Temperatur von der Größenordnung 3×10^{12} K erzeugen kann. Dies ist immer noch um viele Größenordnungen zu klein, um die richtigen Umstände zu schaffen.

Also müssen wir uns auf die Theorie verlassen. Der theoretische Ansatz war im Grunde genommen „rückwärts rechnen“, um die Ergebnisse für die schwache Hyperladung zu erhalten. Unser heutiges Universum sieht so aus, wie es aussieht, und die Symmetriebrechung muss genau unser heutiges Universum liefern. Also nehmen wir jetzt den Prozess der Symmetriebrechung und setzen die Bedingung ein, dass er unser heutiges Universum liefern muss. Das Ergebnis dieses Verfahrens ist, dass wir Eigenschaften wie die schwache Hyperladung mit den hier genannten Werten einsetzen müssen. Wir werden später noch etwas mehr darüber sehen, wie das funktioniert.

Lassen Sie uns die Eichwelle und ihre Wechselwirkungen zur Übersicht der Fermionenwellen in Tab. 16.1 hinzufügen. Das Ergebnis ist in Tab. 16.2 gegeben.

Tab. 16.2 Erweiterung unserer Wellentypen mit der U(1)-Eichwelle und ihren gegenseitigen Wechselwirkungen

Feld	Wellentyp	Masse „Feder“	Wechselwirkung „Feder“
Rechtshändiges Elektron	Fermion	0	Mit B-Boson
Linkshändiges Elektron	Fermion	0	Mit B-Boson
Neutrino	Fermion	0	Mit B-Boson
B-Boson	Eichboson	Nein	Mit geladenem Fermion

16.2 Symmetrie zwischen den Wellen

Als wir noch eine Fermionenwelle hatten, haben wir uns den Noether-Strom angesehen. Dieser Strom zeigte, dass alle komplizierten Wellen und Störungen zusammen eine Anzahl von Quanten (Fermionen) ergeben, die erhalten bleibt (Erhaltung der Teilchenzahl). Der entsprechende Strom ist der Fluss von Fermionen von A nach B. Was würde also passieren, wenn wir diese eine Fermionenwelle in mehrere Teilchenwellen aufteilen? Der Noether-Strom, den wir daraus berechnen, gibt immer noch eine erhaltene Anzahl von Quanten, aber er erhält nur die *gesamte* Anzahl von Quanten. Allerdings sagt er nichts darüber aus, ob die einzelnen Elektronen oder Neutrinos erhalten bleiben! Der entsprechende Strom ist immer noch nur der Strom von Elektronen + Neutrinos zusammen, der von A nach B fließt. Dadurch können sich Elektronen und Neutrinos auf dem Weg ineinander verwandeln und die Gesamtzahl der Elektronen + Neutrinos bleibt immer noch erhalten. Daraus schließen wir, dass wir, wenn wir mehrere Fermionenfelder wie das Elektronenfeld und das Neutrino-Feld haben, die *Möglichkeit* von internen Symmetrien haben! Elektronen *könnten* sich in Neutrinos verwandeln. Wenn sie das tatsächlich tun können, sind sie verschiedene Gesichter desselben Teilchens!

Aber warte mal! Kann jede Welle einfach in eine andere umgewandelt werden, solange sie beide Fermionen sind? Nun, es gibt einige Anforderungen. Es ist offensichtlich, dass, wenn Wellen nicht gleich aussehen, die Umwandlung der einen in die andere nicht möglich ist oder eine Interaktion erfordert, die sich mit den Unterschieden befasst. Für eine perfekte Symmetrie müssen die Wellen einander gleichen. Schauen wir mal, was das für unser Elektron und Neutrino bedeutet.

Zunächst einmal ist eine linksdrehende Welle nicht dasselbe wie eine rechtsdrehende Welle. Sie sind jeweils das Spiegelbild des anderen, und wenn es keine Interaktion gibt, die eine in die andere umwandeln kann, müssen sie unterschiedliche Wellen bleiben. Daher werden linkshändige Elektronen nicht in rechtshändige umgewandelt oder umgekehrt, zumindest nicht vor der Symmetriebrechung.

Dann bleibt eine Möglichkeit: das linkshändige Elektron und das Neutrino (das es nur in linkshändigen Versionen gibt). Sie haben die gleiche schwache Hyperladung und sind beide masselos. Also sehen diese Wellen sehr ähnlich aus. Wir haben hier eine echte Symmetrie, und nichts steht einer Umwandlung in die andere im Weg. Das linkshändige Neutrino und das linkshändige Elektron sind zwei Seiten des gleichen Teilchens!

Das Gleiche gilt für einige andere Teilchen. Zum Beispiel sind das linkshändige Up-Quark und das Down-Quark ein Paar, das die gleiche schwache Hyperladung teilt. Ihre rechtshändigen Versionen jedoch nicht! Also, es sei denn, es gibt eine Interaktion, die ihre schwache Hyperladung ändern kann, wenn sie sich drehen, können sie nicht ineinander umgewandelt werden. Was könnte eine solche Interaktion sein? Wenn zwei Teilchen von einem in das andere umgewandelt werden, müssen sie eine Welle erzeugen. Genau wie bei einer Phasenverschiebung wird eine Änderung erzeugt, die weggetragen werden muss und Impuls trägt.

Schauen wir uns die schwache Hyperladung der fundamentalen Fermionen an, um eine Vorstellung davon zu bekommen, welche Teilchen ineinander umgewandelt werden könnten (s. Tab. 16.3).

Die Up-, Charm- und Top-Quarks sind verschiedene Teilchen, die zu verschiedenen Familien gehören (s. Abb. 15.2). Sie können nicht ineinander umgewandelt werden. Das Gleiche gilt für das Elektron, das Myon und das Tau. Das Up- und das Down-Quark gehören zur gleichen Familie und könnten daher noch ineinander umgewandelt werden.

Das Gleiche gilt für die anderen Leptonen und Quarks. Ihre linkshändige Version kann in ihr Gegenstück innerhalb ihrer eigenen Familie umgewandelt werden:

- Linkshändige Quarks: u und d, c und s, t und b
- Linkshändige Leptonen e und γ_e, μ und γ_μ, τ und γ_τ

Aber keines ihrer rechtshändigen Gegenstücke kann in ihr Gegenstück umgewandelt werden. Daher müssen wir schlussfolgern, dass rechtshändige Teilchen nicht zwei Seiten des gleichen Teilchens sind. Sie sind völlig verschiedene Teilchen.

Alle Teilchen, die ineinander umgewandelt werden können, sind Paare. Jedes Mitglied des Paares ist eine ganze Wellenfunktion. Im Gegensatz zur U(1)-Symmetrie für Phasenverschiebungen verschiebt sich jetzt die gesamte Welle. Da eine Welle durch eine Phasendimension auf der horizontalen Achse und eine Amplituden-(Feldstärke-)Dimension auf der vertikalen Achse dargestellt wird, haben wir ein zweidimensionales Objekt, das in ein anderes zweidimensionales

Tab. 16.3 Die schwache Hyperladung von linkshändigen Fermionen (links) und rechtshändigen Fermionen (rechts)

Linkshändige Chiralität	Schwache Hyperladung Y_W	Rechtshändige Chiralität	Schwache Hyperladung Y_W
γ_e, γ_μ, γ_τ Neutrinos	−1	Neutrinos (wahrscheinlich) nicht existent	x
e, μ, τ Leptonen	−1	e, μ, τ Leptonen	+2
u, c, t Quarks	+1/3	u, c, t Quarks	+4/3
d, s, b Quarks	+1/3	d, s, b Quarks	−2/3

Objekt umgewandelt wird. Eine Symmetrie zwischen zwei zweidimensionalen Objekten wurde durch eine Drehung in drei Dimensionen beschrieben, die zur Gruppe SU(2) gehört, wie wir im Abschnitt über Symmetriegruppen diskutiert haben.

Wenn die Teilchen nicht gemessen werden, können sie nicht unterschieden werden. Daher können sie, wenn sie nicht gemessen werden, eine beliebige Mischung der beiden Wellenfunktionen sein. Wenn sie gemessen werden, messen wir immer entweder $\psi 1$ oder $\psi 2$, aber nie die Mischung.

Also, was sind die Implikationen dieser Symmetrie?

16.2.1 Einführung des SU(2)-Eichfelds

Genau wie die U(1)-Symmetrie zu einer Eichwelle und einer Kopplungskonstante führte, werden wir sehen, dass das Gleiche auch für die SU(2)-Symmetrie gilt. Die SU(2)-Symmetrie ist eine globale Symmetrie. Das bedeutet, dass, wenn ein Teilchen von einer Seite zur anderen wechselt, diese Änderung mit unendlicher Geschwindigkeit im gesamten Universum verbreitet wird. Aber das Vakuum erlaubt keine Änderung, die sich mit unendlicher Geschwindigkeit ausbreitet. Daher müssen wir, genau wie im Fall von U(1), SU(2) zu einer lokalen Symmetrie machen. Die Änderung wird dann mit Lichtgeschwindigkeit (für masselose Eichwellen) oder langsamer (für massive Eichwellen) fortgeleitet.

Also erzeugt eine Änderung von einem Teilchen zu einem anderen eine Eichwelle, die diese Änderung wegleitet. Genau wie die U(1)-Phasenverschiebung eine Welle erzeugt, erzeugt eine SU(2)-Änderung eine Falte, aber von einem anderen Typ. Wenn also ein Fermion zu seiner anderen Seite wechselt, erzeugt es eine solche Falte. Wenn die Falte auf ein anderes Fermion trifft, entfaltet sie sich, indem sie dieses Fermion in seine andere Seite verwandelt. Gleichzeitig kann die Falte einen Potenzialunterschied transportieren, genau wie die U(1)-Eichwelle. Tatsächlich wird die SU(2)-Änderung mathematisch sehr ähnlich wie die U(1)-Phasenänderung behandelt [z. B. Ref. 30, S. 482]. Sie kann als Phasenänderung betrachtet werden, die eine Falte hemmt und einen Potenzialunterschied trägt. Dieser Potenzialunterschied ändert den Impuls und die Energie sowohl des Teilchens, das die Falte erzeugt hat, als auch des Teilchens, das sie absorbiert hat. Daher wird eine Kraft übertragen.

Wir nennen diese Eichwelle, diese Falte, ein „W-Boson", ähnlich dem B-Boson, das eine Phasenverschiebung propagiert. Wenn diese Änderung von einem anderen Teilchen absorbiert wird, ändert es sich entsprechend. Wenn also ein Up-Quark in ein Down-Quark wechselt, wird eine Eichwelle (W-Boson) erzeugt, die von z. B. einem anderen Down-Quark absorbiert werden kann, das sich dann in ein Up-Quark ändert. Abb. 16.1 zeigt ein Feynman-Diagramm für diesen Prozess.

Ob ein Teilchen die Eichwelle spüren wird oder nicht, hängt von der Kopplungskonstante ab. Im Fall von U(1) war dies die (Hyper-)Ladung. Im Fall der SU(2)-Symmetrie wird diese Kopplungskonstante schwacher Isospin (I)

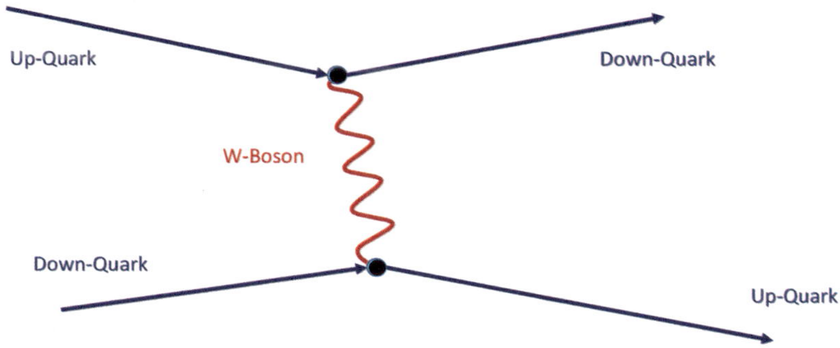

Abb. 16.1 Ein Up-Quark, das in ein Down-Quark wechselt, erzeugt ein W-Boson, das von einem anderen Down-Quark absorbiert werden kann, das sich dadurch in ein Up-Quark ändert

Tab. 16.4 Die Hyperladung und schwachen Isospinzustände der fundamentalen Fermionen vor der Symmetriebrechung

Linkshändige Chiralität	Y_w	Schwache Isospinzustände I_z	Rechtshändige Chiralität	Y_w	Schwache Isospinzustände I_z
γ_e, γ_μ, γ_τ Neutrinos	−1	+½	Neutrinos (wahrscheinlich) nicht existent	x	0
e, μ, τ Leptonen	−1	−½	e, μ, τ Leptonen	−2	0
u, c, t Quarks	+1/3	+½	u, c, t Quarks	+4/3	0
d, s, b Quarks	+1/3	−½	d, s, b Quarks	−2/3	0

genannt. Schwacher Isospin darf nicht mit Spin verwechselt werden. Es handelt sich um etwas völlig anderes. Die einzige Übereinstimmung zwischen den beiden besteht darin, dass sowohl der Fermionenspin als auch die Symmetrie zwischen den Teilchen mit der gleichen Mathematik der SU(2)-Symmetriegruppe beschrieben werden.

Da die rechtshändigen Teilchen nicht ineinander umgewandelt werden können, haben sie einen schwachen Isospin gleich 0. Der schwache Isospin der linkshändigen Teilchen beträgt ½. Bezüglich des Spins bedeutet es, wenn ein Teilchen einen Spin von ½ hat, dass es sich in einem von zwei Zuständen befinden kann: Spin +½ (Spin up) und Spin −½ (Spin down). Das Gleiche gilt für den Isospin I_z. Teilchen mit Isospin ½ können sich im Zustand +½ oder im Zustand −½ befinden. Diese Zustände entsprechen den beiden Gesichtern des Teilchens. Daher ist Isospin −½ ein Elektron und Isospin +½ ist das Elektron-Neutrino. Ebenso ist +½ „Quark up" und −½ „Quark down". Wir können dies für alle Fermionen in Tab. 16.4 zusammenfassen.

Als wir über die U(1)-Symmetrie sprachen, sprachen wir von einer Welle, die eine Phasenverschiebung erzeugt. Das ist eine einzige Änderung. Man könnte dies so betrachten, als ob die Welle sich selbst mit einer anderen Phase ändert. Wenn ein Teilchen das Gesicht wechselt, stehen wir vor einer SU(2)-Symmetrie. In diesem Fall kann ein Teilchen in das andere umgewandelt werden oder das andere kann in das erste umgewandelt werden, aber jedes kann sich auch in sich selbst umwandeln. Das bedeutet, dass es drei verschiedene Arten von Drehungen gibt, genau wie wir im Abschnitt über Symmetriegruppen festgestellt haben. In diesem Abschnitt haben wir die drei Arten von Drehungen mit Drehungen um drei verschiedene Achsen in einem dreidimensionalen Raum verglichen. Folglich können wir die Situation mit rotierenden Würfeln vergleichen (s. Abb. 9.5).

Also sprechen wir von drei verschiedenen Arten von Drehungen. Nehmen wir an, es liegt ein Schuh im Wasser. Sie können ihn um drei verschiedene Achsen drehen. Sie können sich vorstellen, dass Sie eine Welle im Wasser erzeugen, wenn Sie ihn drehen. Aber wenn Sie ihn um eine Achse drehen (sagen wir um eine Achse parallel zum Wasser), bekommen Sie eine andere Art von Welle, als wenn Sie ihn um eine andere Achse drehen (sagen wir um eine Achse senkrecht zum Wasser). Die drei möglichen Drehungen für ein Teilchen führen auch zu drei verschiedenen Arten von Wellen. Diese drei verschiedenen Arten übersetzen sich in drei verschiedene Bosonen, die die schwache Kraft übertragen. Wir nennen diese W1, W2 und W3.

U(1) ist eine abelsche Gruppe. Das bedeutet, dass es keine Rolle spielt, in welcher Reihenfolge die beiden Phasenverschiebungen durchgeführt werden. Das Ergebnis ist immer das Gleiche. SU(2) ist eine nichtabelsche Gruppe. Wie wir an den Würfeln sehen konnten, geben zwei verschiedene Drehungen ein anderes Ergebnis, wenn sie in einer anderen Reihenfolge durchgeführt werden. So funktioniert die Symmetrie. Aber wie sollen wir das interpretieren?

Vergleichen wir zwei Situationen:

1. Wir haben ein Teilchen 1, das sich in Teilchen 2 verwandelt. Mit der Veränderung erzeugt es ein bestimmtes W-Boson, sagen wir ein W1. Danach verwandelt sich Teilchen 2 in sich selbst. Mit dieser Veränderung erzeugt es ein anderes W-Boson, sagen wir ein W3.
2. Wir haben ein Teilchen 1, das sich in sich selbst verwandelt. Mit der Veränderung erzeugt es ein W-Boson. Dies ist das gleiche Boson wie das W3 in der vorherigen Situation. Danach verwandelt sich Teilchen 1 in Teilchen 2. Mit der Veränderung erzeugt es das gleiche W-Boson wie in der vorherigen Situation, das W1. Dies muss so sein, da es das gleiche Teilchen 1 ist, das rotiert ist.

Die erste interessante Beobachtung ist, dass die beiden Situationen das gleiche Endergebnis haben: Das Teilchen befindet sich in seinem „Teilchen 2"-Zustand, und die gleichen beiden W-Bosonen wurden erzeugt. Allerdings wurde der Endzustand durch zwei Veränderungen in *unterschiedlicher* Reihenfolge erreicht. Die Symmetrie erfordert, dass das Endergebnis *nicht* gleich sein kann, genau wie bei den Würfeln!

Wie kann das Endergebnis also nicht gleich sein? Schließlich ist Teilchen 2 in beiden Fällen dasselbe. Was also ist anders? Die einzige Möglichkeit ist, dass die W-Bosonen im Endzustand irgendwie unterschiedlich sind. Es könnte scheinen, dass dies einen zusätzlichen Freiheitsgrad bei den W-Bosonen erfordert. Mit diesem Freiheitsgrad könnten die W-Bosonen vielleicht die Tatsache speichern, dass es vorherige Rotationen gab. Das scheint jedoch etwas seltsam. Eine andere Möglichkeit ist, dass ein gleicher Endzustand tatsächlich *möglich* ist, obwohl es zusätzliche Rotationen erfordern würde, um dies zu erreichen. Schauen Sie sich nur die Würfel in Abb. 9.5 an. Die beiden Endzustände können durch eine weitere Rotation jedes Würfels gleichgemacht werden. Der einzige Weg, dies zu tun, besteht darin, den W-Bosonen selbst zu erlauben, eine zusätzliche Rotation zu machen! Aber wenn sie eine zusätzliche Rotation machen würden, würden neue Ws erzeugt werden. Der einzige Weg besteht darin, dass sie die zusätzliche Rotation intern behalten. Anders ausgedrückt, sie leiten die zusätzliche Rotation ab. Die Fähigkeit, sich selbst zu drehen, bedeutet, dass sie selbst eine Isospinladung tragen müssen!

Wir können also schlussfolgern, dass die SU(2)-Symmetrie verlangt, dass die drei W-Bosonen selbst eine Isospinladung tragen. Daher koppeln die W-Bosonen an ihr eigenes Feld. Im Gegensatz zu U(1), wo das Photon keine Ladung trägt und keine Phasenverschiebungen selbst erzeugen kann, können die W-Bosonen Rotationen selbst erzeugen. Das bedeutet, dass ein W-Boson ein (virtuelles) W-Boson erzeugen kann. Wir haben gesehen, dass ein Elektron und ein Neutrino jeweils Isospins +1/2 und −1/2 haben. Die drei Rotationen, die sie machen können, werden von drei verschiedenen W-Bosonen getragen. Jetzt, da wir sehen, dass W-Bosonen die gleichen Rotationen erzeugen können, welchen Isospin sollten sie haben? Für die W-Bosonen funktioniert dies anders. Das Elektron kann nur eine Rotation zu einem Neutrino und zurück zu sich selbst erzeugen. Aber ein W-Boson kann alle drei Rotationen erzeugen. Daher bekommt ein W-Boson einen Isospin von 1, mit drei Zustandswerten $I_z = -1, 0, +1$. Jeder Zustand I_z entspricht einem Typ von W-Boson.

Jetzt haben wir es also mit zwei Arten von Symmetrie zu tun: U(1) und SU(2). Sie führen zur schwachen Hyperladung Y, getragen vom B-Boson, und zum schwachen Isospin, getragen von den drei W-Bosonen. Wir können nun die Hyperladungen und schwachen Isospinzustände einiger der fundamentalen Bosonen in Tab. 16.5 zusammenfassen.

Wir haben jetzt zwei Symmetrien und Teilchen gehorchen beiden gleichzeitig. Wie funktioniert das? Nehmen wir an, wir haben einen Punkt auf einem Rad, dann zeichnet der Punkt beim Drehen des Rades einen Kreis. Er kann jede Position um

Tab. 16.5 Die Hyperladung und Isospinzustände einiger fundamentaler Bosonen vor der Symmetriebrechung

Boson	Hyperladung Y_w	Isospin I	Isospinzustände I_z
B	0	0	0
W1	0	1	+1
W2	0	1	−1
W3	0	1	0

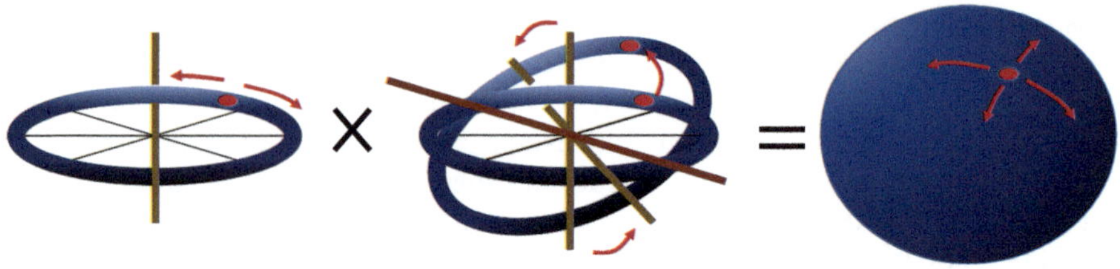

Abb. 16.2 Ein Punkt, der zwei Symmetrieoperationen durchläuft: Er kann das Produkt der beiden Symmetrien erreichen, das eine Kugel ist

das Rad herum erreichen. Aber nehmen wir jetzt an, das Rad selbst kann sich um eine Achse entlang eines seiner Durchmesser drehen (s. Abb. 16.2). In diesem Fall wird der Punkt gleichzeitig durch zwei Symmetrieoperationen bewegt: Er geht um das Rad herum und das Rad selbst dreht sich um eine Achse in seiner Ebene.

Folglich kann der Punkt jetzt jede Position auf einer ganzen Kugel erreichen. Wir nennen diese Kugel das Produkt der beiden Symmetrien:

$$\text{Kugelsymmetrie} = \text{Um das Rad herumgehen} \\ \times \text{ das Rad dreht sich um eine Achse in seiner Ebene.}$$

Dieses Produkt ist wieder eine Symmetrie! In diesem Beispiel eine kugelförmige Symmetrie. Ähnlich wird die Gesamtsymmetrie von Teilchen mit sowohl Hyperladung als auch Isospin als U(1)- × SU(2)-Symmetrie bezeichnet. Machen wir das nicht komplizierter, als es ist. Es bedeutet einfach, dass ein Teilchen beiden Symmetrien gehorcht: Es kann in seine andere SU(2)-Seite umgewandelt werden sowie U(1)-Phasenverschiebungen erzeugen.

16.2.2 Berücksichtigung der Isospinsymmetrie in der Übersicht der Wellen

Jetzt versuchen wir, die Isospinsymmetrie einzubeziehen. Dies wird zu vielen neuen Wellen und Potenzialen führen. Jedes W-Boson muss durch eine Welle beschrieben werden, so dass drei neue Wellen in die Übersicht eingehen. Jede Elektron-Chiralität und das Neutrino bekommen ein Wechselwirkungspotenzial mit jedem W-Boson. Dies werden wir als allgemeine Isospinwechselwirkung „Feder“ für jede Elektron-Chiralität und das Neutrino zusammenfassen. Zusätzlich muss, da SU(2) nichtabelsch ist, auch ein zusätzliches Potenzial vorhanden sein, das die Wechselwirkung (Isospin) zwischen den Ws beschreibt!

Und so können wir den Überblick über die Felder für das frühe Universum erweitern, um das links- und rechtshändige Elektron, das Elektron-Neutrino, eine U(1)-Symmetrie und eine SU(2)-Symmetrie einzuschließen (s. Tab. 16.6).

Tab. 16.6 Einige Felder und Wellentypen, die im frühen Universum existierten und ihre gegenseitigen Wechselwirkungen

Feld	Wellentyp	Masse „Feder“	Wechselwirkung „Feder“
Rechtshändiges Elektron	Fermion	0	Mit B
Linkshändiges Elektron	Fermion	0	Mit B, W1, W2, W3
Neutrino γ_e	Fermion	0	Mit B, W1, W2, W3
B-Boson	Eichboson	Nein	Mit geladenen Fermionen und Bosonen
W1	Eichboson	0	Mit γ_e, e (links), W1, W2, W3
W2	Eichboson	0	Mit γ_e, e (links), W1, W2, W3
W3	Eichboson	0	Mit γ_e, e (links), W1, W2, W3

Alle Wechselwirkungsfedern repräsentieren ein Potenzial, das sich ausbreitet, wenn eine Drehung/Verschiebung auftritt. Dieses Potenzial kann die gleiche Drehung/Verschiebung im nächsten Teilchen induzieren. U(1) führt zu einer „normalen“ Wechselwirkung. Je weiter entfernt, desto weniger Wechselwirkung. Je mehr B-Bosonen es gibt, desto mehr Wechselwirkung. Dies wird als „lineare“ Wechselwirkung bezeichnet. Es entspricht dem Verhalten, das wir z. B. von der elektromagnetischen Kraft gewohnt sind.

Die Isospinsymmetrie zeigt jedoch nicht dieses Muster. Der Grund ist das Wechselwirkungspotenzial zwischen den Ws. Die Tatsache, dass sie miteinander interagieren können, verleiht der Kraft einen nichtlinearen Charakter. Zum Beispiel könnte es passieren, dass W-Bosonen mehr W-Bosonen erzeugen, die wiederum mehr W-Bosonen erzeugen. So besteht auf größere Entfernung eine höhere Wahrscheinlichkeit, immer mehr W-Bosonen zu erzeugen. Auf diese Weise würde die Kraft auf größere Entfernungen stärker werden! Dies ist nicht der Fall für W-Bosonen *nach der Symmetriebrechung,* aufgrund ihrer enormen Masse (wie wir noch feststellen werden), aber wir sehen diese Art von Verhalten bei Quarks. Wir werden auf die Nichtlinearität der Kraft zurückkommen, wenn wir uns mit dem Farbfeld befassen. Wir werden dann sehen, dass diese Art von Verhalten zur sogenannten asymptotischen Freiheit der Quarks führt.

Für das rechtshändige Elektron gibt es kein Wechselwirkungspotenzial mit den Ws. Dies ist eine Folge der Tatsache, dass sein Isospin (Kopplungsstärke zu den Ws) 0 ist. Daher wird das rechtshändige Elektron unter SU(2) trivial transformiert, d. h., es bleibt so, wie es ist, während das linkshändige Elektron in das Neutrino umgewandelt wird und umgekehrt.

Die beiden Symmetrien führen zu den folgenden Noether-Strömen:

- Isospinstrom: Ein Strom, der linkshändige Teilchen erhält, aber nicht das einzelne linkshändige Elektron und das Neutrino. Daher können sie ineinander übergehen, solange die Gesamtzahl der linkshändigen Teilchen erhalten bleibt.
- Hyperladungsstrom: Ein Strom, der die Hyperladung erhält. Daher wird die Gesamtsumme der Hyperladung in einem System gleich bleiben. Dies ist

logisch, da die Hyperladung eines Teilchens sich nicht ändert, auch wenn es zu seiner anderen Seite wechselt (beide Seiten haben die gleiche Hyperladung) und die Gesamtzahl der Teilchen sich nicht ändert.

16.3 Einführung des Higgs-Feldes

Alle Felder sind allgegenwärtig im Raum. Um jedoch eine Verbindung herzustellen, muss die Feldstärke ungleich null sein. Wenn die Feldstärke 0 ist, hat die Verbindung keine Wirkung. Welche Art von Feld könnte also überall ungleich null sein? Bis jetzt sind wir am besten mit dem elektromagnetischen Feld vertraut. Könnte ein solches Feld funktionieren? Nehmen wir an, das elektromagnetische Feld wäre überall ungleich null. Etwas Seltsames würde passieren. Das würde bedeuten, dass es überall ein Magnetfeld ungleich null gibt. Aber ein Magnetfeld gibt eine Richtung im Raum vor. Sie könnten Ihr Raumschiff nehmen, ins All hinausfahren und einen Kompass benutzen, um Ihre Richtung zu finden! Noch seltsamer wäre, dass ein solches Feld allem, was mit ihm interagiert, ein Potenzial geben würde. Wenn die Feldstärke überall gleich wäre, würde dies sicherlich alle geladenen Materien in eine Ecke des Universums bewegen!

Was ist das Problem? Im Grunde hat das elektromagnetische Feld eine Richtung. Wenn ein solches Feld ungleich null ist, ist die Raum-Zeit nicht mehr symmetrisch! Es gibt eine bevorzugte Richtung und ein solches Feld ist nicht lorentzsymmetrisch. Wir haben noch nie eine Verletzung dieses grundlegenden Prinzips beobachtet, daher kann diese Art von Feld nicht als ein Higgs-Feld dienen. Sie könnten verwirrt sein über die Tatsache, dass das elektromagnetische Feld eine Richtung in Raum-Zeit erzeugt. Warum ist das erlaubt? Das elektromagnetische Feld wird immer von einer Quelle erzeugt. Und die Richtung des Feldes steht immer in Beziehung zu dieser Quelle. In diesem Fall bricht die Anwesenheit der Quelle die Symmetrie von Raum-Zeit. Dies unterscheidet sich jedoch von einem Feld, das *überall* ungleich null ist: In diesem Fall wäre die *gesamte Raum-Zeit* nicht mehr symmetrisch und eine solche globale Verletzung der Symmetrie wurde nicht beobachtet.

Was tun? Wir müssen eine andere Art von Feld finden, um Higgs zu repräsentieren. Aus der vorherigen Diskussion geht hervor, dass es ein Feld sein muss, das keine Richtung hat. Ein solches Feld wird ein Skalarfeld genannt. Es kann einen Wert haben, aber keine Richtung. Im Vergleich dazu ist das elektromagnetische Feld ein Vektorfeld: Genau wie ein Vektor hat es einen Wert und eine Richtung.

Also muss Higgs ein Skalarfeld sein. Abgesehen davon ist nicht klar, welche Verfassung das Higgs-Feld haben sollte. Man kann sich eine minimale Verfassung vorstellen, die nur ein Skalarfeld enthält. Aber es gibt auch eine Verfassung, die vier Skalarfelder (die Lorentz-Invarianz verlangt, dass Felder aus 1, 4, 16, …, 4^n Komponenten bestehen). Letztere scheint von der Theorie bevorzugt zu werden, also schauen wir uns diese an.

In dieser Theorie werden die vier Felder φ^1, φ^2, φ^3 und φ^4 genannt. Als Skalarfeld hat Higgs einen Spin von 0 [Ref. 15]. Jedes Feld kann angeregt werden. Daher haben wir vier Anregungen, die zu den vier Feldkomponenten passen:

- A_o
- H^+
- H^-
- H_o.

Diese Higgs-Felder haben bestimmte Eigenschaften. Erstens kann ein einzelnes Skalarfeld keine Phase haben (genauso wie eine Zahl keine Phase haben kann), aber Higgs muss eine Phase haben, um eine Ladung haben zu können: Ohne Phase können wir keine Phasenänderung erzeugen. Wir können eine Überlagerung von zwei Higgs-Feldern konstruieren, die zusammen eine Phase haben können. Daher benötigen wir φ^1 und φ^2, um in einer solchen Überlagerung zu sein, und wir benötigen φ^3 und φ^4, um in einer anderen solchen Überlagerung zu sein. Dies wird später wichtig sein, wenn wir diskutieren, wie sich eine solche Überlagerung verhält.

Jede Überlagerung kann in die andere umgewandelt werden. Folglich gehorchen die einzelnen Überlagerungen einer SU(2)-Symmetrie und tragen Isospinladungen von -1 und $+1$. Beide Überlagerungen können Phasenverschiebungen erzeugen, daher tragen sie eine schwache Hyperladung von $+1$.

Jetzt könnten Sie das Gefühl haben, dass all diese Eigenschaften von Higgs aus heiterem Himmel fallen. Und Sie haben recht. Das Higgs-Feld wird angenommen, so zu sein. Die Annahme wird gemacht, damit es eine Eigenschaft hat, die eine bestimmte Art von Symmetriebrechung ermöglicht. Und es wird absichtlich mit U(1) und SU(2) verbunden, damit es diese Felder ändern kann, wenn seine Symmetrie bricht. Deshalb brauchen wir die vier Higgs-Felder, damit wir ihm eine Isospinladung und eine schwache Hyperladung geben können.

Also, schauen wir uns an, wie das alles funktioniert. Zunächst gibt es ein ziemlich spezielles Massenpotenzial, das mit dem Higgs-Feld verbunden ist. Im frühen Universum war Higgs das einzige Feld, das Masse hatte. Was dazu führte, dass es massiv wurde, ist unklar. Interessanter ist, dass die Masse ein Potenzial mit entgegengesetztem Vorzeichen hat. Das bedeutet, dass es eine Feder ist, die genau andersherum arbeitet als die Massenfedern, die wir bisher gesehen haben. Was bedeutet das? Als wir uns das Seil- und Federnmodell ansahen, um zu erklären, was Masse ist, betrachteten wir Federn, die das Seil ziehen. Jede Feldamplitude müsste also die Federn hochziehen. Wenn die Federn umgekehrt arbeiten, drücken sie eher das Seil (s. Abb. 16.3). Daher ist das Feld ungleich null. Das Einzige, was diesem Druck entgegenwirkt, ist das Potenzial, das von der Elastizität des Seils kommt. Also arbeitet die Elastizität des Vakuums gegen die Massenfeder des Higgs-Feldes.

In der üblichen Situation ist das Feld in Ruhe, wenn die Feldstärke 0 ist. Schließlich sind die Federn, die das Seil ziehen, in Ruhe und die Elastizität des Seils wäre ebenfalls in Ruhe. Für Higgs funktioniert das nicht so (s. Abb. 16.4). Die Federn, die das Higgs-Feld aus seiner Ruheposition drücken, führen zu einem

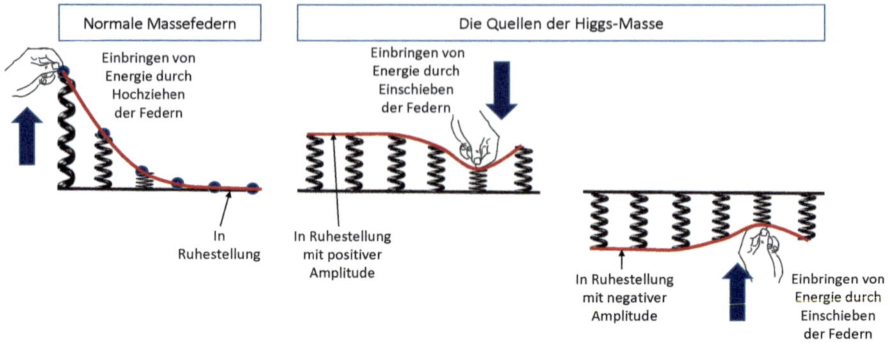

Abb. 16.3 Die übliche Massenfeder und das Seil (links) und eine Higgs-Massenfeder und das Seil (rechts, zwei Beispiele). Man kann sehen, dass es rechts zwei „Ruhepositionen" gibt: eine mit negativer Feldamplitude und eine mit positiver Feldamplitude. Um eine 0-Amplitude zu bekommen, muss man Energie in das Seil stecken, um die Federn hineinzudrücken

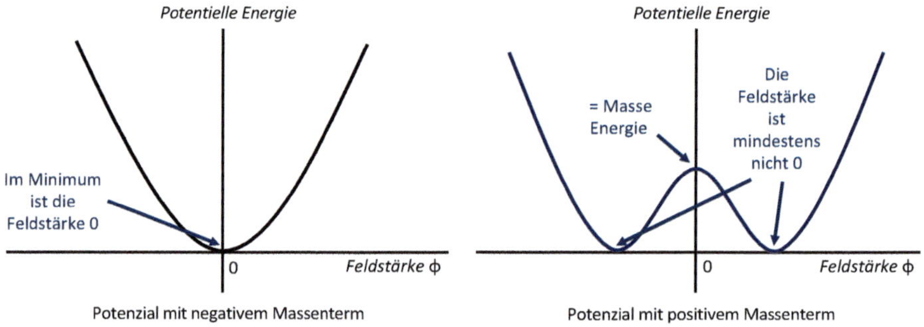

Abb. 16.4 Ein Potenzial mit einer negativen Massenfeder (links) und ein Potenzial mit einer positiven Massenfeder (rechts). Eine negative Massenfeder ist eine Feder, die das Seil zieht, wenn es eine Amplitude bekommt. Eine positive Massenfeder drückt das Seil von seiner Null-Amplituden-Position weg. Als Ergebnis wird das Seil eine Amplitude in seiner Ruheposition haben und muss einige Anstrengungen (Energie aufwenden) unternehmen, um die Federn hineinzudrücken, um eine Null-Amplitude zu haben

Potenzial, das nicht 0 ist, wenn die Feldstärke 0 ist. Tatsächlich muss Energie aufgewendet werden, um eine 0-Feldamplitude zu erreichen, indem die Federn zurück auf 0 gedrückt werden. Dies ist die Massenenergie des Higgs. Das Potenzial kann 0 werden, aber das finden wir an einer Stelle, wo das Feld gegen die Federn drückt und sie im Gleichgewicht sind. Daher ist das Feld an dieser Stelle nicht 0. Auf dem Bild sehen wir auch, dass es jetzt zwei Stellen im Potenzial gibt, an denen das Potenzial an seiner niedrigsten Position ist. Diese beiden Situationen entsprechen den beiden Beispielen auf der rechten Seite von Abb. 16.3. Eine zeigt ein Gleichgewicht mit einer positiven Feldstärke und die andere zeigt ein Gleichgewicht mit einer negativen Feldstärke. Dies wird sich als wesentlich erweisen.

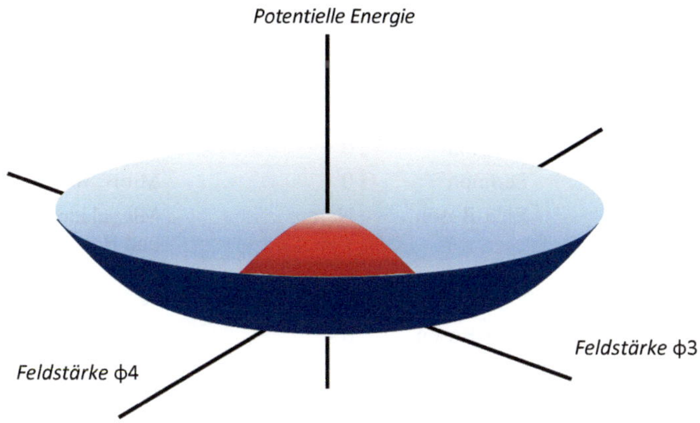

Abb. 16.5 Mexikanisches Hut-Potenzial für zwei Higgs-Felder in einer der Superpositionen

Das positive Massenpotenzial erzeugt eine „Beule" im Feldpotenzial. Die Konsequenz ist, dass es nicht ein Potenzialminimum gibt, sondern zwei. Und beide Potenzialminima befinden sich an Positionen, an denen das Feld nicht null ist.

Higgs besteht aus zwei Superpositionen, von denen jede aus zwei Feldkomponenten besteht. Also, betrachten wir eine seiner Superpositionen und schauen uns ihr Potenzial an. Da es aus zwei Feldkomponenten besteht, müssen wir das Potenzial in Abb. 16.4 nehmen und es auf beide Feldkomponenten anwenden. Dies führt zum sogenannten mexikanischen Hut-Potenzial (s. Abb. 16.5).

Der Grundzustand bildet einen Kreis, auf dem in den meisten Fällen beide Feldkomponenten nicht null sind. Daher erfordert der Grundzustand (das niedrigste Potenzial) mindestens eine der Feldkomponenten, um nicht null zu sein. Wenn also das Higgs-Potenzial am niedrigsten ist, muss das Feld überall im Raum nicht null sein.

Wir werden all diese Informationen verwenden, wenn wir die Symmetrie von Higgs brechen, also halten Sie durch! Dann wird klar, wie das angenommene Higgs-Feld alles verändert! Zuerst fassen wir zusammen, was wir vor dem Symmetriebruch haben.

16.3.1 Überblick über die ersten Felder 10^{-12} s

Wenn wir den Überblick über die Felder mit dem Higgs-Feld erweitern, erhalten wir Tab. 16.7.

Grundsätzlich wurde nur eine Zeile hinzugefügt, die das Higgs zeigt. Wir haben nicht alle Higgs-Felder eingetragen, um den Überblick nicht zu überladen. Beachten Sie auch, dass das Higgs noch nicht mit den Fermionen interagiert.

Tab. 16.7 Einige Felder und Wellentypen im frühen Universum und ihre gegenseitigen Wechselwirkungen

Feld	Wellentyp	Masse „Feder“	Wechselwirkung „Feder“
Rechtshändiges Elektron	Fermion	0	Mit B
Linkshändiges Elektron	Fermion	0	Mit B, W1, W2, W3
Neutrino	Fermion	0	Mit B, W1, W2, W3
B-Boson	Eich-Boson	Nein	Mit geladenen Fermionen und Bosonen
W1	Eich-Boson	0	Mit γ_e, e (links), W1, W2, W3
W2	Eich-Boson	0	Mit γ_e, e (links), W1, W2, W3
W3	Eich-Boson	0	Mit γ_e, e (links), W1, W2, W3
Higgs	Eich-Boson	Gegenteil	Mit B, W1, W2, W3

Schauen wir uns an, wie der Überblick über die fundamentalen Teilchen jetzt im frühen Universum aussieht. Danach werden wir uns ansehen, wie sich alles nach den ersten 10^{-12} s ändert.

16.4 Grundlegende Teilchenübersicht 2

In der in Abb. 16.6 gezeigten Übersicht sehen wir, dass die Isospin SU(2)-Symmetrie zwischen einigen Teilchen (blau) sie tatsächlich zu zwei Seiten derselben Teilchen gemacht hat (blauer Verbinder). Ebenfalls sichtbar ist die klare Unterscheidung zwischen linkshändigen und rechtshändigen Teilchen, da nur linkshändige Teilchen der SU(2)-Symmetrie unterliegen. In diesem Hochenergiezustand ist das Higgs-Feld überall null und tut daher noch nichts.

In der Übersicht zeigt der graue Bereich an, welche Teilchen der U(1)-Symmetrie unterliegen. Vor der Symmetriebrechung gilt die U(1)-Symmetrie für jedes Fermion. Daher ist der graue Bereich breiter als in Abb. 15.2 und umfasst alle Teilchen. Alle Fermionen haben eine Hyperladung. Dies muss so sein, da alle Teilchen Phasenverschiebungen spüren sollten, wie von der Lorentz-Invarianz gefordert. Diese Invarianz erfordert, dass eine Phasenverschiebung weggetragen wird und es gibt keinen Grund, warum ein Fermion Phasenverschiebungen erzeugen können sollte und nicht das andere. Wir werden später sehen, dass die Symmetriebrechung zu einer anderen Situation führen wird. In diesem Fall wird die Lorentz-Iinvarianz eine U(1)-Symmetrie erfordern, die nicht für alle Teilchen gilt.

Für Antiteilchen sehen wir, dass die Isospin-SU(2)-Symmetrie für rechtshändige Chiralität gilt. Dies kann wie folgt verstanden werden. Wenn wir Teilchen in Antiteilchen umwandeln, wird nicht nur die Zeit umgekehrt, sondern auch die

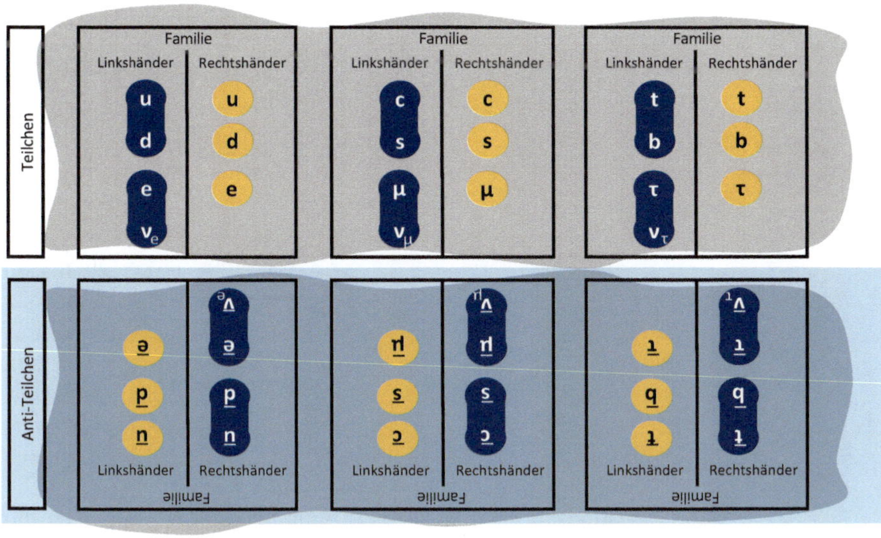

Abb. 16.6 Überblick über fundamentale Teilchen mit U(1)-Symmetrie (grau) und SU(2)-Symmetrie (Brücke zwischen den Teilchen, die zwei Seiten derselben Teilchen sind)

Parität (wir werden darauf in Abschn. 17.5 zurückkommen, wenn wir die CPT-Symmetrie diskutieren). Und eine Paritätsinversion tauscht auch die Chiralität aus (s. Abschn. 13.4). Wenn also Teilchen eine SU(2)-Symmetrie nur auf ihren linkshändigen Versionen erfahren, muss dies auch für die rechtshändigen Versionen ihrer Antiteilchen gelten.

Kapitel 17
Symmetriebrechung und die Welt war nie wieder dieselbe

Symmetriebrechung ist in der Welt der Physik kein Fremdwort. Lassen Sie uns einige Beispiele aus unserer näheren Umgebung betrachten, um ein Gefühl dafür zu bekommen, was Symmetriebrechung bedeutet.

Betrachten wir noch einmal die Atmosphäre. Warme Luft kann mehr Wasser aufnehmen als kalte Luft. Folglich kann in einer heißen Sommerwoche die Feuchtigkeit in der warmen Luft ansteigen. Die Feuchtigkeit ist gleichmäßig in der Luft verteilt, also in allen Richtungen/Orten symmetrisch. Wenn kalte Luft eintrifft, muss die Luft abkühlen. Die Luft kann nicht die gesamte Feuchtigkeit aufnehmen und ein Teil davon muss kondensieren. Daher beginnen sich Tröpfchen zu bilden. Ab diesem Moment ist die Symmetrie gebrochen: Es gibt einen Unterschied zwischen Tröpfchen und Luft. Tröpfchen sammeln sich zu Wolken und schließlich zu Regen. Bewölkte Luft ist eindeutig nicht mehr symmetrisch.

Das Gleiche gilt für ein Plasma, wie in der Sonne. Die Temperatur in der Sonne ist hoch genug, um Atome von ihren Elektronen zu trennen. Daher entsteht ein Plasma, das aus losen Elektronen und Protonen besteht (wir gehen hier davon aus, dass es in der Sonne nur Wasserstoff gibt, was nicht stimmt, aber für das Argument nicht wichtig ist). Dies ist eine symmetrische Situation wie die warme Luft. Wenn dieses Plasma abkühlt (z. B., wenn es bei einem Sonnensturm aus der Sonne ausgestoßen wird), rekombinieren die Elektronen mit den Protonen, um Wasserstoff zu bilden. Die Symmetrie wird gebrochen.

Ein letztes Beispiel. Wir haben die Bahnen der Elektronen im Atom in Abschn. 13.1 besprochen. Bahnen mit dem gleichen Bahndrehimpuls haben die gleiche Energie. Diese Energieniveaus werden als entartet bezeichnet, da sie sich nicht durch ihre Energie unterscheiden lassen. Daher gibt es eine orbitale Symmetrie im Atom. Wir haben jedoch auch gesehen, dass die Wolke aus virtuellen Photonen und Elektron-Positron-Paaren von „gekleideten" Elektronen mit den Protonen im Kern interagiert. Das Ergebnis ist, dass die Energieniveaus der entarteten Bahnen zu differieren beginnen: Sie sind nicht mehr entartet und die Symmetrie ist gebrochen.

W. Schmitz, *Teilchen, Felder und Kräfte*,
https://doi.org/10.1007/978-3-031-46280-1_17

Also sehen wir im Allgemeinen in diesen Beispielen, dass die Symmetrie als Folge von Wechselwirkungen (z. B. das Atom) oder als Folge der Senkung des Energieniveaus des Systems (z. B. Luft, Plasma) gebrochen wird.

17.1 Mischen von Feldern

Als wir erklärt haben, was ein Feld ist, haben wir auch das Beispiel mit Feuchtigkeit und Luft verwendet. Die Atmosphäre hat also verschiedene Felder wie das Feuchtigkeitsfeld. Die Feldwerte entsprechen dem Feuchtigkeitsniveau. Lassen Sie uns ein weiteres „Feld" einführen: das der Aerosole (oder Staubteilchen). Die Atmosphäre ist voll davon und sie spielen eine wichtige Rolle bei der Bildung von Regentropfen. Wir haben jetzt also zwei Arten von Feldern in der Atmosphäre und sie existieren unabhängig voneinander. Sie sind nicht gemischt im Sinne, dass sie als getrennte Felder betrachtet werden können, die sich nicht gegenseitig beeinflussen und sich nicht ähnlich sehen. Sie existieren getrennt im Träger der Felder: der Atmosphäre.

Nehmen wir nun an, die Temperatur fällt unter den Punkt, an dem das Feuchtigkeitsniveau nicht mehr in der Luft gehalten werden kann. Wenn das Aerosolfeld null ist (d. h., es sind keine Aerosole vorhanden), passiert nichts! Die Luft wird „überkühlt". Dies ist ein Zustand, in dem die Feuchtigkeit kondensieren möchte, aber sie kann nicht. Feuchtigkeit benötigt eine Oberfläche, auf der sie kondensieren kann, bevor sie Tröpfchen bilden kann. Wenn das Aerosolfeld nicht null ist, können Tröpfchen auf der Oberfläche der Staubteilchen entstehen. Dann entsteht ein neues Feld! Wir nennen dieses Feld das „Wolkenfeld". Es ist das Feld der in der Luft schwebenden Wassertropfen. Dieses Feld kann nicht ohne die beiden Felder existieren, aus denen es entstanden ist, und es kann nicht über der Symmetriebrechungstemperatur existieren (s. Abb. 17.1).

Das Interessante daran ist, dass das neue Feld eine Mischung aus den alten Feldern, Feuchtigkeit und Aerosol, ist, aber neue Eigenschaften hat. Diese Eigenschaften sind teilweise von den alten Feldern geerbt. Zum Beispiel enthält das Feld sowohl Staub als auch Feuchtigkeit. Es ist nur so, dass sie in einer kombinierten Form existieren, die unterschiedliche Eigenschaften aufweist. So kann beispielsweise ein elektromagnetisches Feld (z. B. Licht) ein Feuchtigkeits- und ein Aerosolfeld durchdringen, ohne dass es stark gestreut wird. Es interagiert nicht mit dem Feuchtigkeitsfeld und nur leicht mit dem Aerosolfeld. Aber das Wolkenfeld ist anders: Licht wird in einem Wolkenfeld gestreut. Es interagiert also stark damit. Ähnliches gilt für ein Schallfeld. Dieses durchdringt ein Feuchtigkeits- und Aerosolfeld mit einer Geschwindigkeit von etwa 343 m/s. Diese Geschwindigkeit hängt von der Luftdichte und Temperatur ab. In einem Wolkenfeld ist die Schallgeschwindigkeit etwas höher, weil die Luftdichte höher ist. Also verhalten sich Anregungen sowohl im elektromagnetischen Feld als auch im Schallfeld (Photonen bzw. Schallwellen) in einem Wolkenfeld anders. Dies ist eine Folge der

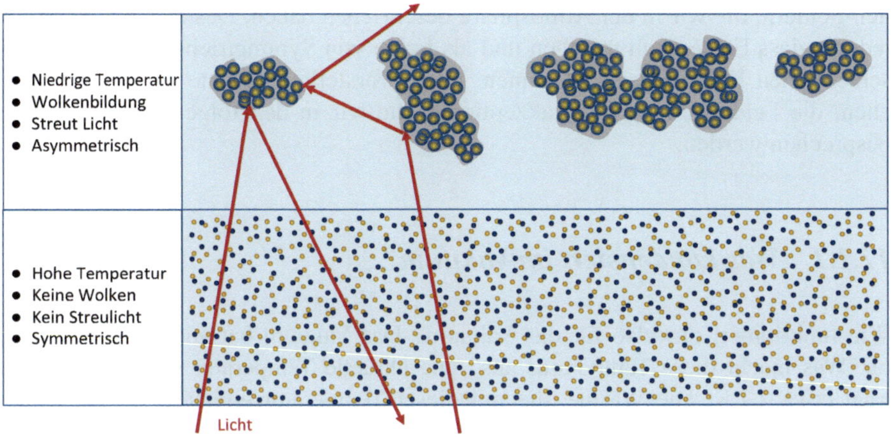

Abb. 17.1 Symmetriebrechung. Der untere Teil zeigt eine symmetrische Mischung aus Staub (gelbe Punkte) und Feuchtigkeit (blaue Punkte) und die Temperatur ist hoch. Die obere Hälfte zeigt eine Gruppe von blauen Bällen mit einem gelben Kern, asymmetrisch in Wolken gruppiert. Die Temperatur ist niedrig. Licht wird von den Wolken reflektiert, aber nicht im unteren Teil

Tatsache, dass sie „anders" mit dem Wolkenfeld im Vergleich zu den Feuchtigkeits- und Aerosolfeldern interagieren.

Dieses Beispiel zeigt, dass Felder sich mischen und unterschiedliche Felder mit unterschiedlichen Eigenschaften bilden können. Es zeigt auch, dass Symmetriebrechung dazu führen kann, dass Felder sich mischen. Wenn die Temperatur hoch genug ist, dass die Luft die Feuchtigkeit aufnehmen kann (vor der Symmetriebrechung), hat das Wolkenfeld überall einen Nullwert. Nach der Symmetriebrechung hat es einen Wert ungleich null (aber nicht notwendigerweise überall). Nehmen wir an, Sie starten an einem bewölkten Tag mit einem Flugzeug. Zunächst können Sie den Boden aus dem Fenster sehen. Die Temperatur der Atmosphäre ist hoch genug, um die gesamte Feuchtigkeit aufzunehmen. Aber wenn Sie höher fliegen, fällt die Temperatur. Irgendwann tritt das Flugzeug in das Wolkenfeld ein und Sie können den Boden nicht mehr sehen: Die Symmetriebrechung hat stattgefunden!

Warum ist das wichtig? Wir werden in diesem Abschnitt sehen, dass das Higgs-Feld mit dem Feuchtigkeitsfeld verglichen werden kann. Unterhalb einer bestimmten Temperatur bricht seine Symmetrie. Wenn das passiert, mischt sich Higgs mit einigen Feldern und hinterlässt ein Feld ungleich null, das anders mit anderen Feldern interagiert. Eine der Folgen ist, dass diese anderen Felder durch diese Interaktion Masse gewinnen. Genau wie die entarteten Energieniveaus der Elektronenbahnen in einem Atom durch Wechselwirkungen in der Energie differenziert werden, tut dies die Wechselwirkung mit Higgs für die masselosen und entarteten W-Bosonen.

Behalten Sie im Hinterkopf, dass dies ein *sehr grober Vergleich* ist. Es gibt *viele Unterschiede*. Die Felder, die wir im Vakuum finden, ähneln in keiner Weise den Feldern, die wir in der Atmosphäre beschrieben haben. Das Beispiel zeigt uns jedoch, dass Felder sich mischen und als Folge von Symmetriebrechung zu unterschiedlichen Feldern werden können. Diese Vorstellung könnte es einfacher machen, die Feldmischungen zu akzeptieren, die wir in den folgenden Abschnitten besprechen werden.

17.1.1 Was kondensiert im Vakuum?

Wie funktioniert das also für das Vakuum? Das Vakuum hat auch eine Temperatur. Was macht diese Temperatur aus? Die aktuelle Temperatur des Vakuums beträgt etwa 2,7 K. Die Wärme, die mit dieser Temperatur einhergeht, wird in den Wellen gespeichert, die im Vakuum vorhanden sind. Elektromagnetische Strahlung ist hauptsächlich für diese Wellen verantwortlich. Diese Art von Strahlung wird als „Schwarzkörperstrahlung" bezeichnet. Ein Schwarzkörper absorbiert Strahlung perfekt und reflektiert keine. Die von einem Schwarzkörper abgegebene Strahlung stammt also rein von seiner Temperatur. Temperatur ist nichts anderes als bewegende und schwingende Atome im Schwarzkörper. Solche Bewegungen geladener Teilchen erzeugen Strahlung. Wenn ein Schwarzkörper im Gleichgewicht mit seiner Umgebung ist, absorbiert er genauso viel Strahlung, wie er abgibt. Daher heizt er genauso viel auf, wie er abkühlt, und die Nettoauswirkung ist, dass er die gleiche Temperatur beibehält. Nehmen wir an, der Schwarzkörper wird in das Vakuum des Universums gebracht. Die Temperatur eines solchen Schwarzkörpers im Gleichgewicht mit dem Vakuum entspricht der Temperatur des Vakuums. Im aktuellen Universum hätte der Schwarzkörper eine Temperatur von 2,7 K (weit entfernt von allen Sternen), die wir als die Temperatur des Vakuums betrachten.

In der Vergangenheit war die Temperatur des Vakuums höher. Wir haben zuvor gesehen, dass das Universum bei etwa 10^{16} K die Symmetrie brechen würde. Um zu verstehen, was passiert, müssen wir uns das Higgs-Potenzial ansehen (s. Abb. 16.4 und 16.5). Vor der Symmetriebrechung war die Temperatur des Vakuums so hoch, dass das Higgs-Feld, wenn es im Gleichgewicht mit dem Vakuum war, ein Energieniveau über dem Buckel im Potenzial hatte (s. Abb. 17.2).

Folglich wurde das Higgs-Feld auf ein so hohes Energieniveau angeregt, dass es symmetrisch sein könnte! Es befand sich in einem Zustand, der vergleichbar ist mit „heißer Luft, die viel Feuchtigkeit enthält" oder mit einem Plasma. Als die Temperatur unter 10^{16} K fiel, musste das Energieniveau des Higgs-Feldes unter den Buckel fallen. Was passierte also dort? Im Grunde musste das Feld eine Entscheidung treffen, ob es im linken Potenzialtopf oder im rechten Potenzialtopf angeregt werden sollte. Es konnte nicht beides tun. Das Feld musste eine Entscheidung treffen, aber wie hat es das gemacht? Und was waren die Folgen dieser Entscheidung? Dies wird das Thema dieses Abschnitts sein.

Sobald das Feld seine Entscheidung getroffen hat, ist die Symmetrie gebrochen, da die Feldwerte positiv sein werden (in Abb. 17.2), wenn es sich entschieden hat, nach rechts zu gehen, oder negativ, wenn es sich entschieden hat, in

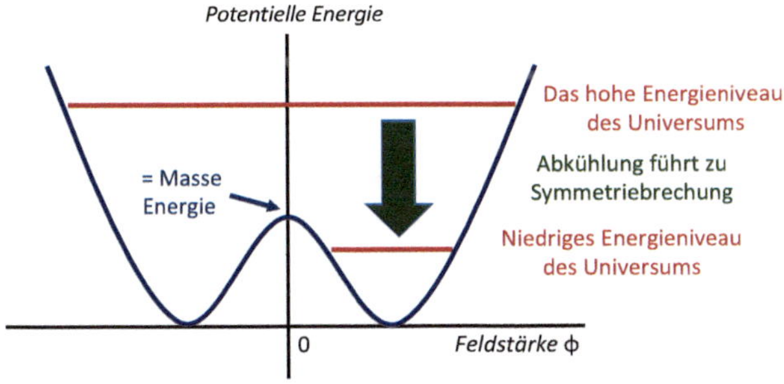

Abb. 17.2 Symmetriebrechung im frühen Universum

die andere Richtung zu gehen. Im Grundzustand (bei sehr niedriger Energie) wird das Feld nicht 0 sein. Es hat einen Wert ungleich null.

Ein weiteres wichtiges Problem ist, dass die Höhe des Buckels die Masse einer Higgs-Anregung bedeutet. Wenn das Feld 0 ist, ist das positive Massenpotenzial die einzige „Feder“, die bleibt. Daher entspricht das Energieniveau, wenn das Feld 0 ist, der Masse der Higgs-Anregungen. Wenn das Feld eine Energie über diesem Niveau hat, enthält es Higgs-Anregungen, genau wie Feuchtigkeit Wasser in heißer Luft enthält. Wenn die Temperatur unter dieses Energieniveau abkühlt, kann das Higgs-Feld keine Higgs-Anregungen mehr enthalten und sie müssen in Higgs-Teilchen „kondensieren“: Anregungen, die eine höhere Energie haben als das durchschnittliche Feld. Die Gesamtenergie des verbleibenden Feldes + Anregungen ist natürlich im Gleichgewicht mit dem Vakuum.

Also, Higgs ist das einzige Feld, das seine Symmetrie bricht, wenn die Temperatur des Vakuums sinkt. Dennoch wird dies große Auswirkungen auf die anderen Felder haben. Dies wird durch die Tatsache verursacht, dass Higgs mit diesen Feldern interagiert und sich diese Interaktion bei der Symmetriebrechung ändert.

Also, lassen Sie uns ein wenig tiefer graben und sehen, welche überraschenden Prozesse uns das bringen wird.

17.2 Die Symmetrie des Higgs-Feldes brechen

Wir brechen die Symmetrie, indem wir das Energieniveau senken. Wir haben vier Feldwerte zu berücksichtigen. Lassen Sie uns zuerst einen Blick auf das mexikanische Hut-Potenzial für zwei dieser Feldkomponenten in ihrer Überlagerung werfen. Dies ist eine kompliziertere Situation als der eindimensionale Fall. Wir können jetzt Teilchen (Feldanregung) auf komplizierte Weise durch das Potenzial bewegen (s. Abb. 17.3).

Eine solche Bewegung kann jedoch in zwei grundlegende Bewegungen zerlegt werden: eine in der „Rinne“ des Hutes und eine seitwärts. Von oben betrachtet sieht das aus wie Abb. 17.4. Die Erregung, die sich durch die Rinne bewegt, muss

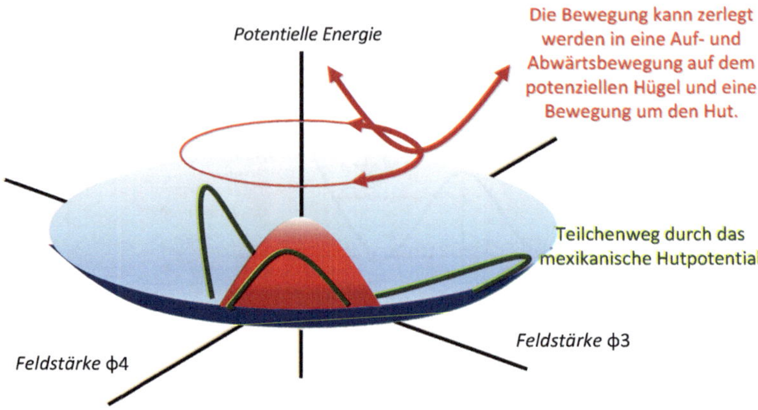

Abb. 17.3 Das Teilchen bewegt sich auf komplizierte Weise durch den mexikanischen Hut (grün), und die Art und Weise, wie diese Bewegung in zwei grundlegende Bewegungsarten (rot) zerlegt werden kann: auf und ab den Potenzialhügel und um den Hut herum

das Potenzial an keiner Stelle erklimmen, daher hat sie keine Energie (und folglich keine Masse). Betrachtet man dies als eine separate Art von Erregung, handelt es sich um ein Teilchen, das als „Goldstone-Modus" oder „Goldstone-Boson" [z. B. Ref. 9, S. 228; Ref. 8, S. 240] bezeichnet wird. Die andere Art der Bewegung bewegt sich auf dem Potenzial auf und ab, genau wie ein harmonischer Oszillator. Diese Erregung hat Energie und ist eine „normalere" Art von Erregung. Daher sehen wir, dass eine reguläre Higgs-Erregung in zwei verschiedene Arten von Erregung zerfällt, wenn die Energie des Feldes unter den Symmetriebrechungspunkt fällt: ein (massenloses) Goldstone-Boson und ein reguläres (massives) Boson. Die Masse dieses Bosons entspricht der Energie des ersten Erregungsniveaus.

Nun fragen Sie sich vielleicht, warum dieses Boson massiv ist, da dies z. B. bei Photonen nicht der Fall ist. Photonen haben zwar Erregungsenergie, aber sie haben keine Ruhemasse. Ihre Energieniveaus stammen allein von der Elastizität des Vakuums. Felder gewinnen Masse, wenn zusätzliche Federn hinzugefügt werden. Das Higgs-Feld war bereits vor der Symmetriebrechung massiv, was darauf hinweist, dass es seine eigenen „extra" Federn in das Higgs-Potenzial eingebaut hat. Wenn also ein Higgs-Boson dieses Potenzial auf und ab geht, wird es diese Federn spüren und massiv werden.

Aus Abb. 17.4 sehen wir, dass ein Feld an dem Punkt mit der niedrigsten Energie einen 0-Feldwert haben kann. In diesem Fall hat das andere Feld einen Wert, der die Gesamtfeldstärke bestimmt. Wir können die Idee von zwei Feldkomponenten auf vier Feldkomponenten erweitern. Für die vier Feldkomponenten des Higgs-Feldes können wir eine ähnliche Wahl treffen, bei der nur eine der Feldkomponenten einen von null verschiedenen Wert hat und die anderen drei 0 sind. Die drei „Null"-Felder können nicht angeregt werden, da ihre „Anregungen" sich in der Rinne des Potenzials bewegen werden. Daher können diese „Anregungen" (Goldstone-Bosonen) keine harmonischen Oszillatoren werden.

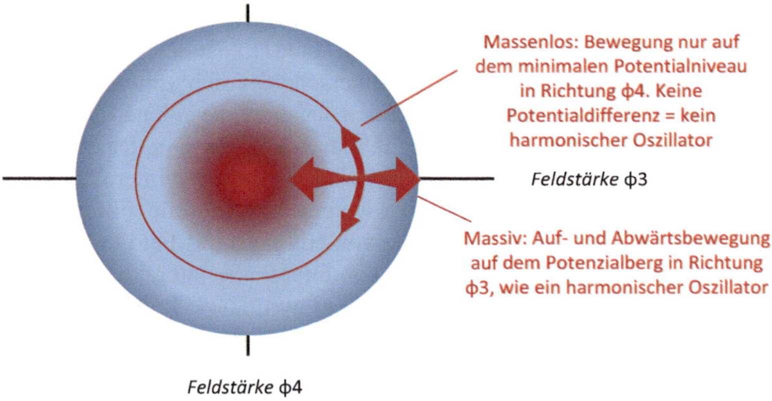

Abb. 17.4 Die grundlegenden Bewegungen von oben gesehen

Folglich werden sie keine Energie halten oder transportieren, was bedeutet, dass sie nirgendwo einen Einfluss haben. Wenn sie mit irgendeinem Feld interagieren würden, hätte diese Interaktion null Einfluss.

Bis jetzt können wir die Richtung, in der die Symmetrie im mexikanischen Hut gebrochen wird, nicht identifizieren. Die Natur könnte potenziell jede Richtung wählen. Warum sollten wir also eine bestimmte Richtung wählen, in der drei der Felder 0 sind? Ein Blick auf die Konsequenzen gibt uns eine Antwort auf diese Frage. Auch dies wird bestimmt durch das, was zum Universum führt, wie wir es heute beobachten.

17.2.1 Konsequenzen für die U(1)- und SU(2)-Eichbosonen

Unser Ausgangspunkt ist, dass wir eine gebrochene Symmetrie nehmen, bei der drei Higgs-Felder null und eines nicht null ist. Folglich kann es nur eine Welle in einem der Higgs-Felder geben: das Feld ungleich null. Diese Welle ist eine Anregung dieses Feldes und wir können sie mit dem Higgs-Boson assoziieren. Dies ist eine massive Anregung. Darüber hinaus ist das Feld ungleich null allgegenwärtig und existiert im gesamten Vakuum.

Das Higgs-Feld interagiert mit allen Bosonen W1, W2, W3 und B, aber nicht auf die gleiche Weise. Da drei der Felder 0 sind, führt die Interaktion mit diesen Feldern nicht zu einem Potenzial für die Bosonen. Das Feld, das jedoch nicht null ist, liefert ein Potenzial in der Interaktion. Denken Sie daran, dass das Interaktionspotenzial durch die Kopplungskonstante (die in diesem Fall g genannt wird) und die Feldstärken bestimmt wird. Wenn also die Stärke von drei der Higgs-Felder 0 ist und es in diesen Feldern keine Anregungen gibt, führen sie nicht zu einem Potenzial oder einer Interaktion.

Die Interaktion mit W1 und W2 ist unkompliziert. Es handelt sich nicht um eine Interaktion mit einer Anregung im Higgs-Feld. Es ist eine direkte Interaktion mit dem Feld ungleich null selbst. Dies unterscheidet sich von den Interaktionen mit anderen Feldern, die wir zuvor diskutiert haben: Eine solche Interaktion kann nur eine Interaktion mit einer Anregung in diesen Feldern sein. Das bedeutet, dass nur dann, wenn es eine Welle in diesen Feldern gibt, eine Interaktion mit einer solchen Welle gefühlt werden kann. Aber wenn es keine Welle gibt, ist das Feld 0 und kein Potenzial wird gefühlt. Im Falle von Higgs ist das Feld nicht null. Daher ist eine Interaktion mit diesem Feld eine kontinuierliche Interaktion und nicht auf den Fall beschränkt, dass es eine Welle im Feld gibt. Diese Interaktion ist wie das Bewegen durch ein kontinuierliches Medium, wie unser Beispiel von Licht, das sich durch Glas bewegt. Hier sehen wir also das kontinuierliche Higgs-Potenzial auftauchen, das die homogenen Federn im gesamten Universum bereitstellt, die W1 und W2 Masse verleihen. Der tatsächliche Wert der Masse von W1 und W2 hängt von der Kopplungsstärke g ab, die für beide Teilchen gleich ist.

Für W3 und das B-Boson sind die Dinge anders. Es stellt sich heraus, dass sie nur in einem gemischten Zustand mit Higgs interagieren, ähnlich wie das Feuchtigkeitsfeld nur in einer Mischung mit dem Aerosolfeld kondensieren konnte. Daher verbindet Higgs eine Mischung aus W3 und dem B-Boson. W3 und B haben die gleiche Hyperladung ($Y = 0$) und Isospin ($I_z = 0$). In gewisser Weise sind sie wie die zwei entarteten Zustände eines Teilchens. Daher können wir sie in der Mischung nicht unterscheiden. Folglich gibt es zwei mögliche Mischungen: eine symmetrische Mischung und eine asymmetrische Mischung. Die symmetrische Mischung erweist sich als massenlos, während die asymmetrische Mischung massiv ist. Daher interagiert Higgs mit W3 und B in einer Weise, dass es sie in eine massenlose Mischung und eine massive Mischung mischt. Die massenlose Mischung fungiert als Photon in unserem Universum und die massive Mischung als das dritte schwache Boson. Dieses Boson wurde in das Z°-Boson umbenannt.

Die Kopplungskonstante für das Photon und Z° wird durch die Mischung bestimmt. Nehmen wir an, die Mischung ist folgendermaßen aufgestellt:

$$Z^\circ = g\,W3 - g'\,B \text{ (asymmetrisch)},$$

$$\text{Photon} = g'\,W3 + g\,B \text{ (symmetrisch)}.$$

Die Masse des Photons muss 0 sein (da wir messen, dass es in unserem Universum eine Masse von 0 hat). Allerdings interagiert Higgs mit W3 und mit B. Wie kann also die Photonmischung masselos sein? Darüber hinaus könnte Z° nicht massiv sein, wenn Higgs nicht mit mindestens einem von ihnen interagieren würde. Daher ist die einzige Möglichkeit, dass das Photon masselos ist, wenn die Mischung selbst 0 ist:

$$g'\,W3 + g\,B = 0.$$

Dies kann uns sagen, was das Mischungsverhältnis zwischen W3 und dem B-Boson für das Photon ist! Damit der Photonenbegriff 0 ist, muss dieses Mischungsverhältnis sein:

$$\text{Mischungsverhältnis W3/B-Boson} = -g'/g.$$

Das Mischungsverhältnis hängt also von den Kopplungsstärken zum Higgs-Feld ab, wenn wir fordern, dass die Photonenmasse 0 entspricht. Als Konsequenz können wir auch das Mischungsverhältnis für das Z° bestimmen.

Wir sehen also, dass das alte SU(2)-W3-Boson mit dem alten U(1)-B-Boson gemischt wird. Aus dieser Mischung entstehen neue Teilchen. Das Wegmischen des B-Bosons hat eine Auswirkung auf die Ladung, die es repräsentiert. Diese Ladung hat sich geändert und mischt sich tatsächlich auch. Die neue Ladung ist die, die mit dem Photon in Verbindung steht, aber das Photon ist eine Mischung aus W3 und dem B-Boson. Daher hängt die neue Ladung von der Mischung ab und folglich hängt sie vom Mischungsverhältnis g′/g ab.

Also, was bestimmt das Mischungsverhältnis? Sie können sich vorstellen, dass W3 und B sich unterschiedlich an die 4 Komponenten des Higgs-Feldes koppeln. Aber die Werte der Komponenten des Higgs-Feldes hängen von der Richtung des Symmetriebruchs im mexikanischen Hut ab. Daher hängen die Kopplungsstärken von W3 und B an das Higgs-Feld von dieser Wahl der Richtung ab. Folglich führen unterschiedliche Richtungswahlen zu unterschiedlichen Werten für g und g′ und daher zu einem unterschiedlichen Mischungsverhältnis. Es gibt eine Voraussetzung für diesen Prozess: Die Photonenkombination von W3 und B muss das Vakuum als symmetrisch behandeln. Der Grund dafür ist, dass es sich um eine U(1)-Symmetrie handelt, die ist *lorentzinvariant im gegenwärtigen Universum.* Die von der Natur gewählte Richtung hat also genau zu diesem Merkmal geführt. Jetzt können wir fragen: Welche Richtungswahl macht die heutige U(1)-Symmetrie lorentzinvariant? Es gibt nur eine Richtung, die uns dieses Merkmal gibt: diejenige, bei der drei Felder 0 sind und ein Higgs-Feld nicht! Diese Wahl mischt W3 und B zu einem lorentzinvarianten Photon auf genau die richtige Weise.

Diese Wahl der Richtung führt zu einer Kombination von W3 und dem B-Boson, die das Vakuum als symmetrisch behandelt. Diese Kombination (das Photon) hat auch das Merkmal, dass es nicht mit Higgs interagiert! Der Mischwinkel, der mit dieser Wahl der Richtung verbunden ist, verknüpft die Ladung des Photons mit der alten Hyperladung Y und dem alten Isospin I_z:

$$Q = I_z + Y/2.$$

- Es stellt sich heraus, dass das Vakuum immer noch invariant ist bezüglich einer U(1)-Transformation über einen Winkel gleich $Y/2 + I_z$, als ob die neue Ladung Q zur U(1)-Transformation geworden ist.
- Sie könnten diese Formel selbst finden, indem Sie alle Teilchen mit ihren I_z, Y und dem heutigen Q ausprobieren. Nur eine Formel passt. Das rechtshändige Elektron hat eine Hyperladung von −2, aber heute hat es eine Ladung von −1. Daher sollte die Ladung Y/2 sein. Das linkshändige Elektron hatte $Y = -1$ und $I_z = -½$ und seine heutige Ladung muss auch −1 sein. Also würde $I_z + Y/2$ funktionieren. Dies funktioniert für alle Teilchen.

Da die Photonenkombination das Vakuum als symmetrisch behandelt, kann die andere Kombination (Z°) dies folglich nicht. Der Grund dafür ist, dass die Z°-Kombination eine andere Kombination ist. Es kann nur eine Kombination geben, die das Vakuum als symmetrisch behandelt. Offensichtlich passt die Kombination, die das Vakuum als nicht symmetrisch behandelt, zu einem Träger der schwachen Kraft, da die schwache Kraft das Vakuum ebenfalls nicht als symmetrisch behandelt. Die schwache Kraft behandelt Teilchen mit linker und rechter Chiralität unterschiedlich. Es braucht eine Paritätsoperation, um die linkshändige Chiralität in rechtshändige und umgekehrt zu ändern (s. Abschn. 13.4). Die Paritätsoperation tauscht alle Richtungen mit ihren entgegengesetzten Richtungen aus. Wenn eine Kraft zwischen einer Chiralität und ihrer paritätsgewechselten Version unterscheidet, behandelt sie den Raum offensichtlich nicht als symmetrisch.

Da das Photon das Vakuum als symmetrisch behandelt, muss es auch linkshändige und rechtshändige Fermionen als gleichwertig behandeln. Daher muss die elektromagnetische Ladung aller linkshändigen und rechtshändigen Fermionen gleich sein. Sie haben jedoch keine gleiche Hyperladung! Daher hat U(1) vor dem Symmetriebruch das Vakuum nicht als symmetrisch behandelt!

Nach dem Symmetriebruch müssen linkshändige und rechtshändige Fermionen eine gleiche Ladung haben. Dies zeigt erneut, warum die Mischung, die zum Photon führt, zur Beziehung $Q = I_z + Y/2$ führen muss. Diese Beziehung macht die Ladungen von linkshändigen und rechtshändigen Fermionen gleich. Eine Konsequenz ist, dass das Neutrino mit 0 Ladung übrig bleibt! Es gibt eine gewisse Logik darin, da es kein rechtshändiges Neutrino gibt. Wenn das Neutrino also eine Ladung hätte, wie könnte das rechtshändige Neutrino die gleiche Ladung haben, wenn es nicht existiert? Folglich, wenn das Neutrino eine Ladung ungleich null hätte, gäbe es eine Asymmetrie in U(1) nach dem Symmetriebruch.

Die drei Goldstone-Modi des gebrochenen Higgs-Feldes spielen keine Rolle mehr. Dies ist eine Folge davon, dass sie sich mit den ehemals masselosen W1, W2 und der Z°-Mischung von W3 und B vermischen. So sehen wir, dass sie verschwunden sind, während die Wechselwirkung des Higgs-Feldes mit den W1, W2 und der Z°-Mischung von W3 und B verändert wurde und diese Teilchen in neue massive umgewandelt hat. In gewisser Weise hat die Art und Weise, wie die Ws und B mit den Nullfeldern von Higgs gemischt wurden, sie dazu gebracht, mit dem Feld ungleich null zu interagieren, und deshalb sind sie massiv geworden. Der Symmetriebruch von Higgs war so, dass sich keine Teilchen mit der vierten Higgs-Feldkomponente gemischt haben. Daher bleibt die vierte Higgs-Feldkomponente. Die Wahl der Richtung im mexikanischen Hut hat dieses Feld im gesamten Universum nicht null gemacht und seine Anregungen sind massive Higgs-Bosonen. Dies ist die Higgs-Anregung, die mit dem ursprünglichen H°-Feld verbunden ist. Die Entartung von W3 und B wird nun durch ihre Mischung in Z° und das Photon aufgehoben.

Das Higgs-Boson wurde von CERN nach langer Suche gefunden. Es hat so lange gedauert, weil das Teilchen sehr massiv ist. Die Website von CERN besagt: „Am 4. Juli 2012 gaben die ATLAS- und CMS-Experimente am Large Hadron Collider von CERN bekannt, dass sie jeweils ein neues Teilchen im

Massenbereich um 126 GeV beobachtet haben. Dieses Teilchen stimmt mit dem vom Standardmodell vorhergesagten Higgs-Boson überein.“ [Ref. 15]. Da es sich um ein skalares Teilchen handelt, ist das Higgs-Boson das erste fundamentale skalare Teilchen, das in der Natur entdeckt wurde.

Der Mischprozess wird als Higgs-Mechanismus bezeichnet. Wir fassen den Mischprozess in Tab. 17.1 zusammen.

Das Higgs-Feld ungleich null interagiert auch mit Fermionen. Auf die gleiche Weise gibt es ihnen (bloße) Masse und die Größe der Masse wird durch die Größe der Kopplungskonstante bestimmt. Die Tatsache, dass das Higgs-Feld überall ungleich null ist, ist dafür verantwortlich: Es führt zu einer kontinuierlichen und homogenen Interaktion.

17.2.2 *Masse der W^-, W^+ und $Z°$*

Fortan werden wir die nach dem Symmetriebruch gebräuchlichen Namen für W1 und W2 verwenden: W^+ und W^-. Aus Experimenten wissen wir, dass die Massen von $W^{+}/^{-}$ und Z° wie folgt lauten:

$$\text{Masse}\,Z^\circ = 91{,}19\,\text{GeV},$$

$$\text{Masse}\,W^+/^- = 80{,}40\,\text{GeV}.$$

Diese Massen sind sehr hoch. Das Z° ist z. B. etwa 97-mal so schwer wie das Proton. Vergleichen wir das mit Gold. Ein Goldatom besteht aus 197 Nukleonen (Protonen und Neutronen). Es wiegt etwa 183 GeV, und so wiegt das Z° so viel wie ein halbes Goldatom.

Wir haben gesehen, dass die schwache Kraft entsteht, wenn eine Seite von z. B. einem Elektron in die andere Seite, ein Neutrino, umgewandelt wird. Wenn das Elektron eine solche Änderung vornimmt, erzeugt es ein W. Nach dem Symmetriebruch ändert sich dieser Prozess. Wir werden später sehen, zu welchen Arten von Wechselwirkungen dies führt. In Bezug auf die Masse versuchen Sie sich einfach vorzustellen, dass ein Elektron (das nur 0,5 MeV wiegt) ein virtuelles W von 80 GeV erzeugen muss, wenn es sich in ein Neutrino verwandelt.

Tab. 17.1 Die Vermischung von Feldern als Folge der Symmetriebrechung im Higgs-Feld

Alter Boson	Neue Teilchenmischung	Mischen mit Higgs-Feld	Ergebnis nach Symmetriebrechung
W1		H^+ und W1	Massives W^+
W2		H^- und W2	Massives W^-
W3	$Z° = W3 - B$	A0 und (W3 − B)	Massives Z°
B	Photon = W3 + B		Masseloses Photon

Damit dieser Prozess stattfinden kann, muss sich das Elektron vollständig auf die Unschärferelationen verlassen. Das W kann nicht aus seiner eigenen Masse oder Energie erzeugt werden.

Das Elektron erzeugt eine virtuelle Photonenhülle um sich herum. Ausgehend von der Masse der Ws wird es viel weniger begeistert sein, auch eine virtuelle W-„Wolke“ zu erzeugen. Im Prinzip funktioniert es jedoch auf die gleiche Weise. Das Elektron kann sich in ein Neutrino verwandeln, ein W erzeugen, für die sehr kurze Zeit, in der zusätzliche Energie gemäß der Unschärferelation „ausgeliehen“ werden kann:

$$\Delta \mathrm{E}\ \Delta \mathrm{t} \geq \mathrm{h}/4\pi$$

Da die Menge an Energie, die benötigt wird, um ein W zu erzeugen, so hoch ist, sprechen wir hier von einem großen Darlehen. Das kann nur während einer sehr kurzen Zeit existieren. Diese Zeit ist von der Größenordnung 10^{-24} s. Bei einer maximalen Geschwindigkeit von c (3×10^8 m/s) bedeutet dies, dass die schwache Kraft eine Reichweite von etwa 10^{-16}–10^{-17} m hat. Auf solch eine Entfernung ist die schwache Kraft etwa 10.000-mal schwächer als die elektromagnetische Kraft. Aber bei 10^{-18} m ist sie bereits genauso stark wie die elektromagnetische Kraft. Folglich bemerken wir diese Kraft im täglichen Leben nicht. Sie spielt nur unterhalb der Skala eines Kerns eine Rolle. Die Größe eines Kerns beträgt typischerweise etwa 10^{-14}–10^{-15} m.

Eine andere Art, dies zu betrachten, besteht darin, das erzeugte W als Störung und nicht als eigentliche Welle zu betrachten. Eine Störung mit geringer Energie muss sehr weit vom Resonanzpunkt entfernt sein (wo ein echtes W erzeugt werden könnte), was ihre Erzeugung sehr unwahrscheinlich und daher sehr kurzlebig macht. So oder so kommen wir zu dem gleichen Ergebnis: Die schwache Kraft ist schwach wegen der riesigen Masse der Ws und Z.

Wenn ein Elektron sich in ein Neutrino verwandelt und eine W-Störung erzeugt, kann es das W wieder aufnehmen und sich wieder in ein Elektron verwandeln. Alternativ kann die W-Störung von einem anderen Teilchen aufgenommen werden, das eine solche Änderung vornimmt, und das Elektron wird als Neutrino herauskommen.

17.2.3 Folgen für die Fermion-Wechselwirkungspotenziale

Wir haben die Wechselwirkungen der Fermionen mit den U(1)- und SU(2)-Eichfeldern noch nicht diskutiert. Vor dem Symmetriebruch haben wir immer noch die Wechselwirkungspotenziale der Elektronen und Neutrinos mit dem U(1)-B-Boson (Hyperladung) und den SU(2)-W1-, W2- und W3-Bosonen (Isospin).

Als nächsten Schritt verwenden wir die Gleichungen, die zeigen, wie diese Teilchen gemischt werden, um W1, W2, W3 und B in den Wechselwirkungspotenzialen zu ersetzen. Das bedeutet, die alten Bosonenfelder zu eliminieren und sie durch die neuen Felder zu ersetzen, zeigt aber auch, wie Fermionen an die neuen Felder $W^{+/-}$, Z° und A (Photonen) koppeln. Insbesondere führt das Mischen von W3 und B in das Photon und das Z° zu vielen Änderungen. Dies führt dazu, dass die elektrische Ladung eine Mischung aus Hyperladung und Isospin ist, wie wir gesehen haben. Aber es führt auch dazu, dass die Kopplung an Z° anders ist als die Kopplung an $W^{+/-}$. Die beiden Letzteren koppeln wie zuvor an den Isospin, aber Z° koppelt nach einer Mischung zwischen Ladung und Isospin. Diese Mischung wird durch das Mischungsverhältnis bestimmt, genau wie wir es zuvor beim Photon gesehen haben. Wir werden die resultierende Z°-Ladung nicht diskutieren, da wir diese nicht weiter verwenden werden. Das Ergebnis ist in den Tab. 17.2 und 17.3 zusammengefasst.

In Tab. 17.2 sehen wir, dass das Photon nicht an das Neutrino koppelt, im Gegensatz zum B-Boson (Hyperladung), das vor der Symmetriebrechung an das Neutrino gekoppelt hat.

Ein weiteres wichtiges Ergebnis ist, dass Z° sowohl an das Elektron als auch an das Neutrino koppelt, aber mit unterschiedlichen Stärken. Da das Z-Boson weder Ladung noch Isospin hat, kann es nur Impuls, Energie und Spin übertragen. Im Gegensatz zu den W^+ und W^- kann Z° die Ladung eines Fermions nicht ändern. Deshalb wird es der *neutrale* Strom genannt. „Strom" hat hier nichts mit elektrischem Strom zu tun, sondern bezieht sich auf „Isospinstrom".

Das Neutrino kann nur durch die schwache Kraft mit anderer Materie interagieren. Wenn es dies durch W^+/W^- tut, ist es an der Merkmalsänderung von Fermionen beteiligt. Nur Z° bietet die Möglichkeit, dass ein Neutrino von anderen Fermionen abprallt, ohne sie in eine anderen Sorte zu verwandeln. Z° ermöglicht

Tab. 17.2 Die neuen Ladungen der Fermionenfelder als Folge der Symmetriebrechung des Higgs-Feldes

Linkshändige Chiralität	Y_w	I_z	$Q = I_z + Y/2$	Rechtshändige Chiralität	Y_w	I_z	$Q = I_z + Y/2$
γ_e, γ_μ, γ_τ Neutrinos	−1	+½	0	Neutrinos (wahrscheinlich) nicht existent	x	0	x
e, μ, τ Leptonen	−1	−½	−1	e, μ, τ Leptonen	−2	0	−1
u, c, t Quarks	+1/3	+½	+2/3	u, c, t Quarks	+4/3	0	+2/3
d, s, b Quarks	+1/3	−½	−1/3	d, s, b Quarks	−2/3	0	−1/3

Tab. 17.3 Die neuen Ladungen der Bosonenfelder als Folge der Symmetriebrechung des Higgs-Feldes

Boson	$Q = I_z + Y/2$	I_z	Y_w	Mischung von
Photon	0	0	0	W3 + B
W^+	+1	+1	0	W1 + H^+
W^-	−1	−1	0	W2 + H^-
Z°	0	0	0	(W3 − B) + A°
Higgs	0	−½	1	H°

den Impulstransfer zwischen einem Neutrino und einem Fermion. Wir nennen diesen Prozess „elastische Streuung“, da er die beteiligten Teilchen nicht verändert. Dies ist wie ein Gummiball, der auf den Boden prallt. Der Ball und der Boden ändern sich in diesem Streuprozess nicht. „Inelastische Streuung“ wäre eher wie das Aufprallen einer reifen Tomate auf den Boden. Offensichtlich ändert das den Boden (er wird schmutzig) und die Tomate (zerquetscht). Daher wirkt Z° wie eine Kraft, wie wir sie von der elektromagnetischen Kraft kennen! Der einzige (große) Unterschied ist, dass Z° so schwer ist, dass die Kraft eine sehr kurze Reichweite hat.

Neutrinos haben die gleiche effektive Z-Ladung wie Isospin. Das bedeutet, dass sie genauso wahrscheinlich elastisch durch Z° streuen (die Teilchen bleiben gleich) wie inelastisch durch $W^{+/-}$ streuen (die Teilchen werden in eine andere Sorte verwandelt).

Rechtshändige Fermionen (außer Neutrinos) haben eine effektive Z°-Ladung ungleich null. Das bedeutet, dass sie das Z-Boson spüren können, während sie die $W^{+/-}$-Bosonen nicht spüren können, da sie sich nicht in Neutrinos verwandeln können. Dies ist eine Folge davon, dass Z° eine Kombination aus W3 und B ist. Also wird alles Rechtshändige mit einer Hyperladung eine gewisse Wechselwirkungsstärke mit dem Z° haben.

17.3 Wechselwirkungen

Wir haben bereits einige Feynman-Diagramme gesehen (s. Kap. 10). Der Knotenpunkt ist der Punkt, an dem eine Phasenverschiebung oder eine Isospin-Rotation stattfindet (im Falle von elektromagnetischen oder schwachen Wechselwirkungen). Die Phasenverschiebung oder Isospin-Rotation ändert das Teilchen, das die Verschiebung oder Rotation durchführt, entweder in Richtung und Impuls oder auch durch Änderung seines Gesichts. Wenn es dies tut, erzeugt es eine Eichwelle. Diese Eichwelle soll die Änderung in der Teilchenwelle wegtragen. Folglich muss am Knotenpunkt die Gesamtladung und der Isospin auf der linken Seite des Knotenpunkts (die „vorherige“ Situation) gleich sein wie auf der rechten Seite des Knotenpunkts (die „nachherige“ Situation). Wir haben dies bereits in Bezug auf den Impuls gesehen („vorheriger“ Impuls = „nachheriger“ Impuls). In diesem Abschnitt werden wir uns in den Diagrammen auf die Erhaltung von Ladung und Isospin konzentrieren.

Das Photon hat eine begrenzte Anzahl von Möglichkeiten, mit Materie zu interagieren, und die Interaktion ist einfach. Es lässt Teilchen unverändert, außer in Bezug auf Impuls und (manchmal) Erzeugung/Vernichtung. Die schwache Kraft ist sehr unterschiedlich. Es sind viele verschiedene Arten von Wechselwirkungen möglich, die oft das Aussehen der beteiligten Teilchen verändern. Alle Wechselwirkungen werden durch Bosonen vermittelt, weil Bosonen die Phasenverschiebung oder Rotation tragen, die die Fermionenwelle verändert. Es gibt keine direkten Fermion-Fermion-Wechselwirkungen, da Fermionen die Welle eines anderen Fermions nicht direkt verändern. Daher können wir die Arten von Wechselwirkungen um die Art des Bosons gruppieren. Also, tauchen wir in die verschiedenen Arten von Wechselwirkungen ein, die möglich sind, und sehen, was sie beinhalten. Wir beginnen mit dem Photon.

17.3.1 Photonen-Wechselwirkungen

A. Kraftübertragende Wechselwirkungen

Eine Kraft wird durch ein Potenzial erzeugt, das voneinem Teilchen zum anderen übertragen wird und die Bahnen beider Teilchen biegt.Direkter ausgedrückt, wird der Impuls durch das vermittelnde Boson übertragen. DasPhoton vermittelt die elektromagnetische Wechselwirkung (s. Abb. 17.5). Diese Vermittlung verändert das Aussehen der geladenen Teilchen nicht.

B. Erzeugung/Vernichtung

Die Energie eines Photons kann zur Erzeugung eines Teilchen/Antiteilchen-Paares (Paarerzeugungverwendet werden, s. Abb. 17.6). Dieskann auch als ein Teilchen

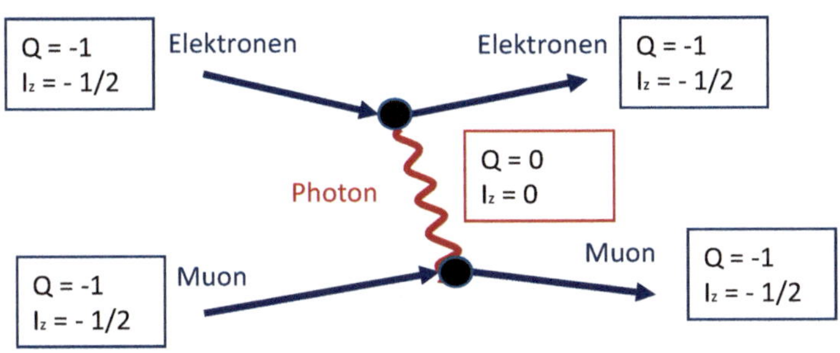

Abb. 17.5 Photon vermittelt die elektromagnetische Kraft

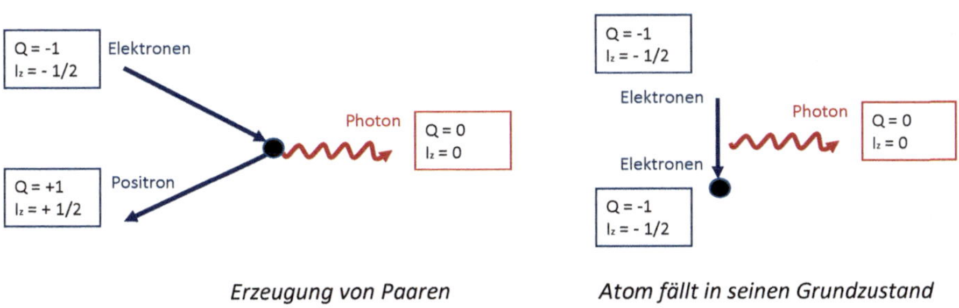

Abb. 17.6 Die Rolle des Photons in Erzeugungs-/Vernichtungsprozessen

betrachtet werden, das sich in sein Antiteilchenverwandelt, während es ein Photon erzeugt oder absorbiert. Andere Arten vonErzeugung und Vernichtung sind z. B. ein Atom, das sein Energieniveau ändert, indemes ein Photon erzeugt oder absorbiert.

C. Vakuum-Polarisation

Wiebereits diskutiert, kann das Photon das Vakuum polarisieren, indem es sich in einvirtuelles Elektron-Positron-Paar aufspaltet und es wieder absorbiert (s. Abb. 17.7). Während seiner Existenz kann dieElektron-Positron-Störung in einem elektromagnetischen Feld polarisieren.

17.3.2 W-Wechselwirkungen

A. Interaktionen, die das Aussehen verändern

Ein Neutrino kann seinGesicht in ein Elektronändern und dabei eine W^+-Störung erzeugen (s. Abb. 17.8). Die Ladung kann am Scheitelpunkt addiertwerden. Die Ladung vorher war 0 (Neutrino) und die Ladung nach der Rotation ist -1(Elektron) + 1 (W^+). Daher ist die Ladung amScheitelpunkt erhalten. Das Gleiche gilt für den Isospin. Das W^+wird dann von einem Down-Quark absorbiert, das sein Aussehen in ein Up-Quark ändert.Auch hier sind Ladung und Isospin erhalten.

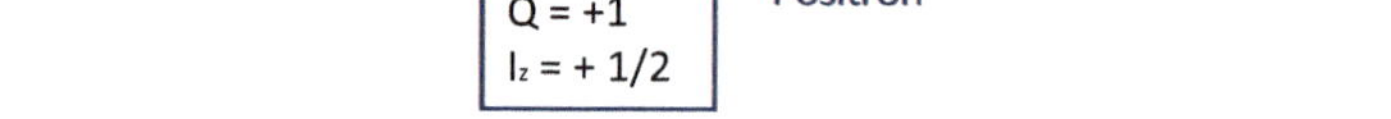

Abb. 17.7 Vakuum-Polarisation

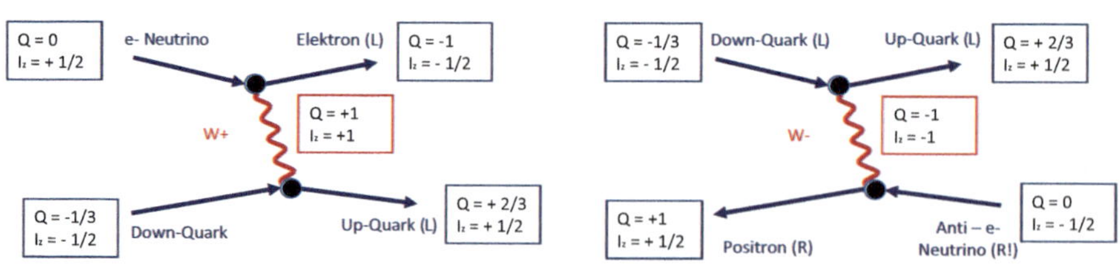

Abb. 17.8 Wechselwirkungen mit W-Bosonen, die das Aussehen verändern

Beide Quarks müssen linkshändig sein, dadie rechtshändigen Versionen 0 Isospin haben und das W^+nicht absorbieren können.

Im zweiten Diagramm wird ein Down-Quark (L) in ein Up-Quark umgewandelt und erzeugt dabei ein virtuelles W^-. Die W-Störung wird von einem Positron absorbiert, das sich in ein Neutrino verwandelt. Beachten Sie, dass Antifermionen rechtshändig sein müssen, um mit der schwachen Kraft zu interagieren, da linkshändige dies nicht können.

B. Erzeugungs-/Vernichtungsinteraktionen

Erzeugungs-und Vernichtungsprozesse mit W-Bosonenbeinhalten Wechsel des Aussehens. Zum Beispiel kann ein Top-Quark gegen einAntibottom-Quark vernichtet werden, um ein W^+-Boson zuerzeugen (s. das erste Diagramm von Abb. 17.9).Nun wird es besonders verlockend, eine Paarvernichtung als eine Teilchenumkehr inder Zeit zu betrachten, d. h., sie wird zu ihrem Antiteilchen. Im Falle von W-Bosonenkehren sie nicht nur in der Zeit zurück, sondern verwandeln sich auch in ihr anderesGesicht, wenn sie ein W-Boson erzeugen. Beachten Sie, dass die Gesamtladung links +1und rechts ebenfalls +1 ist. Wenn wir darüber nachdenken, dass ein Top-Quarkhineingeht und ein W^+ erzeugt, muss das Top-Quark inetwas mit Ladung $-1/3$ (Bottom) umgewandelt werden. Vergessen Sie nur nicht, dasVorzeichen dieser Ladung zu ändern, wenn das Endprodukt ein Antiteilchen(Antibottom) ist!

Das zweite Diagramm zeigt dasselbe, aber jetzt mit einem W^--Boson, das aufhört zu existieren und ein Elektronen- und Antineutrino-Paar erzeugt. Auch hier könnte man dies als das Antineutrino betrachten, das das W^- absorbiert und in sein anderes Aussehen verwandelt sowie in die andere Richtung in der Zeit geht: das Elektron. Beachten Sie auch, dass dieses Diagramm dasselbe ist wie das zweite Diagramm in Abb. 17.8, mit dem Unterschied, dass wir ein Elektron haben, das austritt und nicht ein Positron eintritt! Die beiden Prozesse sind im Wesentlichen die gleichen, werden aber aus einem anderen Bezugssystem (unterschiedliche relative Geschwindigkeit) betrachtet.

Das Gleiche könnte für andere Diagramme gelten, wie das erste Diagramm in Abb. 17.9. Anstatt dass ein Antibottom-Quark eintritt, könnten wir ein

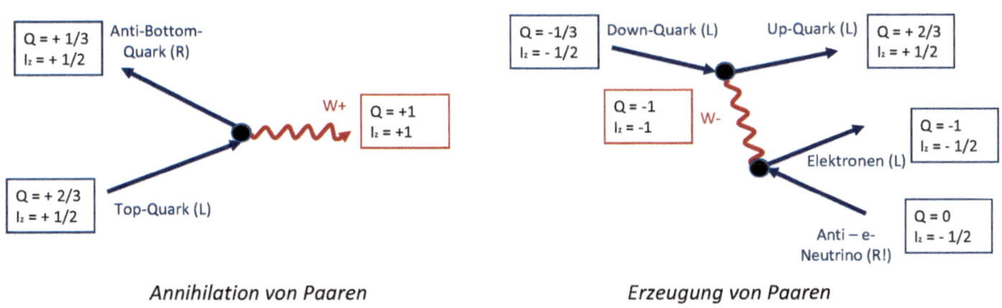

Abb. 17.9 Paarvernichtungs- und Erzeugungsinteraktionen

Bottom-Quark haben, das das Diagramm verlässt, und es wäre nur eine gesichtswechselnde Interaktion. Es hängt alles von der relativen Geschwindigkeit des Beobachters ab.

C. Zerfallsinteraktionen

Ein Myon kann sich nicht in eine andere (Nicht-Myon-)Art von Neutrino verwandeln und es kann sich nicht einfach in ein Elektron und etwas anderes aufspalten. Dennoch wird ein Prozess beobachtet, beidem Myonen in Elektronen und zwei Neutrinos zerfallen. Wie funktioniert das? Zunächst kann ein Myon in sein Myon-Neutrino-Gesicht wechseln und eine W-Störung erzeugen (s. Abb. 17.10). Das W^- zerfällt dann in ein Elektron und ein Antineutrino des Elektronentyps.

Das Gleiche gilt für ein Pion (π^+), das ist ein zusammengesetztes Teilchen, bestehend aus einem Up-Quark und einem Anti-Down-Quark. Das Up-Quark verwandelt sich in das Anti-Down-Quark und erzeugt dabei eine W^+-Störung. Das W^+-Boson zerfällt in ein Antimyon und einen Myon-Typ Neutrino. Oder anders ausgedrückt, das Antimyon absorbiert das W^+ und verwandelt sich in sein Neutrino.

Das Lustige ist, dass ein Pion (also π^+) anscheinend aus einem Quark und der Antiversion seiner anderen Seite besteht. Anders ausgedrückt, besteht das Pion aus einem Quark-Paar, das sich unter der schwachen Kraft ineinander verwandeln kann. Die wird noch komplizierter, wenn wir darüber nachdenken, ein Pion aus einem anderen Bezugssystem zu beobachten, in dem das Anti-Down-Quark nur ein Down-Quark ist und das W^+ durch eine Drehung von Up nach Down erzeugt wird. Können wir dann das Pion als Teilchen betrachten? Um dies zu beantworten, müssen wir die Farbladung der Quarks einbeziehen und darauf werden wir im nächsten Kapitel eingehen. Für jetzt können wir sagen, dass ein loses Quark nicht existieren kann, also muss ein Quark, um sein Aussehen zu ändern, Teil eines zusammengesetzten Teilchens sein, das ein oder zwei andere Quarks enthält. Folglich kann das Pion aus einem Up-Quark + Anti-Down-Quark bestehen, die zur gleichen Zeit koexistieren können (und durch die Farbkraft verbunden sind), aber nicht in Form eines losen Up-Quarks, das sich in ein loses Down-Quark verwandelt. Weitergehend muss die Geschwindigkeit des Up-Quarks und des

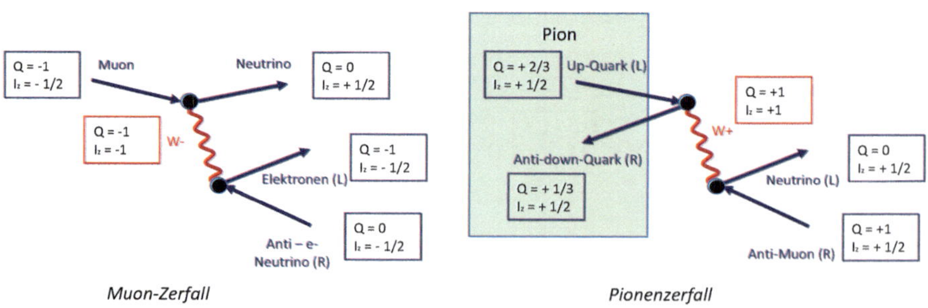

Abb. 17.10 Zerfallsprozesse

Anti-Down-Quarks gleich sein. Dann gibt es kein Bezugssystem, in dem das Up-Quark ein Up-Quark bleibt, aber das Anti-Down erscheint als ein Down-Quark. Wenn Sie sich in einem Bezugssystem befinden, in dem das Anti-Down-Quark tatsächlich ein Down-Quark ist, dann muss das Up-Quark als ein Anti-Up-Quark erscheinen und Sie haben ein π^- (s. die Tabelle für den Teilchenzoo)! Das π^- ist das Antiteilchen des π^+. Und so ist alles wieder konsistent!

D. Krafttragende Wechselwirkungen

Dieunter A–C diskutierten Wechselwirkungen haben auch Auswirkungen auf den Impuls, abersie lassen die Teilchen nicht gleich. Daher wird der Kraftaspekt dieserWechselwirkungen von den gesichtsverändernden Aspekten überschattet. Es gibt auch Wechselwirkungen, die W-Bosonen involvieren unddie gleichen Teilchen erzeugen wie die, die in die Wechselwirkung eingetreten sind.Bei solchen Prozessen tritt der Kraftaspekt mehr in den Vordergrund.

Nehmen Sie z. B. ein Elektron, das sich in ein Neutrino verwandelt und dabei eine W^--Störung erzeugt (s. Abb. 17.11). Das virtuelle W^- kann von einem Neutrino absorbiert werden, das sich in ein Elektron verwandelt. Dann treten die gleichen Teilchentypen in die Wechselwirkung ein wie die, die die Wechselwirkung verlassen. Die Impulse des Elektrons und des Neutrinos können vor und nach der Wechselwirkung unterschiedlich zwischen ihnen verteilt sein. Effektiv führt die Wechselwirkung zu einer Impulsübertragung. Alternativ können wir sagen, dass das Elektron von einem Neutrino gestreut wird. Die Kraft, die durch diese Art von Wechselwirkung erzeugt wird, wird als geladener Strom bezeichnet, da er von einem (Isospin) geladenen W-Boson getragen wird. Es handelt sich um eine inelastische Art von Streuung, da die Teilchen im Prozess verändert werden.

17.3.3 Z-Interaktionen

A. Kraftübertragende Interaktionen

DasZ-Boson kann auch verwendet werden, um eine Kraft zu erzeugen. Das Z-Boson verändertnicht das Gesicht eines Fermions. Anders ausgedrückt, wenn ein

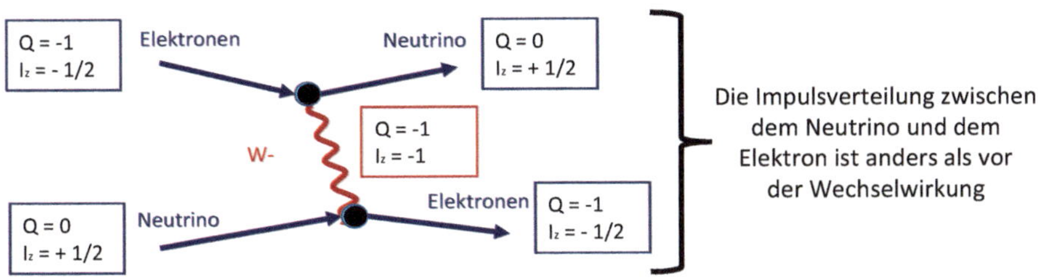

Abb. 17.11 Effektive Kraft, die durch einen geladenen Stromprozess erzeugt wird

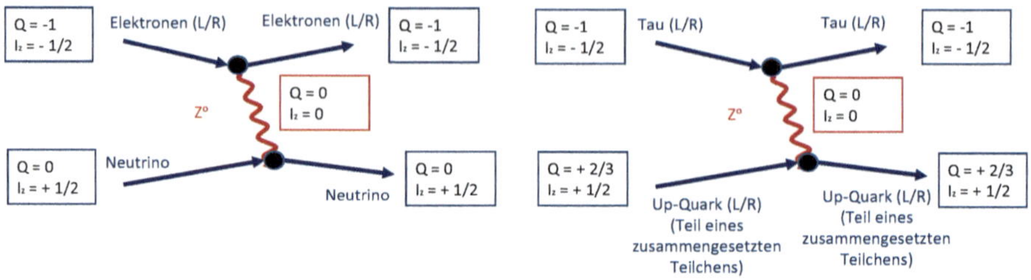

Abb. 17.12 Kraft, erzeugt durch einen neutralen Stromprozess

Fermion in sichselbst umgewandelt wird, erzeugt es ein Z-Boson. Ein Fermion, das ein Z absorbiert,verwandelt sich in sich selbst. Daher können wir den folgenden Prozess betrachten(s. Abb. 17.12): Ein Neutrino verwandeltsich in sich selbst und erzeugt eine Z-Störung. Die Z-Störung wird von einemElektron absorbiert, das sich in sich selbst verwandelt. Alles, was das Z getan hat,ist, Impuls und Energie zu übertragen. In diesem Sinne ähnelt es sehr dem Photon. Dasich in dem Prozess keine Teilchen verändern und Z keine Ladung trägt, wird dieserProzess als neutraler Strombezeichnet. Wir können sagen, dass ein Elektron auf diese Weise von einem Neutrinogestreut wird. In diesem Fall handelt es sich um eine elastische Art der Streuung,da die Teilchen sich nicht verändern.

Es ist interessant, diesen Prozess zu messen. Das Neutrino ist extrem schwer zu beobachten, daher sieht man im Allgemeinen ein Elektron, das plötzlich einen Stoß aus dem Nichts bekommt. In diesem Fall ist es ein Neutrino, das durch eine Z-Interaktion vom Elektron gestreut wurde.

Das zweite Diagramm erzählt die gleiche Geschichte, aber nur mit anderen Teilchen. Beachten Sie, dass in beiden Diagramme die Fermionen sowohl linksdrehend als auch rechtsdrehend sein können. Dies ist eine Folge der Tatsache, dass das Z° eine Mischung aus W3 und B ist. Daher wird jedes Teilchen mit Hyperladung das Z° in gewissem Maße spüren, selbst wenn es, wie Fermionen mit rechtsdrehender Chiralität, das $W^{+}/^{-}$ nicht spürt.

B. Erzeugungs-/Vernichtungsinteraktionen

Ein Z-Boson kann erzeugt werden, wenn ein Fermion in sein Anti-Selbst, d. h. in seinAntiteilchen, umgewandelt wird. Dies ist ein Vernichtungsprozess (s. Abb. 17.13). Das Z-Boson kann wieder zerfallen und einweiteres Paar erzeugen, in diesem Fall ein Quark-Antiquark-Paar, das ein Φ-Mesonbildet.

In diesem Diagramm haben wir auch Fermionen mit rechtsdrehender Chiralität, die durch ein Z-Boson erzeugt und vernichtet werden können. Das Z-Boson kann in alle Fermion-Antifermion-Paare zerfallen, die existieren. Dies hat eine interessante Auswirkung auf die Anzahl der Teilchenfamilien, die wir später im Abschnitt „Familiengeschäft" diskutieren werden.

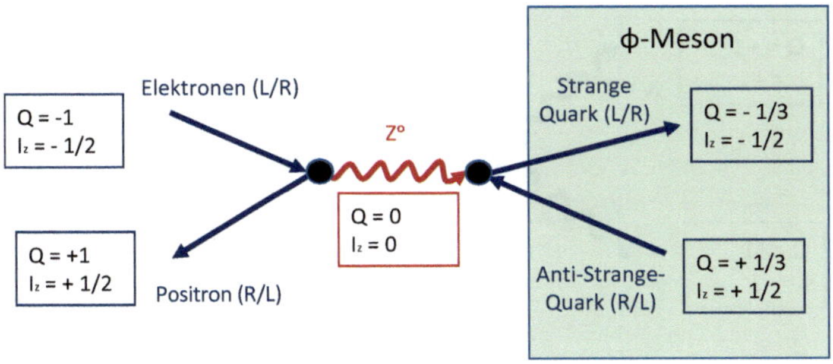

Abb. 17.13 Paarerzeugung und Vernichtung über ein Z-Boson

17.3.4 Z-W-Selbstinteraktionen

Da die Bosonen der schwachen Wechselwirkung selbst eine schwache (Isospin-) Ladung tragen, können sie miteinander interagieren. Diese Art von Interaktion wird Selbstinteraktion genannt. Schauen wir uns an, wie diese Interaktionen aussehen.

A. Erzeugungs-/Vernichtungsinteraktionen

Die W^+ und W^- können sichgegenseitig vernichten und ein Z° erzeugen (s. Abb. 17.14). Anders ausgedrückt, sie können sich ineinander umwandeln unddabei ein Z° erzeugen. Ebenso kann das Z° in ein W^+ undein W^- zerfallen. Daraus folgt, dass W^+und W^- tatsächlich jeweils die Antiteilchen des anderensind. Das Antiteilchen von Z°ist Z° selbst, genau wie beim Photon. Ein Photon kann auch ein W^+/W^--Paar erzeugen. Wenn ein Z° ein W^+/W^--Paar erzeugt, muss dieses Paar virtuell sein und kannaufgrund seiner beträchtlichen Masse nur sehr kurz existieren. Die Chancen, dass sievon einem anderen Teilchen absorbiert werden, sind extrem gering. Daher werden das W^+ und das W^- höchstwahrscheinlich wiederabsorbiert und werden wieder zu einem Z°. Daher wird dieser Prozess normalerweisenicht berücksichtigt, wenn die Zerfallsmöglichkeiten von Z° diskutiert werden.

B. Schwache Vakuum-Polarisation

Genauwie ein Elektron ein Photon erzeugen kann, das sich für eine Weile in ein geladenesTeilchen und sein Antiteilchen aufspaltet, kann ein Fermion auf ähnliche Weise einZ° erzeugen. Das Z° kann sich in ein W^+/W^-aufspalten und diese Aufspaltung kann das Vakuum polarisieren (s. Abb. 17.15). So beeinflussen in Anwesenheit eineselektrischen Feldes die beiden geladenen Störungen das elektrische Feld und erzeugenetwas Dielektrikum im Vakuum. Aber angesichts der Massen der Ws und des Z° istdieser Prozess relativ selten.

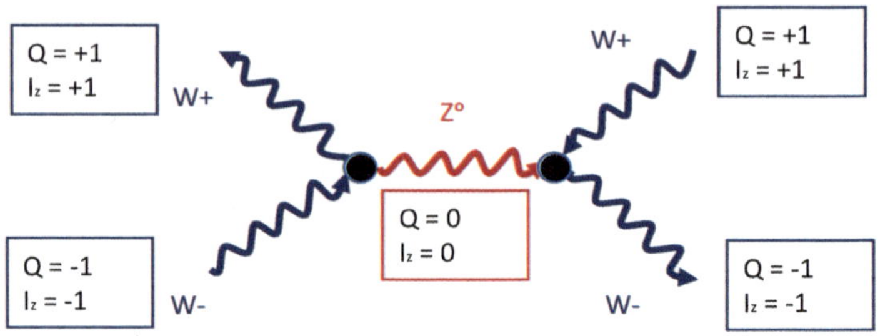

Abb. 17.14 Erzeugung und Vernichtung von W^+/W^-

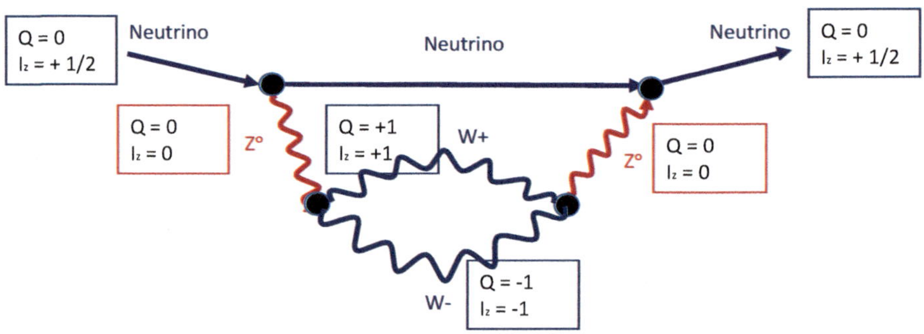

Abb. 17.15 Schwache Vakuum-Polarisation

17.3.5 Neutronenzerfall

Es sind nicht nur fundamentale Teilchen, die unter der schwachen Kraft eine andere Gestalt annehmen. Das Gleiche geschieht mit zusammengesetzten Teilchen wie dem Neutron. Ein Neutron besteht aus drei Quarks: einem Up und zwei Down. Wenn wir ihre Ladung addieren, erhalten wir +2/3 (Up) – 1/3 (Down) – 1/3 (Down) = 0. Eines der Quarks im Verbund kann sich in seine andere Gestalt verwandeln. So kann ein Down-Quark sich in ein Up-Quark verwandeln, während es eine W^--Störung erzeugt (s. Abb. 17.16). Das W^- kann in ein Elektron und ein Antineutrino zerfallen. Das veränderte Quark hat die Zusammensetzung des Neutrons verändert: Es sind jetzt zwei Up-Quarks und ein Down. Folglich beträgt seine Ladung +2/3 (Up) + 2/3 (Up) – 1/3 (Down) = +1. Das Neutron hat sich infolge der Drehung eines seiner Quarks in ein Proton verwandelt. Daher kann ein Neutron in ein Proton, ein Elektron und ein Antineutrino zerfallen. Beachten Sie auch, dass der Gesamtisospin des Neutrons –½ ist, während der des Protons +½ ist. Folglich können das Proton und das Neutron als zwei Seiten des gleichen Teilchens betrachtet werden, aber nur unter Berücksichtigung ihrer konstituierenden Quarks. So können ein Neutron und ein Proton unter SU(2) (gebrochener) Symmetrie ineinander umgewandelt werden und ein W-Boson erzeugen.

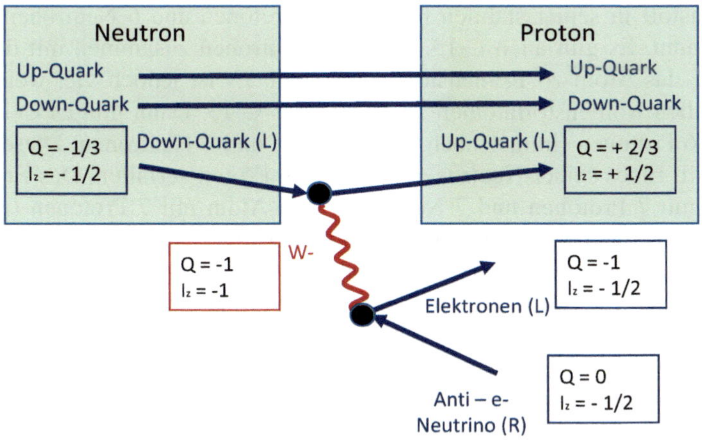

Abb. 17.16 Neutronenzerfall

Der Zerfallsprozess ist aufgrund der Masse der Ws sehr langsam. Mit anderen Worten, es ist ein seltener Prozess, daher dauert es eine Weile (im Durchschnitt), bis ein Neutron in ein Proton zerfällt. Ein freies Neutron benötigt etwa 15 min, um in ein Proton zu zerfallen.

Das Neutron hat eine größere Masse als das Proton. Dies macht diesen Typ von Zerfall möglich. Die Energie des Protons + Elektrons + Neutrinos zusammen ist immer noch geringer als die Energie des Neutrons. Folglich nehmen die Zerfallsprodukte Impuls aus der Wechselwirkung. Umgekehrt ist eine Umwandlung eines Protons in ein Neutron nicht möglich, da das Proton weniger massiv ist. Dazu müsste ein energiereiches W-Boson eingefangen werden, das ein Up-Quark in ein Down-Quark verwandelt. Da die schwache Wechselwirkung bereits sehr kurz wirksam ist und W-Bosonen nicht sehr häufig vorkommen, ist die Wahrscheinlichkeit, dass dies geschieht, für ein freies Proton astronomisch gering.

17.3.6 Radioaktiver Zerfall

Der Neutronenzerfall innerhalb eines Kerns wird radioaktiver Zerfall oder β-Zerfall genannt. Ein Kern, der aus N Protonen besteht, bestimmt die chemischen Eigenschaften des Atoms. N bestimmt effektiv das Element. Zum Beispiel geben sechs Protonen Kohlenstoff. Wenn jedoch ein Neutron im Kern in ein Proton zerfällt, ändert sich das Element. Der Kern hat nun N + 1 Protonen und wird zu einem chemisch anderen Element. Im Zerfallsprozess werden ein Elektron und ein Neutrino erzeugt. Aus historischen Gründen wird das auf diese Weise erzeugte energetische Elektron β-Strahlung genannt. Daher β-Zerfall. Dies ist eine Art ionisierende Strahlung, die mit Radioaktivität verbunden ist.

Kohlenstoff in seiner stabilen Form hat 6 Protonen und 6 Neutronen. Es wird C-12 genannt. Es gibt auch C-13. Es hat 7 Neutronen zusammen mit den 6 Protonen, die das Atom zu Kohlenstoff bestimmen. Es ist jedoch viel weniger häufig. Von allen Kohlenstoffatomen sind etwa 1 % C-13. Dann gibt es C-14. Es besteht aus 6 Protonen (immer noch Kohlenstoff!) und 8 Neutronen. Diese Form ist nicht stabil. Eines seiner Neutronen kann in ein Proton zerfallen. Das Ergebnis ist ein Kern mit 7 Protonen und 7 Neutronen. Ein Atom mit 7 Protonen (und daher 7 Elektronen, die herumschwirren) wird Stickstoff genannt. Also zerfällt C-14 in N-14. Es dauert etwa 5730 ($\pm$ 40) Jahre, bis die Hälfte einer Menge von C-14-Atomen in Stickstoff umgewandelt ist. Dies wird Halbwertszeit genannt.

Dieser Prozess wird auf der Erde zur „Kohlenstoffdatierung" historischer Funde verwendet. Biologische Materialien (wie Holz) nehmen C-14 aus der Atmosphäre auf, wenn sie lebendig sind. In der Atmosphäre ist ein stabiler Anteil von C-14 verfügbar, da es dort produziert wird. Die Produktion steht im Gleichgewicht mit dem Zerfall und daher kann eine stabile Menge in der Atmosphäre gefunden werden. Zum Beispiel, wenn ein Baum stirbt, hört er auf, C-14 aus der Atmosphäre aufzunehmen. Folglich wird das C-14 zerfallen und die Menge an C-14 im Holz des Baumes wird im Laufe der Zeit abnehmen. Indem wir also die relative Menge an C-14 in einem alten Artefakt aus Holz messen, können wir sein Alter bestimmen.

Nicht jedes Neutron wird innerhalb eines Kerns zerfallen. Ob es dies tut oder nicht, hängt von der Stabilität des Kerns ab. Dies hängt mit dem Pionenaustausch zwischen Protonen und Neutronen zusammen, da dies das ist, was Protonen und Neutronen im Kern zusammenhält. Man könnte sagen, dass der Pionenaustausch eine andere Möglichkeit ist, Protonen in Neutronen und umgekehrt zu verwandeln. Wenn dieser Prozess effizient ist, existieren Neutronen nie sehr lange. Daher ist die Wahrscheinlichkeit des Zerfalls sehr gering. Es würde uns zu weit führen, dies zu ergründen, aber im Wesentlichen gilt: Je länger ein Neutron ein Neutron im Kern ist, desto größer ist die Wahrscheinlichkeit des Zerfalls. Normalerweise muss die Anzahl der Neutronen (deutlich) höher sein als die Anzahl der Protonen, um ein Neutron lange genug als Neutron existieren zu lassen. Daher wird der Kern umso instabiler, je größer der Überschuss an Neutronen in einem Kern ist (sehr allgemein gesprochen).

Es gibt eine andere Art von β-Zerfall. Dies betrifft die Umwandlung eines Protons in ein Neutron. Hm? Das war nicht möglich, oder? Dieser Prozess kann bei einem freien Proton nicht stattfinden, da es leichter ist als ein Neutron. Wo könnten wir also die Energie bekommen, um dies zu ermöglichen? In einem Kern kann die Energie von der Bindungsenergie zwischen den Bestandteilen des Kerns kommen. In diesem Fall kann in einem Kern ein Proton in ein Neutron zerfallen und ein Positron und ein Neutrino erzeugen (s. Abb. 17.17). Die Gesamtbindungsenergie des resultierenden Kerns ist entsprechend niedriger als die Gesamtbindungsenergie des Kerns vor dem Zerfall.

Dieser Prozess hängt auch von der Stabilität des Kerns ab. Der Protonenzerfall erfordert, dass die Anzahl der Protonen (deutlich) höher ist als die Anzahl der Neutronen. Dies erhöht die Wahrscheinlichkeit, dass ein Proton als leichte

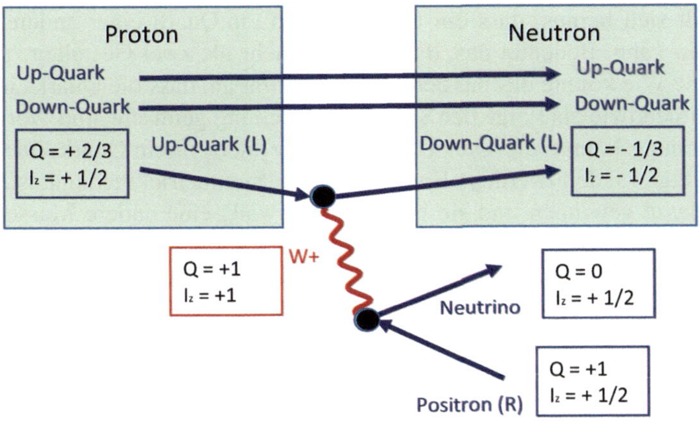

Abb. 17.17 β^+-Zerfall eines Protons, das sich in ein Neutron verwandelt

Beute zerfällt. Je höher der Überschuss an Protonen in einem Kern ist, desto instabiler ist er (wieder sehr allgemein gesprochen).

Die Transmutation des Kerns spielt eine wichtige Rolle bei Kernfusionsprozessen in Sternen. Wenn die Transmutation nicht möglich wäre, würde der Fusionsprozess nicht weit kommen und die Sonne könnte sich nicht selbst versorgen. Im Grunde genommen bezieht der Fusionsprozess in der Sonne seine Energie aus zwei Schritten: (1) das Zusammenfügen von Kernen zu einem neuen Kern und (2) die Transmutation dieses Kerns in eine stabile Version. Energie wird in diesen beiden Schritten freigesetzt und das versorgt die Sonne. Fusion kann Energie liefern, bis Eisen gebildet wird. Von da an können schwerere Elemente nur auf Kosten von Energie erzeugt werden. Daher werden diese Elemente meist in den Endstadien des Lebens eines Sterns während eines energetischen Prozesses wie einer Supernova-Explosion gebildet. Folglich sind die meisten dieser schwereren Elemente seltener als die leichteren Elemente. Zum Beispiel ist Gold viel seltener als Eisen.

Wir können also sagen, dass nichts davon (und keiner von uns) ohne die Fähigkeit der Teilchen, ihre andere Seite zu zeigen, existieren könnte. Die gebrochene Symmetrie macht diesen Prozess zu einem Hochenergieprozess und zu einem weniger häufigen.

17.3.7 Cabibbo-Rotation

Bisher haben wir gesagt, dass die fundamentalen linkshändigen Fermionen zwei Seiten haben. Sie können durch Erzeugung eines $W^+/^-$-Bosons zu ihrer anderen Seite wechseln. Dies ist eine Folge der SU(2)-Symmetrie zwischen den beiden Seiten. Wir haben auch gesehen, dass Teilchen sich mischen können. Die Mischung von W3 und B in das Photon und das Z° sind Beispiele.

Es stellt sich heraus, dass ein Quark sich in ein Quark einer anderen Familie verwandeln kann. Bedeutet das, dass Quarks mehr als zwei Gestalten zum Wechseln haben? Wie könnte das passieren? Man nimmt an, dass die Quarks in den drei Familien irgendwie als Folge der Symmetriebrechung gemischt sind. Vor der Symmetriebrechung konnte ein Quark einer Familie nicht in ein Quark einer anderen Familie umgewandelt werden. Eine Folge der Symmetriebrechung ist, dass die Quarks Masse gewinnen und sie bekommen jeweils eine andere Masse. Darüber hinaus sind die massiven $W^{+/-}$-Bosonen, die die Veränderung übertragen, anders als vor der Symmetriebrechung. Es mag also nicht überraschen, dass sich dadurch die Art und Weise ändert, wie ein solcher Wechsel zwischen den beiden Seiten eines Quarks funktioniert.

Wie entsteht nun durch die Quark-Mischung die Möglichkeit, dass ein Quark sich in ein Quark einer anderen Familie verwandelt? Nehmen wir z. B. ein Down-Quark. Es mischt sich ein wenig mit dem Strange-Quark und dem Bottom-Quark. Das bedeutet, dass die Welle eines neuen Down-Quarks (d. h. nach der Symmetriebrechung) aussieht wie die eines alten Down-Quarks und ein wenig wie die eines Strange-Quarks und eines Bottom-Quarks. Das Gleiche gilt z. B. für ein Strange-Quark. Die Welle des neuen Strange-Quarks sieht ein wenig aus wie die Welle eines Down-Quarks. Wenn also ein neues Strange-Quark seine Seite ändert, kann es manchmal genau in dem Moment geschehen, in dem es wie ein Down-Quark aussieht. Folglich verwandelt es sich in ein Up-Quark, die andere Seite eines Down-Quarks. Daher schafft die Mischung die Möglichkeit, sich in die anderen Quark-Seiten aller drei Familien zu verwandeln.

Eine Mischung findet zwischen den Down-, Strange- und Bottom-Quarks statt. Diese sind alle „Unterseite"-Quarks in Abb. 17.18. Die andere Mischung findet zwischen den Up-, Charm- und Top-Quarks statt. Diese sind alle „Oberseite"-Quarks in Abb. 17.18. Unterseite-Quarks mischen sich also nicht mit Oberseite-Quarks. Das bedeutet, dass die beiden Seiten strikt getrennt bleiben und es eine Isospin-SU(2)-Rotation braucht, um von einer Seite zur anderen zu gelangen. Es ist nur so, dass die Familien nicht mehr strikt getrennt sind. Die Isospin-SU(2)-Symmetrie existiert immer noch. Tatsächlich hat sich die Symmetrie streng genommen nicht verändert. Ein Down-Quark kann sich nur in ein Up-Quark verwandeln. Es ist nur so, dass Quarks desselben Gesichts in verschiedenen Familien ein wenig gemischt werden.

Die Mischungsamplituden zwischen den Familien sind im Allgemeinen klein. Sie wurden gemessen [Ref. 20]. Tab. 17.4 gibt die Ergebnisse so weit, wie sie bis zu diesem Zeitpunkt gemessen wurden. Zum Beispiel hat das neue Down eine Amplitude von 0,225, ein Strange-Quark zu sein. Als Strange-Quark kann eine Rotation es in ein Charm-Quark verwandeln. Die Wahrscheinlichkeit, dass dies geschieht, ist proportional zur Amplitude^2, um von Anfang an ein Strange-Quark zu sein, also in diesem Fall $(0{,}225)^2 = 0{,}05 = 5\ \%$.

Tab. 17.4 zeigt, dass es immer noch viel wahrscheinlicher ist, dass ein Quark zu seiner anderen Seite innerhalb seiner eigenen Familie wechselt (fett gedruckte Prozentsätze). Es ist jedoch nicht mehr unmöglich, zu der anderen Sete zu wechseln, die zu einer anderen Familie gehört. Insbesondere hat das neue

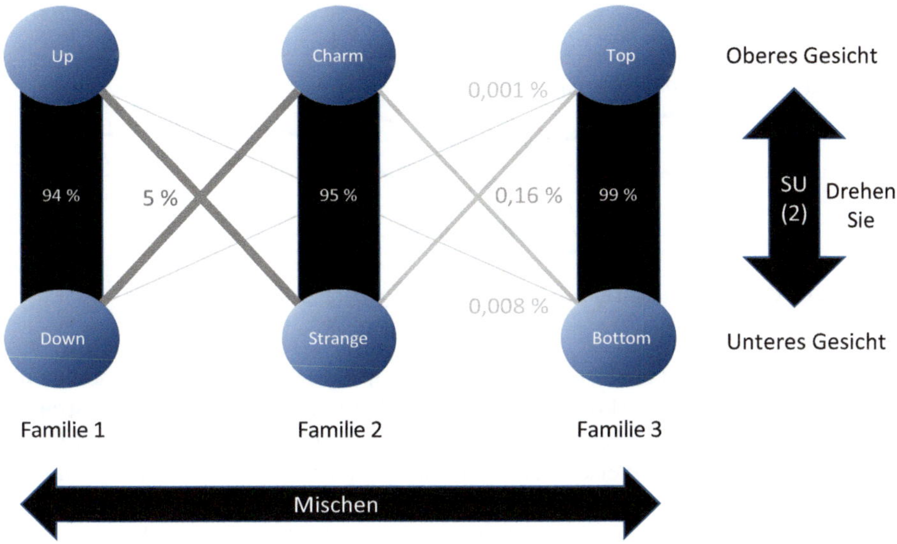

Abb. 17.18 Wahrscheinlichkeiten der Transformationen zwischen den Quark-Familien

Tab. 17.4 Mischungsamplituden zwischen den Quark-Familien

Neues Quark	Mischungs-amplitude	Chance, zu Up zu wechseln (%)	Chance, zu Charm zu wechseln (%)	Chance, zu Top zu wechseln (%)
Neues Down	0,97 Down + 0,225 Strange + 0,0035 Bottom	***94***	5	0,0012
Neues Strange	0,225 Down + 0,973 Strange + 0,04 Bottom	5	***95***	0,16
Neues Bottom	0,0087 Down + 0,04 Strange + 0,999 Bottom	0,0076	0,16	***99***

Strange-Quark eine 5%ige Wahrscheinlichkeit, sich in ein Up-Quark zu verwandeln. Entsprechend hat das neue Down-Quark die gleiche Wahrscheinlichkeit, sich in ein Charm-Quark zu verwandeln. Die Wahrscheinlichkeit, sich in die andere Seite einer anderen Familie zu verwandeln, ist also kreuzweise gleich (s. Abb. 17.18).

Die Umwandlung eines Quarks in ein Quark einer anderen Familie wurde erstmals von Nicola Cabibbo [Ref. 71] beschrieben. Er war der theoretische Physiker, der das Rätsel des schwachen Zerfalls von Teilchen, die ein seltsames Quark enthalten, zuerst löste. Der schwache Mischwinkel θ zwischen den Quarks wird der Cabibbo-Winkel [Ref. 23, Handout 12] genannt. Dies ist eine andere Art zu beschreiben, wie ähnlich sich Quarks sehen. Abb. 17.19 zeigt ein Beispiel für eine Cabibbo-Rotation.

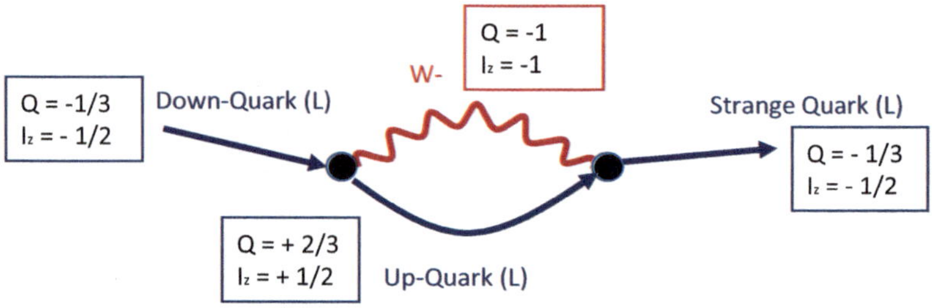

Abb. 17.19 Cabibbo-Rotation eines Down-Quarks in ein Strange-Quark

In Abb. 17.19 wird ein Down-Quark in ein Up-Quark umgewandelt und erzeugt eine W-Störung. Diese rekombiniert mit dem Up-Quark, das sich in ein Strange-Quark verwandelt. So sehen wir, dass bei jedem Schritt des Prozesses ein Quark sich auf eine erlaubte Weise dreht (von der unteren zur oberen Fläche und zurück). Aber das Endergebnis ist, dass ein Down-Quark zu einem Strange-Quark geworden ist. Dieser Prozess erfordert Energie, da das Strange-Quark massiver ist als das Down-Quark.

17.3.8 Neutrinooszillationen

Neutrinooszillation wurde erstmals 1957 von Bruno Pontecorvo vorhergesagt. Seitdem wurde sie in einer Vielzahl von Experimenten beobachtet [Ref. 85]. Neutrinooszillation ist ein wichtiger Mechanismus zur Erklärung des Sonnenneutrinodefizits. Das Standardmodell und die Sonnenmodelle sagen gemeinsam die Anzahl der Neutrinos voraus, die von der Sonne als Folge ihrer nuklearen Prozesse produziert werden müssten. Messungen der Sonnenstrahlung zeigen jedoch ein großes Defizit an produzierten Neutrinos. Die Sonne produziert in ihren nuklearen Prozessen Neutrinos des Elektronentyps. Eine Möglichkeit zu erklären, warum nicht genügend Elektronen-Neutrinos von der Sonne kommen, besteht darin, anzunehmen, dass Elektronen-Neutrinos nicht immer Elektronen-Neutrinos sind, sondern manchmal als Myon-Neutrinos oder Tau-Neutrinos agieren. Folglich kommen genügend Neutrinos von der Sonne, sie sind jedoch nicht immer als Elektronen-Neutrinos nachweisbar. Diese Annahme steht im Einklang mit anderen Experimenten, die mit einer Vielzahl von Detektoren durchgeführt wurden und eine solche Oszillation zwischen Neutrinosorten zeigen. Im Jahr 2001 bewies das Sudbury Neutrino Observatory anhand seiner experimentellen Daten, dass die Neutrinosorten-Oszillation die Ursache für das Sonnenneutrinodefizit ist.

Wie funktionieren also Neutrinooszillationen? Und warum existieren sie [Refs. 85, 86]? Zunächst einmal muss ein Neutrino, um zwischen den drei Sorten oszillieren zu können, die Möglichkeit zum „Wechseln" haben. Das kann nur geschehen, wenn es eine Überschneidung zwischen den Wellenfunktionen der drei Sorten gibt. Die drei Neutrinotypen müssen also sehr ähnlich aussehen. Angenommen, die drei Neutrinotypen wären genau gleich. Dann würden sie ununterscheidbar werden. Wenn es einen sehr kleinen Unterschied gäbe, könnten sie für eine lange Zeit wie der andere aussehen. Je größer der Unterschied, desto geringer die Wahrscheinlichkeit eines Wechsels und folglich, desto kürzer könnte es eine andere Sorte imitieren. Die Oszillationszeit hängt also vom Unterschied zwischen den Neutrinos ab. Je größer der Unterschied, desto kürzer die Oszillationszeit.

Was könnte also dieser Unterschied sein? Im Vergleich unterscheiden sich das Elektron, das Myon und das Tau nur durch ihre Masse und ihre Sorte. Aber wenn ihre Massen (fast) gleich wären, könnten sie auch zwischen ihren Sorten oszillieren. Auf den ersten Blick scheinen Neutrinos die gleichen Eigenschaften zu haben, wie z. B. keine Ladung, alle sind linkshändig und verbinden sich auf die gleiche Weise mit der schwachen Kraft. Die einzige Möglichkeit, wie sie sich leicht unterscheiden könnten, wäre, wenn sie eine kleine Masse hätten, die zwischen den Sorten variiert. Der Massenunterschied wäre dann direkt mit der Oszillationsfrequenz verbunden. Wie können wir das sehen?

Ein Massenunterschied stellt einen Energieunterschied dar. Daher können wir die Unschärferelationen verwenden (s. Abschn. 4.4). Für eine bestimmte Zeit kann eine zusätzliche Energiemenge verfügbar sein. Daher kann ein Neutrino für eine Zeit Δt in ein Neutrino eines schwereren Typs wechseln, abhängig von der Menge an Energie ΔE, die benötigt wird, um die zusätzliche Masse zu decken. Je größer der Massenunterschied, desto kürzer die Oszillationszeit. Durch Messung der Oszillationszeit können wir also eine Obergrenze für den Massenunterschied zwischen den Neutrinosorten festlegen. In jedem Fall erfordert dies, dass Neutrinos eine Masse haben.

Neutrinos werden als eine bestimmte Sorte in einem schwachen Wechselwirkungsprozess erzeugt, im Eigenzustand dieser Sorte. Aber als Folge des Oszillationsprozesses bleiben sie nicht in diesem Sorten-Eigenzustand. Folglich reisen sie in einem Massen-Eigenzustand, der eine Mischung der drei Neutrinomassen ist, während sie kontinuierlich zwischen den Sorten wechseln (s. Abb. 17.20). Der Massenunterschied führt zu einem Unterschied in der (Massen-)Frequenz des Massen-Eigenzustands. Denken Sie daran, dass die Frequenz proportional zur Energie (also zur Masse) ist. Wenn wir dies als drei Wellen mit unterschiedlichen (Massen-)Frequenzen darstellen, die sich überlagern, können wir verstehen, dass die Welle für Sorte 1 manchmal maximal ist, während die Wellen für die Sorten 2 und 3 sich gegenseitig auslöschen. Nach einer Weile könnten Wellen 1 und 2 sich gegenseitig auslöschen und die Messung würde Sorte 3 offenbaren. Dies wird also kontinuierlich die Wahrscheinlichkeit ändern, Sorten 1, 2 oder 3 zu messen. Je kleiner der Massenunterschied zwischen 1, 2 und 3, desto kleiner der Frequenzunterschied und desto länger die Oszillationsperiode. Daher wird ein Neutrino länger ein Typ von Neutrino sein, bevor es zu einem anderen wechselt.

Dieser Oszillationsprozess kann mit drei gekoppelten harmonischen Oszillatoren verglichen werden (s. Abschn. 8.2.1). Es kann drei Modi geben, in denen die

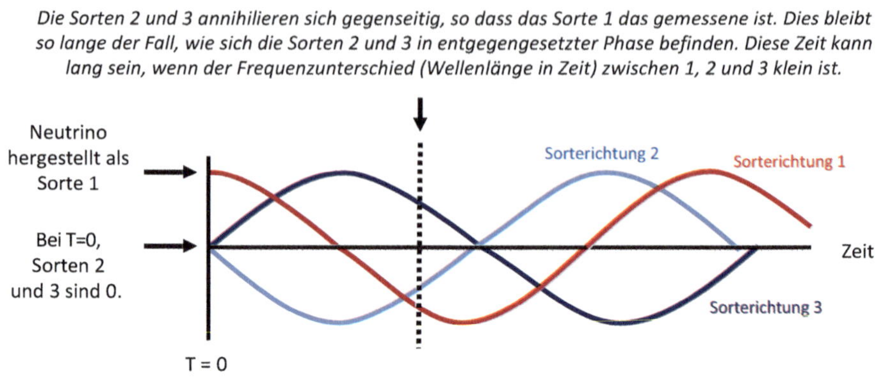

Abb. 17.20 Drei Wellen für die drei Neutrinosorten. Ihr Massenunterschied übersetzt sich in die unterschiedlichen Frequenzen der drei Wellen. Da die x-Achse die Zeit darstellt, übersetzen sich die drei unterschiedlichen Frequenzen in drei unterschiedliche Wellenlängen in einer Zeitdimension. Auf diese Weise können wir zeigen, wie zu manchen Zeiten Sorten 2 und 3 sich gegenseitig auslöschen und die Messung Sorte 1 offenbart. Nach einer Weile werden sich die Wellen aufgrund ihres Unterschieds in der Frequenz (also der Periode in der Zeit) verschoben haben und Sorte 1 könnte gegen Sorte 2 ausgelöscht werden, wobei Sorte 3 die höchste Wahrscheinlichkeit hat, gemessen zu werden

Neutrinos zwischen den Sorten oszillieren können. Genau wie bei der Cabibbo-Rotation können wir einen Mischwinkel zwischen den drei Sorten definieren. Denken Sie daran, dass die Cabibbo-Rotation ein anderer Prozess war, der dazu führte, dass Quark-Sorten sich mischten. Für die Neutrinos werden die Mischwinkel den Massenunterschied zwischen den Neutrinos anzeigen.

Was ist also der Ursprung der Neutrinomasse? Die nackte Masse eines Teilchens wird erzeugt, indem es sich mit dem Higgs-Feld verbindet. Wie wir jedoch in Abschn. 17.4 sehen werden, lässt das Higgs-Feld massive Teilchen zwischen Linkshändigkeit und Rechtshändigkeit wechseln. Das Problem ist, dass das Neutrino nur in einer linkshändigen Version vorkommt. Daher kann Higgs nicht für die Neutrinomasse verantwortlich sein. Es kann jedoch andere Massenquellen geben [Ref. 21]. Vielleicht existiert die rechtshändige Version, aber sie interagiert nicht mit einer der drei Kräfte. Daher könnten wir sie nicht nachweisen, obwohl sie immer noch da ist. Alternativ könnte es kein rechtshändiges Neutrino geben und das Neutrino könnte seine Masse durch einen indirekten Effekt erhalten, der Higgs involviert. Dies wäre tatsächlich eine interessante Option, da es erklären würde, warum die Neutrinomasse so klein ist. Grundsätzlich kann jedes Potenzial für die Erzeugung von Masse verantwortlich sein, wie wir bereits gesehen haben. Tatsächlich liefert das Standardmodell keine Antwort auf dieses Problem. Derzeit sucht die Wissenschaft nach dem richtigen Mechanismus, der dem Standardmodell hinzugefügt werden soll, um die Neutrinomasse zu erklären.

17.3.9 *Schlussfolgerung*

Betrachtet man die Transaktionen, die wir diskutiert haben, so existiert die Isospin-SU(2)-Symmetrie offensichtlich immer noch. Aber jetzt sind die Ladungen der Komposite jedes Paares nicht mehr gleich. Die Änderung kann immer noch auftreten, da die Ws U(1)-Ladung tragen können und daher den Unterschied wegtragen können. Darüber hinaus ist die SU(2)-Symmetrie nicht mehr perfekt. Die Quarks stellen sich als gemischt heraus, so dass es eine gewisse Wahrscheinlichkeit gibt, sich in die andere Seite einer anderen Familie zu verwandeln.

Die Symmetriebrechung hat sowohl auf die U(1)- als auch auf die SU(2)-Symmetrie einen interessanten Effekt gehabt und hat uns mit einer neuen Ladung und neuen Möglichkeiten für Teilchen, sich ineinander zu verwandeln, zurückgelassen. Die resultierenden Transaktionstypen spielen eine wichtige Rolle als Energiequelle für die Sonne sowie als die lang gesuchte Alchemie, die alles in Gold verwandeln kann; oder vielmehr, alle Elemente, die wir in der Natur kennen, erschaffen kann.

17.4 Fermionen erhalten Masse

Wir haben zuvor gesehen, dass Fermionen aufgrund der Wechselwirkung zwischen ihrem Feld und dem Higgs-Feld, das überall nicht null ist, Masse gewinnen. Wir haben auch zuvor gesehen, dass die Wechselwirkung mit Higgs dazu führen kann, dass die Chiralität von einem Fermion umklappt. So würde das Higgs-Potenzial linkshändige Fermionen zu rechtshändigen umschalten und ständig zurückkehren. Das Massenpotenzial, das durch Higgs verursacht wird, hängt von diesem Prozess ab. Wenn dieser Prozess nicht stattfindet, ist das Massenpotenzial 0 [Ref. 8, S. 439].

Dieser Wechsel unterscheidet sich von der SU(2)-Rotation. Er entsteht nicht aus einer Symmetrie (die ein Eichfeld erzeugt), sondern aus einer Wechselwirkung mit einem anderen Feld (Higgs). Da es sich nicht um eine Symmetrie handelt, sind das linkshändige und das rechtshändige Elektron nicht zwei Seiten desselben Teilchens. Sie sind verschiedene Teilchen, aber Higgs schaltet sie zusammen, und das könnte durch Präzession funktionieren, wie im Abschnitt über Chiralität beschrieben (s. Abschn. 13.4).

Dieser Umschaltprozess geschieht sehr schnell. Sobald das Elektron auf seine andere Chiralität umgeklappt ist, interagiert es erneut mit dem konstanten Higgs-Feld und klappt ein zweites Mal um. Daher hängt die Frequenz des Umschaltens von der Stärke der Kopplung an das Higgs-Feld ab. Die Frequenz des Umschaltens hemmt auch eine Energie, da in einer Präzessionsbewegung Energie steckt. Es ist die Energie, die wir einer Elektronenanregung zuführen müssen, damit sie ein echtes, stabiles Quant sein kann. Sobald es irgendeine Störung des Elektronenfeldes gibt, wird es anfangen, mit dem Higgs-Feld zu interagieren und es wird anfangen umzuklappen. Wenn in der Elektronenstörung nicht genug Energie vorhanden ist, wird das Potenzial des Higgs-Feldes die Welle dämpfen und die Störung wird keine vollständige Anregung werden. Daher muss die zugeführte Energie mindestens ausreichen, um das Umschalten im Higgs-Potenzial in Gang zu setzen.

Zusammenfassend gibt es zwei Möglichkeiten, wie ein Elektron massiv wird:

- Das Higgs-Potenzial ist wie eine Feder, die die Eigenschaften der Welle verändert. Die Federn machen es schwieriger, eine Welle im Elektronenfeld zu starten. Daher muss mehr Energie eingebracht werden, gleich der Masse des Elektrons.
- Das Higgs-Potenzial klappt das Elektron mit hoher Frequenz um. Diese Frequenz repräsentiert eine Energie, die der Massenenergie des Elektrons entspricht. Eine Anregung im Elektronenfeld zu starten bedeutet, den Umschaltprozess in Gang zu setzen, und das erfordert diese Massenenergie.

Die beiden Beschreibungen sehen aus wie verschiedene Möglichkeiten, die gleiche Situation zu betrachten, aber im Wesentlichen sind sie die gleichen. Das Potenzial erzeugt die Präzession und diese Kombination bestimmt die Eigenschaften der Feder, die die Welle beeinflusst. Sowohl Umschalten als auch Federn sind eine Möglichkeit, Energie zu speichern, die die Ruhemasse-Energie des Elektrons ist.

Das Umschalten zwischen rechts- und linkshändig geschieht so schnell, dass es so aussieht, als ob das linkshändige und rechtshändige Elektron ein Teilchen sind. Tatsächlich sind sie zwei Teilchen, aber so erscheinen sie uns nicht. Zum Beispiel wechselt das sehr schwere Top-Quark von links nach rechts und zurück mit einer atemberaubenden Frequenz von 10^{26}-mal pro Sekunde [Ref. 21]. Das ist eine 1 mit 26 Nullen, die um- und zurückgeschaltet wird pro Sekunde. Wenn Sie also denken, Sie hätten ein linkshändiges Top-Quark, werden Sie bald ein rechtshändiges Top-Quark haben. Und bevor Sie mit den Augen blinzeln können, wird es eine Milliarde Mal umgeklappt haben. So ist das Top-Quark, wie es uns erscheint, ein Durchschnitt aus einem linkshändigen und einem rechtshändigen Top-Quark. Ein Durchschnitt ja, aber wir werden nie beide gleichzeitig haben! Daher sind sie nicht ein Verbund oder zwei Seiten desselben Teilchens. Sie wechseln einfach nur sehr schnell.

Die Kopplung zwischen dem Elektron und Higgs ist viel geringer. Daher klappt das Elektron viel seltener zwischen links und rechts um. Tatsächlich nur etwa 0,000003-mal so häufig wie beim Top-Quark [Ref. 21], und so ist seine Masse auch 0,000003-mal die des Top-Quarks. Dies ist die Art und Weise, wie Higgs-Masse an die Anregungen aller Fermionenfelder (außer dem Neutrino) „gibt". Streng genommen ist es nicht Higgs, das Masse an die Anregungen eines Fermionenfeldes „gibt". Higgs bindet die Felder an ein Potenzial, das zu zählen beginnt, wenn das Feld angeregt wird (s. Abb. 17.21). Daher verlangt Higgs nur, dass *Sie* genug Energie in eine Anregung stecken. Also sind eigentlich *Sie* es, der der Anregung Masse gibt, wenn Sie sie erzeugen, nicht Higgs!

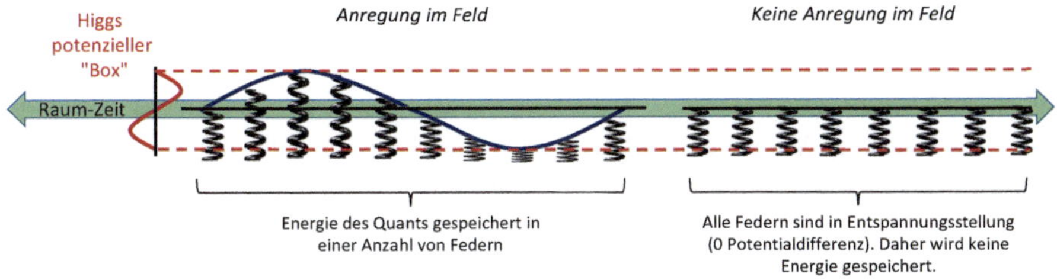

Abb. 17.21 Das Higgs-Potenzial beginnt zu zählen, wenn ein Feld angeregt wird. Im Raum und in der Zeit ist das Higgs-Feld konstant. Aber wenn ein Feld angeregt wird, beginnt das verbundene Higgs-Potenzial, einen Potenzialunterschied zu liefern

Wenn wir das Higgs-Feld entfernen könnten, würden die Teilchen aufhören zu wechseln und sie würden wieder masselose linkshändige und rechtshändige Teilchen werden.

Wir haben gesehen, dass das Neutrino nicht an Higgs koppelt, weil es keine rechtshändige Version hat. Daher kann es nicht umklappen und kann auf diese Weise keine Masse gewinnen. Es ist so, als ob das Higgs-Feld ungleich null nur an Anregungen koppeln möchte, die linkshändige und rechtshändige Verwandte haben.

Also ist die (bloße!) Masse eines Teilchens direkt mit der Kopplungsstärke seines Feldes an Higgs verbunden. Angesichts der enormen Variationen in den Teilchenmassen müssen wir schlussfolgern, dass die Kopplungsstärke an Higgs genauso variiert. Das ist interessant, weil die U(1)- und SU(2)-Kräfte (und SU(3), wie wir sehen werden) „quantisierte" Kopplungsstärken haben, die sich zwischen den Teilchen nicht sehr unterscheiden. Die Kopplung an Higgs hingegen ist überhaupt nicht quantisiert und unterscheidet sich um einen Faktor von über 300.000 zwischen dem Elektron und dem Top-Quark. Der Grund könnte sein, dass Higgs anscheinend nicht aus einer Symmetrie hervorgeht, während die Kraft tragenden Bosonen das tun. Ansonsten haben wir immer noch keine Antwort auf dieses Problem.

Wird alle Masse durch Higgs verursacht? Nein. Wir haben zuvor gesehen, dass jedes Potenzial Wellen Masse verleihen kann. Sie sind auch wie Federn an die Welle angehängt. Wir haben zuvor gesehen, dass auch potenzielle Energie (Bindungsenergie) Masse verleiht. Besonders wenn wir uns die starke Kraft ansehen, ist die Bindungsenergie sehr groß. Zum Beispiel machen innerhalb eines Protons oder Neutrons die kinetische Energie der zitternden Quarks sowie die Bindungsenergie der Quarks im Proton oder Neutron etwa 99 % der Masse des Protons oder Neutrons aus. Also tragen alle Arten von Energie zur Masse bei, und sie können erheblich sein.

17.5 Paritätsverletzung und CPT-Symmetrie

Wir haben zuvor gesehen, dass die schwache Wechselwirkung das Vakuum nicht auf symmetrische Weise behandelt. Diese Tatsache wird Paritätsverletzung genannt. „Verletzung“ bedeutet, dass die schwache Kraft die Symmetrie zwischen einem Quant und seinem Paritätsgegenstück (seiner anderen Chiralität im Falle von Fermionen) verletzt, indem sie es unterschiedlich behandelt.

Diese Verletzung der Parität wurde beobachtet. Die erste Messung, die eine solche Verletzung der Parität zeigte, wurde 1956 von Chien-Shiung Wu et al. [Ref. 62] durchgeführt. Die Idee des Experiments war zu sehen, ob die Elektronen, die aus dem Betazerfall in Kobalt-60 kommen, eine Richtung relativ zum Kernspin bevorzugen. Wie würde das zeigen, dass die Parität verletzt ist?

Grundsätzlich verwandelt sich bei einem Betazerfall ein linkshändiges Down-Quark durch Aussendung eines W^--Bosons in ein linkshändiges Up-Quark. Dieses zerfällt in ein Elektron und ein Antineutrino (s. Abb. 17.16). Das W^--Boson und damit auch das Elektron werden in einer bestimmten Richtung relativ zum Kernspin ausgesendet. Wenn das Down-Quark jedoch rechtshändig wäre, würde es sich in ein rechtshändiges Up-Quark verwandeln, während es das W^- (und anschließend das Elektron) *in die entgegengesetzte Richtung* aussendet! Beachten Sie, dass in jenen Tagen nicht bekannt war, dass rechtshändige Quanten die schwache Kraft nicht spüren. Die entgegengesetzte Richtung ergibt sich aus der Tatsache, dass das rechtshändige Quark eine paritätsverkehrte Version des linkshändigen Quarks ist. Daher sind alle Richtungen umgekehrt, einschließlich der des ausgesendeten W^-.

Im Experiment würde das Kobalt unter Betazerfall in Nickel umgewandelt werden. Das Nickel wäre jedoch in einem angeregten Zustand. Es würde unter Aussendung von zwei Photonen in seinen Grundzustand zurückfallen. Die Richtung dieser Photonen hängt von der Richtung des Kernspins ab. Die elektromagnetische Kraft ist bekannt dafür, die Parität zu erhalten. Daher macht es für die Photonen keinen Unterschied, ob sie von einem linkshändigen oder einem rechtshändigen Prozess stammen. Sie würden ebenso wahrscheinlich nach einem linkshändigen Prozess wie nach einem rechtshändigen Prozess ausgesendet werden. Darüber hinaus wird das Quark, das in seine andere Seite verwandelt wurde, seine Chiralität viele Male getauscht haben, bevor die Photonen ausgesendet werden, um das Nickel in seinen Grundzustand zurückzubringen. Daher wird der Photonenaussendungsprozess nicht einmal von der Geschichte des β-Zerfalls wissen. Folglich würde die Anzahl der Photonen, die in eine Richtung gehen, uns einfach sagen, wie viele Atome in die eine Richtung und wie viele Atome in die andere Richtung drehen. Im Experiment war dies 60–40. Also drehten sich 60 % in die eine Richtung und 40 % in die andere Richtung.

Nehmen wir nun an, dass die schwache Wechselwirkung nicht zwischen linkshändigen und rechtshändigen Quarks unterscheidet. Die Wahrscheinlichkeit, dass sie zerfallen, während sie ein W^- aussenden, ist dieselbe. Dann wäre die Verteilung der Richtungen, aus denen das Elektron herauskommt, 50–50. Warum ist das so? Nehmen wir an, wir haben 60 % der Atome, die in eine Richtung drehen. Die linkshändigen Zerfälle werden Elektronen in Richtung 1 aussenden und die rechtshändigen Zerfälle werden Elektronen in Richtung 2 aussenden. Die beteiligten Quarks wechseln ihre Händigkeit kontinuierlich und sehr schnell, so dass es im Durchschnitt eine 50%ige Wahrscheinlichkeit gibt, im linkshändigen Modus zu zerfallen und eine 50%ige Wahrscheinlichkeit, im rechtshändigen Modus zu zerfallen. Also kommen von den Atomen, die in eine Richtung drehen, 30 % in Richtung 1 und 30 % in Richtung 2 heraus. Nun nehmen wir die 40 % Atome, die in die andere Richtung drehen. Die linkshändigen Zerfälle werden nun Elektronen in Richtung 2 aussenden und die rechtshändigen Zerfälle werden sie in Richtung 1 aussenden. Wieder 50–50, also gehen 20 % in Richtung 1 und 20 % in Richtung 2. Also gibt es am Ende 30 + 20 % Elektronen, die in Richtung 1 und 30 + 20 % in Richtung 2 ausgesendet werden. Daher 50–50 (s. Abb. 17.22).

Nehmen wir nun an, dass die schwache Wechselwirkung nur bei *rechts*-händigen Quarks stattfindet. Was dann? Von den 60 % Atomen, die in eine Richtung drehen, kommen 30 % in Richtung 1 heraus und keine in Richtung 2. Von den 40 % Atomen, die in die andere Richtung drehen, kommen 20 % in Richtung 2 heraus und keine in Richtung 1. Die Verteilung der herauskommenden Elektronen ist also nicht 50–50, sondern 60–40. Sie sieht genauso aus wie die Verteilung der herauskommenden Photonen, entsprechend der relativen Anzahl der Atome, die in eine Richtung drehen. Wenn die schwache Wechselwirkung nur bei *links*-händigen Quarks stattfindet, wird das gleiche Ergebnis auftreten, aber umgekehrt: 40–60 (s. Abb. 17.22).

Das Ergebnis des Experiments war, dass die Verteilung der Elektronen dieselbe war wie die der Photonen, aber in die entgegengesetzte Richtung [Ref.

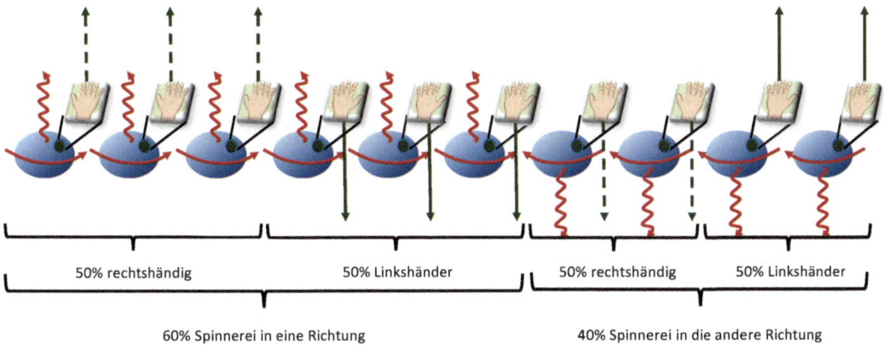

Abb. 17.22 Paritätsverletzung. Wenn es keinen Unterschied zwischen linkshändigem und rechtshändigem schwachem Zerfall gäbe, gäbe es insgesamt 5 grüne Pfeile, die nach oben gehen, und 5 Pfeile, die nach unten gehen. Wenn nur linkshändige Quarks über eine schwache Wechselwirkung zerfallen würden, würden nur die durchgezogenen grünen Pfeile zählen (die linkshändigen) und wir würden drei finden, die nach unten gehen, und zwei, die nach oben gehen. Dies ist das gleiche Verhältnis wie die Anzahl der Photonen (rot), die nach oben gehen (6) im Vergleich zu denen, die nach unten gehen (4), aber in die andere Richtung

62]. Daher war die Schlussfolgerung des Experiments, dass schwache Wechselwirkungen nur bei linkshändigen Quarks stattfinden.

Das ist seltsam: Eine Richtung oder Händigkeit wird in der Natur bevorzugt. Das scheint sehr kontraintuitiv. In der Relativitätstheorie betonen wir die Tatsache, dass Raum-Zeit symmetrisch ist. Es sollte kein Naturgesetz geben, das zwischen Richtungen oder Geschwindigkeiten unterscheiden kann. Aber jetzt sehen wir, dass es tatsächlich einen absoluten Sinn für Händigkeit in der Natur gibt. Verletzt dies also die Relativität? Nun, lesen Sie weiter.

Betrachten wir einige andere Symmetrien. Zum Beispiel die Ladungskonjugation. Dies wird C-Symmetrie genannt. Ladungskonjugation ist nichts anderes als das Vertauschen der Ladung eines Quantums. Mit Ladung meinen wir nicht nur die elektromagnetische Ladung, sondern auch die Ladungen, die mit allen anderen Kräften verbunden sind, einschließlich Isospin und Farbladung. Wenn wir die Ladungen aller Quanten in einem System vertauschen, wird die elektromagnetische Wechselwirkung das System genau gleich behandeln. Also ist dies eine Symmetrie für die elektromagnetischen Naturgesetze. Wie sieht es mit der schwachen Kraft aus?

Wenn wir alle Ladungen von z. B. einem linkshändigen Elektron ($Q = -1$; $I_z = -1/2$) vertauschen, erhalten wir ein linkshändiges Elektron mit einer positiven elektromagnetischen Ladung (+1) und einer positiven Isospin-Ladung (+½). Das sieht genau aus wie ein linkshändiges Positron. Also würde das Ladungskonjugat eines linkshändigen Elektrons wie seine linkshändige Antiversion aussehen. Es stellt sich heraus, dass die schwache Kraft *nicht* an linkshändige Positronen koppelt! Dies gilt für alle Teilchen, daher sagen wir, dass die schwache Kraft die Ladungskonjugation maximal verletzt.

Wenn man darüber nachdenkt, kommt einem eine andere Idee. Was wäre, wenn wir die Ladung (C) *und* die Parität (P) gleichzeitig vertauschen? Diese Kombination der beiden Symmetrien wird CP-Symmetrie genannt. Nach einem CP-Tausch würde ein linkshändiges Elektron zu einem *rechts*händigen „Positron" werden. Es ist noch kein vollständiges Positron, da die Zeit noch nicht getauscht wurde. Dennoch würde die schwache Kraft an ein rechtshändiges Positron koppeln, so dass diese kombinierte CP-Symmetrie in Ordnung zu sein scheint. Aber ist sie das?

1964 wurde ein Experiment durchgeführt von James Cronin, Val Fitch und Mitarbeitern [Ref. 63] mit Kaon-Zerfall, das zeigte, dass sogar die CP-Symmetrie verletzt werden könnte.

Ein neutrales Kaon besteht aus einem Strange-Quark und einem Anti-Down-Quark. Das neutrale *Anti*kaon besteht aus einem Down-Quark und einem Anti-Strange-Quark. Die beiden Kaonen können durch schwache Wechselwirkungen zwischen ihnen oszillieren (s. Abb. 17.23). Das bedeutet, dass sie effektiv nicht zu unterscheiden sind. Folglich müssen wir ihre Überlagerung betrachten (genau wie wir es getan haben, als wir W3 und B gemischt haben). Wir können eine positive Überlagerung und eine negative haben. Die beiden Überlagerungen zerfallen auf unterschiedliche Weise. Die negative Überlagerung wird K(kurz) genannt, da sie schnell in *zwei* Pionen zerfällt. Die positive Überlagerung wird K(lang) genannt, da sie viel länger zum Zerfall benötigt. Sie zerfällt in *drei* Pionen.

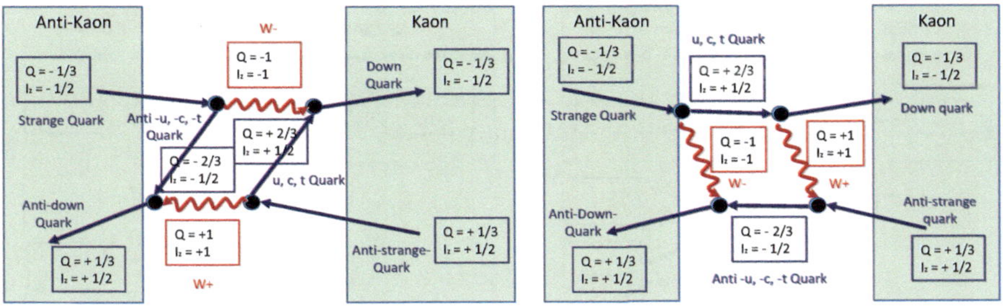

Abb. 17.23 Die beiden Möglichkeiten für ein Kaon, mit seinem Antiteilchen zu oszillieren

Beide Überlagerungen erweisen sich als CP-Eigenzustände. Das bedeutet, dass wir beim Anwenden einer Ladungskonjugation und einer Paritätsoperation denselben Zustand multipliziert mit einer Konstanten zurückbekommen. Die Anwendung von CP auf beide Überlagerungen ergibt:

$$\mathrm{CP}[\mathrm{K(short)}] = +\mathrm{K(short)},$$

$$\mathrm{CP}\left[\mathrm{K(long)}\right] = -\mathrm{K(long)}.$$

Daher wird K(short) als CP-gerader Eigenzustand und K(long) als CP-ungerader Eigenzustand bezeichnet. Die CP-Operation erzeugt denselben Zustand oder minus denselben Zustand. Daher zeigen diese Zustände eine klare Symmetrie unter der CP-Operation.

Experimente mit Kaonen zeigten, dass ein sehr kleiner Teil der K(long)-Eigenzustände wie ein K(short)-Kaon in *zwei* Pionen zerfiel. Folglich verletzt dieser Prozess die oben genannte CP-Symmetrie. Das Ausmaß der CP-Verletzung ist sehr gering. Etwa 0,2 % der Zerfälle von K(long) erfolgen über zwei Pionen.

Eine Möglichkeit, die beobachtete CP-Verletzung zu erklären, besteht darin, K(long) und K(short) als eine leicht unterschiedliche Mischung der neutralen Kaonen zu betrachten. Dies kann dadurch beschrieben werden, dass die CP-Eigenzustände in Zustände umgemischt werden, die (1) viel K(long) und wenig K(short) und (2) wenig K(long) und viel K(short) haben. Folglich kann das neue K(long) in zwei Pionen für einen kleinen Bruchteil der Zerfälle zerfallen.

Andere Zerfallsprozesse von Kaonen erfolgen durch Leptonen. Das Kaon zerfällt in π^-, e^+ und ein Neutrino und das Antikaon zerfällt in π^+, e^- und ein Antineutrino (s. Abb. 17.24).

Wenn wir den Zerfall der K(long)-Kombination beobachten, stellt sich heraus, dass der Antikaonzerfall um 0,7 % wahrscheinlicher ist als der Kaonzerfall [Ref. 23, Handout 12]. Dies impliziert erneut, dass die K(long)-Mischung keine gleichmäßige Mischung aus einem Kaon und einem Antikaon ist. Eine weitere Konsequenz ist, dass dies einen klaren Unterschied zwischen Materie und Antimaterie zeigt. Wenn man bedenkt, dass Kaonen und Antikaonen kontinuierlich zwischen diesen hin- und herpendeln, kommen Elektronen häufiger als Positronen heraus.

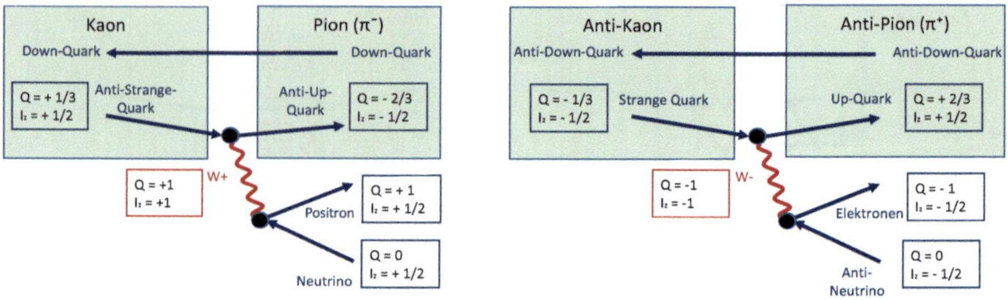

Abb. 17.24 Einige Zerfallsmodi des Kaons und Antikaons

Der Unterschied in der Mischung für K(long) und K(short) impliziert auch, dass in der Oszillation zwischen Kaonen und Antikaonen die Wahrscheinlichkeit, von Kaon zu Antikaon zu wechseln, leicht unterschiedlich ist von der Wahrscheinlichkeit, von Antikaon zu Kaon zu wechseln. Dies ist wichtig, da ein Antikaon als ein Kaon angesehen wird, das in der Zeit zurückreist. Daher könnten wir sagen, dass es einen Unterschied in der Zeitsymmetrie gibt.

Betrachten wir die Zeitsymmetrie. Dies ist eine Symmetrie, bei der wir denselben Prozess sehen würden, wenn wir die Zeit umkehren. Als wir den Pfeil der Zeit diskutierten, sahen wir, dass dies für einzelne Interaktionen zutrifft (außer für das Kaon, natürlich). Bei einer großen Anzahl von Interaktionen kommen Statistiken ins Spiel, wie zuvor besprochen. Wenn wir die Zeit in einer *einzigen* elektromagnetischen Interaktion umkehren, ist der Prozess genau gleich. Daher ist der Elektromagnetismus zeitsymmetrisch. Oben sahen wir, dass die schwache Wechselwirkung nicht zeitsymmetrisch ist als Folge ihrer Nicht-CP-Symmetrie.

Wie steht es also um die CPT-Symmetrie? Eine CPT-Operation ist eine Ladungskonjugation, eine Paritätsoperation und eine Zeitumkehr. Wenn wir dies tun, verwandeln wir tatsächlich Quanten in Antiquanten, die entgegengesetzte Chiralität und entgegengesetzte Ladung haben und in die entgegengesetzte Zeitrichtung reisen. Daher treten wir in eine Antimaterie-Welt ein. Also sollte die Antimaterie-Welt eine exakte Spiegelwelt sein, in der die Gesetze der Physik gleich sind. CP-Verletzung unterscheidet zwischen Materie und Antimaterie, aber CPT-Symmetrie nicht. Wenn die CPT-Symmetrie gilt und ein System die CP-Symmetrie verletzt, muss es auch die T-Symmetrie verletzen. Die T-Verletzung muss genau die CP-Verletzung ausgleichen, um die CPT-Symmetrie intakt zu halten. Die schwache Wechselwirkung hat gezeigt, dass sie genau dies tut: Sie verletzt sowohl die CP-Symmetrie als auch die T-Symmetrie, lässt aber die CPT-Symmetrie unberührt. Wir können dies aus dem Kaon-Zerfall sehen: Der Unterschied im Zerfall zwischen Kaonen und Antikaonen ist genau derselbe wie der Unterschied in der Mischung von Kaonen und Antikaonen in K(long). Diese Mischung ist verantwortlich für die CP-Verletzung.

Im Abschnitt über die zeitliche Reihenfolge von Ereignissen haben wir gesehen, dass eine Zeitumkehr tatsächlich automatisch die Ladung umkehrt. Beinhaltet also eine Zeitumkehr natürlich die Ladungskonjugation? Wenn wir in

Gleichungen t durch −t ersetzen, muss die Ladung in den Gleichungen separat umgekehrt werden. Eine Zeitumkehr kümmert sich nicht um eine Paritätsinversion, daher muss diese ebenfalls berücksichtigt werden. Daher müssen wir in Gleichungen *explizit* Zeit, Ladung (einschließlich elektromagnetischer, Isospin- und Farbladung) und Chiralität tauschen. Nachdem wir das getan haben, hat sich alle Materie in Antimaterie mit der entgegengesetzten elektrischen, schwachen und starken Ladung und entgegengesetzter Chiralität (Links-/Rechtshändigkeit) verwandelt. Denken Sie daran, dass wir, als wir beschrieben, wie eine Ladungsumkehr in einer Welle eine Folge der Zeitumkehr ist (s. Abb. 10.7), wir implizit eine Paritätsinversion (d. h., die Welle geht in die andere Richtung) einbezogen haben.

Wenn wir die Ladungskonjugation als ein „automatisches Geschenk" von der Zeitumkehr interpretieren, sehen wir, dass die CPT-Symmetrie effektiv in Parität und Zeitumkehr umgewandelt wird. Dies ist eine Änderung der Richtung im Raum *und* in der Zeit. Das erscheint ziemlich logisch und vertraut. Wenn wir alle Richtungen *(einschließlich der Zeit)* ändern, sollte alles gleich bleiben. Also, lassen Sie uns zu unserer Frage über die Relativität zurückkehren: Wird diese nun immer noch verletzt, jetzt, wo wir die Zeit in die Symmetrie einbezogen haben?

In der Physik sagen wir, dass die CPT-Symmetrie mit der Gesamtenergie „kommutiert". Das bedeutet, dass, wenn wir die Gesamtenergie eines Systems messen und dann eine vollständige CPT-Transformation durchführen, das Ergebnis dasselbe ist, als wenn wir zuerst eine CPT-Transformation durchgeführt und dann die Gesamtenergie gemessen hätten. Anders ausgedrückt, die Gesamtenergie des Systems ändert sich nicht als Folge einer CPT-Transformation. Dies bedeutet auch, dass die CPT als Symmetrie zu einem „Erhaltungsgesetz" führt. Es wurde bewiesen, dass die CPT-Symmetrie impliziert und/oder eine Folge der Lorentz-Invarianz ist. Dies ist das sogenannte CPT-Theorem [Ref. 8, S. 139; Ref. 30, S. 201]. Daher verletzt jedes System, das die CPT-Symmetrie verletzt, auch die Lorentz-Invarianz.

Die Lorentz-Invarianz liegt der Theorie der Relativität zugrunde. Jedes physikalische Gesetz muss die Lorentz-Invarianz einhalten. Das bedeutet, dass, wenn wir von einem Bezugssystem (Geschwindigkeit) zu einem anderen wechseln, das Gesetz immer noch dasselbe sein muss. So sehen wir nun, wie wir die Punkte verbinden können: Die CPT-Invarianz ist im Grunde eine Symmetrie unter dem Tausch aller Richtungen im Raum-Zeit-Kontinuum, während ihr „Erhaltungsgesetz", die Lorentz-Invarianz, besagt, dass die Gesetze der Physik gleich bleiben, wenn wir das Bezugssystem im Raum-Zeit-Kontinuum ändern.

Eine andere Möglichkeit, dies zu sehen, besteht darin, erneut zu berücksichtigen, dass die Reihenfolge der Ereignisse in einem anderen Bezugssystem (unterschiedliche Geschwindigkeit) anders ist. Wie wir bereits gesehen haben, bedeutet dies, dass ein Teilchen in einem Bezugssystem ein Antiteilchen in einem anderen sein kann. Ein Antiteilchen ist auch eine vollständige CPT-Transformation eines Teilchens. Wenn die CPT-Symmetrie besagt, dass die Gesetze der Physik unter einer CPT-Transformation gleich bleiben müssen, bedeutet das, dass sie für Teilchen genauso gelten müssen wie für Antiteilchen. Das ist dasselbe, wie zu sagen, dass die Gesetze der Physik in einem Bezugssystem (wo das Teilchen als Teilchen erscheint) genauso sein müssen wie in dem anderen Bezugssystem (wo das Teilchen als Antiteilchen erscheint), was die Lorentz-Invarianz ist.

In allen bisher durchgeführten Experimenten wurde die CPT-Symmetrie nicht verletzt.

Neben dem Zerfall von Kaonen wurden weitere Beweise für (kleine) CP-Verletzungen gefunden, z. B. beim Zerfall von B-Mesonen. Andere Möglichkeiten wurden theoretisiert und einige wurden gemessen. Wie wir bereits gesehen haben, könnte eine solche CP-Verletzung für ein Ungleichgewicht in der Menge von Materie gegenüber Antimaterie verantwortlich sein, da die CP-Verletzung zwischen den beiden Arten von Materie unterscheidet. Wir beobachten im gegenwärtigen Universum, dass es anscheinend einen Überschuss an Materie gegenüber Antimaterie gibt. Die Frage stellt sich, ob die CP-Verletzung für dieses Ungleichgewicht verantwortlich sein könnte. Allerdings sind alle Arten von CP-Verletzungen zusammen nicht ausreichend, um das Ungleichgewicht zu erklären, das wir im Universum beobachten. Daher muss es einen weiteren (zusätzlichen?) Effekt geben, der dafür verantwortlich ist. Es bleibt interessant, dass CP so nahe an einer Symmetrie sein sollte, da die Verletzungen so klein sind.

Folgen der CPT-Symmetrie sind unter anderem:

- Die Masse und Lebensdauer von Teilchen müssen gleich der Masse und Lebensdauer ihrer Antiteilchen sein.
- Es kann gezeigt werden, dass Fermionenwellen das Vorzeichen ändern und Bosonen unter zwei aufeinanderfolgenden CPT-Operationen nicht. Zwei aufeinanderfolgende CPT-Operationen durchzuführen, ist das Gleiche wie eine 360°-Drehung. Daher kann auf diese Weise bewiesen werden, dass Fermionen zwei volle Umdrehungen (720°) benötigen, um in ihren ursprünglichen Zustand zurückzukehren, während Bosonen nur eine (360°) benötigen [Ref. 72], was erneut den Zusammenhang zwischen Relativität, der Struktur von Raum-Zeit und Spin zeigt!

17.6 Familienunternehmen

Bisher haben wir die fundamentalen Teilchen in drei Teilchenfamilien gruppiert. Warum ist das so? Was macht sie zu einer Familie? Es gibt drei Beziehungen zwischen den fundamentalen Teilchen, durch die wir eine Familie von einer anderen unterscheiden können.

Die erste ist SU(2). Wir wissen, dass die Up- und Down-Quarks zwei Seiten desselben Teilchens sind. Die Symmetriebrechung hat dazu geführt, dass auch andere Familien in Up- und Down-Quarks umgewandelt werden können, aber die Wahrscheinlichkeit dafür ist viel geringer. Daher können wir Teilchen, die sich über die *Haupt*-SU(2)-Drehung ineinander umwandeln, als Mitglieder derselben

Familie betrachten. Dies gilt für die drei Gruppen von Quarks und ihren Antiquarks. Es gilt auch für die drei Gruppen von Leptonen und ihren Antileptonen.

Die zweite ist Chiralität. Die beiden Chiralitäten eines Teilchens sind nur das Spiegelbild des anderen (plus eine Drehung). Wir haben gesehen, dass das Higgs-Feld sie herumwirbelt, so dass sie in einem Moment linkshändig und im nächsten rechtshändig sind. Diese „Präzession" ist eine Folge des Higgs-Potenzials, das dazu führt, dass die Teilchen Masse gewinnen. Sie haben folglich die gleiche Masse. Sie teilen auch die gleiche Ladung, was bedeutet, dass sie Phasenänderungen auf die gleiche Weise erzeugen. Daher sind sie miteinander verbunden und durch die gleichen Eigenschaften gebunden, mit Ausnahme der SU(2)-Symmetrie. Daher sind rechtshändige Teilchen in der gleichen Familie wie ihre linkshändigen Cousins.

Die dritte ist Masse. Es gibt ein Paar von leichten Quarks, ein Paar von mittelschweren Quarks und ein Paar von schweren Quarks. Obwohl keines der einzelnen Quarks die gleiche Masse hat, ist der Unterschied zwischen den Paaren groß. Das Gleiche gilt für die Leptonen. Das Elektron ist leicht, das Myon mittelschwer und das Tauon ist sehr schwer (etwa doppelt so schwer wie ein Proton). Wenn wir sie also nach ihrer Masse ordnen, wissen wir, welche Teilchen zu welcher Familie gehören.

Daher besteht die erste Familie aus dem leichtesten Quark-SU(2)-Paar: Up und Down, ihren linkshändigen und rechtshändigen Versionen; und dem leichtesten Lepton-SU(2)-Paar: dem Elektron und dem Elektron-Neutrino, der rechtshändigen Version des Elektrons; und schließlich den Antiteilchen all dieser.

Dies sind auch die häufigsten Teilchen. Alle Materie, die wir in unserem Alltag begegnen, ist aus ihnen aufgebaut. Warum ist sie nicht aus einer der schwereren Familien aufgebaut? Im Grunde können alle Familienmitglieder der schwereren Familien in die leichtesten Versionen zerfallen und tun dies schnell. Aber die leichteste Familie kann nicht weiter zerfallen, daher haben ihre Mitglieder eine viel längere Lebensdauer. Folglich finden wir die schwereren Familien nur in Hochenergieprozessen, z. B. in Teilchenbeschleunigern, Supernova-Explosionen und kosmischer Strahlung, die unsere Atmosphäre in großer Höhe trifft.

Warum gibt es nur drei Familien? Wir wissen es nicht. Messungen deuten darauf hin, dass es drei gibt, aber Beschleuniger suchen weiterhin nach einer weiteren Familie. Ein Grund, warum wir glauben, dass es nur drei gibt, ist der Zerfall des Z°-Bosons. Z° kann in alle Familien zerfallen [Ref. 17; Ref. 23, Handout 14]. Es zerfällt in ein Teilchen und sein Antiteilchen. Daher kann das Z°-Boson auf 24 Arten zerfallen:

- In 10 % der Fälle zerfällt es in eines der drei Leptonen und ihre Antiteilchen.
- In 20 % der Fälle zerfällt es in eines der drei Neutrinos und ihre Antiteilchen.
- In 70 % der Fälle zerfällt es in eines der 6×3 Quarks und ihre Antiteilchen. Die Zahl 6×3 ergibt sich aus der Tatsache, dass es 6 Quark-Sorten und 3 Quark-Farben gibt.

Die Neutrinos können nicht gemessen werden. Wir wissen nur, dass das Z° in Neutrinos zerfallen ist, wenn es verschwindet und dabei seine Energie und seinen Impuls abgibt. In diesem Fall ging diese Energie und dieser Impuls in Neutrinos über.

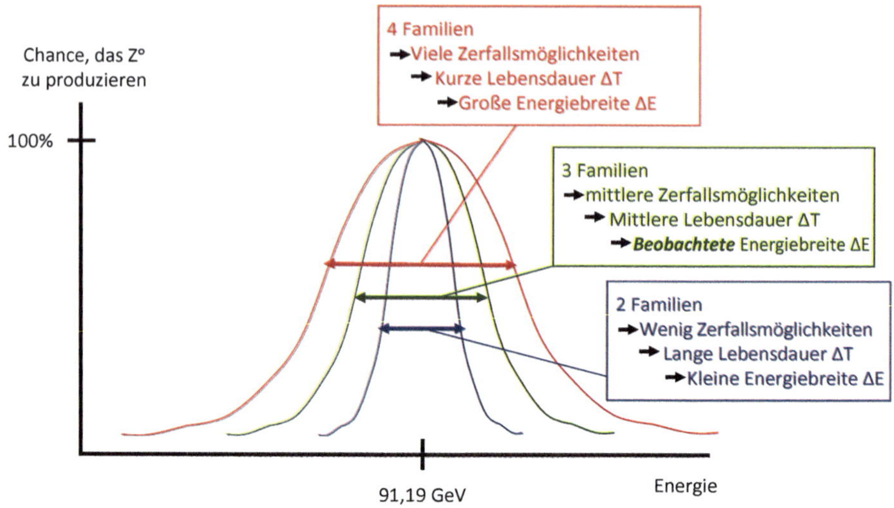

Abb. 17.25 Wie die Breite des Energiespektrums von Z° uns sagt, wie viele Familien es gibt

Durch die Messung der anderen Zerfallsprodukte wissen wir jedoch, wie oft es in Neutrinos zerfallen sollte und wie viel Energie in sie geht. Wenn es zwei, drei, vier oder mehr Familien gibt, steigt die Anzahl der Zerfallsmöglichkeiten. Vier Familien würden dem Z° 32 Zerfallsmöglichkeiten anstelle von 24 geben. Dies würde auch bedeuten, dass das Z° eine kürzere Lebensdauer hätte. Schließlich gilt: Je mehr Zerfallsmöglichkeiten es gibt, desto schneller wird das Z° in eine von ihnen zerfallen. Je kürzer das Leben des Z°, desto unsicherer ist seine Energie (s. Abb. 17.25). Wenn wir also die Breite (Unsicherheit) seines Energiepeaks messen, haben wir einen Hinweis auf die Anzahl der Familien, in die das Z° zerfallen könnte.

Dies kann auch auf folgende Weise betrachtet werden. Wenn das Z° in ein bestimmtes Teilchenpaar zerfällt, verursacht dieser Zerfall eine Breite im Energiepeak des Z°. Wenn das Z° überhaupt nicht zerfallen würde, wäre sein Energiepeak sehr scharf, da das Z° sehr lange leben würde. Wenn es in ein Teilchenpaar zerfallen würde, wäre der Energiepeak etwas weniger scharf. Daher muss die Gesamtbreite des Energiepeaks des Z° die Summe der Energiebreiten sein, die durch jedes Paar verursacht werden, in das es zerfällt.

Sie könnten sich fragen, ob eine vierte Familie so schwer sein könnte, dass das Z° nicht in diese Teilchen zerfallen könnte. Es könnte einfach die Energie fehlen, um ein solches Paar zu erzeugen. Es könnte dies jedoch vorübergehend tun, wodurch ein *virtuelles* Paar erzeugt wird, das in leichtere Teilchen zerfällt, deren Energie sich zur Energie des ursprünglichen Z° addiert. Dies wäre ein weniger häufiger Weg und würde daher nicht viel zur Energiebreite des Z° beitragen. Das Z° könnte jedoch zumindest in das Neutrino der vierten Familie zerfallen, vorausgesetzt, seine Masse ist niedrig (wie bei allen bisherigen Neutrinos). Daher muss die Zerfallsbreite größer sein, wenn es eine vierte Familie gibt.

CERN hat die Breite des Energiepeaks von Z° gemessen [Ref. 73]. Diese Breite beträgt etwa 2,5 GeV und stimmt hervorragend mit der Anzahl der Zerfallsmöglichkeiten überein, die durch drei Teilchenfamilien gegeben sind.

Zusammenfassend können wir sagen, dass es drei Familien von Teilchen gibt. Wir können die bekannten fundamentalen Teilchen in diese drei Familien auf der Grundlage ihrer Masse und ihrer Haupt-SU(2)-Beziehung organisieren. Die rechtshändigen Teilchen sind durch Higgs mit ihnen verbunden und teilen die meisten Eigenschaften. Die Antiteilchen von all diesen müssen dann hinzugefügt werden, um die Familie zu vervollständigen.

17.7 Grundlegende Teilchenübersicht 3

Wir sind nun bereit, alle Fermionen in einen neuen Teilchenüberblick zu stellen (s. Abb. 17.26). Dieser Überblick enthält die Situation nach der Symmetriebrechung und beinhaltet U(1)- und SU(2)-Beziehungen. Der grau schattierte Bereich zeigt die U(1)-Symmetrie, die vom Photon übertragen wird. Nach der Symmetriebrechung haben die Neutrinos null Ladung. Daher ist der graue Bereich auf die anderen Teilchen beschränkt. Hyperladung spielt keine Rolle mehr, da die Teilchen nicht mehr mit dem B-Boson verbunden sind.

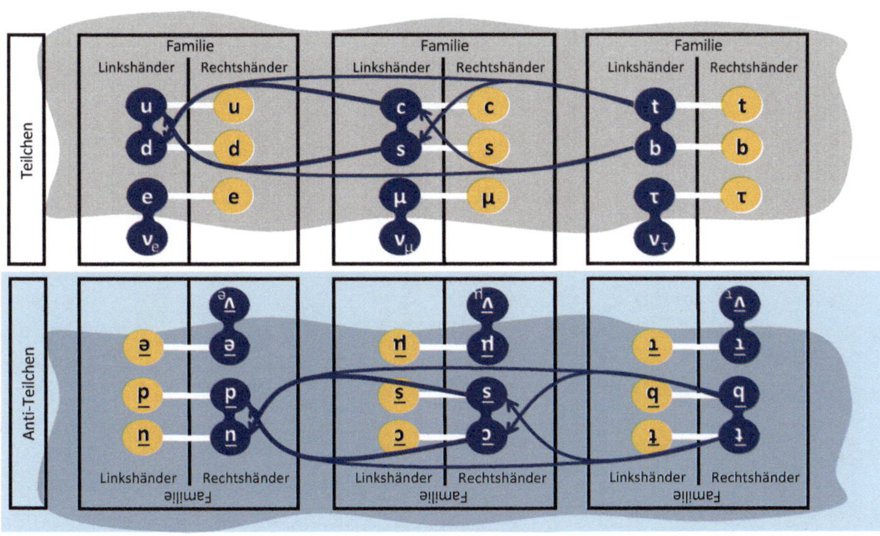

Abb. 17.26 Überblick über fundamentale Fermionen nach der Symmetriebrechung, ohne die starke Wechselwirkung. Die U(1)-Symmetrie ist der grau schattierte Bereich. Die Teilchen in diesem Bereich erzeugen und fühlen Phasenverschiebungen. Die blauen Teilchen erfahren SU(2)-Symmetrie und können sich in die Teilchen verwandeln, die durch eine blaue Linie mit ihnen verbunden sind. Die Breite der Linie gibt die Wahrscheinlichkeit dafür an

SU(2) ergibt immer noch die gleiche Transformation zwischen den beiden Seiten jedes Teilchens. Allerdings ist die Verbindung zwischen den beiden Seitendünner, da es andere Wege gibt, sich zu drehen. Die anderen Wege zum Drehen sind durch die blauen Pfeile angegeben. Diese sind dünner, wenn die Wahrscheinlichkeit der entsprechenden Änderung geringer ist. Der Pfeil zeigt in Richtung des leichteren Teilchens, da es einfacher sein wird, von schwer zu leicht zu wechseln als umgekehrt.

Mit diesem Überblick beenden wir unser Kapitel über die schwache Wechselwirkung. Der nächste Schritt ist die Betrachtung der starken Wechselwirkung. Die Theorie, die sich mit der starken Wechselwirkung befasst, wird „Quantenchromodynamik" oder kurz QCD genannt.

Kapitel 18
Die starke Kraft: Quantenchromodynamik

Quantenchromodynamik (QCD) ist die Theorie, die die starke Kraft zwischen Quarks beschreibt. Genau wie die Quantenelektrodynamik (QED) die elektromagnetische Kraft auf der Grundlage der Quantenfeldtheorie untersucht, so wird die QCD für die starke Kraft eingesetzt. Daher werden wir viele Ähnlichkeiten in der Anwendung von Feldern, Wellen und Wechselwirkungen finden sowie in der Art und Weise, wie die Kraft entsteht. Viele der Prozesse in der QCD können jedoch nicht genau berechnet werden. Daher ist unser Verständnis davon nicht so fortgeschritten wie unser Verständnis der QED.

Dennoch wurde viel theoretische Arbeit geleistet und diese wurde verwendet, um die vielen Daten zu erklären, die die Ideen der QCD unterstützen. Alles in allem ist es ein Bereich geworden, der ein gut getestetes Bild von Quarks und Gluonen liefert. Es handelt sich daher um eine wahre Geschichte über die Vorgänge im Inneren von Protonen und Neutronen sowie über die Art und Weise, wie diese Teilchen in Kernen zusammenkommen.

18.1 Das große Warum

Warum brauchen wir die QCD? Was sagt uns, dass wir eine zusätzliche Symmetrie (Kraft) einführen müssen?

Alles begann mit der Entdeckung des Teilchenzoos. Einer der Bewohner war die Resonanz namens Deltateilchen. Diese Resonanz existiert in vier Formen: $\Delta-$, Δ°, Δ^{+} und Δ^{++}. Die Idee, Quarks zu postulieren, kam aus der Suche nach einem tieferen Mechanismus, um die Existenz solcher Teilchen zu erklären. Es wurde irgendwann klar, dass man alle Mesonen und Baryonen im Teilchenzoo aus zwei oder drei Quarks mit den elektrischen Ladungen $-1/3$ oder $+2/3$ „herstellen“ konnte. Zum Beispiel kann die Δ-Resonanz aus drei Up- und Down-Quarks mit den folgenden Ladungen hergestellt werden:

W. Schmitz, *Teilchen, Felder und Kräfte*,
https://doi.org/10.1007/978-3-031-46280-1_18

- Δ^- = drei Down-Quarks (ddd) = −1/3 − 1/3 − 1/3 = −1
- Δ° = zwei Down-Quarks und ein Up-Quark (ddu) = −1/3 − 1/3 + 2/3 = 0
- Δ^+ = ein Down-Quark und zwei Up-Quarks (duu) = −1/3 + 2/3 + 2/3 = +1
- Δ^{++} = drei Up-Quarks (uuu) = +2/3 + 2/3 + 2/3 = +2

Experimentell konnten sie durch eine Wechselwirkung zwischen Pionen π (+, 0, −) und Protonen oder Neutronen hergestellt werden. Pionen bestehen aus Up-Quarks oder Down-Quarks und ihren Antiversionen. Protonen und Neutronen bestehen aus Up- und Down-Quarks. So könnten ein π^+ ($u\bar{d}$) und ein Proton (uud) interagieren, indem das d gegen das $\bar{d}$vernichtet wird. Das Ergebnis ist ein uuu-Baryon, also ein Δ^{++}. Dies funktioniert auch für andere Baryonen und Mesonen und erzeugt ein konsistentes Bild, das erklärt, wie Hadronen aus Quarks gemacht werden.

Jetzt haben wir die offensichtliche Frage: Was hält die Quarks zusammen? Es muss eine Kraft zwischen ihnen geben. Daher sollten wir nach einer Symmetrie suchen, die Eichwellen erzeugt, genau wie Phasenverschiebungen elektromagnetische Eichwellen (Photonen) und SU(2)-Phasenänderungen schwache Eichwellen (W/Z) erzeugen.

Es gibt einen Hinweis, den wir verwenden können, um herauszufinden, wonach wir suchen sollten. Experimentell verhalten sich Mesonen wie Bosonen und Baryonen verhalten sich wie Fermionen. Offensichtlich müssen sich Quarks wie Fermionen verhalten, um teilchenähnliches Verhalten erzeugen zu können, wenn sie sich zu z. B. Baryonen zusammenlagern. Denken Sie daran, dass Fermionen antisymmetrische Wellenfunktionen erzeugen müssen und Bosonen symmetrische Wellenfunktionen, so dass, wenn zwei Fermionen ausgetauscht werden, wir sie zusammen in entgegengesetzten Zuständen finden, und wenn zwei Bosonen ausgetauscht werden, wir sie zusammen im gleichen Zustand finden (s. Abschn. 13.2).

Wir stoßen sofort auf Probleme mit dieser Idee. Wenn Quarks Fermionen sein müssen und das Δ^{++}-Teilchen existiert, wie können dann drei Up-Quarks im selben Zustand sein? Genau wie es nur zwei Elektronen im selben Zustand geben kann (Spin up und Spin down), können zwei Quarks im selben Zustand sein, aber nicht drei. Grundsätzlich müssen drei Up-Quarks in einem symmetrischen Zustand sein, da wir den gleichen Zustand erhalten, wenn zwei Up-Quarks ausgetauscht werden. Das Gleiche gilt für die anderen Kombinationen:

- Δ^{++} = uuu = uuu (jedes Paar von u-u ausgetauscht)
- Δ^+ = uud + udu + duu = uud + duu + udu = usw. (jedes Paar von u-d ausgetauscht)
- Δ° = ddu + dud + udd = dud + ddu + udd = usw. (jedes Paar von u-d ausgetauscht)
- Δ^- = ddd = ddd (jedes Paar von d-d ausgetauscht)

Beachten Sie, dass SU(2) uns erlaubt, Up-Quarks gegen Down-Quarks auszutauschen (schließlich sind sie zwei Seiten desselben Teilchens)! Allerdings kann ein gegebenes Teilchen aus jeder ununterscheidbaren Kombination von us und ds zusammengesetzt werden. Zum Beispiel müssen wir Δ^+ aus der Summe uud +

udu + duu bilden, da diese drei Kombinationen ununterscheidbar sind. Was zählt, ist, dass es ein Down-Quark und zwei Ups gibt, aber nicht ,welches das Down-Quark ist (weil das ununterscheidbar ist). Diese Summe ist symmetrisch, wenn die us ausgetauscht werden oder das d und eines der us ausgetauscht werden. Folglich scheinen alle Δ-Teilchen symmetrisch zu sein!

Das Proton und das Neutron sind unterschiedliche Anordnungen. Sie weisen eine *gemischte* Symmetrie auf [Ref. 18]:

- Proton = (ud − du)u
- Neutron = (ud − du)d

Sie sind symmetrisch in dem Sinne, dass (ud − du) mit u ausgetauscht werden kann und wir die gleiche Kombination erhalten ([ud − du]u = u[ud − du]). Aber sie sind antisymmetrisch in dem Sinne, dass ud − du = −(du − ud). Daher wird gesagt, dass sie von gemischter Symmetrie sind.

Ob gemischte Symmetrie oder nicht, wir müssen einen zusätzlichen Weg finden, um Quarks zu unterscheiden, sonst können wir nicht erklären, warum Baryonen, die aus Quarks bestehen, Fermionen sein können. Also müssen wir eine Symmetrie finden, die uns eine *anti*symmetrische Kombination gibt, wenn drei Quarks kombiniert werden. SU(2) schafft das nicht, wie wir bereits gesehen haben, indem wir u und d austauschen.

Wie sich herausstellt, ist SU(3) eine Symmetrie, die genau eine antisymmetrische Kombination ergibt. In SU(3) haben wir nicht zwei Seiten, sondern drei Seiten, an die wir uns wenden können. Nennen wir diese drei Seiten nach Farben: r (rot), g (grün) und b (blau). Wir können eine antisymmetrische Kombination aus ihnen bilden:

$$\left[\mathrm{rgb} - \mathrm{rbg}\right] = -\left[\mathrm{rbg} - \mathrm{rgb}\right] \ \text{(b und g ausgetauscht).}$$

Aber wir müssen alle ununterscheidbaren Versionen für ein Teilchen addieren. Zum Beispiel ist [brg − bgr] nicht zu unterscheiden von [rgb − rbg], da es *zwei* Austausche benötigt (Austausch von b und g und dann r und b), um von [rgb − rbg] zu [bgr − bgr] oder umgekehrt zu gelangen. Und zwei Austausche führen immer zur gleichen Wellenfunktion, ob sie symmetrisch oder antisymmetrisch ist. Wenn wir also alle ununterscheidbaren Kombinationen addieren, erhalten wir:

$$\left[\mathrm{rgb} - \mathrm{rbg}\right] + \left[\mathrm{brg} - \mathrm{bgr}\right] + \left[\mathrm{gbr} - \mathrm{grb}\right].$$

Diese Summe ist immer noch antisymmetrisch. Tauschen Sie einfach irgendeine Farbe (z. B. r) gegen eine andere Farbe (z. B. b) aus und die Summe bleibt gleich, aber mit einem Minus davor.

Jetzt machen wir ein Produkt der Symmetrien, die wir kennen: U(1) × SU(2) × SU(3). Siehe Abb. 16.2 wenn Sie sich daran erinnern müssen, wie man ein Produkt von Symmetrien erstellt. Für Baryonen, die aus Quarks bestehen, haben wir gesehen, dass U(1) × SU(2) teilweise symmetrisch ist. *Aber wenn wir ein Produkt mit SU(3) erstellen, können wir eine völlig antisymmetrische Wellenfunktion aus jeder Kombination von drei Quarks erstellen.* Um dieses Produkt zu erstellen, müssen wir den Quarks neben einer Ladung (U(1)) und einem schwachen Isospin

(SU(2)) auch eine Farbladung (SU(3)) geben. Diese drei Arten von Ladungen unterscheiden Quarks voneinander.

Um dies etwas sichtbarer zu machen, können wir es für das Δ^{++}-Teilchen ausprobieren. Der U(1)$^-$ $\times$ SU(2)-Teil von Δ^{++} sah aus wie „uuu". Wenn wir ein Produkt mit der antisymmetrischen Kombination in SU(3) erstellen, erhalten wir:

$$\Delta^{++} = \left[\mathrm{Ur, Ug, Ub - Ur, Ub, Ug}\right] + \left[\mathrm{Ub, Ur, Ug - Ub, Ug, Ur}\right] \\ + \left[\mathrm{Ug, Ub, Ur - Ug, Ur, Ub}\right].$$

Dies ist eine vollständig antisymmetrische Beschreibung des Δ^{++}-Teilchens. Ähnlich können wir für andere Baryonen antisymmetrische Beschreibungen erstellen, indem wir das Produkt U(1) $\times$ SU(2) $\times$ SU(3) nehmen. Für Protonen und Neutronen erfordert dies, dass wir die teilweise symmetrische Wellenfunktion zuerst in eine vollständig symmetrische umwandeln. Dies geschieht durch Hinzufügen des Spins der Quarks zur Wellenfunktion. Dann wird diese symmetrische Funktion vollständig antisymmetrisch gemacht, indem das Produkt mit der antisymmetrischen Farbkombination von SU(3) erstellt wird.

Mesonen sind Bosonen. Daher müssen sie Spin 0, 1, 2, … haben. Da Quarks Spin ½ haben, müssen Mesonen aus zwei Quarks bestehen. Wie wir sehen werden, erfordert QCD, dass zwei Quarks nur dann zu einem freien Teilchen kombinieren können, wenn sie eine Kombination aus einer Farbe und ihrer Antifarbe sind. Daher müssen sie Quark und Antiquark sein. Folglich arbeiten Farbe und Seite in den (anti-)symmetrischen Kombinationen zusammen, die wir erstellen können. Anders ausgedrückt, die Farbe ist kein unterscheidender Faktor, wenn wir zwei Quarks zu Mesonen kombinieren. Daher können wir uns auf die SU(2)-Symmetrie beschränken, um herauszufinden, ob sie symmetrisch oder antisymmetrisch sind. Für ein Pion (π^+) haben wir zwei Kombinationen [Ref. 18]:

- Symmetrisch: $u\bar{d} + \bar{d}u$
- Antisymmetrisch: $u\bar{d} - \bar{d}u$

Aber wir müssen noch den Spin einbeziehen. Das Pion existiert nur in Spin 0. Daher müssen die Quarks Spin up und Spin down sein. Die antisymmetrische Kombination kann durch Anwendung dieses Spins symmetrisch gemacht werden. Also besteht das π^+ aus [antisymmetrische Kombination $u\bar{d} - \bar{d}u$] $\times$ [antisymmetrische Kombination Spin up und Spin down] = symmetrisch. Was ist also mit der symmetrischen Kombination $u\bar{d} + \bar{d}u$? Es existiert nicht in der Natur. Der Grund ist, dass die symmetrische Kombination der Spins Spin 1 ist, und das Pion existiert nicht in Spin 1. Dies existiert auch, aber kombiniert mit den beiden Spins in die gleiche Richtung (ebenfalls symmetrisch). Dieses Meson wird das ρ^+-Meson genannt und hat den Gesamtspin 1. Weitere Beispiele sind in Tab. 18.1 aufgeführt.

Obwohl das gesamte Bild etwas vereinfacht ist, um es verständlich zu halten, funktioniert das Rezept für alle Hadronen, die gemessen wurden. Daher schließen wir, dass wir eine SU(3)-Symmetrie benötigen, um Hadronen als aus Quarks bestehend zu beschreiben.

Tab. 18.1 Beispiele für symmetrische und antisymmetrische Quark-Kombinationen

Quark-Kombination	$u\bar{d}$	$d\bar{d}$	$u\bar{u}$	$d\bar{u}$
Antisymmetrisch und Spin 0	π^+	η'	H	π^-
Symmetrisch und Spin 1	ρ^+	Ω	Φ	ρ^-

18.2 Die Farbsymmetrie

Im Falle der SU(2)-Symmetrie gab es zwei Seiten, in die ein Teilchen sich verwandeln konnte. Es gab drei Möglichkeiten, wie ein Teilchen „rotieren" konnte: von einer Seite zur anderen oder zurück, und eine Rotation in sich selbst (effektiv ändert es seine Seite nicht). Bevor wir fortfahren können, müssen wir uns das Letztere etwas genauer ansehen: Was bedeutet es, in sich selbst zu rotieren?

Dies ist nicht dasselbe wie „so zu bleiben, wie man ist", da dies keine Veränderung beinhalten würde. Wir haben die drei Drehungen mit den drei Drehungen eines Schuhs im Wasser verglichen. Sich in sich selbst zu drehen wäre, als würde der Schuh sich um 360° drehen. Aber der knifflige Teil ist, dass es eine Dimension braucht, um diese Drehung zu machen. Die drei Drehungen in drei realen Dimensionen waren nur ein Vergleich, den wir gemacht haben, aber lassen Sie uns zurück zur tatsächlichen SU(2)-Situation gehen: Die einzige Möglichkeit für ein Teilchen, sich in sich selbst zu drehen, besteht darin, sich in die andere Fläche zu drehen und wieder zurück. Dies sagt nur aus, dass wir die Dimension der anderen Fläche benötigen, um die Selbstrotation zu machen. Es sagt nicht aus, dass wir zwei Drehungen machen: eine zur anderen Fläche und eine zurück. Wenn das der Fall wäre, könnten wir die Selbstrotation als lineare Kombination der beiden anderen Drehungen sehen. Es handelt sich also um eine einfache Drehung, die jedoch die andere Dimension benötigt.

Insgesamt ergibt dies alle möglichen Veränderungen in einer Symmetrie, die zwei Zustände enthält. Alle möglichen Veränderungen könnten ausgedrückt werden als:

$$\text{Anzahl der Drehungen} = (\text{Anzahl der Flächen})^2 - 1 = 2^2 - 1 = 3 \text{ für den SU(2)-Fall.}$$

Quarks unterliegen einer SU(3)-Symmetrie. Das bedeutet, dass jedes Quark *drei* Flächen hat, in die es sich verwandeln kann. Die Anzahl der Drehungen beträgt nun $3^2 - 1 = 8$. Wenn wir diese mit Drehungen um eine Achse vergleichen wollten, bräuchten wir 8 Achsen und daher einen 8-dimensionalen Raum. Offensichtlich können wir uns das nicht vorstellen. Wie könnten wir das also verstehen? Lassen Sie uns zu den Flächen zurückkehren. SU(3) bedeutet, dass es drei Flächen gibt, in die man sich verwandeln kann. Lassen Sie uns jede Fläche durch eine Dimension darstellen. Abb. 18.1 zeigt diese drei Dimensionen und die Möglichkeiten, wie wir von einer Fläche zur anderen wechseln können. Jeder Fläche wird eine Farbe zugewiesen, wie es in der QCD üblich ist. Wir haben Rot, Grün und Blau. Also zählen wir die möglichen Veränderungen, genau wie im SU(2)-Fall:

- Wechsel von Rot zu Grün
- Wechsel zurück von Grün zu Rot

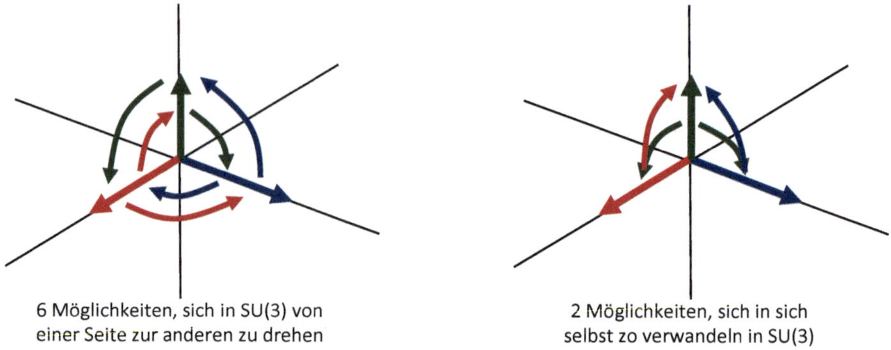

Abb. 18.1 SU(3) repräsentiert drei Zustände (drei Flächen), in die Quarks sich verwandeln können und es gibt 8 Möglichkeiten, sich zu drehen. Die Selbstrotationen auf der rechten Seite benötigen eine Dimension, um die Veränderung zu machen, wechseln aber tatsächlich nicht zu z. B. Rot und zurück

- Wechsel von Rot zu Blau
- Wechsel zurück von Blau zu Rot
- Wechsel von Grün zu Blau
- Wechsel zurück von Blau zu Grün
- Wechsel von einer Farbe in sich selbst über die Dimension einer anderen Farbe (z. B. von Rot zu Rot über Blau)
- Wechsel von einer Farbe in sich selbst über die Dimension der zweiten anderen Farbe (z. B. von Rot zu Rot über Grün)

Dies sind alle möglichen Drehungen, die wir machen können, wenn ein Teilchen drei Flächen hat und es acht davon gibt. Folglich muss es acht verschiedene Arten von Eichwellen geben, die mit jeder verschiedenen Art von Drehung verbunden sind. Diese Eichwellen werden Gluonen genannt.

Die SU(3)-Symmetrie ist eine globale Symmetrie. Das bedeutet, dass die Symmetrie blaue und grüne Quarks beinhaltet, die ihre Farben instantan im gesamten Raum-Zeit-Kontinuum austauschen, d. h. ohne Verzögerungen aufgrund der Entfernungen zwischen ihnen. Wie wir zuvor gesehen haben, lässt das Vakuum keine Änderungen schneller als c zu. Daher muss die Symmetrie lokal werden und eine Eichwelle muss die Änderung mit maximaler Geschwindigkeit c wegtragen. Folglich müssen alle Gluonen Eichwellen sein, die sich mit der Geschwindigkeit c ausbreiten, es sei denn, sie sind massiv. Wie sich herausstellt, sind sie nicht massiv. So wie bei den anderen Kräften haben wir also acht Arten von Eichwellen, jede repräsentiert durch eine Art von Gluon. Sie sind Bosonen, die ein Kraftfeld aufbauen. Jedes Mal, wenn es eine Rotation gibt und ein Gluon erzeugt wird, ähnelt das, was passiert, dem, was bei Phasenänderungen passiert. Die Rotation hemmt ein Potenzial, das zusammen mit der Farbänderung weggetragen wird. Dieses Potenzial ändert den Impuls des Quarks, das es erzeugt hat, sowie den Impuls des Quarks, das es empfängt.

Im Falle der W-Bosonen haben wir gesehen, dass W^{+} und $W-$ jeweils die Antiteilchen des anderen sind. Das scheint logisch: sich von einer Seite zur anderen zu drehen, ist das Gegenstück zum Zurückdrehen von der zweiten Seite zur ersten. Bei Gluonen läuft das etwas anders ab. Um das zu verstehen, schauen wir uns an, wie das Wechseln der Seite bei Quarks funktioniert.

Genau wie bei der schwachen Kraft ändert ein Quark seine Seite und erzeugt eine Welle, die diese Änderung wegträgt, bis sie ein anderes Quark findet, das seine Seite in die entgegengesetzte Richtung ändert. Nehmen wir also an, wir haben ein blaues Quark, das sich in Grün verwandelt. Dann muss sich die Welle von „Blau zu Grün" ausbreiten. Genauer gesagt heißt das, dass das Blau weggenommen wurde und Grün im Quark erzeugt wurde. Also muss die Welle, die die Änderung trägt, das Blau in sich tragen sowie das Gegenteil von Grün. Nennen wir das Gegenteil von Grün „Antigrün". Daher brauchen wir eine Antifarbe für jede Farbe, um diese Farbe vernichten zu können. Also muss die Eichwelle Blau + Antigrün tragen. Auf diese Weise wird die Farbe erhalten. Diese Welle kann nur an einem anderen grünen Quark (oder einem antiblauen Quark) ausgetauscht werden. Das Gluon verwendet seine Antigrün-Ladung, um die grüne Farbe dieses Quarks zu vernichten und verwendet seine blaue Ladung, um es blau zu färben. So haben das blaue Quark und das grüne Quark effektiv die Farben getauscht (s. Abb. 18.2).

Wenn wir alle möglichen Kombinationen von „Farbe + Antifarbe" betrachten, erhalten wir neun verschiedene Kombinationen (drei Farben × drei Antifarben). Aber es können nur acht Drehungen sein. Wie funktioniert das? Im Grunde haben wir eine Drehung in sich selbst als drei Typen gezählt: Blau + Antiblau, Rot + Antirot, Grün + Antigrün. Aber es gibt nur zwei. Der wesentliche Punkt hier ist, dass eine Drehung in sich selbst immer über eine andere Farbe erfolgt und es nur zwei Möglichkeiten gibt, das zu tun (s. Abb. 18.1). Zum Beispiel geht das Drehen von Blau zu Blau so: „Blau zu Rot + Rot zu Blau" oder „Blau zu Grün + Grün zu Blau". Aber man könnte einwenden, dass, wenn es sich um Wellen handelt, es

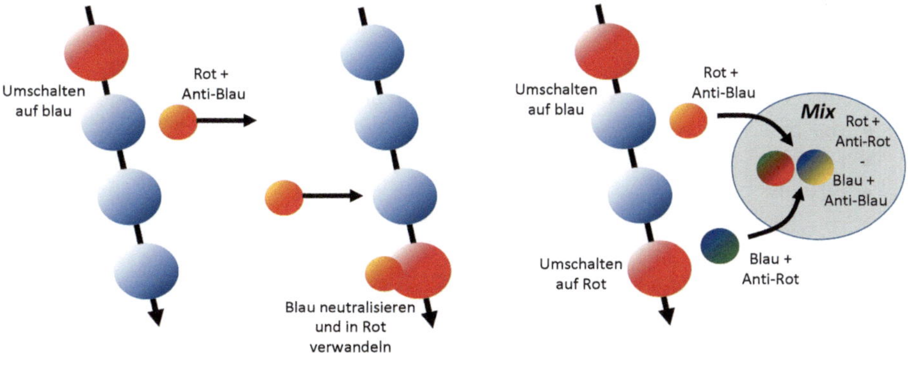

Abb. 18.2 Quarks tauschen Farben aus. Links: Ein Quark wird blau und das zweite Quark wird rot. Rechts: Ein Quark, das in sich selbst übergeht, **wird nicht wirklich blau,** aber um es klarzumachen, wird die Änderung von einer Mischung aus Rot + Antirot minus Blau + Antiblau gemacht. Dies ist ein rotes Quark, das sich „über Blau" in sich selbst verwandelt

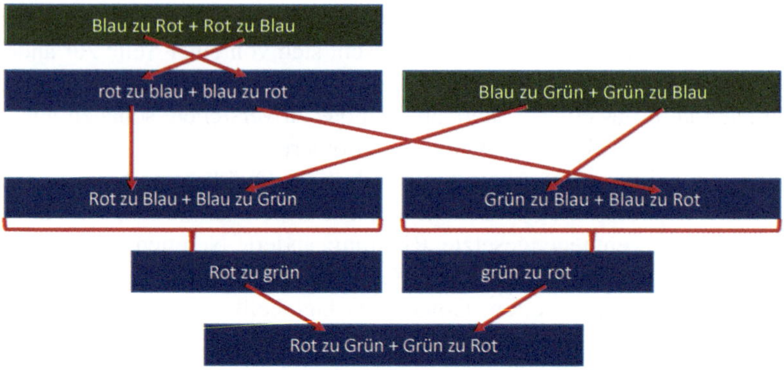

Abb. 18.3 Wie Selbstrotationen (blau) lineare Kombinationen von nur zwei unterscheidbaren Rotationen sind (grün)

ähnliche Wellen für „Rot zu Grün + Grün zu Rot" usw. geben sollte. Diese Wellen können jedoch in der Wirkung, die sie erzeugen, nicht unterschieden werden. Es gibt nur zwei Möglichkeiten für ein Quark, sich in sich selbst zu drehen: durch die Dimension einer anderen Farbe oder durch die Dimension der zweiten anderen Farbe. Alle anderen Wege können als lineare Kombinationen davon betrachtet werden. Zum Beispiel ist „Rot zu Grün + Grün zu Rot" gleich einer Kombination von „Blau zu Rot + Rot zu Blau" und „Blau zu Grün + Grün zu Blau" (s. Abb. 18.3).

Im Falle von Gluonen ist das Drehen in eine Richtung die Antiwelle des Drehens in die andere Richtung. Folglich ist Blau + Antigrün die Antiwelle von Grün + Antiblau. Im Abschnitt über Interaktionen werden wir diskutieren, warum die Lorentz-Invarianz erfordert, dass jedes Gluon eine Überlagerung einer Farbe-Antifarbe-Kombination und ihrer entgegengesetzten Antifarbe-Farbe-Kombination ist (z. B. $b\bar{g}$und $g\bar{b}$). Daher bestehen die acht Gluonen tatsächlich aus sechs verschiedenen Überlagerungen von Farbrotationen + den zwei „Rotationen in sich selbst" [Ref. 74, S. 280]:

1. Sechs Möglichkeiten, von einer Farbe in die andere zu wechseln
   - $r\bar{b}+ b\bar{r}$
   - $r\bar{g}+ g\bar{r}$
   - $b\bar{g}+ g\bar{b}$
   - $r\bar{b}- b\bar{r}$
   - $r\bar{g}- g\bar{r}$
   - $b\bar{g}- g\bar{b}$

2. Zwei Wege, sich in sich selbst zu verwandeln
   Es gibt verschiedene Möglichkeiten, diese zu definieren, aber eine beliebte Definition ist:
   - $r\bar{r}- b\bar{b}$
   - $r\bar{r}+ b\bar{b}- 2g\bar{g}$

Vielleicht sind Sie jetzt in dieser bunten Welt verloren. Versuchen wir also, die Farben auf eine andere Weise zu definieren, und Sie können die Sichtweise wählen, die Ihnen am besten passt. In diesem Bild definieren wir die Farben mit Farb-Isospin I^c_3 und Farb-Hyperladung Y^c. Wir kennzeichnen die Farben auf ähnliche Weise wie die für Fermionen gewählte (s. Abb. 18.4).

Wir werden später sehen (s. Abschn. 18.3), dass freie Teilchen farblos sind. Anders ausgedrückt, alle Mesonen und Baryonen, die wir aus Quarks bilden, müssen keine Nettofarbe haben, wenn sie als freie Teilchen existieren sollen. Daher muss die Farbe der Quarks in diesen Teilchen so sein, dass sie sich zu „Weiß" addieren. In Bezug auf Farb-Hyperladung und Isospin bedeutet dies, dass nur Farbkombinationen, die $I^c_3 = 0$ und $Y^c = 0$ ergeben, möglich sind.

Als Nächstes nehmen wir die beiden Symmetrien von Farbe und Antifarbe und erstellen ein Produkt aus ihnen. Das haben wir schon einmal gemacht z. B., als wir $U(1) \times SU(2)$ definiert haben. Das bedeutet im Grunde, dass wir jede Kombination der beiden Symmetrien machen können. Wir tun dies in Abb. 18.5.

Eine beliebige Kombination der drei Quark-Farben und drei Antiquark-Farben bedeutet, dass wir alle Kombinationen wie $g\bar{r}$, $b\bar{g}$, $r\bar{b}$ usw. erhalten. Die Eigenschaften einer solchen Kombination sind additiv. Zum Beispiel hat $g\bar{r}$ die Eigenschaften von g und $\bar{r}$ zusammengezählt: $I^c_3 = -½ - ½ = -1$ und $Y^c = +1/3 - 1/3 = 0$.

Interessant daran ist, dass wir Gruppen für diese Kombinationen finden können. Eine Gruppe besteht aus 8 Kombinationen, die als ein Oktett (achtfach) bezeichnet wird. Eine andere Gruppe besteht nur aus einer Kombination. Warum ist das so? Sie definieren eine Gruppe mittels einer Symmetrieoperation. Alle Elemente, die mit der Symmetrieoperation erstellt werden können, gehören zur gleichen Gruppe. Wenn wir beispielsweise einen Vektor der Länge 1 um 45° um eine Achse drehen, erhalten wir einen anderen Vektor, der im Vergleich zum vorherigen Vektor um 45° geneigt ist (s. Abb. 18.6). Wann immer wir die gleiche Drehung anwenden, erhalten wir ein neues Mitglied der Gruppe, bis wir die achte Drehung durchführen und wieder dort ankommen, wo wir angefangen haben. Im Grunde haben wir

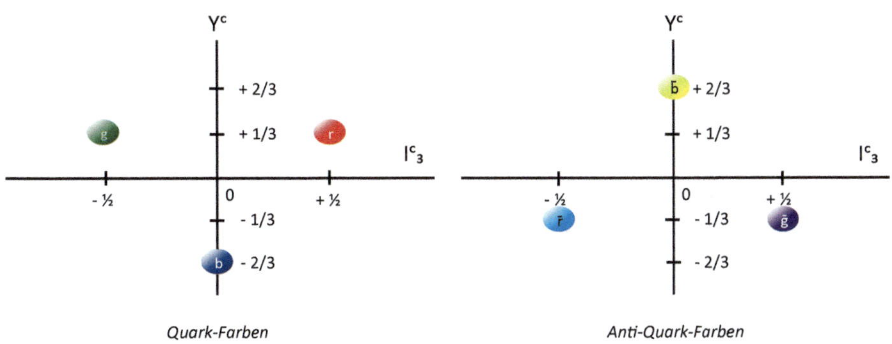

Abb. 18.4 Kennzeichnung der Farben mit Farb-Hyperladung und Farb-Isospin. Die Farben der Antiquarks sind genau entgegengesetzt, sowohl in Farbe als auch in Y und I. Daher werden sie im Vergleich zu den Quark-Farben durch Inversion im Ursprung positioniert

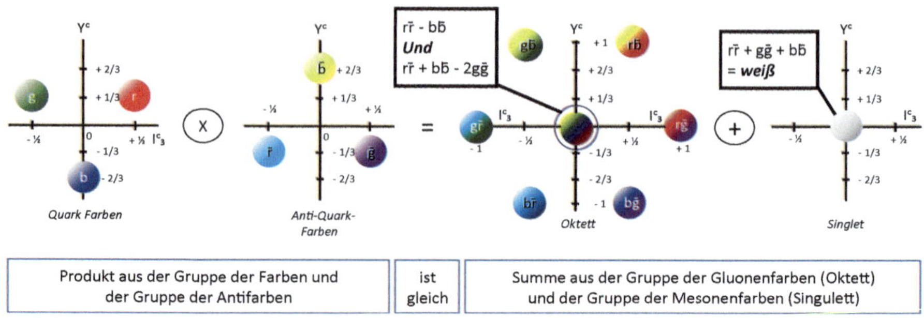

Abb. 18.5 Wenn man das Produkt aus Farben und Antifarben nimmt, kann man jede Kombination bilden. Aber einige Kombinationen bilden eine Gruppe, da wir sie ineinander umrechnen können (das Oktett auf der rechten Seite) und einige bilden eine kleinere Gruppe, in diesem Fall das Singulett auf der rechten Seite

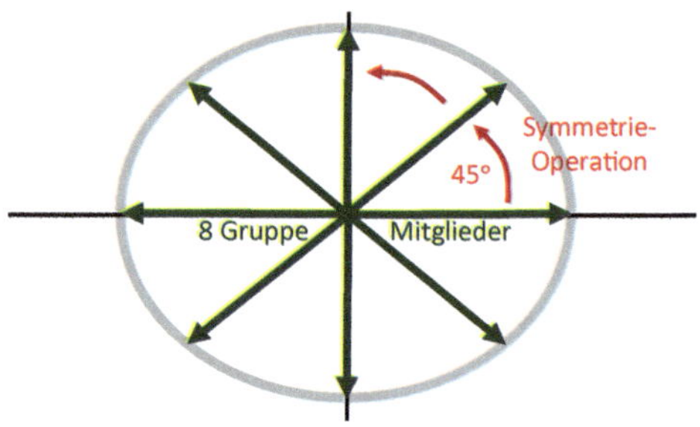

Abb. 18.6 Beispiel für eine Gruppe mit acht Gruppenmitgliedern, die durch eine Gruppenoperation miteinander verbunden sind

dann eine 360°-Drehung gemacht. Daher können wir acht Mitglieder der Gruppe finden, die durch eine Drehung um 45° definiert ist. Wir können keine anderen Mitglieder außer diesen acht mit der Symmetrieoperation „Drehung um 45°“ erreichen. Daher ist die Gruppe geschlossen.

Es stellt sich heraus, dass es eine Symmetrieoperation gibt, die die im Oktett in Abb. 18.5 beschriebenen Kombinationen miteinander verbindet. Alle einzelnen Gruppenmitglieder sind linear unabhängig, aber die Symmetrieoperation verbindet sie. Es gibt eine Kombination, die nicht aus diesen acht mit dieser Symmetrieoperation erstellt werden kann: die Kombination $r\bar{r}+ g\bar{g}+ b\bar{b}$. Daher steht diese Kombination abseits von der Gruppe. So finden wir heraus, dass es neun Kombinationen gibt, die aus drei Farben und drei Antifarben erstellt werden können: acht von ihnen sind in einer Gruppe miteinander verbunden und eine ist es nicht.

Sie fragen sich vielleicht, wie die beiden zentralen Objekte im Oktett aus den anderen erstellt werden können. Lassen Sie uns einfach die Farben zählen. Wir könnten $r\bar{r}- b\bar{b}$ aus einer Kombination von $r\bar{b}$und $b < \bar{r}$ erstellen. Alle Farben, die wir benötigen, um $r\bar{r}- b\bar{b}$ zu erzeugen, sind in diesen beiden enthalten. Wir könnten auch $r\bar{r}+ b\bar{b}- 2g\bar{g}$ aus einer Kombination von $g\bar{b}$, $g\bar{r}$, $b\bar{g}$ und $r\bar{g}$ machen. Wir finden zwei gs, zwei $\bar{g}$s, ein b, ein $\bar{b}$, ein r und ein $\bar{r}$. Wenn wir versuchen, $r\bar{r} + b\bar{b}+ g\bar{g}$ zu machen, stellen wir fest, dass wir diese Kombination nie zusammen bekommen können. Es bleiben immer überschüssige Farben übrig oder einige Farben fehlen. Daher kann die Kombination im Singulett nicht aus den sechs um das Oktett herum mit der Symmetrieoperation, die das Oktett in eine Gruppe verwandelt, hergestellt werden.

Das Oktett hat acht Kombinationen, die eine Farbe haben (die sechs um das Zentrum herum) oder farblos sind (die zwei im Zentrum). Die sechs Kombinationen, die eine Farbe haben, haben genau die Eigenschaften, die wir von Gluonen erwarten. Wenn ein Quark von Rot zu Blau wechselt, muss es das Rot und Antiblau ausbreiten. Das ist eine der Kombinationen im Oktett! Im Zentrum finden wir zwei weiße Kombinationen. Sie sehen genau aus wie die beiden Selbstrotationen, die wir früher identifiziert haben. Da sie durch eine Symmetrieoperation mit den anderen Kombinationen verbunden sind, können sie eine Rotation in sich selbst über eine andere Farbe beschreiben. Daher können die beiden Kombinationen im Zentrum Selbstrotationen beschreiben. So kann das gesamte Oktett verwendet werden, um alle Gluonen zu beschreiben! Das heißt, es kann den Farbteil der Gluonwellenfunktion beschreiben.

Was ist mit dem Singulett? Kann dies auch ein Gluon beschreiben? Grundsätzlich beschreibt diese Kombination „bleib wie du bist". Es ist nicht nur weiß, sondern es kann auch nicht aus den anderen Kombinationen hergestellt werden. Daher stellt es *keine* Veränderung dar. Wenn ein Quark so bleibt, wie es ist, erzeugt es keine Eichwelle. Daher beschreibt diese Kombination eine triviale Situation, wenn es um Gluonen geht. Es tut nichts. Wenn es doch ein Gluon wäre, wäre es weiß und würde nicht mit etwas anderem interagieren. Daher kann es nicht erzeugt werden (da es keine Rotation propagiert) und es kann keine Rotation in einem anderen Teilchen erzeugen.

Ist das Singulett also völlig nutzlos? Nicht in einem anderen Kontext! Schauen wir uns Mesonen an. Sie bestehen aus einem Quark und einem Antiquark. Quarks haben immer eine von drei Farben. Antiquarks haben immer eine von drei Antifarben. Mesonen können jedoch nur als freies Teilchen existieren, wenn sie weiß sind. Es scheint also, als könnte das Oktett Farb- und Antifarbkombinationen beschreiben, aber diese sind nicht weiß. Mesonen können nicht weiß sein und durch eine Symmetrieoperation in Nicht-Weiß umgewandelt werden. Daher können die weißen Kombinationen im Zentrum des Oktetts auch nicht in einer lebensfähigen Mesonenwellenfunktion verwendet werden. Mesonen müssen jederzeit weiß sein. Sobald sie auf irgendeine Weise nicht weiß werden, beginnen sie, durch die starke Kraft zu interagieren und klumpen schnell mit anderen Teilchen zusammen, bis sie ein wirklich weißes Teilchen werden (s. Einkapselung). Wirklich weiß ist genau das, was das Singulett beschreibt. Daher ist das Singulett der perfekte Kandidat, um der Farbteil einer Mesonenwellenfunktion zu sein.

Erinnern Sie sich an das, was wir vorher über Mesonen gesagt haben: „Farbe und Geschmack schließen sich in den (anti-)symmetrischen Kombinationen zusammen, die wir machen können" (s. Abschn. 18.1). Und wir haben die Farbe als Unterscheidungsmerkmal für die Symmetrie der Mesonenwellenfunktion im Grunde genommen ignoriert. Die symmetrische Wellenfunktion, die wir für

Mesonen benötigten, konnten wir vollständig aus Spin- und SU(2)-Kombinationen erstellen. Jetzt sehen wir den Grund: Der Singulett-Farbzustand ist die einzige Kombination, die zu einem Meson passt, und er beschreibt eine symmetrische Wellenfunktion. Und wenn es um symmetrische Teile der Wellenfunktion geht, lassen sie den anderen Teil der Wellenfunktion in Ruhe. Daher gilt: symmetrisch $\times$ symmetrisch $=$ symmetrisch und symmetrisch $\times$ antisymmetrisch $=$ antisymmetrisch.

Schauen wir uns die Farbwellenfunktion für ein Meson etwas genauer an. Sie besteht aus einer linearen Kombination von $r\bar{r}$, $b\bar{b}$, und $g\bar{g}$. Die Quarks im Meson können also ihre Farbkombination ändern, haben aber immer eine Farbe + ihre entgegengesetzte Antifarbkombination zu jedem Zeitpunkt. Wir können dies wie folgt sehen: Beginnen Sie mit den Quarks im Meson, die die Farbe r und $\bar{r}$ haben. Nehmen wir an, das r-Quark ändert sich zu b (blau). Es erzeugt ein Gluon aus der Kombination $r\bar{b}$. Dieses Gluon findet das andere $\bar{r}$-Quark. Es vernichtet die $\bar{r}$ -Farbe und färbt dieses Quark $\bar{b}$. Also verwandelt sich das Meson nun von $r\bar{r}$ zu $b\bar{b}$. Wenn ein Meson immer eine Farbe + seine genaue entgegengesetzte Antifarbkombination hat, spielt die Farbe keine Rolle bei der Bestimmung der (Anti-)Symmetrie des Mesons.

Zusammenfassend haben wir eine Kombination aus einer Farbe und einer Antifarbe genommen und zwei Gruppen solcher Kombinationen gefunden, die tatsächlich den Farbteil der Wellenfunktion für Gluonen und Mesonen beschreiben könnten. Das macht Spaß! Lassen Sie uns noch mehr ausprobieren! Wie wäre es, wenn wir eine Kombination aus einer Farbe und einer Farbe machen? Was würde uns das sagen (s. Abb. 18.7)?

Die Kombinationen, die wir finden können, können wir wieder in zwei Gruppen einteilen. Könnten diese Gruppen irgendetwas repräsentieren? Beginnen wir damit, uns daran zu erinnern, dass Quarks nur Farbe tragen (keine Antifarbe) und nur Antiquarks Antifarbe tragen (keine Farbe). Daher sind die Quark-Kombinationen, die wir mit einer Farbe + Farbkombination beschreiben könnten, nur Quark-Quark-Kombinationen. Antiquarks sind nicht beteiligt.

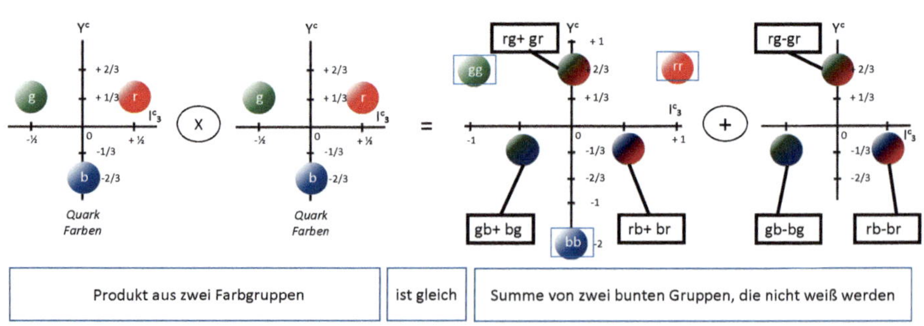

Abb. 18.7 Ein Produkt aus Quark-Farben mit Quark-Farben (qq). Dies führt zu allen farbenfrohen Kombinationen, aber keine farblosen. Daher könnte ein Quark nicht mit einem Quark gepaart werden, da es immer noch Farbe hätte und schnell Gluonen und ein weiteres Quark anziehen würde

Zunächst bemerken wir, dass in diesen Gruppen nichts Weißes zu finden ist. Daher können wir mit diesen Gruppen kein freies Teilchen beschreiben. Folglich können wir sagen, dass die Farbladung keine Quark-Quark-Kombinationen zulässt!

Weiterhin könnten wir untersuchen, ob die farbenfrohen Kombinationen irgendeine Art von Gluon beschreiben könnten. Theoretisch könnten sie das, aber die interessante Frage ist: Wie könnten wir solche Gluonen erzeugen? Ein Gluon wird erzeugt, wenn ein Quark die Farbe ändert oder wenn ein Antiquark die Antifarbe ändert. In beiden Fällen kann die Änderung nur durch eine Farbe-Antifarbe-Kombination fortgeleitet werden. Keine der Gruppen in Abb. 18.7 beschreibt Farbe-Antifarbe-Kombinationen. Daher können Farbe-Farbe-Kombinationen eine Art von Gluon beschreiben, aber wir können es nicht erzeugen! Daher existieren diese auch nicht.

Also, lassen Sie uns die Einsätze erhöhen und uns Kombinationen von drei Farben anstatt von zwei Farben ansehen (s. Abb. 18.8). Auch diese können nur Quarks beschreiben. Antiquarks sind nicht beteiligt.

Es gibt viele Kombinationen, die man aus drei Farben machen kann. Einige sind symmetrisch, einige sind teilweise symmetrisch und einige sind antisymmetrisch. Wir können vier Gruppen solcher Kombinationen finden. Jede Gruppe hat eine weiße Kombination in ihrer Mitte. Allerdings gilt das Gleiche für die weißen Kombinationen, die wir zuvor getroffen haben. Wenn es eine Symmetrieoperation gibt, die die weiße Kombination in eine andere nichtweiße Kombination umwandeln kann, ist sie nicht wirklich weiß. Folglich kann sie nicht den Farbteil einer freien Teilchenwellenfunktion beschreiben. Wiederum kann nur

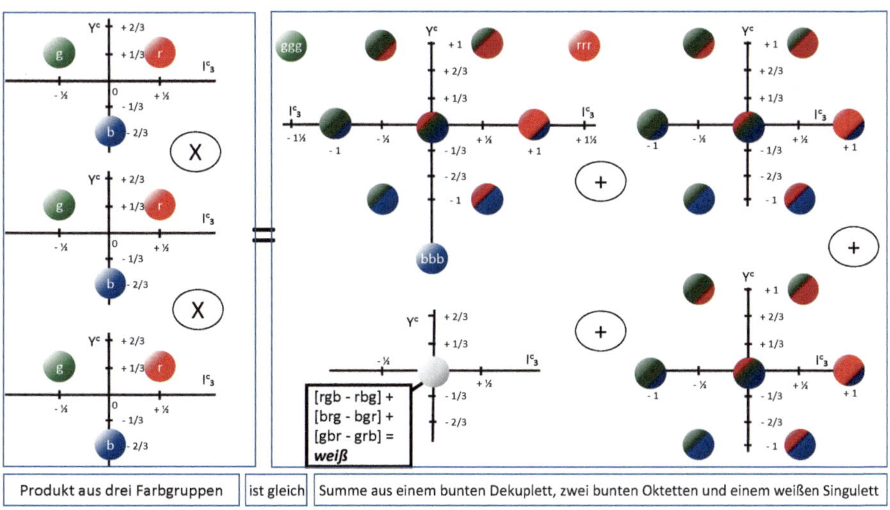

Abb. 18.8 Drei Quark-Farben, die zusammenkommen, erzeugen ein Produkt aus „Quark-Farben × Quark-Farben × Quark-Farben“ (qqq)

das Singulett eine wirklich weiße Farbwellenfunktion beschreiben. Es stellt sich heraus, dass die Kombination, die zum Singulett gehört, die antisymmetrische Farbwellenfunktion ist, die wir zuvor gefunden haben. Daher ist dies die einzige Wellenfunktion, die wir verwenden können, um den Farbteil einer qqq-Kombination von drei Quarks zu beschreiben. Folglich muss eine solche qqq-Kombination immer antisymmetrisch sein (wie es Fermionen sein müssen), die anderen Teile der Wellenfunktion müssen symmetrisch sein, wie wir zuvor gesehen haben.

Wir können dasselbe für drei Antifarben tun. Dies wird uns die einzige Lösung geben, um Antiquarks zu beschreiben. Wir müssen uns nicht die Gluonen ansehen, denn das gleiche Argument gilt wie zuvor: Die farbenfrohen Kombinationen können nicht durch irgendeine uns bekannte Rotation erzeugt werden. Alle anderen Farbkombinationen, die wir machen könnten, fügen nichts hinzu, da sie alle entweder nichtweiße + Nicht-Singulett-Lösungen oder Farbkombinationen geben, die nicht erzeugt werden können und daher keine lebensfähigen Gluonen darstellen können.

Wir haben all dies aus der Schlussfolgerung begonnen, dass wir eine SU(3)-Symmetrie benötigen, um eine lebensfähige Drei-Quark-Fermionen(antisymmetrische)-Wellenfunktion zu beschreiben. Aber wir könnten auch eine lebensfähige Quark-Antiquark-Bosonen(symmetrische)-Wellenfunktion beschreiben, um Mesonen darzustellen.

Die SU(3)-Symmetrie ist nichtabelsch, genau wie SU(2). Das bedeutet, dass zwei aufeinanderfolgende Rotationen in unterschiedlicher Reihenfolge nicht generell das gleiche Ergebnis liefern (erinnern Sie sich an das Beispiel mit dem Würfel, das wir zuvor besprochen haben). Genau wie im Fall von SU(2) können wir das gleiche Endergebnis für zwei Drehungen in unterschiedlicher Reihenfolge erreichen. Dies kann durch das Wegleiten einer zusätzlichen Änderung *innerhalb* der Eichwelle erreicht werden. Folglich können Gluonen solche Änderungen selbst erzeugen. Das bedeutet, dass Gluonen miteinander interagieren können (sie spüren die Änderungen selbst). Es führt zu einem Wechselwirkungspotenzial zwischen Gluonen und wir werden später eine interessante Konsequenz dieses Verhaltens sehen.

Schließlich ist es wichtig zu beachten, dass die SU(3)-Farbsymmetrie eine exakte Symmetrie ist. Im Vergleich dazu war SU(2) eine exakte Symmetrie, bevor sie durch die Kondensation von Higgs gebrochen wurde. Im heutigen Universum ist es keine exakte Symmetrie mehr. Wir haben die Konsequenzen davon gesehen, wie z. B. die Tatsache, dass Geschmacksrichtungen sich mischen können und als Ergebnis in ein anderes Gesicht als das erwartete aus der Symmetrie umwandeln können. Dies geschieht nicht in SU(3). Daher unterscheidet sich die starke Wechselwirkung nicht in Bezug auf verschiedene Farbrotationen. Jede Rotation hat die gleiche Stärke.

18.3 QCD-Felder: Übersicht

Die QCD-Übersicht der Wellen enthält eine Welle für jedes Quark und eine Eichwelle für jedes Gluon. Quarks verbinden sich auch mit U(1), daher haben sie eine Ladung. Wir haben zuvor gesehen, dass sie sich auch mit SU(2) verbinden und daher auch einen Isospin haben. Diese beiden Symmetrien führen zu vielen Wechselwirkungspotenzialen für die Quarks, die wir im Grunde genommen bereits besprochen haben. Daher lassen wir ihre Felder vorerst aus und konzentrieren uns auf die Farbkraft zwischen den Quarks (s. Tab. 18.2).

Die Gesamtzahl der Quarks beträgt 6 Sorten $\times$ 2 Händigkeiten $\times$ 3 Farben $=$ 36 Quark-Typen. Sie alle koppeln an 8 Gluoneichwellen mit der gleichen Stärke. Also ist die Kopplungsstärke vollständig symmetrisch über alle Quark-Typen. Das Gleiche gilt für die 36 Antiquarks, so dass wir insgesamt 72 Quark-Typen haben, alle symmetrisch in Bezug auf die Farbladung.

Gluonen können miteinander interagieren. Genau wie die schwachen Bosonen sind sie in der Lage, sich selbst im Farbraum zu drehen und dabei neue Eichwellen zu erzeugen. Dies ist ein nichtlineares Verhalten, das dazu führt, dass immer mehr Gluonen bei größeren Entfernungen auftauchen. Die schwache Kraft zeigte die Konsequenz davon nicht, da ihre Bosonen zu schwer sind, um irgendeine Entfernung zu erreichen. Allerdings verbinden sich Gluonen nicht mit Higgs. Das Higgs-Feld fühlt keine Farbladung, und so führte es, als es gebrochen wurde, nicht zu einer Vermischung mit Gluonen. Folglich bleiben Gluonen masselos. Das effektive Potenzial zwischen Quarks kann als Funktion ihrer Entfernung berechnet werden, als Folge dieses nichtlinearen Verhaltens. Da dieser Effekt für masselose Gluonen groß ist, führt er zu Verhaltensweisen wie „Farbeinschränkung“ und „asymptotische Freiheit“.

18.3.1 Farbliche Eingrenzung

Wir haben gesehen, was passiert, wenn wir zwei Quarks nehmen und die Farbwechselwirkung zwischen ihnen betrachten. Ein Quark, das seine Farbe ändert, erzeugt ein Gluon, das die Farbe eines anderen Quarks ändert (s. Abb. 18.2).

Tab. 18.2 Fermionen- und Bosonenfelder in QCD und ihre gegenseitigen Wechselwirkungen

Feld	Wellentyp	Masse „Feder“	Wechselwirkung „Feder“
6 rechts- und 6 linkshändige Quarks (u, c, t, d, s, b)	Fermion	Unterschiedlich für jede Quark-Sorte	Mit Gluonen, Photonen, W und Z°
8 Gluonen	Eichboson	0	Mit Quarks und anderen Gluonen

Die Farbänderung erzeugt einen Potenzialunterschied, der vom Gluon weggeleitet wird, genau wie die elektromagnetische Kraft. Es gibt jedoch auch einen wichtigen Unterschied. Das Potenzial zwischen zwei Quarks ist eine komplizierte Angelegenheit. Es kann anziehend oder abstoßend sein, abhängig von der Farbkombination. Zum Beispiel ergibt der Farbsingulett-Zustand, der ein Meson mit einem Quark in einer Farbe und dem anderen in der gleichen Antifarbe beschreibt, ein anziehendes Potenzial zwischen den beiden Quarks. Aber wenn wir diese Berechnung zwischen zwei farbigen Quarks durchführen, die zusammen keine weiße Farbe ergeben, z. B. Rot und Antigrün, werden die beiden Quarks ein abstoßendes Potenzial erfahren. Dies gilt für das Oktett in Abb. 18.5. Dieses Verhalten steht im Einklang mit der Idee, dass farbenfrohe Teilchen nicht existieren können und daher das Oktett keine möglichen Quark-Farbkombinationen beschreibt. Nach diesen Berechnungen werden Quarks sich nur dann gegenseitig anziehen, wenn sie eine weiße Kombination bilden.

Über einen längeren Bereich wird das Potenzial zwischen zwei Farben mehr durch Gluonen bestimmt, die andere Gluonen erzeugen und miteinander interagieren. Jenseits des Protonendurchmessers ist das resultierende durchschnittliche Potenzial konstant *pro Einheitsabstand.* Daher ist das Potenzial umso stärker, je größer der Abstand zwischen zwei Quarks ist, und diese Beziehung zwischen Potenzial und Abstand ist linear! Es ergibt ein Potenzial von etwa 1 GeV pro Femtometer. Die zugehörige Kraft entspricht dem Anheben von 16 t.

Nehmen wir nun an, wir versuchen, die beiden Quarks auseinanderzuziehen (stellen Sie sich vor, wir hängen 16 t an ein Quark). Die Folge ist, dass der Abstand zwischen ihnen zunimmt. Die Gluonenwellen, die zwischen ihnen ausgetauscht werden, müssen eine größere Strecke zurücklegen. Über diese Strecke besteht eine größere Chance, dass ein Gluon ein zusätzliches Gluon erzeugt. Da Gluonen eine anziehende Kraft zwischen den Quarks und untereinander erzeugen, wird die Anziehung zwischen den Quarks gestiegen sein. Je weiter wir es schaffen, sie auseinanderzuziehen, desto mehr Zeit hat ein Gluon, andere Gluonen zu erzeugen, und mehr Gluonen bedeuten eine stärkere Anziehung zwischen den Quarks.

Dieser Prozess kann weitergehen, da die Gluonen masselos sind. Daher kostet es nicht viel Energie, neue zu erzeugen, im Gegensatz zur Situation bei der schwachen Kraft, wo die massiven Bosonen nicht in großen Mengen erzeugt werden können. So können wir uns vorstellen, wie anders die „schwache" Kraft gewesen wäre, bevor die Symmetriebrechung eintrat, als die W-Bosonen noch masselos waren!

Wenn wir weiterhin die Quarks auseinanderziehen, befinden sich immer mehr Gluonen zwischen ihnen. Da die Kraft zunimmt, müssen wir immer mehr Energie aufwenden, um sie weiter auseinanderzuziehen. Diese Energie wird in den immer zahlreicher werdenden Gluonen gespeichert, bis in ihnen genug Energie gespeichert ist, um ein neues Quark-Antiquark-Paar zu erzeugen. Wenn das passiert, werden aus dem Quark-Paar, das sich vorher angezogen hat, nun zwei Quark-Paare, die sich gegenseitig anziehen. Daher kann ein Quark nie aus einem gebundenen Zustand von Quarks herausgezogen werden. Das Auseinanderziehen von Quarks kostet immer mehr Energie, als zum Erzeugen neuer Quarks benötigt wird, die sich mit den auseinandergezogenen Quarks verbinden.

Nehmen wir an, es gäbe ein loses Quark einer bestimmten Farbe. Es würde Gluonen erzeugen und diese Gluonen würden sich vermehren wie Kaninchen, je länger sie dort draußen fliegen müssen, auf der Suche nach einem anderen Quark. Also wird jedes andere lose Quark gefunden und mit großer Kraft zum losen Quark gezogen. Wieder kommen wir zu dem Schluss, dass es unmöglich sein wird, ein loses Quark zu finden.

Quarks werden auch in der Farbe synchronisiert sein. Nehmen wir an, wir haben ein rotes Quark und ein grünes Quark zusammen. Nehmen wir weiter an, dass sie Gluonen erzeugen, die die beiden Quarks zusammenbinden. Zusammen stellen sie jedoch eine Nettofarbe dar und so werden sie immer noch Gluonen erzeugen, die auf der Suche nach anderen Quarks hinausfliegen. Nur wenn keine Nettofarbladung der Außenwelt präsentiert wird, werden keine Gluonen auf der Suche nach anderen Quarks hinausfliegen.

Infolgedessen sind die Quarks, *egal in welche Richtung wir schauen, eng aneinander gebunden und weisen keine Farbladung auf. Dies wird als Einkapselung bezeichnet.* Es gibt zwei Arten von Kombinationen, die keine Nettofarbladung aufweisen und die wir bereits kennengelernt haben: Mesonen (Quark + Antiquark) und Baryonen (drei Quarks mit den Farben r, g und b).

Quarks haben tatsächlich keine Farbe. Es ist nur so, dass die Parallele zwischen der Art und Weise, wie Primärfarben addiert werden, und der Art und Weise, wie die drei verschiedenen Arten von Ladungen addiert werden, so ähnlich ist, dass die Farbe als schöne Analogie dient.

Es gibt noch eine weitere Möglichkeit, eine farblose Kombination zu bilden. Dafür sind keine Quarks erforderlich, sondern nur Gluonen. Schließlich können Gluonen, da sie die gleiche Kraft spüren, sich auch zusammenschließen. Solche Kombinationen werden passenderweise Gluonenbälle genannt. Es ist schwierig, ihre Existenz experimentell zu bestätigen, aber sie könnten existieren.

Diese Idee sagt uns auch, wie sich Gluonen zwischen Quarks verhalten. Wir finden die meisten Gluonen zwischen zwei Quarks. Folglich werden die anderen Gluonen, die von diesen Gluonen erzeugt werden, eine Nettoanziehungskraft auf die Quarks und die Gluonen zwischen ihnen spüren. Bald wird es viele Gluonen zwischen den Quarks geben. Daher neigt die starke Kraft zwischen Quarks dazu, sich in Gluonen entlang der Linie zwischen zwei Quarks zusammenzuballen. Daher kann die Wechselwirkung zwischen den Quarks in diesen Teilchen mit einem Gummiband verglichen werden, das stärker zieht, je mehr es gedehnt wird (s. Abb. 18.9). Ein solches Gummiband wird „Flux Tube“ oder „String“ genannt.

Vergleichen Sie dieses Verhalten mit der elektromagnetischen Kraft. Wenn wir uns weiter von einer Ladung entfernen, wird die Anzahl der von ihr erzeugten Eichphotonen abnehmen, da sie sich über einen größeren Bereich verteilen. Daher wird das Feld mit der Entfernung abnehmen und folglich wird auch die effektive Kraft mit der Entfernung abnehmen. Im Gegensatz dazu bedeutet das „Gummiband“-Verhalten der Gluonen, dass sie sich nicht mit der Entfernung ausbreiten.

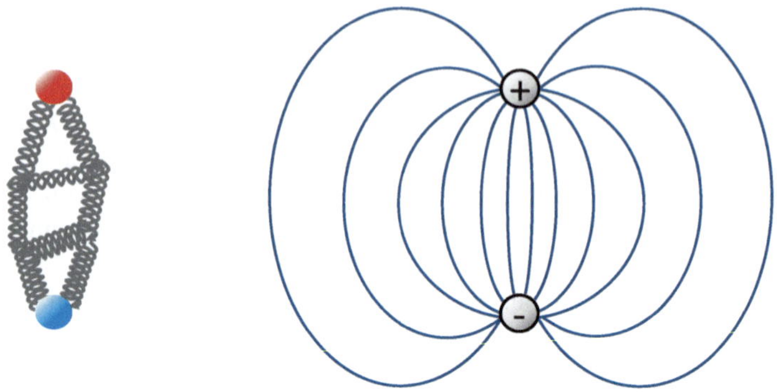

Abb. 18.9 Das Verhalten von Gluonen, die sich gegenseitig anziehen, führt zu einer Gruppierung von Gluonen zwischen zwei Quarks (links). Folglich verhalten sie sich wie ein Gummiband, das stärker zurückzieht, wenn es gedehnt wird. Photonen ziehen sich nicht gegenseitig an und können sich daher im Raum ausbreiten, so dass elektromagnetische Effekte auf lange Sicht schwächer werden, hier dargestellt durch die Art und Weise, wie die Feldlinien bei größeren Entfernungen weiter auseinandergehen (rechts)

Daher bleibt die Kraft gleich, wenn der Abstand zwischen den Quarks wächst. Es gibt nur immer mehr und mehr Gluonen auf dem Weg, die mehr Energie in dem Band enthalten, genau wie ein gedehntes Gummiband Energie enthält.

Ein Gummiband könnte jedoch auch reißen. Dies geschieht, wenn der Energiegehalt groß genug ist, um ein neues Quark-Antiquark-Paar zu erzeugen, wie oben diskutiert. Ein Meson, das auf diese Weise gedehnt wird, besteht bald aus zwei Mesonen. Also reißt das Band, indem es neue Teilchen erzeugt.

Was passiert also, wenn zwei oder drei Quarks glücklich zusammen in einem zusammengesetzten Teilchen leben? Alle Gluonen, die in eine andere Richtung als die Linie zwischen zwei Quarks erzeugt werden, werden sowohl zu den Quarks als auch zu den Linien zwischen den Quarks gezogen. Daher neigen die Gluonen dazu, sich auf diesen Linien anzusammeln. Folglich finden wir keine Gluonen außerhalb des Teilchens. Oder besser gesagt, die starke Kraft wird sehr schnell außerhalb des Teilchens abnehmen.

Zusammenfassend können wir sagen, dass der Effekt von Gluonen, die andere Gluonen anziehen, zu einer starken Kraft zwischen zwei oder drei Quarks führt sowie zu einer schnellen Reduzierung der Kraft außerhalb dieser Gruppe von Quarks. Dieser Effekt wird als Farbeinschluss bezeichnet. Es bedeutet, dass Quarks nicht als lose Teilchen gefunden werden können, aber es bedeutet auch, dass Gluonen nicht außerhalb des Teilchens auftreten. Also wird alle Farbe von Quarks und Gluonen in einem Teilchen zusammengefasst, das der Außenwelt keine Nettofarbe zeigt. Dieser Effekt begrenzt die Reichweite der starken Kraft auf die Größenordnung von 10^{-15} m, was etwa der Größe eines Kerns entspricht. Die starke Kraft spielt eine Rolle beim Zusammenziehen von Protonen und Neutronen in einem Kern, aber das werden wir in den Abschnitten über zusammengesetzte Teilchen und Wechselwirkungen diskutieren.

18.3.2 Quark-Jets

Angenommen, Sie schießen ein hochenergetisches Elektron auf ein Proton. Sie geben dem Elektron so viel Energie, dass es in das Proton eindringen und „zwischen den Quarks“ fliegen kann. Ein Elektron spürt nicht die starke Kraft, also interagiert es nicht auf diese Weise. Sie müssen nur die elektromagnetische Kraft und die schwache Kraft (!) überwinden. Manchmal wird das Elektron durch die Ladung der Quarks gestreut und manchmal trifft es auf ein W- oder Z-Boson und interagiert über die schwache Kraft. Aber manchmal gelingt es ihm, eine große Menge an Impuls auf eines der Quarks zu übertragen. Was passiert dann? [Ref. 22].

Das Quark wird aus dem Proton geschossen. Wenn ein Quark beschleunigt wird, beginnt es, Gluonen auszusenden. Genau wie ein Elektron (oder jedes geladene Teilchen), das beschleunigt wird, Photonen abzustrahlen beginnt, wird ein Quark das auch tun. Aber das Quark wird nicht nur Photonen abstrahlen, es wird auch Bosonen von den anderen Kräften, an die es koppelt, aussenden. Also werden Gluonen und W/Z-Bosonen ebenfalls abgestrahlt. Wenn das beschleunigte Quark ein Topquark ist, wird es ein W-Boson aussenden (und sich in ein Bottomquark verwandeln), bevor irgendetwas anderes passiert. Aber für die anderen Quarks sind die W/Z zu schwer und sie strahlen viele Gluonen ab.

Diese Gluonen fliegen mit hoher Geschwindigkeit ab. Die Geschwindigkeit der Gluonen ist in die Richtung des Stoßes, den das Quark zuvor vom Elektron erhalten hat. Die Gluonen spüren die starke Kraft genau wie das Quark, also werden zwischen all den abfliegenden Gluonen Bänder von anderen Gluonen gebildet. Dieser Prozess geht sehr schnell. Irgendwann brechen die verschiedenen Bänder von Gluonen. Wenn sie brechen, bilden sie neue Quark-Antiquark-Paare aus der in diesen Bändern gespeicherten Energie (s. Abb. 18.10). Folglich sehen wir viele Mesonen in der Richtung der ursprünglichen Gluonen abfliegen. Der größte Teil der in diesen Prozessen erzeugten Energie geht in die Geschwindigkeit (kinetische Energie) der erzeugten Teilchen.

Da Impuls und Energie erhalten bleiben, summieren sich die Gesamtenergie und die Bewegungsrichtung der Jet-Teilchen zur Gesamtenergie und zum Impuls des ausgestoßenen Quarks. Indem wir also den Teilchenjet messen, können wir die Geschwindigkeit und Richtung des ausgestoßenen Quarks abschätzen. Auch die Ladung bleibt erhalten (natürlich), so dass die in den Jets erzeugten Teilchen elektrisch neutral sein müssen. Daher können sie Quark-Antiquark-Paare sein.

Besonders interessant sind Dreijet-Ereignisse. Bei diesen Ereignissen werden Mesonen auseinandergebrochen, wobei zwei Quarks in verschiedene Richtungen abfliegen. Dies kann z. B. als Teil eines Jet-Ereignisses geschehen. Manchmal kommen drei Jets von Hadronen aus einem solchen Ereignis geflogen. Wie können wir drei Hadronenjets erzeugen? Dies kann nur geschehen, wenn drei Teilchen abfliegen, die jeweils die starke Kraft spüren. Also würden wir drei Bänder zwischen den drei Teilchen bilden, und jedes würde brechen und einen Jet von Hadronen erzeugen. Das Problem ist, dass es hauptsächlich Quark-Antiquark-Paare sind, die bei diesen Jet-Ereignissen erzeugt werden. Also, wenn die Quarks in solchen

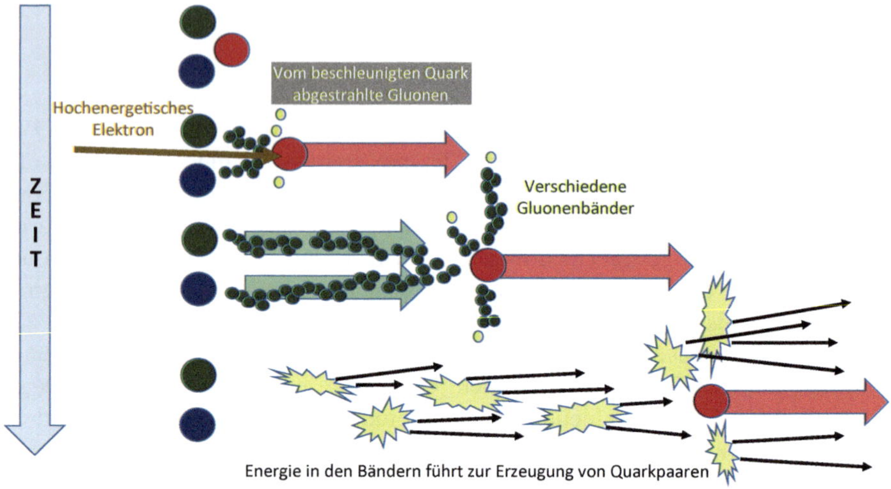

Abb. 18.10 Ein ausgestoßenes Quark strahlt Gluonen ab. Zwischen all den Gluonen und dem Quark bilden sich Bänder von neuen Gluonen. Wenn sie brechen, bilden sie Jets von Mesonen

Paaren genug Energie haben, um sich zu bewegen, können sie ein oder zwei Jets erzeugen, aber nicht drei (s. Abb. 18.11). Für die Bildung eines dritten Jets müssen drei Teilchen statt zwei abfliegen. Zwei davon sind die Quarks, die auseinanderbrechen. Also, was ist das mysteriöse dritte Teilchen?

Dieses dritte Teilchen kann als ein Gluon oder ein Photon betrachtet werden. Zwischen den Quarks, aber auch zwischen dem Gluon und jedem der Quarks, wird ein neues Band von Gluonen gebildet, bis es bricht. Dann kommen Hadronen in drei Richtungen geflogen (s. Abb. 18.11). Wenn das dritte Teilchen ein Photon wäre, würde nur ein Jet als Ergebnis des Bandbruchs zwischen den Quarks erscheinen. Experimente zeigen, dass drei Jets herausfliegen, was beweist, dass ein Gluon unter den ursprünglichen drei Teilchen war.

Dreijet-Ereignisse wurden zuerst im DESY-Labor mit dem PETRA-Beschleuniger [Ref. 77] beobachtet und ausgiebig untersucht und später auch bei CERN mit dem LEP (Large Electron Positron collider) [Ref. 78]. Diese Beobachtungen sind der beste Beweis, den wir für die Existenz von Gluonen haben.

18.3.3 Asymptotische Freiheit

Wenn wir über Renormierung gesprochen haben, haben wir gesehen, dass die elektrische Ladung, die wir messen, steigt, wenn wir uns einem geladenen Teilchen nähern. Wenn die Längenskala kleiner wird, neigt die Ladung gegen unendlich.

Es wurde auch erklärt, dass QCD im Wesentlichen anders ist: Die Farbladung geht nicht gegen unendlich, wenn wir uns einer Null-Längenskala nähern.

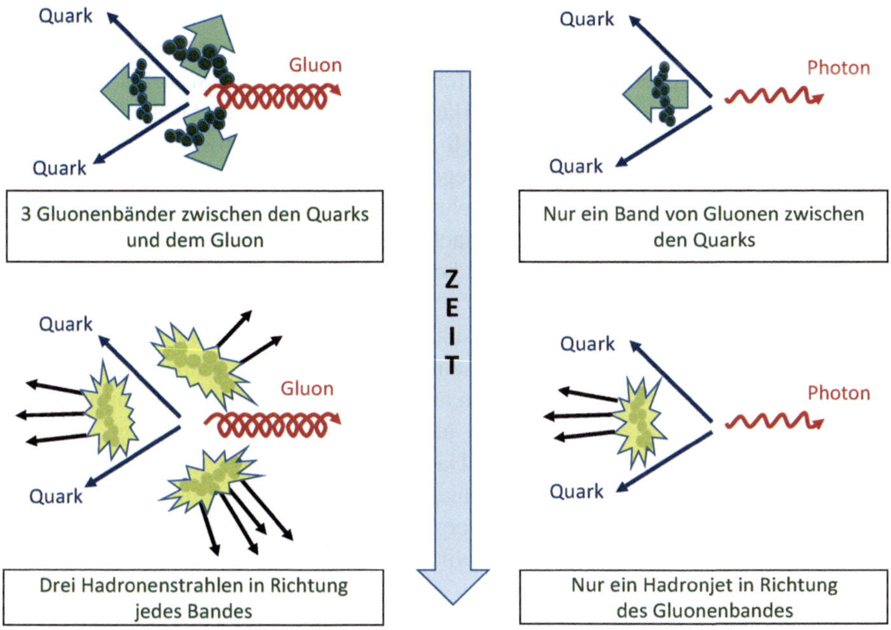

Abb. 18.11 Dreijet-Ereignisse mit einem Gluon (links), verglichen mit dem, was passiert, wenn das dritte Teilchen ein Photon ist (rechts)

Schauen wir uns also an, wie das funktioniert. Gluonen können ein virtuelles Quark-Antiquark-Paar erzeugen. Genau wie virtuelle Photonen in Anwesenheit einer elektrischen Ladung könnten wir erwarten, dass diese virtuellen Quark-Antiquark-Paare die Farbladung des bloßen Quarks abschirmen. Die Farbladung unterscheidet sich jedoch in mehreren Punkten.

Zunächst einmal ändert ein Gluon die Farbe eines Quarks. Was bedeutet das in Bezug auf die Polarisation? In der Elektromagnetik werden positive und negative Ladungen von einer negativen Ladung angezogen bzw. abgestoßen. Daher kann eine Polarisation auftreten. Bei der Farbladung ziehen sich jedoch alle farbigen Teilchen (Quarks und Gluonen) an, während sie Farben austauschen. Daher fühlt ein Quark-Antiquark-Paar keine unterschiedliche Kraft von einer Farbe oder einer anderen, im Gegensatz zu einem Elektron-Positron-Paar, das in der Nähe eines Elektrons Abstoßung bzw. Anziehung erfahren würde. Im Anziehungsprozess werden Farben ausgetauscht, so dass Quarks ständig ihre Farbe ändern, anders als elektrische Ladungen, die sich bei ihrer Interaktion nicht ändern. Das Ergebnis ist, dass der Abschirmeffekt für Quarks nicht relevant ist! Die um ein Quark schwärmenden Gluonen werden nur die Farbe anderer Quarks ändern und sie dabei anziehen. Sie werden keine Farben polarisieren (z. B. blau in einer Ecke und rot in der anderen), wie es elektrische Ladungen tun würden.

Zweitens haben wir gesehen, wie Gluonen bei größeren Entfernungen mehr Gluonen erzeugen. Sie können sich also vorstellen, was bei kürzeren Entfernungen passiert: Es wird weniger Gluonen geben. Tatsächlich wird die Kraft, je näher wir dem bloßen Quark kommen, schwächer. Typischerweise bleibt die starke Kraft konstant (pro Längeneinheit!) bei Entfernungen, die größer sind als die Größe eines Protons. Aber sie nimmt an Stärke ab unterhalb dieser Größe. Das macht Sinn, da die Größe eines Protons durch die Stärke der Farbwechselwirkung bestimmt würde. Dieser Effekt ist das Gegenteil von dem Abschirmeffekt, den wir bei elektrisch geladenen Teilchen gesehen haben. Daher wird er manchmal als Antiabschirmungseffekt bezeichnet. Nach diesem Effekt verringert das Näherkommen an ein Quark die Kraft, weil bei solchen Entfernungen immer weniger Gluonen auftauchen.

Bei höheren Energien kommen wir näher an das bloße Quark heran. Nehmen wir an, das Vakuum hat eine hohe Gesamttemperatur, vergleichbar mit einer solchen hohen Energie. Alles, was im Vakuum herumschwirrt, hat im Durchschnitt diese sehr hohe Energie. Dann wären alle (Eich-)Wellen in der Lage, wirklich nahe an ein Quark heranzukommen. Das Quark spürt die Farbladung auf dieser Entfernung nicht so stark. Wir können das Verhalten der Gluonen mit einem Gummiband zwischen zwei Quarks vergleichen, das stärker wird, wenn es gedehnt wird und schwächer wird, wenn wir uns nähern (s. Abb. 18.12) [Ref. 22].

Daher erlebt die Umgebung Quarks, als wären sie frei. Die Umgebung interagiert mit Quarks auf eine Weise, die nicht von der starken Kraft überwältigt wird. Die Temperatur, bei der dies geschieht, liegt in der Größenordnung von 2×10^{12} K oder im Durchschnitt eine Energie von 130–140 MeV pro Teilchen. Dieses Energielevel wird als Hagedorn-Temperatur bezeichnet, nach einem deutschen Physiker namens Rolf Hagedorn, der dieses am CERN in den 1960er Jahren entdeckte [Ref. 79]. Solche Energien können leicht von modernen Teilchenbeschleunigern erreicht werden. Daher wurde das, was bei dieser Temperatur passiert, ausgiebig erforscht.

Bei solchen Temperaturen werden Quarks und Gluonen „frei“ und bilden eine Art Quark-Gluon-Plasma, manchmal auch „Quark-Materie genannt. In diesem

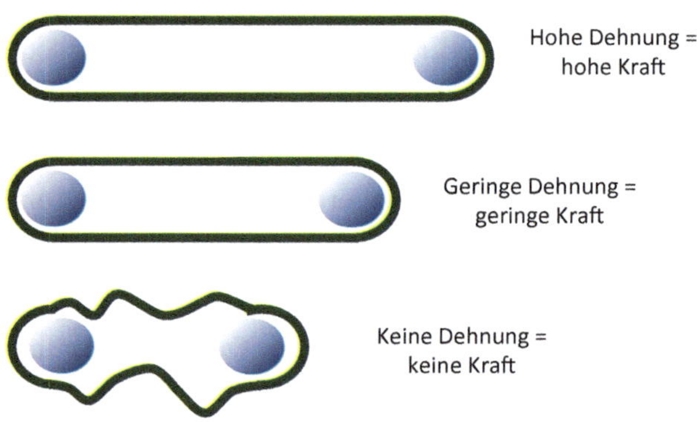

Abb. 18.12 Ein Gummiband zwischen zwei Quarks. Auf kurzer Distanz sind die Quarks frei, weil das Band keine Kraft ausübt

Zustand gruppieren sich die Quarks nicht zu Hadronen, so dass dies als „Siedepunkt“ der Hadronen betrachtet werden könnte, oberhalb dessen Hadronen nicht mehr existieren können. Dieser Zustand wird in Teilchenbeschleunigern erreicht, aber nur für kurze Zeit. Die Energie verteilt sich schnell und die Temperatur sinkt. Danach werden die Quarks wieder in Hadronen eingesperrt. Daraufhin entstehen viele neue Hadronen, die sich schnell vom Kollisionspunkt entfernen.

Die Freiheit, die Quarks bei solch hohen Energien erfahren, wird als „asymptotische Freiheit“ bezeichnet. Es bedeutet, dass, wenn die Entfernung gegen 0 geht (die Null-Entfernungsasymptote), die Quarks und Gluonen frei werden. Offensichtlich gibt es in der QCD mit diesem Verhalten kein Unendlichkeitsproblem. Das bedeutet, dass es keine Einwände gegen eine beliebig kleine Längenskala in der QCD gibt und die Theorie sogar weit unterhalb der Planck-Skala korrekt sein könnte. Das bedeutet jedoch nicht, dass sie es ist. Wenn das Vakuum eine Struktur auf z. B. der Planck-Skala hat, wird die QCD unterhalb dieser Skala nicht funktionieren. Schließlich ist die QCD eine Quantenfeldtheorie, die Quarks und Gluonen als Wellen und Störungen beschreibt und diese werden nicht existieren unterhalb der Skala, auf der wir beginnen, die Struktur des Vakuums selbst zu sehen.

18.4 Zusammengesetzte Teilchen

Wir haben viel über Quarks und Gluonen gelernt. Wir wissen, dass sie Hadronen (Mesonen und Baryonen) bilden. Schauen wir uns also die Arten von Teilchen an, die durch Kombination von Quarks erzeugt werden können. Wir beginnen mit Teilchen, die nur aus drei Quark-Seiten bestehen: up, down und strange. Wir wählen diese, weil sie zu den am häufigsten in Beschleunigern erzeugten Teilchen führen. Sie sind auch die Teilchen, die zuerst im „Teilchenzoo“ entdeckt wurden.

Wenn wir drei Sorten kombinieren, können wir solche Kombinationen auf ähnliche Weise behandeln, wie wir es getan haben, als wir Gruppen aus drei Farben erstellt haben. Die erste Gruppe, die wir uns ansehen, sind die Mesonen. Da sie aus einem Quark und einem Antiquark bestehen, verwenden wir die gleiche Art von Gruppenprodukt wie das von Farbe $\times$ Antifarbe. Allerdings verwenden wir andere Quantenzahlen. Wir verwenden die Ladung der Quarks und eine Zahl S, die „Seltsamkeit“ (Strangeness) genannt wird. Diese Zahl ist tatsächlich nichts anderes als die Sorte des S-Quarks. Also sagt diese Zahl nur etwas über die Gesamtzahl der seltsamen Quarks in der Kombination aus. Der Grund, warum wir Q und S verwenden, ist, dass wir dann zwischen den drei Sorten u, d und s unterscheiden können, deren Kombinationen wir finden wollen. Beachten Sie, dass die Down- und Strange-Quarks die gleiche Ladung, schwachen Isospin und Hyperladung haben. Der einzige Weg, sie zu unterscheiden, ist durch ihre Sorte. Das Ergebnis ist in Abb. 18.13 dargestellt.

Das Ergebnis wird diesmal anders gruppiert, nämlich in ein Nonett, so dass es nicht in ein Oktett und ein Singulett aufgeteilt wird. Der Grund dafür ist, dass *alle* neun möglichen Kombinationen von drei Seiten durch eine Symmetrieoperation

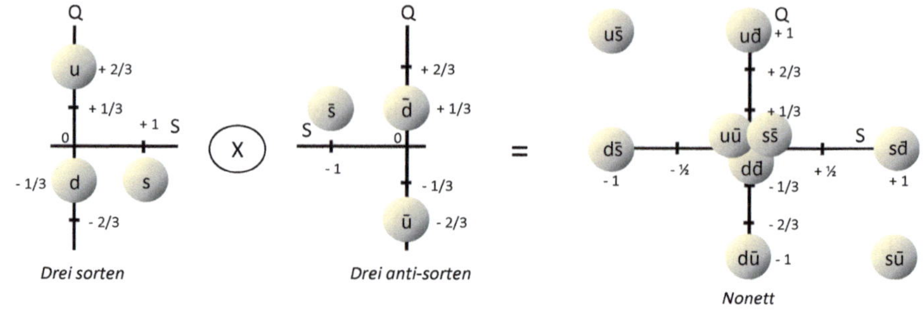

Abb. 18.13 Was passiert, wenn wir zwei Gruppen von drei Quark-Seiten kombinieren: Wir erhalten ein Nonett

miteinander verwandt sind. Das heißt, wir können die Up-, Down- und Strange-Seiten von Quarks ineinander umwandeln. Folglich gruppieren sich die drei Sorten nach einer anderen Gruppe als SU(3). Diese Gruppe wird U(3) genannt, aber wir werden hier nicht ins Detail gehen.

In der allgemeinen Literatur machen die Q- und S-Achsen einen Winkel, so dass die beiden Kugeln links nach unten und die beiden Kugeln rechts nach oben verschoben werden. Dies wird gemacht, um das Nonett wie eines der Oktette aussehen zu lassen, die wir zuvor gesehen haben. Dies deutet auf mehr Symmetrie hin.

Die Gesamtwellenfunktion der Mesonen besteht aus einem Spin-Teil, einem Sorten-Teil und einem Farbteil:

$$\begin{aligned}\text{Mesonenwellenfunktion} &= (\text{Spin 0 oder 1}) \times (\text{2-Sorten -Kombination}) \\ &\quad \times (\text{Mesonenfarbkombination}).\end{aligned}$$

Wir haben zuvor gesehen, dass der Farbanteil nur ein Aspekt der Wellenfunktion ist. Spin fügt zwei Typen hinzu. Jedes (Anti-)Quark in einem Meson trägt einen Spin $\pm$½. Daher können wir Spin 0 (½ $-$ ½) oder Spin 1 (½ + ½) haben. Folglich gibt es, wenn wir das Sorten-Nonet betrachten, tatsächlich zwei solche Nonets, die Mesonen repräsentieren, die aus u, d und s bestehen. Ein Nonet mit Spin 0 und ein Nonet mit Spin 1 (s. auch die Tabelle der Mesonen in Abschn. 18.1). Die beiden Nonets sind in Abb. 18.14dargestellt.

Wir können uns auch die Gruppe der Baryonen ansehen. In diesem Fall gruppieren wir drei Quarks zusammen. Das bedeutet, wir betrachten die Produktgruppe von drei Sorten $\times$ drei Sorten $\times$ drei Sorten. Dies ähnelt der Gruppierung, die wir für Farben in Abb. 18.8 gemacht haben. Für Baryonen besteht die Gesamtwellenfunktion aus drei Teilen:

$$\begin{aligned}\text{Baryonenwellefunktion} &= (\text{Spin } {}^1\!/\!_2 \text{ oder } {}^3\!/\!_2) \times (\text{3-Sorten -Kombination}) \\ &\quad \times (\text{Baryonenfarbkombination}).\end{aligned}$$

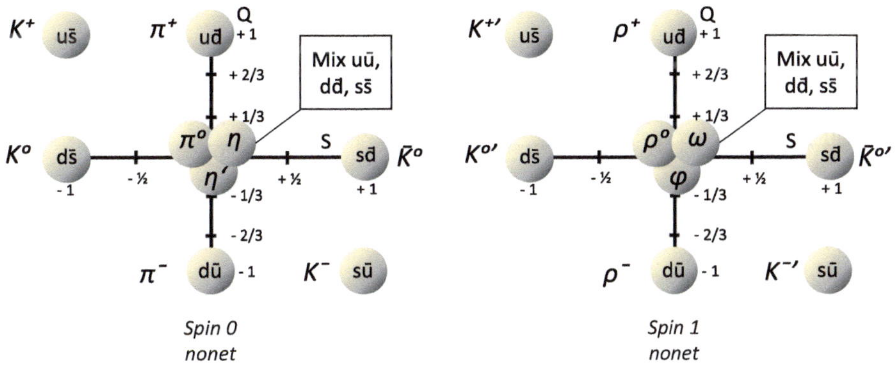

Abb. 18.14 Die beiden Meson-Nonets für Spin 0 und Spin 1, für Mesonen aus u, d und s

Mit drei Quarks können wir Spin ½ und Spin 3/2 haben. Dies führt zu zwei Gruppen: ein Dekuplett für Spin 3/2 und ein Oktett für Spin ½. Der Unterschied besteht darin, dass die Kombinationen uuu, ddd und sss alle Spin 3/2 haben, aber nicht in einem Spin-½-Modus existieren können, da dies zu einer symmetrischen Wellenfunktion (einschließlich SU(3)) führen würde. Daher finden wir diese im Dekuplett und nicht im Oktett. Das Ergebnis ist in Abb. 18.15 dargestellt.

Das Oktett enthält zwei Arten von Kombinationen „uds". Das Σ hat Isospin 1 und das Λ hat Isospin 0. Ansonsten sind sie gleich.

Wir können diese Übung auf alle Quark-Sorten ausdehnen. Wenn wir auf vier Sorten erweitern, erhalten wir dreidimensionale Modelle (sogenannte Supermultipletts) von Sorten-Kombinationen. Sie können sich vorstellen, dass wir mit sechs Sorten viel mehr Teilchen erhalten, als wir im Teilchenzoo besprochen haben. Um sie zu unterscheiden, benötigen wir Quantenzahlen für jede Sorte. Auf diese Weise können wir alle Baryonen und Mesonen aus sechs Quark-Sorten und ihrem Spin erzeugen. Ihre Ladung und schwacher Isospin werden einfach durch Addition der Ladung und des Isospins der einzelnen Quarks, aus denen sie bestehen, gefunden.

18.5 Wechselwirkungen

Schauen wir uns die verschiedenen Wege an, wie Quarks und Gluonen interagieren können. Dies ist komplizierter als z. B. Photon-Wechselwirkungen, da wir 8 Arten von Gluonen haben und wir drei Farben und drei Antifarben berücksichtigen müssen. In den regulären Feynman-Diagrammen wird ein Gluon als „Glühbirnendraht" anstelle einer welligen Linie (wie Photonen und W/Z-Bosonen) dargestellt. Um jedoch die Farben und Gluon-Typen im Auge zu behalten, ist eine interessantere Art, sie darzustellen, indem man für jede Farbe eine Linie zeichnet. Ein Quark hat eine Farbe, daher eine Linie. Ein Gluon hat zwei Farben und daher zwei Linien. Die Farbe hat einen Pfeil nach rechts und eine Antifarbe hat

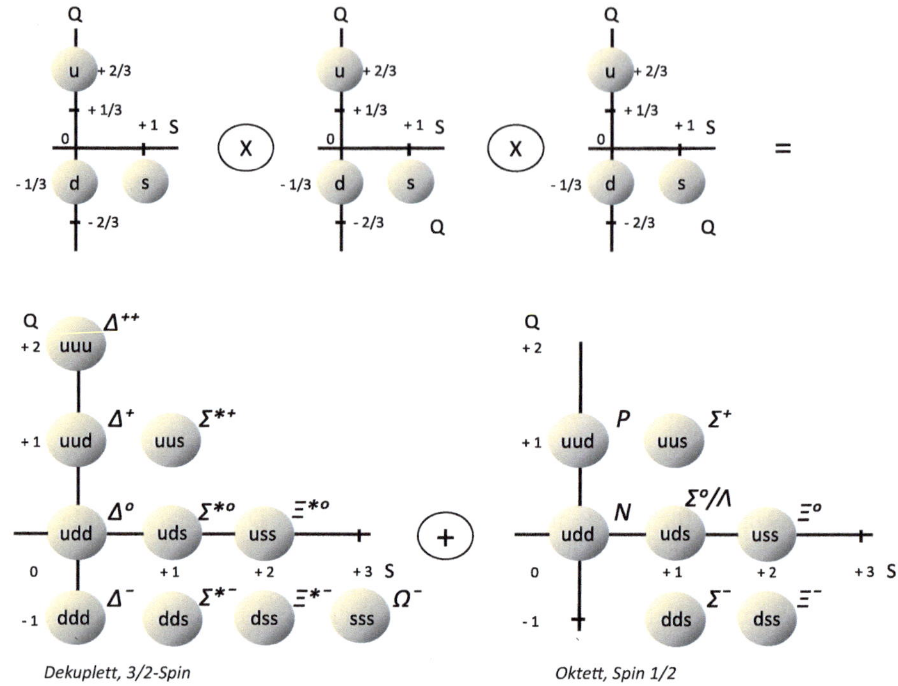

Abb. 18.15 Die beiden Baryonengruppen, die aus dem Produkt der Sorten u, d und s entstehen

die gleiche Farbe, aber einen Pfeil nach links. Mit diesen Regeln können wir die Farben und die Gluonen, mit denen wir es zu tun haben, im Auge behalten. In den untenstehenden Diagrammen haben wir beide Methoden verwendet, damit Sie den Unterschied sehen können.

18.5.1 Quark-Quark-Farben-Wechselwirkungen

Quarks binden in Mesonen und Baryonen mittels der Farbkraft. Das bedeutet, dass das Potenzial, das sie von den anderen Quarks spüren, durch Gluonen übertragen werden muss. Sie tun dies, indem sie ein virtuelles Gluon erzeugen, ähnlich wie ein Elektron ein virtuelles Photon erzeugt. So spaltet sich die Quark-Welle in eine Quark-Störung und eine Gluonstörung. Die Spaltung führt zu einem virtuellen Gluon, das eine bestimmte Farbkombination trägt, während das virtuelle Quark eine potenziell andere Farbe hat. Da ein Gluon masselos ist, benötigt es nicht unbedingt viel Energie, um die Gluonstörung zu erzeugen. Die Gluonstörung wird entweder wieder absorbiert, was zum gleichen Quark führt, oder das Gluon wird von einem anderen Quark absorbiert. Im letzteren Fall wird das ursprüngliche Quark zu einer realen Quark-Welle, aber mit einer anderen Energie und Impuls, wenn das Gluon von einem anderen Quark absorbiert wird. Folglich können wir sagen, dass die Energie zur Erzeugung des Gluons aus dem Impuls des ursprünglichen Quarks entnommen wurde. Daher verlieren Quarks, die Gluonen emittieren, Impuls. Dieses Konzept unterscheidet sich nicht sehr von dem Fall des Elektrons.

Betrachten wir zunächst den Fall, dass ein Quark seine Farbe ändert und ein Gluon erzeugt, das von einem anderen Quark absorbiert wird. Im Grunde genommen hat diese Interaktion zur Folge, dass die Quarks ihre Farbe getauscht haben (s. Abb. 18.16).

Wir haben zuvor gesehen, dass ein Gluon eine Summe aus einer Farbe + Antifarbe *und* umgekehrt ist. Im Beispiel von Abb. 18.16 ist das Gluon eine Kombination aus Rot + Antigrün ($r\bar{g}$) *und* Grün + Antirot ($g\bar{r}$). Wir sagten dann, dass $r\bar{g}$ nicht von $g\bar{r}$ unterschieden werden kann. Wenn wir uns die Farbströme in Abb. 18.16 ansehen, können wir sehen, warum. In dem Diagramm gibt es zwei Eckpunkte: einen, an dem das Gluon erzeugt wird, und einen, an dem es vom anderen Quark absorbiert wird. Diese beiden Punkte sind Ereignisse, die von verschiedenen Beobachtern in unterschiedlicher Reihenfolge „beobachtet" werden können. Der Beobachter des Farbstroms im oberen rechten Diagramm schließt daraus, dass das Gluon $r\bar{g}$ sein muss. Der Beobachter des Farbstroms im unteren rechten Diagramm schließt daraus, dass das Gluon $g\bar{r}$ ist. Also, $r\bar{g}$ ist das Antigluon von $g\bar{r}$. Wenn die Reihenfolge der Ereignisse für einen anderen Beobachter anders ist, muss die Interaktion dennoch gleich bleiben. Anders ausgedrückt, die Interaktion muss invariant unter einer Lorentz-Transformation sein. Das bedeutet, dass die Interaktion, wenn sie von jemandem mit einer anderen Geschwindigkeit beobachtet wird, gleich bleiben muss. Daher kann die Interaktion nur invariant unter Lorentz-Transformationen sein, wenn wir sie als Kombination von sowohl $r\bar{g}$ und $g\bar{r}$ beschreiben. Folglich sind beide Beobachter in der Beschreibung des Gluons enthalten.

Wenn wir die Farblinien beobachten, sehen wir auch, dass jede Farbe einer Linie folgt, die während der Interaktion nicht unterbrochen wird. Dies deutet darauf hin, dass die Farbe im Prozess erhalten bleibt. In allen Diagrammen stellen wir fest, dass Farblinien ununterbrochen durchlaufen. Um dies zu veranschaulichen,

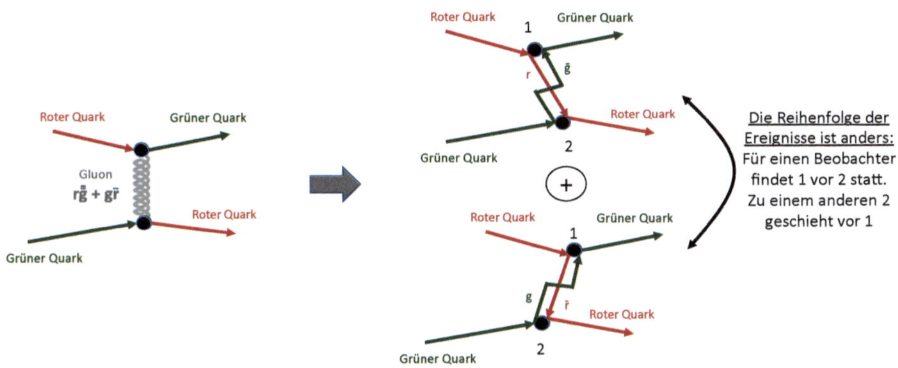

Abb. 18.16 Zwei Quarks tauschen Farbe durch Austausch eines Gluons

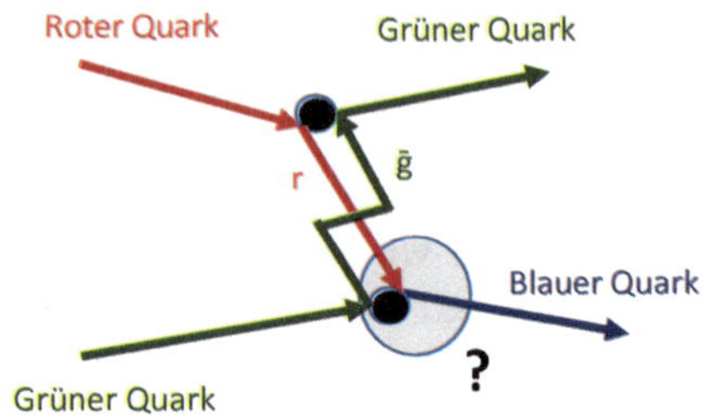

Abb. 18.17 Ein unmögliches Diagramm, das zeigt, dass die Farbe erhalten bleiben muss

s. Abb. 18.17. In diesem Diagramm wird die Farbe in diesem Sinne nicht erhalten. An der Stelle, die durch das Fragezeichen gekennzeichnet ist, wird eine Farblinie unterbrochen. Aber es gibt keinen Prozess, der diese Situation erzeugen könnte, daher ist dieses Diagramm nicht möglich.

Die nächste Situation, die wir untersuchen, ist, wenn Quarks ihre Farbe nicht ändern. Dies ist die Art von Interaktion, die eine „Rotation in sich selbst" darstellt. Abb. 18.18 zeigt drei Beispiele für Interaktionen, die die Farben der Quarks unverändert lassen. Im linken Diagramm kann ein rotes Quark mit einem roten Quark interagieren und dabei die gleiche Farbe behalten, und zwar durch zwei Arten von Gluonen. Dies sind genau die beiden Arten von Gluonen, die durch eine Selbstrotation erzeugt werden können. Der Farbfluss zeigt, welcher Teil des Gluons für die Interaktion notwendig ist. Beide Typen haben einen $r\bar{r}$-Teil in ihnen, so dass sie beide anwendbar sind. Sie könnten sich fragen, was z. B. mit dem $b\bar{b}$-Teil des Gluons passiert. Dieser Teil kann als Schleife modelliert werden. Also wird das Blau weder von einem Quark erzeugt noch von einem Quark absorbiert. Dies ist eine andere Art zu veranschaulichen, wie das Quark, das die Selbstrotation erzeugt, die blaue Dimension benötigt, während die Quarks im Prozess nicht wirklich blau werden.

Das mittlere Diagramm zeigt zwei grüne Quarks, die ein Gluon austauschen. In diesem Fall kann nur eine Art von Gluon ausgetauscht werden. Dies ist die Art, die die „$-2g\bar{g}$" in sich trägt. Der andere Typ trägt kein Grün, so dass er diesen Prozess

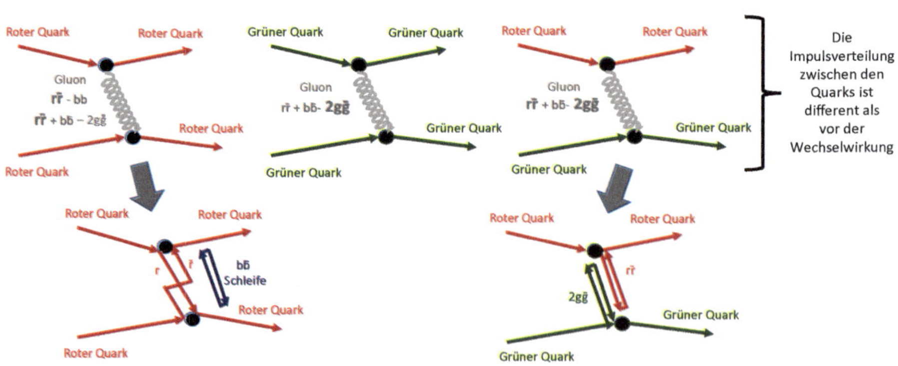

Abb. 18.18 Mehrere Diagramme von Selbstrotationen

nicht erleichtern kann. Sie könnten sich fragen, ob dies bedeutet, dass zwei grüne Quarks eine geringere Interaktionsrate hätten im Vergleich zu zwei roten Quarks. Schließlich wächst die Interaktionsstärke, wenn mehr Arten von Gluonen zur Verfügung stehen, um die Transaktion zu tragen. Der Punkt ist, dass die „2“ vor dem $g\bar{g}$ in der Kombination impliziert, dass die grün-antigrüne Farblinie von „doppelter Stärke“ ist. Also gibt es vielleicht nur eine Art von Gluon für eine grüne Interaktion, aber es ist doppelt so stark. Als Ergebnis interagieren alle Farben gleich stark.

Das Diagramm auf der rechten Seite zeigt, dass Selbstrotationen auch mit Quarks einer anderen Farbe interagieren können. Die beiden Farben bleiben gleich, wie man im Farbflussdiagramm sehen kann. In allen Fällen überträgt die Interaktion Impuls und Energie. Also auch, wenn die Farbe nicht geändert wird, werden Impuls und Energie doch übertragen.

18.5.2 *Vernichtung und Schöpfung*

Quarks können vernichtet werden, um z. B. Photonen zu erzeugen, aber auch Gluonen. Wenn Quarks zu einem Photon annihilieren, müssen sie jeweils die Antifarben des anderen sein. Andernfalls wird die Farbe nicht erhalten. Aber wenn sie in ein Gluon vernichtet werden, können sie von einer anderen Farbe sein (s. Abb. 18.19). Für dieses Diagramm gibt es zwei Farbflussdiagramme auf der rechten Seite. Sie veranschaulichen erneut die Sicht von zwei verschiedenen Beobachtern, die sich mit unterschiedlichen Geschwindigkeiten bewegen. In einer Ansicht ist das rote Quark ein Antiquark, während es in der anderen nicht so ist; und umgekehrt für das grüne Quark. Das Gluon ist $g\bar{r}$ oder $r\bar{g}$ in beiden Fällen. Also, wir enden wieder einmal mit einem lorentzinvarianten Gluon $g\bar{r}+ r\bar{g}$.

Innerhalb eines Hadrons gibt es viele Gluonen zwischen den Quarks. Diese Gluonen können sich in virtuelle Quark-Antiquark-Paare aufspalten. Da Gluonen

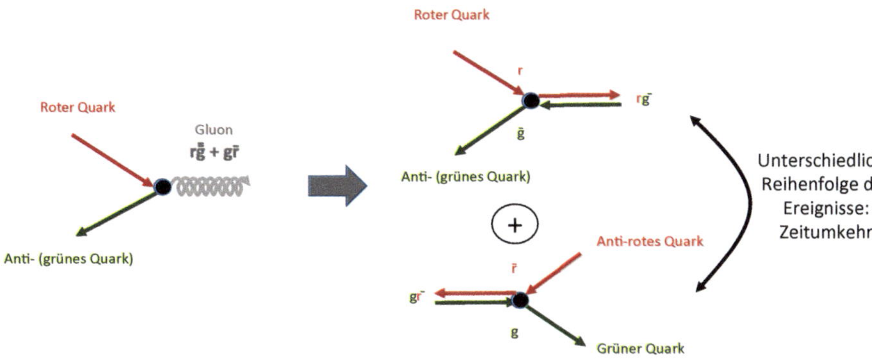

Abb. 18.19 Quark-Vernichtungsprozess

masselos sind, ist die Produktion solcher massiven Paare normalerweise weit vom Resonanzpunkt entfernt. Daher werden sie Quark-Störungen und kurzlebig sein. Diese Paare rekombinieren, um wieder Gluonen zu erzeugen. Sie müssen Gluonen sein, um die Farbe in diesem Prozess zu erhalten. Also, zwischen den Quarks in einem Hadron finden wir nicht nur ein Meer von Gluonen, sondern auch ein Meer von Quark-Antiquark-Paaren. Genau wie das Elektron besteht das Hadron aus einer ganzen Menge von Störungen: viele Wellen in Quark- und Gluonfeldern.

Die Vernichtung von zwei Quarks in ein Gluon wird Gluonstrahlung genannt, da ein Gluon abgestrahlt wird. Der entgegengesetzte Prozess, ein Gluon zerfällt in ein Quark-Antiquark-Paar, wird Gluonspaltung genannt.

18.5.3 Gluon-Gluon-Wechselwirkungen

Gluonen tragen Farbe und können daher miteinander interagieren. Dies ist ein wesentlicher Teil der starken Kraft, da es für die asymptotische Freiheit und Farbeinschließung verantwortlich ist. Also, schauen wir uns an, wie solche Wechselwirkungen aussehen (s. Abb. 18.20) [Ref. 23, Handout 8; Ref. 30].

Die Beispiele zeigen, dass Gluonen gleichzeitig mit drei Gluonen oder gleichzeitig mit vier interagieren können. Die Farbströme zeigen, dass die Farbe in allen Fällen erhalten bleibt. Aus diesen Diagrammen sehen wir, dass die Farben eines resultierenden Gluons durch die der eingehenden Gluonen bestimmt werden müssen.

18.5.4 Proton-Antiproton-Kollisionen

Es gibt mehrere Beschleuniger auf der Welt, die Protonen und Antiprotonen zusammenstoßen lassen, um Elementarteilchen zu erforschen, z. B. LHC (CERN) oder Tevatron (Fermi-Labor). Bei diesen Kollisionen interagieren die einzelnen Quarks der (Anti-)Protonen miteinander und sogar die Gluonen der (Anti-)Proto-

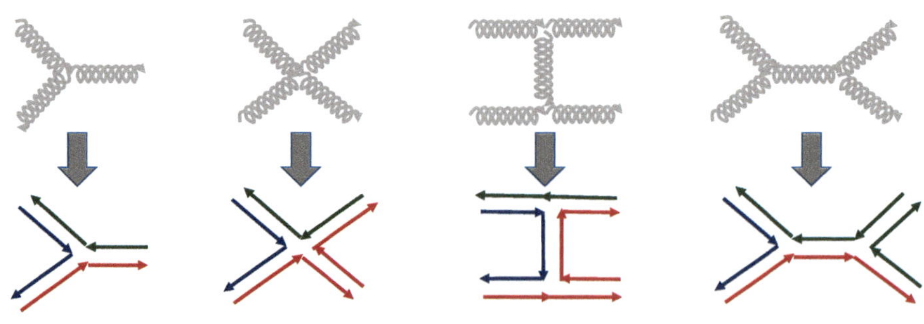

Abb. 18.20 Gluon-Gluon-Wechselwirkungen

nen können interagieren. Solche Interaktionen führen in der Regel zu Jets neuer Teilchen, die in zwei oder drei Richtungen herauskommen, wie zuvor besprochen. Schauen wir uns also an, welche Arten von Interaktionen bei solchen Prozessen eine Rolle spielen. Bei solchen Kollisionen ist es wichtig zu beachten, dass der Impuls des Protons nicht nur von den Quarks, sondern auch von den Gluonen getragen wird. Alle Teile des Protons tragen den Impuls des gesamten Protons. Wenn der Impuls ungleichmäßig auf die Teile in dem Proton verteilt wird, wird das Proton gestreckt. Wenn das passiert, entfernen sich die Quarks voneinander. Die starke Kraft wird sie verlangsamen und zurückziehen. Das Ergebnis ist eine Oszillation von Quarks im Inneren des Protons. Es ist der durchschnittliche Impuls, der den Gesamtimpuls des Protons ausmacht. Die Oszillation selbst macht einen Teil der Massenenergie des Protons aus. Wenn die Oszillation zu stark ist, kann sich ein Quark befreien und ein Quark-Antiquark-Paar erzeugen. Dies kann regelmäßig passieren, wie wir sehen werden, wenn wir die Kraft zwischen Protonen und Neutronen in einem Kern besprechen.

Wenn ein Proton auf ein Antiproton trifft, können viele Dinge passieren. Es kann zur Vernichtung von Quarks oder des gesamten Protons kommen, zur Erzeugung von elektromagnetischer Strahlung, zur Erzeugung von Z- und W-Bosonen usw. Konzentrieren wir uns auf die Quark-Gluon-Interaktionen und die Erzeugung von Jets.

Obwohl Gluonen normalerweise eine anziehende Kraft erzeugen, können bei Kollisionen mit hoher Geschwindigkeit Impulse zwischen Quarks übertragen werden, die sie aus dem ursprünglichen (Anti-)Proton streuen lassen. Wenn sie das tun, erzeugen sie jeweils einen Jet und es entstehen zwei Jets aus der Kollision. Alternativ können Gluonen miteinander interagieren und dies kann auch zu Jets führen. Einige Beispiele sind in Abb. 18.21 gegeben.

18.5.5 Residuale starke Kraft oder „Kernkraft“

Wir haben zuvor gesehen, dass weiße Teilchen nicht stark interagieren können. Dennoch sehen wir, dass die starke Wechselwirkung Protonen und Neutronen (zusammen Nukleonen genannt) zu einem Kern bindet. Insbesondere Protonen würden sonst nicht zusammenkommen, da ihre elektrischen Ladungen sich gegenseitig abstoßen. Wie funktioniert das also?

Wir haben gesehen, dass, wenn ein Quark genug Geschwindigkeit hat, um ein wenig weiter weg zu kommen, das Gluonenband ein neues Quark-Antiquark-Paar erzeugt. Dies kann spontan in einem Kern geschehen. Zum Beispiel bewegt sich ein Up-Quark in dem Proton (uud) aus dem Proton heraus und erzeugt ein Paar. Nehmen wir an, dass das resultierende Paar ein Down-Quark + Anti-Down-Quark ist. Das Anti-Down-Quark schließt sich mit dem Up-Quark, das aus dem Proton kommt (s. Abb. 18.22), zusammen. Daraus wird ein π^+ Meson (Pion). Das

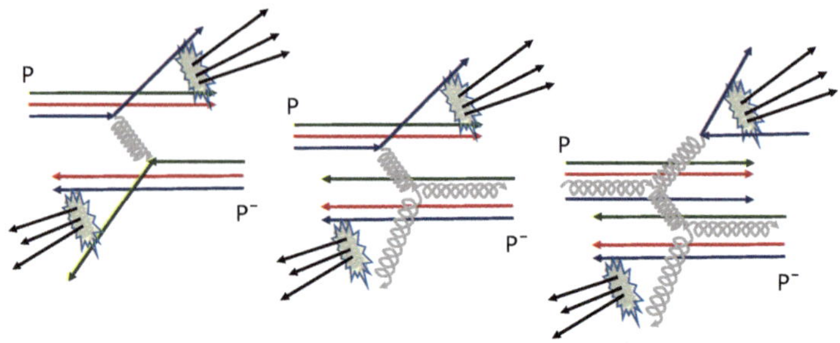

Abb. 18.21 Jet-Produktion als Folge von Quark-Gluon-Interaktionen bei einer Proton-Antiproton-Kollision. (1) Impulsübertragung, die zwei Quarks aus dem (Anti-)Proton ausstößt. (2) Ein Quark wird ausgestoßen und ein Gluon interagiert mit einem anderen Gluon, das ein drittes Gluon erzeugt, das den Jet erzeugt. (3) Nur Gluonen im Proton und Antiproton interagieren. Ein Gluon erzeugt einen Jet. Das andere spaltet sich in ein Quark-Antiquark-Paar, das den Jet erzeugt

erzeugte Down-Quark wird Teil des ursprünglichen Protons. Das hat jetzt zwei Down-Quarks und ein Up-Quark (udd). Daraus wird ein Neutron.

Das Pion und das Neutron sind beide weiß und können sich voneinander entfernen. Ein wenig später wird das Pion von einem Neutron (udd) absorbiert. Das Anti-Down-Quark des Pions vernichtet ein Down-Quark aus dem Neutron und das Up-Quark im Pion wird Teil des ursprünglichen Neutrons, das jetzt ein Proton (uud) geworden ist.

Im Prozess können Neutronen und Protonen sich gegenseitig umwandeln oder auch nicht. Es ähnelt ein wenig dem Prozess des Farbaustauschs zwischen Quarks. Daher sehen wir, dass ein Neutron nie lange ein Neutron und ein Proton nie lange

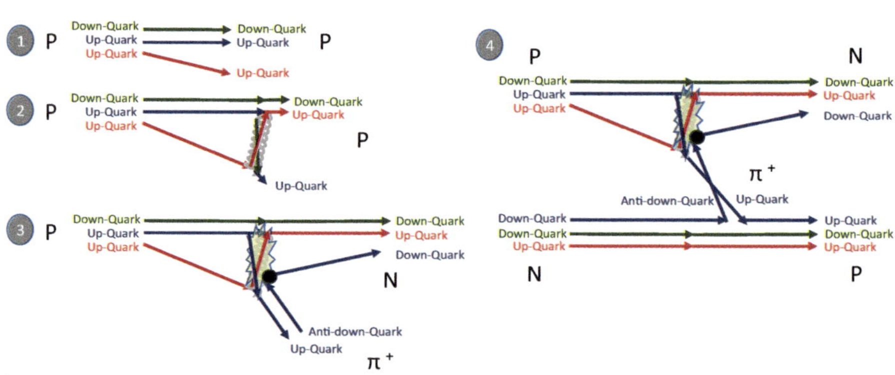

Abb. 18.22 Mesonenaustausch im Kern. (Schritt 1) Eines der Quarks im Proton bewegt sich weiter heraus. (Schritt 2) Gluonen erscheinen zwischen dem Quark und den anderen Quarks des Protons und tauschen Farben aus. (Schritt 3) Die Gluonen zerbrechen, um ein Down-Anti-Down-Paar zu erzeugen. Das Anti-Down paart sich mit dem Up, um ein Pion (π^+) zu bilden. Das Down paart sich mit den beiden anderen Quarks des Protons und wird zu einem Neutron. (Schritt 4) Das Pion wird von einem Neutron eingefangen, das ein Down gegen das Anti-Down des Pions vernichtet. Es nimmt das Up des Pions auf. Daher verwandelt es sich in ein Proton

ein Proton innerhalb eines Kerns ist. Außerhalb eines Kerns wird das Meson wieder absorbiert und ein Neutron oder Proton verwandelt sich nie in das andere. Folglich bleibt ein Neutron ein Neutron und hat Zeit zu zerfallen außerhalb eines Kerns. Innerhalb eines Kerns verwandelt sich das Neutron in ein Proton, bevor es zerfallen kann. Es hat jedoch eine größere Chance zu zerfallen, wenn es länger ein Neutron bleibt. Dies kann in einem Kern geschehen, wenn es zu viele Neutronen im Kern gibt. Dies wird die Wahrscheinlichkeit, sich in ein Proton zu verwandeln, verringern und dazu führen, dass Neutronen länger als Neutronen bleiben. Daher neigt ein Isotop mit mehr Neutronen dazu, instabiler zu werden und die Wahrscheinlichkeit, dass es radioaktiv zerfällt, steigt.

Das Meson, das von einem Nukleon erzeugt wird, ist normalerweise ein Pion. Ein Pion besteht aus Up- und Down-Quarks, den leichtesten Quarks, die auch die Bausteine der Nukleonen sind. Abb. 18.22 zeigt, dass das Meson im Allgemeinen Quarks aus dem ursprünglichen Nukleon enthalten sollte. Daher muss es ein Up- oder Down-Quark sein. Das Pion kann auch ein $d\bar{d}$ oder $u\bar{u}$ (π°) sein, das das ursprüngliche Nukleon nicht verändert. Eine dritte Option ist $d\bar{u}$ (π^{-}), das ein Neutron in ein Proton umwandelt und von einem Proton absorbiert wird, das sich in ein Neutron umwandelt. Die $u\bar{u}$und $d\bar{d}$Kombinationen (d. h. π°) sind weniger stabil, da Quark-Antiquark-Paare sich leicht gegenseitig vernichten können.

Die Wirkung des Mesonaustauschs besteht darin, dass das Massenpotenzial des Nukleons weniger stark wird (die Nukleonmasse wird reduziert). Daher werden die Massenfedern in der Nukleonwelle weniger stark. Anders ausgedrückt, die intrinsische Energie (oder „potenzielle Energie") des Nukleons wurde durch die Erzeugung des Pions reduziert.

Je näher zwei Nukleonen kommen, desto stärker ist dieser Effekt, da mehr Mesonen ausgetauscht werden können. Ein virtuelles Pion (eine Pionstörung) hat keine lange Lebensdauer, so dass die Stärke des Pionaustauschs schnell abnimmt, wenn die Nukleonen weiter auseinanderliegen.

Wir können diese Situation mit einer Feldstärke vergleichen. Das Meson-„Feld" ist stärker, wenn die Nukleonen näher beieinander sind. Je stärker das (anziehende) Feld, desto geringer ist die Masse des Nukleons als Ganzes (wir sprechen von gespannten Federn, also je näher wir kommen, desto weniger Potenzial gibt es in der Feder). Je geringer die Masse der Nukleonen, desto geringer ist ihre Frequenz. Das Pion wurde aus der Geschwindigkeit eines Quarks und dem Band von Gluonen, das daraus resultierte, erzeugt. Daher muss die Pionproduktion in erster Linie die durchschnittliche Quarkoszillationsgeschwindigkeit reduzieren. Das bedeutet, dass die Frequenz reduziert wurde, aber die durchschnittliche interne Geschwindigkeit wurde durch die Erzeugung des Pions noch stärker reduziert. Denken Sie daran, dass der Zusammenhang zwischen der Frequenz, Geschwindigkeit und Wellenlänge einer Welle durch $f = v/\lambda$ gegeben ist. Daher muss der Effekt sein, dass die durchschnittliche Wellenlänge des Nukleons jedes Mal verkürzt wird, wenn ein Pion erzeugt wird. Folglich, wenn zwei Nukleonen näher zusammen sind, ist der Effekt stärker und ihre durchschnittliche Wellenlänge wird kürzer. Wir haben gesehen, dass eine Verkürzung der Wellenlänge, wenn zwei Objekte näher zusammenkommen, den Effekt einer anziehenden Kraft hat (s. Abschn. 9.4).

Sie fragen sich vielleicht, was die Wellenlänge eines Nukleons bedeutet. Grundsätzlich ist ein Nukleon ein Wellenpaket, das aus einer Kombination von Quark- und Gluonwellen besteht. Der Durchschnitt dieser Wellen kann als Nukleonwelle zusammengefasst werden.

Die effektive Kraft hat für Protonen ein Maximum um eine Entfernung von 1 fm ($10-^{15}$ m). Unterhalb von 0,7 fm stoßen sich zwei Protonen am stärksten ab, als Folge der Tatsache, dass sie Fermionen sind, die nicht an derselben Position sein können. Über 1 fm wird die Kraft schwächer, aber sie ist stärker als die abstoßende Kraft zwischen den beiden elektrischen Protonenladungen bis etwa 1,7 fm, etwa die doppelte Größe eines Protons. Jenseits dieser Entfernung gewinnt die elektromagnetische Kraft, da sie eine viel größere Reichweite hat als die mesonengetriebene Kernkraft. Folglich ergibt dies einen Bereich von 0,7–1,7 fm, über den Protonen sich gegenseitig anziehen können. Zwei Protonen binden besser, wenn ihre Spins entgegengesetzt sind, da sie dann näher zusammenkommen können, ohne sich gegenseitig auszuschließen.

Für Neutronen existiert die untere Grenze ebenfalls, da auch sie nicht an derselben Position sein können. Aber da sie keine elektrische Ladung haben, ziehen sie sich auch über 1,7 fm hinaus an. Dies ermöglicht es Neutronen, eine Art „Klebstoff" zwischen Protonen zu sein. Als Beispiel ist ein Atom, das nur aus zwei Protonen besteht (keine Neutronen), hochgradig instabil. Dies ist ein Isotop von Helium, auch Diproton genannt. Die Protonen ziehen sich gegenseitig an, müssen aber auf einem bestimmten Abstand bleiben und entgegengesetzte Spins haben. Dies gibt dem Diproton gerade so eine negative Bindungsenergie. Daher kann es nicht bestehen. Folglich ist ein Atom, das zu viele Protonen hat, auch nicht stabil. Wenn mehr Nukleonen in einem Kern zusammenkommen, werden relativ mehr Neutronen benötigt, um ihn zusammenzuhalten. Irgendwann werden zu viele Neutronen benötigt, um ihn zusammenzuhalten, und Neutronen haben eine hohe Zerfallswahrscheinlichkeit. Je schwerer die Atome werden, desto instabiler sind sie.

Die Kernkraft wird auch als reststarke Kraft bezeichnet, da sie sich aus starken Wechselwirkungen zwischen Quarks und Gluonen durch die Erzeugung von Mesonen ergibt, die die Kernkraft tragen. Der Mesonenaustausch wird im Prinzip nicht durch eine lokale Symmetrie erzeugt. Daher sind sie kein neues Feld, das geschaffen wird, um eine Drehung oder Phasenverschiebung fortzupflanzen. Die ausgetauschten Mesonen sind selbst zusammengesetzte Teilchen. Die Vorstellung jedoch, dass Protonen und Neutronen ineinander umgewandelt werden können, kann als eine Symmetrie betrachtet werden, wobei Mesonen erzeugt werden, wenn sie ineinander umgewandelt werden. Das Lustige ist, dass der Effekt ziemlich ähnlich ist und mathematisch auf die gleiche Weise behandelt werden kann. Der Austausch von Mesonen kann durch die gleiche Art von Potenzial beschrieben werden, bekannt als das Yukawa-Potenzial für die starke Kraft.

Es gibt einige andere Effekte, die mit der Pionenproduktion durch Protonen und Neutronen zusammenhängen. Beispielsweise hat ein Neutron ein magnetisches Moment. Dies ist interessant, da es keine Ladung hat. Es kann jedoch ein Pion erzeugen und dann wieder aufnehmen. Wenn es ein π^- erzeugt, wird es vorübergehend zu einem Proton, bis es das Pion wieder aufnimmt. Diese Situation ähnelt in gewisser Weise einem Photon, das für kurze Zeit ein Elektron-Positron-Paar erzeugt. Eine Konsequenz ist, dass das Photon polarisiert werden kann, ebenso wie das Neutron, wenn es sich kurzzeitig in ein Proton + Pion aufspaltet. Das Neutron kann ein magnetisches Moment haben, das von der Ladungspolarisation zwischen dem Proton und dem Pion herrührt.

18.6 Massen von Quarks, Mesonen und Baryonen

Wir haben zuvor gesehen, dass Quarks oberhalb der Hagedorn-Temperatur (2×10^{12} K) frei sind. Unterhalb dieser Temperatur können Quarks nicht frei sein und klumpen in Baryonen und Mesonen zusammen. Dies ähnelt der Feuchtigkeit in der Atmosphäre, die sich unterhalb einer bestimmten Temperatur zu Regentropfen zusammenklumpt. Daher ist die Bildung von Baryonen und Mesonen in der Tat eine „Kondensation“ von Quarks und Gluonen zu solchen Formationen. Dieser Kondensationsprozess kann als Symmetriebrechung angesehen werden. Gleichzeitig erfordert es Energie, die Kondensation aufzuheben und die symmetrische ungebundene Situation wiederherzustellen. Folglich gibt es Bindungsenergie in Baryonen und Mesonen.

Schauen wir uns also die reinen Massen der Up- und Down-Quarks an und vergleichen sie mit der Protonenmasse. Die bloße Masse eines Quarks wird auch als „aktuelle Quark-Masse“ bezeichnet:

- Up-Quark bloße Masse: 2,3 MeV
- Down-Quark bloße Masse: 4,8 MeV

Ein Proton besteht aus zwei Up-Quarks (= 4,6 MeV) und einem Down-Quark (4,8 MeV). Insgesamt ergibt das 9,4 MeV. Allerdings hat das Proton eine Masse von etwa 938 MeV. Daher machen die reinen Quark-Massen nur etwa 1% der Gesamtmasse des Protons aus. Die bloße Masse kann abgeschätzt werden, da die Quark-Massen nicht gegen unendlich gehen, wenn wir näher kommen, als Folge der asymptotischen Freiheit [Ref. 28].

Die bloße Masse erklärt jedoch nicht die Masse des Protons. Um das zu verstehen, müssen wir uns zuerst die aufbereitete Masse eines Quarks ansehen, oft auch als „konstituierende Quark-Masse“ bezeichnet. Wie sollte diese aufbereitete Masse sein? Dies ist viel schwieriger zu messen oder abzuschätzen. Schließlich treten Quarks in der Natur nicht als freie Teilchen auf, im Gegensatz zu Protonen. Daher können wir die Protonenmasse messen, aber nicht die aufbereitete Quark-Masse. Es wurden mehrere Versuche unternommen, sie mit komplizierten Modellen zu schätzen, auf die wir hier nicht näher eingehen werden. Eines der Probleme ist, dass die aufbereitete Quark-Masse in diesen Modellen stark von dem Impuls des Quarks abzuhängen scheint. Einige Ergebnisse deuten jedoch auf aufbereitete Massen für die leichtesten Quarks von etwa 400 MeV hin [Ref. 28]. Das würde Sinn machen. Addiert man drei Quarks, hätte man eine Masse von etwa 1200 MeV, das sind etwa 300 MeV mehr als das Proton. Folglich wäre die Bindungsenergie der Quarks im Proton von dieser Größenordnung.

Die verwendeten Modelle unterstützen die Vorstellung, dass ein Quark von einer Wolke von Gluonen umgeben ist, ähnlich wie ein Elektron von virtuellen Photonen umgeben ist. Die Elektronenmasse wird dadurch beeinflusst. In diesem Fall ist die bekleidete Quark-Masse viel höher als seine bloße Masse. All diese Masse wird durch den Energieinhalt der Gluonwolke erzeugt. Wenn drei solche Quarks + Gluonwolken zu einem Proton zusammenbinden, ist auch die Bindungsenergie sehr groß. Daher ist das Proton viel weniger massiv als die Summe der konstituierenden Quarks einschließlich ihrer Gluonwolke. Denken Sie daran, dass die Bindungsenergie gleich der Energie ist, die benötigt wird, um die Bestandteile zu trennen. Das ist auch in diesem Fall schwer zu definieren, da die Trennung von Quarks nicht möglich ist, ohne neue Quark-Antiquark-Paare zu erzeugen. Ein Quark, der zu entkommen versucht, wird keine Schwierigkeiten haben, ein (virtuelles) Meson zu erzeugen, da die Masse eines Pions z. B. nur 140 MeV beträgt, was gut in den Bereich der geschätzten Bindungsenergie innerhalb des Protons fällt.

Ein weiterer interessanter Punkt ist die Masse eines Pions. Es ist sehr leicht, während zwei bekleidete Quarks sich auf 800 MeV summieren würden, beträgt das Pion nur 140 MeV [Ref. 28]. Das würde eine extrem hohe Bindungsenergie von 660 MeV implizieren. Es ist nicht klar, warum das so ist.

Zusammenfassend können wir sagen, dass die Massen von Baryonen und Mesonen eher durch die Gluonwolke um Quarks bestimmt werden als durch die reine Quark-Masse. Dies wird erst deutlich, wenn Quarks in Baryonen und Mesonen gebunden werden. Schließlich sind es nur dann, dass Quarks und Gluonen nicht mehr frei sind und ein Verhalten zeigen, bei dem wir die Quark-Masse und die Gluonwolkenmasse zur „bekleideten Masse“ addieren müssen. Deshalb wird es die *konstituierende* Quark-Masse genannt, da sie nur für Quarks gilt, die Bestandteile von Hadronen sind. Folglich ist der Symmetriebrechungsprozess der Kondensation in Hadronen hauptsächlich für die Hadronenmasse verantwortlich.

18.7 Grundlegende Teilchenübersicht 4

Wir können nun unseren Überblick über fundamentale Teilchen vervollständigen (s. Abb. 18.23). Das Einzige, was wir hinzufügen müssen, ist die SU(3)-Symmetrie, die zu drei Farben für Teilchen (Rot, Grün und Blau) und drei Antifarben für Antiteilchen (bzw. Türkis, Lila und Gelb) führt. Die acht Gluon-Felder repräsentieren die Rotationen zwischen diesen drei Farben und Antifarben.

Fassen wir zusammen, was wir gefunden haben. Insgesamt haben wir 6 Quark-Sorten $\times$ 2 Chiralitäten $\times$ 3 Farben $=$ 36 Quarks. Wir haben 6 linkshändige Lep-

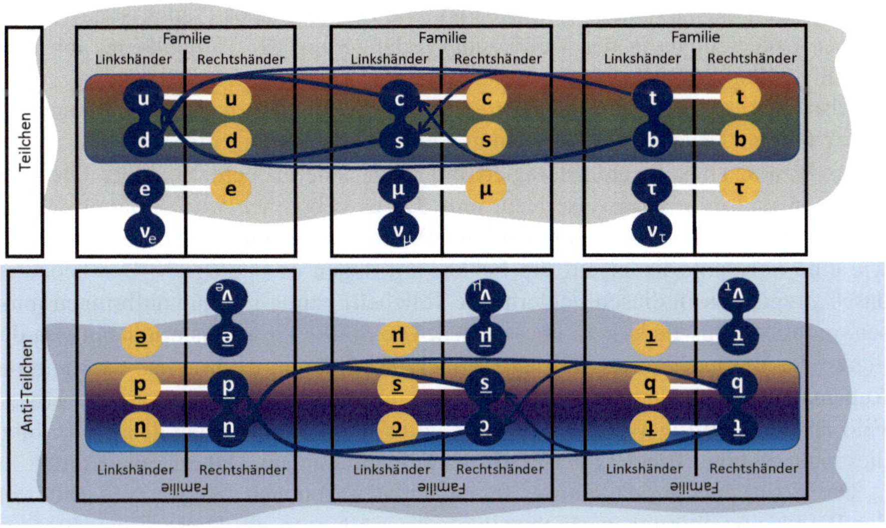

Abb. 18.23 Vollständiger Überblick über fundamentale Teilchen und die Eichfelder, die ihre Wechselwirkung verursachen

tonen und 3 rechtshändige Leptonen. Das macht insgesamt 45 fundamentale Teilchen. Und natürlich 45 Antiteilchen.

Jedes Teilchen ist eine Anregung einer Art von Feld. Daher repräsentieren 45 Teilchen 45 verschiedene Arten von Feldern. Viele dieser Felder unterscheiden sich nur durch eine Rotation. Die farbigen Felder verwandeln sich durch eine SU(3)-Symmetrieoperation ineinander. Linkshändige Felder können ihre obere Fläche durch eine SU(2)-Symmetrieoperation in ihre untere Fläche verwandeln. Jedes Feld außer den Neutrinos kann durch eine U(1)-Symmetrieoperation die Phase verschieben.

Die Symmetrieoperationen sind Rotationen, die Wellen im Vakuum erzeugen, die die Veränderung forttragen. Die U(1)-Phasenverschiebung wird durch die Photon-Eichwelle fortgetragen. Die SU(2)-Geschmacksrotation wird durch die W^+-, W-- und Z°-Eichwellen fortgetragen. Die SU(3)-Farbrotation wird durch 8 Gluoneichwellen fortgetragen. Solche Eichwellen nehmen ein wenig Potenzial aus den Feldwellen, die die Rotation erzeugt haben, und tragen das ebenfalls fort. Die Auswirkung auf andere Wellen ist, dass sie durch die Eichwellen gedreht werden und dieses Potenzial absorbieren. Die Wirkung des Potenzials auf die Welle kann sein, dass es entweder die Wellenlänge verkürzt oder verlängert. Wenn es die Wellenlänge verkürzt, werden die Pfade der Wellen zueinander gebogen, was eine anziehende Kraft erzeugt. Wenn es die Wellenlänge verlängert, werden die Pfade der Wellen voneinander weg gebogen, was eine abstoßende Kraft erzeugt. Die andere Wirkung des Potenzials ist, dass es die „Federstärke" oder eher die Elastizität im Feld genau entgegengesetzt zur Änderung des Impulses erhöht oder verringert. Das Ergebnis ist eine Übertragung von Impuls und Energie. Die Bedingung dafür ist, dass die Feldstärke nicht homogen ist. Die Biegung eines Pfades ist das Ergebnis des Unterschieds in der Verkürzung/Verlängerung der Wellenlänge, abhängig vom Pfad, den die Welle entlangläuft.

Also gibt es 8 + 3 + 1 = 12 Eichfelder. Die Eichbosonen sind die Anregungen dieser Felder. Dazu kommt das Higgs-Feld. Die Anregung dieses Feldes ist das Higgs-Boson. Dieses Feld interagiert mit allen anderen Feldern, außer Gluonen, Photonen und möglicherweise Neutrinos. Da es gebrochen wurde, hat es das gesamte Universum auf eine einheitliche Weise durchdrungen. Folglich wirkt es wie eine konstante Feder auf die Felder, mit denen es interagiert. Das bedeutet, dass Anregungen in diesen Feldern (die Teilchen) genug Energie aufbringen müssen, um die Higgs-Federn zu überwinden. Die Stärke dieser Federn hängt von der Stärke der Wechselwirkung mit Higgs ab. Diese Energie ist das, was wir die reine Ruhemasse dieser fundamentalen Feldanregungen (Teilchen) nennen. Das Higgs-Feld ändert auch die Wellenlänge, aber da es homogen ist (überall gleich), führt dies nicht zu einer Biegung der Pfade der Feldanregungen. Daher keine Kraft.

Die beobachteten Massen der fundamentalen Teilchen hängen weiterhin von der Wolke von Störungen (Eichwellen) um sie herum ab. Diese Eichwellen erzeugen Teilchen-Antiteilchen-Paare, die auch die Eigenschaften der Teilchen beeinflussen. Daher ist die beobachtete (aufbereitete) Masse eines Teilchens eine Summe aus der bloßen Masse und der Wolke von Störungen um es herum.

Alle Wechselwirkungstypen erzeugen ihre eigenen Federn, die nicht nur zu einer Kraft führen, sondern auch zu einer Art von Masse, die wir potenzielle Energie nennen (wenn anziehende Teilchen weit auseinanderliegen) oder Bindungsenergie (wenn sie gebunden sind). Letztere repräsentiert die fehlende Masse im Vergleich zu der Masse, die wir erhalten, wenn wir die Massen der Bestandteilteilchen addieren.

In Kürze ist dies, wie das Standardmodell funktioniert. Es erklärt die fundamentalen Teilchen und Kräfte, die wir kennen, sowie die meisten ihrer Eigenschaften. In den vergangenen Jahrzehnten wurde es in vielen Teilchenbeschleunigern, kosmischen Strahlenexperimenten und Labors, die in diesem Bereich geforscht haben [z. B. Ref. 23, Handout 14; Ref. 60, S. 196; Ref. 30, S. 641], ausgiebig getestet. Die Ergebnisse bestätigen das Bild, das wir in diesem Buch skizziert haben.

Persönlich betrachte ich es als eine fantastische Leistung der literarischen Zehntausenden von Physikern, die gerechnet und experimentiert haben, um zu diesem Modell zu gelangen, sowie der zahlreichen Techniker, Mathematiker, Programmierer und vielen anderen, die ihnen die Werkzeuge dafür gegeben haben. Folglich können wir dieses Modell als eine der großen Errungenschaften und Einsichten der Menschheit betrachten. Zum ersten Mal in der Geschichte sind wir in der Lage, auf einer gewissen Ebene zu verstehen, woraus das Universum besteht und wie Kräfte entstehen. Bis vor etwa 100 Jahren konnten wir nur verstehen, dass viele Phänomene eine Folge bestimmter Arten von Kraft (Gravitation, Elektromagnetismus) sind, aber wir konnten nicht verstehen, wie solche „Kräfte, die auf Distanz wirken", entstehen können. Und jetzt können wir das.

Kapitel 19
Gravitation als Feld

Wir haben gesehen, wie alle Materie und Kräfte aus Wellen aufgebaut sind. Diese Wellen nutzen das Vakuum als Medium, in dem sie sich ausbreiten. Allerdings haben wir noch nichts über die Schwerkraft gesagt. Einsteins allgemeine Relativitätstheorie erklärt die Schwerkraft aus einer geometrischen Perspektive. Auf den ersten Blick mag dies völlig anders aussehen als das, was wir bisher besprochen haben. Die Tatsache, dass Physiker versucht haben und bisher gescheitert sind, die Quantenfeldtheorie (QFT) mit der allgemeinen Relativitätstheorie (GRT) zu kombinieren, wird oft als Zeichen dafür wahrgenommen, dass sie sich auf einer ganz anderen Seite befinden. Wenn das auch Ihr Eindruck ist, dann erwartet Sie eine Überraschung.

19.1 Eine Feldtheorie der Schwerkraft

Tatsächlich wurde die Schwerkraft als Feldtheorie beschrieben. Also, schauen wir uns an, wie das aussieht und wie das mit der GRT verglichen wird [Ref. 30, S. 403–407].

Wenn wir die Schwerkraft als eine Eichwelle beschreiben wollen, müssen wir zunächst einmal eine Symmetrie finden. Diese Symmetrie müsste auf alle Energie anwendbar sein, da alle Energie über die Schwerkraft interagiert. Es gibt eine Symmetrie, die auf alle Energie anwendbar ist: die Lorentz-Transformation. Alle Gesetze, Wellen und ihre Energie müssen unter Lorentz-Transformationen transformieren. Dies ist eine globale Symmetrie. Was wäre, wenn wir sie zu einer lokalen Symmetrie machen würden, so wie wir es mit den anderen Symmetrien gemacht haben?

Beginnen wir mit der Betrachtung einer Koordinatentranslation in Raum und Zeit. Was ist die Auswirkung einer Koordinatentranslation? Nehmen Sie z. B. eine Kugel (s. Abb. 19.1). Wählen Sie einen zufälligen Punkt A auf der Kugel und

W. Schmitz, *Teilchen, Felder und Kräfte*,
https://doi.org/ 10.1007/978-3-031-46280-1_19

erstellen Sie einen Vektor, der nach Norden zeigt. Nehmen wir an, wir übersetzen diesen Vektor, um auf Punkt B auf der Kugel zu zeigen, aber stellen Sie sicher, dass der Vektor seine Richtung nicht ändert. Zeichnen Sie nun einen neuen Vektor an Punkt B, der nach Norden zeigt. Sie werden sehen, dass der ursprüngliche Vektor einen Winkel mit dem neuen Vektor bildet. Also hat die Translation eine Art Rotation verursacht, obwohl wir den Vektor nicht gedreht haben! Eine solche Rotation impliziert eine Änderung der Physik. Zum Beispiel, wenn der Pfeil die Richtung eines Magnetfeldes ist, wird das Magnetfeld als Folge einer einfachen Translation im Raum seine Richtung geändert haben. Natürlich würde dies im flachen Raum nicht passieren. Aber wenn das Raum-Zeit-Kontinuum gekrümmt ist, kann eine Translation die Physik ändern. Um also eine Translation im gekrümmten Raum-Zeit-Kontinuum durchzuführen, ohne die Physik zu ändern, müssen wir den Vektor ebenfalls drehen. Folglich ändert sich entweder der Vektor nicht, aber dann hat sich die Physik geändert, oder der Vektor dreht sich so, dass er in seiner neuen Position nach Norden zeigt und die Physik hat sich nicht geändert.

Eine Lorentz-Transformation ist tatsächlich eine Koordinatentransformation, wie z. B. der Wechsel zu einem anderen Bezugssystem (z. B. einer anderen Geschwindigkeit). Das ist nicht dasselbe wie eine Koordinatentrans*lation.* Sie hat jedoch auch einen geometrischen Charakter. Also können wir das oben genannte Beispiel zum Vergleich verwenden. Wenn die Lorentz-Symmetrie lokal gemacht wird, bedeutet dies, dass sich die Physik lokal unter einer Lorentz-Transformation nicht ändert, und das bedeutet wiederum, den Vektor zu drehen. Um die Physik anderswo nicht zu ändern, muss die Transformation durch das Raum-Zeit-Kontinuum verbreitet werden. Folglich ist der Charakter dieser verbreiteten Transformation, dass sie den Vektor so dreht, dass die Physik sich nicht ändert. Sie kann den Vektor nur durch Krümmung des Raum-Zeit-Kontinuums drehen. Diese Krümmung ähnelt der Krümmung der Kugel. Folglich führt die Umwandlung der

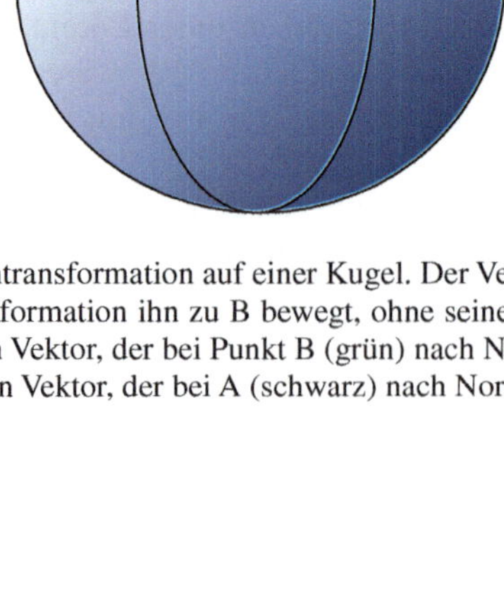

Abb. 19.1 Eine Koordinatentransformation auf einer Kugel. Der Vektor bei A zeigt nach Norden. Wenn eine Koordinatentransformation ihn zu B bewegt, ohne seine Richtung zu ändern, zeigt er nicht mehr nach Norden. Ein Vektor, der bei Punkt B (grün) nach Norden zeigt, bildet einen Winkel Î˜ mit dem ursprünglichen Vektor, der bei A (schwarz) nach Norden zeigt

Lorentz-Symmetrie in eine lokale Symmetrie zu Eichwellen, die das Raum-Zeit-Kontinuum krümmen.

Die Lorentz-Symmetrie gilt für alle Arten von Energie in gleicher Weise. Wenn sie also lokal gemacht wird, gilt das auch für alle Energie. Die Folge ist, dass die komplette Energie mit der gleichen Stärke pro Energieeinheit an die Eichwellen „koppelt“. Im Gegensatz zur U(1)-Symmetrie, bei der einige Wellen dazu neigen, die Phase zu verschieben und andere nicht (oder mit unterschiedlicher Stärke), gibt es keinen Unterschied zwischen den Arten von Wellen in Bezug auf die Lorentz-Symmetrie. Alle transformieren die Koordinaten auf die gleiche Weise und erzeugen daher alle die gleiche Eichwelle pro Energieeinheit. Folglich ist die Schwerkraft universell. Das bedeutet auch, dass im Gegensatz zur U(1)-Symmetrie die Schwerkraft keine Kopplungsstärke benötigt. Oder man könnte sagen, dass die Kopplungsstärke direkt durch das Massenäquivalent der Energie bestimmt wird.

Eine Möglichkeit, dies zu betrachten, besteht darin, eine Welle zu nehmen und zu betrachten, was sie mit dem Medium macht, in dem sie sich ausbreitet. Im Grunde genommen kräuselt sie dieses Medium. Das bedeutet, dass sie das Medium streckt, aber auch die „Linien“ des Mediums in einen kleinen Bereich zusammenzieht (s. Abb. 19.2). Wenn die Frequenz steigt, ziehen mehr Kurven in der Welle das Medium immer mehr zusammen. Nehmen wir an, das Medium ist das Vakuum und wir betrachten seine Kontraktion als die Krümmung des Raum-Zeit-Kontinuums. Könnte das ein genaues Bild sein? Nun, in der GRT ist es die Energie, die die Krümmung des Raum-Zeit-Kontinuums bestimmt. Wenn wir ein bisschen frech sind und als Energie die quantenmechanische Definition $E = hF$ nehmen, finden wir, dass es die Frequenz F ist, die die Krümmung des Raum-Zeit-Kontinuums bestimmt. Also ist die Idee nicht so schlecht. Natürlich nehmen wir in diesem Bild an, dass das Vakuum ein solches dehnbares Medium ist. Allerdings haben wir keine Ahnung, was das Vakuum wirklich ist. Dennoch gibt es ein lebendiges Bild, das uns hilft zu verstehen, wie Wellen das Raum-Zeit-Kontinuum krümmen könnten.

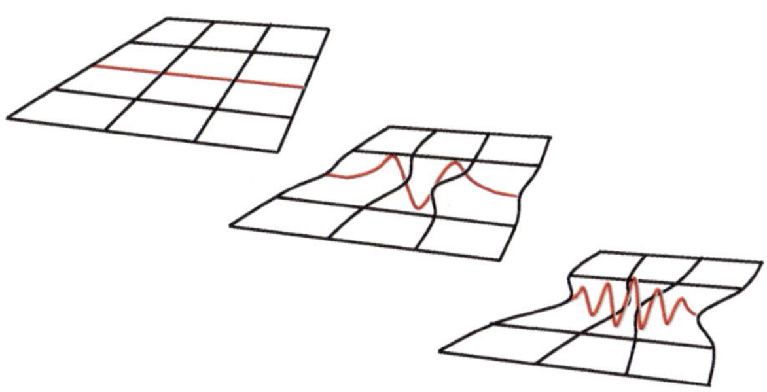

Abb. 19.2 Wellen krümmen das Vakuum. Links ist das Vakuum flach, da es keine Welle gibt. In der Mitte gibt es eine Welle mit niedriger Frequenz. Sie zieht das Vakuum zusammen, das gekrümmt wird. Rechts zieht eine Hochfrequenzwelle das Vakuum stärker zusammen, was zu mehr Krümmung führt

Masse ist die offizielle „Ladung“ der Schwerkraft. Aber aus dieser Diskussion können wir schließen, dass die Frequenz der Welle als „Ladung“ der Schwerkraft gesehen werden kann. Sie fragen sich vielleicht, wie das funktioniert. Schließlich wurde Masse von Higgs geschaffen, oder? Wie hängt das also mit der Frequenz zusammen? Nun, Higgs verlangte von uns, dass wir zusätzliche Energie in die Welle stecken. Die zusätzliche Energie repräsentiert die Masse. Higgs liefert die Federn zur Welle, um diese zusätzliche Energie zu enthalten. Die zusätzliche Energie erfüllt die gleiche Aufgabe wie eine Erhöhung der Frequenz (denken Sie daran, dass wir die Massenfrequenz zur kinetischen Frequenz in dem Abschnitt über Energie und Masse hinzugefügt haben).

Also, wir haben hier einige Spekulationen angestellt und unser Schluss ist, dass Raum-Zeit durch eine Welle gekrümmt wird. Im Gegenzug folgt eine zweite Welle (die ein anderes Teilchen repräsentiert) dem Pfad der minimalen Aktion gemäß dem Pfadintegral. Der Pfad dieser Welle wird in Übereinstimmung mit der Krümmung gebogen. Also führt die Krümmung zur Gravitationskraft. Wie stark ist diese Kraft? Offensichtlich ist, je höher die Frequenz, desto größer die Krümmung, desto stärker die Kraft. Also muss die Kraft von der Frequenz beider Wellen abhängen (d. h. der Masse beider Wellen). Darüber hinaus wird sie mit dem Quadrat der Entfernung abnehmen. Das sieht aus wie Newtons Gravitationsgesetz.

Es gibt jedoch einen weiteren Effekt, der von der Elastizität des Vakuums abhängt. Nehmen wir an, das Vakuum hat eine sehr hohe Elastizität, wie ein Tuch, das locker auf dem Tisch liegt. Wir können leicht eine Welle darin erzeugen, aber sie wird sich nicht viel krümmen. Hätten wir ein straff gespanntes Gummiband, wäre es viel schwieriger, eine Welle zu erzeugen, aber wir können uns vorstellen, dass es sich viel weiter dehnen würde. Um diese Dehnung, die von der Elastizität des Vakuums abhängt, einzubeziehen, benötigen wir einen weiteren Faktor. Dieser Faktor ist die Gravitationskonstante. Also hängt die Gravitationskonstante von der Elastizität des Vakuums ab. Je weniger elastisch das Vakuum (denken Sie an das straff gespannte Gummiband), desto größer die Gravitationskonstante und desto stärker die Gravitationskraft. Mit diesen Spekulationen erhalten wir die vollständige Formel der Gravitation nach Newton:

$$F = G\,m1\,m2\,/r^2.$$

Wir haben zuvor gesehen, dass die Lichtgeschwindigkeit C von der Elastizität des Vakuums abhängt: Je weniger elastisch es ist, desto höher ist der Wert von C. Wir können das Gleiche für eine andere wichtige Konstante: Plancks Konstante argumentieren. Diese Konstante erscheint in der Beziehung zwischen Energie und Frequenz: $E = hF$. Wenn ein Medium nicht elastisch ist (sehr steif, z. B. ein straff gespanntes Gummiband), würde es viel Energie benötigen, um eine Welle darin zu erzeugen. Wenn es elastischer ist (z. B. eine locker auf dem Tisch liegende Tischdecke), braucht es kaum Energie, um eine Welle gleicher Frequenz darin zu erzeugen. Folglich stellen wir fest, dass h mit der Elastizität abnimmt.

So haben wir jetzt drei fundamentale Naturkonstanten, die von der Elastizität des Vakuums abhängen: c, h und G. Alle drei tendieren dazu, mit abnehmender

Elastizität zuzunehmen. Ihre Abhängigkeit von dieser Elastizität ist jedoch unterschiedlich. Dies liegt daran, dass sie verschiedene Folgen der Elastizität beschreiben. Die Geschwindigkeit von Wellen ist etwas anderes als die Energie, die man benötigt, um eine bestimmte Frequenz zu erzeugen. Und das sind verschiedene Dinge im Vergleich zur Dehnung, die eine Welle im Vakuum erzeugt. Wir können ein wenig mit diesen Konstanten herumspielen und sie so kombinieren, dass wir eine Länge herausbekommen: das ist die Planck-Länge. Sie ist definiert als

$$\text{Planck-Länge} = \sqrt{\mathrm{hG/c^3}} = 10^{-35}\,\mathrm{m}\,(\text{annähernd}).$$

Was könnte diese Länge bedeuten? Sie könnte etwas mit der grundlegenden Elastizität des Vakuums zu tun haben. Daher könnte sie etwas über die Längenskala der Struktur des Vakuums aussagen. Es gibt eine Analogie mit dem Abstand zwischen den Atomen in einem Festkörper, der Phononenwellen trägt. Dieser Abstand bestimmt die Elastizität im Festkörper, wie sie von den Phononen wahrgenommen wird, und er sagt etwas über die Struktur des Festkörpers aus. Auf jeden Fall scheint es, dass auf der Planck-Längenskala die Schwerkraft so stark wird, dass Raum-Zeit ganz aufgerollt wäre. Das ist keine Situation, in der wir leicht Felder definieren könnten, also deutet es auch darauf hin, dass wir in den Bereich der Struktur des Vakuums eintreten. All dies ist jedoch *spekulativ*.

Lassen Sie uns zur Gravitation als einer Eichwelle zurückkehren. Wenn ein Teilchen lokal Koordinaten transformiert, hat sich die Spannung innerhalb von Raum-Zeit bereits „hier" geändert und noch nicht „dort", d. h., die Rotation/Translation hat bereits „hier" stattgefunden, aber noch nicht „dort". Es ist dieser Unterschied in der Rotation/Translation, der das Eichpotenzial erzeugt. Dieses Potenzial ähnelt dem Eichfeld A im elektromagnetischen Feld. Das Potenzial wird durch eine Eichwelle verbreitet. Die Eichwellen werden Gravitonen genannt, genau wie elektromagnetische Eichwellen Photonen genannt werden. Gravitonen sind wahrscheinlich masselos. Wenn wir die Art und Weise, wie die Wechselwirkung funktioniert, untersuchen, stellt sich heraus, dass sie genau wie eine Koordinatentransformation aussieht [Ref. 30, S. 137]. Daher wirkt die Wechselwirkung auf eine andere Welle wie eine Krümmung von Raum-Zeit. Zusammenfassend lässt sich sagen, dass Masse Raum-Zeit sagt, wie sie sich krümmen soll und (gekrümmte) Raum-Zeit sagt Masse, wie sie sich bewegen soll [Ref. 76]. Folglich sieht es anders aus als die Potenziale, an die wir gewöhnt sind. Das Graviton hat einen eher geometrischen Charakter. Man kann jedoch die Eichwellen und die Wechselwirkung mit der Masse als eine Krümmung von Raum-Zeit erkennen.

Gravitonen wurden nicht nachgewiesen. Das ist nicht so seltsam, wenn wir realisieren, wie schwach sie mit Materie koppeln. Wir bräuchten einen Detektor von der Größe eines Planeten in der Nähe eines schwarzen Lochs, um ein Graviton pro Jahrzehnt zu detektieren. Daher ist eine direkte Detektion von Gravitonen unmöglich. Andere Experimente können uns jedoch helfen, ein Bild von den Eigenschaften der Gravitonen zu bekommen. Kürzlich detektierte Gravitationswellen kamen aus 130 Mio. Lichtjahren Entfernung und kamen fast zur gleichen Zeit an wie die Strahlung, die von derselben Quelle ausgesendet wurde [Refs. 53,

54]. Eine Gravitationswelle ist im Grunde eine riesige Ansammlung von Gravitonen. Daher deutet die Geschwindigkeit dieser Wellen darauf hin, dass Gravitonen entweder masselos sind oder eine extrem kleine Masse haben.

Das verbreitete Potenzial enthält Energie, was zu einer interessanten Situation führt. Wenn die Eichwellen Energie tragen, müssen sie auch Raum-Zeit krümmen! Daher sind Gravitonen genau wie schwache Bosonen und Gluonen: Sie erzeugen selbst Eichwellen. Der Effekt davon war für schwache Bosonen und für Gluonen unterschiedlich. Die Masse der schwachen Bosonen begrenzte die Kraft der Kraft. Gluonen hingegen zeigten Eigenschaften wie Farbeinschränkung und asymptotische Freiheit. Was sollten wir also vom Graviton erwarten?

Auf längeren Skalen als der Planck-Skala (10^{-35} m) ist die Gravitation viel zu schwach, um asymptotische Freiheit zu erzeugen. Auf kleineren Skalen ist sie jedoch stärker. Je näher wir an ein Teilchen herankommen, desto stärker ist die Gravitation. Daher gibt es mehr Energie im Feld. Das bedeutet, dass es mehr Gravitonen erzeugt. Dieser Effekt wird immer stärker, je näher wir an ein Teilchen herankommen. Wenn wir Abstände unterhalb der Planck-Skala betrachten, wird die Gravitationskraft unendlich. Ist diese Theorie renormierbar? Das heißt, können wir Gegenbegriffe finden, die die Unendlichkeit überwinden würden? Mathematisch gesehen bräuchten wir unterhalb der Planck-Skala eine unendliche Anzahl von Gegenbegriffen, um das zu tun. Daher ist die Theorie nicht renormierbar. Es gibt keinen Abschirmeffekt, der so etwas tun könnte.

Andererseits liefert die Theorie auf längeren Skalen die gleichen Ergebnisse wie die allgemeine Relativitätstheorie. Zum Beispiel kann man die Abweichungen in der Umlaufbahn des Merkur mit der ART und mit der QFT berechnen und kommt zum gleichen Ergebnis [Ref. 30, S. 138]. Auf längeren Skalen als die Planck-Länge stimmt die Theorie genau mit der ART überein. Das größte Problem der QFT sind also die Unendlichkeiten unterhalb der Planck-Skala, ein Problem, das die ART nicht hat. Ansonsten ist es eine vollkommen brauchbare Theorie.

Wenn wir uns das Bild von Wellen ansehen, die das Vakuum zusammenziehen, können wir sehen, dass die Krümmung (Dehnung) umso größer ist, je näher wir an die Welle herankommen. Je größer die Krümmung, desto mehr Energie ist darin und desto stärker krümmt sie ihre Umgebung. Wenn wir näher herangehen, können wir bis ins Unendliche gehen. Aber das erfordert, dass die Welle punktförmig ist und das ist sie offensichtlich nicht. Daher deutet dieses Bild etwas anderes an. Es deutet darauf hin, dass es in der Mitte der Welle eine Kontraktion gibt, aber dass sie nie ins Unendliche geht. Dieses Bild ist natürlich eine spekulative Interpretation und nicht das, was die Mathematik beschreibt! Aber der Nachteil bei der Mathematik ist, dass sie auch auf Annahmen beruht. Eine dieser Annahmen ist, dass die Form der Welle nicht in die Beschreibung einbezogen werden muss, wie sie eine Koordinatentransformation erzeugt. Die Mathematik beschreibt nur ein Wechselwirkungspotenzial. Sie berücksichtigt nicht die Struktur der Welle/des Teilchens. Auf der Planck-Skala ist diese Annahme nicht mehr gültig. Daher sollten wir anfangen, uns die Struktur unserer Wellen anzusehen. Dafür bräuchten wir eine tiefere Theorie, die auf der Planck-Skala Gültigkeit hat.

Eine andere Art, es zu betrachten, ist, dass die Struktur des *Vakuums* (im Gegensatz zur Struktur der Teilchen) wahrscheinlich auf der Planck-Skala eine Rolle zu spielen beginnt. Wie wir zuvor bei Wellen in einem Kristall gesehen haben, können wir solche Wellen nicht auf einer kleineren Skala definieren als den Abstand zwischen den Atomen im Kristall. Daher bestimmt die Größe der Struktur des Mediums die minimale Größe einer sinnvollen Feldtheorie. Daher könnten wir sagen, dass unterhalb der Planck-Skala Feldtheorien von Wellen im Vakuum bedeutungslos werden und wir eine andere Theorie über die Struktur des Vakuums benötigen, um zu verstehen, was auf dieser Skala passiert.

Abschließend können wir sagen, dass die Gravitation als eine Feldtheorie definiert werden kann, die über der Planck-Skala die gleichen Ergebnisse liefert wie die ART. Eine *spekulativere* Diskussion führt uns zu einem Bild davon, wie Raum-Zeit durch Wellen gekrümmt wird. Es ist die Frequenz der Wellen, die das Vakuum zusammenzieht und Raum-Zeit krümmt. Je höher die Frequenz, desto stärker die Krümmung. Daher könnten wir die drei fundamentalen Konstanten der Natur c, h und G mit der Elastizität des Vakuums verbinden. Schließlich haben wir diskutiert, wie die Planck-Länge die Skala des Universums darstellt, auf der Raum-Zeit zu stark gekrümmt wäre, um eine sinnvolle Feldtheorie zu definieren. Daher brauchen wir jetzt eine Theorie über die Struktur des Vakuums, um uns zu zeigen, was wir unterhalb der Planck-Länge erwarten können. Diese Theorie müsste bestimmen, auf welcher Stufe Felder definiert werden können und müsste zeigen, wie man die Elastizität des Vakuums berechnet, die uns die Naturkonstanten gibt.

19.2 Hintergrundunabhängigkeit

Lassen Sie uns über die Bühne sprechen, auf der sich unsere Theorien abspielen. Nehmen Sie z. B. QFT. Um Wellen richtig zu definieren, benötigen wir eine flache Zeit. Zum Beispiel haben wir das Pfadintegral mit Hilfe der Zeit berechnet, um die Phase der Welle aufzuzeichnen. Quantenzustände entwickeln sich gegen einen unabhängigen Hintergrund der Zeit. Angenommen, Wellen können Raum-Zeit krümmen (wie in dem spekulativen Bild, das wir im vorherigen Abschnitt besprochen haben). Wir würden Probleme bekommen, all dies in QFT zu berechnen. Es ist unklar, wie das funktionieren sollte.

Ein weiteres Problem ist: Aus was bestehen Gravitonen, wenn sie in QFT die Raum-Zeit nicht verändern können? Die zuvor diskutierten Ergebnisse legen nahe, dass sie aus Raum-Zeit selbst bestehen müssen. Das Gravitationsfeld ist durch geometrische Attribute wie Länge, Flächen und Volumen gekennzeichnet. Daher sollten Quanten des Gravitationsfeldes quantisierten Längen, Flächen und Volumen entsprechen. Dann muss es eine Beziehung zwischen solchen geometrischen Entitäten und Energie in einer quantisierten Weise geben, genau wie ein Quantum des elektromagnetischen Feldes eine Frequenz erzeugen sollte, die einer Energie entspricht. Daher würden wir erwarten, dass ein Quantum von Raum-Zeit eine spezifische Frequenz und daher Energie hat. Wenn es jedoch eine Frequenz hat, muss es in etwas schwingen. Aber in was würde es schwingen, wenn es aus Raum-Zeit selbst besteht? Gravitonen scheinen Wellen *des* Hintergrunds zu sein, eher als Wellen *auf* dem Hintergrund. Gravitonen sagen jedoch nichts über den Hintergrund selbst aus. Wir können nur sagen, wie sie den Hintergrund als Folge der Anwesenheit von Energie verändern. Daher wären Gravitonen auf irgendeine Weise Wellen von Raum und Zeit und andere Wellen wären es nicht. Aber was verbindet dann allgemeine Wellen mit Gravitonen? Schließlich war die Grundidee, dass alle Energie, also alle Wellen, Koordinatentransformationen erzeugen, die durch Raum-Zeit übertragen werden.

Auf der anderen Seite haben wir GRT [Refs. 75, 76]. GRT benötigt keinen Hintergrund. Es beschreibt Raum-Zeit als dynamische Variablen, die direkt mit Materie verbunden werden können. Die Idee der Relativität macht es unerlässlich, dass es keinen Hintergrund gibt, gegen den wir Position, Zeit oder Geschwindigkeit messen können. Diese Rolle der Zeit unterscheidet sich sehr von der in QM und QFT formulierten. Es macht es unmöglich, dass die Zeit der unabhängige Hintergrund ist, den QM und QFT als Referenz benötigen. GRT ist eine kontinuierliche Theorie, daher kann sie Quantisierung nicht behandeln. Die Annahme, dass Raum-Zeit kontinuierlich ist, impliziert auch, dass sie unendlich teilbar ist. Die Frage ist, ob das wahr sein kann. Es ist wahrscheinlicher, dass auch Raum-Zeit quantisiert ist und es eine kleinste Einheit von Raum-Zeit gibt.

Dies ist der Kern des Problems, dass QFT und GRT nicht kombiniert werden können. Was wir bräuchten, ist eine Theorie über die Struktur des Vakuums, die beide Theorien aufnehmen kann. Sie muss eine Bühne für Wellen bereitstellen, um darin zu schwingen, sie muss sich unter einer Koordinatentransformation verändern lassen und sie muss die von GRT benötigte hintergrundunabhängige Struktur bereitstellen. Ein weiterer Grund, nicht hintergrundabhängig zu sein, wäre, dass wir wissen müssten, aus was dieser Hintergrund *besteht.* Dafür bräuchten wir einen anderen Hintergrund, um ihn darin zu platzieren, und die nächste Frage wäre: Aus was besteht *dieser* Hintergrund? Wenn wir noch einen weiteren Hintergrund benötigen, könnten wir so weitermachen und nie zum Kern der Sache kommen. Wir möchten auf eine Theorie stoßen, die keinen Hintergrund (eine Bühne) zum Funktionieren benötigt. Wir brauchen eine Theorie, die tatsächlich *die* Bühne ist. Daher sollte sie nur aus wenigen, sehr grundlegenden „ersten Prinzipien" abgeleitet werden. Also, hier ist das Rätsel, vor dem die heutigen theoretischen Physiker stehen.

19.3 Andere Probleme

Es gibt auch einige andere Probleme. Zunächst einmal ist die QFT selbst nicht vollständig. Es gibt mindestens 18 Parameter, die wir aus Messungen einfügen müssen und die nicht aus grundlegenden Prinzipien abgeleitet werden können. Diese Parameter fallen in vier Kategorien:

1. Massen von Teilchen: Es gibt 6 Quark-Massen, 3 Lepton-Massen und mindestens eine Higgs-Masse, deren Werte wir nicht erklären können. Anders ausgedrückt, wir können die Größe der Higgs-Kopplung an diese Teilchen nicht erklären.
2. Kopplungskonstanten: Wir können die Stärke der 3 Kopplungskonstanten des elektromagnetischen Feldes, der starken Wechselwirkung und der schwachen Wechselwirkung nicht erklären.
3. Mischwinkel: Wir können die 4 Mischwinkel der Quarks nicht erklären, z. B., warum ein Top-Quark manchmal ein bisschen ein Up-Quark oder ein Charm-Quark ist.
4. Und schließlich können wir die Feldstärke des Higgs, auch als „Vakuumerwartungswert" des Higgs-Feldes bezeichnet, nicht ableiten.

Dann gibt es das Problem, dass es mehr Materie als Antimaterie gibt. Ist die Anti-Materie irgendwo anders zu finden? Es gibt nichts, was darauf hindeutet. Angenommen, Sie haben „Antimaterie-Domänen" und „Materie-Domänen". Dann würden sie an der Grenze zwischen solchen Domänen viel schwere Strahlung erzeugen. Bisher wurde so etwas nicht gefunden. Wir haben gesehen, dass die Symmetriebrechung ein gewisses Ungleichgewicht zwischen Materie und Antimaterie erklären könnte, das dazu führt, dass mehr Materie als Antimaterie vorhanden ist. Aber dieser Effekt reicht bei Weitem nicht aus, um die gegenwärtige Situation im Universum zu erklären.

Dann gibt es dunkle Materie und dunkle Energie. Dies führt dazu, dass Galaxien schneller rotieren, als aufgrund ihres Masseninhalts zu erwarten wäre. Daher muss es mehr Masse geben, aber aus was besteht diese? Tatsächlich scheinen nur 4 % der Energie im Universum aus der Materie und Energie zu bestehen, die wir kennen. Wir suchen nach unbekannten Arten von Materie, die nicht (oder kaum) mit der Materie interagieren, die wir kennen. Aber es werden auch andere Lösungen gesucht.

Das Hierarchieproblem ist ein Problem von Parametern in der Physik, die miteinander in Beziehung stehen, aber *enorm* in der Größe variieren. Wenn Parameter miteinander in Beziehung stehen und sich gegenseitig beeinflussen, kann dies gut beschrieben werden, wenn sie ähnliche Größenordnungen haben. Aber wenn diese Parameter um Zehnerpotenzen voneinander abweichen, wird dies schwieriger. Zum Beispiel, wenn Sie versuchen, eine Waschmaschine mit einem Hebel anzuheben, können Sie berechnen, wie lang der Hebel sein muss. Das macht Sinn. Aber wenn die Waschmaschine 10^{24}-mal so schwer wäre, könnte der Hebel, den Sie berechnen, aufgrund eines extrem kleinen Fehlers leicht um viele Größenordnungen abweichen. Was bedeutet also eine Theorie, die mit solchen Unterschieden umgehen muss? Die kleinste Änderung in einer der Variablen in einer solchen Theorie würde Ergebnisse produzieren, die weit daneben liegen. Daher wird es wirklich schwierig, Parameter in einer Theorie zu verknüpfen, wenn diese Parameter um Zehnerpotenzen voneinander abweichen.

Zum Beispiel unterscheiden sich die Masse des Higgs und die Planck-Masse um den Faktor 10^{17}. Eine weitere Frage ist, warum die schwache Kraft so viel stärker ist als die Gravitation, mit einem Faktor von der Größenordnung 10^{24} zwischen den Kopplungskonstanten?

Das Problem der kosmologischen Konstante ist teilweise auch ein Hierarchieproblem. Die kosmologische Konstante repräsentiert die durchschnittliche Energiedichte im Raum-Zeit-Kontinuum. Wenn wir eine Theorie im Planck-Maßstab als eine Theorie entwerfen würden, die sowohl GRT als auch QFT aufnehmen könnte, würden wir erwarten, dass die Energiedichte in einem solchen Vakuum von der Größenordnung der Planck-Masse (oder Planck-Energie) ist. Schließlich würde jede Störung, Welle oder Fluktuation in einer solchen Struktur im Planck-Maßstab eine Energie dieser Größenordnung haben. Der gemessene Wert der kosmologischen Konstante weicht jedoch um etwa den Faktor 10^{120} ab. Wie könnte die durchschnittliche Energie einer Struktur 10^{120}-mal kleiner sein als die Energie, die eine Welle in einer solchen Struktur tragen würde? Dies wurde als „die schlechteste theoretische Vorhersage in der Geschichte der Physik“ bezeichnet [Ref. 75, S. 187]. Es müsste einen Prozess geben, der diese durchschnittliche Energie extrem klein macht, aber welcher könnte das sein?

Wenn wir uns eine Theorie der Struktur des Vakuums ansehen, müssen diese komplizierten Probleme angegangen werden. Bis jetzt werden Sie das Ausmaß des Rätsels verstehen, das gelöst werden muss.

Es gibt mehrere Theorien, die versuchen, diese Probleme zu lösen, indem sie eine Struktur der Raum-Zeit oder auf andere Weise die Unendlichkeiten vermeiden. Es würde uns zu weit führen, diese Theorien hier zu behandeln, aber es gibt ausgezeichnete Bücher, die eine Vorstellung davon geben, wie sie funktionieren. Einige dieser Theorien sind [Ref. 48] Stringtheorie [Refs. 36, 80], kausale dynamische Triangulationen [Refs. 49–51] und Schleifenquantengravitation [Ref. 47].

Es stellt sich heraus, dass es schwer ist, solche Theorien auf experimenteller Ebene zu unterscheiden. Leider ist dies am dringendsten erforderlich, da nur das Experiment richtig von falsch trennen kann.

QFT und GRT wurden beide in vielen Experimenten bis ins Detail überprüft. Daher müssen diese Theorien eine gewisse Realitätsebene repräsentieren, auch wenn wir die Struktur des Vakuums, die darunter liegt, nicht verstehen können. In diesem Buch hoffe ich, einen Eindruck davon gegeben zu haben, wie diese Realität wirklich aussehen könnte.

Kapitel 20
Weiterführende Literatur

Ich werde zwei Kategorien von Material für weiterführende Lektüre diskutieren. Die erste Kategorie sind populärwissenschaftliche Bücher. Die zweite Kategorie betrifft das, was im Internet verfügbar ist. Ich werde die Fachliteratur nicht behandeln. Schauen wir uns also diese beiden an.

20.1 Populärwissenschaft

Es wurden viele Bücher über Teilchen und Kräfte geschrieben. Im Allgemeinen ist der Versuch, die Dinge einfach zu halten, lobenswert, hat aber seinen Preis. Nicht alles wird erklärt. Im Allgemeinen kann man sagen, dass, je mehr erklärt wird, desto komplizierter das Buch. Es gibt eine Art Unschärferelation für Bücher zu diesem Thema: Je besser die Erklärung, desto größer die Komplexität. Normalerweise sind Bücher entweder sehr komplex (die Fachliteratur) oder lassen viel aus (Populärwissenschaft). Mein Buch unterliegt der gleichen Unschärferelation. Allerdings habe ich einen bestimmten Mittelpunkt gewählt, in dem Sinne, dass ich abstraktere Konzepte beschreibe, aber die sehr komplexe Mathematik weglasse.

Schauen wir uns einige populärwissenschaftliche Bücher an und was Sie von ihnen erwarten können.

Eines meiner Favoriten ist QED von Richard Feynman [Ref. 32]. Er konzentriert sich auf die Erklärung des Pfadintegrals und der Wechselwirkungen zwischen geladenen Teilchen. Er macht das sehr schön und Sie werden das Prinzip des Hinzufügens von Phasen erkennen, das ich in Abschn. 9.3 in diesem Buch verwendet habe.

Ein gutes Buch, das Symmetrie als Grundlage zur Erklärung der Herkunft von Kräften nimmt, ist „The Force of Symmetry" von Icke [Ref. 35]. Er verwendet das Konzept der Chimäre, um zu erklären, wie Teilchen ihr Gesicht verändern. Er versucht genauso wie ich, zum Kern der Sache zu kommen, aber aus einer leicht

W. Schmitz, *Teilchen, Felder und Kräfte*,
https://doi.org/ 10.1007/978-3-031-46280-1_20

anderen Perspektive. Sie werden feststellen, dass einige Dinge in diesem Buch von Icke inspiriert sind und einige Dinge ergänzend sind.

Ein ähnliches Werk, das als ergänzend betrachtet werden kann, ist „Fearful Symmetry“ von Zee [Ref. 33]. Sie werden Ähnlichkeiten finden, z. B. in der Art und Weise, wie Zee das Konzept der Aktion erklärt.

Dann gibt es die immens populären Bücher von Hawking (z. B. [Ref. 36]). Einige sind gut illustriert und decken eine Vielzahl von Themen ab, einschließlich der Geschichte des Universums, der Schwerkraft und der Stringtheorie. Einige werden in großer Tiefe erklärt, während sie auf einem verständlichen Niveau bleiben. Einige sind nur auf der Übersichtsebene. Das macht den Gesamtzusammenhang zwischen den Dingen manchmal etwas abstrakt.

Einen anderen Ansatz verfolgt Brooks in „Fields of Colour“ [Ref. 34]. Er beschreibt die Welt aus der Sicht der Felder. Um die verschiedenen Arten von Feldern auseinanderzuhalten, gibt er ihnen eine Farbe. Diese Farben haben nichts mit Quark-Farben zu tun. Wieder ein inspirierendes Buch.

Für den niederländischen Leser gibt es „De bouwstenen van de schepping“ von ‘t Hooft [Ref. 37]. Ein Überblick, der noch andere Einblicke in das Thema gibt. Es erzählt die Geschichte aus einer historischen Perspektive mit vielen Anekdoten, erklärt Experimente und die Probleme, auf die Theoretiker gestoßen sind.

Auch aus einer historischen Perspektive erzählt „The Particle Odyssey“ [Ref. 24] die Geschichte der Entdeckung von Teilchen mit fantastischen Illustrationen von experimentellen Ergebnissen wie Blasenkammerbildern einschließlich der Erklärung der Teilchenbahnen.

Sie werden feststellen, dass diese Autoren (und viele andere, die ich hier ausgelassen habe) jeweils ihre eigene Art haben, Dinge zu beschreiben, und jeder fügt verschiedene Konzepte und Sichtweisen hinzu, die Ihnen helfen werden zu verstehen. Daher wird das Lesen von mehr als einem Buch Ihr Verständnis für das Thema erhöhen. Das Vergleichen der verschiedenen Erklärungsweisen wird das auch tun. Ich kann Ihnen nur viel Spaß beim Verstehen der Funktionsweise unseres Universums wünschen!

20.2 Das Internet

Das Internet enthält eine Menge Material, aber nicht alles kann als richtig angesehen werden. Zum Beispiel gibt es viele Foren, in denen Sie Menschen finden, die Fragen zu wissenschaftlichen Themen stellen. Die Antworten sind manchmal sehr gut und manchmal nicht. Die Artikel auf Wikipedia unterscheiden sich ebenfalls in der Qualität. Eine gute Quelle sind die Universitäten. Sie stellen oft Vorlesungsnotizen oder Whitepapers ins Internet, die sehr gut sein können. Wissenschaftliche Artikel sind oft sehr detailliert und daher nicht ganz einfach zu verstehen. In diesem Abschnitt habe ich eine Auswahl von Material zusammengestellt, das mir gefallen hat. Allerdings sind viele davon eher technisch orientiert, und das von den Universitäten angebotene Material gehört natürlich in den Bereich der Fachliteratur.

Ich fand eine interessante Zusammenfassung der Gruppentheorie und der Gruppen, die man in der Teilchenphysik findet, in „Anwendungen der Gruppentheorie auf die Grundlagen der Teilchenphysik“ von Bergan [Ref. 40]. Andere sind:

- „Gruppentheorie und Physik“ von Calvert [Ref. 43]. Er hat viele weitere interessante Themen auf seiner Website.
- „Lie-Gruppen in der Physik“ von Veltman, de Wit und ‘t Hooft [Ref. 44]. Eine gut lesbare und verständliche Einführung in die Gruppentheorie und ihre Anwendungen in der Teilchenphysik, aber mathematisch.
- „Eine Einführung in die Gruppentheorie“ von Lin [Ref. 45] gibt ein lebendiges Beispiel für eine Berechnung, aber auch hier ist Mathematik enthalten.

Für das Verständnis von Wellen fand ich die Vorlesungsnotizen von Prof. Morin [Refs. 10, 11] sehr aufschlussreich. Er erklärt gut, wie man z. B. Gruppengeschwindigkeit und insbesondere Dispersionsrelationen versteht. Er hat auch eine klare Erklärung über den Austausch zwischen potenzieller Energie und kinetischer Energie („Die Lagrange-Methode“) [Ref. 19] geschrieben. Beide sind auch als Bücher veröffentlicht. Allerdings benötigen Sie Mathematik, um diesen zu folgen.

Zum gleichen Thema gibt es einen sehr schönen mathematischen Text „Eine sehr kurze Einführung in die Quantenfeldtheorie“ von Prof. Stetz [Ref. 38]. Sie sollten den Teil über die Dispersionsrelation und den Unterschied zwischen der Dispersion von masselosen und massiven Wellen lesen.

Wenn Sie zusätzliches Material für das Verständnis des Pfadintegralformalismus möchten, ist „Pfadintegrale in der Quantenfeldtheorie“ von Seahra eine gute Lektüre [Ref. 41].

Ich habe einige besonders klare Handouts über Teilchenphysik von Prof. Thomson [Ref. 23] genossen. Er schafft es, alle wesentlichen Punkte, Diagramme, Experimente und Erklärungen in einer Reihe von prägnanten Powerpoints unterzubringen. Er behandelt das gesamte Standardmodell und verwendet anschauliche Beispiele. Obwohl er ziemlich viel Mathematik behandelt, gibt es auch etwas für nichtathematische Leser zu finden.

Nicht nur Universitäten haben großartiges Material. Auch Labore und Einrichtungen wie das CERN bieten viel gutes Material. Ich habe besonders die Laienartikel von Prof. Strassler [Refs. 12, 21, 22] genossen. Sie liefern eine lebendige Geschichte von virtuellen Teilchen, dem Higgs-Mechanismus und Quark-Jets.

Eine sehr empfehlenswerte Website ist die des Contemporary Physics Education Project (CPEP) [Ref. 39]:

> Das Contemporary Physics Education Project ist eine gemeinnützige Organisation von Lehrern, Pädagogen und Physikern auf der ganzen Welt. CPEP-Materialien präsentieren das aktuelle Verständnis der grundlegenden Natur von Materie und Energie und integrieren die wichtigsten Forschungsergebnisse der letzten Jahre.

Es gibt viele interessante Kapitel im Lehrerhandbuch, wie das über Symmetrien und Antimaterie.

Die Video-Vorlesungen von Richard Feynman können immer noch im Internet gefunden werden [Ref. 13]. Obwohl sie alt sind, sind sie sehr lohnenswert, da Feynman eine sehr lebendige Art hatte, Dinge zu erklären. Allerdings sollten Sie sich auf etwas Mathematik vorbereiten.

Aus historischer Sicht ist der ursprüngliche Artikel von Einstein über die spezielle Relativitätstheorie eine interessante Lektüre. Er trägt den Titel „Über die Elektrodynamik bewegter Körper" [Ref. 42].

Schließlich bietet Wikipedia immer einen zusätzlichen Artikel, den Sie lesen können, um einen anderen Blickwinkel zu bekommen. Viele Artikel gehen tief und werden schnell sehr technisch. Es ist besonders amüsant, den Artikel „Spinoren" zu betrachten, da er einen schönen computeranimierten Film von einer 720°-Drehung enthält, bevor Sie zu Ihrem Ausgangspunkt zurückkehren. Für einen textlicheren und niedrigeren Einstieg in einige Themen ist es eine gute Idee, schools-wikipedia.org zu betrachten.

Referenzen und Quellen

Quantenfeldtheorie und das Standardmodell sind ein umfangreiches Thema, das nicht auf die leichte Schulter genommen werden kann. Sehr viele theoretische und experimentelle Physiker haben dazu beigetragen. Insgesamt haben diese Physiker eine ganze Bibliothek voller Bücher und Artikel über das Thema geschrieben. Ein konzeptionelles Buch darüber zu schreiben, würde eine angemessene Bezugnahme auf ihre Arbeit erfordern. Allerdings wurden im Laufe des letzten Jahrhunderts (und mehr) so viele Ideen entwickelt und immer wieder aufgebaut, dass es unmöglich erscheint, ihnen allen gerecht zu werden.

Bevor ich dieses Buch schrieb, studierte ich das Thema viele Jahre lang, indem ich viele dieser Bücher und Artikel benutzte. Während dieser Zeit entwickelte ich meine eigenen Einsichten darüber, wie man bestimmte Aspekte der Theorie erklären kann. Folglich ist vieles von dem, was ich geschrieben habe, original. Andererseits haben viele der größten Ideen ihren Ursprung in den Büchern, die ich gelesen habe.

Zuallererst gibt es fünf Bücher, die mein mathematisches Verständnis des Themas aufgebaut haben. Dies sind die Bücher über QFT und das Standardmodell von Lancaster und Blundell [Ref. 8], Zee [Ref. 9], Schwartz [Ref. 30], Stetz [Ref. 38] und Klauber [Ref. 29]. Lancaster und Blundell und Zee gaben mir die Idee von Federn, die an einem Seil befestigt sind, die ich dankbar in eine nützliche Metapher umgearbeitet habe. Diese Bücher beschrieben auch, wie man Wellen berechnet, die zweite Quantisierung, Energiedichten in einem Feld, den Energie-Impuls-Tensor, Symmetrien, das Noether-Prinzip und den Strom, Spinoren, Propagatoren, Pfadintegrale, QED und Renormierung, um nur einige der in diesem Buch diskutierten Konzepte zu nennen. Das meiste von dem, was ich in den Kap. 5–11 geschrieben habe, habe ich aus diesen Büchern gelernt.

Für Ideen über das Pfadintegral bin ich besonders dem großen Richard Feynman [Refs. 2, 13 und besonders 32] verpflichtet. Für ein Verständnis von Wellen und gekoppelten Oszillatoren stützte ich mich auf die Arbeit von Prof. Morin

W. Schmitz, *Teilchen, Felder und Kräfte*,
https://doi.org/10.1007/978-3-031-46280-1

[Refs. 10, 11] und Taylor [Ref. 5]. Ich habe diese Ideen hauptsächlich in den Kap. 4, 5, 6 und 8 verwendet. Um zu verstehen, wie potenzielle Energie und kinetische Energie zusammenwirken, muss man die Lagrange-Funktion studieren, die ich aus vielen Büchern und Artikeln gelernt habe [Refs. 5, 8, 9, 29, 30, 19, 61].

Um die QFT zu verstehen, muss man die spezielle Relativitätstheorie beherrschen. Für Kap. 6 und Teile von Kap. 10 basierte meine Diskussion auf der Arbeit von Woodhouse [Ref. 6], French [Ref. 31] und natürlich Einstein [Ref. 42]. Davor lernte ich über Elektrodynamik von Jackson [Ref. 3] und Griffiths [Ref. 4], die ich immer dann verwende, wenn ich im Buch über das elektromagnetische Feld spreche. Eine weitere Grundlage in der Quantenmechanik fand ich bei Shankar [Ref. 1] und Feynman [Ref. 2], die ich ebenfalls im gesamten Buch verwendete, z. B. bei der Beschreibung der Unschärferelationen, der ersten Quantisierung, (orbitalen) Spin, dem Verhalten von Bosonen und Fermionen und dem quantenmechanischen Pfadintegral. In diesem Zusammenhang spielen Chiralität und Helizität eine wichtige Rolle. Dafür möchte ich Lancaster und Blundell [Ref. 8] erwähnen, da dieses Buch am klarsten über den Unterschied zwischen den beiden Konzepten zu sein scheint.

Für das Thema Symmetrien und Gruppentheorie basierte ich meine Diskussion auf Jeevanjee [Ref. 7], Calvert [Ref. 43], Veltman, ‘t Hooft und de Wit [Ref. 44], van Suijlekom [Ref. 18], Bergan [Ref. 40] und Lin [Ref. 45]. Dies ist ein schwieriges Thema und ich bin Icke [Ref. 35], Feynman [Ref. 32] und Zee [Ref. 33] für die konzeptionellen Ideen über Symmetrien und wie sie eine Kraft erzeugen können, sehr dankbar. All dies habe ich im gesamten Buch und besonders in den Abschn. 9.1, 9.2, 16.2 und 18.2 angewendet und konzeptionell weiterentwickelt. Bei der Beschreibung, wie eine Eichwelle erzeugt wird, habe ich die Art und Weise verwendet, wie sie in den verschiedenen Büchern über QFT berechnet werden [Refs. 8, 9, 29, 30]. Ich habe dieselben Bücher verwendet, um Feynman-Diagramme in Kap. 10 und Abschn. 17.3 und 18.5 zu verstehen. Virtuelle Teilchen erforderten dieselben Quellen, aber dort möchte ich auch die ausgezeichnete Seite von Prof. Strassler [Ref. 12] erwähnen, die mir sehr geholfen hat, mein Verständnis von virtuellen Teilchen in Laienbegriffen zu entwickeln. Diese Themen kommen in der Theorie der QED zusammen, für die eine weitere Erwähnung von Feynman [Ref. 32] angebracht ist.

Um die Quantendekohärenz zu verstehen, habe ich mich stark auf Schlosshauer [Ref. 80] gestützt, der eine umfassende, nicht allzu mathematische Studie zu diesem Thema geschrieben hat.

In Bezug auf den Teilchenzoo bin ich Close, Martin und Sutton [Ref. 24] für ihre großartige Einsicht in die Geschichte der Teilchenentdeckungen und ihre Sammlung von Bildern und Tabellen zu Dank verpflichtet.

Für das Verständnis der schwachen Kraft, des Higgs-Mechanismus, der Symmetriebrechung und der CPT-Symmetrie habe ich mich auf die eher mathematischen Beschreibungen von Lancaster und Blundell [Ref. 8], Zee [Ref. 9], Schwartz [Ref. 30], van Suijlekom [Ref. 18], Jeevanjee [Ref. 7] und Thomson [Ref. 23] gestützt. Für die praktische und konzeptionelle Sicht habe ich mir Icke [Ref. 35], Strassler [Ref. 21] und die CERN-Higgs-Website [Ref. 15] angesehen.

Für die Quantenchromodynamik (QCD) stützte ich mich auf die eher technischen Arbeiten von Schwartz [Ref. 30], van Suijlekom [Ref. 18], Jeevanjee [Ref. 7] und Thomson [Ref. 23, Handout 8]. Um dies mit konzeptionellen Einsichten zu vervollständigen, habe ich Strassler [Ref. 22] und Icke [Ref. 35] herangezogen.

Gravitation als Feld ist ein kurzes Kapitel, das ich für den Feldteil auf die Arbeit von Schwartz [Ref. 30] und für die Lorentz-Transformation auf Jeevanjee [Ref. 7] stützte. Dazu habe ich auch Hobson [Ref. 75] benutzt, den ich in Kombination mit Wheeler [Ref. 76] für den GRT-Teil verwendet habe. Die Fragen zur Hintergrundunabhängigkeit sowie zu anderen Theorien als der Stringtheorie habe ich aus verschiedenen Artikeln [Refs. 46–51] übernommen.

In der zweiten Auflage habe ich ein Kapitel über Quantendekohärenz hinzugefügt. Obwohl ich eine Vielzahl von Quellen verwendet habe, möchte ich insbesondere das Buch von Schlosshauer [Ref. 80] erwähnen. Dieses Buch bietet eine sehr ausführliche Behandlung des Themas, sowohl in qualitativer als auch in quantitativer Hinsicht.

Die zweite Auflage wurde von Stephen Lyle herausgegeben. Da ich kein englischer Muttersprachler bin, möchte ich ihm besonders für seine großartige Arbeit bei der Verbesserung des Textes in diesem Buch danken. Seine Erfahrung in der Physik erwies sich als äußerst wertvoll, da er die Terminologie sehr gut versteht.

1. Shankar, R. (1994). *Principles of quantum mechanics* (2nd ed.). Springer.
2. Feynman, R. (1977). *The Feynman lectures on physics* (Vols. I, II, III). Addison Wesley (or reprints of later date).
3. Jackson, J. D. (2009). *Classical electrodynamics* (3rd ed., C101).
4. Griffiths, D. J. (2015). *Introduction to electrodynamics* (4th ed.). Pearson Education.
5. Taylor, J. R. (2015). *Classical mechanics.* Univ Science Books.
6. Woodhouse, N. M. J. (2003). *Special relativity.* Springer.
7. Jeevanjee, N. (2015). *An introduction to tensors and group theory for physicists.* Springer.
8. Lancaster, T., & Blundell, S. J. (2014). *Quantum field theory for the gifted amateur.* Oxford University Press.
9. Zee, A. (2010). *Quantum field theory in a nutshell.* Princeton University Press.
10. Morin, D. (2010). Waves (Chap. 6). In *Dispersion.* Harvard University.
11. Morin, D. (2010). Waves (Chap. 10). In *Introduction to quantum mechanics.* Harvard University.
12. Strassler, M. (2011). *Virtual particles: What are they?* CERN. https://profmattstrassler.com/articles-and-posts/particle-physics-basics/virtual-particles-what-are-they/.
13. Feynman, R. *Lectures by Richard Feynman.* https://youtu.be/FF25Lwt73fg.
14. Costella, J. P., McKellar, B. H. J., & Rawlinson, A. A. (2001). *The Thomas rotation.*
15. CERN Higgs page. https://home.cern/topics/higgs-boson
16. Icke, V. (2015). *The Force of Symmetry.* Cambridge University Press.

17. ALEPH Collaboration, Decamp, D., Deschizeaux, B., Lees, J. P., Minard, M. N., Crespo, J. M., Delfino, M., Fernandez, E., Martinez, M., Miquel, R., Mir, M. L., Orteu, S., Pacheco, A., Perlas, J. A., Tubau, E., Catanesi, M. G., de Palma, M., Farilla, A., Iaselli, G., … Zobernig, G. (1989). Determination of the number of light neutrino species. *Physics Letters B, 231*(4), 519.
18. Van Suijlekom, W. D. (2016). *Symmetrie in de deeltjesfysica.* Epsilon.
19. Morin, D. (2007). Classical mechanics (Chap. 6). In *The Lagrangian method.* Harvard University.
20. Beringer, J., Arguin, J.-F., Barnett, R. M., Copic, K., Dahl, O., Groom, D. E., Lin, C.-J., Lys, J., Murayama, H., Wohl, C. G., Yao, W.-M., Zyla, P. A., Amsler, C., Antonelli, M., Asner, D. M., Baer, H., Band, H. R., Basaglia, T., Bauer, C. W., et al. (2012). Review of particle physics: The CKM quark-mixing matrix (PDF). *Physical Review D, 80*(1), 1–1526 [162].
21. Strassler, M. (2011). *The known particles – If the Higgs field were zero.* CERN. https://profmattstrassler.com/articles-and-posts/particle-physics-basics/the-known-apparently-elementary-particles/the-known-particles-if-the-higgs-field-were-zero/
22. Strassler, M. (2011). *Jets: The manifestation of quarks and gluons.* CERN. https://profmattstrassler.com/articles-and-posts/particle-physics-basics/the-known-apparently-elementary-particles/jets-the-manifestation-of-quarks-and-gluons/
23. Thomson, M. A. (2009–2011). *Particle physics, handouts.* Department of Physics, High Energy Physics, Cambridge University. https://www.hep.phy.cam.ac.uk/~thomson/partIIIparticles/welcome.html
    a. Handout 8: Quantum chromodynamics.
    b. Handout 12: The CKM matrix and CP violation.
    c. Handout 13: Electroweak unification and the W and Z bosons.
    d. Handout 14: Precision tests of the standard model.
24. Close, F., Martin, M., & Sutton, C. (2002). *The particle odyssey.* Oxford University Press.
25. COBE data. Nasa. https://lambda.gsfc.nasa.gov/product/cobe/
26. Penta quark discovery, press release CERN. http://press.cern/press-releases/2015/07/cerns-lhcb-experiment-reports-observation-exotic-pentaquark-particles
27. Gell-Mann, M. (1995). *The quark and the jaguar: Adventures in the simple and the complex* (p. 180). Henry Holt and Co.
28. Roberts, C. D. (2010). *Exposing the dressed quark's mass.* Argonne National Laboratory.
29. Klauber, R. D. (2015). *Student-friendly quantum field theory.* Sandtrove Press.
30. Schwartz, M. D. (2014). *Quantum field theory and the standard model.* Cambridge University Press.
31. French, A. P. (1968). *Special relativity* (1st ed.). W. W. Norton & Company.
32. Feynman, R. P. (1985). *QED, the strange theory of light and matter.* Princeton University Press.
33. Zee, A. (2007). *Fearful symmetry.* Princeton University Press.

34. Brooks, R. A. (2016). *Fields of color: The theory that escaped Einstein.* Rodney A. Brooks.
35. Icke, V. (1997). *The force of symmetry.* Cambridge University Press.
36. Hawking, S. (2002). *The universe in a nutshell.* Stephen Hawking.
37. 't Hooft, G. (2013). *De bouwstenen van de schepping.* Bert Bakker.
38. Stetz, A. W. (2007). *A very short introduction to quantum field theory.* Oregon State University. Also published at freebookcentre.net
39. Contemporary Physics Education Project (CPEP). *Nuclear science, teachers guide.* cpepphysics.org
40. Bergan, W. (2015). *Applications of group theory to fundamental particle physics.* College of William and Mary.
41. Seahra, S. S. (2000). *Path integrals in quantum field theory.* Department of Physics, University of Waterloo.
42. Einstein, A. (1905). *On the electrodynamics of moving bodies.*
43. Calvert, J. B. *Group theory and physics.* University of Denver.
44. Veltman, M. J. G., 't Hooft, G., & de Wit, B. Q. P. J. (2007). *Lie groups in physics.* Institute for Theoretical Physics, Utrecht University.
45. Lin, H. H. (2010). *An introduction to group theory.* National Tsing Hua University.
46. Rovelli, C. (2003). A dialog on quantum gravity. *International Journal of Modern Physics D 12*(9), 1509.
47. Rovelli, C. (2003, November). Loop quantum gravity. *Physics World.*
48. Smolin, L. (2000). *Three roads to quantum gravity.* Oxford University Press.
49. Ambjorn, J., Jurkiewicz, J., & Loll, R. (2008, July). The self organizing quantum. *Scientific American.*
50. Loll, R. (2008). *The emergence of spacetime or quantum gravity on your desktop.* Institute for Theoretical Physics, Utrecht University.
51. Ambjorn, J., Jurkiewicz, J., & Loll, R. (2006). *The universe from scratch.* Niels Bohr Institute, Marc Kac Complex Systems Research Centre, Institute for Theoretical Physics.
52. The role of decoherence in quantum mechanics. *Stanford Encyclopedia of Philosophy,* April 2016.
53. Abbott, B. P., et al. (2017). GW170817: Observation of gravitational waves from a binary neutron star inspiral (PDF). *Physical Review Letters, 119*(16). LIGO Scientific Collaboration & Virgo Collaboration.
54. Wikipedia – GW170817.
55. Haroche, S., et al. (1996). Observing the progressive decoherence of the "meter" in a quantum measurement. *Physical Review Letters, 77*(24), 4887–4890.
56. Kaiser, D. (2006). Physics and Feynman diagrams. *American Scientist, 93.*
57. Bergan, W. (2015). *Applications of group theory to fundamental particle physics.* College of William and Mary.
58. Cottingham, W. N., & Greenwood, D. A. (2007). *An introduction to the standard model of particle physics* (2nd ed.). Cambridge University Press.

59. Weinberg, S. (1995). *The quantum theory of fields* (Vols. 1, 2 and 3). Cambridge University Press.
60. Peskin M. E., & Schroder D. V. (1995). *An introduction to quantum field theory.* Avalon Publishing.
61. Shifflett, J. A. (2015). *Standard model Lagrangian.*
62. Wu, C. S., Ambler, E., Hayward, R. W., Hoppes, D. D., & Hudson, R. P. (1957). Experimental test of parity conservation in beta decay. *Physical Review, 105*(4), 1413–1415.
63. Christenson, J. H., Cronin, J. W., Fitch, V. L., & Turlay, R. (1964). Evidence for the 2π decay of the K_2^0 meson. *Physical Review Letters, 13,* 138.
64. Couder, Y., Boudaoud, A., Protière, S., Moukhtar, J., & Fort, E. (2010). Walking droplets: A form of wave–particle duality at macroscopic level? *Europhysics News, 41*(1), 14–18.
65. Noether E. (1918). Invariante Variationsprobleme. *Nachrichten der Königlichen Gesellschaft der Wissenschaften zu Göttingen, Mathematisch-Physikalische Klasse, 1918,* 235–257.
66. Thompson, W. J. (1994). *Angular momentum: An illustrated guide to rotational symmetries for physical systems* (Vol. 1, p. 5). Wiley.
67. Jaffe, R. L. (2005). The Casimir effect and the quantum vacuum. *Physical Review D, 72.*
68. National Institute of Standards and Technology. https://physics.nist.gov/cuu/index.html
69. Lenz, W. (1924). Über den Bewegungsverlauf und Quantenzustände der gestörten Keplerbewegung. *Zeitschrift für Physik, 24.*
70. https://home.cern/science/accelerators/large-hadron-collider
71. Cabibbo, N. (1963). Unitary symmetry and leptonic decays. *Physical Review Letters, 10*(12), 531–533.
72. Schwinger, J. (1951). The theory of quantized fields I. *Physical Review, 82*(6), 914–927.
73. Sauvage G. (1991). LEP results: Measurement of the Z° line shape in hadrons and leptons and of the lepton forward–backward asymmetries. In M. Lévy, J. L. Basdevant, M. Jacob, D. Speiser, J. Weyers, & R. Gastmans (Eds.), *Z° Physics. NATO ASI Series (Series B: Physics)* (Vol. 261). Springer.
74. Griffiths, D. (1987). *Introduction to elementary particles.* Wiley.
75. Hobson, M. P., Efstathiou, G. P., & Lasenby A. N. (2006). *General relativity: An introduction for physicists* (Reprint ed.). Cambridge University Press.
76. Wheeler, J. A. (1990). *A journey into gravity and spacetime.* Scientific American Library.
77. Brandelik, R., et al. (TASSO Collaboration). (1979). Evidence for planar events in $e^+ e^-$ annihilation at high energies. *Physics Letters B, 86,* 243–249.
78. Alexander, G., et al. (OPAL Collaboration). (1991). Measurement of three-jet distributions sensitive to the gluon spin in $e^+ e^-$ annihilations at $\sqrt{s} = 91$ GeV. *Zeitschrift für Physik C, 52*(4), 543.
79. Cartlidge, E. (2011, June 23). Quarks break free at two trillion degrees. *Physics World.*

80. Schlosshauer, M. (2008). *Decoherence and the quantum-to-classical transition.* Springer. Corrected 2nd printing.
81. Ramos, R., Spierings, D., Racicot, I., et al. (2020). Measurement of the time spent by a tunnelling atom within the barrier region. *Nature, 583,* 529–532.
82. Cramer, J. G. (2016). *The quantum handshake, entanglement, nonlocality and transactions.* Springer.
83. Easttom, C. (2021). *Quantum computing fundamentals* (1st ed.). Addison-Wesley Professional.
84. Tabb, M., Gawrylewski, A., & DelViscio, J. (2021, July 7). Quantum computers decoded (YouTube). *Scientific American.* https://youtu.be/uLnGp1WTNFQ
85. Bilenky, S. (2016). Neutrino oscillations: From a historical perspective to the present status. *Nuclear Physics B, 908,* 2–13.
86. Bilenky, S. (2010). Introduction to the physics of massive and mixed neutrinos. In *Lecture Notes in Physics* (Vol. 817). Springer.
87. Tetra quark discovery, press release CERN. https://cerncourier.com/a/new-tetraquark-a-whisker-away-from-stability/
88. Penta quark discovery, press release CERN. https://home.cern/news/news/physics/lhcb-experiment-discovers-new-pentaquark
89. Klimenko, A. Y. (2021). On the effect of decoherence on quantum tunnelling. *SN Applied Sciences.*
90. Pompili, M., Hermans, S. L. N., Baier, S., Beukers, H. K. C., Humphreys, P. C., Schouten, R. N., Vermeulen, R. F. L., Tiggelman, M. J., dos Santos Martins, L., Dirkse, B., Wehner, S., & Hanson, R. (2021). Realization of a multinode quantum network of remote solid-state qubits. *Science, 372*(6539).
91. Hensen, B., Bernien, H., Dréau, A. E., Reiserer, A., Kalb, N., Blok, M. S., Ruitenberg, J., Vermeulen, R. F. L., Schouten, R. N., Abellán, C., Amaya, W., Pruneri, V., Mitchell, M. W., Markham, M., Twitchen, D. J., Elkouss, D., Wehner, S., Taminiau, T. H., & Hanson, R. (2015). Loophole-free Bell inequality violation using electron spins separated by 1.3 kms. *Nature, 526*(7575), 682–686.
92. Aspect, A., Dalibard, J., & Roger, G. (1982). Experimental test of Bell's inequalities using time-varying analyzers, *Physical Review Letters.*

GPSR Compliance

The European Union's (EU) General Product Safety Regulation (GPSR) is a set of rules that requires consumer products to be safe and our obligations to ensure this.

If you have any concerns about our products, you can contact us on ProductSafety@springernature.com

In case Publisher is established outside the EU, the EU authorized representative is:

Springer Nature Customer Service Center GmbH
Europaplatz 3
69115 Heidelberg, Germany

Batch number: 10683281

Printed by Printforce, the Netherlands